"十二五"普通高等教育本科国家级规划教材

教育部普通高等教育精品教材

普通高等教育"十一五"国家级规划教材

食品保藏原理与技术

第二版

曾名湧 主编

化学工业出版社

·北京·

本书为“十二五”普通高等教育本科国家级规划教材，是“食品保藏原理与技术”国家级精品课程配套教材。本教材在编制过程中强调了食品保藏的共性问题，第一章至第三章介绍了引起食品变质腐败的主要因素、食品保藏的基本原理及食品在保藏过程中的品质变化；第四章至第十章介绍了食品的各类保藏技术，如食品低温保藏技术、食品罐藏技术、食品干制保藏技术、食品辐照保藏技术、食品化学保藏技术、食品腌制与烟熏保藏技术，同时也介绍了一些新技术在食品保藏中的应用，如超高压杀菌技术、脉冲电场杀菌技术、高密度二氧化碳杀菌技术、玻璃化保藏技术及生物保藏技术等。

本教材前沿性、实践性和适用性强，既可作为高等院校食品科学与工程专业，食品质量与安全专业等本科学生的教材，也可作为从事果蔬、畜产、水产、粮油、食品物流等生产、管理和科研人员的参考书籍。

图书在版编目（CIP）数据

食品保藏原理与技术/曾名湧主编. —2版. —北京：化学工业出版社，2014.7（2021.1重印）
“十二五”普通高等教育本科国家级规划教材
ISBN 978-7-122-20654-1

Ⅰ.①食… Ⅱ.①曾… Ⅲ.①食品保鲜-高等学校-教材②食品贮藏-高等学校-教材 Ⅳ.①TS205

中国版本图书馆CIP数据核字（2014）第096919号

责任编辑：赵玉清　　文字编辑：周　倜
责任校对：吴　静　　装帧设计：尹琳琳

出版发行：化学工业出版社（北京市东城区青年湖南街13号　邮政编码100011）
印　　装：三河市延风印装有限公司
787mm×1092mm　1/16　印张19½　字数478千字　　2021年1月北京第2版第9次印刷

购书咨询：010-64518888　　售后服务：010-64518899
网　　址：http://www.cip.com.cn
凡购买本书，如有缺损质量问题，本社销售中心负责调换。

定　　价：46.00元

《食品保藏原理与技术》编写人员

主　　　编　曾名湧（中国海洋大学）

副　主　编　王维民（广东海洋大学）

刘尊英（中国海洋大学）

董士远（中国海洋大学）

其他参编人员　王向阳（浙江工商大学）

王兆升（山东农业大学）

毛学英（中国农业大学）

李　斌（沈阳农业大学）

陈海华（青岛农业大学）

林　琳（合肥工业大学）

金银哲（上海海洋大学）

寇晓虹（天津大学）

康明丽（河北科技大学）

曾凡坤（西南大学）

前　言

“食品保藏原理与技术”是食品科学与工程专业的主干课程之一，食品保藏技术的科技进步与发展是食品工业发展的重要保障。因此，高等院校食品科学与工程、食品质量与安全等专业的学生、科研院所设计人员、企业技术人员、商业检验部门质检人员、食品物流管理人员等有必要了解和掌握食品变质腐败的主要因素、控制方法、食品保藏技术装备和具体应用，为解决实际的食品腐败问题获得必需的知识和技能。

本书是在曾名湧主编的“十一五”规划教材《食品保藏原理与技术》的基础上修订编写而成的，在内容上增添了各保鲜技术的最新研究进展。在内容体系上，前半部分为食品保藏的基本原理，后半部分为食品保藏技术，特点鲜明，易于掌握。

本书重视理论与实践的结合，汇集了中国海洋大学、中国农业大学、天津大学、西南大学、上海海洋大学、广东海洋大学、合肥工业大学、浙江工商大学、沈阳农业大学、山东农业大学、河北科技大学、青岛农业大学十二所高校一线教师的科研与教学经验，从教学、科研和生产实践角度出发，对食品保藏的基本原理及各类食品保藏技术进行了系统地介绍。在内容体系上，本书共十章，前半部分为食品保藏的基本原理，后半部分为食品保藏技术，特点鲜明，易于掌握。编者希望通过本教材的出版，能对广大读者在食品技术创新、食品物流配送及食品保藏生产实践方面起到一定的指导作用。

本书绪论、第一章、第二章、第三章由曾名湧编写，第四章、第六章由王维民、刘尊英共同编写，第五章由曾名湧、刘尊英共同编写，第七、八、九章由董士远编写，第十章由曾名湧与董士远共同编写。参加编写与修订的人员还有王向阳（第八章），王兆升（第九章），毛学英（第一章），李斌（第六章），陈海华（第四章、第六章），林琳（第七章），金银哲（第六章），寇晓红（第二章、第十章），康明丽（第四章、第十章），曾凡坤（第五章）。全书由曾名湧主编与统稿。

本书的编写得到教育部高等学校食品科学与工程专业教学指导分委会、化学工业出版社和中国海洋大学食品科学与工程学院全体教师和同学的大力支持和帮助，在此一并对他们表示衷心的感谢！

由于编者水平有限，本书所涉及的领域又十分广阔，因此，欠妥甚至错误之处难免，恳请读者提出宝贵的批评和建议！

编　者

2014 年 3 月

目　　录

绪　论

［教学目标］　本章使学生了解食品保藏的主要内容和任务，了解食品保藏的历史、现状和发展，熟悉食品保藏的方法，掌握食品保藏的基本概念。

一、食品保藏的内容和任务

食品保藏原理与技术也叫食品保藏学，是一门研究食品变质腐败原因及其控制方法，解释各种食品腐败变质现象的机理并提出合理的、科学的防止措施，阐明食品保藏的基本原理和基本技术，从而为食品的保藏加工提供理论和技术基础的学科。

食品保藏从狭义上讲，是为了防止食品腐败变质而采取的技术手段，因而是与食品加工相对应而存在的。但从广义上讲，保藏与加工是互相包容的。这是因为食品加工的重要目的之一是保藏食品，而为了达到保藏食品的目的，必须采用合理的、科学的加工工艺和加工方法。

食品保藏原理与技术的主要内容和任务可归纳为以下几个方面。

① 研究食品保藏原理，探索食品生产、贮藏、运输和分配过程中腐败变质的原因和控制方法。

② 研究食品在保藏过程中的物理特性、化学特性及生物学特性的变化规律，以及这些变化对食品质量和食品保藏的影响。

③ 解释各种食品变质腐败的机理及控制食品变质腐败应采取的技术措施。

④ 通过物理的、化学的、生物的或兼而有之的综合措施来控制食品质量变化，最大限度地保持食品质量。

⑤ 食品保藏的种类、设备及关键技术。

食品保藏原理与技术是以食品工程原理、食品微生物学、食品化学、食品原料学、食品营养与卫生、动植物生理生化、食品法规和条例等为基础的一门应用科学，涉及的知识面广泛而复杂。食品原料的种类很多，在任何一本教材里，都不可能穷尽所有食品的保藏特点及技术。本教材重在讲述食品保藏的基本原理和技术的共性部分，列举了主要食品原料在保藏中常见的主要问题，避免了各类食品原料保藏技术的重复罗列。

二、食品保藏的方法

食品保藏的方法很多，依据保藏的原理可分为四种类型。

(一) 维持食品最低生命活动的保藏法

此法主要用于新鲜水果、蔬菜等食品的保藏。通过控制水果、蔬菜保藏环境的温度、相对湿度及气体组成等，就可以使水果、蔬菜的新陈代谢活动维持在最低的水平上，从而延长它们的保藏期。这类方法包括冷藏法、气调法等。

(二) 通过抑制变质因素的活动来达到保藏目的的方法

微生物及酶等主要变质因素在某些物理的、化学的因素作用下，将会受到不同程度的抑制作用，从而使食品品质在一段时间内得以保持。但是，解除这些因素的作用后，微生物和酶即会恢复活动，导致食品腐败变质。属于这类保藏方法的有：冷冻保藏、干藏、腌制、熏制、化学品保藏及改性气体包装保藏等。

(三) 通过发酵来保藏食品

这是一类通过培养有益微生物进行发酵，利用发酵产物——酸和乙醇等来抑制腐败微生物的生长繁殖，从而保持食品品质的方法，如食品发酵。

(四) 利用无菌原理来保藏食品

即利用热处理、微波、辐射、脉冲等方法，将食品中的腐败微生物数量减少到无害的程度或全部杀灭，并长期维持这种状况，从而长期保藏食品的方法。罐藏、辐射保藏及无菌包装技术等均属于此类方法。

三、食品保藏的历史、现状和发展

食品保藏是一种古老的技术。据确切的记载，公元前3000年到前1200年之间，犹太人经常用从死海取来的盐保藏各种食物。中国人和希腊人也在同时代学会了盐腌鱼技术。这些事实可以看成是腌制保藏技术的开端。大约公元前1000年时，古罗马人学会了用天然冰雪来保藏龙虾等食物，同时还出现了烟熏保藏肉类的技术。这说明低温保藏和烟熏保藏技术已具雏形。《圣经》中记载了人们利用日光将枣子、无花果、杏及葡萄等晒成干果进行保藏的事情，我国古书中也常出现“焙”字，这些情况表明干藏技术已开始进入人们的日常生活。《北山酒经》中记载了瓶装酒加药密封煮沸后保存的方法，似乎可以看做是罐藏技术的萌芽。

1809年，法国人Nicolas Appert将食品放入玻璃瓶中加木塞密封并杀菌后，制造出真正的罐藏食品，成为现代食品保藏技术的开端。从此，各种现代食品保藏技术不断问世。1883年前后出现了食品冷冻技术，1908年出现了化学品保藏技术，1918年出现了气调冷藏技术，1943年出现了食品辐射保藏技术等。现代食品保藏技术与古代食品保藏技术的本质区别在于，现代食品保藏技术是在阐明各种保藏技术所依据的基本原理的基础上，采用人工可控制的技术手段来进行的，因而可以不受时间、气候、地域等因素的限制，大规模、高质量、高效率地实施。

食品保藏技术的发展是不平衡的。它表现在不同食品保藏技术之间的发展不平衡及同种保藏技术中不同技术手段之间的发展不平衡。比如罐藏技术在相当长的一段时间内曾占据着食品保藏技术的主导地位，但是，随着人们生活水平的逐渐提高，食品保鲜保活技术的开发和广泛应用，罐头食品在色、香、味等方面的缺陷以及相对较高的成本，使罐头工业的发展陷入困境。与此相反，食品低温保藏技术由于能较好地保存食品的色、香、味及营养价值，并能提供丰富多彩的冷冻食品而逐渐占据了食品工业的主导地位，其中，速冻食品特别是速冻调理食品的发展速度尤其令人瞩目，2012年，我国仅速冻米面食品产量即达410余万吨，是食品产业中发展最快的行业之一。目前，全世界速冻食品正以年平均20%的增长速度持续发展，年总产量已达到6000万吨，品种达3500种。预计未来的十年内，速冻食品的销售量将占全部食品销售量的60%以上。另外，在同种保藏方法的不同技术手段之间存在明显的发展不平衡状况，比如罐藏法中金属罐、玻璃罐藏技术发展缓慢，而塑料罐、软罐头及无菌罐装技术等发展潜力巨大。又如干藏法中普通热风干燥技术的发展处于相对停滞状态，而喷雾干燥及冻干技术的发展却非常迅速。总之，只有那些能适应现代化生产需要，能为人类提供高质量食品，并且具有合理生产成本的食品保藏技术才能获得较快发展。

食品保藏作为一种有效利用食品资源、减少食品损耗的重要技术手段，对于缓解当今因人口迅速膨胀而导致食物资源相对短缺的状况，具有不可替代的作用。开发更为有效、更为先进的食品保藏技术是从事食品研究与开发的所有人员义不容辞的义务与责任。

第一章　引起食品变质腐败的主要因素及其作用

[教学目标]　本章使学生了解蔬菜、水果、肉、蛋、乳、鱼、贝类等原料以及冷冻、罐藏、干制食品中的微生物及其引起的腐败，掌握引起食品变质腐败的生物学因素、化学因素和物理因素及其特性。

民以食为天，食品是人类生存的物质基础，它提供给人类所需要的各种营养和能量。人们每天必须摄入一定数量的食品用以维持生命和身体健康。但是，食品易受到外来的和内在的因素作用而发生变质腐败，造成其原有化学或物理性质发生变化，降低或失去其营养价值和商品价值，如鱼肉腐败、油脂酸败、果蔬腐烂和粮食霉变等。食品的腐败变质不仅降低了食品的营养价值和卫生质量，而且还可能危害人体的健康。引起食品变质腐败的因素按其属性可划分为生物学因素、化学因素和物理因素，每类因素中又包含诸多不同的引发食品变质腐败的因子。

第一节　生物学因素

一、微生物

自然界中微生物分布极为广泛，几乎无处不在，而且生命力强，生长繁殖速度快。食品中的水分和营养物质是微生物生长繁殖的良好基质，如果保藏不当，易被微生物污染，导致食品变质腐败。引起食品变质腐败的微生物种类很多，主要有细菌、酵母菌和霉菌三大类。一般情况下细菌常比酵母菌占优势。通常把引起食品腐败的微生物称做腐败微生物。腐败微生物的种类及其引起的腐败现象，主要取决于食品的种类及加工方法等因素，分述如下。

1. 微生物与蔬菜腐败

大多数新鲜蔬菜的水分含量在90%以上，且pH处于5.0～7.0之间，决定了蔬菜中能进行生长繁殖的微生物类群以细菌和霉菌为主。蔬菜中常见的细菌有欧文菌属、假单胞菌属、黄单胞菌属、棒状杆菌属、芽孢杆菌属、梭状芽孢杆菌属等，以欧文菌属、假单胞菌属最重要。由欧氏杆菌和假单胞菌等细菌引起的蔬菜腐败中最常见的是软腐病，它们破坏蔬菜的果胶质，使其变得软烂，有时还会产生使人不愉快的气味及水浸状外观。由霉菌引起的蔬菜腐败现象也普遍存在，主要是由灰绿葡萄孢霉引起的灰霉病、白地霉引起的酸腐病、葡枝根霉等引起的根腐病等，见表1-1。

2. 微生物与水果腐败

水果的pH值低于4.5，低于大多细菌生长的pH值范围。因此，由细菌引起的水果腐败现象并不常见。水果的腐败主要是由酵母菌和霉菌引起的，特别是霉菌。酵母能使水果中的糖类酵解产生乙醇和CO_2。而霉菌能以水果中的简单化合物作为能源，破坏水果中的结构多糖和果皮等部分。水果中常见的腐败微生物有酵母属、青霉属、交链孢霉属、根霉属、葡萄孢霉及镰刀霉属等，见表1-2。

表1-1 蔬菜中常见的腐败菌及腐败特征（曾名湧，2000）

腐败菌类型	腐败特征	蔬菜种类
欧氏杆菌	软腐病，病部呈水浸状病斑，微黄色，后扩大呈黄褐色而腐烂，呈黏滑软腐状，并发出恶臭味	十字花科蔬菜（大白菜、青菜、甘蓝、萝卜、花椰菜）、番茄、黄瓜、莴苣等
鞭毛菌亚门霜霉属真菌	霜霉病，初期为淡绿色病斑，后逐渐扩大，转为黄褐色，呈多角形或不规则形，病斑上有白色霉层	十字花科蔬菜
半知菌亚门葡萄孢属真菌	灰霉病，病部灰白色，水浸状，软化腐烂，常在病部产生黑色菌核	番茄、茄子、辣椒、白菜、蚕豆、黄瓜、莴苣、胡萝卜等
半知菌亚门链格孢属真菌	早疫病，又称轮纹病，病斑黑褐色，稍凹陷，有同心轮纹	番茄、马铃薯、茄子、辣椒
鞭毛菌亚门疫霉属真菌	疫病，初为暗绿色小斑块，水浸状，后形成黑褐色明显微缩的病斑，病部可见白色稀疏霉层	辣椒、黄瓜、冬瓜、南瓜、丝瓜等
半知菌亚门地霉属真菌	酸腐病，病斑暗淡，油污水浸状，表面变白，组织变软，发出特有的酸臭味	番茄
半知菌亚门刺盘孢属真菌	炭疽病，病斑凹陷，深褐色或黑色，潮湿环境下，病斑上产生粉红色黏状物	瓜类、菜豆、辣椒

表1-2 水果中常见的腐败菌及腐败特征（曾名湧，2000）

腐败菌类型	腐败特征	水果种类
半知菌亚门炭疽属真菌	炭疽病，初期病斑为浅褐色圆形小斑点，后逐渐扩大，变黑，凹陷，果软烂，高湿条件下，病斑上产生粉红色黏状物	苹果、梨、柑橘、葡萄、香蕉、芒果、番木瓜、番石榴等
半知菌亚门小穴壳属真菌	轮纹病，初期出现以皮孔为中心的褐色水浸状圆斑，斑点不断扩大，呈深浅相间的褐色同心轮纹，病斑不凹陷，烂果呈酸臭味	苹果、梨等
半知菌亚门青霉属真菌	青霉病/绿霉病，初期果实局部表面出现浅褐色病斑，稍凹陷，病部表面产生霉状块，初为白色，后为青绿色粉状物覆盖其上	苹果、梨、柑橘等
担子菌亚门胶锈菌属	锈病，初期为橙黄色小点，后期病斑变厚，背面呈淡黄色疱状隆起，散出黄褐色粉末（锈孢子），最后病斑变黑、干枯	苹果、梨
半知菌亚门葡萄孢属真菌	灰霉病，病果先出现褐色病斑，迅速扩展使之腐烂，病果上产生灰色霉层	葡萄、草莓等
子囊菌亚门链核盘菌属真菌	褐腐病，果面出现褐色圆斑，果肉变褐、变软，腐烂，病斑表面产生褐色绒状霉层	桃
接合菌亚门根霉属真菌	软腐病，初期出现褐色水浸状病斑，组织软烂，并长出灰色绵霉状物，上长黑色小点	草莓
半知菌亚门地霉属真菌	酸腐病，病部初期出现水浸状小斑点，后扩大，稍凹陷，白色霉层，皱褶状轮纹，发出酸臭味	柑橘、荔枝
半知菌亚门刺盘孢属真菌	霜疫病，初期出现褐色斑点，白色霉层，后全果变褐，腐烂呈肉浆状，有强烈酒味及酸臭味	荔枝

为使水果在贮藏过程中免受霉菌的污染，水果应在其合适的成熟季节收获并避免果实损伤。采摘用具必须卫生，霉变的果实应销毁。低温和高CO_2在水果贮运过程中有助于防止水果霉变。但对各种水果要区别对待，因为有些水果种类对低温和高CO_2较敏感。此外，利用微生物之间的寄生、拮抗作用，可以防治新鲜果品在收获后由霉菌引起的腐烂。研究表明，假丝酵母对多种引起果蔬腐败的霉菌有明显拮抗作用。罐装水果由于受到热处理杀菌，大部分霉菌繁殖体被杀死，但某些霉菌的囊孢子因耐热性强而能存活。引起罐装水果腐败的

主要有青霉属。

3. 微生物与肉类腐败

引起肉类腐败的微生物种类繁多，常见的有腐败微生物和病原微生物。腐败微生物包括细菌、酵母菌和霉菌。细菌主要是需氧的革兰氏阳性菌，如枯草芽孢杆菌和巨大芽孢杆菌等，需氧的革兰氏阴性菌有假单胞菌属、无色杆菌属、黄色杆菌属、产碱杆菌属、埃希氏杆菌属、变形杆菌属等，此外还有腐败梭菌、溶组织梭菌和产气荚膜梭菌等厌氧梭状芽孢杆菌。酵母菌和霉菌主要包括假丝酵母菌属、丝孢酵母属、交链孢霉属、曲霉属、芽枝霉属、毛霉属、根霉属和青霉属。病原微生物主要有沙门氏菌、金黄色葡萄球菌和布氏杆菌等，它们对肉的主要影响并不在于使之腐败变质，而是传播疾病，造成食物中毒。

在冷却肉中经常发现的腐败性嗜冷菌有假单胞菌、莫拉氏菌属、乳酸杆菌、黄杆菌、产碱杆菌和肠杆菌科的一些菌属。冷却肉中常发现的致病菌有小肠结肠炎耶尔森氏菌、肉毒梭状芽孢杆菌、产气荚膜梭状芽孢杆菌、沙门氏菌、金黄色葡萄球菌、弯曲杆菌属等。其中假单胞菌属的作用最大，假单胞菌属的荧光假单胞菌、莓实假单胞菌、隆德假单胞菌是最重要的肉品腐败菌种。采用真空包装的肉类中，包装时肉表面污染的细菌大多数为革兰氏阳性嗜温菌，1%～10%的微生物为耐冷性革兰氏阴性菌，主要为假单胞菌、不动杆菌及肠杆菌。引起熟肉变质的微生物主要是真菌，如根霉、青霉及酵母菌等，它们的孢子广泛分布于加工厂的环境中，很容易污染熟肉表面并导致变质。而腌肉在腌制过程中，来源于畜体皮肤的微球菌通常是优势菌，能在腌制环境中增殖，多数菌株能分解蛋白质和脂肪，弧菌是腌腊肉制品的重要变质菌，该菌在胴体肉上很少发现，但在腌腊肉上很易见到。微生物引起的肉类腐败现象主要有发黏、变色、长霉及产生异味等，分述如下。

① 发黏是由微生物在肉表面大量繁殖后形成菌落，并分解肌肉蛋白所产生的，引发发黏的菌属以假单胞菌、产碱杆菌、微球菌和链球菌为主。发黏的肉块切开时会出现拉丝现象，并有臭味产生。此时含菌数一般为 10^7 cfu/cm^2。

② 肉类的变色现象有多种，如绿变、红变等，但以绿变为常见。绿变有两种，一种是由 H_2O_2 引起的绿变，另一种是由 H_2S 引起的绿变。前者主要见于牛肉香肠及其他腌制和真空包装的肉类制品中。当它们与空气接触后，即会形成 H_2O_2，并与亚硝基血色素反应产生绿色的氧化卟啉。引起这种绿变的最常见细菌是乳杆菌、明串珠菌及肠球菌属等。后一种绿变见于新鲜肉中，是由 H_2S 与肌红蛋白反应形成硫肌红蛋白所致。引起该类绿变的细菌主要是臭味假单胞菌及腐败希瓦菌，而清酒乳芽孢杆菌属中的某些菌种在缺氧及有可利用糖类的情形下也能产生 H_2S，引起肉类的绿变。此类绿变在 pH 低于 6.0 时将不发生。能使肉类产生变色的微生物还有产生红色的黏质沙雷氏杆菌，产生蓝色的深蓝色假单胞菌及产生白色、粉红色和灰色斑点的酵母等。

③ 长霉也是鲜肉及冷藏肉中常见的变质现象，例如白分枝孢霉和白地霉可产生白色霉斑，腊叶枝霉产生黑色斑点，草酸青霉产生绿色霉斑等。

④ 微生物在引起肉类的变质时，通常都伴随着各种异味的产生，如酸败味，因乳酸菌和酵母的作用而产生的酸味以及因蛋白质分解而产生的恶臭味等。

4. 微生物与禽类腐败

禽类皮肤和肌肉含有大量的营养物质，有利于细菌的生长繁殖。新鲜禽类中存在的微生物种类超过 25 种，但占优势的主要是假单胞菌属、不动菌属、黄色杆菌属及棒状杆菌属等。在冷藏条件下，大部分微生物特别是致病菌和嗜温菌的生长受到抑制，但并不能完全抑制嗜冷腐败菌的繁殖。假单胞菌属、不动细菌属、摩拉克氏菌、热杀索斯菌、气单胞菌、乳杆菌属和肠杆菌科是冷鲜禽肉中的主要腐败微生物。一般禽类很少出现真菌引起的腐败。但是，当禽肉中添加了抗菌剂时，真菌则成为引起禽肉腐败的基本因素。在禽类中，最重要的真菌是假丝酵母属、红酵母属及圆酵母属等。

在禽类腐败的早期，细菌生长仅限于禽类表皮，而皮下肌肉组织基本无菌。随着腐败进行，细菌逐渐深入到肌肉组织内部，引起蛋白质分解，使禽肉变味和发黏。一般当细菌总数达到（$10^{7.2}$～10^{8}）cfu/cm^2 时，即会产生异味；而当细菌总数超过 10^{8}cfu/cm^2 时，即会出现发黏现象。

5. 微生物与禽蛋腐败

引起禽蛋腐败变质的微生物主要是细菌和霉菌，并且多为好氧菌，部分为厌氧菌，酵母菌较少见。常见的细菌有假单胞菌属、变形杆菌属、产碱杆菌属、埃希氏杆菌属、不动菌属、无色杆菌属、肠杆菌属、沙雷菌属、芽孢杆菌属以及微球菌属等，其中前四属是最为常见的腐败菌。常见的霉菌有芽枝霉属、侧孢霉属、青霉属、曲霉属、毛霉属、交链孢霉属、枝霉属等，其中前三属最为常见。而圆酵母属则是禽蛋中发现的唯一酵母。

污染禽蛋的微生物从蛋壳上的小孔进入蛋内后，首先使蛋白质分解，系带断裂，蛋黄因失去固定作用而移动。随后蛋黄膜被分解，蛋黄与蛋白混合成为散黄蛋，发生早期变质现象。散黄蛋被腐败微生物进一步分解，产生 H_2S、吲哚等腐败分解产物，形成灰绿色的稀薄液并伴有恶臭，称为泻黄蛋，此时蛋即已完全腐败。有时腐败的蛋类并不产生 H_2S 而产生酸臭，蛋液不呈绿色或黑色而呈红色，且呈浆状或形成凝块，这是由于微生物分解糖而产生的酸败现象，称为酸败蛋。当霉菌进入蛋内并在壳内壁和蛋白膜上生长繁殖时，会形成大小不同的霉斑，其上有蛋液黏着，成为黏壳蛋或霉蛋。

6. 微生物与鱼贝类腐败

健康新鲜的鱼贝类肌肉及血液等是无菌的，但鱼皮、黏液、鳃部及消化器官等是带菌的。鱼的皮肤含细菌 10^{2}～10^{7}cfu/cm^2，鱼鳃含细菌 10^{3}～10^{6}cfu/cm^2，肠液内含细菌 10^{3}～10^{8}cfu/mL。由于季节、渔场、鱼种类的不同，体表所附细菌数有所差异。在北方适宜温度的水中，鱼所带微生物以嗜冷菌和耐冷菌占优势，而热带鱼很少带嗜冷菌，故热带鱼在冰中的保存时间要长一些。海水鱼中常见的腐败微生物有假单胞菌、无色杆菌、摩氏杆菌、黄色杆菌、小球菌、棒状杆菌及葡萄球菌等。海水鱼中的腐败微生物种类将随渔获海域、渔期及渔获后的处理方法的不同而不同。比如北海、挪威远海捕获的鱼带有较多的假单胞菌、摩氏杆菌及黄色杆菌等细菌，而在日本近海捕获的鱼中，假单胞菌、无色杆菌及摩氏杆菌等细菌占有较大的比例。淡水鱼中带有的腐败微生物除海水鱼中常见的那些细菌以外，还有产碱杆菌属、产气单胞杆菌属和短杆菌属等细菌。

虾等甲壳类中的腐败微生物主要有假单胞菌、不动细菌、摩氏杆菌、黄色杆菌及小球菌等。而牡蛎、蛤、乌贼及扇贝等软体动物中常见的腐败微生物包括假单胞菌、无色杆菌、不动细菌、摩氏杆菌等。

污染鱼贝类的腐败微生物首先在体表及消化道等处生长繁殖，使其体表黏液及眼球变得混浊，失去光泽，鳃部颜色变灰暗，表皮组织也因细菌的分解而变得疏松，使鱼鳞脱落。同时，消化道组织溃烂，细菌即扩散进入体腔壁并通过毛细血管进入肌肉组织内部，使整个鱼体组织被分解，产生 NH_4、H_2S、吲哚、粪臭素、硫醇等腐败特征产物。一般当细菌总数达到或超过 10^{8}cfu/g，pH 升高至 7～8，挥发性氨基氮的含量达到 300mg/kg，从感官上即可判断鱼体已进入腐败期。

7. 微生物与罐藏食品腐败

罐藏食品中存在需氧性芽孢菌已是公认的事实。但是，一般罐藏食品并不因此而腐败，这是由于罐内缺氧抑制了这些需氧性芽孢菌的生长。尽管如此，当罐藏食品杀菌不充分或密封不良时，也会遭受微生物的污染而造成罐藏食品的腐败。存在于罐藏食品上的微生物能否引起食品变质，是由多种因素来决定的，其中食品的 pH 是一个重要因素。食品 pH 与食品原料的性质及确定的食品杀菌工艺条件有关，并进而与引起食品变质的微生物有关。依据罐藏食品 pH 不同，可将其分成四类：低酸性罐藏食品，即 pH＞5.3 者，包括谷类、豆类、肉、禽、乳、鱼、虾等；中酸性罐藏食品，即 pH5.3～4.5 者，主要是蔬菜、甜菜和瓜类等；酸性食品，即 pH4.5～3.7 者，包括番茄、菠菜、梨、柑橘等；高酸性食品，即 pH＜3.7 者，包括酸泡菜、果酱等。

对于低酸性罐藏食品，容易发生平酸腐败（通常是由嗜热脂肪芽孢杆菌引起）、硫化物腐败（通常是由致黑梭状芽孢杆菌引起）和腐烂性腐败（通常是由肉毒梭菌引起）3 种。中酸性罐藏食品的腐败情况与低酸性罐藏食品类似，较容易发生平酸腐败。而酸性罐藏食品容易发生平酸腐败（由嗜热脂肪芽孢杆菌引起）、缺氧性发酵腐败（由丁酸梭菌和巴氏梭状芽孢杆菌引起）、酵母菌发酵腐败（由球拟酵母和假丝酵母引起）和发霉（由纯黄丝衣霉菌和雪白丝衣霉菌引起）等。高酸性罐藏食品一般不易遭受微生物的污染，但容易发生氢膨胀，偶尔也会遭受酵母菌和一些耐热性霉菌的影响。罐藏食品中常见的腐败现象有胀罐、平酸腐败、黑变、发霉等，分述如下。

① 胀罐有隐胀、软胀及硬胀三种。隐胀罐外观正常，但扣击或揿压罐的一端，则另一端即外凸，撤去外力后，罐可复原。软胀罐一端或两端同时呈外凸状，但指压可使之内凹。硬胀罐外观与软胀罐相似，但指压不能使之内凹。硬胀罐若继续膨胀，则焊缝处就会爆裂。引起胀罐的原因有多种，如内容物过多或真空度过低会引起假胀，内容物酸性太高则会引起氢胀罐，但主要原因是腐败微生物的生长繁殖，这类胀罐也称为细菌性胀罐，是最常见的胀罐现象。引起各类罐藏食品胀罐的常见腐败菌见表 1-3。

表 1-3　罐藏食品中常见的腐败菌及腐败特征

腐败菌类型	腐败特征	食品种类
嗜热脂肪芽孢杆菌	平酸腐败，产酸不产气或产微量气体，不胀罐，食品有酸味	青豆、刀豆、芦笋、蘑菇、红烧肉、猪肝酱等
嗜热解糖梭状芽孢杆菌	高温缺氧发酵，产气(CO_2 和 H_2，没有 H_2S)，胀罐；产酸(酪酸)	芦笋、蘑菇、蛤
致黑梭状芽孢杆菌	致黑腐败，产 H_2S，平盖或软胀，有硫臭味，食品罐内壁有黑色沉积物	青豆、玉米
肉毒杆菌 A 型和 B 型	缺氧腐败，产毒素、产酸、产气和 H_2S，胀罐	肉类、肠制品、油浸鱼、青刀豆、芦笋、蘑菇等
生芽孢梭状芽孢杆菌(P. A3679)	缺氧腐败，不产毒素、产酸、产气和 H_2S，胀罐，有臭味	肉类、鱼类(不常见)
嗜热酸芽孢杆菌(或凝结芽孢杆菌)	平酸腐败，产酸、不产气、不胀罐、变味	番茄及其制品
巴氏固氮梭状芽孢杆菌	缺氧发酵，产酸(酪酸)、产气(CO_2＋H_2)、胀罐	菠萝、番茄
多黏芽孢杆菌、软化芽孢杆菌	发酵变质，产酸、产气，也产生丙酮和酒精胀罐	桃、番茄及其制品
乳酸菌、明串珠菌	胀罐，产酸、产气(CO_2)、胀罐	水果及其制品

续表

腐败菌类型	腐败特征	食品种类
球拟酵母、假丝酵母、啤酒酵母	缺氧发酵，产气（CO_2）混浊及沉淀，风味改变	果酱、果汁、含糖饮料等
霉菌	发酵，食品表面上长霉菌	果酱、糖浆水果
纯黄丝衣霉，纯白丝衣霉	发酵，分解果胶，使果实柔软和解体，产生 CO_2 胀罐	水果

② 平酸腐败的罐头外观正常，但内容物酸度增加，pH 值可下降到 0.1～0.3，因而需开罐后检查方能确认。引起平酸腐败的微生物也称为平酸菌，大多为兼性厌氧菌。

③ 黑变是由于微生物的生长繁殖使含硫蛋白质分解产生唯一的 H_2S 气体，与罐内壁铁质反应生成黑色硫化物，沉积在罐内壁或食品上，使其发黑并呈臭味。黑变罐外观一般正常，有时会出现轻胀或隐胀现象，敲击时有浊音。引起黑变的细菌是致黑梭状芽孢杆菌，其芽孢的耐热性较差。因此，只有在杀菌严重不足时才会出现。

④ 发霉是指罐头内容物表面出现霉菌生长的现象。此种变质现象较少出现，但当罐身裂漏或罐内真空度过低时，可在果酱、糖浆水果等低水分、高糖含量的罐藏食品中出现。较常出现的霉菌有青霉、曲霉及柠檬霉等。

因食用罐藏食品而发生食物中毒的现象，是由肉毒杆菌、金黄色葡萄球菌等食物中毒菌分泌的外毒素引起的。食物中毒菌除肉毒杆菌外，耐热性均较差。因此，罐藏食品通常是以肉毒杆菌作为杀菌对象，以防止食物中毒。

如果罐藏食品有裂缝，则此类罐藏食品的腐败主要由非芽孢菌所引起，芽孢菌也起一定的作用，而酵母及霉菌的影响甚小。

8. 微生物与冷冻食品腐败

微生物是引起冷冻食品腐败的最主要原因。冷冻食品中常见的腐败微生物主要是嗜冷菌及部分嗜温菌，有些情形下还可发现酵母菌和霉菌。在嗜冷菌中，假单胞菌（Ⅰ，Ⅱ，Ⅲ/Ⅳ）、黄色杆菌、无色杆菌、产碱杆菌、摩氏杆菌、小球菌等是普遍存在的腐败菌；而在嗜温菌中，较为重要的是金黄色葡萄球菌、沙门氏菌及芽孢杆菌等。冷冻食品中常见的酵母菌有酵母属、圆酵母属等；常见的霉菌有曲霉属、枝霉属、交链孢霉属、念珠霉属、根霉属、青霉属、镰刀霉属及芽枝霉属等。

冷冻食品中存在的腐败微生物的种类与食品种类及所处温度等因素有关。比如冷藏肉类中常见的微生物包括沙门氏菌、无色杆菌、假单胞菌及曲霉、枝霉、交链孢霉等。而冷藏鱼类中常见的微生物主要是假单胞菌、无色杆菌及摩氏杆菌等。另外，虽然同是鱼类，但是微冻鱼类的主要腐败微生物是假单胞菌（Ⅰ，Ⅱ群）、摩氏杆菌、弧菌等，冻结鱼类的主要腐败菌是小球菌、葡萄球菌、黄色杆菌、摩氏杆菌及假单胞菌等，它们之间存在明显的差异。冷冻食品中微生物存在的状况还受 O_2、渗透压和 pH 等因素的影响。例如在真空下冷藏的食品，其腐败菌主要为耐低温的兼性厌氧菌，如无色杆菌、产气单胞杆菌、变形杆菌、肠杆菌，以及厌氧菌，如梭状芽孢杆菌等。

9. 微生物与干制食品腐败

干制食品由于具有较低的水分活度，使大多数微生物不能生长。但是也有少数微生物可以在干制食品中生长，主要是霉菌及酵母菌，而细菌较为少见。

存在于干制食品中的微生物种类取决于食品的种类、水分活度、pH、温度和 O_2 等因素，常见的有曲霉、青霉、毛霉和根霉等霉菌，鲁氏酵母、木兰球拟酵母和接合酵母等酵母菌以及球菌、无孢子杆菌和孢子形成菌等细菌。另外，沙门氏菌、葡萄球菌及埃希氏杆菌也能在干制食品中存在，应该引起重视。

10. 微生物与腌制食品腐败

引起盐腌食品腐败的微生物主要有两类，即好盐细菌和耐盐细菌。好盐细菌是指在高于10%的食盐溶液中才能生长的细菌，而耐盐细菌是指不论食盐浓度大或小均能生长的细菌。

在盐腌食品中常见的好盐细菌有盐制品盐杆菌、红皮盐杆菌、鳕八叠球菌以及海淀八叠球菌等，它们也是导致盐腌食品赤变的主要细菌。在盐腌食品中常见的耐盐细菌有小球菌、黄杆菌、假单胞菌、马铃薯芽孢杆菌和金黄色葡萄球菌等。另外，某些酵母菌如圆酵母以及某些霉菌如青霉等真菌类，也常在盐腌食品中出现。

二、害虫和鼠类

害虫和鼠类对于食品保藏有很大的危害性，它们不仅是食品保藏损耗加大的直接原因，而且由于害虫和鼠类的繁殖迁移，以及它们排泄的粪便、分泌物、遗弃的皮壳和尸体等还会污染食品，甚至传染疾病，因而使食品的卫生质量受损，严重者丧失食用价值和商品价值，造成巨大的经济损失。

1. 害虫

害虫的种类繁多，分布较广，并且躯体小，体色暗，繁殖快，适应性强，多隐居于缝隙、粉屑或食品组织内部，所以一般的食品仓库中都可能有害虫存在。对食品危害性大的害虫主要有甲虫类、蛾类、蟑螂类和螨类。如危害禾谷类粮食及其加工品、水果蔬菜的干制品等的害虫主要是象虫科的米象、谷象、玉米象等甲虫类。

防治害虫的方法，可从以下几个方面着手：加强食品仓库和食品本身的清洁卫生管理，消除害虫的污染和匿藏孳生的环境条件；通过环境因素中的某些物理因子（如温度、水分、氧和放射线等）的作用达到防治害虫的目的，如高温或低温杀虫、高频加热或微波加热杀虫、辐射杀虫和气调杀虫等；利用机械的力量和振动筛或风选设备使因振动呈假死状态的害虫分离出来，达到机械除虫和杀虫的目的；利用高效、低毒、低残留的化学药剂或熏蒸剂杀虫。

2. 鼠类

鼠类是食性杂、食量大、繁殖快和适应性强的啮齿动物。鼠类有咬啮物品的特性，对包装食品及其他包装物品均能造成危害。鼠类还能传播多种疾病。鼠类排泄的粪便、咬食物品的残渣也能污染食品和贮藏环境，使之产生异味，影响食品卫生，危害人体健康。防治鼠害要防鼠和灭鼠相结合。

防鼠的方法主要有：建筑防鼠法，即利用建筑物本身与外界环境的隔绝性能，防止鼠类侵入库内使食品免受鼠害；食物防鼠法，是通过加强食品包装和贮藏食品容器的密封性能等，断绝鼠类食物的来源，达到防鼠的目的；药物及仪器防鼠法，是利用某些化学药物产生的气味或电子仪器产生的声波，刺激鼠类的避忌反应，达到防鼠的目的。

灭鼠的方法主要有：化学药剂灭鼠法，是利用灭鼠毒饵的灭鼠剂、化学绝育剂、熏蒸剂等毒杀或驱避鼠类；器械灭鼠法，是利用力学原理以机械捕杀鼠类，如捕鼠夹等；气体灭鼠法，是通过造成贮藏环境高 CO_2 浓度，使鼠类无法正常生存。

第二节　化学因素

食品和食品原料由多种化学物质组成，其中绝大部分为有机物质和水分，另外还含有少量的无机物质。蛋白质、脂肪、碳水化合物、维生素、色素等有机物质的稳定性差，从原料生产到贮藏、运输、加工、销售、消费，每一环节无不涉及一系列的化学变化。有些变化对食品质量产生积极的影响，有些则产生消极的甚至有害的影响，导致食品质量降低。其中对食品质量产生不良影响的化学因素主要有酶的作用、非酶褐变、氧化作用等。

一、酶的作用

酶是生物体的一种特殊蛋白质，能降低反应的活化能，具有高度的催化活性。绝大多数食品来源于生物界，尤其是鲜活和生鲜食品，体内存在着具有催化活性的多种酶类，因此食品在加工和贮藏过程中，由于酶的作用，特别是氧化酶类、水解酶类的催化会发生多种多样的酶促反应，造成食品色、香、味和质地的变化。另外，微生物也能够分泌导致食品发酵、酸败和腐败的酶类，与食品本身的酶类一起加速食品变质腐败的发生。

常见的与食品变质有关的酶类主要是脂肪酶、蛋白酶、果胶酶、淀粉酶、过氧化物酶、多酚氧化酶等，见表 1-4。

表 1-4　引起食品质量变化的主要酶类及其作用

酶的种类	酶的作用
(1)与风味改变有关的酶	
脂氧合酶	催化脂肪氧化，导致臭味和异味产生
蛋白酶	催化蛋白质水解，导致组织产生肽而呈苦味
抗坏血酸氧化酶	催化抗坏血酸氧化，导致营养物质损失
(2)与变色有关的酶	
多酚氧化酶	催化酚类物质的氧化，褐色聚合物的形成
叶绿素酶	催化叶绿醇环从叶绿素中移去，导致绿色的丢失
(3)与质地变化有关的酶	
果胶酯酶	催化果胶酯的水解，可导致组织软化
多聚半乳糖醛酸酶	催化果胶中多聚半乳糖醛酸残基之间的糖苷键水解，导致组织软化
淀粉酶	催化淀粉水解，导致组织软化、黏稠度降低

1. 脂肪氧合酶

脂肪氧合酶在动植物组织中均存在，能催化多不饱和脂肪酸的氧化，能破坏必需脂肪酸，或产生不良风味。由于氢过氧化物的生成，还会引起其他食品成分的变化。豆科植物中存在较多的脂肪氧合酶，不经热烫的豌豆在冷冻贮藏中该酶活性仍较强，导致脂肪氧化而产生异味。

2. 多酚氧化酶

多酚氧化酶是许多酶的总称，通常又称为酪氨酸酶、多酚酶、儿茶酚氧化酶、甲酚酶或儿茶酚酶。这些名称的使用是由测定酶活力时使用的底物以及酶在生物体中的最高浓度决定的。多酚氧化酶存在于植物、动物和一些微生物中，它是引起果蔬酶促褐变的主要酶类。多酚氧化酶催化果蔬原料中的内源性多酚物质氧化生成不稳定的邻苯醌类化合物，再通过非酶催化的氧化反应聚合成为黑色素，导致香蕉、苹果、桃、马铃薯、蘑菇、虾等食品褐变。邻苯醌与蛋白质中的赖氨酸残基的ε-氨基反应，不仅引起蛋白质溶解度和营养价值的下降，也会造成食品质地和风味的变化。

3．果胶酶

果胶酶有3种类型：果胶甲酯酶、聚半乳糖醛酸酶、果胶酸裂解酶。前两者存在于高等植物和微生物中，后者仅在微生物中发现。果胶甲酯酶水解果胶物质产生果胶酸，当有2价金属离子如Ca^{2+}存在时，Ca^{2+}与果胶酸的羧基发生交联，从而提高食品的质地强度。聚半乳糖醛酸酶水解果胶酸，引起某些食品原料的质地变软。

酶的活性受温度、pH、水分活度等因素的影响。如果条件控制得当，那么酶的作用通常不会导致食品的腐败。经过加热杀菌的加工食品，酶的活性被钝化，可以不考虑由酶作用引起的变质。但是如条件控制不当，酶促反应过度进行，就会引起食品的变质甚至腐败。比如肉类的成熟作用和果蔬的后熟作用就是如此，当上述作用控制到最佳点时，食品的外观、风味及口感等感官特性都会有明显改善，但超过最佳点后，就极易在微生物参与下发生腐败。

二、非酶褐变

非酶褐变主要有美拉德反应（Maillard reaction）引起的褐变、焦糖化反应引起的褐变以及抗坏血酸氧化引起的褐变等。这些褐变常常由于加热及长期的贮藏而发生。

含还原糖或羰基化合物（如由脂类氧化衍生得到的醛、酮）的蛋白质食品，在加工或长期保藏过程中，会发生色泽加深的现象，这种变化就是由美拉德反应导致的。真实食品体系中，美拉德反应的多数底物是还原糖中的葡萄糖、果糖、麦芽糖、乳糖（羰基化合物），以及蛋白质、氨基酸、肽（氨基化合物），所以有时又称其为羰氨反应。美拉德反应所引起的褐变，与氨基化合物和糖的结构有密切关系。胺类比氨基酸褐变速率快；对于不同的氨基酸来讲，碱性氨基酸褐变速率快；对于不同的氨基来讲，具有ε-NH_2的氨基酸反应性远远大于α-NH_2的氨基酸；对于α-NH_2氨基酸来讲，则是碳链长度越短的氨基酸反应性越强。而蛋白质的褐变速率则十分缓慢。对于不同的还原糖，它们的反应活性顺序大致如下：五碳糖＞六碳糖，醛糖＞酮糖，单糖＞二糖；五碳糖中核糖＞阿拉伯糖＞木糖，六碳糖中半乳糖＞甘露糖＞葡萄糖。美拉德反应受温度影响很大，温度相差10℃，褐变速率相差3～5倍。一般在30℃以上褐变速率较快，而在20℃以下则进行较慢。水分含量对褐变反应也有影响，过低或过高的水分含量时反应速率很低，在中等水分含量时反应速率最大。美拉德反应在酸性和碱性介质中都能进行，但在碱性介质中更容易发生，一般是随介质的pH值升高而反应加快。因此，高酸性介质（pH＜5）不利于美拉德反应进行。氧、光线及铁、铜等金属离子都能促进美拉德反应。防止美拉德反应引起的褐变可以采取如下措施：降低贮藏温度；调节食品水分含量；降低食品pH值，使食品变为酸性；用惰性气体置换食品包装材料中的氧气；控制食品中转化糖的含量；添加防褐变剂如亚硫酸盐、半胱氨酸等。

罐藏过程中，食品成分与包装容器的反应，如与金属罐的金属离子反应等也能引起食品褐变。桃、葡萄等含花青素的食品罐藏时，与金属罐壁的锡、铁反应，颜色从紫红色变成褐色。此外，甜玉米、芦笋、绿豆等以及鱼肉、畜禽肉加热杀菌时产生的硫化物，常会与铁、锡反应产生紫黑色、黑色物质。单宁物质含量较多的果蔬，也容易与金属罐壁起反应而变色。罐藏这类食品时，应使用涂料罐，以防止变色。

抗坏血酸属于抗氧化剂，对于防止食品褐变具有一定作用。但当抗坏血酸被氧化放出二氧化碳时，它的一些中间产物又往往会引起食品褐变，这是由于抗坏血酸氧化为脱氢抗坏血酸与氨基酸发生美拉德反应生成红褐色产物，以及抗坏血酸在缺氧的酸性条件下形成糠醛并进一步聚合为褐色物质的结果。在富含抗坏血酸的柑橘汁和蔬菜中有时会发生抗坏血酸氧化引起的褐变现象。抗坏血酸氧化褐变与温度、pH 值有较密切关系，一般随温度升高而加剧。pH 值范围在 2.0～3.5 之间的果汁，随 pH 值升高氧化褐变速度减慢，反之则褐变加快。防止抗坏血酸氧化褐变，除了降低产品温度以外，还可以用亚硫酸盐溶液处理产品，抑制葡萄糖转变为 5-羟甲基糠醛，或通过还原基团的络合物抑制抗坏血酸变为糠醛，从而防止褐变。

三、氧化作用

当食品中含有较多的诸如不饱和脂肪酸、维生素等不饱和化合物，而在贮藏、加工及运输等过程中又经常与空气接触时，氧化作用将成为食品变质的重要因素。

在因氧化作用引起的食品变质现象中，油脂自动氧化和维生素、色素氧化是特别重要的。上述变质现象会导致食品色泽、风味变差，营养价值下降及生理活性丧失，甚至会生成有害物质。这些变质现象容易出现在干制食品、盐腌食品及长期冷藏而又包装不良的食品中，应予以重视。

脂肪氧化受温度、光线、金属离子、氧气、水分等影响，因而食品在贮藏过程中应采取低温、避光、隔绝氧气、控制水分等措施，减少食品在贮藏过程中与金属离子接触，或通过添加抗氧化剂等，来防止或减轻脂肪氧化酸败对食品产生的不良影响。

另外，氧气的存在也有利于需氧性细菌、产膜酵母、霉菌及食品害虫等有害生物的生长，同时也能引起罐藏食品中金属容器的氧化腐蚀，从而间接地引起食品变质，需给予特别的注意。

第三节　物理因素

食品在贮藏和流通过程中，其质量总体呈下降趋势。质量下降速度和程度除了受食品内在因素的影响外，还与环境中的温度、湿度、空气、光线等物理因素密切相关。

一、温度

温度是影响食品质量变化最重要的环境因素，它对食品质量的影响表现在多个方面。食品中的化学变化、酶促反应、鲜活食品的生理作用、生鲜食品的僵直和软化、微生物的生长繁殖、食品的水分含量及水分活度等无不受温度的制约。温度升高引起食品的腐败变质，主要表现在影响食品的化学变化和酶催化的生物化学反应速率以及微生物的生长发育程度等。

根据范特霍夫（Van't Hoff）规则，温度每升高 10℃，化学反应的速率增加 2～4 倍。这是由于温度升高，反应速率常数 k 值增大的缘故。在生物科学和食品科学中，范特霍夫规则常用 Q_{10} 表示，并被称为温度系数，即：

$$Q_{10}=\frac{v_{(t+10)}}{v_t} \tag{1-1}$$

式中　$v_{(t+10)}$ 和 v_t——分别表示在（t+10）℃和 t℃时的反应速率。

由于温度对反应物的浓度和反应级数影响不大，主要影响反应速率常数 k，故 Q_{10} 又可表示为：

$$Q_{10}=\frac{k_{(t+10)}}{k_t} \tag{1-2}$$

式中　$k_{(t+10)}$ 和 k_t——分别表示在（t+10）℃和 t℃时的反应速率常数。

当然，温度对化学反应速率的影响是复杂的，反应速率常数 k 不是温度的单一函数。阿伦尼乌斯（Arrhenius）用活化能的概念解释温度升高化学反应速率加快的原因：

$$k=Ae^{\frac{E}{RT}} \tag{1-3}$$

式中 k——反应速率常数；

E——反应的活化能；

R——气体常数；

T——热力学温度；

A——频率因子。

由于在一般的温度范围内，对于某一化学反应，A 和 E 不随温度的变化而改变，而反应速率常数 k 与热力学温度 T 成指数关系，可见 T 的微小变化都会导致 k 值的较大改变。故降低食品的环境温度，就能显著降低食品中的化学反应速率，延缓食品的质量变化，延长贮藏寿命。

温度对食品酶促反应比对非酶反应的影响更为复杂，这是因为一方面温度升高，酶促反应速率加快；另一方面当温度升高到使酶的活性被钝化时，酶促反应就会受到抑制或停止。在一定的温度范围内，温度对酶促反应的影响也常用温度系数 Q_{10} 来表示。如新鲜果蔬的呼吸作用是由一系列的酶催化的，温度升高 10℃，呼吸强度增加到原来的 2～4 倍。在一定范围内，温度与微生物生长速率的关系也可用温度系数 Q_{10} 表示。多数微生物 Q_{10} 在 1.5～2.5 之间。此外，由高温加速反应的情形很多，如加热杀菌引起的罐藏果蔬质地软化，失去爽脆口感等。

淀粉含量多的食品，要通过加热使淀粉 α 化后才能食用，若放置冷却后，α 化淀粉会变老化，产生回生现象。淀粉老化在水分含量 30%～60%时最容易发生，而含水量小于 10%或在大量水中时基本上不发生。温度在 60℃以上或低于－20℃不会发生，60℃以下慢慢开始老化，2～5℃老化速度最快。粳米比糯米容易老化，加入蔗糖或饴糖可以抑制老化。α 化淀粉在 80℃以上迅速脱水至 10%以下可防止老化，如挤压食品等，就是利用此原理加工而成。

二、水分

水分不仅影响食品营养成分、风味物质和外观形态的变化，而且影响微生物生长发育和各种化学反应，因此，食品的水分含量特别是水分活度，与食品质量的关系十分密切。

食品所含水分分为结合水和游离（自由）水，但只有游离水才能被微生物、酶和化学反应所利用，此即为有效水分，可用水分活度来估量。微生物活动与水分活度密切相关，低于某一水分活度，微生物便不能生长繁殖。大多数化学反应必须在水中才能进行，离子反应也需要自由水进行离子化或水化作用，很多化学反应和生物化学反应还必须有水分子参与。许多由酶催化的反应，水除了起着一种反应物的作用外，还通过水化作用促使酶和底物活化。因此，降低水分活度，可以抑制微生物的生长繁殖，减少酶促反应、非酶反应、氧化反应等引起的劣变，稳定食品质量。

由于水分蒸发，会导致一些新鲜果蔬等食品外观萎缩，鲜度和嫩度下降。一些组织疏松的食品，因干耗也会产生干缩僵硬或重量损耗。

水分含量和水分活度符合贮藏要求的食品在贮藏过程中，如果发生水分转移，有的水分含量下降了，有的水分含量上升了，水分活度也会发生变化，不仅使食品的口感、滋味、香气、色泽和形态结构发生变化，而且对于超过安全水分含量的食品，还会导致微生物大量繁殖和其他方面的质量劣变，在生产中应引起注意。

三、光

光线照射也会促进化学反应，如脂肪氧化、色素褪色、蛋白质凝固等均会因光线照射而促进反应。清酒等放置在光照场所，会从淡黄色变成褐色。紫外线能杀灭微生物，但也会使食品的维生素 D 发生变化。所以，食品一般要求避光贮藏，或用不透光材料包装。

四、氧

空气组分中 79%的氮气对食品不起什么作用，而只占 20%左右的氧气因性质非常活泼，能引起食品中多种变质反应和腐败。首先，氧气通过参与氧化反应对食品的营养物质（尤其是维生素 A 和维生素 C)、色素、风味物质和其他组分产生破坏作用。其次，氧气还是需氧微生物生长的必需条件，在有氧条件下，由微生物繁殖而引起的变质速度加快，食品贮藏期缩短。

五、其他因素

除了上述因素外，还有许多因素能导致食品变质，包括机械损伤、环境污染、农药残留、滥用添加剂和包装材料等。这些因素引起的食品变质现象不但普遍存在，而且十分重要，特别是农药残留、滥用添加剂引起的食品变质现象呈愈来愈严重的趋势，必须引起高度重视。

综上所述，引起食品腐败变质的原因各种各样，而且常常是多种因素作用的结果。因此，必须清楚了解各种因素及其作用特点，找出相应的防止措施，应用于不同的食品原料及其加工制品。

参考文献

[1] Arthur H J, Cason J A, Ingram K D. Tracking Spoilage Bacteria in Commercial Poultry Processing and Refrigerated Storage of Poultry Carcasses [J]. International Journal of Food Microbiology, 2004, 91: 155-165.

[2] Francois K, Devlieghere F, Standaert A R, et al. Effect of Environmental Parameters (Temperature, pH and a_w) on the Individual Cell lag Phase and Generation Time of *Listeria monocytogenes* [J]. International Journal of Food Microbiology, 2006, 108: 326-335.

[3] James N J. Modern Food Microbiology [M]. Van Nostrand Reinhold, 1992.

[4] Marison L F. Fundamentals of Food Microbiology [M]. Westport: the AVI Publishing Company, INC, 1979.

[5] Norman N P, Joseph H H 著. 食品科学 [M]. 王璋，钟芳，徐良增等译. 北京：中国轻工业出版社，2001.

[6] Shahina N, Siddiqi R, Sheikh H, et al. Deterioration of Olive and Soybean Oils due to Air, Light, Heat and Deep-frying [J]. Food Research International, 2005, 38: 127-134.

[7] 迟玉杰. 食品化学 [M]. 北京：化学工业出版社，2012.

[8] 胡胜群，钱平，胡小松，等. pH、抗菌剂浓度以及水分活度对奶油蛋糕模拟培养基中微生物生长的影响 [J]. 食品工业科技，2006，27 (5)：94-96.

[9] 江汉湖，董明盛. 食品微生物学 [M]. 北京：中国农业出版社，2010.

[10] 李虹敏. 生鲜鸡肉产品微生物污染分析及其保鲜技术研究 [D]. 南京：南京农业大学，2009.

[11] 李平兰. 食品微生物学教程 [M]. 北京：中国林业出版社，2011.

[12] 李晓波. 肉类腐败菌 [J]. 肉类研究，2008，12：35-38.

[13] 梁泉峰，池振明. 间型假丝酵母菌株对多种水果蔬菜腐败霉菌的拮抗效果和拮抗机制的研究 [J]. 食品与发酵工业，2001，28 (1)：34-38.

[14] 刘兴华，曾名湧，蒋予箭，等. 食品安全保藏学 [M]. 北京：中国轻工业出版社，2005.

[15] 马长伟，曾名湧. 食品工艺学导论 [M]. 北京：中国农业大学出版社，2005.

[16] 天津轻工业学院、无锡轻工业学院合编. 食品工艺学 [M]. 北京：中国轻工业出版社，1984.
[17] 天津轻工业学院、无锡轻工业学院合编. 食品微生物学 [M]. 北京：中国轻工业出版社，1983.
[18] 王璋. 食品酶学 [M]. 北京：轻工业出版社，1990.
[19] 须山三千三，鸿章二编著. 水产食品学 [M]. 吴光红，洪玉箐，张金亮译. 上海：上海科学技术出版社，1992.
[20] 野中順三九，小泉千秋. 食品保蔵学 [M]. 東京：恒星社厚生閣，1982.
[21] 曾名湧. 食品保藏原理与技术 [M]. 青岛：青岛海洋大学出版社，2000.
[22] 曾庆孝，芮汉明，李汴生. 食品加工与保藏原理 [M]. 北京：化学工业出版社，2002.
[23] 赵晋府. 食品技术原理 [M]. 北京：中国轻工业出版社，2002.
[24] 赵新淮. 食品化学 [M]. 北京：化学工业出版社，2006.
[25] 郑海鹏. 肉类腐败微生物 [J]. 肉类研究，2008，8：54-59.
[26] 周玫. 水产罐头腐败的原因及预防 [J]. 食品研究与开发，2001，22 (4)：60-61.
[27] 朱小红. 微生物引起肉的异常现象及处理 [J]. 肉品安全，2003，20 (5)：17-18.
[28] 朱植人，邱健人. 冷冻食品微生物 [M]. 台北：食品工业发展研究所，1978.

第二章　食品变质腐败的抑制

［教学目标］　本章使学生掌握食品保藏的基本原理及控制食品变质腐败的主要措施，了解栅栏技术在食品保藏中的应用。

如前所述，食品腐败变质可能是多种因素共同作用的结果。但是，无论是微生物，还是酶，或是其他的变质因素，其作用均受到诸如温度、水分、pH、氧化/还原电势、O_2 等因素的影响。通过改变上述因素作用的条件，就可抑制微生物及酶等变质因子的作用，从而阻止食品变质腐败，这就是食品保藏的基本原理。

第一节　温度对食品变质腐败的抑制作用

在实际食品加工过程中，对于化学性变质腐败，一般只能在加工过程中将其限制到最小程度，但不容易根除；对于物理性损伤，只要加工过程中操作规范、贮存环境适宜，一般对食品保藏威胁不大。对食品保存影响最严重的因素，就是微生物活动。因此，食品保藏原理主要是针对微生物引起的变质腐败而提出来的。

一、温度与微生物的关系

(一) 高温对微生物的杀灭作用

1. 微生物的耐热性

不同微生物具有不同生长温度范围。超过其生长温度范围的高温，将对微生物产生抑制或杀灭作用。根据细菌耐热性，可将其分为四类：嗜热菌、中温性菌、低温性菌、嗜冷菌，见表 2-1。

表 2-1　细菌的耐热性

细菌种类	最低生长温度/℃	最适生长温度/℃	最高生长温度/℃
嗜热菌	30～40	50～70	70～90
中温性菌	5～15	30～45	45～55
低温性菌	－5～5	25～30	30～35
嗜冷菌	－10～－5	12～15	15～25

一般嗜冷微生物对热最敏感，其次是低、中温微生物，而嗜热微生物的耐热性最强。然而，同属嗜热微生物，其耐热性因种类不同而有明显差异。通常，产芽孢细菌比非芽孢细菌更为耐热。而芽孢也比其营养细胞更耐热。比如，细菌营养细胞大多在 70℃下加热 30min 死亡，而其芽孢在 100℃下加热数分钟甚至更长时间也不死亡。

芽孢的耐热机理至今尚无公认的定论，目前比较有说服力的是渗透调节皮层膨胀学说。该学说认为，芽孢外层所包裹的疏水性蛋白（芽孢衣），对阳离子和水通透性较差，而离子强度较强的皮层可掠夺核心区水分，使芽孢核心部分失水而皮层吸水膨胀，使得芽孢抗热性增加。也有人认为由于孢子的耐热性与原生质的含水量（确切地说是游离水含量）有很大的关系，而上述带凝胶状物质的皮膜在营养细胞形成芽孢之际产生收缩，使原生质脱水，从而增强了芽孢的耐热性。另外，芽孢菌生长时所处温度越高，所产孢子也更耐热。原生质中矿物质含量变化也会影响孢子的耐热性，但它们之间的关系尚无结论。

2. 影响微生物耐热性的因素

无论是在微生物的营养细胞之间，还是在营养细胞和芽孢之间，其耐热性都有显著差异，就是在耐热性很强的细菌芽孢之间，其耐热性的变化幅度也相当大。微生物耐热性是复杂的化学性、物理性以及形态方面的性质综合作用的结果。因此，微生物耐热性首先要受到其遗传性的影响，其次，与它所处的环境条件是分不开的。一般认为以下因素对微生物耐热性影响较大。

（1）菌株和菌种　微生物种类不同，其耐热性程度也不同，而且即使是同一菌种，其耐热性也因菌株而异。正处于生长繁殖期的营养体的耐热性比它的芽孢弱。不同菌种芽孢的耐热性也不同，嗜热菌芽孢的耐热性最强，厌氧菌芽孢次之，需氧菌芽孢的耐热性最弱。同一菌种芽孢的耐热性也会因热处理前菌龄、培养条件、贮存环境的不同而异。

（2）微生物的生理状态　微生物营养细胞的耐热性随其生理状态而变化。一般处于稳定生长期的微生物营养细胞比处于对数期者耐热性更强，刚进入缓慢生长期的细胞也具有较高耐热性，而进入对数期后，其耐热性将逐渐下降至最小。另外，细菌芽孢耐热性与其成熟度有关，成熟后的芽孢比未成熟者更为耐热。

（3）培养温度　不管是细菌的芽孢还是营养细胞，一般情况下，培养温度越高，所培养的细胞及芽孢耐热性就越强。枯草芽孢杆菌的耐热性随培养温度升高，其加热死亡时间延长，见表 2-2。

表 2-2　培养温度对枯草芽孢杆菌芽孢耐热性的影响

培养温度/℃	100℃加热死亡时间/min	培养温度/℃	100℃加热死亡时间/min
21～23	11	41	18
37	16		

（4）热处理温度和时间　热处理温度越高则杀菌效果越好，如图 2-1 所示。炭疽杆菌芽孢在 90℃下加热时死亡率远远高于在 80℃下加热时的死亡率。但是，加热时间延长，有时并不能使杀菌效果提高。因此，在杀菌时，保证足够高的温度比延长杀菌时间更为重要。

（5）初始活菌数　微生物耐热性与初始活菌数之间有很大关系。

食品中初始菌数越多（尤其是细菌的芽孢），杀菌时间就越长，或所需温度越高，例如，将一种从污染罐头中分离到的嗜热菌芽孢，放在 pH6.0 的玉米糊中，处理温度为 120℃，其结果见表 2-3。

表 2-3　细菌芽孢数量与加热时间的关系

孢子浓度/(个/mL)	杀死芽孢需要时间/min	孢子浓度/(个/mL)	杀死芽孢需要时间/min
50000	14	500	9
5000	10	50	8

初始活菌数多之所以能增强细菌耐热性，原因可能是细菌细胞分泌出较多类似蛋白质的保护物质，以及细菌存在耐热性差异。

（6）水分活度　水分活度或加热环境的相对湿度对微生物耐热性有显著影响。一般水分活度越低，微生物细胞的耐热性越强。其原因可能是由于蛋白质在潮湿状态下加热比在干燥状态下加热变性速度更快，从而使微生物更易于死亡。因此，在相同温度下湿热杀菌的效果要好于干热杀菌。

另外，水分活度对于细菌营养细胞及其芽孢以及不同细菌和芽孢的影响明显不同，如图2-2所示。随着水分活度增大，肉毒梭菌（E型）的芽孢迅速死亡，而嗜热脂肪芽孢杆菌芽孢的死亡速率所受影响小得多。

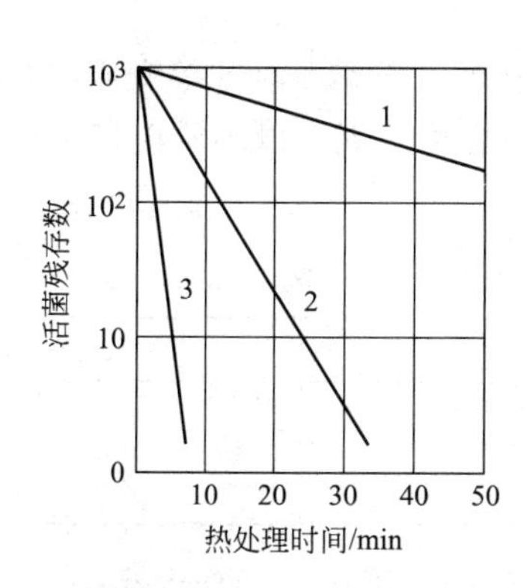

图2-1　不同温度下炭疽杆菌芽孢的活菌残存数曲线（扈文盛，1989）

1—80℃；2—85℃；3—90℃

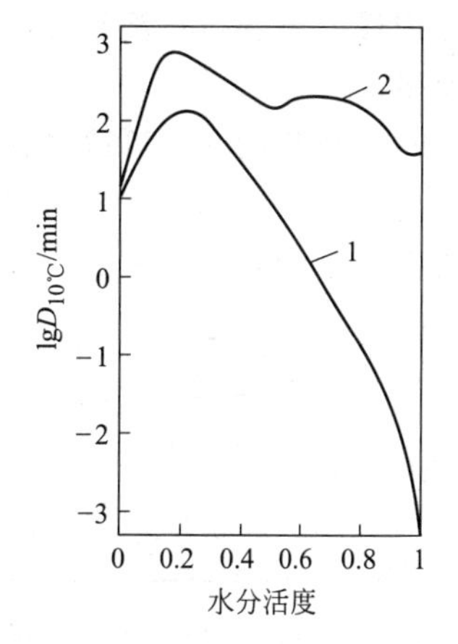

图2-2　细菌芽孢在110℃加热时死亡时间（D值）和水分活度的关系（曾名湧，2000）

1—肉毒梭菌（E型）；2—嗜热脂肪芽孢杆菌

（7）pH值　微生物受热时环境pH值是影响其耐热性的重要因素。微生物耐热性在中性或接近中性的环境中最强，而偏酸性或偏碱性的条件都会降低微生物耐热性。其中尤以酸性条件的影响更为强烈。比如大多数芽孢杆菌在中性范围内有很强的耐热性。但在pH＜5时，细菌芽孢的耐热性就很弱了，粪便肠球菌在某个近中性的pH值下具有最强的耐热性，而偏离此值的pH均会降低其耐热性，尤以酸性pH的影响更为显著。肉毒杆菌的芽孢在中性磷酸盐缓冲液中的耐热性是在牛乳和蔬菜汁中的2～4倍。pH值对粪便肠球菌耐热性的影响见图2-3，pH对芽孢耐热性的影响见图2-4。因此，在加工蔬菜及汤类食品时，常添加柠檬酸、醋酸及乳酸等酸类，提高食品酸度，以降低杀菌温度和减少杀菌时间，从而保持食品原有品质和风味。

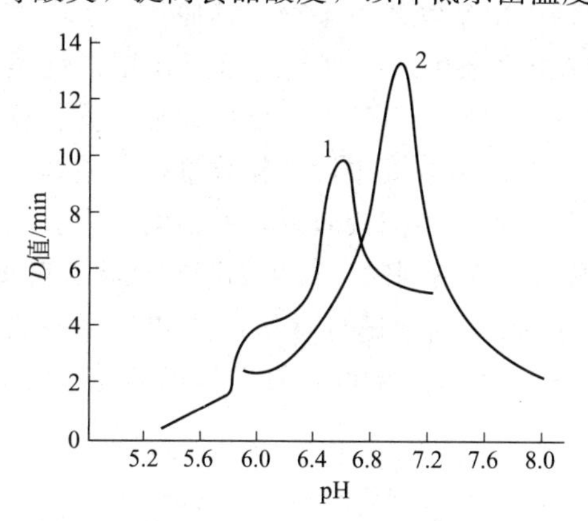

图2-3　pH值对粪便肠球菌耐热性的影响（60℃）（Jay，1992）

1—柠檬酸盐-磷酸盐缓冲液；2—磷酸盐缓冲液

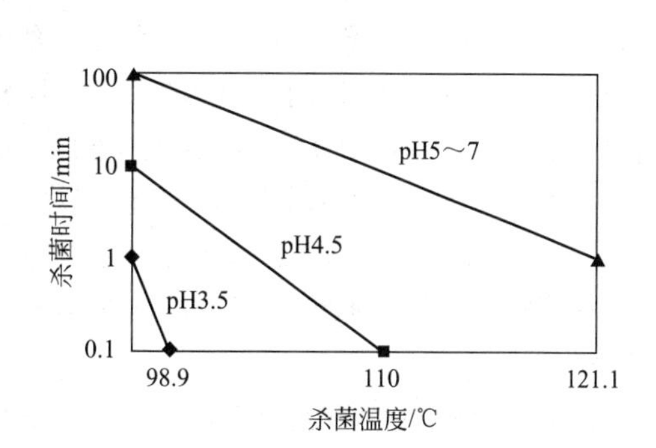

图2-4　pH对芽孢耐热性的影响（夏文水，2007）

（8）蛋白质　加热时食品介质中如有蛋白质（包括明胶、血清等在内）存在，将对微生物起保护作用。实验表明，蛋白胨、肉膏对产气夹膜梭菌的芽孢有保护作用，酵母膏对大肠埃希氏菌有保护作用，氨基酸、蛋白胨、大部分蛋白质等对鸭沙门氏菌有保护作用。将细菌芽孢放入 pH6.9 的 1/15mol/L 磷酸和 1%～2%明胶的混合液中，其耐热性比没有明胶时高 2 倍。虽然蛋白质对微生物具有保护作用，但此保护作用的机制尚不十分清楚。认为可能是蛋白质分子之间或蛋白质与氨基酸之间相互结合，从而使微生物的蛋白质产生了稳定性所致。这种保护现象虽然是在细胞表面产生的，但也不能忽视在细胞内部也存在着蛋白质对细胞的保护作用。

（9）脂肪　脂肪的存在可以增强细菌耐热性。比如在油、石蜡及甘油等介质中存在的细菌及芽孢，需在 140～200℃温度下进行 5～45min 的加热方可杀灭。以埃希氏杆菌为例，它在不同含脂食物中的耐热性不同，见表 2-4。

表 2-4　埃希氏杆菌在不同介质中的热致死温度（加热时间为 10min）（Jay，1992）

食品介质	热致死温度/℃	食品介质	热致死温度/℃
奶油	73	乳清	63
全乳	69	肉汤	61
脱脂乳	65		

脂肪使细菌耐热性增强是通过减少细胞含水量来达到的。因此，增加食品介质含水量，即可部分或基本消除脂肪的热保护作用。另外，对肉毒梭状杆菌的实验表明，长链脂肪酸比短链脂肪酸更能增强细菌的耐热性。

（10）盐类　盐类对细菌耐热性的影响是可变的，主要取决于盐的种类、浓度等因素。食盐是对细菌耐热性影响较显著的盐类。当食盐浓度低于 3%～4%时，能增强细菌耐热性。食盐浓度超过 4%时，随浓度增加，细菌耐热性明显下降。其他盐类如氯化钙、硝酸钠、亚硝酸钠等对细菌耐热性有一定影响，但比食盐弱。

（11）糖类　糖的存在对微生物耐热性有一定影响，这种影响与糖的种类及浓度有关。以蔗糖为例，当其浓度较低时，对微生物耐热性的影响很小；但浓度较高时，则会增强微生物的耐热性。其原因主要是高浓度糖类能降低食品水分活度。不同糖类即使在相同浓度下对微生物耐热性的影响也是不同的，这是因为它们所造成的水分活度不同。不同糖类对受热细菌的保护作用由强到弱，其顺序如下：蔗糖＞葡萄糖＞山梨糖醇＞果糖＞甘油。

（12）植物杀菌素的影响　有些植物汁液及提取物对微生物有抑制、杀灭作用，这类物质通常称为植物杀菌素。罐头中常用的含有植物杀菌素的原料有辣椒、桂皮、葱、姜、豆蔻和胡椒等香辛料。如果在食品中加入这些原料，可降低杀菌前罐中微生物数量，可减弱微生物耐热性。但是植物杀菌素因品种、器官部位、生长期等的不同其效果相差很大。

（13）其他因素　当微生物生存环境中含有防腐剂、杀菌剂时，微生物耐热性将会降低。另外，对牛奶培养基中的大肠埃希氏菌、鼠伤寒沙门氏菌分别进行常压加热和减压加热处理，无论哪一种菌，不管培养基的组成成分如何，采用多高的温度，真空下的 D 值都比常压下的小。

3. 微生物耐热性的表示方法

（1）加热时间与细菌芽孢致死率之关系——D 值及 TRT 值　研究人员对在一定条件、一定加热温度下细菌芽孢的死亡率与加热时间的关系进行了深入研究，发现了指数递减或按对数循环下降的规律。以嗜热脂肪芽孢杆菌的芽孢在 121℃下加热时，加热时间与对应的残存活菌数之关系为例，如图 2-5 所示。此关系在半对数坐标图中为热力致死速率曲线或残存活菌数曲线。由此曲线可计算出满足某种特定杀菌要求所需加热时间。假如某食品初始活菌数的对数为 $\lg a$，杀菌过程结束时残存活菌数的对数为 $\lg b$，则加热时间 τ 可用下式计算：

$$\tau=\frac{1}{m}(\lg a-\lg b) \tag{2-1}$$

式中　m——热力致死速率曲线的斜率。

上式即为一定致死温度下的热力致死速率方程。

如果假定 $\lg a=\lg 10^3$，而 $\lg b=\lg 10^2$，则式(2-1) 就变成：

$$\tau=\frac{1}{m} \tag{2-2}$$

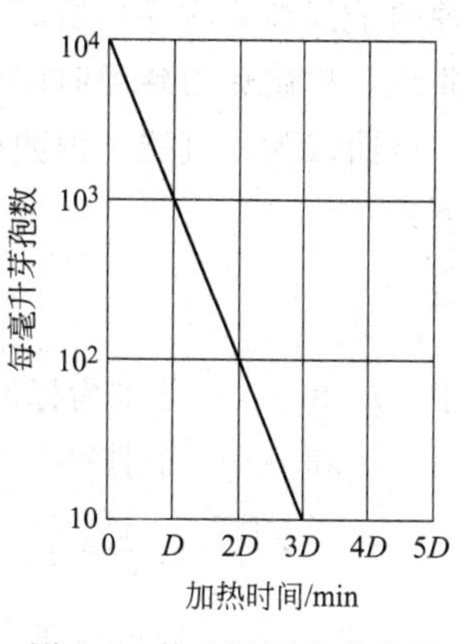

图 2-5　热力致死速率曲线
（曾名湧，2000）

式(2-2) 实际上是指热力致死速率曲线横过一个对数循环所需要的时间，称之为 D 值，也即指数递降时间（decimal reduction time），它在数值上等于直线斜率的倒数。D 值的定义是在一定环境和热力致死温度下，杀死某细菌群原有残存活菌数的 90%时所需加热时间。比如，在 110℃下处理某细菌，每杀死其原有残存活菌数的 90%所需时间为 5min，则$D_{110℃}=5\text{min}$。

D 值是细菌死亡率（直线斜率）的倒数，因此，它是细菌耐热性强弱的表示。D 值越大，则细菌死亡速率越慢，细菌耐热性就愈强，反之就愈弱。D 值与细菌耐热性之间存在正比关系。

D 值与初始活菌数无关，但因热处理温度、菌种、细菌所处环境等因素而异。因此，D 值只有在上述因素不变时才是常数。

D 值可从热力致死速率曲线图中直接求得，也可根据式(2-1) 计算如下：

$$D=\frac{\tau}{\lg a-\lg b} \tag{2-3}$$

例：某细菌的初始活菌数为 1×10^4，在 110℃下热处理 3min 后残存活菌数为 1×10^2，求其 D 值。

解：由式(2-3) 得：

$$D_{110℃}=\frac{3}{\lg 10^4-\lg 10^2}=1.5\ (\text{min})$$

即该细菌的 $D_{110℃}$ 为 1.5min。

热力指数递减时间（thermal reduction time，TRT）实际上是 D 值概念的外延。它是指在一定条件下，任何特定热力致死温度下将细菌或芽孢数减少到原有残存活菌数的 $1/10^n$ 时所需加热时间（min）。指数 n 称为递减指数（reductionn exponent），并表示在 TRT 的右下角。

根据式(2-1)，TRT_n 可用下式计算

$$\text{TRT}_n=t=D(\lg 10^n-\lg 10^0)=nD\ (\text{min}) \tag{2-4}$$

如果 $n=1$，也即热力致死速率曲线横过一个对数循环所需加热时间，则 $\text{TRT}_1=D$。

TRT 就是该曲线横过 n 个对数循环所需加热时间，即 $\text{TRT}_n=nD$。因此，TRT 值本质上与 D 值相同，也表示了细菌耐热性的强弱。

(2) 加热温度和细菌芽孢致死率之关系　以加热温度为横坐标，以其所对应的杀死某一

菌种的全部细菌或芽孢所需最短加热时间为纵坐标，在半对数坐标图中可作出如图 2-6 所示的曲线，称做热力致死时间曲线（thermal death time curve）。

该曲线为一直线，说明两者之间的关系同样遵循指数递减规律，按 Arrhenius 法则表示如下：

$$\lg \frac{\tau}{\tau'}=\frac{t_0-t}{Z} \tag{2-5}$$

式中　t_0 和 t——分别为标准杀菌温度和实际杀菌温度；

τ'和 τ——分别为在 t_0 和 t 温度下的致死时间；

Z——$\lg \frac{\tau}{\tau'}=1$ 时的（t_0-t）值，也即热力致死时间曲线横过一个对数循环所对应的温度差。

通常采用 121℃（国外为 250℉）为标准杀菌温度，与此对应的热力致死时间 τ'称为 F 值，也叫杀菌致死值。故式(2-5) 就变成下式：

$$\lg \frac{\tau}{F}=\frac{121-t}{Z} \tag{2-6}$$

或

$$\frac{1}{Z}=\frac{\lg\tau-\lg F}{121-t} \tag{2-7}$$

（3）D 值、F 值和 Z 值三者之间的关系　如果以 D 值的常用对数值为纵坐标，以加热温度为横坐标，在半对数坐标图中可以作出如图 2-7 的曲线，称为仿热力致死时间曲线。

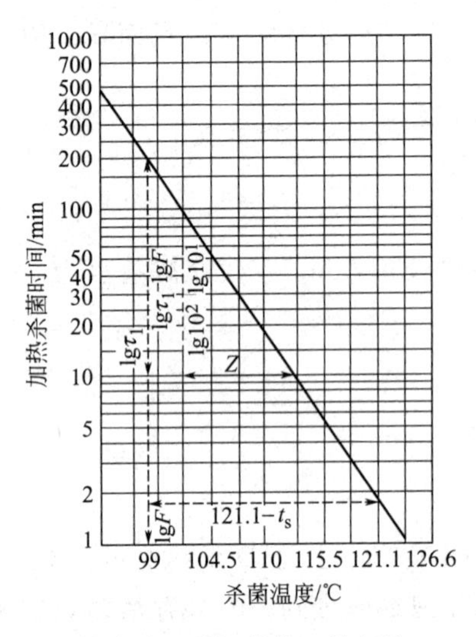

图 2-6　热力致死时间曲线（曾名湧，2000）

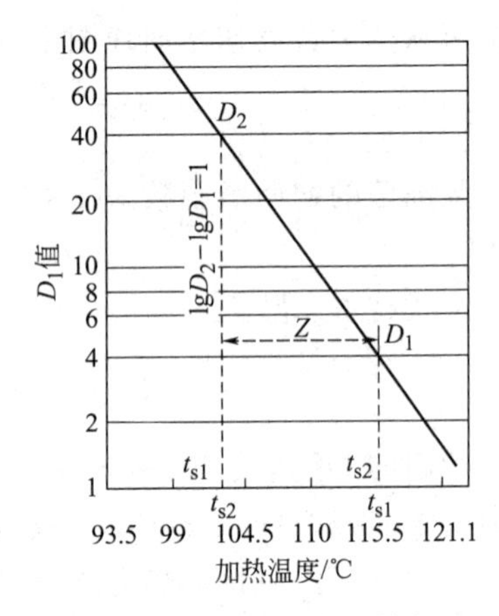

图 2-7　仿热力致死时间曲线（曾名湧，2000）

从图 2-7 中可以得到以下关系式：

$$\lg D_2-\lg D_1=\frac{t_1-t_2}{Z} \tag{2-8}$$

假如 $\lg D_2-\lg D_1=1$，则该直线斜率为 Z 值的倒数，即：

$$\tan\alpha=\frac{\tan D_2-\tan D_1}{Z}=\frac{1}{Z} \tag{2-9}$$

又根据前述 TRT 概念可知，如果 $\tau=\tau_n=nD$，则式(2-6) 变成下式：

$$\lg\frac{nD}{F}=\frac{121-t}{Z} \tag{2-10}$$

或

$$Z=\frac{121-t}{\lg\frac{nD}{F}} \tag{2-11}$$

或

$$D=\frac{F}{n}\times 10^{\frac{121-t}{Z}} \tag{2-12}$$

因此，在 121℃时求得的 D 值乘以 n 就可得到 F 值。n 的大小并非固定不变，应根据工厂卫生状况、食品污染的细菌种类和数量等因素来确定。比如在美国，一般要求肉毒杆菌的每毫升芽孢数应从 10^{12} 降到 10^0，即 $n=12$；对 P. A. 3679（生芽孢梭状芽孢杆菌 3679），要求从每毫升 10^5 减少到每毫升 10^0，即 $n=5$；而对嗜热芽孢杆菌，则要求从每毫升 10^6 降到 10^0，即 $n=6$。

F 值的定义就是在一定加热致死温度（一般为 121.1℃）下，杀死一定浓度微生物所需加热时间（min）。F 值可用来比较 Z 值相同的细菌耐热性，F 值越大则表明细菌耐热性越强。非标准温度下的 F 值须在其右下角标明温度，如 $F_{105}=4.5\text{min}$，表示在加热温度为 105℃下的 F 值为 4.5min。标准温度下则可直接用 F 表示。F 的倒数也叫致死率。

另外，因为 Z 值就是热力致死时间曲线和仿热力致死时间曲线横过一个对数循环时所需改变的温度，所以对 Z 值较大的细菌及其芽孢，如采用与 Z 值较小的细菌及其芽孢相同的温度杀菌时，则效果就会变差。

F 值与 Z 值之间的关系可由式(2-1)～式(2-6)得到：

$$F=\tau\times 10^{\frac{t-121}{Z}} \tag{2-13}$$

(二) 低温对微生物的抑制作用

1. 微生物的耐冷性

微生物耐冷性因种类而异，一般球菌类比 G^- 杆菌更耐冷，而酵母和霉菌比细菌更耐冷。比如，观察在－20℃左右冻结贮藏的鱼贝类中的大肠菌群和肠球菌的生长发育状况，可以发现，大肠菌群将在冻藏中逐渐死亡，而肠球菌贮藏 370d 后几乎没有死亡。不同食品中微生物生长发育的最低温度见表 2-5。

表 2-5　微生物在食品介质中发育的最低温度（野中顺三九，1982）

食品	微生物	温度/℃	食品	微生物	温度/℃
肉类	霉菌、酵母	－5	柿子	酵母	－17.8
肉类	假单胞菌属	－7	冰淇淋	嗜冷菌	－20～－10
肉类	霉菌	－8	浓缩橘子汁	耐渗透酵母	－10
咸猪肉	嗜盐菌	－10	树梅	霉菌	－12.2
鱼类	细菌	－11			

由图 2-8 中可看出，袋装羊肉初始菌落约为 2.2×10^4 个/g。第 37 天后，在－15℃、－20℃及－25℃下贮藏时的菌落总数分别达到了 7×10^4、4×10^4、3×10^4 个。在冻藏过程中，细菌生长缓慢，在贮藏时间相同时，细菌在－15℃下的增长明显比－20℃、－25℃下快。

对于同种类的微生物，它们的耐冷性则随培养基组成、培养时间、冷却速度、冷却终温及初始菌数等因素而变化。一般培养时间短的细菌，耐冷性较差；冷却速度快，则细菌在冷

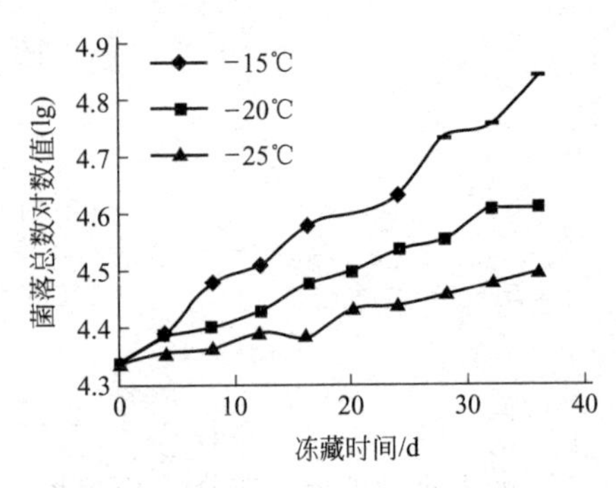

图 2-8　袋装羊肉菌落总数在不同贮藏温度下的变化（秦瑞昇，2006）

却初期死亡率大；冷冻开始时温度愈低则细菌死亡率愈高；在相同温度下冻结后，于不同温度下冻藏时，冻藏温度愈低，则细菌死亡愈少，见表 2-6。

如果食品 pH 较低或水分较多，则细菌耐冷性较差；如果食品中存在糖、盐、蛋白质、胶状物及脂肪等物质时，则可增强微生物耐冷性。由于大多数嗜冷性微生物为需氧微生物，因此，在缺氧环境下，微生物耐冷性很差。

2. 低温对微生物的抑制作用

如果将温度降低到最适生长温度以下，则微生物生长繁殖速度就会下降，它们之间的关系可用温度系数 Q_{10} 来表示。Q_{10} 随微生物种类而异，大多数嗜温性微生物的 Q_{10} 在 5～6 之间，而大多数嗜冷性微生物的 Q_{10} 为 1.5～4.4。因此，在降温幅度相同时，嗜温性微生物的生长繁殖速度下降得比嗜冷性微生物更大，也可说是受到的抑制作用更强。当微生物生长繁殖速度下降到零时的温度称做生物学零度（biological zero），通常为 0℃。但嗜冷性微生物的生物学零度远低于 0℃，可达－12℃甚至更低。

表 2-6　冻藏温度对大肠菌死亡的影响（－70℃下冻结）（朱植人，1978）

冻藏温度/℃	冻藏时间/d		
	11	25	42
－20	417000 个	315000 个	367000 个
－10	314000 个	35000 个	111000 个
－5	45800 个	5500 个	8300 个
－2	17300 个	—	160 个

虽然处于生物学零度下的微生物不能生长繁殖，但也不会死亡。De-Jong 曾指出，产气乳杆菌即使在－190℃的液化空气和－253℃的液氧中，仍不会死亡。因此，低温只是抑制微生物的生长繁殖，是抗菌作用而非杀菌作用。

尽管如此，当微生物所处环境温度突然急速降低时，部分微生物将会死亡。此现象称做冷冲击或低温休克（cold shock）。但是，不同微生物对低温休克的敏感性不一样，G^- 细菌比 G^+ 细菌强，嗜温性菌比嗜冷性菌强。对于同一菌株，则降温幅度越大，降温速度越快，低温休克效果越强烈。低温休克的机理尚未完全明了，可能与细胞膜、DNA 的损伤有关。

另外，冻结和解冻也会引起微生物细胞损伤及细菌总数减少。受到损伤的微生物是否死亡，与是否存在肽、氨基酸、葡萄糖、柠檬酸、苹果酸等成分以及温度、pH 值、渗透压、紫外线等外部条件的改变有关。受损伤菌摄取上述成分后即可复原，如缺少上述成分，则会死亡。受损伤菌对上述外部条件的改变非常敏感，极易因此而死亡。冻结和解冻引起的微生物损伤及细菌总数减少还与冻结和解冻速度有较大关系。一般缓慢冻结或解冻所引起的微生物细胞损伤更严重，细菌总数减少得更多，而快速冻结或解冻则相反。

虽然不少微生物能在低温下生长繁殖，但是，它们分解食品引起腐败的能力已非常微弱，甚至已完全丧失。比如荧光假单胞菌、黄色杆菌及无色杆菌等，虽然在 0℃以下仍可继续生长繁殖，但对碳水化合物的发酵作用，在－3℃时需 120d 才可测出，而在－6.5℃下则完全停止。对蛋白质的分解作用，在－3℃时需 46d 才能测出，而在－6.5℃下则已停止。这也正是低温可以保持食品品质的原因或者说低温保藏的基础。

二、温度与酶的关系

(一) 高温对酶活性的钝化作用及酶的热变性

酶活性和稳定性与温度之间有密切关系。在较低温度范围内，随着温度升高，酶活性也增加。通常，大多数酶在30～40℃的范围内显示最大活性，而高于此范围的温度将使酶失活。酶活性（酶催化反应速率）和酶失活速率与温度之间的关系均可用温度系数Q_{10}表示。前者的Q_{10}一般为2～3，而后者的Q_{10}在临界温度范围内可达100。因此，随着温度提高，酶催化反应速率和失活速率同时增大，但是由于它们在临界温度范围内的Q_{10}不同，后者较大，因此，在某个关键性温度下，失活速率将超过催化速率，此时的温度即酶活性的最适温度。不过要指出的是，任何酶的最适温度都不是固定的，而是受到pH、共存盐类等因素的影响。

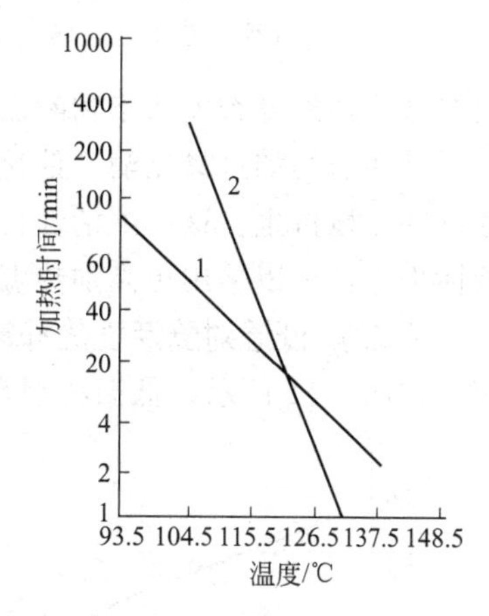

图2-9　过氧化酶的热失活时间曲线（野中順三九，1982）

1—过氧化酶；2—细菌芽孢

与细菌热力致死时间曲线相似，也可以作出酶热失活时间曲线。因此，同样可以用D值、F值及Z值来表示酶的耐热性。其中D值表示在某个恒定温度下使酶失去其原有活性的90%时所需要的时间。Z值是使热失活时间曲线横过一个对数循环所需改变的温度。F值是指在某个特定温度和不变环境条件下使某种酶活性完全丧失所需时间。过氧化酶的热失活时间曲线如图2-9所示，从图中可以看出，过氧化酶的Z值大于细菌芽孢的Z值，这表明升高温度对酶活性的损害比对细菌芽孢的损害更轻。

另外，对于温度与酶催化反应速率之间的关系，还可用Arrhenius方程来定量地描述：

$$k=Ae^{\frac{E_a}{RT}} \tag{2-14}$$

式中　k——反应速率常数；

E_a——活化能；

A——频率因子或Arrhenius因子。

式(2-14)两边取对数即得：

$$\lg k=\lg A-\frac{E_a}{2.3RT} \tag{2-15}$$

尽管E_a与温度有关，但是在一个温度变化较小的范围内考察温度对催化反应速率的影响时，$\lg k$与$1/T$之间呈直线关系。

温度对酶的稳定性和对酶催化反应速率的影响如图2-10和图2-11所示，从图中可以清楚地看出，当温度超过40℃后，酶将迅速失活。另外，温度超过最适温度后，酶催化反应速率急剧降低。

酶耐热性因种类不同而有较大差异。比如，牛肝过氧化氢酶在35℃时即不稳定，而核糖核酸酶在100℃下，其活力仍可保持几分钟。虽然大多数与食品加工有关的酶在45℃以上时即逐渐失活，但乳碱性磷酸酶和植物过氧化物酶在pH中性条件下相当耐热，在加热处理时，其他酶和微生物大都在这两种酶失活前就已被破坏，因此，在乳品工业和果蔬加工时常

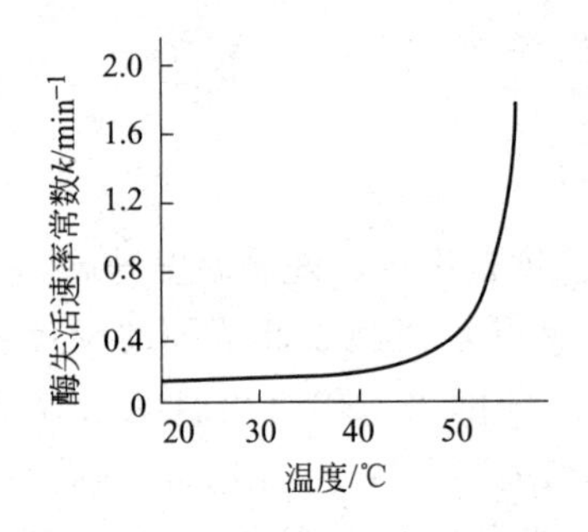

图 2-10　温度对酶稳定性的影响
（须山三千三，1992）

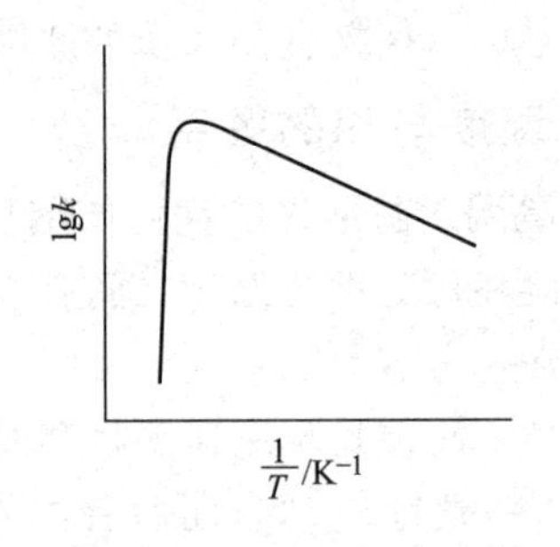

图 2-11　温度对酶催化反应速率常数的影响（菲尼马，1991）

根据这两种酶是否失活来判断巴氏杀菌和热烫是否充分。

某些酶类如过氧化酶、催化酶、碱性磷酸酶和脂酶等，在热钝化后的一段时间内，其活性可部分地再生。这种酶活性再生是由于酶的活性部分从变性蛋白质中分离出来。为了防止活性再生，可以采用更高加热温度或延长热处理时间。

（二）低温对酶活性的抑制作用

如图 2-12 所示，低温特别是冻结将对酶的活性产生抑制作用。从图 2-12 中还可看出，在低温（小于 0℃）范围内，某些酶如过氧化物酶就开始偏离 Arrhenius 的直线关系。但另一些酶如过氧化物酶的辅基血红素的催化活力在低温下遵循 Arrhenius 直线关系。

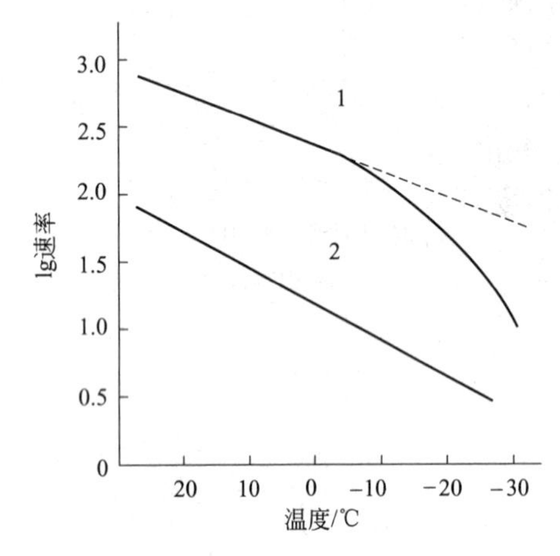

图 2-12　温度对血红素和过氧化物酶催化愈创木酚氧化反应速率的影响（王璋，1990）
1—过氧化物酶；2—血红素

酶活性在低温下也可能会增强。例如在快速冻结的马铃薯和缓慢冻结的豌豆中的过氧化氢酶活性在−5～−0.8℃范围内会提高。冻结究竟是使酶活性降低还是提高，与最初介质组成、冻结速度和程度、冻结浓缩效应、环境黏度以及反应体系的复杂程度等因素有关。

低温对酶活性的抑制作用因酶的种类而有明显差异。比如脱氢酶活性会受到冻结的强烈抑制，而转化酶、脂酶、脂氧化酶、过氧化酶、组织蛋白酶及果胶水解酶等许多酶类，即使在冻结条件也能继续活动。其中，脂酶和脂氧化酶的耐冷性尤其强大，它们甚至在−29℃的温度下仍可催化磷脂产生游离脂肪酸。这说明有些酶的耐冷性强于细菌，因此，由酶造成的食品变质，可在产酶微生物不能活动的更低温度下发生。有些速冻制品为了将冷冻、冷藏和解冻过程中因酶作用导致的食品不良变化降低到最低限度，采用先热处理的方法破坏酶活性，然后再冻制。

此外，在某些情况下，酶类经过冻结和解冻后的活性，比原来的活性要高些或低些。Nord 认为，当生物胶体颗粒浓度低于 1％时胶体颗粒会破裂，酶活性即上升。而当生物胶体颗粒浓度超过 1.5％时，会积聚成大颗粒，酶活性即降低。在某些解冻后的组织内，当酶从细胞体析出而与相邻基质作反常接触时，酶活性比在新鲜产品内还要大。

三、温度与其他变质因素的关系

引起食品变质的原因除了微生物及酶促反应外，还有其他一些因素，如氧化作用、生理作用、蒸发作用、机械损害、低温冷害等，其中较典型的例子是油脂酸败。油脂与空气直接接触，发生氧化反应，生成醛、酮、酸、内酯、醚等物质；并且油脂本身黏度增加，密度增加，出现令人不愉快的“哈喇”味，称为油脂酸败。维生素 C 被氧化成脱氢维生素，继续分解，生成二酮古洛糖酸，失去维生素 C 的生理作用。番茄色素是由八个异戊二烯结合而成，由于其中含有较多共轭双键，故易氧化。胡萝卜色素类也有类似反应。

无论是细菌、霉菌、酵母菌等微生物引起的食品变质，还是由酶和其他因素引起的变质，在低温环境下，都可以延缓或减弱，但低温并不能完全抑制它们的作用，即使在低于冻结点的低温下进行长期贮藏的食品，其质量仍然有所下降。

此外，在冻结、贮藏过程中食品内冰晶生成、长大也会对食品产生一定损害，使食品品质下降。

第二节　水分活度对食品变质腐败的抑制作用

一、有关水分活度的基本概念

1. 水分活度

人们早已认识到食品含水量与其腐败变质之间有一定关系。比如新鲜鱼要比鱼干更容易腐败变质。但是，人们也发现许多具有相同水分含量的不同食品之间的腐败变质情况存在明显差异。其原因在于水与食品非水成分之间结合强度不同，参与强烈结合的水或者说结合水是不能为微生物生长和生化反应所利用的水，因此，水分含量作为衡量腐败变质的指标是不可靠的。有鉴于此，提出了水分活度这一概念。

水分活度是指某种食品体系中，水蒸气分压与相同温度下纯水的蒸汽压之比，以 A_w 表示，即：

$$A_w=\frac{p}{p_0} \tag{2-16}$$

式中　p——食品的水蒸气分压，Pa；

p_0——相同温度下纯水的蒸汽压，Pa。

显然，从理论上说，A_w 值在 0～1 之间。大多数新鲜食品的 A_w 在 0.95～1.00 之间。另外，水分活度还有一个重要特性，即它在数值上与食品所处环境的平衡相对湿度相等。比如，某种食品与相对湿度为 85%的湿空气之间处于平衡状态时，则该食品的 A_w 为 0.85。

食品的水分活度受到许多因素的影响，主要有食品组成、温度、添加剂等。如果食品的水溶液中含有两种或两种以上的溶质，且它们之间存在盐溶作用时，则会使 A_w 增大；而它们之间存在盐析作用时，则会使 A_w 减小。添加糖类、盐类及甘油等物质，将使食品的 A_w 减小。温度与 A_w 之间的关系可用 Clausius-Clapeyron 方程来表示：

$$\frac{d\ln A_w}{d(1/H)}=\frac{-\Delta H}{R} \tag{2-17}$$

式中　T——热力学温度；

R——气体常数；

ΔH——在食品含水量下的等量吸附热。

如以 $1/T$ 为横轴、以 $\ln A_w$ 为纵轴，可得到直线关系。不同水分含量时天然马铃薯淀粉的 $\ln A_w$-$1/T$ 的关系如图 2-13 所示，从图中可以看出，在各种水分含量时和在 2～40℃范围内，水分活度与温度之间均存在良好线性关系。另外还可看出，含水量越低时，温度对水分活度的影响越大。高碳水化合物或高蛋白质食品的 A_w 的温度系数（温度范围为 278～323K）为 0.003～0.02K^{-1}。由于温度改变会引起食品 A_w 变化，因此，温度改变将影响密封袋内或罐内食品的稳定性。

应该指出，A_w 与温度的直线关系并非在任何温度范围内都是如此。当温度降到冰点时，$\ln A_w$-$1/T$ 之关系将会出现明显折点。另外，温度对冰点以下食品 A_w 的影响与冰点以上的情况有明显不同。其一，在冰点以上时，A_w 是食品组成和温度的函数，且前者是主要因素；而在冰点以下时，A_w 与食品组成无关，仅为温度的函数。其二，冰点之上或冰点之下的 A_w 对食品稳定性具有不同意义。比如，同是 A_w 为 0.86，当食品温度为－15℃时，微生物生长停止，化学反应也极缓慢；而当食品温度为 20℃时，微生物仍可生长，化学反应也将快速进行。

2. 水分吸附等温线

在恒定温度下，食品水分含量与其水分活度之间的关系称为水分吸附等温线。该曲线的形状与食品种类有关，典型水分吸附等温线为逆 S 形，如图 2-14 所示。而含有较多糖类及其他可溶性小分子但其他高聚物含量较少的食品如水果、糖果及咖啡提取物等的水分吸附等温线为 J 形。

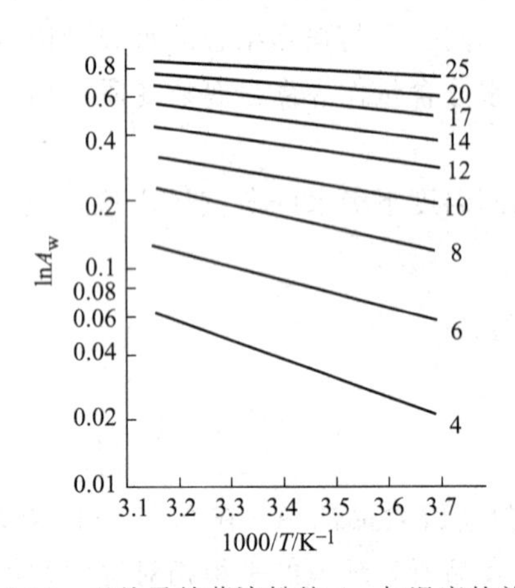

图 2-13 天然马铃薯淀粉的 A_w 与温度的关系（水分含量——g 水/g 干淀粉）（王璋，1990）

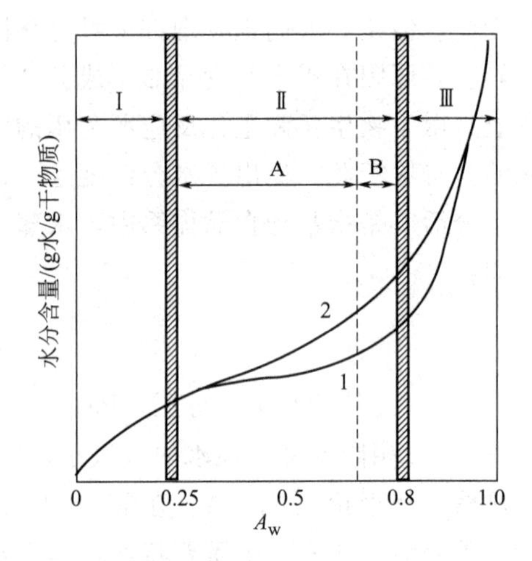

图 2-14 水分吸收等温线与滞后现象

1—水分吸附等温线；2—水分解吸等温线

为了深刻理解吸附等温线的意义和用途，可将等温线分成如图 2-14 所示的三个区域。处在三个不同区域中的水，其性质有很大差异，因而对食品稳定性的影响也有明显不同。

处于Ⅰ区的水被最牢固地吸附着，是食品中最难迁移的水。这部分水是通过水-离子或水-偶极相互作用被吸附到可接近的极性部位。它的蒸发焓比纯水的蒸发焓大得多，而且在－40℃下不结冰。实际上，它可以简单地看做是食品固形物的一部分。Ⅰ区域的水占新鲜食品总水分含量的极小比例。

区域Ⅱ的水也称为多层水，可分为 A、B 两部分，A 部分的水又被称做单层结合水，它以等摩尔比与高极性基团相结合，是与干物质最牢固结合的最大水量。单层结合水的多少因食品种类而异，可用B. E. T方程来计算。该方程式如下：

$$\frac{p}{m(p_0-p)}=\frac{1}{m_0c}+\frac{c-1}{m_0c}\times\frac{p}{p_0} \tag{2-18}$$

式中　m——在水蒸气压 p 时每100g干物质所含水分质量，g；

p——食品水蒸气压；

p_0——相同温度下纯水蒸气压；

m_0——100g干物质上所吸附的单分子层水的质量，g；

c——与吸收热有关的常数。

B部分水接近体相水，主要是通过与相邻水分子和溶质分子缔合，它的流动性比体相水稍差，其中大部分在−40℃不能冻结，可对溶质产生显著增塑作用。区域Ⅱ的水可以引起溶解过程，使反应物质流动，因而加快了大多数反应的速率。

区域Ⅲ的水称为体相水，是食品中结合得最弱、流动性最大的水。如果是在凝胶和细胞体系中，体相水被物理截留，因此不能产生宏观上的流动。此时体相水也叫截留水。如果在溶液或其他体系中，体相水可以自由流动，因此也被称为游离水。体相水与纯水具有相近的蒸发焓，可以结冰，也可以作为溶剂，能被微生物和化学反应利用。

区域Ⅰ和区域Ⅱ的水仅占生鲜食品总含水量的5%左右，区域Ⅲ的水量很大，占生鲜食品总含水量的95%左右。

由于 A_w 与温度有关，因此水分吸附等温线也与温度有关。当食品含水量一定时，温度升高则水分吸附等温线向横轴移动。

另外，有一个与吸附有关的现象值得引起重视，那就是许多食品的水分吸附等温线与其解吸等温线不重叠，这种现象称为“滞后”，如图2-14所示。滞后环的大小、起点、终点等与食品的性质、吸附或解吸时所产生的物理变化、温度、解吸速度及解吸过程中除去的水分多少等因素有关。一般当 A_w 值一定时，解吸过程中食品含水量总是大于吸附过程中的含水量。Labuza等人发现，由于存在滞后现象，为使微生物停止生长，有时由解吸制得产品的 A_w 必须大大低于吸附制得产品的 A_w。

二、水分活度与微生物的关系

1. 微生物生长和水分活度的关系

实验表明，微生物生长需要一定的水分活度，过高或过低的 A_w 不利于它们生长。微生物生长所需 A_w 因种类而异，如图2-15和图2-16所示，从图中不难看出，多数霉菌在 A_w0.90时可以生长，而大多数细菌在 A_w0.93时即不能生长。同是霉菌，它们的耐干燥能力也因菌种而异。比如根霉、毛霉等在 A_w 低于0.9时完全不能生长发芽，而耐干霉菌即便在 A_w 降低到0.70以下也可生长。通常，大多数霉菌的最低生长 A_w 为0.80左右。酵母耐干燥能力介于细菌和霉菌之间。大多数酵母最低生长 A_w 在0.88～0.91之间。

另外，环境条件影响微生物生长所需的水分活度。一般而言，环境条件越差（如营养物质、pH、O_2、压力及温度等），微生物能够生长的水分活度下限越高。各种因素处于最适条件时，则微生物生长的 A_w 范围将变宽。

水分活度能改变微生物对热、光线和化学物质的敏感性。一般在高水分活度时微生物最敏感，在中等水分活度时最不敏感，水分活度与微生物物理灭菌的关系如图2-17。

2. 微生物耐热性和水分活度的关系

微生物耐热性因环境水分活度不同而有差异。比如，将嗜热脂肪芽孢梭菌的冻结干燥芽

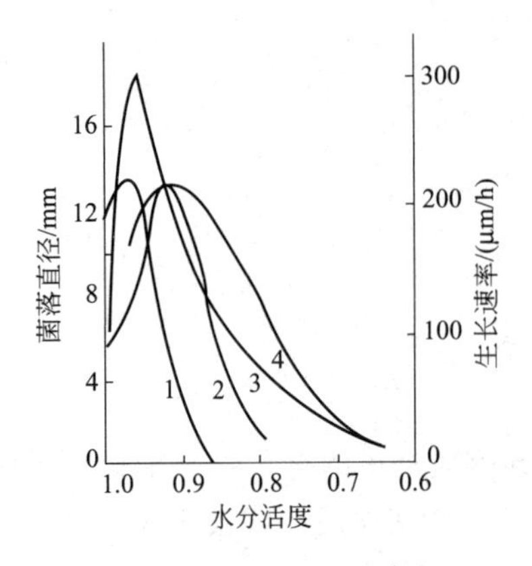

图 2-15　霉菌生长速率与 A_w 之关系（野中順三九，1982）

1—20℃黑曲霉的生长（菌落直径）；
2—20℃灰绿曲霉的生长（菌落直径）；
3—25℃安氏曲霉的生长（菌丝长度）；
4—耐干霉的生长（菌丝长度）

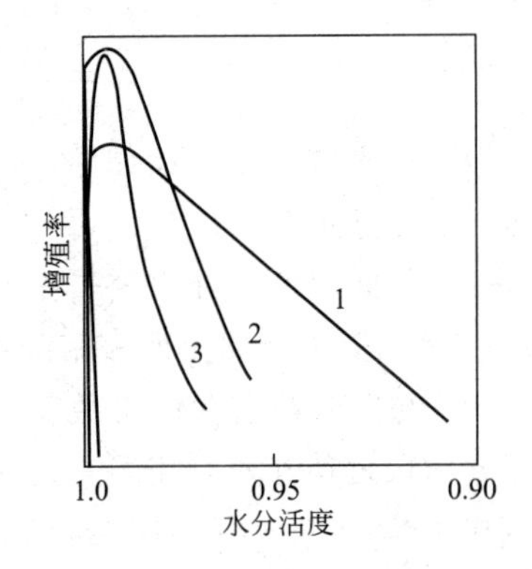

图 2-16　细菌生长速率和 A_w 的关系（野中順三九，1982）

1—30℃金黄色葡萄球菌；2—30℃纽波特沙门氏菌；3—30℃梅氏弧菌

孢置于不同相对湿度的空气中加热，以观察其耐热性，结果以 A_w 为 0.2～0.4 之间为最高。而且很有意思的是 A_w 在 1.0～0.80 之间时，随 A_w 的下降微生物耐热性也降低，其原因尚未明确。

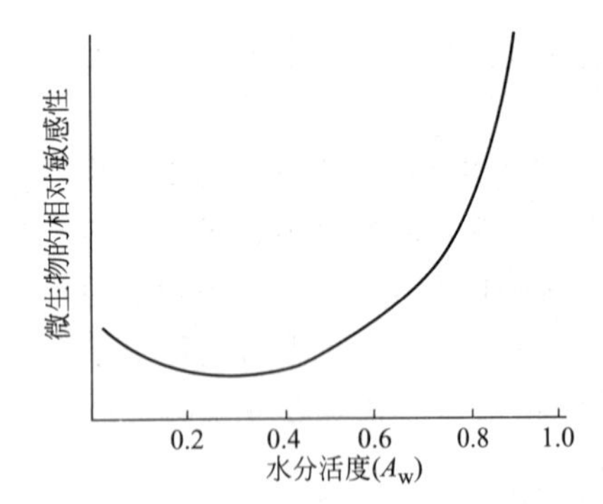

图 2-17　微生物对物理灭菌的敏感性与水分活度的关系（卞科，1997）

霉菌孢子耐热性则随 A_w 的降低而呈增大的倾向。

3. 细菌芽孢形成及毒素产生和水分活度的关系

细菌芽孢形成一般需要比营养细胞发育所需的 A_w 更高些。比如，用蔗糖和食盐来调节培养基的 A_w，可发现突破芽孢梭菌发芽发育的最低 A_w 为 0.96，而要形成完全的芽孢，则在相同培养基中，A_w 必须高于 0.98。

毒素产生量也与水分活度有关。当水分活度低于某个值时，毒素产生量会急剧降低甚至不产生毒素。以金黄色葡萄球菌 C-243 株产生肠毒素 B 与培养基 A_w 之关系为例，当水分活度低于 0.96 时，金黄色葡萄球菌几乎不产生肠毒素 B。

三、水分活度与酶的关系

酶活性与水分活度之间存在一定关系。当水分活度在中等偏上范围内增大时，酶活性也逐渐增大。相反，减小 A_w 则会抑制酶活性。脂酶活性与 A_w 的关系如图 2-18 所示，由图可见，当水分活度低于单分子层水值时，脂酶实际上不起作用。随着 A_w 的增大，脂酶活性也逐渐增加，当 A_w 超过 0.7 左右时（也即存在较多的Ⅲ区域水或体相水），酶活性迅速增加。这说明，酶要起作用，必须在最低 A_w 以上才行。最低 A_w 与酶种类、食品种类、温度及 pH 等因素有关。比如同是大麦磷脂分解酶，磷脂酶 D 的最低 A_w 为 0.45，而磷脂酶 B 的最低 A_w 为 0.55。

另外，局部效应在酶活性与 A_w 关系中也起一定作用。局部效应是指食品某个局部的水分子存在状态将影响酶活性。比如，在面团糊与淀粉酶的混合系中，虽然在 A_w 小于 0.70

时，淀粉不分解，但是当把富含毛细管的物质加入该混合系时，只要 A_w 达到 0.46，面团就会发生酶解反应。

酶稳定性也与 A_w 存在较密切的关系。一般在低 A_w 时，酶稳定性较高。燕麦脂酶热稳定性与 A_w 的关系如图 2-19 所示，从图中看出，脂酶起始失活温度随含水量增加而降低。这就说明，酶在湿热状态下比在干热状态下更易失活。因此为了控制干制品中酶的活动，应在干制前对食品进行湿热处理，达到使酶失活的目的。为了鉴定干制品中残留酶的活性，可用过氧化物酶作为指示酶判断酶失活程度。

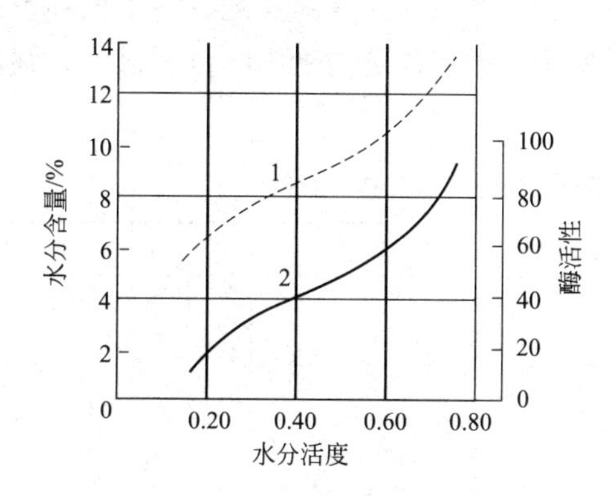

图 2-18　25℃下脂酶活性与 A_w 之关系（Acker，1969）

1—水分吸附等温线；2—酶活性曲线

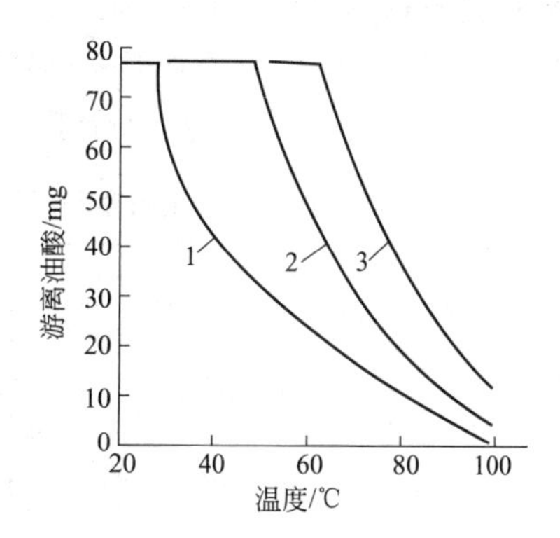

图 2-19　A_w 对黑麦脂酶热稳定性的影响（Acker，1969）

1—含水量 23%；2—含水量 17%；3—含水量 10%

四、水分活度与其他变质因素的关系

氧化作用是普遍存在于食品中的一种化学变质现象。氧化作用快慢与 A_w 之间有密切关系。这可用脱水猪肉脂质氧化与 A_w 之间的关系来加以说明，如图 2-20 所示，由图可知，当 A_w 为 0.21 及 0.51 时，脂质的氧化速率最小；而 A_w 为 0 及 0.75 时，氧化速率加快。

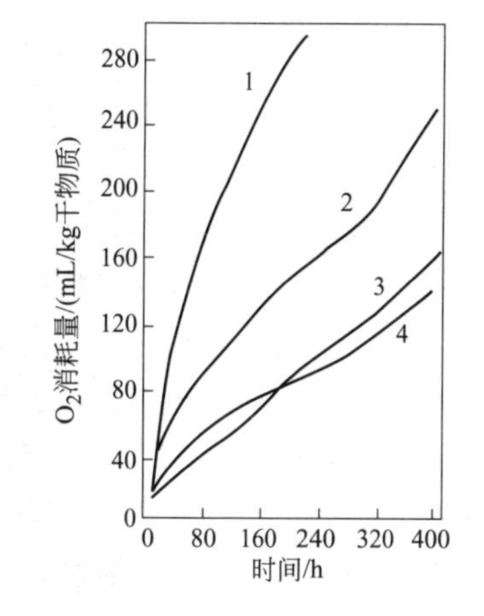

图 2-20　37℃下猪肉的脂质氧化与 A_w 的关系（野中順三九，1982）

1—A_w=0.75；2—A_w=0；3—A_w=0.51；4—A_w=0.21

上述现象可作如下解释：当水分活度为 0.20～0.51 时，由于水与金属离子发生水化作用而显著降低了金属催化剂的催化活性，且由于与氢过氧化物结合使自由基消失，同时阻止氧与大分子活性基团接触，从而减慢了脂类氧化速率。当水分活度逐渐升高时，由于食品体系中的金属催化剂流动性提高，氧溶解度增加，大分子吸水胀润而暴露更多的催化部位，从而使氧化速率加快。但是，当水分活度继续升高到大于 0.80 后，由于催化剂被稀释，氧化速率将有所下降。当水分活度低于 0.2（或单分子层水值）时，由于食品中的水分尚不足与全部极性基团等摩尔结合，从而为它们提供保护作用，使之免受氧分子攻击，因此氧化速率将加快。

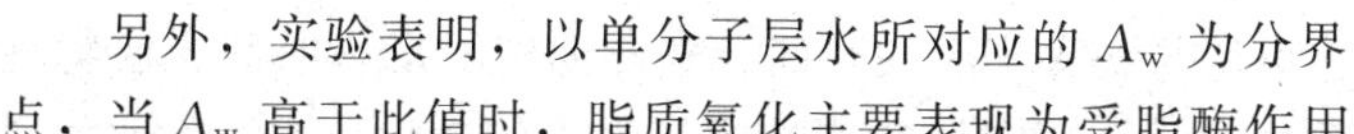

另外，实验表明，以单分子层水所对应的 A_w 为分界点，当 A_w 高于此值时，脂质氧化主要表现为受脂酶作用，使游离脂肪酸增加；而当 A_w 低于此值时，则脂质氧化主要表现为自动氧化反应，使过氧化值急剧增大。

还有一点应指出的是，当存在类胡萝卜素这样含有较多共轭双键的不饱和化合物时，它与饱和油脂之间可以引起共轭氧化，从而加快氧化反应速率。

第三节 pH对食品变质腐败的抑制作用

一、pH与微生物的关系

每一种微生物的生长繁殖都需要适宜pH值。一般绝大多数微生物在pH6.6～7.5的环境中生长繁殖速度最快，而在pH低于4.0时，则难以生长繁殖，甚至会死亡。不同种类微生物生长所需的pH值范围有很大差异，如表2-7所示。霉菌能适应的pH范围最大，细菌能适应的pH范围最小，而酵母介于两者之间。

表2-7 微生物生长的最低、最高及最适pH值（扈文盛，1989）

微生物	最低	最高	最适
大肠杆菌	4.3	9.5	6.0～8.0
伤寒沙门氏菌	4.0	9.6	6.8～7.2
痢疾志贺氏菌	4.5	9.6	7.0
枯草杆菌	4.5	8.5	6.0～7.5
乳酸菌	3.2	10.4	6.5～7.0
金黄葡萄球菌	4.0	9.8	7.0
肉毒芽孢梭菌	4.8	8.2	6.5
产气荚膜芽孢梭菌	5.4	8.7	7.0
霉菌	0～1.5	11.0	3.8～6.0
酵母	1.5～2.5	8.5	4.0～5.8

微生物生长的pH值范围并不是一成不变的，它还要取决于其他因素的影响。比如乳酸菌生长的最低pH值取决于所用酸的种类，在柠檬酸、盐酸、磷酸、酒石酸等酸中生长的最低pH值比在乙酸或乳酸中低。在0.2mol/L NaCl的环境中，粪产碱杆菌生长的pH范围比没有NaCl或在0.2mol/L柠檬酸钠时更宽。

在超过其生长的pH值范围的环境中，微生物生长繁殖受到抑制，甚至会死亡，其原因是pH对微生物酶系统功能和细胞营养物质的吸收有影响。正常微生物细胞质膜上带有一定电荷，它有助于某些营养物质吸收。当细胞质膜上的电荷性质因受环境H^+浓度改变的影响而改变后，微生物吸收营养物质的机能也发生改变，从而影响了细胞正常物质代谢的进行。微生物酶系统的功能只有在一定pH值范围内才能充分发挥，如果pH偏离了此范围，则酶催化能力就会减弱甚至消失，这就必然影响微生物的正常代谢活动。

另外，强酸或强碱均可引起微生物的蛋白质和核酸水解，从而破坏微生物的酶系统和细胞结构，引起微生物死亡。改变食品介质的pH值从而抑制或杀死微生物，是用某些酸、碱化合物作为防腐剂来保藏食品的化学保藏法的基础。

二、pH与酶的关系

酶活性受其所处环境pH值的影响，只有在某个狭窄范围内时，酶才表现出最大活性，该pH值即是酶的最适pH。在低于或高于此最适pH的环境中，酶活性将降低甚至会丧失。但是，酶最适pH并非酶的属性，它不仅与酶种类有关，而且还随温度、反应时间、底物性质及浓度、缓冲液性质及浓度、介质的离子强度和酶制剂纯度等因素的变化而改变。比如胃蛋白酶在30℃时最适pH为2.5，而在0℃时最适pH为0～10。又如多黏芽孢杆菌中性蛋白酶的最适 pH 在 20℃时为 7.2 左右，在 45℃时则为 6 左右。

pH 变化与酶活性之间的关系如图 2-21 所示，从图中看到，酶不仅存在最适 pH，还存在一个可逆失活性的 pH 范围。这在通过改变介质 pH 以达到保藏目的的食品保藏中是必须注意的问题。

另外，pH 还会显著地影响酶的热稳定性。一般酶在等电点附近的 pH 条件下热稳定性最高，而高于或低于此值的 pH 都将使酶的热稳定性降低。比如豌豆脂氧化酶在 65℃下加热时，如果 pH 为 6（等电点附近），则其 D 值为 400min；如果 pH 为 4 或 8 时，则其 D 值下降到 3.1min。

三、pH 与其他变质因素的关系

蛋白质类食品加热之后易产生 NH_3 及 H_2S 等化合物。这些化合物的产生量一般在中性到碱性 pH 范围内比较多，而在 pH4.5 以下，实际上不产生 H_2S 等化合物。羊肉、牛肉、猪肉等加热过程中 H_2S 产生量与 pH 的关系如图 2-22 所示，从图中可以看出，H_2S 产生量在 pH 超过 7.0 时急速增加，到 pH11.2 附近时达到最大值，随后又急剧减少。

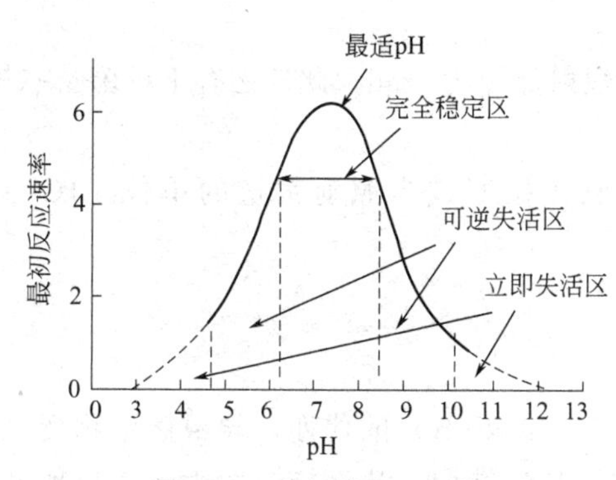

图 2-21　酶活性和 pH 的关系（王璋，1990）

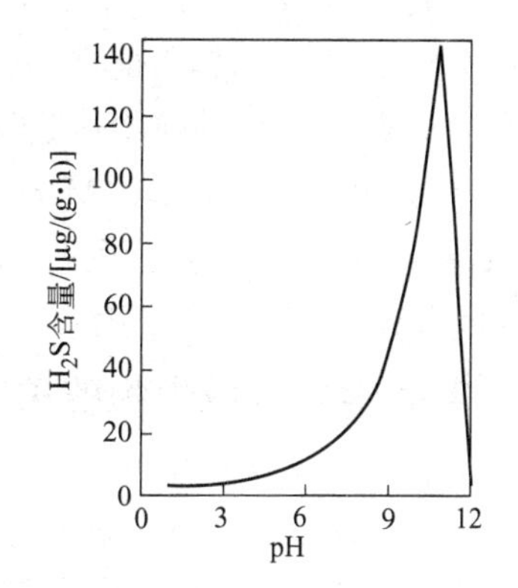

图 2-22　羊肉、牛肉、猪肉加热产生 H_2S 与 pH 的关系（Johson，1964）

在软体动物和甲壳类罐头、油浸金枪鱼等罐头类食品中，常会出现透明的坚硬结晶——磷酸镁铵结晶。这种结晶在 pH6.0 以下的酸性环境中可完全溶解，pH6.3 以上则逐渐变成不溶化，在碱性条件下则完全不溶。

在腌制火腿、咸肉时常用亚硝酸盐作为发色剂。但亚硝酸盐易与亚胺化合生成致癌物质亚硝胺。而亚硝胺生成与 pH 有很大关系，在 pH 中性附近时，不会生成亚硝胺。但在强酸性条件下容易生成亚硝胺。

第四节　电离辐射对食品变质腐败的抑制作用

一、有关辐射的基本概念

1. 辐射线种类及其特性

在电磁波谱中存在不同波长的射线，如 X 射线、α 射线、β 射线及 γ 射线等，由于它们均具有一定杀菌作用，因而可用于食品保藏。

X 射线是指波长在 100～150nm 之间的电磁波，是通过用高速电子在真空管内轰击重金属靶标而产生的。X 射线的穿透能力比紫外线强，但效率较低。因此，X 射线在食品上的应用主要是试验性的。

α 射线、β 射线及 γ 射线是放射性同位素放出的射线。α 射线是高速运动的氦核，具有很强的电离作用，但穿透能力极弱，在到达被照射物体之前，即可能被空气分子吸收，因此不能用于食品杀菌。β 射线是高速运动的电子束，电离作用比 α 射线弱，但穿透力比 α 射线强。γ 射线是波长非常短的电磁波束，是从 ^{60}Co 和 ^{137}Cs 等元素被激发的核中发射出来的，具有较高能量，穿透物体的能力相当强，但电离能力比 α 射线、β 射线弱。由于 α 射线、β 射线及 γ 射线辐射物体后能使之产生电离作用，因而又称为电离辐射。

2. 辐射计量单位

有多种单位曾经或正在用来定量地表示辐射强度和辐射剂量大小。

① 伦琴（Röntgen）：在标准状况（0℃，1.0133×10^{5} Pa）下，使每 $1cm^3$ 干空气产生 2.08×10^{9} 个离子对或形成一个正电或负电的静电单位所需辐射量。

② 电子伏特（eV）：即 1 个电子在真空中通过电压 1V 的电场被加速时所获得的能量。在空气中产生 1 个离子对约需 32.5eV。1eV 相当于 1.6×10^{-19}J 的能量。

③ 物理伦琴当量或伦普（rep）：用于表示被辐射物体吸收的辐射能。每 $1cm^3$ 食品或软组织吸收 9.3×10^{-6}J 的辐射能即为 1 伦普。

④ 拉德（rad）：1g 任何物体吸收 1×10^{-5}J 的辐射能即为 1rad。此外还有千拉德及兆拉德等单位。1krad＝1 000rad，1Mrad＝10^{6} rad。

⑤ 戈瑞（Gray）：目前，戈瑞（Gy）已逐渐取代拉德成为照射剂量的单位。1Gy＝100rad＝1J/kg，1kGy＝10^{5} rad。

二、电离辐射与微生物的关系

1. 电离辐射的杀菌作用

离子辐射一方面直接破坏微生物遗传因子（DNA 和 RNA）的代谢，导致微生物死亡，另一方面通过离子化作用产生自由基，影响微生物细胞的结构，从而抑制微生物生长繁殖。离子辐射杀菌与加热杀菌不同，前者在杀菌处理时，食品温度并不升高，因此，也称为冷杀菌。

离子辐射杀菌用于食品时，有不同的目的。有时是为了长期保藏食品，有时是为了消毒，有时是为了减少细菌污染程度等。不同目的所需照射剂量也不同，见表 2-8。

表 2-8　离子辐射用于不同目的时所需照射剂量

食品	主要目的	达到目的的方法	照射剂量/Gy
肉、鸡肉、鱼肉等	不需低温的长期保藏	杀灭腐败菌、病原菌	4.0～6.0
肉、鸡肉、鱼肉等	3℃以下延长贮藏期	耐冷细菌的减少	0.5～1.0
冻肉、鸡肉及蛋类	防止中毒	杀灭沙门氏菌	3～10
生鲜及干燥水果等	防止虫害及贮藏损失	杀虫或使其丧失繁殖力	0.1～0.5
水果、蔬菜	改善保藏性	减少霉菌、酵母，延长成熟	1～5
根茎类植物	延长贮藏期	防止发芽	0.05～0.15
香辛料及其他辅料	减少细菌污染	减少菌数	10～30

2. 影响辐射杀菌效果的因素

辐射杀菌效果除了与辐射线种类、辐射剂量有关外，还要受到微生物种类、微生物数量、介质组成、氧存在与否、微生物生理阶段等因素的影响。

（1）微生物的种类　不同微生物对辐射的抵抗力有很大差别。一般革兰氏阳性菌比革兰氏阴性菌抗辐射能力更强。除少数例外，产孢子菌比非产孢子菌的抗辐射力更强。在产孢子菌中，larvae 芽孢杆菌比其他绝大多数需氧芽孢菌更抗辐射。肉毒芽孢梭菌 A 型的孢子在所有芽孢梭菌的孢子中抗辐射力最强。在非产孢子菌中，粪便肠球菌 R53、小球菌、金黄色葡萄球菌及单一发酵的乳酸杆菌是抗辐射力最强的细菌。在革兰氏阴性细菌中，假单胞菌和黄色杆菌是对辐射最敏感的细菌。酵母和霉菌的抗辐射力一般都比革兰氏阳性菌强，而酵母比霉菌更耐辐射。某些假丝酵母菌株的抗辐射力甚至与某些细菌的芽孢不相上下。

一般细菌抗辐射力与其耐热性是平行的。但也有例外，比如嗜热脂肪芽孢杆菌，它的耐热性极强，但对辐射却极为敏感；而对热相当敏感的小球菌，却具有很强的抗辐射力。

微生物抗辐射力可用 D_m 值来衡量。D_m 即使活菌数减少 90%（或减少一个对数周期）所需辐射剂量。不同微生物的 D_m 值见表 2-9。

表 2-9　微生物的抗辐射力（D_m）(无锡轻工业学院、天津轻工业学院合编，1983)

菌种	基质	D_m/Mrad	菌种	基质	D_m/Mrad
肉毒杆菌 A 型	牛肉(pH 大于 4.6)	0.40	肉毒杆菌 B 型	缓冲液	0.33
短小芽孢杆菌	缓冲液,厌氧	0.30	短小芽孢杆菌	缓冲液,需氧	0.17
产气荚膜杆菌	肉汤	0.21～0.24	肉毒杆菌 E 型	肉汤	0.20
嗜热脂肪芽孢杆菌	缓冲液,需氧	0.10	大肠杆菌	肉汤	0.02
枯草杆菌	缓冲液	0.20～0.25	假单胞菌	缓冲液,需氧	0.004
啤酒酵母	缓冲液	0.20～0.25	米曲霉	缓冲液	0.043

根据表 2-9 所提供的 D_m 值，对于抗辐射力最强的肉毒杆菌 A、B 型，要达到 12D 的杀菌要求，则照射剂量为 4.8Mrad。但当介质 pH 低于 4.6 时，肉毒杆菌的作用变得次要了，而其他腐败菌起主要作用，按 12D 杀菌要求，照射剂量在 2.4Mrad 左右即可。

(2) 最初污染菌数　与加热杀菌效果相似，最初污染菌数越多，则辐射杀菌效果越差。

(3) 介质组成　一般微生物在缓冲液中比在含蛋白质的介质中对辐射更敏感。产气荚膜杆菌在磷酸盐缓冲液中的 D_m 值为 2.3kGy，而在煮肉汁中的 D_m 值为 3kGy。因此，蛋白质能增强细菌的抗辐射力。另外，有实验表明，亚硝酸盐能使细菌内生孢子对辐射更敏感。

(4) 氧气　微生物在缺氧条件下比在有氧条件下抗辐射力更强。如果完全除去埃希氏杆菌细胞悬浮液中的氧，那么其抗辐射力可增大 3 倍。另外，添加还原剂如—SH 基化合物与缺氧条件一样能增大微生物的抗辐射力。

(5) 食品的物理状态　微生物在潮湿食品中比在脱水食品中更敏感，这显然是由于离子射线对水辐射作用的结果。微生物在冻结状态下比非冻结状态下更耐辐射。在－196℃下 γ 射线照射碎牛肉时，对微生物的致死效力比在 0℃时下降 47%。这是由于冻结对水分子的固定作用所致。

(6) 菌龄　不同生长阶段的细菌具有不同的抗辐射能力。在缓慢生长期的细菌具有最强的抗辐射力。进入对数期后，细菌抗辐射力逐渐下降，并在对数期末降到最低。

(7) 温度　食品温度越低，反应速率越慢，这是因为低温或冻结状态阻止了自由基的扩散和反应能力。所以，低温下辐射可以阻止或减缓辐射分解，有效防止因辐射食品而产生的异味及口味变化，减少营养成分损失，提高辐射食品质量。

三、电离辐射与酶的关系

辐射可以破坏蛋白质构象，因而能使酶失活。但是，使酶完全失活所需照射剂量比杀死微生物所需剂量要大得多。酶抗辐射力可用 D_E 值表示。绝大多数食品酶类的抗辐射力比肉毒杆菌孢子强，其 D_E 值一般在 5Mrad 左右。一般 $4D_E$ 值的照射剂量可使酶几乎完全破坏，已发现多数食品酶对辐射的抵抗力甚至大于肉毒芽孢杆菌孢子，这给食品辐照灭酶保藏带来一定的限制，近 20Mrad 的照射剂量将严重破坏食品成分并可能产生不安全因素。因此，在以破坏酶活性为主的食品保藏中，单独使用辐射是不合适的。此时可采用加热与辐射、辐射与冻结等相结合的处理方法。

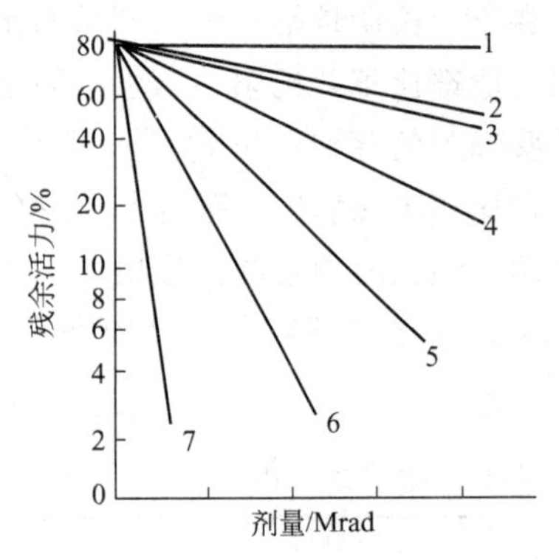

图 2-23　不同条件下胰蛋白酶的辐射失活（王璋，1990）

1—干胰蛋白酶；
2—每毫升溶液 10mg 胰蛋白酶，pH8 和－18℃；
3—每毫升溶液 80mg 胰蛋白酶，pH8 和室温；
4—每毫升溶液 10mg 胰蛋白酶，pH2.6 和－18℃；
5—每毫升溶液 80mg 胰蛋白酶，pH2.6 和室温；
6—每毫升溶液 10mg 胰蛋白酶，pH2.6 和室温；
7—每毫升溶液 1mg 胰蛋白酶，pH2.6 和室温

酶对辐射的抵抗力受酶种类、水分活度、温度、pH 值、酶浓度及纯度、O_2 存在与否等因素的影响。

在缺氧及干燥状态下，大多数酶抗辐射力大致相同。但是，当酶处于稀溶液中照射时，其失活情况变化较大。如图 2-23 所示，胰蛋白酶在干燥状态下抗辐射力最强，因为此时起作用的仅仅是辐射的直接效应。在有水存在时，酶失活程度较高，因为此时起作用的不仅有辐射的直接效应，更重要的是水辐解和生成的自由基引起的间接效应。

在潮湿环境中，不同酶在抗辐射力方面存在很大差别。过氧化氢酶抗辐射力是羧肽酶的 60 倍左右。在活性部位含有特异的、敏感的官能团的酶如含有半胱氨酸巯基的木瓜蛋白酶，对于水辐解产生的自由基的失活作用特别敏感。

一般在一定限度内，酶浓度越低，破坏相同百分数的最初酶活力所需照射剂量就越小，此现象被称为稀释效应。纯度低的酶通常比纯度高的酶更能抵抗辐射的损害。氧存在会增大酶对辐射的敏感性，这可能是由于形成了不稳定中间物——蛋白质过氧化物的结果。pH 对酶的抗辐射力有一定影响，但这种影响很难准确预测。

一般酶抗辐射力随温度升高而降低。对于冷冻体系，辐射对酶的损害很小，这是由于在此体系中自由基是固定化的。在食品体系中，上述许多因素是相互影响的，因而辐射对处于食品体系中酶的作用与对纯酶的作用往往是不同的。在组织中，酶区域化、水分活度、其他细胞组分（特别是作为自由基的清除剂）的保护作用等，都会在相当程度上影响辐射对酶的作用。总之，酶所处环境条件越复杂，酶辐照敏感性越低。存在于含有大量蛋白质或胶体的食品复杂体系中的酶，通常需大剂量辐照才能将其钝化。

四、电离辐射与其他变质因素的关系

电离辐射除对微生物和酶产生辐射效应外，还可对其他变质因素产生影响，最常见的就是电离辐射可引发间接作用，使食品发生化学变化。一般认为由电离辐照使食品成分发生变化的基本过程有初级辐照和次级辐照。初级辐照是指辐照使物质形成了离子、激发态分子或分子碎片，也称为直接效应。例如食品色泽变化或组织变化可能是由于 γ 射线或高能 β 粒子与特殊的色素或蛋白质分子发生直接效应引起的。次级辐照是指由初级辐照产物相互作用，形成与原物质成分不同的化合物。故将这种次级辐照引起的化学效果称为间接效应。初级辐照一般无特殊条件，而次级辐照与温度、水分、含氧等条件有关。氧气经辐照能产生臭氧。

氮气和氧气混合后经辐照能形成氮的氧化物，溶于水可生成硝酸等化合物。可见，在空气和氧气中辐照食品时臭氧和氮的氧化物的影响也足以使食品发生化学变化。

除以上作用外，辐射还可抑制果蔬发芽、调节果蔬呼吸和后熟作用、抑制乙烯的生物合成、延缓果蔬衰老等。

第五节　其他因素对食品变质腐败的抑制作用

一、超高压

超高压保藏就是将食品物料以某种方式包装后，置于超高压（100～1000MPa）下加压处理，导致食品中微生物和酶活性丧失，从而延长食品保藏期。

一般超高压可降低微生物生长和繁殖速率，超高压还可引起微生物死亡。大多数微生物能够在20～30MPa下生长，但超过60MPa时大多数微生物的生长繁殖受到抑制。在压力作用下，细胞膜的双分子层结构被破坏，通透性增加，细胞功能遭到破坏，细胞壁也会因发生机械断裂而松弛，细胞受到破坏，从而破坏微生物生长活动，达到保持食品品质的目的。

100～300MPa的压力引起的蛋白质变性是可逆的，超过300MPa则是不可逆的。超高压条件下，酶内部分子结构发生变化，同时活性部位上的构象发生变化，从而导致酶失活。超高压效应除与压力有关外，还受pH、底物浓度、酶亚单元结构以及温度的影响。

受到超高压影响的生物化学反应主要表现在反应物发生体积增减变化上。压力对反应物产生影响主要通过两方面，即减小有效分子空间和加速键间反应。

蛋白质分子结构伸展在5℃下贮藏的牛奶中至少持续8d。蛋白质分子结构伸展引起其功能改变。超高压抑制发酵反应，高压发酵产物与常压发酵有较大差异。牛奶在70MPa下放置12d不会变酸。酸乳在10℃、200～300MPa下处理10min，可以使乳酸菌保持在发酵终止时的菌数，避免贮藏中发酵而引起酸度上升。食品在进行超高压杀菌时所处温度、食品种类、溶液浓度和pH值等都对杀菌效果有影响。在超高压处理糖液杀菌时，当糖液浓度为30%时，用500MPa高压处理时可杀死糖液中的杂菌；糖液浓度为40%时杀菌效果减弱；糖液浓度达到50%时则完全没有杀菌效果。糖种类对高压杀菌效果的影响也不相同，一般蔗糖＞果糖＞葡萄糖。盐类对加压杀菌有显著保护作用，能降低杀菌效果。因此在加压杀菌时除注意以上因素外，还应注意蛋白质浓度、表面活性物质等因素，以免影响杀菌效果。

二、渗透压

渗透压是引起溶液发生渗透的压强，在数值上等于原溶液液面上施加恰好能阻止溶剂进入溶液的机械压强，也就是等于渗透作用停止时半渗透膜两边溶液的压力差。溶液愈浓，溶液的渗透压强愈大。

提高食品渗透压时，微生物细胞内的水分就会渗透到细胞外，引起微生物细胞发生质壁分离，导致微生物生长活动停止，甚至死亡，从而使食品得以长期保藏。

应用高渗原理保藏的食品主要有腌制品和糖制品。一般来说，盐浓度在0.9%以下左右时，微生物生长活动不会受到影响。当盐浓度为1%～3%时，大多数微生物就会受到暂时性抑制。多数杆菌在超过10%的盐浓度时即不能生长，抑制球菌生长的盐浓度在15%，抑制霉菌生长的盐浓度则需要20%～25%。

由于糖的相对分子质量比食盐的相对分子质量大，所以要达到相同渗透压，糖制时需要的溶液浓度就要比盐制时高得多。一般1%～10%的糖溶液会促进某些微生物的生长，50%

的糖溶液会阻止大多数酵母的生长，65%的糖溶液可抑制细菌，而80%的糖溶液才可抑制霉菌。

三、烟熏

利用熏烟控制食品变质腐败有着悠久历史，可以追溯到公元前。食品烟熏是在腌制基础上利用木材不完全燃烧时产生的烟气熏制食品的方法。它可赋予食品特殊风味并延长其保藏期。食品烟熏主要用于动物性食品的制作，如肉制品、禽制品和鱼类制品，某些植物性食品也可采用烟熏，如豆制品（熏干）和干果（乌枣）。

烟熏之所以能防止食品腐败变质，与熏烟的化学成分有密切关系。熏烟成分比较复杂，但主要包括酚、醛、有机酸、醇、羰基化合物、烃等。烟熏中酚类、醛类和有机酸类物质杀菌作用较强。由于熏烟渗入制品深度有限，因而只对产品外表面有抑菌作用。经熏制后表面微生物可减少1/10。有机酸与肉中的氨、胺等碱性物质中和，由于其本身的酸性而使肉酸性增强，从而抑制腐败菌生长繁殖。醛类一般具有防腐性，特别是甲醛，不仅具有防腐性，而且还与蛋白质或氨基酸的游离氨基结合，使碱性减弱，酸性增强，进而增加防腐作用。

熏烟中许多成分具有抗氧化作用。研究发现，经烟熏液浸渍、涂抹处理和对照组鱼片在贮藏24d后，其TBA值分别达到0.45mg/kg、0.51mg/kg、0.9mg/kg，证明烟熏液具有抗氧化能力。熏烟中抗氧化作用最强的是酚类及其衍生物，其中以邻苯二酚和邻苯三酚及其衍生物作用尤为显著。熏烟的抗氧化作用可以较好地保护脂溶性维生素不被破坏。

四、气体成分

空气正常组成是N_2 78%、O_2 21%、CO_2 0.03%、其他气体约1%。在各种气体成分中，O_2对食品质量变化的影响最大，如果蔬呼吸作用、维生素氧化、脂肪酸败等都与O_2有关。在低氧条件下，上述氧化反应的速率变慢，有利于食品保藏。气体成分对食品保藏影响的研究和实践主要集中在果蔬气调贮藏上，即在适宜冷藏条件下，根据果蔬自身特性，降低O_2和增加CO_2浓度，降低果蔬呼吸速率和乙烯释放量，延缓果蔬成熟和衰老进程，保持食品品质，增强果蔬抗病性，延长贮藏期和货架期。

采用改变气体条件的方法，一方面可以限制需氧微生物生长，另一方面可以减少营养成分氧化损失。近年来，改变气体组成除了主要应用于果蔬贮藏保鲜外，在食品生产中如密封、脱气（罐头、饮料）、脱氧包装、充氮包装、真空包装、在包装中使用脱氧剂等也广泛应用。新含气调理食品，采用低强度杀菌处理（加工处理）减菌，如蔬菜、肉类和水产品每1g原料含菌10^5～10^6个，经减菌处理，使之降至10～10^2个/g，然后改变气体条件，抽出氧气，充入氮气，置换率达到99%，保藏效果较好，货架期可达到6～12个月。

五、发酵

在人类生存环境中总是有各种各样的微生物存在，它们与人类生活、生产有着密切关系。它们既有不利的一面，当条件适宜时，可引起食品腐败变质，引起动植物和人类的病害等；又有有利的一面，例如生产发酵食品以及用于食品保藏。食品发酵作用主要表现在乳酸发酵、乙醇发酵和醋酸发酵等。利用此方法保藏食品，其代谢物的积累需达到一定程度方可，如乳酸需0.7%以上，醋酸1%～2%，酒精10%以上。

发酵在延长保藏期、抑制食品腐败变质的同时，还为人类提供了花色品种繁多的食品，如酿酒、制酱、腌酸菜、面包发酵、干酪、豆腐乳、酱油、食醋、味精等。微生物通过发酵作用可分泌降解人体所不能消化吸收物质的酶，合成一些营养物质（如维生素、短肽、有机酸等)，并改善食品质构。另外，在制药行业中，微生物发酵还可以用来生产抗生素等。

六、包装

食品在生产、贮藏、流通和消费过程中，导致食品发生不良变化的作用有微生物作用、生理生化作用、化学作用和物理作用等。影响这些作用的因素有水分、温度、湿度、氧气和光线等。而对食品采取包装措施，不但可以有效地控制这些不利因素对食品质量的损害，而且还可给食品生产者、经营者及消费者带来很大方便和利益。

1. 食品包装与材料

食品包装是指用合适包装材料、容器、工艺、装潢、结构设计等手段将食品包裹和装饰，以便在食品加工、运输、贮藏和销售过程中保持食品品质和增加其商品价值。包装是食品产后增值和保藏的重要手段，也是食品流通不可缺少的环节。

食品包装材料是指用于包装食品的一切材料，包括纸、塑料、金属、玻璃、陶瓷、木材及各种合适的材料以及由它们所制成的各种包装容器等。一般食品包装材料应具有以下性质。

① 对包装食品的保护性。食品包装材料应有合适的阻隔性如防水性、遮光性、隔热性等和稳定性如耐水性、耐油性、耐腐蚀性、耐光性、耐热性、耐寒性等。

② 足够的机械强度。应具有一定的拉伸强度、撕裂强度、破裂强度、抗冲击强度和延伸率等。

③ 合适的加工特性。便于机械化、自动化操作，便于加工成所需形状，便于印刷和密封。

④ 卫生和安全性。材料本身无毒，与食品成分不起反应，不因老化而产生毒性，不含有毒添加物。

⑤ 方便性。要求重量轻，携带运输方便，开启食用方便，还要有利于材料回收，减少环境污染。

⑥ 经济性。如价格低廉，便于生产、运输和贮藏等。

通常所说的食品包装是指以销售为目的，与食品一起到达消费者手中的销售包装，也包括食品工业或其他行业用的工业包装。只要经商品流通渠道销售，包装食品就需要有食品标签。食品标签是指预包装食品容器上的文字、图形、符号以及一切说明物。标签必须标注的基本内容为：食品名称，配料表，净含量，制造者、经销者的名称和地址，日期标志和贮藏指南，质量等级，产品标准号及特殊标注内容。推荐标注的内容有：产品批号，食用方法，热量和营养素等。另外，食品标签要符合销售国（地区）的标签法规。

2. 食品包装对食品保藏的影响

采用合适包装能防止或减轻食品在贮运、销售过程中发生的质量下降。

(1) 防止微生物及其引起的食品变质　利用包装可将食品与环境隔离，防止外界微生物侵入食品。采用隔绝性能好的密封包装，配合其他杀菌保藏方法，如控制包装内不同气体组成与浓度，降低氧浓度，提高二氧化碳浓度或以惰性气体代替空气成分，可抑制包装内残存微生物的生长繁殖，延长食品保藏期。

(2) 防止化学因素引起的食品变质　在直射光、有氧环境下，食品中的脂肪、色素等物质将会发生各种化学反应，引起食品变质。选用隔氧性能高、遮挡光线和紫外线的包装材料进行包装，可减轻或防止这种变化。

(3) 防止物理因素引起的食品变质　干燥或焙烤食品容易吸收环境中的水分而变质；新

鲜水果或蔬菜中的水分易蒸发而变质。为了防止这种变化，需选用隔气性好的防湿包装材料或其他防湿包装。

（4）防止机械损坏　采用合适包装材料及包装设计，可以避免或减轻食品在贮运、销售过程中发生摩擦、振动、冲击等机械力造成的食品质量下降。

（5）防盗与防伪　采用防盗、防伪包装及标识，并在包装结构设计及包装工艺上进行改进，如采用防盗盖、防盗封条、防伪全息摄影标签、收缩包装、集装运输等，均有利于防盗防伪。

3. 隔绝性食品包装

（1）食品的防氧包装　受氧气影响较大的食品，需选择防氧性能较好的包装材料，或采用真空包装、脱氧包装或气体置换包装，形成低氧状态，以延长或保证食品品质。

真空包装即在真空状态下封口，可在常温下进行。真空包装能迅速降低包装内氧浓度，降低食品变质速度，同时抑制有害生物的生长繁殖，延长食品保质期。

气体置换包装是采用不活泼气体，如氮气、二氧化碳或它们的混合物，置换包装内部的活泼气体（如氧和乙烯等）。气体置换包装就要根据不同食品的保藏要求采用不同的气体组成，也要考虑包装材料的气密性和适应性。如用于果蔬、粮食等生机食品保藏，就要采用非密封性的气体置换包装。

进行真空或气体置换包装尚不能完全去除包装内的微量氧气。对氧特别敏感的食品需采用脱氧包装。利用连二亚硫酸钠系、铁系脱氧剂的氧化作用可消耗包装内的微量氧气。连二亚硫酸钠在水作用下生成硫酸钠，可除去包装中的微量氧。铁系脱氧剂脱氧速度虽比连二亚硫酸钠慢，但其吸氧能力较强，如铁粉、碳酸铁型脱氧剂是用85%的碳酸铁作为CO_2形成剂（5.5g），小于100目的还原铁粉（0.05g）、食盐（0.003g）、水（0.0025g）为配料，将上述混合物热封于一透气性袋中，放在100mL容器中，经7d后，容器中O_2含量下降至0.1%以下，CO_2量上升并稳定在38.9%。表2-10列出了最新的氧清除剂，可以用于氧吸附型活性包装，以提高食品保藏品质。

表 2-10　氧清除剂及其特性（赵艳云，2013）

吸附氧活性物质	作用机理	清除率	氧清除能力
α-生育酚、氯化铁	二价铁氧化消耗氧气	0.11 mL O_2/(g·d)	6.72 mL O_2/g
铁粉、羟基丁二酸、芯吸剂	铁粉氧化及物理吸附	—	72 h 内氧气可被全部清除
铁高岭石	氧化反应及物理吸附	—	4.3 mL O_2/g
解淀粉芽孢杆菌的内生孢子	活性孢子消耗氧气	0.10 mL O_2/(g·d)	全部清除
木质素磺酸盐、漆酶	氧气在漆酶的作用下还原成水	—	几乎全部清除

注："—"表示文章中未给出相关数据。

（2）食品防湿包装　食品防湿包装包括两方面：一是防止包装内食品从环境中吸收水分，二是防止包装内食品水分丧失。前者多用于加工食品，后者多指新鲜食品或原料。食品保藏的理想湿度条件与环境湿度相差越大，则对包装的阻湿性要求越高。

选择隔湿性包装材料，既要考虑材料的透湿性和透湿系数，也要考虑材料的密封性和经济性，根据包装食品的保藏要求、保质期等合理选择。从阻湿性方面说，金属、玻璃材料是最优良的包装材料；而塑料及其复合材料，其阻湿性能依材料而异，变化较大。PVDC（聚偏二氯乙烯）具有较强的防止水蒸气透过和防止氧气渗透能力，又具有易热封合的特点，可单独或复合成膜，用于食品防湿包装。此外，PE（聚乙烯）、PP（聚丙烯）及铝箔等以复合膜使用，可显著改善其性能。

对湿度特别敏感的食品，除采用防湿包装外，也可采用内藏吸湿剂的防湿包装。防湿包装中的吸湿剂不能与食品直接接触，以免污染食品。常用吸湿剂有氯化钙和硅胶等。氯化钙装在纸袋里，有较强吸湿作用，但在高湿下容易从纸袋中渗出而污染食品。现在多采用硅胶，在硅胶中添加钴之后变成蓝色，这种蓝色吸湿剂具有吸水后逐渐变色的特征（由蓝变粉红）。因此，可依据颜色变化了解其吸湿状况。该吸湿剂尚可通过干热（121℃）再生。传统湿度控制型包装是将干燥剂分装后置于包装容器中。目前的新技术是将干燥剂添加到高分子材料中，通过挤压成型将干燥剂镶嵌到包装材料内，可将包装袋内的水分活度降低到 0.7 以下。

吸湿剂种类不同，不同环境下的吸湿效率和吸湿量也不同，且吸湿剂仅是一种辅助防湿方法，其使用也受到一定限制。对于水分含量多的食品，使用吸湿剂就显得无意义。不过，像紫菜或酥脆饼干等只要吸收极少水分就能引起物性变化的食品，使用吸湿剂效果较好。

（3）食品隔光包装　光可以催化许多化学反应，进而影响食品贮存品质。光可促进油脂氧化，产生复杂氧化腐败产物。光能引起植物类产品的绿色、黄色和红色素发生变色，还能引起鱼虾类中的虾青素、虾黄素等发生变色。某些维生素对光敏感，如核黄素暴露在光下很容易失去其营养价值。

多数包装材料在可见光范围内光的透过量变化不大，但在紫外光波长范围内差异较大。减少包装材料的光透过量或增加包装材料的反射光量，是隔光材料选用的主要依据。在包装材料制造过程中加入燃料或采用隔光涂料，可大大降低透明包装材料的光透过量。采用涂敷聚偏二氯乙烯材料或用铝、纸等隔光性能较好的材料制造复合膜，可将光透过量降至最低程度。在包装装潢设计中，印刷颜色可降低光的透过性，许多食品的二级或二级以上的包装或运输包装（如纸板箱等）都有一定隔光性。

4. 活性包装和智能包装

活性包装和智能包装是两类新型包装形式。根据 Actipak 的定义，活性包装是通过改变包装食品环境条件来延长其货架期或者改善其安全性和感官特性，同时保持食品品质不变；智能包装是通过监测包装食品环境条件，提供在运输和贮藏期间包装食品品质的信息，保证食品保藏中的安全性。这两类包装的特点如表 2-11 所示。

表 2-11　活性包装与智能包装的特点（赵艳云，2013）

项目	活性包装	智能包装
方法	添加活性剂(如气体吸收剂、释放剂,抗菌剂,抗氧化剂等)	利用包装材料本身特有的结构或物质特性对环境及食品新鲜程度进行监控
目的	保证和提高食品质量,延长货架期	监控食品是否新鲜或包装条件是否符合贮藏条件
类型	氧吸附型、二氧化碳吸附/释放型、乙烯吸附/释放型、抗菌型、湿度调节型和温度调节型	时间-温度指示型、氧气指示型、密封-泄漏指示型、新鲜/成熟指示型
优点	可延长货架期,维持或提高食品品质	指示食品货架期内是否新鲜
缺点	活性物质向食品中迁移,产生安全问题	不能保证和维持食品品质

近年来，欧美等发达国家正在大力研究和开发抗菌型包装材料和系统，表 2-12 列出了包装材料中常用的抗菌剂，它们可直接添加到高分子聚合物中使用，其中生物酶常被固定在聚合物表面或以固定化酶的形式在包装材料中使用。研究表明，百里香酚在支链淀粉膜中可明显抑制金黄色葡萄球菌的生长，将该涂膜用于水果保鲜，在 4 ℃条件下橘子和苹果分别保藏 7 d 和 14 d 后，表面没有可见的微生物生长。

表 2-12 抗菌型包装中常用的抗菌剂及应用（赵艳云，2013；Appendini，2002）

抗菌剂	包装材料	目标微生物	应用范围
有机酸（山梨酸钾、醋酸、乳酸、丙酸、苹果酸等）	可食性膜、低密度聚乙烯	霉菌	奶酪，饮料
金属及其氧化物（银离子、二氧化硅、二氧化钛等）	聚烯烃类包装材料	细菌	各类食品
生物酶（溶菌酶、葡萄糖氧化酶）	醋酸纤维素类包装材料	革兰氏阳性菌	肉类、乳制品、果蔬
植物精油（葡萄籽提取物、大蒜油等）	醋酸纤维素类包装材料、低密度聚乙烯	霉菌、酵母、细菌	鲜切果蔬
细菌素（乳酸链球菌素、那他霉素）	可食性膜、低密度聚乙烯、醋酸纤维素类包装材料	革兰氏阳性菌、细菌、真菌	奶酪、肉制品、果蔬

纳米保鲜材料、纳米抗菌材料、纳米阻隔材料等新型材料在食品包装中得到了发展和应用。在食品包装中常用纳米材料见表 2-13。纳米 TiO_2 是有机材料改性中应用最为活跃的无机纳米材料之一，它除具有纳米材料的小尺寸效应、量子效应、表面效应、界面效应这四大效应外，还具有无毒、抗菌、防紫外线、超亲水等特性。

表 2-13 食品包装中常用的纳米材料（赵艳云，2013）

纳米材料	包装材料	作用
蒙脱土	壳聚糖、玉米醇溶蛋白、聚丙烯	增强剂
纳米二氧化硅	骨明胶	增强剂、抗菌剂
纳米银	聚乙烯醇	抗菌剂
纳米 TiO_2	聚乙烯、聚丙烯	抗菌剂
碳纤维管	聚乙烯醇、聚丙烯、聚乳酸	增强剂、抗菌剂

七、栅栏技术

1. 栅栏技术概念的提出

栅栏技术应用于食品保藏是德国肉类研究中心 Leistner（1976）提出的，他把食品防腐方法或原理归结为高温处理（F）、低温冷藏（t）、降低水分活度（A_w）、酸化（pH）、降低氧化还原电势（Eh）、添加防腐剂（P_{res}）、竞争性菌群及辐照等因子的作用，将这些因子称为栅栏因子（hurdle factor）。国内也将栅栏技术和栅栏因子相应译为障碍技术和障碍因子。栅栏保藏技术就是将上述栅栏因子两个或两个以上组合在一起用于保藏食品的技术。

2. 栅栏效应

在保藏食品的数个栅栏因子中，它们单独或相互作用，形成特有的防止食品腐败变质的“栅栏”（hurdle），使存在于食品中的微生物不能逾越这些“栅栏”，这种食品从微生物学角度考虑是稳定和安全的，这就是所谓的栅栏效应（hurdle effect）。通过图 2-24 中的几个模式图，可以比较形象、全面地认识和理解栅栏效应。

例 1： 理论化栅栏效应模式。某一食品内含同等强度的 6 个栅栏因子，即图 2-24 中所示的抛物线几乎为同样高度，残存微生物最终未能逾越这些栅栏。因此，该食品是可贮藏的，并且是卫生安全的。

例 2： 较为实际型栅栏效应模式。这种食品防腐是基于几个强度不同的栅栏因子，其中起主要作用的栅栏因子是 A_w 和 P_{res}，即干燥脱水和添加防腐剂，低温贮藏、酸化和氧化还原电势为较次要的附加栅栏因子。

例 3： 初始菌数低的食品栅栏效应模式。例如无菌包装的鲜肉，只需少数栅栏因子即可有效地抑菌防腐。

例4和例5：初始菌数多或营养丰富的食品栅栏效应模式。微生物具有较强生长势能，各栅栏因子未能控制住微生物活动而使食品腐败变质；必须增强现有栅栏因子或增加新的栅栏因子，才能达到有效防腐。

例6：经过热处理而又杀菌不完全的食品栅栏效应模式。细菌芽孢尚未受到致死性损伤，但生存力已经减弱，因而只需较少而且作用强度较低的栅栏因子，就能有效地抑制其生长。

例7：栅栏顺序作用模式。在不同食品中，微生物稳定性是通过加工及贮藏过程中各栅栏因子之间以不同顺序作用来达到。本例为发酵香肠栅栏效应顺序，P_{res}栅栏随时间推移作用减弱，A_w栅栏成为保证产品保藏性的决定性因子。

例8：栅栏协同作用模式。食品栅栏因子之间具有协同作用，即两个或两个以上因子的协同作用强于多个因子单独作用的累加，关键是协同因子选配是否得当。

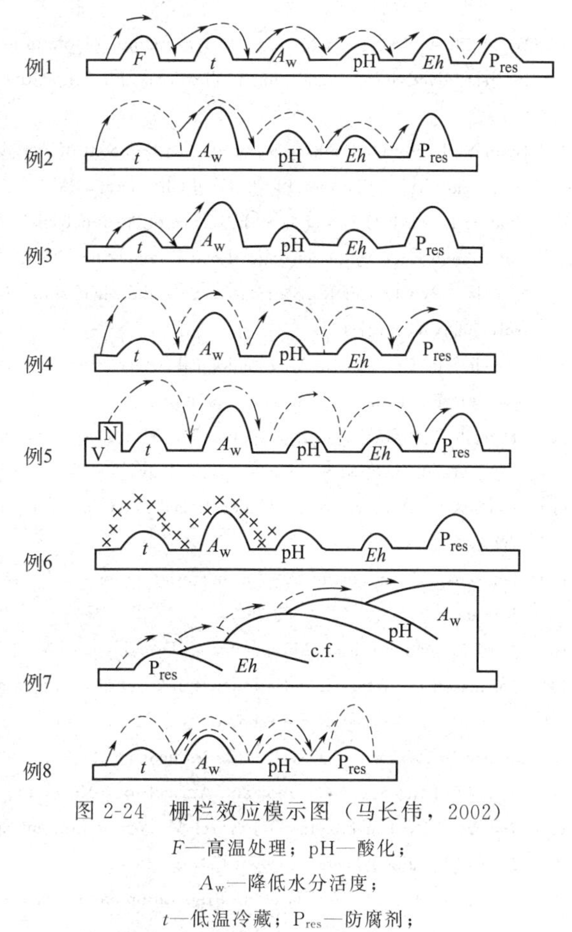

图2-24　栅栏效应模示图（马长伟，2002）

F—高温处理；pH—酸化；

A_w—降低水分活度；

t—低温冷藏；P_{res}—防腐剂；

Eh—降低氧化还原电势；c. f—竞争性菌群；

N—营养物；V—维生素

栅栏效应是食品能够保藏的基础，对一种可贮藏而卫生安全的食品，任何单一因子都可能不足以抑制微生物的危害，而A_w、pH、*t*、P_{res}等栅栏因子的复杂交互作用控制着微生物的腐败、产毒或有益发酵，这些因子对食品起着联合防腐保质作用。

食品防腐可利用的栅栏因子很多，但就每一类食品而言，起重要作用的因子可能只有几个，应通过科学分析和经验积累，准确地选择其中的关键因子，以构成有效的栅栏技术。

栅栏技术最初应用于食品加工和保藏，主要局限于控制引起食品腐败变质的微生物，后来逐渐将栅栏因子的作用扩大到抑制酶活性、改善食品的质量以及延长货架期等方面。现在栅栏技术已在果蔬加工和食品包装中广泛应用，而且在调理食品中也具有很大的应用前景。

参考文献

[1] Acker L W. Water Activity and Enzyme Activity [J]. Food Technology, 1969, 23 (10): 23-26.

[2] Anthierens T, Ragaert P, Verbrugghe S, et al. Use of endospore-forming bacteria as an active oxygen scavenger in plastic packaging materials [J]. Innovative Food Science & Emerging Technologies, 2011, 12 (4): 594-599.

[3] Appendini P, Hotchkiss J H. Review of antimicrobial food packaging [J]. Innovative Food Science & Emerging Technologies, 2002, 3 (2): 113-126.

[4] Belon C, Allonas X, Croutxé-barghorn C, et al. Overcoming the oxygen inhibition in the photopolymerization of acrylates: A study of the beneficial effect of triphenylphosphine [J]. Journal of Polymer Science Part A: Polymer Chemis-

try, 2010, 48 (11): 2462-2469.

[5] Busolo M A, Lagaron J M. Oxygen scavenging polyolefin nanocomposite films containing an iron modified kaolinite of interest in active food packaging applications [J]. Innovative Food Science & Emerging Technologies, 2012, 16: 211-217.

[6] Byun Y, Darby D, Cooksey K, et al. Development of oxygen scavenging system containing a natural free radical scavenger and a transition metal [J]. Food Chemistry, 2011, 124 (2): 615-619.

[7] Chan H L, Park H J, Lee D S. Influence of Antimicrobial Packaging on Kinetics of Spoilage Microbial Growth in Milk and Orange Juice [J]. Journal of Food Engineering, 2004, 65: 527-531.

[8] Chawla S P, Chander R, Sharma A. Safe and Shelf-stable Natural Casing Using Hurdle Technology [J]. Food Control, 2006, 17: 127-131.

[9] Chawla S P, Chander R. Microbiological Safety of Shelf-stable Meat Products Prepared by Employing Hurdle Technology [J]. Food Control, 2004, 15: 559-563.

[10] Dainelli D, Gontard N, Spyropoulos D, et al. Active and intelligent food packaging: legal aspects and safety concerns [J]. Trends in Food Science & Technology, 2008, 19: S103-S112.

[11] Douglas L A. Freezing: an Underutilized Food Safety Technology? [J]. International Journal of Food Microbiology, 2004, 90: 127-138.

[12] Gniewosz M, Synowiec A. Antibacterial activity of pullulan films containing thymol [J]. Flavour and Fragrance Journal, 2011, 26 (6): 389-395.

[13] Jay J M. Modern Food Microbiology (Fourth ed.) [M]. New York: Van Nostrand Reinhold, 1992.

[14] Johansson K, Winestrand S, Johansson C, et al. Oxygen-scavenging coatings and films based on lignosulfonates and laccase [J]. Journal of Biotechnology, 2012, 161 (1): 14-18.

[15] Johson A R, Vichery J R. Factors Influencing the Production of Hydrogen Sulphide from Meat during Heating [J]. Journal of the Science of Food and Agriculrure, 1964, 15: 695-701.

[16] Labuza T P, Tanenbaum S R, Karel M. Water Content and Stability of Low Moisture and Intermediate- Moisture Foods [J]. Food Technology , 1970, 3: 35-42.

[17] Lian Z X, Ma Z S, Wei J, et al. Preparation and characterization of immobilized lysozyme and evaluation of its application in edible coatings [J]. Process Biochemistry, 2012, 47 (2): 201-208.

[18] Lopez -de -Dicastillo C, Gallur M, Catala R, et al. Immobilization of β-cyclodextrin in ethylene -vinyl alcohol copolymer for active food packaging applications [J]. Journal of Membrane Science, 2010, 353 (1/2): 184-191.

[19] Matteo Gumiero, Donatella Peressini , Andrea Pizzariello, et al. Effect of TiO_2 photocatalytic activity in a HDPE-based food packaging on the structural and microbiological stability of a short-ripened cheese [J]. Food Chemistry, 2013, 138: 1633-1640.

[20] Norman N P, Joseph H H 著. 食品科学 [M]. 王璋, 钟芳, 徐良增译. 北京: 中国轻工业出版社, 2001.

[21] Rockland L B, Nishi S K. Influence of Water Activity on Food Product Quality and Stability [J]. Food Technology, 1980, 4: 42-51.

[22] Roos Y H. Water Activity and Physical State Effects on Amorphours Food Stability [J]. Journal of Food Processing and Preservation, 1993, 16: 433-447.

[23] Sajilata M G, Singhal R S. Effect of Irradiation and Storage on the Antioxidative Activity of Cashew Nuts [J]. Radiation Physics and Chemistry, 2006, 75: 297-300.

[24] Yam K L, Takhistov P T, Miltz J. Intelligent packaging: Concepts and applications [J]. Journal of Food Science, 2005, 70 (1): R1-R10.

[25] 鲍志英, 德力格尔桑. 超高压技术对病源微生物的杀灭作用 [J]. 饮料工业, 2004, 7 (2): 37-41.

[26] 卞科. 水分活度与食品储藏稳定的关系 [J]. 郑州粮食学院学报, 1997, 18 (4): 41-48.

[27] 菲尼马著. 食品化学 [M]. 王璋等译. 北京: 中国轻工业出版社, 1991.

[28] 傅玉颖, 张卫斌. 辐射技术及其在食品中的应用 [J]. 食品科学, 1999, 27 (11): 92-946.

[29] 扈文盛. 常用食品数据手册 [M]. 北京: 中国食品出版社, 1989.

[30] 李莉, 田建文, 关海宁. 微波加热技术在食品贮藏中的应用与发展 [J]. 保鲜与加工, 2006, 6 (3) : 13-15.

[31] 李艳霞，张水华，刘仲明，等. 超高压加工对荔枝果肉中两种品质酶的影响 [J]. 食品工业科技，2005，26（11）：49-52.
[32] 李迎秋，陈正行. 高压脉冲电场对食品微生物、酶及成分的影响 [J]. 食品工业科技，2005，26（11）：169-173.
[33] 刘士钢. 高压处理在食品保藏中的应用 [J]. 食品科学，1996，17（1）：20-22.
[34] 刘兴华，曾名湧，蒋予箭，等. 食品安全保藏学 [M]. 北京：中国轻工业出版社，2005.
[35] 马长伟，曾名湧. 食品工艺学导论 [M]. 北京：中国农业大学出版社，2002.
[36] 马宗华，王文韬. 栅栏技术在肉制品中的应用 [J]. 肉类工业，2004，5：19-21.
[37] 钱伯章. 纳米复合高阻隔聚酯专用料研制成功 [J]. 橡胶技术与装备，2008，34（9）：39.
[38] 秦瑞昇，谷雪莲，刘宝林，等. 冻藏温度对速冻羊肉品质影响的研究 [J]. 食品科学，2006，27（12）：92-96.
[39] 王璋. 食品酶学 [M]. 北京：轻工业出版社，1990.
[40] 夏文水. 食品工艺学 [M]. 北京：中国轻工业出版社，2007.
[41] 夏远景，薄纯智，张胜勇，等. 超高压食品处理技术 [J]. 食品与药品，2006，8（2）：62-67.
[42] 须山三千三，鸿章二编著. 水产食品学 [M]. 吴光红，洪玉箐，张金亮译. 上海：上海科学技术出版社，1992.
[43] 徐晓娟. 食品与药品包装中的纳米技术 [J]. 包装工程，2008，29（2）：191-194.
[44] 野中順三九，小泉千秋. 食品保藏学 [M]. 東京：恒星社厚生閣，1982.
[45] 尤新. 食品安全和食品防腐抗氧保鲜剂 [J]. 食品科技，2006，1：1-4.
[46] 袁志，王明力，王丽娟，等. 改性壳聚糖纳米 TiO2 复合保鲜膜透性的研究 [J]. 中国农学通报，2010，26（11）：67-72.
[47] 岳青，李昌文. 罐头食品杀菌时影响微生物耐热性的因素 [J]. 食品研究与开发，2007，128（10）：173-175.
[48] 曾名湧. 食品保藏原理与技术 [M]. 青岛：青岛海洋大学出版社，2000.
[49] 曾庆孝，芮汉明，李汴生. 食品加工与保藏原理 [M]. 北京：化学工业出版社，2002.
[50] 张方乐，朱志伟，曾庆孝. 不同烟熏液处理对罗非鱼片冷藏品质的影响 [J]. 食品工业科技，2011，32（7）：135-138.
[51] 张敏. 不同塑料包装材料对 MAP 猪肉品质的影响 [J]. 西南农业大学学报：自然科学版，2006，28（2）：201-204.
[52] 赵晋府. 食品技术原理 [M]. 北京：中国轻工业出版社，2002.
[53] 赵艳云，连紫璇，岳进. 食品包装的最新研究进展 [J]. 中国食品学报，2013，13（4）：1-10.
[54] 赵志峰，雷鸣，卢晓黎. 栅栏技术及其在食品加工中的应用 [J]. 食品工业科技，2011，32（8）：93-95.
[55] 朱勇，胡长鹰，王志伟. 智能包装技术在食品保鲜中的应用 [J]. 食品科学，2007，28（6）：356-359.

第三章　食品保藏过程中的品质变化

[教学目标]　本章使学生了解食品在保藏过程中发生的各种品质变化，重点掌握食品发生干耗的原因及其控制措施，汁液流失和蛋白质冻结变性机理及其影响因素，熟悉食品品质变化的控制措施。

食品在各种保藏过程中，受微生物、酶、氧气、光线等因素影响，会发生许多不利的物理、化学、生物学及组织学变化，导致其质量下降。食品品质变化不仅因保藏方法而异，而且与食品种类密切相关。

第一节　食品在低温保藏中的品质变化

一、水分蒸发

食品在低温保藏（包括冷藏和冻藏）过程中，其水分会不断向环境空气蒸发而逐渐减少，导致重量减轻。这种现象就是水分蒸发，俗称干耗。

1. 干耗机理

假设单位时间内食品干耗为 W（kg），其表面积为 F（m^2），食品表面的水蒸气分压为 p_f（N/m^2），与食品接触的空气水蒸气分压为 p_m（N/m^2），那么下列关系式成立：

$$W=\beta F(p_f-p_m)\times 9.8 \tag{3-1}$$

式中　β——食品表面的蒸发系数或升华系数，kg/N。

β、F 都是与食品本身有关的物理特性，因此对于某个食品而言，它们是常数。这就是说，干耗是由食品表面与其周围空气之间的水蒸气压差来决定的，压差越大，则单位时间内的干耗也越大。

不过，仅有水蒸气压差存在，干耗还不会产生。只有供给足够的热量才能使水蒸发或使冰晶升华。热量来源有库外导入热量、库内照明热、操作人员散发的热量等。其中，库外导入热量是最主要热源，干耗将随库外导入热量而成正比地增大。

干耗过程如下：当食品吸收了蒸发潜热或升华潜热之后，水分即蒸发或者冰晶即升华形成水蒸气，并且在水蒸气压差作用下向空气转移，吸收了水分的空气由于密度变轻而上升，与蒸发器接触，水蒸气即被凝结成霜。脱湿后空气由于密度变大而下沉，再与食品接触，重复上述过程。如此循环往复，使食品水分不断丧失，重量不断降低。

2. 干耗方式

食品干耗有两种方式，即自由干耗与包装中的干耗。

自由干耗是指无包装食品直接与空气接触时产生的干耗。在此种情况下，由于始终存在 $p_f>p_m$ 的关系，故食品干耗将持续不断地进行下去。

包装中的干耗是指因包装中存在空气而引起的干耗。由于包装与食品的间隙一般都比较小，其中的空气吸湿能力有限，且作为冷却面的包装材料除湿能力也不如冷却设备。因此，包装中的干耗要比自由干耗小得多。包装中的空隙越小，则干耗越少。如果采用气密性包装，即可大大地减少干耗。

3. 影响干耗的因素

食品在冷藏中的水分蒸发或冻藏中的冰晶升华都需要吸收一定热量。供给的热量越多，则干耗速度越快。冷库内热量来源主要是库外导入热量，开门、人的呼吸、库内照明及各种电动设备等所产生的热量。其中库外导入热量是主要的，它与干耗增加几乎成正比关系。另外，库内热量增加还会使库内温度升高，提高了库内空气的吸湿能力，从而增加食品干耗。

食品在冷藏或冻藏时的货堆形状、堆垛密度及装载量等都会对食品干耗产生较大影响。实践证明，食品干耗主要发生在货堆外围部分，其内部由于相对湿度接近饱和，且几乎不与外界发生对流换热，因而干耗极少。堆垛位置与干耗的关系见表 3-1。

表 3-1　堆垛位置与干耗的关系

堆垛位置	上层边上	上层顶部	露出一端的侧面	堆中心
月干耗量/%	2.37	1.60	0.57	0.29

堆垛密度与食品干耗之关系如图 3-1 所示，从图中可以看出，堆垛密度越大，则食品干耗越少。但是堆垛密度并不能无限增加，每种食品均有其最大堆垛密度，比如猪肉最大堆垛密度为 450kg/m³，牛肉为 400kg/m³，而羊肉为 300kg/m³。这也说明，相同重量的食品具有不同有效蒸发表面积，因而在其他条件相同时，具有不同干耗。

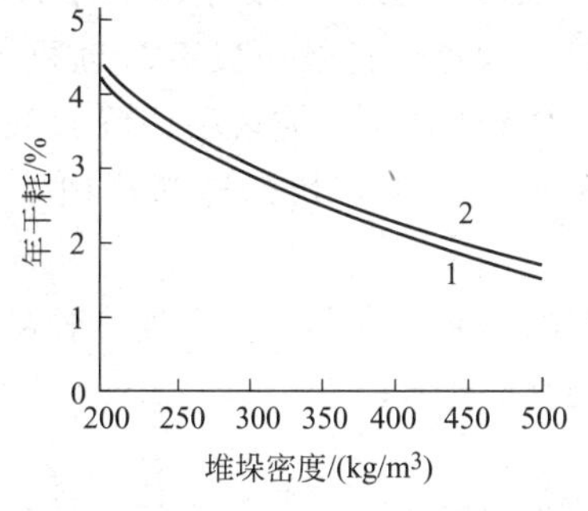

图 3-1　堆垛密度对干耗的影响

（闵连吉，1988）

1—牛肉；2—猪肉

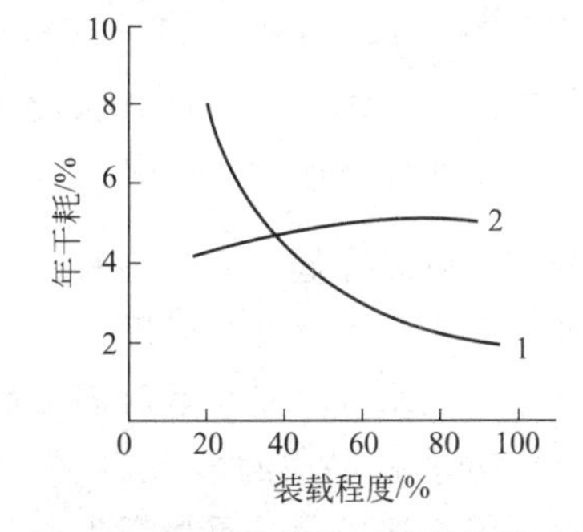

图 3-2　冷库装载量对干耗的影响

（闵连吉，1988）

1—相对干耗；2—绝对干耗

冷库装载量与食品干耗之间的关系如图 3-2 所示，从图中可以看出，当装载程度为 100%时，牛肉每年干耗为 2%，但是，当装载程度减少为 40%时，每年干耗将达到 5%，增加了 2.5 倍。由此可以看出装载量对干耗的严重影响。

冷藏或冻藏条件也是影响食品干耗的重要因素。通常，冷藏或冻藏温度越低，空气相对湿度越高及流速越小则食品干耗也越小。冻藏温度与食品干耗之间的关系如表 3-2 所示。从表 3-2 中可见，在较高温度下冻藏时，干耗量将随冻藏时间延长而加速增加。相对湿度与食品干耗之间的关系如表 3-3 所示。

空气流速增大会促进冷库墙面、冷却设备和食品之间的湿热交换，加快食品水分蒸发，因而使干耗增加。但空气流速对干耗的影响会因食品种类而有所差异。

冷库建筑结构不同对干耗的影响也不同。贮存于单层库中的食品，其干耗比贮存于多层库中的食品更多。而贮存于夹套式冷库中的食品干耗比普通冷库更少。其原因在于不同建筑结构的冷库具有不同隔热性能。

表 3-2 牛肉在不同冻藏温度下的干耗量（自然对流，相对湿度 85%～90%） %

冷藏温度/℃	冷藏时间/个月			
	1	2	3	4
−8	0.73	1.24	1.71	2.47
−12	0.45	0.70	0.96	1.22
−18	0.34	0.62	0.86	1.10

表 3-3 肉在不同相对湿度下的干耗量

相对湿度/%	90 以上	86～90	81～85	76～80	71～75
干耗/%	0.02	0.05	0.09	0.11	0.14

冷库内所使用的冷却设备也会对所贮存食品的干耗产生相当影响。如图 3-3 所示，使用冷风机与使用冷却排管相比，冻肉干耗将增大 60%左右。其原因在于冷风机工作时会产生热量，还会引起食品表面蒸发系数增大，从而使干耗增加。

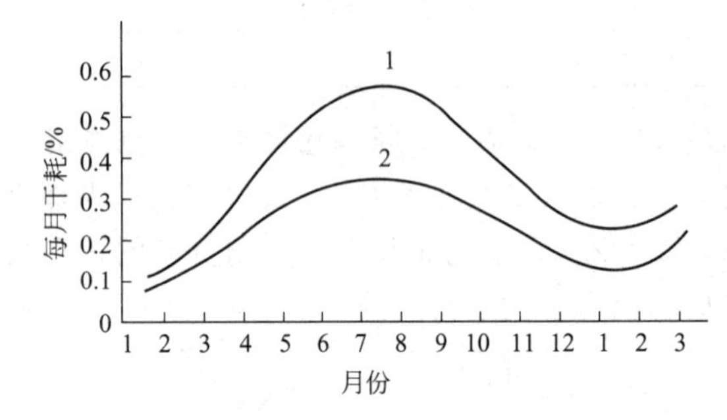

图 3-3 冷却设备对冻肉干耗的影响
1—冷风机；2—冷却排管

冷却工艺也会对所贮存食品的干耗产生影响。采用二段冷却与一段冷却对冷却肉干耗试验表明，二段冷却肉不仅肉温下降得快，而且干耗较一段冷却也要小得多。丹麦 GRAM 公司研究表明，假如采用适当步骤和操作方法，快速冷却猪肉在冷却和均衡间的干耗可以降低 1.6% ～1.7%。

此外，进入冷库时食品温度、食品与冷却设备之间的温差、食品分割程度、食品形状及特性、食品表面水分蒸发系数等因素都或多或少地影响食品干耗。

4. 干耗对食品品质的影响

干耗不仅会造成食品重量损失，而且还会引起外观的明显变化，如冷藏果蔬的萎蔫及变色、冷藏肉类变色等。更为严重的是当冻结食品发生干耗后，由于冰晶升华后在食品中留下大量缝隙，大大增加了食品与空气接触面积，并且随着干耗的进行，空气将逐渐深入到食品内部，引起严重氧化作用，从而导致褐变出现及味道和质地严重劣化。这种现象也被称为冻结烧（freeze burn）。食品出现冻结烧后，即已失去食用价值和商品价值。

5. 减少干耗的方法

良好包装，如气密性包装或真空包装，包冰衣，使冷库温度低且稳定，提高冷库相对湿度及采用保温防潮效果好的冷库等均是有效减少干耗的方法。相对于包冰衣法而言，涂膜保鲜法能更有效地提高食品品质。

二、汁液流失

1. 概念

冻结食品在解冻时，会渐渐流出一些液体来，这就是流失液（drip）。流失液是食品解冻时，冰晶融解产生的水分没有完全被组织吸收重新回到冻前状态，其中有一部分水分就从食品内部分离出来，此种现象就称为汁液流失。它是普遍存在于冻结食品中一种重要的品质受损害现象。

流失液有两种类型，一种是自由流失液，即在解冻之后自然流出食品外的液体；另一种是挤压流失液，即在自由流失液流出之后，加上 1～2kgf/cm²❶ 的压力而流出的液体。

流失液的主要成分虽然是水，但是其中还包含可溶性蛋白质、无机盐类、维生素及抽提物成分等。上述成分的流失，既使冻品重量减少，又使冻品风味及营养价值等受到损害。因此，流失液多少是判断冻结食品质量优劣的主要理化指标之一。

2. 汁液流失的原因

造成冻结食品汁液流失的原因主要有两个，其一是蛋白质、淀粉等大分子在冻结及冻藏过程中发生变性，使其持水力下降，因而融冰水不能完全被这些大分子吸回，恢复到冻前状态；其二是由于水变成冰晶使食品组织结构受到机械性损伤，在组织结合面上留下许多缝隙，那些未被吸回的水分，连同其他水溶性成分一起，由缝隙流出体外，成为自由流失液。当组织所受损伤极为轻微时，由于毛细作用的影响，流失液被滞留在组织内部，成为挤压流失液。

3. 影响因素

流失液多少以及自由流失液与挤压流失液之比受到许多因素的影响，主要有原料种类、冻结前处理、冻结时原料新鲜度、冻结速度、冻藏时间、冻藏期间对温度的管理及解冻方法等。

不同种类冻结食品的流失液有明显差异。一般含水量多及组织脆嫩者流失液多。比如冻结蔬菜中，叶菜类流失液比豆类的多，而冻鱼与冻肉相比，前者流失液多。

原料鲜度越低则流失液越多。通过对冻结狭鳕鱼的研究发现，狭鳕鱼死后开始冻结的时间越迟，则蛋白质变性越严重，解冻之后汁液流失也越多。

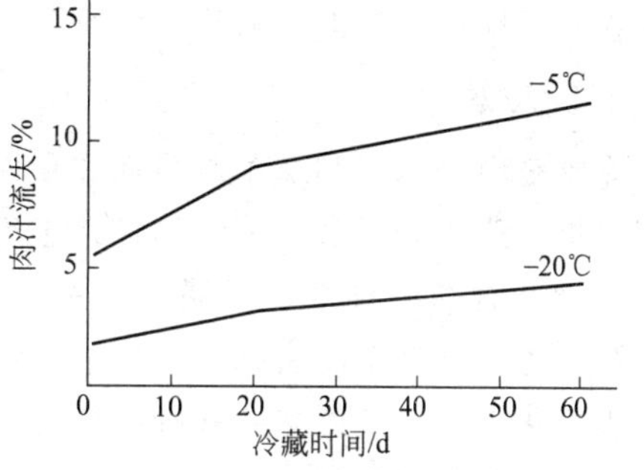

图 3-4　冻藏时间对牛肉汁液流失的影响（徐进财，1983）

冻藏温度越低或冻藏时间越短则汁液流失少，这可分别从表 3-4 及图 3-4 中看出。另外，还可以发现，在冰点附近的温度范围内冻藏或在冻藏的最初一段时间内，汁液流失较多。

表 3-4　不同冻藏温度和时间下鸡胸肉解冻汁液流失率的变化（牛力，2012）　　%

冻藏时间/d	冻藏温度/℃		
	−35	−25	−15
0	1.933	1.933	1.933
30	2.276	2.205	2.397
60	2.194	2.357	2.741
90	2.527	2.567	3.322
120	2.715	2.952	4.162
150	3.030	3.718	4.543
180	3.451	3.965	4.698

❶ 1kgf/cm² = 98.0665kPa。

由表 3-4 可见，冻藏温度越低或冻藏时间越短则汁液流失少。冻藏过程中鸡胸肉汁液流失率变化总趋势为随冻藏温度升高、时间延长而增大，其保水性随冻藏时间延长而降低，且冻藏温度越高，保水性越低。

原料冻结前处理对汁液流失也有较大影响。添加甘油、糖类及硅、磷酸盐时流失液将减少，而原料分割得越细小，则流失液越多。

解冻方法的影响较为复杂。同一种解冻方法对汁液流失的影响将因食品种类而异，比如冻结肉类用低温缓慢解冻比用高温快速解冻时流失液少。而冻结蔬菜在热水中快速融化比自然缓慢解冻时流失液少。冷冻调理食品也是加热快速解冻时流失液少。冻结水产品则因种类不同而有较大差异。表 3-5 是冷冻鲸肉在不同解冻温度下解冻时的汁液流失。

表 3-5　解冻温度对冷冻鲸肉汁液流失的影响

解冻温度/℃	解冻时间/h	鲜度(95%)	鲜度(85%)
30	4.0	14.2%	27.1%
20	3.5	8.7%	21.6%
10	5.5	6.9%	12.3%
5	7.5	2.8%	3.9%

4. 防止汁液流失的方法

以下方法有利于防止或减少汁液流失：①使用新鲜原料；②快速冻结；③降低冻藏温度并防止其波动；④添加磷酸盐、糖类等抗冻剂。

三、冷害

冷害是由于水果和蔬菜贮藏在冰点以上不适低温下造成的组织伤害现象。大部分起源于热带水果、蔬菜和观赏园艺作物，在温度低于 12.5℃但高于 0℃的温度下会发生生理失调，例如鳄梨、香蕉、菜豆、柑橘类、黄瓜、茄子、芒果、甜瓜、番木瓜、甜椒、菠萝、西葫芦、番茄等。在低于冷害临界温度时，组织不能进行正常代谢活动，抵抗能力降低，产生多种生理生化失调，最终导致各种各样冷害症状出现，如产品表面出现凹陷、水浸斑、种子或组织褐变、内部组织崩溃、果实着色不均匀或不能正常成熟、产生异味或腐烂等。

我国销售的水果和蔬菜中有 1/3 是冷敏的，而低温保藏又是保存大部分园艺产品最有效的方法，通过控制低温可以降低许多代谢过程的速度，如呼吸强度、乙烯释放率等，从而控制产品品质下降和腐败。可是冷敏果蔬低温贮藏不当时，不仅冷藏优越性不能充分发挥，产品还会迅速败坏，缩短贮藏寿命。需要注意的是，大部分冷害症状在低温环境或冷库内有时不会立即表现出来，而当产品处在温暖环境时才显现出来。因此，冷害引起的损失往往比人们所预料的更加严重。此外，有些大冷库经常将各种果蔬混装在一起，这使冷敏果蔬更易产生冷害。而冷害导致产品营养物质外渗，加剧了病原微生物的侵染，引起产品腐烂，造成严重经济损失。

1. 冷害机理

迄今为止，对冷害机理还难以作出全面准确的解释，有几种假说，如 CO_2 伤害假说，认为在果蔬冷藏时，因呼吸作用使局部环境的 CO^2 浓度逐渐增大，同时组织中乙醇、醛等挥发性物质也逐渐积累，干扰了果蔬正常代谢活动，导致冷害发生。另一种假说认为冷害是由于转化酶被活化引起的。Mattoo 和 Modi 等人发现在受冷害的组织中，淀粉酶活性降低了 75%～88%，而转化酶活性却提高了一倍以上。这正是土豆等含淀粉多的蔬菜中淀粉含量在发生冷害时之所以会发生变化的原因。他们还发现，在受冷害的果蔬组织中，Ca^{2+}、K^{+} 及

Na^+等的含量较正常果蔬组织高，而K^+及Ca^{2+}能激活转化酶，却抑制淀粉酶活性。此外，研究表明，果胶酯酶在受冷害组织中，其活性会增加，使不溶性果胶成分逐渐分解，导致果实软化，影响果蔬硬度和渗透性。但目前普遍接受的还是Lyons提出的生物膜相转移假说。

Lyons认为，在低温条件下，生物膜的相转移是冷害的首要原因。冷害温度首先影响细胞膜，细胞膜主要由蛋白质和脂肪构成，脂肪在正常状态下呈液态，受冷害后，变成固态，使细胞膜发生相变。这种低温下细胞膜由液相变为液晶相的反应称做冷害的第一反应。膜发生相变以后，随着产品在冷害温度下时间的延长，有一系列变化发生，如脂质凝固、黏度增大、原生质流动减缓或停止。膜的相变引起膜吸附酶活化能增加，加重代谢中的能负荷，造成细胞能量短缺。与此同时，膜透过性增大，导致了溶质渗漏及离子平衡的破坏，导致代谢失调。总之，膜的相变使正常代谢受阻，刺激乙烯合成并使呼吸强度增高。如果组织短暂受冷后升温，仍可以恢复正常代谢而不造成损伤；如果受冷时间过长，组织崩溃，细胞解体，就会导致冷害症状出现。

冷害的变化机制可用图3-5来表示。

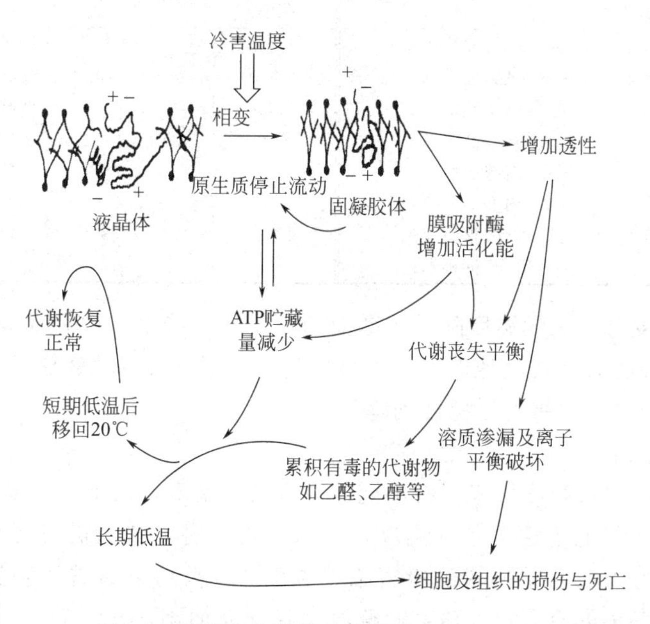

图3-5　冷害变化机制示意图（Lyons，1973）

近年来研究认为植物冷害与膜脂肪酸饱和度之间有重要关系，Vigh等认为低温首先降低了膜脂的流动性，进而刺激不饱和脂肪酸基因*desA*（desaturedA）的转录，使膜脂不饱和度增加，膜脂流动性增强。Murata等将冷敏感性强的南瓜和抗冷性较强的拟南芥的甘油-3-磷酸酰基转移酶（合成磷脂酰甘油的关键酶）基因分别转入烟草中，发现在转化株中除磷脂酰甘油组成有大幅度改变外，其他脂类的脂肪酸组成没有明显变化。导入南瓜酶基因的烟草，磷脂酰甘油的饱和脂肪酸含量上升，而顺式不饱和脂肪酸含量由转化前的64%下降到24%，转化株的冷敏感性增加；而导入拟南芥基因的烟草，则不饱和脂肪酸含量上升到72%，且其冷敏感性下降。但也有植物的冷害与不饱和脂肪酸含量无关的报道。

2. 影响冷害的因素

（1）种类　不同种类水果蔬菜对冷害的敏感性有较大差异。热带、亚热带水果、蔬菜类、地下根茎菜类冷敏性高，一般都比较容易遭受冷害，而叶菜类的冷敏性较低。同一品种冷敏性差异还与栽培地区气候条件有关，温暖地区栽培的产品比冷凉地区栽培的对冷更敏感，夏季生长的比秋季生长的冷敏性更高。

（2）成熟度　不同成熟度果蔬对冷害的敏感性不同，一般提高产品成熟度可以降低其冷敏性。有研究表明，将粉红色番茄置于0℃下6d，然后放在22℃中，果实仍然可以正常成熟而无冷害，但是绿熟番茄在0℃贮藏12d则完全不能成熟并丧失风味。

（3）冷藏温度和冷藏时间　每一种果蔬都有其易发生冷害的温度，见表3-6。但是，贮藏在冷害温度下的水果、蔬菜是否会发生冷害，还要取决于在此危险温度下放置的时间。换言之，冷害温度和冷藏时间与果蔬冷害的发生存在内在相关性，且这种相关性随果蔬种类等因素而变化。比如香蕉在10℃下需放置36h受冷害，在7.2℃下需要4h，1.1℃下则只需2h即发生冷害。蔓藤豆类在0℃下放置5～7d会发生冷害，而在3.3℃下则需14～15d才会发生冷害。苹果要发生冷害，则需在冷害温度下放置更长时间。

表3-6　水果、蔬菜的冷害温度及症状

产品	冷害温度/℃	症状	产品	冷害温度/℃	症状
苹果	2.2～2.3	果心变褐，橡胶病	番木瓜	10	凹斑，催熟不良
芒果	10～12.3	果皮灰色，烧样色	四季豆	7.2～10	变软变色
西瓜	4.4	洼斑，风味异常	黄瓜	7.2	变软，水浸状斑点，腐烂
香蕉	11.7	果皮褐变，催熟不良	茄子	7.7	烧斑，腐烂
柠檬	0～4.5	凹斑，内部变色	甜瓜	2.2～4.4	变软，表面腐烂
柑橘	2～7	凹斑，褐变	青椒	7.2	变软，种子褐变
鳄梨	5～11	催熟不良，果肉变色	西红柿	12.8	催熟不良，腐烂
菠萝	4.5～7.2	果芯黑变，催熟不良			

另外，冷害程度并不是随温度降低而增加的。比如某些李、桃和葡萄柚类在3℃或5℃或7℃时最易发生冷害，而在其他温度下不易发生。土豆在4℃时最易发生冷害，而温度高于或低于4℃时，土豆对冷害的敏感性均降低。

3. 冷害的防止方法

（1）适温下贮藏　各种冷敏果蔬有不同的冷害临界温度，低于临界温度，就会有冷害症状出现，如果温度刚刚低于这个临界温度，那么出现冷害症状所需时间相对要长一些。因此，防止冷害的最好方法是掌握果蔬冷害临界温度，不要将果蔬置于临界温度以下的环境中。有研究表明，冬枣的冷害程度随着贮藏温度降低而加剧，－0.5℃处理组在整个贮藏期间均未出现冷害症状，－1.5℃处理组的冬枣仅在贮藏末期出现个别冷害症状，－2.0℃、－2.5℃和－3.0℃处理组在贮藏中后期均出现冷害症状，其中－3.0℃处理组的冷害症状最严重。

（2）温度调节和温度锻炼　将果蔬放在略高于冷害临界温度的环境中一段时间，可以增加果蔬抗冷性。但也有研究表明，有些果蔬在临界温度以下经过短时间锻炼，然后置于较高贮藏温度中，可以防止或减轻冷害。这种短期低温能够有效地防止菠萝黑心病和李子果肉的褐变。

（3）间歇升温　采后改善冷害对冷敏果蔬影响的另一种方法就是用一次或多次短期升温处理来中断其冷害。有报道表明，苹果、柑橘、黄瓜、油桃、番茄和李等果实用中间升温的方法可增加其对冷害的抗性和延长贮藏寿命。如英国将苹果在0℃下贮藏51d后，在18.5℃放置5d，再转入0℃继续贮藏30～50d，其冷害远远低于一直在0℃下贮藏的果实。黄瓜每3d从2.5℃间歇升温至12.5℃下放置18h，可降低贮后置于20℃下乙烯产生、离子渗出，以及凹陷和腐烂。尽管间歇升温能够起到减轻冷害的作用，但其作用机制还不清楚。有关研究认为，升温期间可以使组织代谢掉冷害中累积的有害物质或者使组织恢复冷害中被消耗的物质。有研究表明，适时间歇升温，阻止了冷藏桃果实中果胶甲酯酶活性的持续增加，维持了果胶类胞壁物质正常代谢功能，果肉未出现糠化现象，贮后果实多汁。另有研究表明，受冷害损伤的植物细胞中的细胞器超微结构在升温时可以恢复。

（4）变温处理　研究表明，采用缓慢降温方式可以减轻果实冷害。采用每次降低 2.7℃的方法，可以把香蕉冷害从 90.6%降低到 8.99%，把油梨冷害从 30.0%降低到 1.7%。这种逐步降温效应与果实代谢类型有关，只有呼吸高峰型果实才有效果，对非呼吸高峰型果实，如柠檬和葡萄柚，逐步降温对减轻冷害无效。

（5）调节贮藏环境中的气体成分　气调是否有减轻冷害的效果还没有一致结论。据报道，气体成分变化能够改变某些产品对冷害温度的反应。气调贮藏有利于减轻鳄梨、葡萄柚、番木瓜、秋葵、桃、油桃、菠萝、西葫芦的冷害。如鳄梨在 O_2 浓度为 2%和 CO_2 浓度为 10%，4.4℃条件下贮藏可减轻冷害。葡萄柚在贮藏前用高浓度 CO_2 处理可以明显减少果皮上因冷害引起的凹陷斑。但是，也有一些实验表明，气调贮藏会加重黄瓜、石刁柏和甜椒的冷害。因此，气调贮藏对减轻冷害的作用是不稳定的。气调贮藏减轻冷害症状的效果依赖于果蔬种类、O_2 和 CO_2 浓度，甚至与处理时期、处理持续时间及贮藏温度等都有关系。

四、寒冷收缩

这是牛、羊及仔鸡等肉类在冷却过程中常遇到的生化变质现象。如果牛、羊和仔鸡肉等在 pH 值尚未降到 5.9～6.2 之前，即在僵直之前，就将其温度降到 10℃以下，肌肉会发生强烈收缩变硬现象，这就是寒冷收缩。寒冷收缩与死后僵直等肌肉收缩有显著区别，属于异常收缩。它不但更为强烈，而且不可逆。寒冷收缩后的肉类，即使经过专门成熟和烹煮，也仍然十分老韧。

1. 寒冷收缩机理

关于肌肉寒冷收缩机理，仍有一些未明之处。但现在一般认为是 Ca^{2+} 平衡被破坏的结果。Ca^{2+} 从肌质网体（线粒体）中游离出来后使肌浆中 Ca^{2+} 浓度大大增加，而此时肌质网体吸收和贮存 Ca^{2+} 的能力已遭到破坏，从而使肌质网体与肌浆之间的 Ca^{2+} 平衡被打破，导致肌肉发生异常收缩。

2. 防止寒冷收缩的方法

防止肌肉寒冷收缩，可从下列两个方面来考虑。①增加冷却前的 ATP 和糖原分解。可采用的具体措施有：a. 将肉类在 15℃下存放几小时；b. 电刺激，适当电刺激可以强迫肌肉痉挛，加快肌肉中的生化反应，迅速形成乳酸使 pH 值下降。比如在 35℃下用 200V、12.5Hz 的交流电刺激肌肉中的生化反应，迅速形成乳酸使 pH 值在 3～4h 内降到 6.2 以下。电刺激效果与电压、频率、电刺激时间、电刺激迟早及刺激部位等因素有关。②阻止肌肉纤维收缩。采取的具体措施有：a. 用特殊方法悬挂胴体；b. 机械拉伸等。目前尽管采用①a. 方法处理肉类正在稳步增加，但电刺激仍然是一种方便、快速、有效地防止寒冷收缩的方法。

在实际冷却操作中，为了防止肉类寒冷收缩，Benda 建议，牛和羊胴体表面肌肉组织下 30mm 处的温度，至少在死后 14h 内不应降到 10℃以下。Buchter 则认为，对小牛、青年公牛等牛肉应在死后 24h 以后，才降至 10℃以下。

五、蛋白质冻结变性

实验证明，含蛋白质的食品如动物肉类、鱼贝类等在冻结贮藏后，其所含蛋白质的ATPase活性减小，肌动球蛋白溶解性下降，此即所谓蛋白质冻结变性。

1. 蛋白质冻结变性机理

虽然关于蛋白质冻结变性机理的研究非常多，但有关冻结变性机理仍未完全搞清楚。目前有两种说法：其一，由于冻结使肌肉中水溶液的盐浓度升高，离子强度和pH值发生变化，使蛋白质因盐析作用而变性；其二，由于蛋白质中部分结合水被冻结，破坏了其胶体体系，使蛋白质大分子在冰晶挤压作用下互相靠拢并聚集起来而变性。

值得注意的是，鲤鱼肌肉蛋白质的盐溶性在冻结之后仅有轻微下降，肌球蛋白的抽提性也未受较大影响。有人推断，这是由于肌球蛋白分子的杆部（与盐溶性有关的部位）在冻结贮藏中未受损伤之故。

2. 影响蛋白质冻结变性的因素

蛋白质冻结变性受到诸多因素的影响，如冻结及冻藏温度、共存盐类、脂肪氧化及食品种类等。

(1) 冻结及冻藏温度影响　冻结及冻藏温度是影响蛋白质冻结变性的主要因素。根据Kuniaki等人的研究结果，高于共晶点的冻结温度将会引起蛋白质显著变性，而低于共晶点的冻结温度所引起的变性程度则极小。这主要是由于高于共晶点温度时的冻结（缓慢冻结）会引起细胞内的盐溶液浓缩，从而促使蛋白质变性。Badii和Howell对冻藏鳕鱼片进行的研究表明，冰晶形成及脂肪氧化产物是引起蛋白质变性的主要原因。有研究表明，冻结和冻藏过程使鱼肉蛋白质发生明显变性，说明冰晶形成及其长大是引起蛋白质变性的重要原因之一。

一般冻藏温度越高，蛋白质越易变性，在接近食品冰点的温度下冻藏时，变性程度最大。由图3-6可知，鲢整肌、碎鱼肉和鱼糜经缓冻后在－18℃条件下冻藏，其盐溶性蛋白溶解度比在－40℃冻藏条件分别下降了21.8%、42.5%和18.2%，而三种样品速冻后在－18℃冻藏比－40℃冻藏时其盐溶性蛋白分别下降了22.1%、37.5%和17.1%，这充分显示，冻藏温度对三种形态肌组织的蛋白质冷冻变性都有显著的影响。即贮藏温度比冻结速率更重要，而且冻藏温度越低，蛋白质变性越小。图3-7显示，冻藏温度越低，冻结鳕鱼蛋白质变性越少，即可溶性蛋白质量就越多。

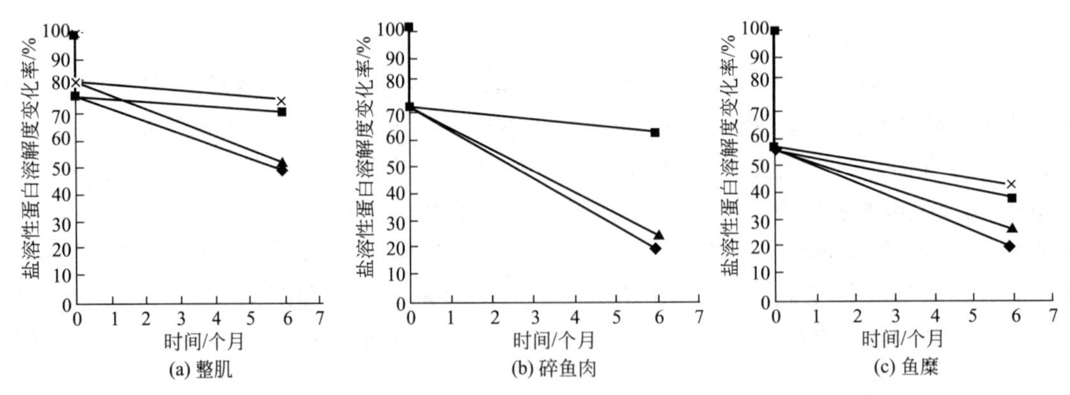

图3-6　冻藏温度对鱼肌盐溶性蛋白的影响（汪之和，2001）

—◆—－18℃冻结，－18℃冻藏；—■—－18℃冻结，－40℃冻藏；

—▲—－40℃冻结，－18℃冻藏；—×—－40℃冻结，－40℃冻藏

如图 3-8 所示，在－40～－15℃下冻藏 6 个月的肌原纤维 Ca-ATPase 活性的变化在－40℃时不存在种类差异。但在－30℃以上时，则表现出明显种类差异，变性速率由大到小的顺序是突吻鳕、狭鳕、白鲑、远东拟沙丁鱼、鲐。此外，海水鱼与淡水鱼之间也存在差异，通常海水鱼的变性速率常数要小于淡水鱼。据编者等人的研究结果，在淡水鱼中，鲫鱼蛋白质变性较慢，而鳙鱼、鲢鱼蛋白质变性速率较快，罗非鱼蛋白质变性速率介于上述两者之间。

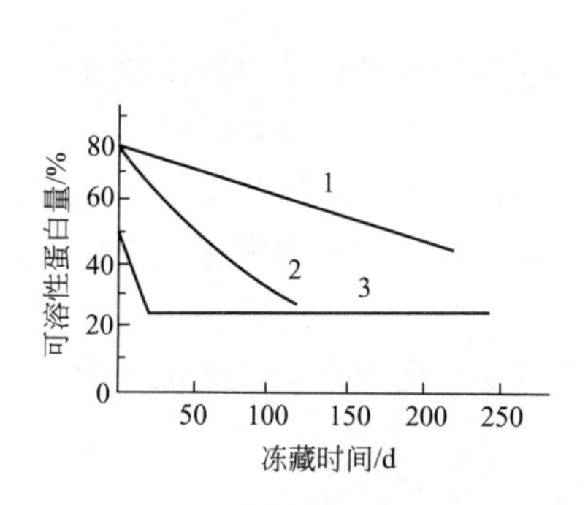

图 3-7　冻结鳕鱼的蛋白质变性与冻藏温度的关系（徐进财，1983）

1—－29℃；2—－21.7℃；3—－14℃

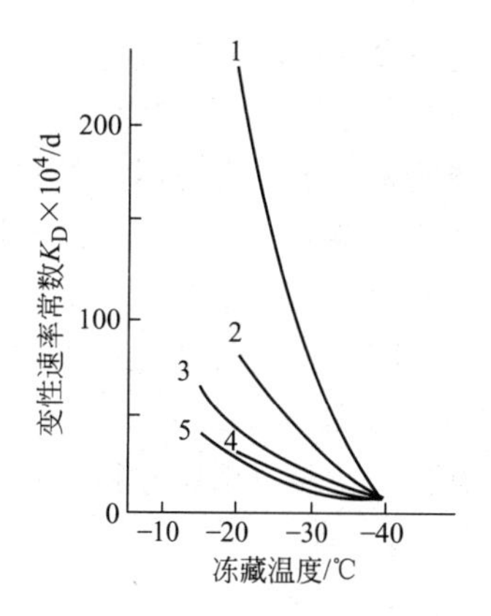

图 3-8　冻藏温度与鱼肌原纤维 Ca-ATPase 活性的变性速率的关系（须山三千三，1992）

1—突吻鳕；2—狭鳕；3—白鲑；4—远东拟沙丁鱼；5—鲐

（2）盐类、糖类和磷酸盐类的影响　实验表明 Ca^{2+}、Mg^{2+} 等盐类可促进蛋白质变性，而磷酸盐、甘油、糖类等可减轻蛋白质变性。比如在冻结鱼糜时，往往用水漂洗鱼肉以洗去 Ca^{2+}、Mg^{2+} 等盐类，再加 0.5%的磷酸盐及 5%的葡萄糖，调节 pH 为 6.5～7.2，然后冻结，可使蛋白质冻结变性大为减少。

（3）脂肪的影响　蛋白质冻结变性与脂肪分解产生的脂肪酸之间有一定关系。鳕鱼在冻藏过程中蛋白质溶解性下降与游离脂肪酸增加的趋势是相关的。若将盐溶性蛋白质溶液与亚油酸及亚麻酸混合后，发现蛋白质溶解性明显下降。但是，脂肪酸引起蛋白质冻结变性的机理还需进一步研究。

除上述影响因素外，食品冻结前的鲜度也是影响蛋白质冻结变性的重要因素。以鱼类为例，鲜度低的鱼肉冻结变性速率将明显地快于鲜度高的鱼类。田元氏等人曾进行过以下实验，将捕获后的鱼立即放入－30℃冷库中冻藏，然后与捕获后经过 7d 冰藏再在－30℃下冻藏的鱼相比较，发现前者在冻藏 2 个月后，仅有 20%的蛋白质变性，而后者在相同冻藏时间内，有 60%的蛋白质已变性。

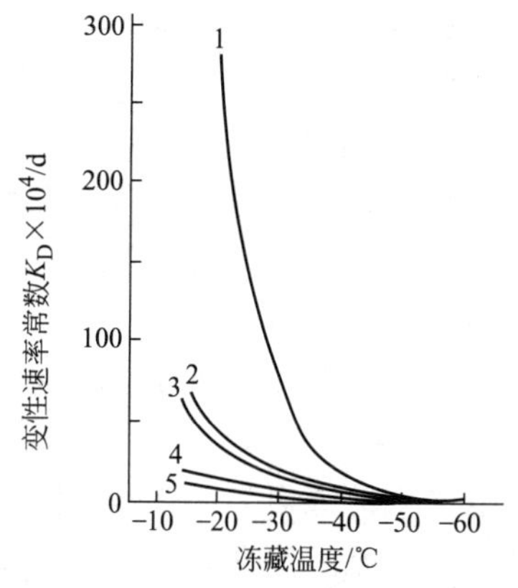

图 3-9　白鲑鱼肌肉的加工方法和添加物对其肌原纤维 Ca-ATPase 冻结变性的影响（须山三千三，1992）

1—漂洗脱水鱼；2—碎鱼肉；3—鱼片；4—碎鱼肉（4%蔗糖，0.3%多聚磷酸盐）；5—鱼靡（4%蔗糖，0.3%多聚磷酸盐）

3. 防止蛋白质冻结变性的方法

快速冻结、低温贮藏均可有效地防止蛋白质变性。在冻结前添加糖类、磷酸盐类、山梨醇、谷氨酸或天冬氨酸等氨基酸、柠檬酸等有机酸、氧化三甲胺等物质，均可防止或减轻蛋白质的冻结变性。图 3-9 是白鲑鱼肌肉加工方法和添加物对其肌原纤维 Ca-ATPase 冻结变性的影响。

另外，各种糖类防止蛋白质变性的效果除与其浓度有关外，还与糖的—OH 基数量有关。一般—OH 基较多的糖类，防止蛋白质变性的效果也较好。但是在低温下不溶解的糖类对防止蛋白质冻结变性没有作用。

六、脂肪的酸败

酸败就是食品脂肪的氧化过程，是引起食品发黏、风味劣变等变质现象的主要原因。脂肪酸败有两种类型，即水解酸败和氧化酸败。

水解酸败是由于酶类等因素的作用而引起的，它在冷藏和冻藏食品中缓慢地进行，使脂肪逐渐被分解成游离脂肪酸。而游离脂肪酸可作为催化剂，促进脂肪氧化酸败。

氧化酸败通常是指脂肪自动氧化，此外它还包括酶引起的氧化、风味劣变及乳脂和乳制品的氧化等不同形式。自动氧化是常见于各种含脂食品加工与贮藏过程中的变质现象。

1. 自动氧化的机理

自动氧化是按照自由基连锁反应机制进行的，包括引发、连锁反应及终止等阶段。主要反应如下所示：

引发反应：

$$RH \longrightarrow R\cdot + H\cdot$$

连锁反应：

$$R\cdot + O_2 \longrightarrow ROO\cdot$$

$$ROO\cdot + RH \longrightarrow ROOH + R\cdot$$

终止反应：

$$R\cdot + R\cdot \longrightarrow R{-}R$$

$$R\cdot + ROO\cdot \longrightarrow ROOR$$

$$ROO\cdot + ROO\cdot \longrightarrow ROOR + O_2$$

在自动氧化的引发阶段，由于吸收紫外线、离子辐射和可见光的蓝色部分等短波辐射而活化，氢离子从与不饱和脂肪酸双键相邻处的不稳定亚甲基中脱离，并形成一个自由基。然后在连锁反应中，自由基吸收氧，并与脂肪酸的碳原子反应，形成氢过氧化物。氢过氧化物极易分解产生自由基 ROO·，该自由基又从不饱和脂肪酸中夺取氢而形成氢过氧化物，使反应连锁进行。随着连锁反应进行，自由基浓度增大，彼此之间形成稳定的羰基化合物，反应也告终止。

2. 影响自动氧化的因素

脂肪自动氧化受到许多因素的影响，诸如脂肪酸不饱和度，食品与光和空气接触面大小，温度，铜、铁、钴等金属，肌红蛋白及血红蛋白，食盐及水分活度等。通常，脂肪酸不饱和程度提高，温度上升，铜、铁、钴等金属离子和食盐及肌肉色素的存在，紫外线照射及食品与空气接触面增加等，都会促进脂肪自动氧化。

3. 低温下的食品酸败

在长期冷冻肉类、禽类，特别是多脂鱼类中常常可以观察到颜色发黄的现象，并有异味产生。这正是上述食品发生了酸败的结果。

低温可以推迟酸败，但是不能防止酸败。这是由于脂酶、脂肪氧化酶等在低温下仍具有一定活性，因此会引起脂肪缓慢水解，产生游离脂肪酸，如图 3-10 所示。从图 3-10 中可以看出，鳕、狭鳞庸鲽及细头油鲽在－14℃下冻藏时，游离脂肪酸在冻藏初始阶段迅速增加，但是在冻藏一段时间后，游离脂肪酸的增长将趋于停滞。

与水解酸败相比，氧化酸败对冻结食品质量的损害更为严重。发生在冻结食品中的自动氧化，很可能在冻结前的准备阶段就已开始。因此，在冻藏过程中，只要有氧存在，即使没

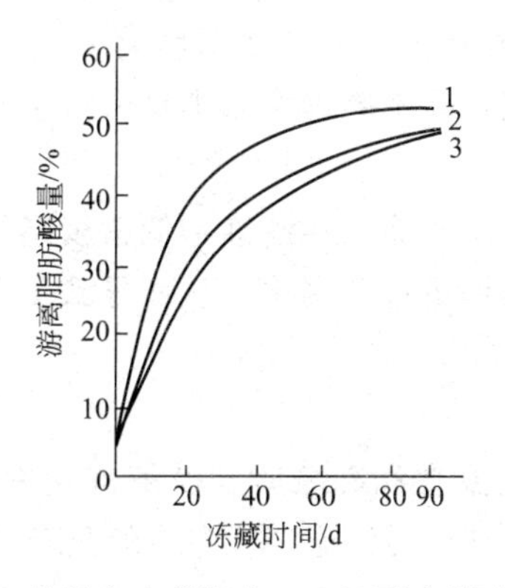

图 3-10　几种鱼肉磷脂在－14℃下冻藏时的分解（野中顺三九，1982）

1—鳕；2—狭鳞庸鲽；3—细头油鲽

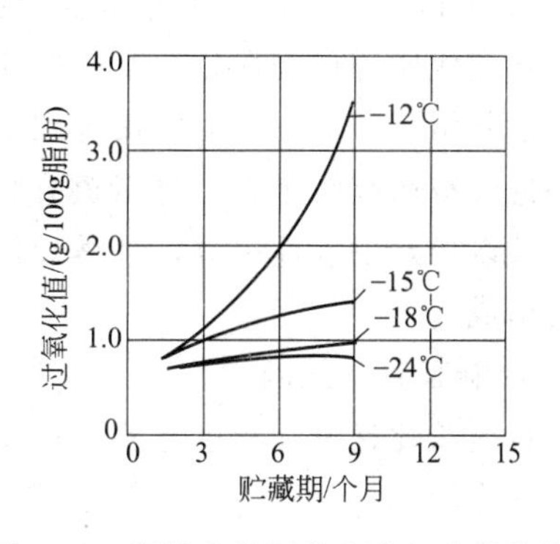

图 3-11　肥猪肉的氧化酸败与冻藏温度的关系（闵连吉，1988）

有紫外线的照射，也会继续进行，导致食品变质。

氧化酸败速率与冻藏温度之间存在密切关系，如图 3-11 所示。肥猪肉冻藏温度越低，则氧化酸败速率愈慢。当冻藏温度高于－15℃时，将难以控制肥猪肉在长期贮藏中的氧化酸败。但是降低温度也可能产生相反影响，比如在－18℃或更低温度下冻藏的新腌肥猪肉比在较高温度下冻藏者更易氧化酸败。

还应特别指出，当含脂较多的鱼类在长期冻藏过程中，如果没有适当防护措施，则会在腹部等处出现黄色甚至橙红色，这种现象称做油烧。油烧的原因与酸败一样都是脂肪自动氧化。两者区别在于酸败仅有风味异变而无变色现象，而油烧则在引起风味劣化的同时，伴有变色现象。

在脂肪氧化酸败进行到一定程度后，如果有氨、胺类、血红素、碱金属氧化物及碱等二次因子中的任何一种参与作用时，都会导致油烧。油烧中的变色机理已初步阐明，已知着色物的母体是脂肪氧化酸败时生成的羰基化合物，但着色物的化学结构尚未确定。

4. 脂肪酸败与油浇的防止方法

防止脂肪酸败与油烧的最有效方法是真空包装或采用充入惰性气体的包装。在采用充入惰性气体包装时，如充入的惰性气体是 N_2，则需置换包装中 95%以上的空气；如充入 CO_2，则需达到 75%的置换率。另外，包冰衣、使用叔丁基对苯二酚（TBHQ）、α-生育酚等抗氧化剂处理等方法，也能有效地控制脂肪酸败和油烧。

七、蛋黄的凝胶化

Moran 发现贮藏于－6℃下的冷冻蛋黄在解冻后，其黏度远大于未冻结的鲜蛋黄。蛋黄这种流动性的不可逆变化即所谓的凝胶化。凝胶化将会损害蛋黄的功能性质，比如用凝胶化蛋黄制作的蛋糕的体积小得多。

1. 凝胶化机理

蛋黄出现凝胶化的基本前提是冰晶生成及冻藏温度低于－6℃。带壳蛋即使在－11℃下过冷 7d 后，蛋黄流动性并未受影响。因此，推测冻结使蛋黄中盐浓度增加引起脂蛋白沉淀而导致蛋黄凝胶化。

观察冷冻及解冻蛋黄的电子显微图片，可发现蛋黄颗粒在冷冻过程中发生破裂，并释放出低密度脂蛋白（LDL）。另外，从冷冻蛋黄的显微图中还可以观察到大的脂类团块。Powrie 等人认为这些团块是由于低密度脂蛋白凝集所致。另有科学家证实磷脂酶 C 可将低密度脂蛋白转变成假弹性物质，与凝胶形成相似。不过，现在尚不能确定脂类是直接引起凝集还是通过引起蛋白质的变化而间接导致了凝胶化。

根据已有研究结果，可将蛋黄凝胶化机理描述为：由于冻结和解冻，低密度脂蛋白颗粒失去其赖以稳定的表面组分，并诱导低密度脂蛋白的结构重排和凝聚，从而导致了网状凝胶结构的形成。

2. 影响凝胶化的因素

蛋黄凝胶化速率和程度主要取决于冷冻速率、冻藏温度和冻藏时间及解冻速率等因素。一般快速冻结和快速解冻能有效地减轻凝胶化。用－196℃的液态 N_2 冻结的蛋黄，只要迅速解冻其流动性要好于－20℃下冻结的蛋黄，几乎具有未冻结蛋黄相同的流动性。但是，当冻藏温度由－6℃下降到－50℃时蛋黄凝胶化速率加快。Powrie 发现，在－10℃和－14℃下冻藏的蛋黄，其凝胶化作用在冻藏的前一段时间内十分明显，但随后凝胶化速率将慢下来。

3. 防止凝胶化的方法

采取以下方法可有效地防止蛋黄凝胶化。

(1) 添加化学保护剂　蛋黄在冻结之前添加 10%的蔗糖、半乳糖、葡萄糖及阿拉伯糖等糖类，或添加 5%的甘油，既不会使未冷冻蛋黄的黏度发生明显改变，又可有效地防止凝胶化。加入 5%～10%的 NaCl 虽然会使未冻结蛋黄的黏度增加，但能防止凝胶化。

(2) 加入某些酶类　添加番木瓜酶或胰蛋白酶等蛋白酶类对蛋黄进行冻前处理，能非常有效地防止凝胶化。但是，由于酶处理后的蛋黄乳化作用下降，因而妨碍了此法在工业上的使用。

(3) 均质作用和胶体磨　这两种处理均可减轻凝胶化而不能防止凝胶化。

(4) 热处理　将冻融后的蛋黄在 45～55℃下加热 1h 可以部分降低蛋黄的凝胶化。

八、冰晶生长和重结晶

在冻藏过程中，未冻结水分及微小冰晶会有所移动而接近大冰晶并与之结合，或者互相聚合而成大冰晶，但这个过程很缓慢，若冻藏库温度波动则会促进这样的移动，尤其细胞间隙中大冰晶成长加快，这就是冰晶生长现象。当冻藏或其流通过程中温度发生较大或较频繁波动时，冻结食品就会反复冻融，即温度较高时，部分冰点较高的冰晶融化，温度降低时又发生冻结，即所谓重结晶。冰晶生长和重结晶会加剧组织的机械损伤，导致产品汁液流失增加。因此，应采用低温速冻使食品水分来不及转移就在原来位置冻结，保持冻藏库温度稳定、添加抗冻蛋白等均可减少冰晶生长和重结晶对食品质量带来的不良影响。

九、冷冻食品的变色

1. 冷冻果蔬的变色

苹果、梨、桃及香蕉等水果在冷冻、冷藏及解冻过程中，其切割面将发生褐变。褐变的原因是果实中的单宁物质受多酚氧化酶作用而生成褐色物质所致。褐变发生必须要有多酚氧化酶、单宁等酚类物质及 O_2 共同存在，缺一不可。O_2 可来自空气，也可来自过氧化物的分解。

要防止水果褐变，可通过烫漂、盐水、糖溶液、亚硫酸盐水溶液等处理来破坏酶的活性，或真空包装以隔绝空气。

蔬菜在冷冻、冷藏及解冻过程中的变色主要是由叶绿素、类胡萝卜素等色素变化而引起的，其中尤以绿色蔬菜的黄变更为常见。变色速率与贮藏温度有密切关系，比如菜花的变色在－18℃下贮藏时要经过 2 个月后才可观察到，而在－12℃下贮藏时，变色速率将快 3.6 倍，而在－7℃下时则快 10.7 倍。

采用烫漂、真空包装、调节 pH 值及添加护色剂等方法可以防止或减轻蔬菜的变色。

2. 禽类在冻藏中的变色

在冻结家禽中可能出现的变色现象有以下几种：①由于放血不彻底，使表皮变红；②表皮破损后，渗出的淋巴液使禽体表皮呈现褐色斑点；③由于表层形成大冰晶，使入射光线穿透皮肤，从而呈现出暗红色的肌肉色素；④受冻结破坏，骨骼细胞释放出血红蛋白，氧化后变成褐色；⑤由于发生冻结烧而使禽体表面出现灰黄斑点。

防止冻禽变色的方法有：快速冻结，采用低且稳定的温度和尽可能高的相对湿度进行冻藏，用不透气材料紧缩包装或真空包装等。

3. 肉类的变色

肉类在冻藏过程中，其色泽会发生从紫红色→亮红色→褐色的变化。这是由于肌红蛋白和血红蛋白被氧化，生成了变性肌红蛋白和变性血红蛋白所致。

变性肌红蛋白的形成受到以下因素的影响：①胶体作用；②空气中氧气的氧化作用；③已溶解在肌肉组织内部的氧由于自身酶的作用或微生物的呼吸而减少，使氧合肌红蛋白还原成不稳定的肌红蛋白，而肌红蛋白很快被空气中的氧所氧化，形成变性肌红蛋白。

变性肌红蛋白形成速率与环境中氧分压有密切关系。当氧分压降低时，变性肌红蛋白的形成速率逐渐增加，在氧分压为 $2.67\times10^{3}N/m^{2}$ 时达到最大值。此后当氧分压继续降低时，变性肌红蛋白形成速率将快速下降。

此外，当肉类受到微生物破坏时，其产物可与肌红蛋白化合，或者使肌红蛋白分解，产生绿色、黄色等颜色。

4. 鱼贝类在冻藏中的变色

由于鱼贝类自身成分方面的特殊性，加上氧化作用、微生物及酶等因素的影响，使得鱼贝类在冻藏过程中发生诸多的变色现象。

（1）红肉鱼的褐变　红肉鱼在冻藏过程中，也会发生如肉类一样的褐变，其原因也相同。红肉鱼褐变程度与变性肌红蛋白生成量有一定关系，当变性肌红蛋白量占总肌红蛋白量的 50％以下时，鱼肉之颜色尚不变褐；但当变性肌红蛋白量超过 70％时，则表现出明显褐变。

红肉鱼褐变速率受到温度、pH 值、氧分压、共存盐类及不饱和脂肪酸等因素的影响，其中温度影响尤为显著。尾藤氏对金枪鱼褐变与温度之间的关系进行过研究，结果如图 3-12 所示。从图 3-12 中可知，将金枪鱼贮藏在－35℃以下，变性肌红蛋白的产生几乎可以完全停止。

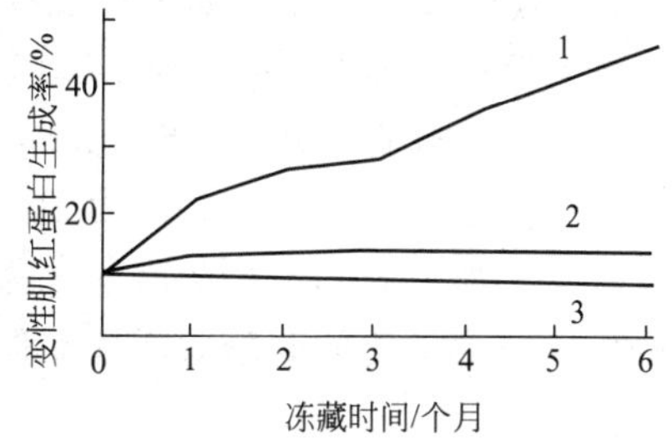

图 3-12　金枪鱼冻藏时的变性肌红蛋白生成率（须山三千三，1992）
1——18℃；2——35℃；3——78℃

防止红肉鱼褐变的方法有：采用－35℃以下低温贮藏，真空包装，包冰衣并使用抗氧化剂。

（2）白肉鱼的褐变　含脂少的白肉鱼如鳕鱼等在冻藏中也常发生褐变。其原因是美拉德反应，即羰氨反应。白肉鱼褐变受到温度、pH、水分含量及某些金属离子等因素的影响。

一般温度每升高 10℃，褐变速率将提高 2～3 倍。pH 值对褐变反应有明显影响，当 pH 在 7.8～9.2 范围时，随 pH 值增加，褐变速率加快；而在中性及酸性条件下，褐变反应将受到抑制。铜和铁能促进褐变，且 Fe^{3+} 比 Fe^{2+} 更有效，而 Al^{3+} 则可阻碍褐变反应进行。

防止白肉鱼褐变的方法是，选择新鲜度高的鱼进行冻结，并贮存在较低温度下。用 SO_2 或亚硫酸盐处理，也能有效地防止白肉鱼褐变，但由于食用安全性问题，SO_2 或亚硫酸盐处理已被许多国家禁止使用。

(3) 旗鱼绿变 旗鱼在冻藏中，连接于皮和腹腔的肌肉会出现绿色，有时还伴有恶臭味，这种现象就称为旗鱼绿变。绿变原因是由于细菌繁殖使鱼肉蛋白质分解产生 H_2S，H_2S 与肌肉中的肌红蛋白和血红蛋白等化合产生绿色硫肌红蛋白和硫血红蛋白所致。天野氏发现，当鱼肉中的 H_2S 浓度达到 1～2mg/100g 时，就可能形成绿色肉。而此种 H_2S 浓度与鱼体初期腐败相当。

除旗鱼外，其他鱼类如蓝枪鱼、白枪鱼、付金枪鱼、青鲨、狭鳞庸鲽、青鲽等也会发生绿变。绿变主要发生在背部、体侧部及腹部靠近皮肤的血合肉中，血液对绿变有促进作用。

防止旗鱼绿变的方法是，确保冻结前原料鱼之鲜度，冻结之前去掉内脏；捕获之后立即放血，快速冻结及低温冻藏。

(4) 红色鱼褪色和冷冻贝类红变 鲑、鳟类的红色在冻藏过程中会逐渐褪去。其原因是鱼肉中红色类胡萝卜素的虾黄质的异构化及氧化。可加入丁基羟基茴香醚（BHA）、二丁基羟基甲苯（BHT）等抗氧化剂或采用真空包装来防止。

另外，有些双壳贝类如牡蛎在冷冻中或解冻后会变成红色，其原因是由于牡蛎在贮藏过程中仍在进行自身消化，使其消化管发生组织崩坏，作为饵料被摄入的涡鞭毛藻体中的红色类胡萝卜素蛋白质复合体流出而引起。

(5) 虾类黑变 虾类在冷藏过程中，在其头部、胸甲、尾节等处会逐渐出现黑点甚至黑斑，此即所谓的黑变。黑变将严重影响虾类的商品价值。

黑变的原因是酪氨酸酶或酚酶将酪氨酸氧化成类黑精。据实验测定的结果，在甲壳类动物的头部、关节、胸甲、胃肠、生殖腺、体液等处均存在酪氨酸酶，因而这些地方容易出现黑变。实验还发现，虾类黑变与其新鲜度有密切关系。新鲜虾类的酚酶无活性或者活性极低，因此不会发生黑变。如果虾类鲜度下降，则酚酶活性增大，引起虾类黑变。

酚酶活性与温度、Cu^{+} 及 pH 值等因素有很大关系。Bailey 指出，在 60℃ 以下放置时，酶活性随温度升高而升高。Simpson 发现酚酶在 60℃ 放置 30min 后迅速失活，而酚酶-多巴反应的最佳温度为 45℃。Cu^{+} 对酚酶活性是专一性的，如果以其他离子代替 Cu^{+}，则酚酶活性丧失。当 Cu^{+} 与酚酶的摩尔比为 1∶1.25 时，酚酶活性最大。Simpson 等人还指出，当 pH 在 6.5～7.5 之间时酚酶活性最强；在 pH 8.0 时，酚酶最稳定；但在酸性环境中，酚酶很不稳定。

防止虾类黑变的方法有：先进行适当热处理使酚酶失活，再冻结；除去虾类的头部、内脏、外壳及体液等并洗净后再冻结；使用硫脲、半胱氨酸、酒石酸及其钠盐、草酸及其钠盐等的溶液浸泡处理也有一定效果。亚硫酸氢钠曾经被广泛用来防止虾类黑变。但是由于肌肉中残存过多的 SO_2，会引起消费者严重的过敏性反应，加速虾类在贮藏过程中甲醛的形成，已逐渐被禁止使用。Mcevily 发现，4-己基间苯二酚具有较好的防止黑变的效果，5×10^{-6} mg/kg 的 4-己基间苯二酚与 1.25×10^{-2} mg/kg 的 $NaHSO_3$ 的防黑变效果相当，且在肌肉中的残存量极低（任何情况下都不超过 3×10^{-6} mg/kg），可作为 $NaHSO_3$ 的替代品。另外根据编者初步研究结果，壳聚糖溶液处理也能有效地防止虾类黑变。

采用真空包装或采用含抗氧化剂的水包冰衣也是防止虾类黑变的常用方法。

（6）脂肪参与的变色　含较多不饱和脂肪的冷冻食品如冷冻鱼贝类在长期贮藏时，会因油烧而发生黄褐色、红褐色的变色。有关变色的机理及防止方法等情况可参阅本章“脂肪氧化酸败”中的有关内容。

十、冷冻食品营养价值的变化

食品的整个冷冻过程包括预处理、冷冻、冻藏及解冻等环节，不同环节对食品营养价值产生的影响是不同的。已有证据证实，食品营养物质中，蛋白质、脂质和碳水化合物的营养价值在冷冻过程中并无明显变化，变化较明显的营养物质是维生素及矿物质，特别是维生素C和B族维生素。

1. 在预处理中食品营养价值的变化

无论是动物性食品还是植物性食品，在冻结前短时间存放都不会影响其营养价值。但延长存放时间，尤其是延长在高温下的存放时间，将会引起维生素C和B族维生素的较大损失。

蔬菜在冻前热烫处理中将失去相当数量的水溶性维生素，如表3-7所示。从表3-7中数据可知，菠菜和嫩茎花椰菜的维生素C，菠菜和利马豆的维生素B_1的损失比较大。另外，热水烫漂还会使利马豆的烟酸损失30%，豌豆的维生素B_2损失19%，青豆的维生素B_2损失14%，而大多数蔬菜中胡萝卜素则无明显损失。

表3-7　蔬菜在热烫和冷却过程中维生素C和维生素B_1的损失（M. 里切西尔，1989）

蔬菜种类	维生素损失/%		蔬菜种类	维生素损失/%	
	维生素C	维生素B_1		维生素C	维生素B_1
芦笋	10(6～15)	—	抱子甘蓝	21(9～45)	—
青豆	23(12～42)	9(0～14)	花椰菜	20(18～25)	—
利马豆	24(19～40)	36(20～67)	豌豆	22(1～35)	11(1～36)
嫩茎花椰菜	36(12～50)	—	菠菜	50(40～76)	60(41～80)

在热烫过程中发生的维生素等营养成分的损失是由沥滤而不是由化学降解引起的。因此，蒸汽烫漂时营养成分的损失要小于热水烫漂。

2. 在冷冻及冻藏过程中营养成分的损失

研究表明，在冷冻过程中，除了猪肉及抱子甘蓝等食品的维生素有明显减少外，大多数蔬菜及动物食品的维生素在冷冻过程中无明显变化。但在冻藏过程中，食品维生素将会大量地损失掉。损失程度取决于食品种类、预处理方法、包装材料、包装方法及冻藏方法等因素。表3-8是蔬菜在冻藏过程中维生素和矿物质的损失情况。

表3-8　蔬菜在冷冻贮藏过程中维生素和矿物质的损失（M. 里切西尔，1989）

蔬菜种类	在−18℃贮藏12个月后的营养素损失/%							
	维生素B_1	维生素B_2	烟酸	维生素B_6	维生素K	维生素B_{11}	胡萝卜素	铁
青豆	0～32	0	0	0～21	0	6	0～23	18
利马豆	—	45	26	0	—	—	—	—
嫩茎花椰菜	—	—	—	—	6	—	0	—
豌豆	0～16	0～8	0～8	7	—	0	0～4	20
菠菜	—	0	—	—	42	—	—	—

实验表明，烫漂过的蔬菜在冻藏过程中维生素 C、维生素 B_1 及维生素 B_2 等的损失通常比未烫漂者的损失更少。比如，烫漂过的青豆和菠菜在−19℃下贮藏 9～12 个月后，损失的维生素 C 仅为未烫漂者的 25%～50%。

贮藏温度对维生素 C 的降解速率有很大影响。实验数据表明，青豆、花椰菜、豌豆和菠菜等在−18～−7℃的温度范围内升高 10℃，会使维生素 C 的降解速率增加 6～20 倍；而对某些桃、树莓及草莓等水果，在−18～−7℃的温度范围内升高 10℃，维生素 C 的降解速率将增加 30～70 倍。

动物性食品在冻藏过程中除维生素 B_6 的损失较多外，其他 B 族维生素的损失并不大，如表 3-9 所示。

表 3-9 动物性食品在−18℃下冻藏 6 个月的 B 族维生素的损失（M. 里切西尔，1989）

种类	B 族维生素的损失/%				
	维生素 B_1	维生素 B_2	维生素 PP	维生素 B_3	维生素 B_6
牛排	0	<1	+	<10	22
猪排骨和烤肉	+	0～37	+	0～8	18
羊排骨	+	—	+	—	—
牡蛎	33	19	3	17	59

注：+表示维生素含量明显升高。

另外，不多的实验结果表明，食品冻藏过程中温度波动对维生素损失并无明显影响，尽管此种情形将会使食品的汁液流失增加，贮藏期缩短。

3. 食品在解冻过程中营养素的损失

单独测定解冻对食品营养价值的影响是一件相当困难的事情。有限的研究结果指出，解冻对水果、蔬菜和动物食品中维生素含量的影响很小甚至微不足道。但是，如果解冻后食品流失液被废弃，则会造成大量水溶性营养素的损失。

4. 在整个冷冻加工过程中食品营养素的损失

表 3-10 及表 3-11 分别是几种常见水果、蔬菜在整个冷冻加工过程中的维生素 C 损失情况，从中可以看出，水果在冷藏过程中维生素 C 的损失与水果种类、品种、是否加糖（或糖水）、果汁浓缩程度及包装情况等有密切关系，而蔬菜的维生素 C 损失主要来源于烫漂和长期冷藏。

表 3-10 水果在整个冷藏过程中维生素 C 的损失（M. 里切西尔，1989）

水果种类	−18℃下贮藏时间/个月	维生素 C 的损失/%
草莓		
切开、加糖、金属罐装	5	17
整只、不加糖或糖水，聚乙烯袋装	10	34
部分切开，水、糖比为 6∶1，聚乙烯盒装	10	42
柑橘制品		
浓缩橙汁，42°Bx	9	1
未浓缩橙汁	6	32
橘瓣	6	31
糖水杏	5	19
糖水杏，加维生素 C	5	22
桃		
切开，加糖水，装于不透水容器中	8	69
切开，加糖水，玻璃瓶装	8	29

表 3-11 蔬菜在整个冷藏过程中维生素 C 的损失（M. 里切西尔，1989）

蔬菜种类	新鲜蔬菜中维生素 C 的正常含量/(mg/100g)	-18℃下冷藏 6~12 个月维生素 C 的损失/%
芦笋	33	12(12~13)①
青豆	19	45(30~68)
利马豆	29	51(39~64)
嫩茎花椰菜	113	49(35~68)
花椰菜	78	50(40~60)
豌豆	27	43(32~67)
菠菜	51	65(54~80)

①（ ）内数据为范围。

动物性食品在整个冷藏过程中 B 族维生素的损失如表 3-12 所示，从表中可以看出，在冷藏过程中维生素 B_1、维生素 B_2 及维生素 B_6 的变化较明显，其他 B 族维生素的变化较少。动物性食品维生素的损失主要是发生在冻藏和解冻过程中。

表 3-12 动物性食品在冷藏过程中 B 族维生素的损失（M. 里切西尔，1989） %

食品种类	贮藏条件	维生素 B_1	维生素 B_2	烟酸	泛酸	维生素 B_6
牛排	-18℃,180d	8	9	a	8	24
	-18℃,300~360d	2	43	4	—	—
	-20℃,60d	32	35	+	—	—
牛肝片	-18℃,360d	11	44	14	+	—
猪腰肉	-18℃,240d	42	11	a	—	—
火鸡	-23℃,90d	18	a	a	—	—
牡蛎	-18℃,180d	22	a	35	+	46

注：a 表示数据变动较大，+表示含量增加。

第二节 食品在罐藏中的品质变化

罐头食品的变质现象包含罐内食品变质及罐头容器（主要是金属容器）变质两个方面。罐内食品常见的变质有微生物引起的胀罐、平盖酸坏、硫臭腐败及发霉等，蛋白质热变性、变色及营养价值的破坏等，这些变质现象因罐头食品种类及加工方法等而异。罐头容器变质主要有罐壁腐蚀及变色等现象。

一、罐内食品变质

1. 变色

（1）褐变 红烧鱼、肉罐头等在加热杀菌及贮藏过程中容易发生褐变。引起褐变的原因与引起白肉鱼在低温贮藏中的褐变原因相同，都是美拉德反应。其差别在于罐头食品加工时温度更高，且在配料时加入糖类及酱油等，因而美拉德反应更易进行。

（2）蟹肉青变 蟹肉在加热杀菌时，可观察到其肩肉及棒肉的两端或者血淋巴凝固的部分出现青斑。实际上蟹肉的颜色可能是从淡蓝色到蓝黑色等各种颜色。

引起蟹肉青变的原因有诸多解释，一般认为与血蓝蛋白有关。至于变色机理，认为来源于血蓝蛋白的铜催化产生了蓝色色素，或认为血清蛋白的蛋白质部分参与了变色等，目前尚不能确定。

通常大龄蟹、鲜度差及放血不充分的蟹易发生青变。防止蟹肉青变的方法有：采用新鲜原料；充分洗涤放血；充分煮熟以破坏氧化酶的作用；煮熟后立即将蟹肉浸入稀有机酸溶液或铝盐或锌盐溶液中；采用分离凝固法，即利用蟹肉蛋白质的热凝固温度（55～60℃）和血蓝蛋白的热凝固温度（70℃）之差，先在55℃下加热蟹肉，使其肌肉蛋白质轻度凝固，然后漂洗蟹肉以去掉未凝固的血蓝蛋白，再在78～100℃下加热使蟹肌肉蛋白质完全凝固。

（3）长鳍金枪鱼的绿变　蒸煮以长鳍金枪鱼为原料的罐头时，常可发现鱼体的一部分或全部变成青绿色，同时还伴有甲壳类臭的特殊臭味，此现象即长鳍金枪鱼的绿变。这种变色在其他金枪鱼类中也会发生。

关于变色机理，小泉等人做过深入研究。他们发现氧化三甲胺含量高的金枪鱼蒸煮后易出现绿色，而且在质量好的鱼肉中加入氧化三甲胺并加热时，也会出现典型的绿色肉。他们还进一步确定了由肌红蛋白、氧化三甲胺及半胱氨酸组成的反应体系加热后产生类似胆绿蛋白的绿色色素，是引起长鳍金枪鱼绿变的原因。

另外，实验表明，绿变与鱼肉中氧化三甲胺的含量之间有相关性。当鱼肉中氧化三甲胺-N的含量低于7～8mg/100g时，蒸煮后不产生绿色；而当鱼肉中氧化三甲胺-N含量高于13mg/100g时，蒸煮后极易变成绿色。

（4）牡蛎罐头的黄变　水煮牡蛎罐头长时间在室温下贮藏时，肉会变成橙黄色。这是由于牡蛎内脏中的类胡萝卜素溶解于组织中的脂肪内，转移到肌肉中而引起。在低温下贮藏即可有效地抑制此种变色。

（5）黑变　以虾、蟹、乌贼、蛤蜊、牡蛎、金枪鱼等为原料生产的罐头易在罐头内部或内容物中出现黑色的变色。玉米、禽类等罐头也可发生此类黑变。引起此类黑变的原因是加热（或微生物）使蛋白质分解产生H_2S，H_2S与罐内壁涂层露出的金属离子化合形成黑色硫化物。碱性条件将促进该反应的进行。

为了防止黑变，可采用C-瓷漆罐，阻止H_2S与金属接触；或在内容物中加入醋酸、柠檬酸等适当的有机酸使之呈酸性。

2. 蛋白质的热变性

（1）肌原纤维蛋白质的热变性　肌原纤维蛋白质在加热时，肽链即做热运动，结合能量较低的氢键、疏水键等断开，成为所谓的展开状态。此时，蛋白质表面电荷状态改变，使其溶解度下降。同时，切下的侧链一部分在分子内再结合，一部分与其他分子的侧链结合而引起分子凝聚，从而使蛋白质的黏度、保水率、流动双折射值、沉降系数及浊度发生变化。上述变化即为蛋白质的热变性。蛋白质在加热过程中产生的保水率及黏度变化分别如图3-13和图3-14所示。

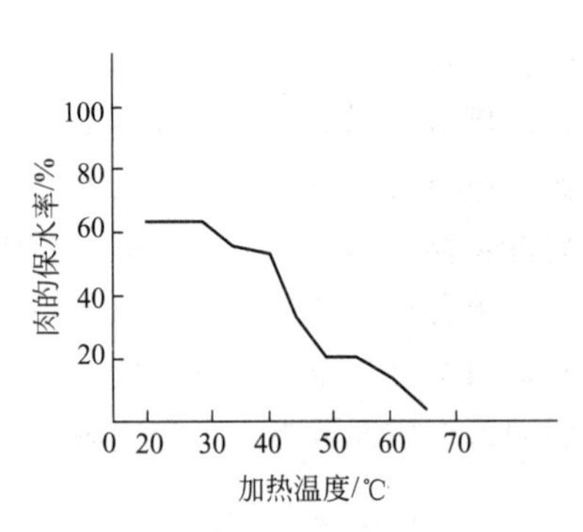

图3-13　牛肉保水率在加热过程中的变化
（野中顺三九，1978）

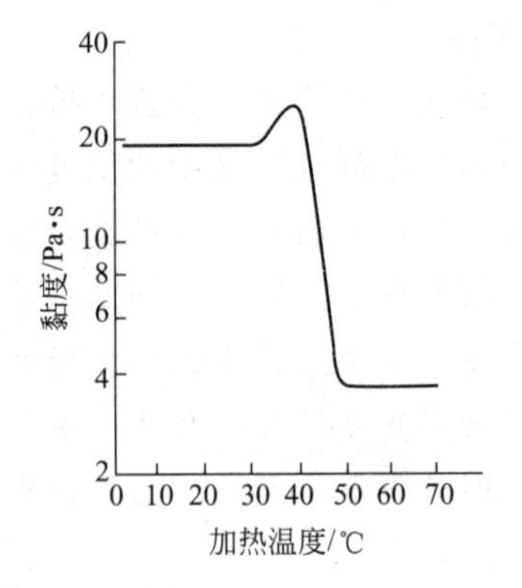

图3-14　狗母鱼肉溶胶黏度在加热过程中的变化
（野中顺三九，1978）

蛋白质热变性与食品和加热温度有密切关系，如表 3-13 所示，由表中数据可知，鱼类肌肉蛋白质更易发生热变性。比如在 35℃下加热时，鲤鱼肌动球蛋白 Ca-ATPase 变性速率常数为兔子的 26 倍。而鱼类肌肉蛋白质的热变性速率也存在明显的种类差异。通常鱼肌肉热稳定性为热带性鱼类>温带性鱼类>寒带性鱼类>深海性鱼类。这说明鱼类肌肉蛋白质的热变性与其栖息水温有密切关系，此关系如图 3-15 所示。

表 3-13 不同来源肌动球蛋白 Ca-ATPase 活性在不同温度下的变性速率常数（须山三千三，1992）

动物	变性速率常数/s^{-1}				
	25℃	30℃	35℃	40℃	45℃
兔			0.3×10^{-3}	2.1×10^{-3}	2.3×10^{-4}
鲸				1.3×10^{-3}	2.2×10^{-4}
罗非鱼			1.7×10^{-3}	31.1×10^{-3}	
鲤		1.1×10^{-3}	7.7×10^{-3}	55.5×10^{-3}	
金枪鱼		1.2×10^{-3}	15.3×10^{-3}		
虹鳟		5.6×10^{-3}	46.1×10^{-3}		
狭鳕	11.6×10^{-3}	63.3×10^{-3}	63.3×10^{-3}		

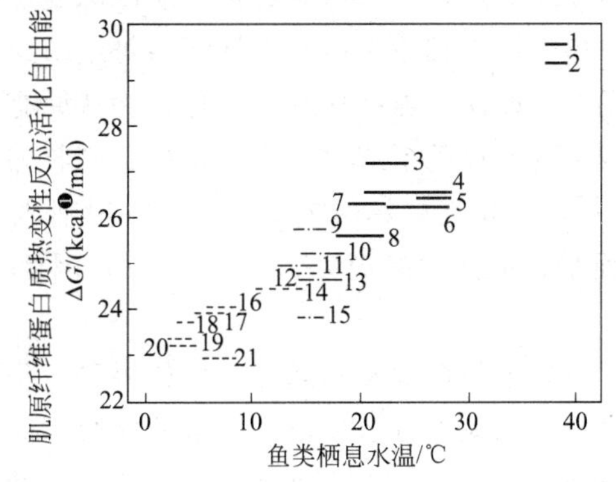

图 3-15 鱼类肌原纤维 Ca-ATPase 热变性与栖息水温之关系（须山三千三，1992）

1—兔子；2—小鳁鲸；3—鲣；4—鳗鲡；5—罗非鱼；6—黄鳍金枪鱼；7—旗鱼；8—付金枪鱼；9—鰤；10—蓝金枪鱼；11—远东拟沙丁鱼；12—鲷；13—秋刀鱼；14—虹鳟；15—鲐；16—白鲑；17—鲱；18—狭鳞庸鲽；19—真鲷；20—狭鳕；21—远东多线鱼

——热带性鱼类、哺乳动物；-·-温带性鱼类；---寒带性鱼类

肌肉蛋白质的热变性速率与其是否经历过冻结和冻藏有关。Yumiko 等人指出，鲤鱼肌肉在加热前经过冻结和冻藏后，其肌原纤维蛋白质的热变性速率将加快，且冻藏时间越长，热变性速率越快。他们还认为，肌球蛋白分子的杆部比头部更难发生热变性。

肌肉蛋白质的热变性速率还与 pH 值有关。图 3-16 表示了远东拟沙丁鱼肌原纤维蛋白质热变性与 pH 值的关系，从图中可以看到，肌原纤维蛋白质在中性条件下的热变性速率比在酸性或碱性条件下慢得多。但是不同种类的动物蛋白质，其热变性受 pH 值的影响是不同的。比如鲣和金枪鱼等的肌原纤维蛋白质在酸性条件下的热变性速率很小，而狭鳕肌原纤维蛋白质即使在中性条件下，其热变性速率也很快。另外 pH 值与肌肉蛋白质热变性的关系还受温度的影响，如图 3-17 所示，从图中可看出，随着加热温度升高，与保水率最低值相对应的 pH 值向碱性方向移动。其原因在于随加热温度升高，蛋白质酸性基逐渐减少，而碱性基数量逐渐增加。特别是酸性基在 40℃以上温度下加热时，数量将迅速减少，在 70℃时减少了

❶ 1kcal=4.1840kJ。

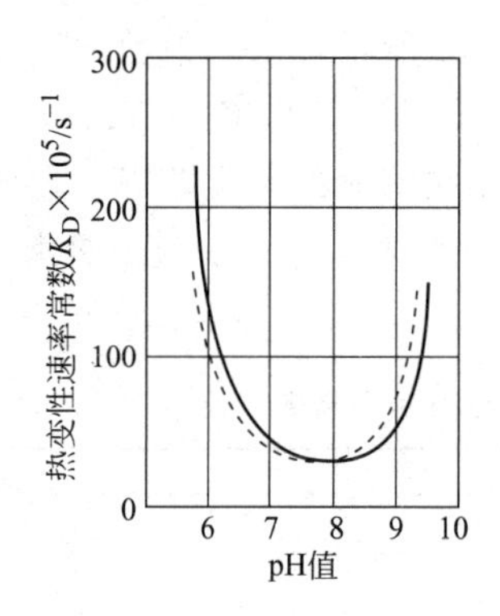

图 3-16 pH 值对鱼类肌原纤维 Ca-ATPase 热变性速率的影响（37.5℃）（须山三千三，1992）

——普通肉；----血合肉

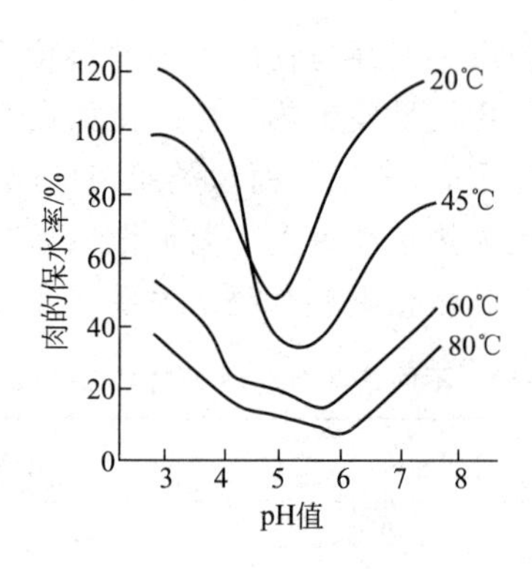

图 3-17 不同温度下 pH 与牛肉保水率的关系（野中順三九，1978）

原有的三分之二。

有关肌原纤维蛋白质热变性的防止方法可参看蛋白质冷冻变性的防止方法。

(2) 结缔组织蛋白质的热变性　胶原蛋白和弹性蛋白等结缔组织蛋白质均是热稳定性很高的蛋白质。特别是弹性蛋白，即使是强烈加热之后也仍保持原有结构。胶原蛋白在较低温度下加热时十分稳定，但当温度超过某个值时，胶原蛋白急剧收缩成为乱丝状。此温度称为热收缩温度（T_S），它是表示热稳定性好坏的重要指标。一般哺乳动物胶原蛋白的热收缩温度在 60～65℃，而鱼类胶原蛋白的热收缩温度为 30～60℃，因此，哺乳动物胶原蛋白的热稳定性优于鱼类胶原蛋白。

当胶原蛋白发生收缩时，分子间桥键并不断开。但如果进一步升高加热温度，则桥键开始断裂，部分肽键水解，收缩纤维吸水分散，成为水溶性明胶。胶原蛋白热稳定性与其特有的（甘-脯-羟脯）$_n$ 和（甘-脯-脯）$_n$ 等的重复排列有关，含有这些重复结构越多的胶原蛋白，其热收缩温度越高，越不易发生热变性。

众所周知，结缔组织含量与食肉口感之间具有较高的正相关性，因此牛肉比猪肉更老韧，而畜肉比禽肉和鱼肉更老韧。但是如果能使结缔组织蛋白质中的胶原蛋白发生明胶化，则不仅可明显改善肉的硬度，还可起到汇集食品味道的效果。各种肉类罐头、禽类罐头及鱼类罐头等因经过各种严厉的热处理过程，因而基本上不存在由结缔组织蛋白质引起的口感老韧的问题。

3. 玻璃状结晶的出现

许多水产罐头如清蒸鱼类、虾、蟹类、乌贼类罐头等在贮藏过程中常出现无色透明玻璃状结晶，严重影响罐头的商品价值。这种结晶实际上是磷酸镁铵（$MgNH_4PO_4 \cdot 6H_2O$），俗称鸟粪石。它是由来源于原料和海水中的镁与原料产生的磷酸及 NH_3 化合而产生的，在冷却和贮藏过程中慢慢析出，并逐渐长大，大者可达数毫米。结晶成长的适宜温度为 30～40℃。该结晶在 pH6.3 以下溶解度较大，而难溶于中性及碱性水溶液中。该结晶可溶于胃酸，因而对人体并无损害。

防止玻璃状结晶出现的方法如下。

(1) 采用新鲜原料　原料越新鲜，则因蛋白质分解而产生氨的数量越少，结晶形成速率也越慢。

(2) 控制 pH 值　由于结晶溶解于酸性溶液中，因此，在生产某些水产罐头时，可采用浸酸处理以调节 pH。但要控制好浸酸时间及酸浓度，以免影响罐头风味。

（3）禁止使用粗盐及海水处理原料　粗盐及海水含有较高浓度的镁，能促使结晶形成和析出。

（4）杀菌后迅速冷却　实践表明，冷却迅速时，形成的结晶较细微；而冷却缓慢时，则易形成大型结晶。因此，杀菌后，应尽快冷却到 30℃以下，以免长时间停留在 30～40℃的大型结晶形成区。

（5）添加增稠剂　添加明胶、羧甲基纤维素及琼脂等增稠剂，能提高罐内溶液黏度，降低结晶析出速度。

（6）添加螯合剂　添加 0.05％EDTA 或酸性焦磷酸钠或 0.05％的植酸，可使镁离子形成稳定的螯合物，从而防止结晶析出。

（7）添加柠檬酸　将柠檬酸加到罐头中，不仅能防止结晶，而且不会影响蟹肉和汤汁的风味。柠檬酸加入量为蟹肉和汤汁重量的 0.044％～0.177％。柠檬酸可以以固体形态加入，也可配成溶液加入。

此外，使用碳原子数为 14～20 的脂肪酸盐或碱金属盐、L-谷氨酸、米糠浸提物、可溶性乳酸钙等也有防止结晶析出的效果，还有人试验采用离子交换树脂处理以除去镁离子从而防止结晶析出。

4. 罐头食品营养价值的变化

罐头食品在加工时一般要经过洗涤、去皮、切分、蒸煮、烫漂及杀菌等过程，其营养价值将会发生不同程度的损失。

（1）果蔬类罐头食品营养价值的变化　罐藏水果有去皮与带皮之分。通常带皮罐藏的水果营养素保存率较高。Guerrant 等发现孟马兰樱桃在加工过程中维生素 C 的保存率可达 96％，而类胡萝卜素实际上没有损失。Lamb 等人发现，将去皮的桃子暴露在空气中 30min、60min 或 120min，维生素 C 的损失率分别为 29％、34％和 45％。去皮方法对营养素的保存也有影响。Lamb 等人发现蒸汽去皮后维生素 C 的保存率为 72％～86％，杀菌后维生素 C 的保存率为 59％～70％，维生素 B_1 的保存率为 71％～93％，烟酸保存率为 82％～86％，类胡萝卜素保存率为 100％。除类胡萝卜素外，这些数据均比碱液去皮水果相应营养素的保存率为低。另外，切片操作及原料水果成熟度对其营养素的保存率也有一定影响。

不同杀菌方法对罐藏水果营养价值的影响是不同的。Elkins 等研究了不同杀菌方法对黏核桃中维生素的影响，如表 3-14 所示，从表中数据可以看出，不同杀菌方法对维生素 B_1 及维生素 C 的影响是不同的，但对其他维生素的影响差异不大。杀菌方法对矿物质含量的影响如表 3-15 所示，从表中可以看出，不同杀菌方法的影响并没有显著差别。

表 3-14　加热杀菌对黏核桃中维生素含量的影响（M. 里切西尔，1989）

维生素	静止杀菌(保存率)/％	连续杀菌(保存率)/％
维生素 B_1	79	91
维生素 B_2	103	101
烟酸	94	96
维生素 C	76	83
总胡萝卜素(AOAC 法)	40	41
总胡萝卜素立体异构物	97	104
总有效胡萝卜素	96	101

表 3-15 加热杀菌对黏核桃中矿物质含量的影响（M. 里切西尔，1989）

矿物质	静止杀菌（保存率）/%	连续杀菌（保存率）/%	矿物质	静止杀菌（保存率）/%	连续杀菌（保存率）/%
钙	109	100	铁	76	92
磷	105	109	铜	71	66
镁	103	93	锰	118	109
钾	103	101	锌	110	99

对果汁罐头的研究表明，罐头加工过程对葡萄柚汁、橙汁等果汁中的生物素、叶酸、吡哆醇和肌醇等的影响不明显，其中维生素 C 的保存率可达 98%以上。

从现有研究结果分析，只要采用正确的加工方法，罐藏水果的维生素损失是比较少的。但是，营养素损失程度因原料种类、加工步骤及加工方法的不同而存在一定差异。目前这方面的数据还比较缺乏，有待于进一步研究。

蔬菜罐头的生产大都包括洗涤、整理、切分、烫漂、杀菌等过程，其中烫漂和杀菌操作对罐藏蔬菜营养价值的影响较为严重。热烫后蔬菜中营养素的保存率如表 3-16 所示。

表 3-16 蔬菜罐头中维生素 C、维生素 B_1、维生素 B_2、烟酸和胡萝卜素的保存率（M. 里切西尔，1989） %

产品	维生素	热烫后	杀菌后
芦笋	维生素 C	95	82
	维生素 B_1	92	67
	维生素 B_2	90	88
	烟酸	94	96
青豆	维生素 C	74	55
	维生素 B_1	91	71
	维生素 B_2	95	96
	烟酸	93	92
	胡萝卜素	—	87
菠菜	维生素 C	61	52
	维生素 B_1	77	24
	维生素 B_2	81	76
	烟酸	89	78

热烫的影响因蔬菜种类而异。一般单位体积的蔬菜表面积越大，则在烫漂时营养素的损失就越多。比如菠菜及各种豆类由于比表面积较大，各种维生素在烫漂时损失较多；而芦笋由于表面积小，维生素损失也较少。

热烫方法及条件对蔬菜营养素的损失有很大影响。热烫方法通常有热水和蒸汽两种。热水烫漂时，蔬菜的营养素会因沥滤产生较大损失。但考虑到维生素的氧化损失，目前已有的实验数据还难以判断上述两种热烫方法在保存蔬菜营养素方面的优劣。

Wagner 等研究了热烫温度和时间对营养素保存的影响，发现热烫时间比热烫温度对营养素的影响要大得多。比如某些种的豌豆在 77～82℃和 93℃下热烫 2.5min，维生素 C 的保存率分别为 86%和 91%；而在 77～82℃和 93℃下热烫 8min 时，维生素 C 的保存率分别为 65%和 64%。另外，Kramer 和 Smith 研究了豌豆、利马豆和菠菜在热水烫漂和蒸汽烫漂时水分、脂肪、纤维素、灰分、碳水化合物及钙和磷的变化，发现多数情况下变化不大。

Lamb 对菠菜的实验证明，不管热烫条件如何，热烫设备的形式对营养素的保存率都有明显影响。实验结果显示，用带式输送热烫机热烫时，尽管时间更长，但菠菜维生素 C 和其他维生素的保存率要高于回转式热烫机。其原因是在带式热烫机中，菠菜密集成团通过热烫机，热水不能自由穿过菠菜团，因而沥滤损失很少。加上菠菜总是在水面以下，任何时候均不与氧气接触，故氧化作用也很轻微。

如果在热烫和装罐之间停留时间很短时，除了维生素 C 外，对其他营养素的保率没有不良影响。但是如果停留时间过长（比如持续时间超过 15min 以上），则会影响营养素的保持率。

在蔬菜的各种营养素中，维生素 B_1 和维生素 C 受加热杀菌的影响较大。维生素 B_1 一般在罐内存在氧气时才受加热杀菌的影响，而维生素 C 还会受容器类型的影响。另外，在 pH 比较低的产品中，维生素 C 在素铁罐内的保存率比在涂料马口铁罐或玻璃容器中的要高些。其原因是在素铁罐内的残留氧被镀锡薄板与果酸之间的反应消耗掉，而在涂料罐和玻璃罐内，果酸与容器之间的反应受到抑制，大部分氧与产品中的维生素 C 起反应，使维生素 C 受到较严重破坏。

加热杀菌对维生素 B_1 的影响是一个广泛研究的问题。Bendix 等人指出，当杀菌时间延长和温度升高时，维生素 B_1 含量降低。Feaster 等人指出了高温短时杀菌有利于保存维生素 B_1 的观点。比如玉米浆用常规方法杀菌时，维生素 B_1 的保存率为 40%；用管式热交换器进行高温短时杀菌时，维生素 B_1 的保存率提高到 95%。用回转法杀菌的整粒玉米，其维生素 B_1 的保存率比常规静止法杀菌的高。但对青豆和甘薯的研究表明，静止杀菌和连续回转杀菌时维生素 C、维生素 B_1 和烟酸的保存率之间没有明显差异。成熟度也是影响蔬菜维生素 B_1 保存率的因素之一，成熟度高的蔬菜比成熟度低者维生素 B_1 保存率更高。

水果和蔬菜罐头在贮藏过程中将会损失掉一部分营养素。损失程度取决于贮藏温度、时间及食品种类。一般在低于 5℃下贮藏时，水果和蔬菜中各种维生素的损失均很小。但贮藏温度升高将使损失大为增加。比如罐装豌豆、青豆和利马豆在 5℃以下贮藏时，只损失百分之几的维生素 C，但在 25～30℃下贮藏 1 年后，维生素 C 的损失约为 15%，贮藏时间超过 1 年之后，损失量约为 25%。维生素 B_1 的损失可能会更多些。比如罐装烤豆在 0℃以下贮藏时，维生素 B_1 实际上没有损失，贮藏 2 年时也只损失 8%；但在 21℃下贮藏时，1 年后即损失 16%，2 年后损失达 40%；在 38℃下贮藏 1 年后，损失超过 50%，贮藏 2 年后损失 75%。低温贮藏不仅能提高营养素的保存率，还有利于保持罐头的正常外观和色泽。比如罐装芦笋在低温下贮藏时，可保持其诱人的绿色一年或更长时间。而在环境温度下贮藏时，芦笋颜色在一年内褪成黄色。另外，低温贮藏还可以减少番茄沙司因美拉德反应而产生的褐变。

果蔬罐藏过程中还会产生微量元素的损失。有报道称，罐藏菠菜损失新鲜菠菜中 81.7%的锰、70.6%的钴和 40.1%的锌。罐藏大豆和番茄分别损失 60%和 83.8%的锌。而罐藏胡萝卜、甜菜和青豆则分别损失 70%、66.7%和 88.9%的钴。但是有时也可观察到罐藏的甜菜比其生的原料增加了 226.8%的锰和 60.2%的锌。导致这种反常现象的原因很可能是加工过程中的金属污染。

（2）肉类罐头食品营养价值的变化

① 罐头加工工艺过程中肉类营养价值的变化。肉类在罐头加工工艺过程中营养价值的变化主要是由加热引起的。罐头加工时的热处理一般有两种情况，即装罐前的预煮、油炸等和加热杀菌处理。

肉及肉制品在预煮过程中，蛋白质会凝固且一部分蛋白质、无机物及脂类会流出到煮汁中。肉类及其制品在预煮过程中还会发生风味及色泽等方面的变化。肉类及其制品在预煮后产生强烈的特有风味，这是由于肉中的水溶性成分如氨基酸、肽类及低分子碳水化合物等和游离脂肪酸之间发生了某些化学反应而引起的。肉的风味与加热方式、加热时间及加热温度有关。与在水中加热相比，在空气中加热时，游离脂肪酸显著增加；加热温度超过 80℃时，H_2S 的量将随温度升高而急剧增加，使风味下降；加热时间在 3h 以内时，随加热时间延长，风味增强，但超过 3h 后，风味将变差。

肉类色泽在预煮等加热过程中，逐渐由深红转变成鲜红，再变成褐色。这是由于肌红蛋白先氧合生成氧合肌红蛋白，再进一步氧化生成变性肌红蛋白（高铁肌红蛋白）所致。

加热杀菌对肉类营养价值有一定影响。肉类罐头加工时的维生素 B_1、维生素 B_2 及烟酸等 B 族维生素的损失如表 3-17 所示，从表中可知，维生素 B_1 是肉类罐头加工时最易损失的维生素。另外也有报道称，在加热杀菌时 30%～40%的泛酸和相当大一部分的叶酸也会损失掉。

表 3-17　肉类罐头中 B 族维生素在加工过程中的损失率（M. 里切西尔，1989）　　%

肉的种类	制品	维生素 B_1	维生素 B_2	烟酸
牛肉	碎牛肉	76	6	0
	肉丁	67	0	0
小牛肉	肉丁	79	0	0
	肉糕	81	24	44
猪肉	肉馅	55	0	16
	肉丁	66	0	0
	原汁猪肉	67	0	23
	切碎的大腿肉	45	0	0
	培根肉	59	29	52
羊肉	绞肉	84	0	13
家禽	浅色肉	67	—	—
	深色肉	77	—	—

肉类罐头在加热杀菌时维生素的损失与原料加热杀菌条件等因素有关。实验证明，高温短时间杀菌比低温长时间杀菌能更好地保留维生素。比如炖牛肉或肉泥 115℃下杀菌 42min 时，维生素 B_1 减少 22%，与之相较，在 149℃下杀菌 79s 时，维生素 B_1 只损失 7%。对核黄素、烟酸及吡哆醇等也有类似结果。

加热杀菌也会使肉类蛋白质受到损失。这主要是基于下述三个原因：参与美拉德反应使赖氨酸等变成不能被人体代谢利用的物质；蛋白质之间的相互反应形成一些肠内酶类难以水解的化学键；含硫氨基酸氧化或脱硫。

研究表明，长时间杀菌后肉类氨基酸有明显损失。比如在 110℃下杀菌 24h 后的猪肉将损失掉 44%的胱氨酸、34%的可利用赖氨酸和 20%的其他氨基酸。另外，实验结果还表明，加热杀菌对肉类蛋白质消化率、生物学价值及蛋白质效率比的影响不大，但对蛋白质净利用率的影响却相当显著。比如，121℃杀菌 85min 的牛肉蛋白质消化率由 98%降低到 94%，生物学价值由 86%降至 79%，午餐肉的蛋白质效率比为 2.66～2.76，与鲜肉相差不大。但碎牛肉杀菌之后蛋白质净利用率由 75 降至 55，猪肉在 110℃下杀菌 24h 后其蛋白质净利用率则降低 49%。不过，应该注意到上述结果的杀菌条件往往不适合工业杀菌，因此工业生产罐头肉制品的蛋白质及氨基酸损失可能会更小些。

在加热过程中，肉类脂肪融化，并部分水解成游离脂肪酸，使酸价升高。同时，由于氧化作用而生成过氧化物，使风味变差。但在很高温度下加热时，脂肪氧化作用将受到抑制。此外，维生素、色素等营养物质也会受到一定程度的氧化作用。

肉类在加热过程中会损失较多的无机盐。在预煮过程中，中等肥度猪肉的无机盐损失量约占生肉总无机盐量的 34.2%，羊肉为 38.6%，牛肉为 48.6%。在油炸过程中，则平均损失 3%左右。在预煮时，各种无机盐损失量占总无机盐损失量的百分比，钾为 64.4%，钠为 62.5%，钙为 22.5%，镁为 6.0%，铝为 58.0%，锰为 10.3%，铁为 6.0%，氯为 41.7%，磷为 32%，硫为 7.3%。如将煮汁浓缩后作为肉类罐头的汤汁，则可大大减少无机物的损失。

②肉类罐头贮藏过程中营养价值的变化。综合现有实验数据，可以认为肉类罐头在贮藏过程中营养价值变化不大。如表 3-18 所示，牛肉罐头贮藏数年之后，无论是粗蛋白含量，还是粗脂肪含量，均无明显改变。从蛋白质组成来看，新鲜牛肉与罐藏牛肉之间的差别也不明显。脂肪在肉类罐头贮藏过程中将会发生一定程度的变化，主要表现为酸价和碘价有所增加，如表 3-19 所示。

表 3-18　牛肉罐头贮藏时一般化学成分的变化（干物质的）（李雅飞，1993）　%

贮藏期/年	全氮量	粗蛋白	粗脂肪	灰分
2	10.72	67.00	9.50	11.79
5	10.42	65.13	12.56	12.07
7	10.28	64.25	12.22	13.24
10	11.29	70.56	9.16	8.85
15	10.86	67.88	8.89	10.94

表 3-19　牛肉罐头贮藏过程中油脂的酸价、碘价变化（李雅飞，1993）

项目 \ 贮藏期/年	2	5	7	10	15
酸价	10.44	11.40	13.67	25.47	30.45
碘价	45.98	43.65	43.65	48.10	49.08

如果是在较低温度下贮藏，则肉类罐头中维生素损失很少。但贮藏在较高温度下时，则维生素 B_2 会发生明显损失。Cecil 和 Woodroof 证实，罐藏肉制品在 38℃下贮藏 6 个月后，维生素 B_2 大约损失 50%，2 年后则完全损失掉；在 21℃下贮藏 6 个月和 24 个月后，维生素 B_1 分别损失 15%和 45%左右；但是在 0℃下贮藏时，3 年后维生素 B_1 只损失 10%；而在−18℃下贮藏时，维生素 B_2 实际上没有损失。Cecil 和 Woodroo 还证明，要使罐装法兰克福香肠贮藏 1 年后，维生素 B_2 保存率达到 90%，贮藏温度应低于 13℃，贮藏 2 年时则温度应低于 6℃，而贮藏 3 年时则应低于 0℃。

（3）鱼类罐头营养价值的变化

① 加热杀菌对鱼类罐头营养价值的影响。鱼类罐头在加热杀菌时，鱼肉蛋白质会凝固变性，并伴随着部分分解。占鱼肉原来含量 22%～36%的水分、3%～7%的蛋白质和 33%～48%的其他含氮物质流入鱼汤中，使非蛋白态含氮物增加，水溶性蛋白质相应减少。加热杀菌会导致蛋白质消化率降低，使其营养价值略微下降。

鱼类罐头加热杀菌时氨基酸态氮的含量增加 0.5～1.5 倍，因杀菌温度不同而异。一般温度愈高，增加愈多。杀菌时必需氨基酸的保存率均在 90%以上。

加热杀菌易引起鱼体脂肪的水解作用。脂肪水解程度与杀菌温度、时间及 pH 等因素有关。加热杀菌温度高、时间长及偏碱性的 pH 有利于脂肪水解。加工用水的硬度高时，也会促进鱼体脂肪水解，且游离脂肪酸与钙、镁生成不溶性皂化物，附于制品表面，影响其外观。水中存在 Cu^{+}、Fe^{2+} 则会促进脂肪的氧化作用。鱼肉蛋白质分解产物如氨基酸等也会促进脂肪氧化。

鱼肉中维生素含量是受加热杀菌影响最大的营养成分。维生素在加热杀菌过程中的损失与杀菌条件、罐头内容物的特性等有关。比如硫胺素在清蒸鱼类罐头中比在茄汁鱼类罐头中保存得更好，但核黄素和烟酸的保存率没有明显差异。在杀菌条件中，影响维生素含量的主要因素是杀菌时间，其次才是杀菌温度。不过除了硫胺素以外，其他维生素在加热杀菌时的损失都不大。例如鲐鱼制成罐头后，维生素 B_1、维生素 B_2、烟酸和维生素 B_{12} 的保存率分别为 48%、93%、95%和 102%，而鲔的相应值分别为 30%、84%、87%和 96%。

② 鱼类罐头在贮藏过程中营养价值的变化。鱼类罐头在贮藏过程中，蛋白质含量将略有减少，挥发性盐基氮略有增加，脂肪也会发生某些变化。比如茄汁鱼类和清蒸鱼类罐头贮存三年时，油脂碘价逐渐降低，而折射率逐渐增大，酸价略有升高。

维生素是鱼类罐头贮藏过程中较为不稳定的营养成分。但不同维生素具有不同贮藏稳定性。比如茄汁鲈鱼罐头中的硫胺素和烟酸在贮藏中相当稳定，而核黄素则显著减少；在清蒸鲟鱼罐头中的核黄素和烟酸相当稳定，而硫胺素却显著减少。维生素损失还与贮藏温度和时间有密切关系。贮藏温度越高，时间越长，则维生素损失越多。

比如罐装鲑鱼在 2℃下贮藏 12 个月后，维生素 B_1 损失 10%，在 13℃下贮藏 12 个月时损失 25%，而在 28℃下贮存相同时间后，则损失 50%。表 3-20 是几种罐藏水产品的维生素损失情况。

表 3-20　罐装水产品的维生素损失（M. 里切西尔，1989）　　mg/100g

产品	维生素 B_6		泛酸	
	生的	罐装的	生的	罐装的
蛤	0.80	0.80	—	—
鳗鱼	2.30	1.23	1.50	—
黑线鳕	0.82	—	1.30	1.25
鲱	3.70	1.60	9.70	7.00
鲐	6.60	2.80	8.50	5.00
牡蛎	0.50	0.37	2.50	—
鳕鱼子	1.65	1.40	32.00	19.65
鲑	7.00	3.00	13.00	5.50
太平洋沙丁鱼	2.80	2.20	10.00	6.00
小虾	1.00	0.60	2.80	2.10
鲔鱼	9.00	4.25	5.00	3.20

鱼类罐头在贮藏过程中脂肪也会发生一定程度的变化，主要是不饱和脂肪酸含量的改变。但是根据现有实验数据来判断，脂肪酸含量的改变是相当小的，不会对脂肪营养价值产生有意义的影响。

鱼类罐头中的矿物质含量在贮存过程中将会有所变化，如表 3-21 所示。

5. 其他变质现象

(1) 凝乳肉、黏着肉　凝乳肉、黏着肉在所有鱼类罐头中都会出现，在开罐时会使人对其内容物产生不良印象。

凝乳状肉（curd）是指液汁上漂浮或黏着在鱼肉表面的如豆腐状的凝固物，也被称做血蛋白。它被认为是来源于水溶性蛋白质，因加热凝固而产生的。一般鲑、鳟、鲐、沙丁鱼等罐头采用生鲜装罐工艺进行生产时及加热杀菌时温度缓慢上升的情况下易形成凝乳肉。

表 3-21　罐装蓝贻贝的矿物质含量的变化（M. 里切西尔，1989）　mg/100g 湿重

矿物质	生的	罐装的	矿物质	生的	罐装的
Al	17.5	22.1	Pb	0.092	0.085
As	0.62	0.44	Mg	338	316
B	2.12	2.09	Mn	30.1	41.3
Cd	0.41	0.70	Hg	0.0023	0.0041
Ca	263	292	Mo	0.41	0.41
Cr	2.56	3.30	Ni	0.71	0.90
Co	0.49	0.53	P	1974	2746
Cu	0.94	1.90	K	3196	2309
Fe	39.5	60.8	Se	0.094	0.07
F	5.5	10.2	Na	2858	4398
I	1.13	0.36	V	0.164	0.158
Zn	15.9	30.9			

为了减少和防止凝乳肉的产生，应采用新鲜原料、充分洗涤、去尽血污，并在加热时迅速升温，使热凝性蛋白在渗出鱼肉表面前，即在鱼肉组织内部凝固。

黏着肉是指鱼肉或鱼皮黏着在罐盖或罐内壁上的现象。在鲑、鳟、大舶等清蒸罐头中常发生，产生此现象的原因是鱼肉与罐盖或壁接触处受热凝固，同时鱼皮中的胶原蛋白热水解变成明胶，极易黏附于罐壁。在罐盖上涂抹植物油，或在罐内衬以硫酸纸，可防止此现象发生。鱼块装罐前稍烘干表面水分，或以稀醋酸溶液浸渍（只适用茄汁鱼类罐头），可减少此现象。

（2）罐内油的变红　油浸鱼类罐头经长时间贮存后，罐内油会变成红褐色。其原因是由于植物油中含有色素或呈色物质，它们在生产和贮藏过程中受热和光线等的影响而变成红褐色。

当植物油中混有胶体物质及三甲胺时，油脂易变红。油脂中的呈色物质易吸附于各种吸附剂，煮熟的新鲜鱼肉组织就具有很强的吸附力。

为防止罐内油变红，应采用新鲜原料，去净内脏；避免光线，特别是紫外线照射；注入的油量应适当；工艺过程越快越好。

（3）虾肉软化　虾罐头在贮藏一段时间后，肉质往往软化而失去弹性，用指端揿压有如触糊状物之感，使食用价值大大降低。这种现象就称为虾肉软化或虾肉液化。

松井氏研究此现象后认为，虾肉软化时，肉质严重分解，蛋白氮和不溶性氮减少，而可溶性氮、可溶性蛋白氮、非蛋白氮增加，如表 3-22 所示。

表 3-22　虾肉软化时含氮物质的变化　%

项目	水分	蛋白氮	不溶性氮	可溶性氮	可溶性蛋白氮	非蛋白氮
正常罐	26.78	87.09	72.47	27.53	14.62	12.91
软化罐	34.31	63.69	39.60	60.40	24.09	36.31

松井氏认为虾肉软化主要是由于原料不新鲜，制造设备不完善，杀菌不充分，受微生物（耐热性枯草杆菌等）的作用而引起的。

为了防止虾肉软化，首先应选择新鲜度良好的原料；其次应严格按照操作规程进行生产；此外在装罐前，将虾肉放在 1%柠檬酸与 1%食盐水的混合液中浸渍 1～2min，对防止

虾肉软化也有效。

二、罐头容器的变质

罐头容器常出现罐壁腐蚀和变色等变质现象。引起罐壁腐蚀和变色的原因较为复杂，在实际生产中必须慎重处理，以防止此类变质现象的出现。

1. 罐内壁的腐蚀现象

常见的罐内壁腐蚀有酸性均匀腐蚀、集中腐蚀、氧化圈及异常脱锡腐蚀等。

（1）酸性均匀腐蚀　在酸性食品的腐蚀下，罐内壁锡面上常会全面地和均匀地出现溶锡现象，使整个内壁表面上的锡晶粒外露，在热浸镀锡薄板内壁表面上则会出现鱼鳞状腐蚀纹。上述现象就是均匀腐蚀。均匀腐蚀速率可用单位时间内单位面积上的溶锡量来表示，常用单位为金属失重 [$g/(m^2 \cdot d)$]。

发生均匀酸腐蚀时，食品中溶锡量将会增加。当增加的锡量不超过标准规定（200×10^{-6}mg/kg）或食品中不出现金属味时，对食品品质并无影响，此时允许有酸性均匀腐蚀存在。但是，如果均匀腐蚀在长期罐藏过程中不断发展，就会促使罐内壁锡面大片剥落，使钢基大面积外露。此时不但食品中溶锡量会急剧增加，食品出现明显金属味，而且铁面腐蚀时还会形成大量氢气，发生氢胀罐，严重时还会爆裂，为微生物进入提供了途径，从而引起食品变质腐败。

（2）集中腐蚀　指罐内壁面上某些局部有限面积内出现金属（铁或锡）的溶解现象，比如麻点、蚀孔、蚀斑、露铁点及镀锡板的穿孔现象等均是集中腐蚀的结果（表现），也可称为孔蚀。一般罐内壁出现少量的小麻点、麻孔或露铁点时，不会造成食品污染。但是，如果和含硫食品接触，则会形成硫化铁，污染食品，从而影响食品的商品价值。镀锡板穿孔为微生物入侵创造了条件，容易引起食品变质腐败。集中腐蚀常在酸性食品或空气含量高的水果罐头中出现，溶铁通常是其主要表现，因而集中腐蚀时食品中的含锡量就不会像均匀腐蚀时那样高。然而应该重视的是罐头工业中因集中腐蚀而导致罐头腐败的事故常比因酸性均匀腐蚀引起罐头的腐败事故多得多。其原因是集中腐蚀引起罐头损坏所需的时间比均匀腐蚀短得多。涂料和氧化膜分布不匀的镀锡板极易出现集中腐蚀现象。

（3）氧化圈　某些罐头食品开罐后，可在顶隙和液面交界处也即液面周围的罐内壁上发现有暗灰色腐蚀圈，即氧化圈。这是由于残氧作用使锡面受到腐蚀的结果，它属于局部腐蚀。氧化圈允许存在，但应尽量防止出现。生产时常在杀菌前后倒罐旋转和在罐内加汤汁来防止它产生。

（4）异常脱锡腐蚀　含有特种腐蚀因子的某些食品和罐内壁接触时，会直接起化学反应，导致短时间内出现大量脱锡现象，影响产品质量。脱锡阶段真空度缓慢地下降，全部脱锡前几乎不发生环条和氢胀罐现象，脱锡完成后就迅速地发生氢胀罐。这类食品称为脱锡型食品，如橙汁、芦笋、刀豆等。

2. 影响罐内壁腐蚀的因素

（1）氧　如图 3-18 所示，溶氧量愈多则溶锡量愈高。还有人做过下述实验，分别将果汁加热到 95℃装罐密封（热装）和冷装罐后真空密封并经 95℃杀菌，于室温下贮存 17 个月后，发现前者平均溶锡量（77.5×10^{-6}moL/L）比后者（125×10^{-6}moL/L）少。

氧在低酸性食品中比在高酸性食品中更易促进铁的腐蚀，而非氧化性有机酸对锡并无侵蚀作用。

一般溶锡的同时会将罐内残余氧消耗掉，因此用素铁罐装食品，其残氧量对内容物的影响一般不很大。如采用全涂料罐，由于罐内不出现溶锡现象，残氧不易消失，极出现褐变或维生素破坏等问题。常采用添加葡萄糖氧化酶和过氧化酶的混合物，在氧化葡萄糖时将残氧量消耗掉，以免食品氧化变质，同时还可抑制铁的腐蚀。

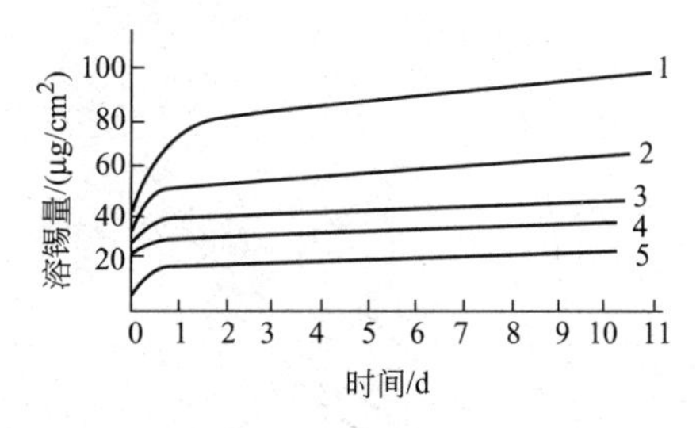

图 3-18　在各种氧浓度的 0.1mol/L 柠檬酸中镀锡板的溶锡量（天津轻工业学院、无锡轻工业学院合编，1990）

1—6.53×10^{-5}mol/L；2—3.92×10^{-5}mol/L；3—1.96×10^{-5}mol/L；4—0.98×10^{-5}mol/L；5—充满 N_2

（2）有机酸　Kohman 和 Sanborn 曾研究了水果罐头的酸度和腐蚀的关系，发现不单是食品 pH 值对镀锡薄板腐蚀有影响，而且酸种类也有影响。一般食品或溶液 pH 值愈低，锡的负电性比铁强，易出现溶锡腐蚀，pH 值较高容易出现溶铁现象。尤其是涂料罐所装食品为弱酸性时，锡对铁难以起保护作用，极易出现孔蚀或集中腐蚀。Pellein 和 Lasasusse 证实氧能促进柠檬酸对镀锡铁罐溶锡腐蚀，食盐却能抑制锡溶解，促进铁溶解。醋酸在无氧时，几乎不会侵蚀镀锡罐，有氧存在时对铁的腐蚀却有明显促进作用。因此，装有浓度超过 0.15%醋酸溶液的罐头会在 3～5 个月内出现氢胀罐，即有 H_2、CO_2 及少量 O_2 产生，而装有浓度为 0.15%的柠檬酸溶液的罐头在 5 个月内不发生氢胀罐。不过在 14%醋酸溶液中加入 0.1%柠檬酸能明显地抑制氢胀罐，若在柠檬酸溶液中加入少量的 Na_2HPO_4，锡、铁的溶出量就会急减，而硬脂酸因能与锡形成不溶于水的锡盐而具有强烈的溶锡作用。Kohman 和 Sanborn 发现各种有机酸中草酸的溶锡性最强。另外，实验还表明 pH 值和溶锡量之间没有直接关系，如表 3-23所示。

表 3-23　用 0.1mol/L 酸液浸锡时的溶锡速率

酸的种类	pH 值	失重量/[g/(m²·d)]	酸的种类	pH 值	失重量/[g/(m²·d)]
酒石酸	2.14	0.74	醋酸	2.88	0
乳酸	2.23	1.07	草酸	1.46	2.14
柠檬酸	2.32	1.03	盐酸	1.05	1.55
马来酸	2.41	0.81	硫酸	1.16	0.70
琥珀酸	2.73	0	磷酸	1.71	0.07

酸种类不仅会影响罐壁腐蚀的形式，而且还会影响罐壁腐蚀的强度。一般含有多羧基者如柠檬酸、苹果酸、酒石酸等比醋酸、草酸等引起的罐壁腐蚀更为缓和。

（3）食盐　食盐在酸溶液中对锡腐蚀有抑制作用，但对铁腐蚀有促进作用。在中性溶液中，与亚锡离子不产生沉淀的食盐溶液常引起锡铁合金的局部腐蚀，金属表面有黑点形成，局部区域上还会形成严重的麻点腐蚀。

（4）亚锡离子　Koehle 曾在 60℃±0.5℃条件下，在 0.2mol/L 柠檬酸溶液中，对亚锡离子与钢基腐蚀的关系做过研究，结果如图 3-19 所示，从图中可以看出，亚锡离子含量越多，对钢基腐蚀抑制效果越好。这是由于亚锡离子可以减少锡、铁偶合电流，并对钢基提供显著的阳极保护的缘故。

（5）硫及硫化物　罐头食品中含有极微量的硫时就会促进腐蚀作用，这可从表 3-24 中的数据看出。

水果罐头因含硫而引起腐蚀时，罐内壁常看不出腐蚀迹象，只是偶尔看到锡面变成褐色

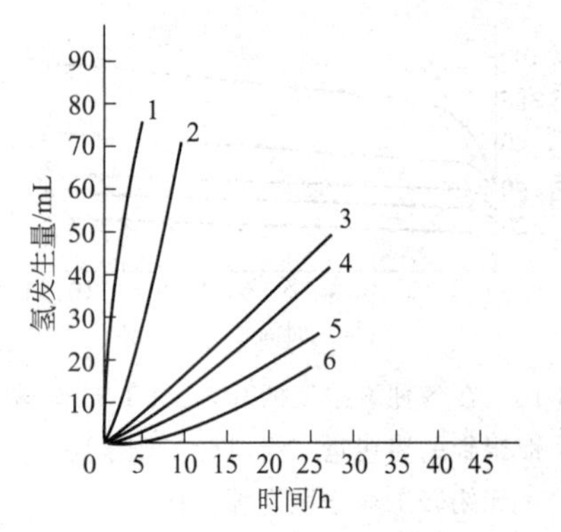

图 3-19 $SnCl_2$ 对干态退火钢基腐蚀的影响
（天津轻工业学院、无锡轻工业学院合编，1990）
1—不加 $SnCl_2$；2—0.05g/L $SnCl_2 \cdot 2H_2O$；
3—0.1g/L $SnCl_2 \cdot 2H_2O$；4—0.14g/L $SnCl_2 \cdot 2H_2O$；
5—0.2g/L $SnCl_2 \cdot 2H_2O$；6—0.3g/L $SnCl_2 \cdot 2H_2O$

或青色。不过将锡层揭去后，就会发现钢基已受到严重腐蚀，看不到像一般罐头中锡对钢基所起的保护作用。

（6）硝酸盐　罐头食品由于硝酸盐存在引起罐内壁急剧溶锡腐蚀的现象已引起人们的高度重视。当罐头内容物的硝酸根离子含量高于正常情况时，只要几周至几个月的时间，罐内每千克食品的含锡量就会高达几百毫克。该腐蚀现象属于脱锡类型，而硝酸盐是引起脱锡的因子。这种腐蚀现象主要出现在蔬菜类罐头，如番茄及番茄制品、青刀豆、南瓜、甜菜、胡萝卜等，水果罐头中较少见。

腐蚀程度与罐内食品中硝酸根离子浓度存在一定关系。有人用两种不同品种的番茄进行罐藏试验，发现不含硝酸根离子的品种，贮藏两年后溶锡量仅为15%（以罐内壁镀锡量为基准），而含 $(50\sim80)\times10^{-6}$mg/kg 硝酸根离子的品种在贮藏两年后溶锡量高达70%。

表 3-24　各种硫化物对用素铁罐装桃罐头保存期的影响

（天津轻工业学院、无锡轻工业学院合编，1990）

添加量/(mg/kg)	保存期/d		
	S	Na_2S	Na_2SO_4
0	603	717	573
0.2×10^{-6}	—	561	409
1.0×10^{-6}	287	—	—
2.0×10^{-6}	—	124	462
5.0×10^{-6}	75	81	133
10.0×10^{-6}	—	76	42
20.0×10^{-6}	55	76	31

食品原料中的硝酸根含量受到很多因素的影响，诸如收获期、成熟度、气候、施肥情况及产地等。另外，加工用水的水质也会影响原料中硝酸根含量。

关于硝酸盐引起脱锡的机理，可以做如下解释：当有氧存在时，锡先溶解成亚锡离子后再氧化成四价锡离子，而硝酸根离子则在此过程中被还原成亚硝酸离子，并进一步还原成 NH_3，同时锡层也继续溶解成亚锡离子。如无氧存在而存在硝酸根离子时，由于溶锡反应不能进行而不会发生腐蚀；但是如果存在亚硝酸根离子时，则可以代替氧起作用，而使溶锡反应得以进行，导致脱锡腐蚀。上述各反应的相互关系如图 3-20 所示。

（7）花青素　因花青素而引起含此类色素的水果如樱桃、莓类等罐头的急速腐蚀现象早已引起人们注意。

花青素被认为可充当阴极去极化作用。它和锡起反应，形成紫色的分子内锗盐。花青素还是氢的接受者，可结合金属表面形成的氢，使锡不断腐蚀。最后钢基外露增多，形成局部腐蚀电池，铁成为阳极，溶解并产生氢气，甚至造成镀锡罐的穿孔。

（8）铜离子　如果罐内有铜离子存在，铜的析出就会被锡或铁的溶出取代，从而促进了罐内壁腐蚀。在酸性溶液中，依具体情况而异，或者使锡层剥落，或使铁产生局部腐蚀而导致穿孔。

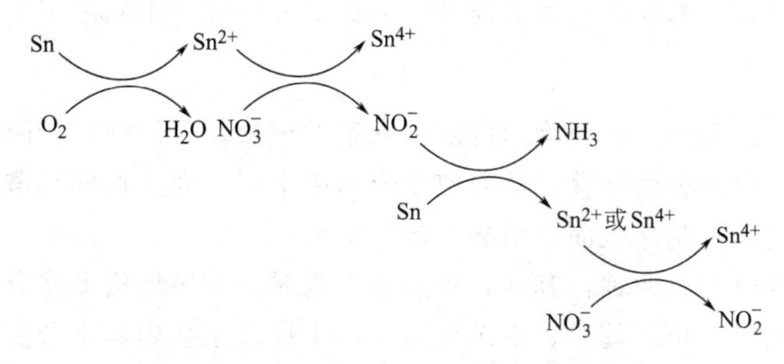

图 3-20　食品罐头中硝酸根离子导致腐蚀的机理
（天津轻工业学院、无锡轻工业学院合编，1990）

Johnson 等曾研究过铜离子对用全涂料罐装的清凉饮料所产生的不良影响，结果如图 3-21 所示。发现橙汁罐头中残留铜离子含量为0.25×10^{-6}mg/kg 时，在室温下贮藏 3 个月后均无孔蚀现象；而当残留铜离子含量达到 14.5×10^{-6} mg/kg 时，则 80%以上的罐头出现了穿孔腐蚀。

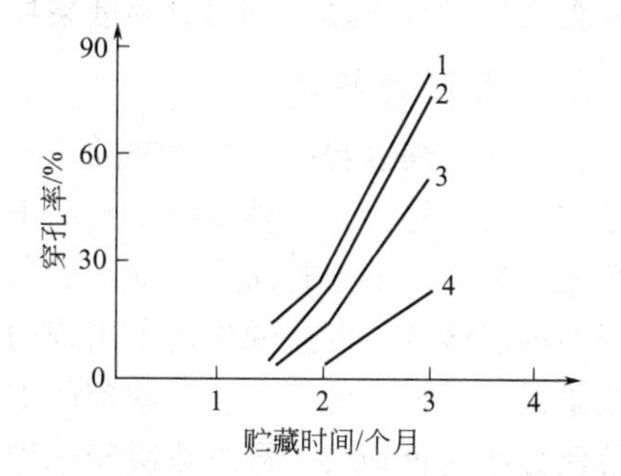

图 3-21　橙汁罐头中 Cu 含量对孔蚀的影响（天津轻工业学院、无锡轻工业学院合编，1990）

1—14.5×10^{-6}mg/kg；2—12.0×10^{-6}mg/kg；3—6.5×10^{-6}mg/kg；4—2.2×10^{-6}mg/kg

（9）焦糖　焦糖是我国食品中酱色的重要组成部分，酱油中大都含有焦糖色素。糖浆水果和果酱罐头中因经过熬浆浓缩过程，常会产生焦糖，这对溶锡腐蚀影响很大。

（10）脱氢抗坏血酸　脱氢抗坏血酸也能引起锡的快速溶出。果汁中抗坏血酸转化成脱氢抗坏血酸，即变为腐蚀性很强的因子。

除了上述因素外，氧化三甲胺、低甲氧基果胶、镀锡薄板的质量、罐头生产工艺及贮藏条件等因素都会对罐内壁腐蚀产生一定影响。

第三节　食品在干制保藏中的品质变化

一、干缩

食品在干燥时，因水分被除去而导致体积缩小，肌肉组织细胞的弹性部分或全部丧失的现象称做干缩。干缩的程度与食品的种类、干燥方法及条件等因素有关。一般情况下，含水量多、组织脆嫩者干缩程度大，而含水量少、纤维质食品的干缩程度较轻。与常规干燥制品相比，冷冻干燥制品几乎不发生干缩。在热风干燥时，高温干燥比低温干燥所引起的干缩更严重；缓慢干燥比快速干燥引起的干缩更严重。

干缩有两种情形，即均匀干缩和非均匀干缩。有充分弹性的细胞组织在均匀而缓慢地失水时，就产生了均匀干缩，否则就会发生非均匀干缩。干缩之后细胞组织的弹性都会或多或少地丧失掉，非均匀干缩还容易使干制品变得奇形怪状，影响其外观。

干缩之后有可能产生所谓的多孔性结构。当快速干燥时，由于食品表面干燥速度比内部水分迁移速度快得多，因而迅速干燥硬化。在内部继续干燥收缩时，内部应力将使组织与表层脱开，干制品中就会出现大量裂缝和孔隙，形成所谓的多孔性结构。

多孔性结构的形成有利于干制品复水和减小干制品的松密度。松密度是指单位体积制品中所含干物质量。但是，多孔性结构的形成使氧化速度加快，不利于干制品贮藏。

二、表面硬化

表面硬化是指食品表面呈现干燥而内部仍软湿的现象。表面硬化会阻碍干燥过程中热量向食品内部传递和水分向表面迁移，从而使干燥速率下降，而且长期贮藏过程中，会使干制品内部水分缓慢渗出到干制品表面，引起干制品霉变。

引起表面硬化的原因有两种：其一，食品在干燥时，其溶质借助水分迁移不断在食品表层形成结晶，导致表面硬化；其二，由于食品表面干燥过于强烈，水分蒸发很快，而内部水分又不能及时扩散到表面，因此表层就会迅速干燥而形成一层硬膜。前者常见于盐类较多的食品干燥中。比如干制初期某些水果表面上有含糖的黏质渗出物可导致表面硬化现象的出现。后者与干燥条件有关，如温度太高，或风速太快，是人为可控的现象，可通过提高干燥初期食品温度及干燥介质相对湿度来控制食品表层湿度的变化，从而消除表面硬化现象。

三、溶质迁移现象

食品在干燥过程中，其内部除了水分会向表层迁移外，溶解在水中的溶质也会迁移。溶质迁移有两种趋势：一种是由于食品干燥时表层收缩使内层受到压缩，导致组织中的溶液穿过孔穴、裂缝和毛细管向外流动，迁移到表层的溶液蒸发后，浓度将逐渐增大；另一种是在表层与内层溶液浓度差的作用下出现的溶质由表层向内层迁移。上述两种方向相反的溶质迁移结果是不同的，前者使食品内部的溶质分布不均匀，后者则使溶质分布均匀化。干制品内部溶质分布是否均匀，最终取决于干燥速度，也即取决于干燥工艺条件。只要采用适当干制工艺条件，就可以使干制品内部溶质分布基本均匀化。

四、蛋白质脱水变性

含蛋白质的食品（主要是动物性食品）在脱水后，再吸水还原时，其外观、水分含量及硬度等均不能回复到原来状态。其原因是蛋白质因脱水而变性。比如将比目鱼用五氧化磷以5～10℃进行脱水，有田氏等人得到了如图 3-22 所示的结果，从图中可以看出，变成不溶化的蛋白质大部分是肌球蛋白，而非肌球蛋白则变化甚微。

蛋白质脱水变性受食品含水量、干燥方法及干燥条件等因素的影响。含水量越高，则食品中的蛋白质越易因脱水而变性，而在绝对干燥状态下，蛋白质很难变性。干燥方法对蛋白质变性有明显影响。与普通干燥法相比，冷冻干燥法引起的蛋白质变性程度要轻微得多。Cole 研究了冷冻干燥牛肉的蛋白质变化情况，指出肌球蛋白溶解度、ATPase 活性、蛋白质沉降图及电泳图等，在冷冻干燥前后均无显著变化。

高桥氏等人也指出，如果条件适当，那么冷冻干燥鱼肉肌球蛋白的溶解度几乎没有变化，只是蛋白质黏度稍小于新鲜鱼肉蛋白质黏度，如表 3-25 所示。

表 3-25 冻结干燥鱼肉肌球蛋白态氮的变化（野中順三九，1978） g/100g 生肉

鱼种	冻干前	冻干后	鱼种	冻干前	冻干后
真鲷	1.66	1.39	室鲹	1.96	2.07
鲤	1.38	1.26	鲭	1.78	2.20
小鲈	1.87	1.83			

Tsuyosi 等人研究了干燥温度对蛋白质变性的影响。盐渍绿鳕鱼肉蛋白质变性与干燥温度关系的实验结果如图 3-23 所示，从图中可以看出，在 30℃下干燥时，肌原纤维蛋白质 Ca-ATPase 活性的下降遵从一级反应，且随盐浓度增大，活性下降速率增加。在 40℃以上

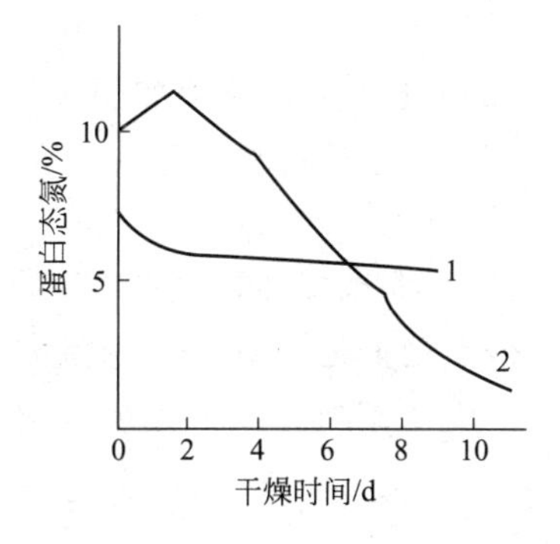

图 3-22　比目鱼干燥时蛋白质的不溶化
（野中順三九，1978）
1—非肌球蛋白；2—肌球蛋白

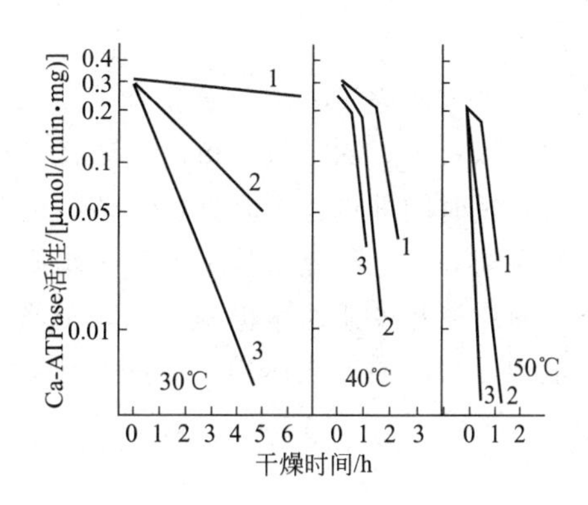

图 3-23　不同温度下干燥时盐渍绿鳕
肌原纤维蛋白质 Ca-ATPase
活性的变化（福田裕，1984）
1—含 NaCl 0.14mol/L；2—0.9mol/L；3—1.4mol/L

温度下干燥时，在开始干燥的一段时间（1.5～2h）后，肌原纤维蛋白质 Ca-ATPase 活性将急剧下降。这主要是因加热使蛋白质凝集而变性所致。盐类可促进此过程。

此外，脂质氧化也会促进蛋白质脱水变性。丰水等人对冻干竹荚鱼的脂质氧化与蛋白质变性之间的关系进行了研究，结果如图 3-24 所示，从图中可以看出，含脂量多的冻干竹荚鱼在冻干过程及在 37℃下贮藏过程中，蛋白质变性速率明显快于未添加者。从图 3-25 中还可以发现，当加入抗氧化剂丁基羟基茴香醚（BHA）后，冻干竹荚鱼在贮藏中的蛋白质变性受到了抑制。上述实验结果说明，蛋白质在干燥过程及贮藏初期的变性主要是受温度及脱水等因子的作用所致，而在贮藏后期，脂肪氧化将成为影响蛋白质变性的重要因子。

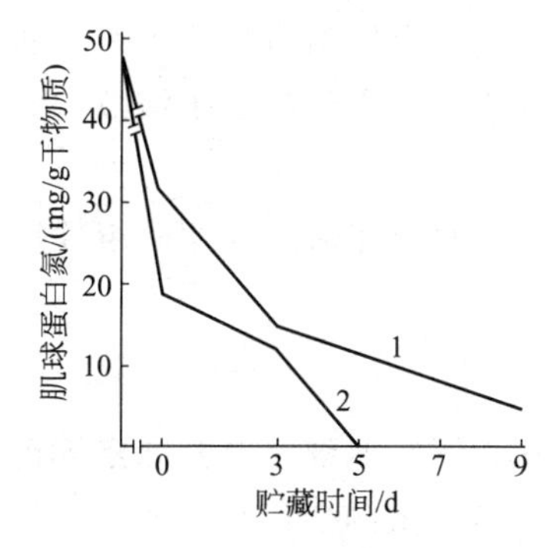

图 3-24　冻干竹荚鱼肉蛋白质变性与脂质
氧化的关系（37℃）（野中順三九，1978）
1—不添加油（含脂量 6.3%）；
2—添加 10%油于原料肉中

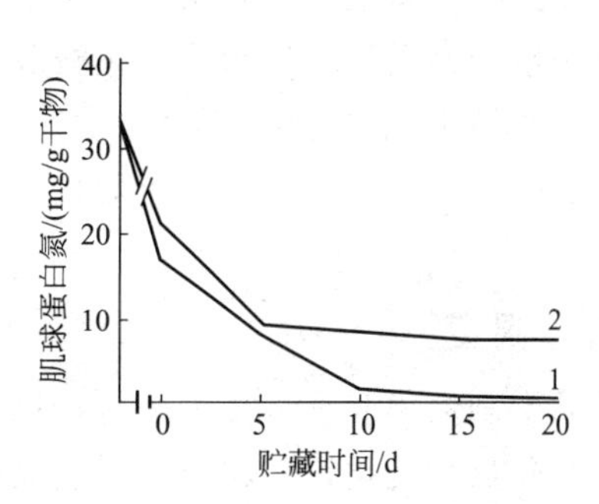

图 3-25　抗氧化剂对冻干竹荚鱼蛋白
质变性的影响（37℃）（野中順三九，1978）
1—对照组；2—BHA

蛋白质脱水变性的防止方法可参照冷冻变性的防止方法。此外，Darmanto 等人认为，某些贝类如珠母贝、蛤蜊、牡蛎等的肌原纤维蛋白质的酶解产物对防止蛋白质脱水变性有一定效果。

五、脂质氧化

尽管脱水使食品水分活度降低，抑制了脂酶及脂氧化酶等酶的活性，却使脂质自动氧化变得更为容易和更为快速，特别是无包装的含脂冻干食品，脂质氧化往往是导致其变质的最主要原因。

丰水等人研究了冻干竹荚鱼肉在37℃下贮藏时的脂质氧化情况，结果如图3-26所示，从图中可以看出，冻干竹荚鱼肉的硫代巴比妥酸值（TBA）和过氧化值（POV）在37℃下贮藏时，短时间即迅速上升到极高值，说明脂质氧化速率相当快。

赵舜荣等人在研究了盐干沙丁鱼脂质氧化变质的情况后，发现即使贮藏在5℃的较低温度下，脂质氧化变质速率仍非常快，如图3-27所示。另外，他们还发现通过预煮沙丁鱼可以明显地延缓脂质氧化作用，说明盐干沙丁鱼脂质氧化变质在相当程度上是酶催化作用的结果。

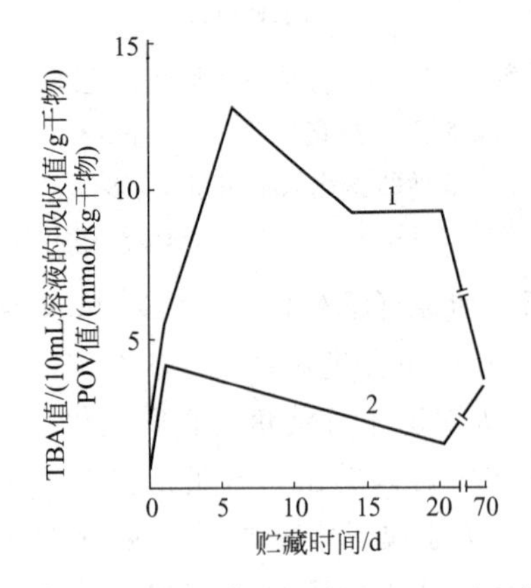

图3-26 冻干竹荚鱼肌肉在37℃下贮藏时的脂质氧化（野中顺三九，1978）

1—TBA值；2—POV值

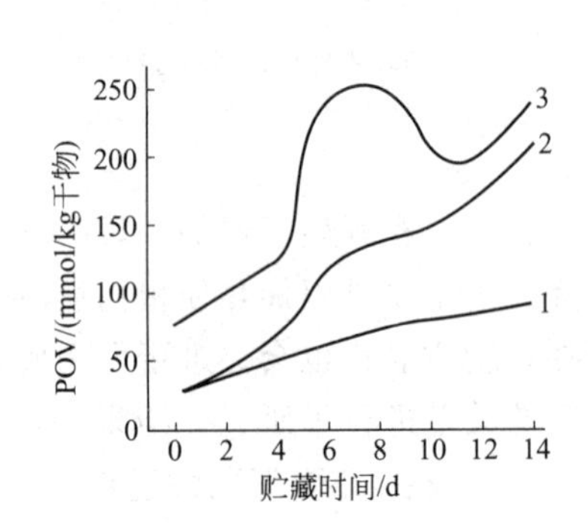

图3-27 盐干沙丁鱼5℃下贮藏时的POV值变化（Martinetz，1968）

1—BHA；2—预煮；3—未作处理

干制品在贮藏过程中脂质氧化速率还与其种类、水分活度等因素有密切关系。通常含脂多的干制水产品极易发生脂质氧化酸败，特别是盐干和冻干品，不仅易发生酸败，如保藏措施不当，还易出现油烧。

为了防止干制品的脂质氧化酸败，可以采用下述措施：真空包装和使用脂溶性抗氧化剂处理。

六、褐变

食品干制会引起许多变色反应，比如类胡萝卜素、花青素、肌红素及叶绿素等色素均会因脱水和受热而变化，引起制品颜色改变。但是，干制品最严重的变色是褐变。

如前所述，引起褐变的原因有两种，其一是多酚类物质如鞣质、酪氨酸等在组织内酚氧化酶的作用下生成褐色化合物——类黑素而引起的褐变；其二是美拉德反应所引起的褐变。但与普通美拉德反应有所不同，在水产干制品的褐变反应中，根据小泉氏等的研究结果，油脂自动氧化所产生的羧基化合物与氨基酸的反应起着相当重要的作用。不过，也有研究认为油脂自动氧化与褐变之间存在相互抑制的关系。

七、干制食品营养价值变化

干制食品在干燥及贮藏过程中，由于受加热脱水及氧化等因素的作用，蛋白质、维生素等营养成分发生损失，营养价值会有所下降。

有实验表明，干制会引起蛋白质生物学价值及有效利用率的部分降低。比如滚筒干燥全脂乳，其蛋白质有效利用率降低0%～8%，生物学价值损失8%～30%。但也有实验表明，干制不会引起蛋白质生物学价值及有效利用率的下降。因为在干燥过程中损失较多的氨基酸主要是赖氨酸，比如滚筒干燥全脂奶粉，有效赖氨酸损失率为18.3%～33.2%，喷雾干燥全脂奶粉的有效赖氨酸损失率为3.6%左右。但是有效赖氨酸并不是动物性食品蛋白质中的限制氨基酸，因此，只要有效赖氨酸利用率不降到30%以下，就不会影响蛋白质的营养价值。不过，应注意的是干制品在贮藏过程中，有效赖氨酸仍会继续损失。

对鱼粉的研究表明，干制品蛋白质的损失机制有两种：一种与鱼粉中的油脂部分有关，一般出现在100℃以下，通过与脂肪自动氧化反应而损失了赖氨酸；另一种则与油脂的存在无关，主要出现在115～130℃之间，赖氨酸的含量大大下降，但不受脂肪含量影响。

有效赖氨酸损失与干燥条件、干燥方法及制品水分含量等因素有很大关系。通常冷冻干燥法比普通干燥法能更好地保存食品营养价值，如表3-26所示。水分含量也是影响有效赖氨酸保存率的重要因素，Myklested等人指出，只有在水分含量超过10%时加热，才会引起鱼粉中有效赖氨酸较大损失。不过，动物实验结果表明，鱼粉的营养价值仅有轻微损失。

表3-26　不同干燥法对豆乳营养价值的影响（M. 里切西尔，1989）

干燥方法	温度/℃	有效赖氨酸/(g/100g蛋白质)	蛋白质的有效利用率
喷雾干燥	166	5.4	2.22
	182	5.3	2.10
	227	4.9	1.99
	277	4.0	1.63
	316	1.9	0.16
滚筒干燥			
空气	150	5.5	2.19
真空	108	5.3	2.22
冷冻干燥		5.6	2.14

在干燥及干藏过程中，损失最严重的营养素是维生素C。维生素C在干制过程中很不稳定，常出现较大损失。它的损失程度主要受干燥温度、水分活度、氧气及干燥方法等因素的影响。

干燥温度的影响与干燥时间有关。一般食品在高温下快速干燥时，维生素C的保存率优于在低温下缓慢干燥。水分活度越低时维生素C保存率越高。有无氧气存在对维生素C的保存有很大影响。当有氧存在时，维生素C主要通过单价阴离子形式降解成脱氢抗坏血酸，该反应的速率是体系中金属离子浓度的函数。当有Cu^{2+}和Fe^{3+}存在时，即使仅有百万分之几的浓度，也可引起食品中维生素C的严重损失。在无氧存在时，金属催化剂不产生影响。但pH起着极为重要的作用，在pH4时，抗坏血酸氧化速率达到最高值，在pH2时则下降到最低值。随着pH的进一步下降，则氧化速率再度增大。

干燥方法对维生素C的保存率有明显影响。当用普通干燥法干燥时，维生素C将有不同程度的损失。Blustein和Labuza在总结了蔬菜干燥时维生素C的损失数据后指出，维生素C的损失范围在16%～37%。但也有些研究提到了干燥蔬菜的维生素C损失可达100%。这可能与干燥前的不同处理过程有很大关系。以新鲜豌豆为例，维生素C在不同处理步骤中的损失情况如图3-28所示。

另外，Lee和Labuza指出，食品含水环境的黏度也是影响维生素C保存率的主要因素之一，黏度越大则维生素C的损失越少。为此在干燥前向食品中加入黏稠剂如明胶、果胶及羧甲基纤维等，将有助于减少干燥时维生素C的损失。

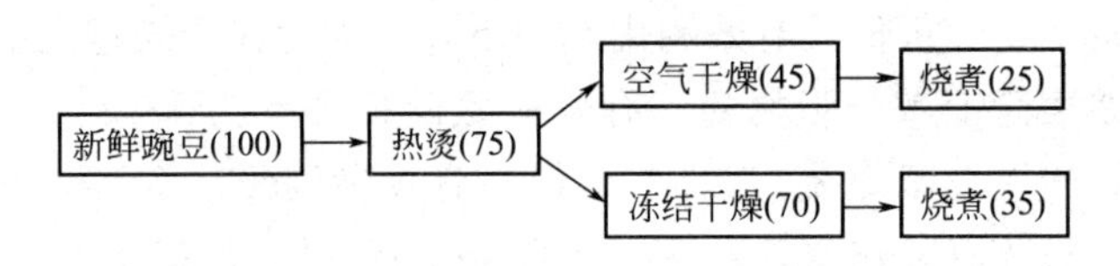

图 3-28　不同处理时豌豆维生素 C 的损失

有关干燥对 B 族维生素的影响的可用实验数据还很少。根据现有实验结果，维生素 B_1 是干制过程中最不稳定的 B 族维生素，它的损失程度与食品种类、干燥方法等因素有关。比如冷冻干燥的牛、猪及鸡肉中维生素 B_1 的保存率在 95%，不同蔬菜的维生素 B_1 保存率分别为豌豆 97%、玉米 96%、圆白菜 91%、豆类为 95%。上述实验数据表明，维生素 B_1 的保存率相当高。另外，水分含量将会强烈地影响维生素 B_1 的降解。比如，当含水量低于 10%时，在 38℃下放置 182d，不会引起维生素 B_1 的损失；而当含水量超过 13%时，则维生素 B_1 会发生严重损失。

对于其他 B 族维生素在干燥过程中的变化，也进行过一些实验。据 Hein 和 Hutchings 报道，蔬菜在干燥过程中维生素 B_2、尼克酸及泛酸的保存率一般在 90%以上。Rowe 等报道冷冻干燥鸡肉中维生素 B_2 的保存率可达 92%～96%。Miller 等指出蛋粉中维生素 B_1、维生素 B_2、尼克酸和叶酸的保存率约为 80%。Klose 等认为，蛋类在喷雾干燥时，维生素 B_1、维生素 B_2、泛酸及尼克酸等都很稳定。关于脂溶性维生素的损失情况，据 Hartman 和 Dryden 报道，牛乳在喷雾干燥、鼓式干燥及浓缩过程中维生素 A 和维生素 D 几乎没有或完全没有损失。Hauge 和 Zscheile 及 Klose 等发现蛋类在喷雾干燥时维生素 A 几乎没有或完全没有损失。Denton 则认为喷雾干燥时蛋粉不仅维生素 A 没有损失，维生素 D 和维生素 B_2 也都没有损失。但是，脂溶性维生素在干燥时的损失情况受干燥方法的影响，比如采用盘内风干、挤压膨化及冷冻干燥三种方法来干燥胡萝卜，得出 β-胡萝卜素的保存率分别为 74%、81%及 85%。

另外，需要指出的是，维生素 A 和维生素 D 在贮藏过程中，会因氧化而遭受严重损失。特别是当存在不饱和油脂时，β-胡萝卜素与油脂之间会起共轭氧化作用，不仅使 β-胡萝卜素受到损害，还会产生 β-紫罗酮，从而影响制品色泽。

干制品中维生素 E 等其他脂溶性维生素的损失情况尚未见报道。

参考文献

[1] Afoakwa E O, Yenyi S E. Application of Response Surface Methodology for Studying the Influence of Soaking, Blanching and Sodium Hexametaphosphate Salt Concentration on Some Biochemical and Physical Characteristics of Cowpeas (Vigna unguiculata) During Canning [J]. Journal of Food Engineering, 2006, 77: 713-724.

[2] Aguileray J M, Chiralt A, Fito P. Food Dehydration and Product Structure [J]. Trends in Food Science & Technology, 2003, 14: 432-437.

[3] Badii F, Howell N K. Effect of antioxidants, citrate, and cryoprotectants on protein denaturation and texture of frozen cod (*Gadusmorhua*) [J]. Journa l ofAgricu ltural and Food Chemistry, 2002, 50 (7) : 2053-2061.

[4] Cano-Chauca M, Stringheta P C, Ramos A M, et al. Effect of the Carriers on the Microstructure of MangoPowder Obtained Spray Drying and its Functional Characterization [J]. Innovative Food Science and Emerging Technologies, 2005, 6: 420-428.

[5] C'ordova Murueta J H, Navarrete del Toro M A, Carrenò F G. Concentrates of Fish Protein from Bycatch Species Produced byVarious Drying Processes [J]. Food Chemistry, 2007, 100: 705-711.

[6] Corzo O, Bracho N. Shrinkage of Osmotically Dehydrated Sardine Sheets at Changing Moisture Contents [J]. Journal

of Food Engineering, 2004, 65: 333-339.

[7] Douglas L A. Freezing: an Underutilized Food Safety Technology? [J]. International Journal of Food Microbiology, 2004, 90: 127-138.

[8] Hart M R, Graham R R, Ginnette L F, et al. Foams for Foam-Mat Drying [J]. Food Technology, 1963, 10: 90-92.

[9] James N J . Modern Food Microbiology [M]. Van Nostrand Reinhold, 1992.

[10] Khayat A, Schwall D. Lipid Oxidation in Seafood [J]. Food Technology, 1983, (7): 130-139.

[11] Khraisheh M A M, McMinn W A M, Magee T R A. Quality and Structural Changes in Starchy Foods During Microwave and Convective Drying [J]. Food Research International, 2004, 37: 497-503.

[12] Krivchenia M, Fennema O. Effect of Cryoprotectants on Frozen Whitefish Fillets [J]. Journal of Food Science, 1988, 53 (4): 999-1003.

[13] Kuniaki Y, Norio I, Yuji K. Changes of the Solubililty and ATPase Activity of Carp Myofibrils during Frozen Storage at Different Temperatures [J]. Fisheries Science, 1995, 61 (5): 804-812.

[14] Kurisaki J I. Studies on Freeze-Thaw Gelation of Very Low Density Lipoprotein from Hen's Egg Yolk [J]. Journal of Food Science, 1980, 45 (3): 463-466.

[15] Lyons J M. Chilling Injury in Plants [J]. Annu Rev Plant Physiol, 1973, 24: 455-466.

[16] 里切西尔 M 著. 加工食品的营养价值手册 [M]. 陈葆新译. 北京: 中国轻工业出版社, 1989.

[17] Martinetz F, Labuza T P. Rate of Deterioration of Freeze-Dried Salmon as a Function of Relative Humidity [J]. Journal of Food Science, 1968, 33: 241-247.

[18] Mine Y. Egg bioscience and biotechnology [M]. Hoboken, New Jersey, John Wiley & Sons, Inc, 2008.

[19] Murata N, Ishizaki-Nishizawa O, Higashi S, et al. Genetically engineered alteration in the chilling sensitivity of plants [J]. Nature, 1992, 356 (6371): 710-713.

[20] Ndoye B, Weekers F, Diawara B, et al. Survival and Preservation after Freeze-drying Process of Thermoresistant Acetic Acid Bacteria Isolated from Tropical Products of Subsaharan Africa [J]. Journal of Food Engineering, 2007, 79: 1374-1382.

[21] Norman N P, Joseph H H 著. 食品科学 [M]. 王璋, 钟芳, 徐良增译. 北京: 中国轻工业出版社, 2001.

[22] Powrie W D, Little H, Lopez A. Gelation of Egg Yolk [J]. Journal of Food Science, 1963, 28: 38-45.

[23] Rasmussen R S, Morrissey M T. Effects of Canning on Total Mercury, Protein, Lipid, and Moisture Content in Troll-caught Albacore Tuna (*Thunnus alalunga*) [J]. Food Chemistry, 2007, 101: 1130-1135.

[24] Ratti C. Hot Air and Freeze-Drying of High-Value Food: a Review [J]. Journal of Food Engineering, 2001, 49: 311-319.

[25] Romero E A. Effect of Chitin Derived from Crustaceans and Celphalopods on the State of Water in Lizard Fish Myofibrils & Subsequent Denaturation by Dehydration [J]. Fisheries Science, 1998, 64 (4): 594-599.

[26] Ron W, Barry M, Doug G. Postharvest, An Introduction to the Physiology & Handling of Fruit, Vegetables & Ornamentals [M]. Daryl Joyce eds, CAB International, 1998.

[27] Sajilata M G, Singhal R S. Effect of Irradiation and Storage on the Antioxidative Activity of Cashew Nuts [J]. Radiation Physics and Chemistry, 2006, 75: 297-300.

[28] Stanley D W, Bourne M C, Stone A P, et al. Low Temperature Blanching Effects on Chemistry, Firmness and Structure of Canned Green Beans and Carrots [J]. Journal of Food Science, 1995, 60 (2): 327-333.

[29] Sych J, Lacroix C, Adambounov L T, et al. Cryoprotective Effects of Some Materials on Cod -Surimi Proteins during Frozen Storage [J]. Journal of Food Science, 1990, 55 (5): 1222-1227.

[30] Thompson M H. The Mechanism of Iron Sulfide Discoloration in Cans of Shrimp [J]. Food Technology, 1963, 3: 157-163.

[31] Vigh L, Los D A, Horvath I, et al. The primary signal in the biological perception of temperature: Pd-catalyzed hydrogenation of membrane lipids stimulated the expression of the desA gene in Synechocystis PCC6803 [J]. Proceedings of the National Academy of Sciences, 1993, 90 (19): 9090-9094.

[32] Yumiko A, Kunihiko K. Freeze Denaturation of Carp Myofibrils Compared with Thermal Denaturantion [J]. Fisheries Science, 1998, 64 (2): 287-290.

[33] 包海蓉，王华博．草莓冻藏过程中多酚氧化酶、过氧化物酶及维生素C的变化研究［J］．食品科学，2005，26（8）：434-436.

[34] 北川博敏．果実の貯蔵［J］．冷凍，1989，64（741）：745-759.

[35] 菲尼马著．食品化学［M］．王璋等译．北京：中国轻工业出版社，1991.

[36] 福田裕，作木田善治，新井建一．マサバの鮮度が筋原繊維タンパク質の冷凍変性に及ぼす影響［J］．日本水産学会誌，1984，50（5）：845-852.

[37] 霍晓娜．低温贮藏过程中食品干耗问题的研究［J］．肉类研究，2009，10（3）：10-12.

[38] 姬德衡．水产罐头的玻璃状结晶［J］．食品与发酵工业，1976，5：105-107.

[39] 李汴生，朱志伟，等．不同温度冻藏对脆肉鲩鱼片品质的影响［J］．华南理工大学学报：自然科学版，2008，36（7）：134-138.

[40] 李雅飞．食品罐藏工艺学（修订本）［M］．上海：上海交通大学出版社，1993.

[41] 豊水正道，松村義夫，富安行雄．凍結乾燥魚の脂質酸化と蛋白変性について［J］．日本水産学会誌，1963，29（9）：854-859.

[42] 刘辉，李江阔，农绍庄，等．不同温度对冬枣冷害程度的影响［J］．食品工业科技，2012，33（012）：344-348.

[43] 刘兴华，曾名湧，蒋予箭，等．食品安全保藏学［M］．北京：中国轻工业出版社，2005.

[44] 马长伟，曾名湧．食品工艺学导论［M］．北京：中国农业大学出版社，2002.

[45] 马宗华，王文韬．栅栏技术在肉制品中的应用［J］．肉类工业，2004，5：19-21.

[46] 闵连吉．肉的科学与加工技术［M］．北京：中国食品出版社，1988.

[47] 牛力，陈景宜，等．不同冻藏温度和时间对鸡胸肉食用品质的影响［J］．南京农业大学学报，2012，35（4）：115-120.

[48] 橋本昭彦，小林章良，新井健一．魚類筋原繊維Ca-ATPase活性の温度安定性と環境適応［J］．日本水産学会誌，1982，48（5）：671-684.

[49] 松本形司，新井健一．魚類筋原繊維熱変性と冷凍変性に対する糖類の保護効果の比較［J］．日本水産学会誌，1986，52（11）：2033-2038.

[50] 松田由美子．凍結乾燥筋原繊維タンパク質の変性に及ぼす各種糖の影響［J］．日本水産学会誌，1979，45（6）：737-743.

[51] 天野慶之，福谷章子．冷凍メカジキの緑変現象に関する研究［J］．日本水産学会誌，1953，19（5）：671-685.

[52] 汪之和，等．冻结速率和冻藏温度对鲢肉蛋白质冷冻变性的影响［J］．水产学报，2001，25（6）：564-569.

[53] 王璋．食品酶学［M］．北京：轻工业出版社，1990.

[54] 须山三千三，鸿章二编著．水产食品学［M］．吴光红，洪玉箐，张金亮译．上海：上海科学技术出版社，1992.

[55] 徐春仲，李志方，王正云，等．二段冷却与一段冷却对冷却肉损耗的影响［J］．农产品加工（学刊），2007，（10）：55-57.

[56] 徐进财．冷冻食品学［M］．台北：复文书局，1983.

[57] 晏志云．干制和保藏过程中枸杞β-胡萝卜素保存率的研究［J］．食品与发酵工业，1998，24（4）：35-39.

[58] 杨邦英．酸性食品罐头容器内壁腐蚀机理和防止措施［J］．食品与发酵工业，2005，31（7）：77-80.

[59] 野中順三九，橋本芳郎，高橋豊雄．新版水産食品学［M］．東京：恒星社厚生閣，1978.

[60] 野中順三九，小泉千秋．食品保蔵学［M］．東京：恒星社厚生閣，1982.

[61] 御木英昌，西元淳一，山中智樹．低温貯蔵の魚肉におけるたんぱく質変性と脂質酸化との関連について［J］．日本水産学会誌，1994，60（5）：631-634.

[62] 曾名湧．食品保藏原理与技术［M］．青岛：青岛海洋大学出版社，2000.

[63] 曾庆孝，芮汉明，李汴生．食品加工与保藏原理［M］．北京：化学工业出版社，2002.

[64] 周山涛．果蔬贮运学［M］．北京：化学工业出版社，1998.

[65] 佐藤剛．乾燥によるスケトウグテ塩漬肉中筋原繊維タンパク質の変化と乾燥温度の影響［J］．日本水産学会誌，1990，56（10）：1647-1653.

第四章　食品低温保藏技术

[教学目标]　本章使学生了解常见的冷却及冻结设备，熟悉食品冷却、冻结和解冻过程、方法及其质量控制，熟悉食品冷藏链的特性，掌握食品冷却及冻结方法，掌握食品冷藏与冻藏关键技术及管理措施。

食品低温保藏是利用低温技术将食品温度降低并维持在低温状态以阻止食品腐败变质的方法。在低温条件下，食品中的水分结晶成冰，微生物活力丧失、酶活性受到抑制，从而达到延长食品货架期的目的。低温保藏不仅可以用于新鲜食品原料的贮藏，也可以用于食品加工品、半成品的贮藏。

食品低温保藏是一种古老的保藏方法。《诗经·豳风·七月》中有“二之日凿冰冲冲，三之日纳于凌阴”的关于采集和贮藏天然冰的记载。春秋战国时，《周礼》中有用鉴盛冰，贮藏膳羞和酒浆的明文，表明中国古代很早已使用冷藏技术。宋代开始利用天然冰来保藏黄花鱼，当时称之为“冰鲜”。冷藏水果出现于明代，《群芳谱》称当时用冰窖贮藏的苹果，“至夏月味尤美”。与冷藏性质相近的冻藏方法出现于宋代，主要用于保藏梨、柑橘之类的水果。据《文昌杂录》记载，采用此法时水果要“取冷水浸良久，冰皆外结”以后食用，而“味却如故”。

公元1550年以前，已发现在天然冰中添加化学药品能降低冰点。1863年，美国应用这一原理，以冰和食盐为冷冻介质，首先工业化生产冻鱼。1864年氨压缩机获得法国专利，为冻藏食品创造了条件。1880年，澳大利亚首先应用氨压缩机制冷生产冻肉，销往英国。1889年美国制成冰蛋。1891年新西兰大量出口冻羊肉。美国分别在1905年和1929年大规模生产冻水果和冻蔬菜，1945～1950年大规模生产多种速冻方便食品。20世纪60年代初，流化床速冻机和单体速冻食品出现。1962年，液氮冻结技术开始应用于工业生产。20世纪60年代，发达国家逐步建立起完整的冷藏链，冷冻食品进入超市，从此冷冻食品的品种和数量迅猛增加。

我国在20世纪70年代，因外贸需要冷冻蔬菜，冷冻食品开始起步。20世纪80年代，家用冰箱和微波炉开始普及，销售用冰柜和冷藏柜的广泛使用，推动了冷冻冷藏食品的发展。20世纪90年代，冷链初步形成，品种和产量大幅度增加。如肉制品、乳制品、调理食品、中式包子、饺子、春卷、馅饼及各种菜肴等发展较快。

冷冻食品易保藏，营养、方便、卫生、经济，能较好地保存食品本身的色香味、营养素和组织状态，市场需求量大。冷冻食品在发达国家占有重要的地位，在发展中国家发展迅速，平均每年以10%左右的速度增长，是发展最快的工业食品之一。

第一节　食品冷却保藏技术

食品冷却保藏是将食品贮存在高于冰点的某个低温环境中，使其品质能在合理时间内得以保持的一种低温保藏技术。冷却保藏适合于所有食品保藏，尤其适合水果、蔬菜保藏。它包括原料处理、冷却及冷藏等环节。

一、原料及其处理

1. 植物性原料及其处理

用于冷藏的植物性原料主要是水果、蔬菜，应是外观良好、成熟度一致、无损伤、无微生物污染、对病虫害的抵抗力强、收获量大且价格经济的品种。

植物性原料在冷却前的处理主要有：剔除有机械损伤、虫伤、霜冻及腐烂、发黄等质量问题的原料；然后将挑出的优质原料按大小分级、整理并进行适当的包装。包装材料和容器在使用前应用硫磺熏蒸、喷洒波尔多液或福尔马林液进行消毒。整个预处理过程均应在清洁、低温条件下快速地进行。

2. 动物性原料及其处理

动物性原料主要包括畜肉类、水产类、禽蛋类等。不同的动物性原料，具有不同化学成分、饲养方法、生活习性及屠宰方法，这些都会影响到产品贮藏性能和最终产品品质。比如牛羊肉易发生寒冷收缩，使肌肉嫩度下降，多脂水产品易发生酸败，使其品质严重劣变等。

动物性食品在冷却前的处理因种类而异。畜肉类及禽类主要是静养、空腹及屠宰等处理；水产类包括清洗、分级、剖腹去内脏、放血等步骤；蛋类则主要是进行外观检查以剔除各种变质蛋、分级和装箱等过程。

动物性原料的处理必须在卫生、低温下进行，以免污染微生物，导致制品在冷藏过程中变质腐败。为此，原料处理车间及其环境、操作人员等应定期消毒，操作人员还应定期做健康检查并按规定配戴卫生保障物品。

二、食品冷却

1. 冷却目的

冷却主要目的是降低食品温度以抑制微生物和酶的作用、降低各类反应或作用的速率，延长食品保质期。对于植物性食品来说，有利于排除呼吸热和田间热，使呼吸作用受到抑制，将其新陈代谢活动维持在较低水平上进行，从而延缓植物性食品衰老过程。

冷却的其他目的还有使肉在低温下成熟，提高商品价值，为某些特定反应如啤酒和其他酒类发酵、乳制品加工等提供合适的温度条件及为冻结作准备。

2. 冷却速度和时间

(1) 冷却速度　冷却就是食品不断放出热量而降低温度的过程。冷却速度就是用来表示该放热过程的快慢的物理量。它受食品与冷却介质之间的温差、食品大小及形状、冷却介质种类等因素的影响，可用 $\bar{v}$ 表示。假设食品刚开始冷却时的温度为$\bar{t_0}$，经过时间 τ 后食品的平均温度为 $\bar{t}$ 则可得到下式：

$$\bar{v}=\frac{\bar{t_0}-\bar{t}}{\tau} \tag{4-1}$$

式中　$\bar{v}$——食品的冷却速度，℃/h；

$\bar{t_0}$——冷却前食品平均温度，℃；

$\bar{t}$——冷却后食品平均温度，℃；

τ——冷却时间，h。

那么如何计算食品的冷却速度呢？以一种特殊形状的食品——平板状食品为例来说明此问题。如图 4-1 所示是一块厚度为 δ 的平板状食品及其在冷却过程的换热状况。假设该食品的换热面积为 F，热导率为 λ，放在温度为 t_r 的冷却介质中冷却。热量在食品内部的传递方向是由 $AA' \rightarrow BB'$，食品内部的温度分布如图 4-1(a) 中曲线所示。

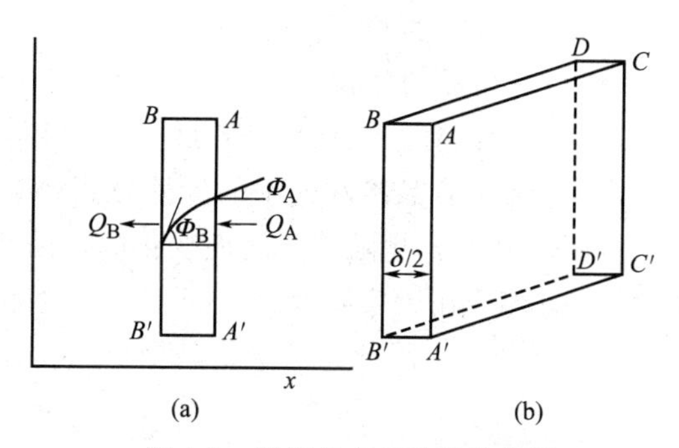

图 4-1　平板状食品的换热情况

如以 Q_A 表示进入 AA'面的热量，以 Q_B 表示传出 BB'面的热量，则可得到下式：

$$Q_A = \lambda F \tan\Phi_A \tag{4-2}$$

$$Q_B = \lambda F \tan\Phi_B \tag{4-3}$$

整个食品净除去的热量为 Q，显然下式成立：

$$Q = Q_B - Q_A = \lambda F(\tan\Phi_B - \tan\Phi_A) \tag{4-4}$$

式中　λ——热导率，W/(m·K)；

F——食品表面积，m^2；

τ——冷却时间，h。

食品净除去的热量是通过对流换热方式传给冷却介质的。假设对流换热系数为 α，则可得到下列关系式：

$$Q = \alpha F(\bar{t} - \bar{t_r}) \tag{4-5}$$

式中　$\bar{t}$——某一时刻冷却食品的平均温度，℃；

F——食品表面积，m^2；

α——对流换热系数，W/(m^2·K)；

$\bar{t_r}$——冷却介质平均温度，℃。

假定食品的体积为 V，比热容为 C[kJ/(kg·℃)]，密度为 γ(kg/m^3)，则从食品内能变化的角度，可得到下式：

$$\Delta u = -\gamma C V \frac{d\,\bar{t}}{d\,\tau} \tag{4-6}$$

式中　Δu——冷却前后食品内能的变化；

γ——食品的密度，kg/m^3；

V——食品的体积，m^3；

C——食品的比热容，kJ/(kg·℃)。

由于$\frac{d\bar{t}}{d\tau}$就是冷却速率 $\bar{v}$，因此：

$$\bar{v} = -\frac{\alpha F}{\gamma C V}(\bar{t} - \bar{t_r}) \tag{4-7}$$

式中　F——食品表面积，m^2；

α——对流换热系数，W/(m^2·K)；

$\bar{t}$——某一时刻冷却食品的平均温度，℃；

$\bar{t_r}$——冷却介质平均温度，℃；

γ——食品的密度，kg/m^3；

V——食品的体积，m^3；

C——食品的比热容，$kJ/(kg \cdot ℃)$。

式(4-7) 即食品冷却速率的计算公式。

然而，由于 $\bar{t}$ 是随着时间而变化的，因此，必须已知食品内部的温度分布曲线方程后，式(4-7) 方能应用于实际计算。而不同的食品在不同的冷却条件下冷却时，其内部温度的分布是极为复杂的。因此，只给出规则形状食品的计算公式：

$$\bar{v}=(t_0-t_r)\alpha\frac{\mu^2}{\delta^2}e^{-\alpha\frac{\mu^2}{\delta^2}\tau} \tag{4-8}$$

式中　α——对流换热系数，$kJ/(m^2 \cdot ℃ \cdot h)$；

μ——常数，取决于食品的形状及特性等；

t_0——冷却前食品温度，℃；

t_r——冷却介质温度，℃；

δ——食品厚度，m；

τ——冷却时间，h。

对于平板状食品，$\mu^2=\dfrac{10.7\dfrac{\alpha}{\lambda}\delta}{\dfrac{\alpha}{\lambda}\delta+5.3}$

对于圆柱状食品，$\mu^2=\dfrac{6.3\dfrac{\alpha}{\lambda}\delta}{\dfrac{\alpha}{\lambda}\delta+3.0}$

对于球状食品，$\mu^2=\dfrac{11.3\dfrac{\alpha}{\lambda}\delta}{\dfrac{\alpha}{\lambda}\delta+3.7}$

(2) 冷却时间　冷却时间是指将食品从初温 t_0 冷却到预定的终温 t 时所需时间，以 τ 表示。假如将 α 看成常数，则从式(4-8) 中可推导出冷却时间 τ 为：

$$\tau=\frac{2.3\lg\dfrac{t_0-t_r}{\bar{t}-t_r}}{\alpha\dfrac{\mu^2}{\delta^2}} \tag{4-9}$$

如将上述规则形状食品的 μ^2 与 $\dfrac{\alpha}{\lambda}\delta$ 之关系代入，即可分别得到平板状、圆柱状及球状食品的冷却时间计算公式。

冷却时间的计算还可按 Backstrom 所推导的公式进行：

$$\tau=\frac{1}{\sigma}\ln\frac{\bar{t_0}-\bar{t_r}}{t-t_r} \tag{4-10}$$

式中　$\bar{t_0}$、t——分别为食品冷却前后的平均温度。一般$\bar{t_0}$是已知的，t 可按下式计算：

$$t=t_r+\frac{t_0-t_r}{1+\dfrac{K\delta}{16\lambda}} \tag{4-11}$$

式中　t_0——冷却前食品温度，℃；

t_r——冷却介质温度，℃；

δ——食品厚度，m；

λ——热导率，W/(m·K)；

K——传热系数，W/(m²·K)。

σ用下式计算：

$$\sigma=\frac{KF}{mC_p} \tag{4-12}$$

式中　K——传热系数，W/(m²·K)；

F——食品表面积，m²；

m——食品质量，kg；

C_p——食品的质量热容，kJ/(kg·K)。

另外，食品冷却后的表面温度可用下式计算：

$$t_s=t+\frac{t_0-t_r}{1+\frac{\alpha\delta}{4\lambda}} \tag{4-13}$$

3. 冷却方法

目前食品冷却常用方法有空气冷却法、水冷却法、冰冷却法及真空冷却法等四种。

根据食品种类和冷却要求的不同，可选择相应冷却方法。冷却方法的一般使用范围如表4-1所示。

表4-1　食品冷却方法和使用范围（赵晋府，2002）

冷却方法	肉	禽	蛋	鱼	水果	蔬菜	烹调食品
空气冷却法	√	√	√		√	√	√
水冷却法		√		√	√	√	
冰冷却法		√		√	√	√	
真空冷却法						√	

（1）空气冷却法　它是将食品放在冷却空气中，通过冷却空气的不断循环带走食品热量，从而使食品获得冷却。冷却空气温度的选择取决于食品的种类，一般对于动物性食品为0℃左右，对植物性食品则在0～15℃之间。冷却空气通常由冷风机提供。

这种方法的冷却效果主要取决于空气温度、循环速度及相对湿度等因素。一般空气温度越低，循环速度越快时（冷风流速一般为0.5～3m/s），冷却速度也越快。一般食品冷却时所采用的冷风温度不应低于食品冻结点，以免食品发生冻结。对某些易受冷害的食品宜采用较高的冷却温度。相对湿度高些，食品的水分蒸发就少些。但冷却室内的相对湿度对不同种类和包装食品的影响是不同的。当食品用不透蒸汽材料包装时，冷却室内的相对湿度对它没有影响。此外冷却效果还要受到堆垛、气流布置等操作因素的影响。

空气冷却法是一种简便易行，适用范围广的冷却方法。它的缺点是冷却速度慢；当冷却室内空气相对湿度低的时候，被冷却食品干耗较大。所以，为了降低干耗，冷却装置的蒸发器和室内空气的温差应尽可能小些，一般以5～9℃为宜，这样一来蒸发器就必须有足够大的冷却面积；因冷风分配不均匀而导致的冷却速度不一致等。

（2）水冷却法　即将食品直接与低温的水接触而获得冷却的方法。水冷却法通常有两种方式：浸渍式和喷淋式，前者是将被冷却食品直接浸入冷水中，使之冷却的方法，而后者是用喷嘴把冷水喷到被冷却食品上使之冷却的方法。

水冷却法中的水可以是淡水或海水，但必须是清洁、无污染的水。在冷却过程中，水会逐渐被污染，因此需经常更换冷却水和消毒。冷却用的水可用冰或制冷装置冷却到适宜的温度。

水冷却法的优点是冷却速度快、避免了干耗、占用空间少等，但存在损害食品外观、易发生污染及水溶性营养素流失等缺陷。

水冷却法适用于水产、水果、蔬菜等食品的冷却。

（3）冰冷却法　冰无害、价廉、便于携带，当冰融化时，1kg 冰会吸收 334.72kJ 的热量。冰冷却法即冰直接与食品接触，吸收融解热后变成水，同时使食品冷却的方法。该法可用于水产品、水果及蔬菜等的冷却，尤其适用于水产品冷却，应用十分广泛。其特点是冷却速度快，产品表面湿润、光泽，且无干耗。

冰冷却法的效果主要取决于冰与食品的接触面积、用冰量、食品种类和大小、冷却前食品原始温度。冰粒越小，则冰与食品的接触面越大，冷却速度越快。因此，用于冷却的冰事先需粉碎。用冰量须充足，否则不可能达到冷却效果。在用冰冷却时，还应注意及时补充冰和排除融冰水，以免发生脱冰和相互污染，导致食品变质。食品种类和大小不同，冷却效果也有很大差异，如多脂鱼类和大型鱼类的冷却速度比低脂鱼类和小型鱼类的慢。

用于冷却的冰可以是海水冰，也可以是淡水冰，但都必须是清洁、无污染的。

（4）真空冷却法　它是利用水在真空条件下沸点降低的原理来冷却食品的。水蒸气压和温度的关系如表 4-2 所示。将待冷却的食品放入密闭容器中，然后降低容器中的压力，食品中的水分就在真空状态下迅速汽化，吸收汽化潜热，从而使食品的温度迅速降低。真空冷却法主要用于蔬菜的快速冷却，特别适合于蔬菜、蘑菇等表面积大的蔬菜的冷却。其缺点是食品干耗大、能耗大。

表 4-2　水蒸气压和温度的关系（赵晋府，2002）

压力/Pa	沸腾温度/℃	压力/Pa	沸腾温度/℃
1.01325×10^5	100	8.71926×10^2	5
1.99316×10^4	60	6.56611×10^3	1
7.37804×10^3	40	4.01433×10^3	−5
2.36380×10^3	20	2.59711×10^3	−10
1.22723×10^3	10	3.79968×10^3	−30

真空冷却的装置如图 4-2 所示。它是由真空冷却槽、压缩机及真空泵等设备组成的。

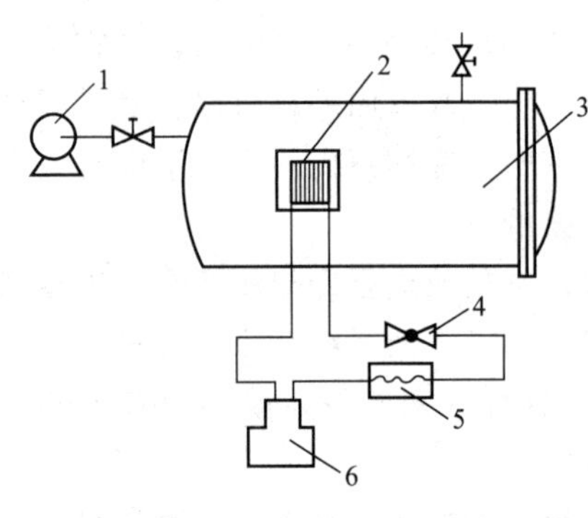

图 4-2　真空冷却装置示意图

1—真空泵；2—蒸发器；3—真空冷却槽；4—节流阀；5—冷凝器；6—压缩机

真空冷却法的优点是冷却速度很快，一般 20～30min 即可将蔬菜从 20℃左右冷却到 1℃左右，水分蒸发量只有 2%～4%，不会影响蔬菜新鲜饱满的外观。但真空冷却法成本较高，少量冷却时不经济。适合在离冷库较远的蔬菜产地，在大量收获后的运输途中使用。

三、食品冷藏

食品的冷藏有两种普遍使用的方法，即空气冷藏法和气调冷藏法。前者适用于所有食品的冷藏方法，后者则适用于水果、蔬菜等鲜活食品的冷藏。

1. 空气冷藏法

这种方法是将冷却（也有不经冷却）后的食品放

在冷藏库内进行保藏。其效果主要决于下列各种因素。

（1）冷藏温度　大多数食品的冷藏温度是在－1.5～10℃之间，在保证食品不发生冻结的前提下，冷藏温度越接近食品冻结点则冷藏期越长。但对于某些有生命的食品，如水果、蔬菜等，对冷藏温度特别敏感，在冻结点以上的不适低温下会发生冷害，主要发生在原产于热带、亚热带的水果和蔬菜，如香蕉、柑橘等。另外，某些温带水果如苹果的某些品种，当在0～4℃下长期贮藏时会产生冷害症状。通常动物性食品的冷藏温度低些，而水果、蔬菜的冷藏温度则因种类而有较大的差异。比如葡萄的冷藏温度是－1～0℃，而香蕉的冷藏温度却是12～13℃。

合适的冷藏温度是保证冷藏食品质量的关键，但在贮藏期内保持冷藏温度的稳定也同样重要。有些产品贮藏温度波动±1℃就可能对其贮藏期产生严重的影响。比如苹果、桃和杏子在0.5℃下的贮藏期要比1.5℃下延长约25%。因此，对于长期冷藏的食品，温度波动应控制在±1℃以内，而对于蛋、鱼、某些果蔬等，温度波动应在±0.5℃以下，否则，就会引起这些食品的霉变或冷害，严重损害冷藏食品的质量，显著缩短它们的贮藏期。

（2）相对湿度　食品在冷藏时，除了少数是密封包装，大多是放在敞开式包装中。这样冷却食品中的水分就会自由蒸发，引起减重、皱缩或萎蔫等现象。如果提高冷藏间内空气的相对湿度，就可抑制水分的蒸发，在一定程度上防止上述现象的发生。但是，相对湿度太高，可能会有益于微生物的生长繁殖。一般大多数水果冷藏时的适宜相对湿度为85%～90%，而绿叶蔬菜、根类蔬菜以及脆质蔬菜适宜相对湿度为90%～95%。坚果类冷藏时适宜的相对湿度为70%。水分含量较低的食品则应在尽可能低的相对湿度下冷藏。

实际上，高相对湿度并不一定就会引起微生物的生长繁殖，这要取决于冷藏温度的变化。温度的波动很容易导致高相对湿度的空气在食品表面凝结水珠，从而引起微生物的生长。因此，如果能维持低而稳定的温度，那么高相对湿度是有利的。尤其是对于抱子甘蓝、芹菜、菠菜等特别易萎蔫的蔬菜，相对湿度应高于90%，否则就应采取防护性包装或其他措施以防止水分的大量蒸发。食品冷藏的适宜相对湿度见表4-3。

（3）空气循环　空气循环的作用一方面是带走热量，这些热量可能是外界传入的，也可能是由于蔬菜、水果的呼吸而产生的；另一方面是使冷藏室内的空气温度均匀。

空气循环可以通过自由对流或强制对流的方法产生，目前在大多数情形下采用强制对流的方法。

空气循环的速度要取决于产品的性质、包装等因素。循环速度太小，可能达不到带走热量、平衡温度的目的；循环速度太快，会使水分蒸发太多而严重减重，并且会消耗过多的能源。一般最大的循环速度不超过0.3～0.7m/s。食品采用不透蒸汽包装材料包装时，则冷藏室内的空气循环速度可适当大些。

（4）通风换气　在贮存某些可能产生气味的冷却食品如各种蔬菜、水果、干酪等时，必须通风换气。但大多数情形下，由于通风换气可通过渗透、气压变化、开门等途径自发地进行，因此，有时不必专门进行通风换气。

通风换气的方法有自由通风换气和机械通风换气两种。前者即将冷库门打开后，自然地进行通风换气，后者则是借助于换气设备进行通风换气。不论采用何种换气方法，都必须考虑引入的新鲜空气的温度和卫生状况。只有与库温相近的、清洁的、无污染的空气才允许引入库内。

何时通风及通风换气的时间没有统一规定，依产品的种类、贮藏方法及条件等因素而定。

表 4-3 食品的冷藏条件

品种	温度/℃	相对湿度/%	贮藏期	品种	温度/℃	相对湿度/%	贮藏期
苹果	0～4	90	2～6(m)	鸡蛋	−1～0	90	6～7(m)
杏子	0	90	2～4(m)	鱼	0	85～95	6～7(m)
樱桃	0	90～95	1～2(w)	油脂	−1～0	85～95	4～8(m)
鲜枣	0	80～90	1～2(m)	羊肉	−1.5～0	85～95	3～4(w)
葡萄	0	90～95	1～4(w)	消毒牛奶	4～6	85～95	7(d)
猕猴桃	−0.5	90～95	8～14(m)	肉馅	4	85～95	1(d)
柠檬	0～4 或 5	85～90	2～6(m)	猪肉	−1.5～0	85～95	3～4(w)
橘子	0～4	85～90	3～4(m)	去内脏禽类	−1～0	85～95	1～2(w)
桃	0	90	2～4(w)	贝类	0	85～95	4～6(d)
梨	0	90～95	2～5(m)	小牛肉	−1.5～0	85～95	3(w)
李子	0	90～95	2～4(m)	咸肉	4	85～95	3～5(w)
草莓	0	90～95	1～5(d)	酸奶	2～5	85～95	2～3(w)
芦笋	0～2	0～95	2～3(w)	西瓜	5～10	85～90	2～3(w)
花菜	0	90～95	3～5(w)	菜豆	7～8	92～95	1～2(w)
卷心菜	0	95	1～3(m)	土豆	4～6	90～95	4～8(m)
胡萝卜	0	95	5～6(m)	香蕉(青)	12～13	85～90	10～20(d)
菜花	0	95	2～3(w)	香蕉(熟)	13～16	85～90	5～10(d)
芹菜	0	95	4～12(w)	石榴	8～10	90	2～3(w)
甜玉米	0	95	1(w)	柚子	10	85～90	1～4(m)
大蒜	0	65～70	6～7(m)	柠檬(未熟)	10～14	85～90	1～4(m)
韭菜	0	95	1～3(m)	芒果	7～12	90	3～7(w)
莴苣	0	95	1～2(w)	甜瓜	7～10	85～90	1～12(w)
蘑菇	0	90～95	5～7(d)	菠萝(未熟)	10～13	85～90	2～4(w)
干洋葱	0	65～70	6～8(m)	菠萝(熟)	7～8	90	2～4(w)
带皮豌豆	0	95	1～3(w)	黄瓜	9～12	95	1～2(w)
小红萝卜	0	90～95	1～2(w)	茄子	7～10	90～95	10(d)
菠菜	0	95	1～2(w)	生姜	13	65	6(m)
大头菜	0	95	1～2(w)	南瓜	10～13	50～75	2～5(m)
牛肉	−1.5～0	85～95	3～5(w)	甜椒	7～10	90～95	1～3(w)
黄油	0～4	85～95	2～4(w)	西红柿(青)	12～13	85～90	1～2(w)
干酪	0～5	80～85	3～6(m)	西红柿(红熟)	8～10	85～90	1(w)
奶油	−2～0	80～85	15(d)	芋头	16	85～90	3～5(m)
食用内脏	−1.5～0	85～95	7(d)	奶粉	10～12	65	5(m)

注：m 表示“个月”；w 表示“周”；d 表示“天”。

(5) 包装及堆码　包装对于食品冷藏是有利的，这是因为包装能方便食品的堆垛，减少水分蒸发并能提供保护作用。常用的包装有塑料袋、木板箱、硬纸板箱及纤维箱等。包装方法可采用普通包装法，也可用真空包装及充气包装法。

不论采用任何包装，产品在堆码时必须做到：①稳固；②能使气流流过每一个包装；③方便货物的进出。因此，在堆码时，产品一般不直接堆在地上，也不能与墙壁、天棚等相接触，包装之间要有适当的间隙，垛与垛之间要留下适当大小的通道。

(6) 产品的相容性　食品在冷藏时，必须考虑其相容性，即存放在同一冷藏室中的食品，相互之间不允许产生不利的影响。比如某些能释放出强烈而难以消除的气味的食品如柠檬、洋葱、鱼等，与某些容易吸收气味的食品如蛋、肉类及黄油等存放在一起时，就会发生气味交换，影响冷藏食品的质量。因此，上述食品如无特殊的防护措施，不可在一起贮存。要避免上述情况，就要求在管理上做到专库专用，或在一种产品出库后严格消毒和除味。

2. 气调冷藏法

气调冷藏法也叫 CA（controlled atmosphere）冷藏法，是指在冷藏的基础上，利用调整环境气体来延长食品货架期的方法。气调冷藏技术早期主要在果蔬保鲜方面的应用比较成功，但这项技术如今已经发展到肉、禽、鱼、焙烤产品及其他方便食品的保鲜，而且正在推向更广的领域。

（1）气调冷藏法的原理　气调技术的基本原理是：在一定的封闭体系内，通过各种调节方式降低贮藏环境中的氧气浓度、适当提高二氧化碳浓度，以此来抑制食品本身引起品质劣变的生理生化过程或抑制食品中微生物活动，从而延长食品保质期。气调贮藏具有保鲜效果好、贮藏损失少、保鲜期长、对食品无任何污染等优点。

通过对食品贮藏规律的研究发现，引起食品品质下降的食品自身生理生化过程和微生物作用过程，多数与 O_2 和 CO_2 有关。新鲜果蔬的呼吸作用、脂肪氧化、酶促褐变、需氧微生物生长活动都依赖于 O_2 的存在。另一方面，许多食品的变质过程要释放 CO_2，CO_2 对许多引起食品变质的微生物有直接抑制作用。因此，各种气调手段多以这两种气体作为调节对象。所以气调冷藏技术的核心是改变食品环境中的气体组成，使其组分中的 CO_2 浓度比空气中的 CO_2 浓度高，而 O_2 的浓度则低于空气中 O_2 的浓度，配合适当的低温条件，来延长食品的寿命。

应指出的是，有些水果、蔬菜对 CO_2 浓度和 O_2 浓度两者中的某一种的变化更为敏感。一般两者同时变化往往能产生更大的抑制作用。在实际的 CA 冷藏时，都是既降低环境中 O_2 的浓度，同时又提高 CO_2 的浓度，但适宜的 O_2 浓度和 CO_2 浓度因果蔬种类不同而异，不同果蔬品种 CA 贮藏时，对气体成分的要求有所不同，特别要注意各种果蔬的“临界需氧量”，保证 CA 贮藏室内的氧浓度不低于临界需氧量，同时，也要注意防止二氧化碳浓度过高而引起果蔬伤害。表 4-4 是一些果蔬的适宜 CA 贮藏条件。

表 4-4　一些果蔬的 CA 贮藏条件

果蔬品种	贮藏温度/℃	气调条件		对低 O_2 和高 CO_2 的耐受度	
		O_2/%	CO_2/%	低 O_2/%	高 CO_2/%
苹果：红玉	0	3	3～5	2	2
元帅	－1.1～0	2～3	1～2	—	—
洋梨：巴梨	0～1	2～3	0～1	—	—
凤梨	10～15	5	10	3	7
甜樱桃	0～5	3～10	10～12	—	20
无花果	0～5	5	15	—	8
猕猴桃	0～5	2	5	2	—
桃	0～5	1～2	5	2	20
李	0～5	1～2	0～5	2	20
草莓	0～5	5～10	10	—	—
梅子	0	2～3	3～5	—	—
栗子	0	3	6	—	—
香蕉	12～14	5～10	5～10	—	—
蜜橘	3	10	0～2	—	5
柿子	0～5	3～5	5～8	3	5
豌豆荚	0	10	3	4	—
菠菜	0	10	10	1	—
马铃薯	3	3～5	2～5	—	—
胡萝卜	0	2～4	5～8	4	5

（2）气调冷藏的特点　与一般空气冷藏条件相比，气调冷藏优点多、效果好、能更好地延长商品的贮藏寿命。CA贮藏能抑制果、蔬的呼吸作用，阻滞乙烯的生成，推迟果蔬的后熟，延缓其衰老过程，从而显著地延长果蔬的保鲜期；能减少果、蔬的冷害，从而减少损耗。在相同的贮藏条件下，气调贮藏的损失不足4%，而一般空气冷藏的为15%～20%；能抑制果蔬色素的分解，保持其原有色泽；能阻止果蔬的软化，保持其原有的形态；能抑制果蔬有机酸的减少，保持其原有的风味；能阻止昆虫、鼠类等有害生物的生存，使果蔬免遭损害。另外，气调贮藏由于长期受低 O_2 和高 CO_2 的影响，解除气调后，仍有一段时间的滞后效应。在保持相同品质的条件下，气调贮藏的货架期是空气冷藏的2～3倍。气调贮藏中所用的措施都是物理因素，不会造成任何形式的污染，完全符合绿色食品标准，有利于推行食品绿色保藏。

CA贮藏法的主要缺点是一次投资较大，成本较高及应用范围有限，目前仅在苹果、梨等水果中有较大规模的应用。

（3）CA贮藏的方法　CA贮藏有很多方法，根据达到CA气体组成的方式不同，分成以下四类。

① 自然降氧法。又称自然呼吸降氧法、普通气调冷藏法，是指利用果蔬在贮藏过程中自身的呼吸作用使气调库内的空气中 O_2 浓度逐渐降低，CO_2 浓度逐渐升高。并根据库内 O_2、CO_2 浓度的变化，及时除去多余的 CO_2 和引入新鲜空气，补充 O_2，从而维持所需的 O_2/CO_2 的比例。除去多余的 CO_2 的方法有消石灰洗涤法、活性炭洗涤法、氢氧化钠溶液洗涤法及膜交换法等。

自然降氧法操作简单、成本低、容易推广。特别适用于库房气密性好，贮藏的果蔬为一次整进整出的情况。但是其获得适当的 O_2/CO_2 浓度比例的时间过长，且难以控制 O_2/CO_2 之比例，中途不宜频繁打开库门进库出库，否则保藏效果不佳。

② 机械降氧法。机械降氧法就是利用人工调节的方式，在短时间内将大气中的 O_2 和 CO_2 调节到适宜的浓度，并根据气体组成的变化情况经常调整使其保持不变，误差控制在1%以内。快速降氧的方式通常有两种，一种是利用催化燃烧装置降低贮藏环境中空气含氧量，用二氧化碳脱除装置，降低燃烧后空气中二氧化碳的含量。另一种是利用制氮机（或氮气源）直接对贮藏室充入氮气，把含氧高的空气排除，以造成低氧环境。这种方法能迅速达到CA气体组成，且易精确控制CA气体组成，因此保藏效果极佳。缺点是所需设备较多，成本较高。目前，已有成套的专用气调设备，可以按照要求事先将适宜比例的人工气体制备好，再引入气调库。

③ 气体半透膜法。即利用硅胶或高压聚乙烯膜作为气体交换扩散膜，使贮藏室内的 CO_2 与室外的 O_2 交换来达到CA贮藏的方法。通过选择不同厚度的半透膜，即可控制气体交换速率，维持一定的 O_2/CO_2 的比例。该法简便易行，但效果较差。

④ 减压降氧法。又称为低压气调冷藏法、真空冷藏法，是气调冷藏的进一步发展。减压降氧法是利用真空泵，将贮藏室进行抽气，形成部分真空，室内空气各组分的分压都相应下降。例如当气压降低至正常的1/10，空气中的氧、二氧化碳、乙烯等的分压也都降至原来的1/10，氧的含量将下降到2.1%，从而有效抑制果蔬的成熟衰老过程，以延长贮藏期，达到保鲜的目的。一个减压系统包含的内容可概括为：减压、增湿、通风、低温。这里除低温外，其余都是普通气调贮藏所不具备的。减压贮藏具有特殊的贮藏条件，是在精确严密的控制之下。总压力一般可控制在266.4Pa的水平，从而使氧含量的水平可以调节至

±0.05%的精度，因而，可以获得最佳贮藏所需要的低氧水平，为贮藏易腐产品提供最好的环境，取得良好的保藏效果。

第二节　食品冻结保藏技术

食品的冻结保藏，简称冻藏，是将食品贮存在低于－18℃的温度下的食品保藏法。它能有效地抑制微生物、酶及 O_2 等不利因素的作用，较好地保持食品的质量，是一种应用广泛的食品保藏法。食品在冻藏之前，通常要进行原料预处理、冻结等加工。原料预处理包括挑选、分级、屠宰、检验、分割、烫漂、调味、添加剂处理、烹调、成型等，因原料的种类、特性及制品的要求等而异。冻结是将食品的温度由初温降至其中心温度低于－18℃的物理过程，是影响冻结食品质量的重要因素。合理冻结和贮藏的食品在大小、形状、质地、色泽和风味方面一般不会发生明显变化，因此，冻藏是易腐食品长期贮藏的重要保藏方法。

一、食品的冻结

1. 食品的冻结过程

(1) 食品的冰点　随着食品温度的降低，我们可以观察到在某个温度下食品中的水分开始结冰。此温度即食品的冰点。根据 Raoult 法则，在稀溶液中存在冰点下降现象。冰点下降的程度取决于溶液的物质的量的浓度，一般溶液浓度每增加 1mol/L，则冰点下降 1.86℃。因此食品的冰点低于水的冰点，通常在－1～－2℃之间，取决于食品的种类、鲜度及预处理等因素。不同生鲜食品的冰点见表 4-5。

表 4-5　食品的冰点

品　名	冰点/℃	品　名	冰点/℃	品　名	冰点/℃
牛肉	－1.7～－0.6	马铃薯	－1.7	甘蔗	－9
羊肉	－1.7	柠檬	－2.2	香蕉	－3.4
猪肉	－1.7	花椰菜	－1.1	蜜柑	－2.2
蛋黄	－0.65	樱桃	－2.4～－1.4	草莓	－1.2
蛋白	－0.45	番茄	－0.9	鳕鱼	－1.0
梨	－2.0	豌豆	－1.1	鲆白	－2.0
鱼肉	－2.0～－0.6	菠菜	－0.9	鲂	－1.2
葡萄	－2.2	洋葱	－1.1	鲔	－1.3
牛乳	－0.5	柿	－2.1	比目鱼	－1.3
人造奶油	－2.2	苹果	－2.0	蚝	－2.0
乳酪	－8.3	粟	－4.5		

(2) 冻结过程与冻结曲线　当食品的温度降至其冰点以下时，如不考虑过冷，则食品中开始出现冰晶。由于冰晶的析出使食品剩余水溶液的冰点下降，因此，必须继续降温，冰晶才会不断析出。当温度降到某个值时，食品中的水溶液也会结晶析出，该温度就称为共晶点。

实际上，食品在冻结时，其温度无须降至共晶点。只要食品中的绝大多数水分已结冰，冻结过程就可结束。为了判断冻结的程度，Heiss 提出冷结率概念：即在某个温度下，食品中已冻结的水分占总水分之比例，以 R_f 表示。如以 t_f 为冰点，t 为食品的温度，则冻结率可用下式计算：

$$R_f = 1 - \frac{t_f}{t} \tag{4-14}$$

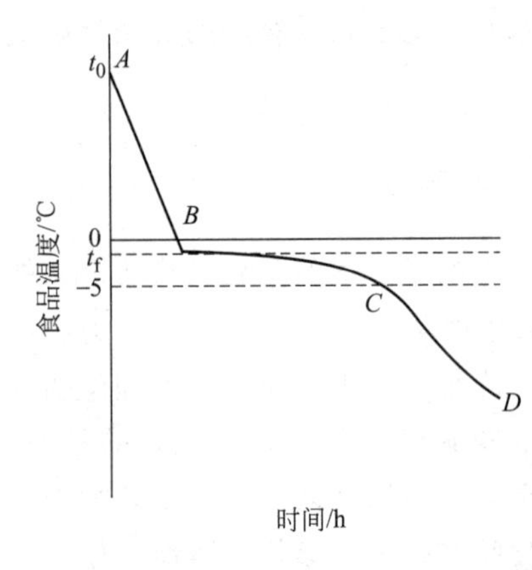

图 4-3 食品冻结曲线

将冻结过程中食品温度随时间的变化关系在坐标图中表示出来，就得到冻结曲线。由于食品不同部位的温度变化速度不一样，通常食品表面温度的变化要快于内部温度的变化，而中心温度的变化是最慢的。如不特别指明，则冻结曲线就是指中心温度随时间而变化的关系，如图 4-3 所示。

从图 4-3 中可以看出，冻结曲线可分成 *AB*、*BC* 及 *CD* 三段。其中 *AB* 段是冷却过程，而 *BC* 和 *CD* 两段为冻结过程。但 *BC* 与 *CD* 两段又有显著区别。*BC* 段相当于 t_f～－5℃的温度变化，假如食品的冰点为－1℃，则 *BC* 段相当于 80%的冻结率，也就是说大多数水分是在 *BC* 阶段变成冰晶的。因此，*BC* 阶段的温度变化不大，但所费时间却比较长。把 *BC* 阶段所对应的温度区间－1～－5℃称为最大冰晶生成带。通过最大冰晶生成带后，食品在感官上即呈冻结状态。但此时并不意味着冻结过程的结束。为了贮藏的安全性，国际制冷学会建议冻结终了时食品中心的温度应在－18℃。

2. 冻结速度及其与冰晶状态和分布的关系

(1) 冻结速度　所谓冻结速度，是指食品内某点的温度下降的速度或食品内某种温度的冰锋向内扩展的速度，一般可用下式表示：

$$v=\frac{d\delta}{d\tau} \tag{4-15}$$

式中　v——冻结速度，cm/h；

$d\delta$——冻结层的厚度，cm；

$d\tau$——冻结时间，h。

对于冻结食品（尤其是体积较大的）而言，不同部位的冻结速度存在较大差异，总是表层快而越往内层越慢。因此，为实用起见，可以采用平均冻结速度的概念，即：

$$\bar{v}=\frac{\delta}{\tau_0} \tag{4-16}$$

式中　$\bar{v}$——平均冻结速度，cm/h；

δ——食品热中心与其表面之间的最短距离，cm；

τ_0——食品温度由 0℃降到比冰点低 10℃时所需时间，h。

目前，冻结速度有如下三种常用的表示方法。

① 以通过最大冰晶生成带的时间来表示　凡在 30min 以内通过－1～－5℃的温度带，谓之快速冻结，而超过 30min 时则谓之缓慢冻结。

② Plank 表示法　即单位时间内－5℃之冰锋向内部推进的距离。有三种情形：当冻结速度在 5～20cm/h，称为快速冻结；当冻结速度在 1～5cm/h 时，为中速冻结；当冻结速度在 0.1～1cm/h 时，为缓慢冻结。

③ 国际制冷学会表示法　1972 年，国际制冷学会 C_2 委员会提出，冻结速度是食品表面达到 0℃后，食品中心温度点与其表面间的最短距离与食品中心温度降到比食品冰点低 10℃时所需时间之比，并将冻结速度分成以下几种情形：当冻结速度小于 0.5cm/h 时为缓慢冻结；当冻结速度为 0.5～5cm/h 时为快速冻结；当冻结速度为 5～10cm/h 时为急速冻

结；当冻结速度为 10～100cm/h 时为超速冻结。

（2）冻结速度与冰晶状态的关系　所谓冰晶的状态是指在冻结过程中所形成的冰晶的大小、数量及形状等。大量实验表明，冰晶状态与冻结速度之间有密切的关系。

一般冻结速度越快，则形成的冰晶数量越多，体积越细小，形状越趋向棒状和块状。它们之间的关系见表 4-6。

表 4-6　冻结速度与冰晶状态之关系

冻结速度	冰晶的状态			冰锋前进速度 $v_{冰}$ 和水分移动速度 $v_{水}$ 之关系
	形状	数量	大小(直径×长宽)	
数秒	针状	无数	1～5μm×5～10μm	$v_{冰} \gg v_{水}$
1.5min	杆状	很多	0～20μm×20～50μm	$v_{冰} > v_{水}$
40min	柱状	少数	50～100μm×100μm	$v_{冰} < v_{水}$
90min	块粒状	少数	50～200μm×200μm 以上	$v_{冰} \ll v_{水}$

（3）冻结速度与冰晶分布之关系　在食品冻结时，冰晶通常首先在细胞间隙形成。在细胞间隙形成冰晶后，由于细胞内外水蒸气压差的作用，细胞内的水分通过细胞壁或膜迁移到细胞外，并在细胞外变成冰晶。结果使细胞严重脱水造成质壁分离，细胞外形成较大型的冰晶。缓慢冻结时就易出现此种情况。而快速冻结时，冰晶趋向于在细胞内外同时形成。此时由于食品中成分迁移较少，细胞因内外冰晶产生的膨胀和挤压作用可部分或全部抵销，因此，细胞所受损害较轻。

还应指出，冰晶状态不仅受冻结速度的影响，还与原料的特性有很大关系。也就是说，在相同的冻结速度下，鱼、肉、果、蔬等食品的冰晶状态存在一定的差异。甚至同一种食品也可观察到因新鲜度及生理特性等不同而产生的差异。比如，随着狭鳕鱼肉从死后僵硬向解僵的推移，发生在细胞外的冻结将会增加。此外，产卵期的狭鳕鱼、饥饿状态下的鲤鱼等都更加容易产生细胞外结冰现象。

（4）冻结速度对食品质量的影响　长期以来，人们一直认为冻结速度越快，则冻结食品质量越好。其理由是冻结速度越快，食品受酶和微生物的作用越小。冻结速度越快，则形成的冰晶越细小，分布也越均匀，因而食品受到的损伤就越小。因此，为了得到高质量的冻结食品，必须进行快速冻结。

然而，冻结速率过快，也会对食品质量产生不良影响。如果冻结速率过快，会在食品结构内部形成大的温度梯度，从而产生张力，导致结构破裂，这些变化对食品质构产生不良影响，应该尽量避免。许多研究表明，冻结速度只是影响冻结食品质量一个因素，还有许多因素如原料特性、辅助处理、冻藏条件等都会对冻结食品质量产生较大的影响。因此，单纯强调冻结速度，并不一定能得到高质量的冻结食品。

有关冻结速度与冻结食品质量之间的关系还应考虑到以下几个方面。

① 对于大多数食品，冻结速度在某一范围内的快慢并不会使食品的质量产生太大的差异。当然这并不是说快速冻结对食品质量不重要，而是说冻结速度对食品质量的影响依种类而异。比如鱼肉、禽肉与其他动物性食品相比，对冻结速度的变化比较敏感，若冻结速度缓慢，其质量就会受到较大影响，但对牛肉、猪肉的影响就比较小。

② 对于体积大的食品，要使它们以均匀的速度进行冻结，现行的冻结方法是办不到的。从食品的表面到内部，冻结速度存在一定的差异，从而使其质量也有不同。

③ 影响冰晶状态的因素，除冻结速度外，还有原料的新鲜度、生理状态、添加盐类或

糖类等辅助处理等。上述因素不同，即使冻结速度一样，冰晶的状态也会有差别。

④ 最大冰晶生成带的温度范围为−1～−5℃，但有不少食品的冰点低于−1℃，有些甚至低于−5℃。考虑到这些事实，以通过最大冰晶生成带的时间来判断冻结速度的快慢，有时是不妥当的。

⑤ 冰晶的状态是不稳定的，在冻藏过程中经常发生冰晶生长和重结晶现象。冻藏时间越长，冻藏温度波动越频繁，波动幅度越大，则上述现象越严重。冰晶生长和重结晶将破坏快速冻结时所形成的良好冰晶状态，使快速冻结的优越性完全丧失。

3. 食品的冷冻时间

食品的冷冻时间就是指完成一个预定的冷冻过程所需要的时间，也称有效冷冻时间。它包括两部分，即冷却时间和冻结时间。

(1) 冷却时间　在食品的冷冻过程中，曾经提出过冷却时间的计算方法。但是，由于在冻结过程中考察的是中心温度的变化而非平均温度的变化，因此，式(4-10) 不能用来计算冷冻时间中的冷却时间。不过，在式(4-10) 中引入修正系数以后，就可用于此情形中的冷却时间计算。该公式如下：

$$\tau_c=\frac{2.3\lg\dfrac{m(t_0-t_r)}{t-t_r}}{a\dfrac{\mu^2}{\delta^2}} \tag{4-17}$$

式中，修正系数 m 为 1.03～1.06。

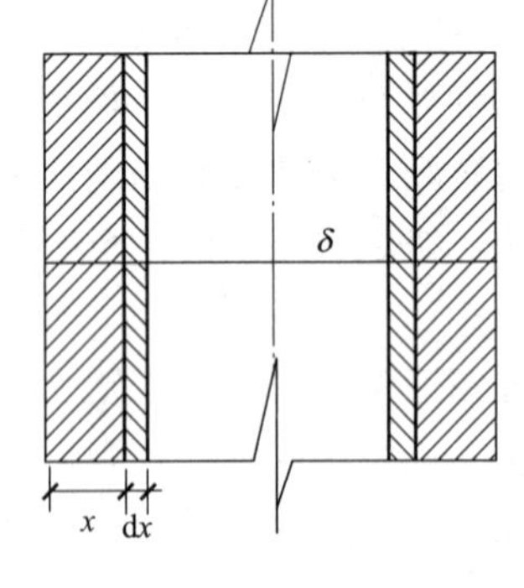

图 4-4　平板状食品的冻结过程

(2) 冻结时间　Plank 可能是最早研究冻结时间计算的学者，他在 1913 年提出了迄今为止最简单实用的冻结时间计算公式。

Plank 在推导冻结时间的计算公式时，作了一些假设以简化推导过程。这些假设是：①冻结是在冰点之下进行的恒温冻结，单位冻结热量等于形成冰晶时所放出的热量；②冻结食品的热导率在冻结过程中是不变的，且无蓄热现象；③冷却介质的温度及冻结表面的放热系数不变。

以平板状食品为例，冻结时间计算公式的推导过程如下：

如图 4-4 所示，厚度为 δm 的平板状食品，放在温度为 t_r 的冻结介质中冻结，经过一段时间后，冻结层的厚度为 xm，又经过 $d\tau$ 时间后，冻结层向内推进了 dxm，在该过程中所放出的热量为：

$$dQ=Fdx\gamma q_i \tag{4-18}$$

式中　F——平板状食品的表面积，m^2；

γ——食品的密度，kg/m^3；

q_i——结冰潜热，kJ/kg。

在温差 (t_f-t_r) 的作用下，在 $d\tau$ 时间内从食品内部传出的热量为：

$$dQ'=KF(t_f-t_r)d\tau=KF\Delta t d\tau \tag{4-19}$$

式中　K——传热系数。

K 可用下式来计算：

$$K=\frac{1}{\dfrac{x}{\lambda}+\dfrac{1}{\alpha}} \tag{4-20}$$

式中　α——对流换热系数，W/(m^2·K)；

x——冻结层厚度，m；

λ——热导率，W/(m·K)。

将式(4-20) 代入式(4-19) 中，且由于 $dQ=dQ''$，即可得到：

$$d\tau=\frac{q_i\gamma x}{\Delta t\lambda}dx+\frac{q_i\gamma}{\Delta t\alpha}dx \tag{4-21}$$

将式(4-21) 积分，即可得到：

$$\tau=\frac{q_i\gamma}{2(t_f-t_r)}\left(\frac{\delta}{\alpha}+\frac{\delta^2}{4\lambda}\right) \tag{4-22}$$

式(4-22) 即为平板状食品的冻结时间计算公式。

与此类似，还可分别推导出圆柱状食品和球状食品冻结时间的计算公式。

圆柱状食品：
$$\tau=\frac{q_i\gamma}{4(t_f-t_r)}\left(\frac{d}{\alpha}+\frac{d^2}{4\lambda}\right) \tag{4-23}$$

球状食品：
$$\tau=\frac{q_i\gamma}{6(t_f-t_r)}\left(\frac{d}{\alpha}+\frac{d^2}{4\lambda}\right) \tag{4-24}$$

上述三个公式基本相似，引入适当的系数之后，即可得到下式：

$$\tau=\frac{q_i\gamma}{(t_f-t_r)}\left(\frac{Px}{\alpha}+\frac{Rx^2}{\lambda}\right) \tag{4-25}$$

式(4-25) 即称为 Plank 公式。式中 P、R 为形状系数。

平板状食品：$P=\frac{1}{2}$，$R=\frac{1}{8}$

圆柱状食品：$P=\frac{1}{4}$，$R=\frac{1}{16}$

球状食品：$P=\frac{1}{6}$，$R=\frac{1}{24}$

x 为特性尺寸，对平板状食品为厚度 δ，对圆柱状和球状食品则为直径 d。

Plank 在推导上述计算公式时曾作了与实际情况不相符的假设，因而使公式具有较大的误差和局限性。为了改善 Plank 公式的精确度，Lorentzen 建议以 Δi 代替式(4-25) 中的 q_i，则得到：

$$\tau=\frac{\Delta i\gamma}{\Delta t}\left(\frac{Px}{\alpha}+\frac{Rx^2}{\lambda}\right) \tag{4-26}$$

式中　Δi——食品冻结前后的焓差，kJ/kg；

Δt——食品冰点与冻结介质的温差，K 或℃；

α——对流换热系数，W/(m^2·K)；

x——冻结层厚度，m；

γ——食品的密度，kg/m^3；

λ——热导率，W/(m·K)；

P,R——形状系数。

此即 Lorentzen 公式，也是目前常用来计算冻结时间的公式。

(3) 缩短冻结时间的有效方法

① 减小冻结食品的厚度。由式(4-26) 可知，冻结时间与冻结食品的厚度成正比，因

此，减小冻结食品的厚度将会明显缩短冻结时间。

② 增大表面传热温差。由式(4-26) 可知，冻结时间与冻结食品的表面传热温差成反比，因此增大表面传热温差，或者降低冻结介质的温度，将缩短冻结时间。

③ 增大表面对流换热系数。由式(4-26) 可知，对流换热系数与冻结时间成反比，因此，对流换热系数越大，冻结时间就越短。对流换热系数与换热介质种类、介质流速等因素密切相关。一般液体换热介质比气体换热介质具有更大的对流换热系数，介质流速大时比流速小时的换热系数更大。

上述三种方法均可有效地降低冻结时间。但是它们并不是任何情况下都适用。在实际的冻结加工中，应根据具体情况选择合适的方法以加快冻结过程。

4. 常用的食品冻结技术及设备

常用的食品冻结技术有三大类，即空气冻结（或吹风冻结），金属表面接触冻结，与载冷剂或蒸发的液体接触冻结（或浸渍冻结）。

（1）空气冻结技术及设备　空气冻结是用低温空气作为介质以带走食品的热量，从而使食品获得冻结的技术。根据空气是否流动，空气冻结有两种情形，即静止空气冻结和吹风冻结。前者因冻结速度太慢，且劳动强度大等原因，已弃之不用。目前主要使用吹风冻结设备。

吹风冻结按食品在冻结过程中是否移动分成固定位置式和流化床式两种型式。固定位置式冻结设备有冻结间、隧道式冻结器、螺旋带式冻结器等，是使用最广泛的冻结设备。流化床式冻结设备有两种，即带式和盘式流化床冻结器，适合于冻结个体小、大小均匀，且形状规则的食品如豆类、扇贝柱等。

① 隧道式冻结器。隧道式冻结器是较早应用的吹风冻结系统。“隧道”这个名称现在已被用来泛指吹风冻结器，而不管它是否具有隧道的形状。隧道式冻结器的结构示意图如图 4-5 所示。它主要由绝热的外壳、风机、蒸发器、吊挂装置或小货车或传送带等部分组成。

在冻结时，肉胴吊挂在吊钩上，鱼等食品装在托盘中并放在货车上，散装的个体小的食品如蛤、贝柱及虾仁等放在传送带上进入冻结室内。风机强制冷空气流过食品，吸收食品的热量使食品获得冻结，而吸热后的冷风再由风机吸入流过蒸发器重新被冷却。如此反复循环直至食品全部冻结。空气温度一般为－35～－30℃，冻结时间随食品种类、厚度不同而异，一般为 8～40min。

这种冻结设备具有劳动强度小、易实现机械化、自动化、冻结量较大、成本较低等优点。其缺点是冻结时间较长，干耗较多，风量分布不太均匀。

② 螺旋带式冻结器。螺旋带式冻结器的结构示意图如图 4-6 所示。该装置由转筒、蒸发器、风机、传送带及一些附属设备等组成，其核心部分是一靠液压传动的转筒。其上以螺旋形式缠绕着网状传送带。冷风在风机的驱动下与放置在传送带上的食品作逆向运动和热交换，使食品获得冻结。传送带的层距、速度等均可根据具体情况来调节。

这种设备的优点是冻结速度快，比如厚为 2.5cm 的食品在 40min 左右即可冻结至－18℃；冻结量大，占地面积小；工人在常温条件下操作，工作条件好；干耗小于隧道式冻结；自动化程度高；适应范围广，各种有包装或无包装的食品均可使用。其缺点是在小批量、间歇式生产时，耗电量大，成本较高。因此，应避免在量小、间断性的冻结条件下使用。

③ 流化床冻结器。流化床式冻结是将待冻食品放在开孔率较小的网带或多孔板槽上，高速冷空气流自上而下流过网带或槽板，将待冻食品吹起呈悬浮状态，使固态待冻食品具有

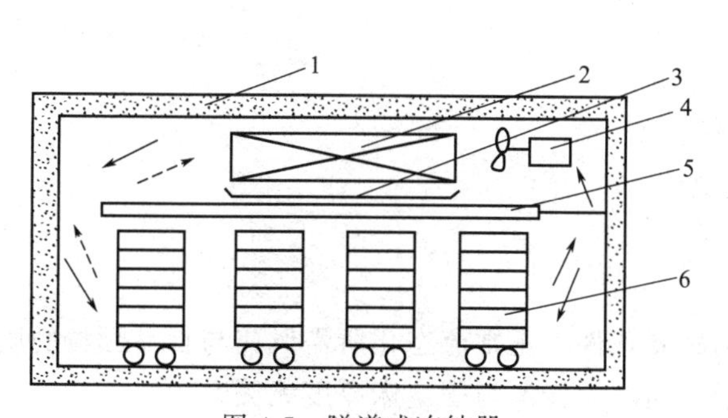

图 4-5　隧道式冻结器

1—绝热外壳；2—蒸发器；3—承水盘；
4—可逆转的风机；5—挡风隔板；6—小货车

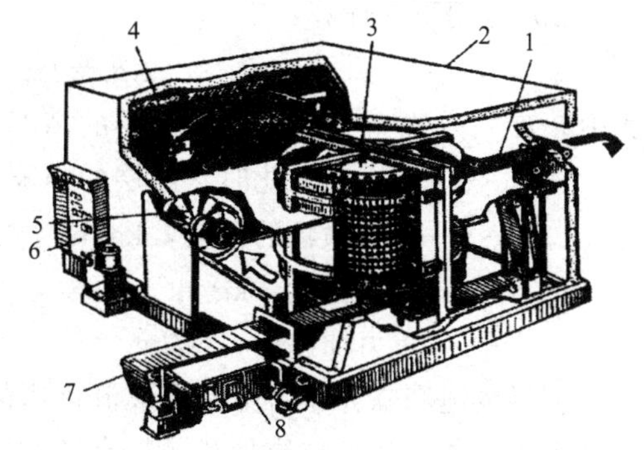

图 4-6　螺旋带式冻结器

1—出料传送带；2—绝热箱体；3—转筒；4—蒸发器；
5—风机；6—控制箱；7—进料口；8—传送带清洗器

类似于流体的某些表现特性，然后在这种条件下进行冻结。

流化态冻结的主要优点：换热效果好，冻结速度快，冻品脱水损失少，冻品质量高，可实现单体快速冻结，冻品相互不黏结，可进行连续化冻结生产。

这种冻结技术的关键在于实现流态化。流态化原理如图 4-7 所示。

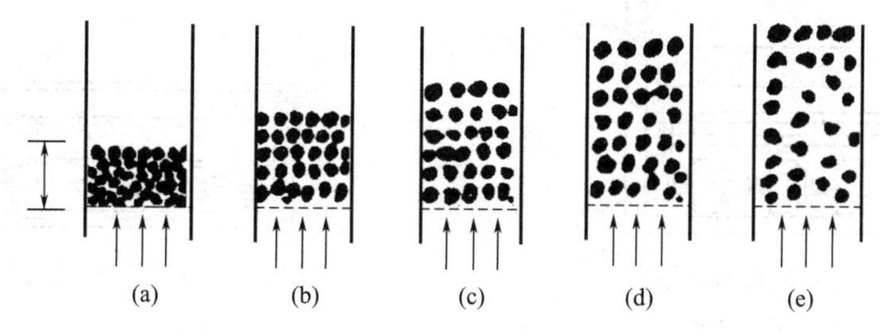

图 4-7　颗粒食品的流化过程

当冷空气以较低的流速自下而上地穿过食品层时，食品颗粒处于静止状态，称为固定床［图 4-7(a)］。随着气流速度的增加，食品层两侧的气流压力降也将增加，食品层开始松动［图 4-7(b)］。当压力降达到一定数值时，食品颗粒不再保持静止状态，部分颗粒向上悬浮，造成食品床膨胀，空隙率增大，开始进入预流化态［图 4-7(c)］。这种状态是介于固定床与流化床之间的过渡状态，称为临界流化状态。此时所对应的风速称为临界风速 v_k，而对应的最大压降称为临界压降 Δp_k。

临界风速和临界压力降可用下列公式来计算：

$$v_k = 1.25 + 1.95 \lg g_d \tag{4-27}$$

$$\Delta p_k = \Delta p_s + \Delta p_f \tag{4-28}$$

式中　g_d——单个食品颗粒的质量，g/个；

Δp_s——筛网阻力损失；

Δp_f——食品层阻力损失。

Δp_s 可用下式计算：

$$\Delta p_s = \frac{v^2}{12.6E^{2.44}} - \frac{v}{4.309E^{2.5}} + \frac{138.6}{2661E} \tag{4-29}$$

式中　E——筛网孔隙率，即筛网全部孔的面积与筛网总面积之比；

v——空气流速，m/s。

Δp_f 可用下式计算：

$$\Delta p_f = H_k(1-\varepsilon_k)(\gamma_0^2-\gamma_a)g \tag{4-30}$$

式中　H_k——临界流态化时食品层的高度，m；

ε_k——临界流态化时食品层的空隙率；

γ_0——食品颗粒的密度，kg/m^3；

γ_a——空气密度，kg/m^3；

g——重力加速度，N/kg。

临界风速和临界压力降是形成流化床的必要条件。正常流态化所需风速与食品颗粒的质量和大小有关，随颗粒质量和颗粒直径的增大而增大，但与固定床厚度无关。

当风速进一步提高时，食品层的均匀和平稳态受到破坏，流化床中形成沟道，一部分冷空气沿沟道流动，使床层的压力降恢复到流态化开始时的水平［图 4-7(d)］，并在食品层中产生气泡和激烈的流化作用［图 4-7(e)］。由于食品颗粒与冷空气的强烈相互作用，食品颗粒呈无规则的上、下相对运动，因此，食品层内的传质与传热十分迅速，实现了食品单体快速冻结。

流化床式冻结器有两种型式，即盘式和带式，分别如图 4-8 和图 4-9 所示。

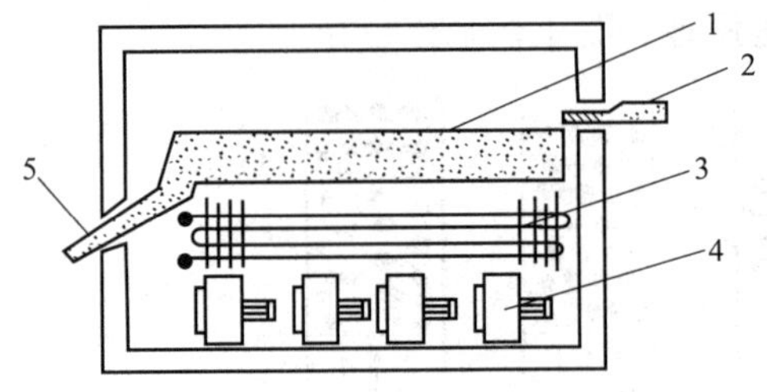

图 4-8　盘式流化床冻结器

1—料盘；2—进口；3—蒸发器；4—风机；5—出口

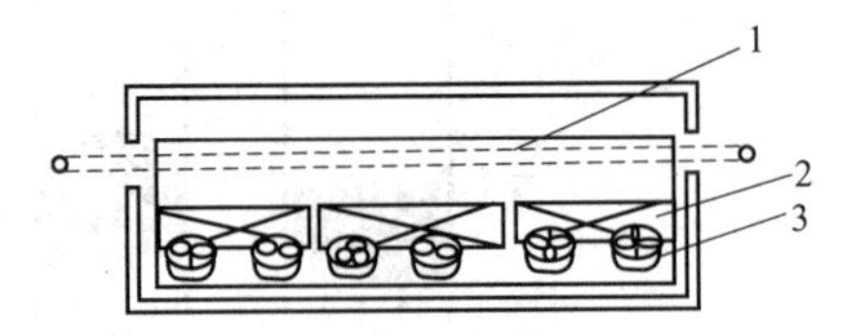

图 4-9　单层带式流化床冻结器

1—传送带；2—蒸发器；3—风机

盘式流化床冻结器冻结产品时，产品在一块稍倾向于出口的穿孔板上移动的同时被冻结。为了防止不易流化的食品结块，采用机械的或磁性的装置进行震动或搅拌。

带式流化床冻结器冻结产品时，产品是放在一条金属网制成的传送带上。传送带可做成单层（如图 4-9 所示），也可做成多层。传送带以一定速度由入口处向出口处移动，食品在此过程中被冻结。

与盘式流化床冻结器相比，带式流化床冻结器的适用范围更宽，它可在半流态化、流态化甚至在固定床条件下冻结食品，它对产品的损伤也较小些。但是带式流化床冻结器的冻结时间较长，冻结量较少，占地面积较大。比如以豌豆为例，带式每平方米有效面积的冻结量为 200～250kg，而盘式可达 700～750kg。

流化床冻结器需定时冲霜。冲霜的方法有空气喷射法和乙二醇喷淋法等。前者是用喷嘴将干燥的冷空气喷射到霜层上，利用空气射流的冲刷作用和霜的升华作用来除霜。后者是用喷嘴将乙二醇溶液喷洒到霜层，使之融化而除去。冲霜后的乙二醇溶液应加以回收。

（2）金属表面接触式冻结技术和设备　金属表面接触式冻结技术是通过将食品与冷的金属表面接触来完成食品的冻结。与吹风冻结相比，此种冻结技术具有两个明显的特点：①热交换效率更高，冻结时间更短；②不需要风机，可显著节约能量。其主要缺陷是不适合冻结形状不规则的及大块的食品。

属于这类冻结方式的设备有钢带式冻结器、平板冻结器及筒式冻结器等。其中以平板式冻结器使用最广泛。

① 钢带式冻结器。该冻结器如图 4-10 所示。在冻结时，食品被放在钢质传送带上。传送带下方设有低温液体喷头，向传送带背侧喷洒低温液体使钢带冷却，并进而冷却和冻结与之接触的食品。喷洒的低温液体主要有氯化钙溶液、丙二醇溶液等，温度通常为－40～－35℃。因为食品层一般较薄，因而冻结速度快，冻结 20～25mm 厚的食品约需 30min，而 15mm 厚的只需 12min。

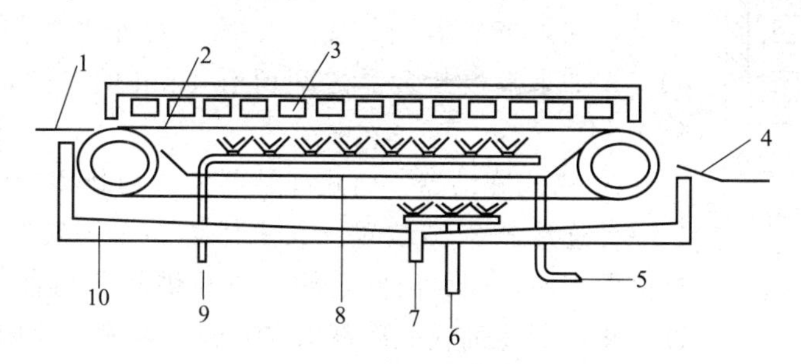

图 4-10　钢带式冻结器

1—进料口；2—钢带；3—风机；4—出料口；5—盐水出口；6—洗涤水入口；7—洗涤水出口；8—盐水收集器；9—盐水入口；10—围护结构

由于食品单面与钢带接触，因而为了加强传热，在钢带上方还设有空气冷却器，用冷风补充冷量，风的方向可与食品平行、垂直、顺向和逆向。传送带移动速度可根据冻结时间进行调整。因为产品只有一边接触金属表面，食品层以较薄为宜。

钢带式冻结器适于冻结鱼片调理食品及某些糖果类食品等。该冻结器的优点是可以连续运行，易清洗和保持卫生，能在几种不同温度区域操作，减小干耗等。缺点是占地面积大。

② 平板冻结器。在平板冻结器中，核心部分是可移动的平板。平板内部有曲折的通路，循环着液体制冷剂或载冷剂。平板可由不锈钢或铝合金制作，目前以铝合金制作的平板较多。相邻的两块平板之间构成一个空间，称为“冻结站”。食品就放在冻结站里，并用液压装置使平板与食品紧密接触。由于食品和平板之间接触紧密，且金属平板具有良好的导热性能，故其传热系数较高。当接触压力为 7～30kPa 时，传热系数可达 93～120W/(m^2・℃)。平板两端分别用耐压柔性胶管与制冷系统相连。

根据平板布置方式不同，平板冻结器有三种型式：卧式、立式和旋转式。它们的主要区别是卧式平板按水平方式布置，立式平板按竖直方式布置，而旋转式平板则布置在间歇转动的圆筒上。目前，卧式和立式两种平板冻结器使用较广泛，旋转式平板冻结器主要用于制造片冰。

卧式平板冻结器如图 4-11 所示，平板放在一个隔热层很厚的箱体内，箱体一侧或相对两侧有门。一般有 7～15 块平板，板间距可在 25～75mm 之间调节。适用于冻结矩形和形状、大小规则的包装产品。主要用于冻结分割肉、鱼片、虾和其他小包装食品。这种冻结器的优点主要是冻结时间短，占地面积少，能耗及干耗少，产品质量好。缺点主要是不易实现机械化、自动化操作，工人劳动强度大。

立式平板冻结器的结构原理与卧式平板冻结器相似，只是冻结平板垂直排列。平板一般有 20 块左右，冻品不需装盘或包装，可直接倒入平板间进行冻结，操作方便。立式平板冻结器与卧式的主要差别表现在前者可以用机械方法直接进料，实现机械化操作，节省劳力，不用贮存和处理货盘，大大节省了占用空间。立式平板冻结器最适用于散装冻结无包装的块

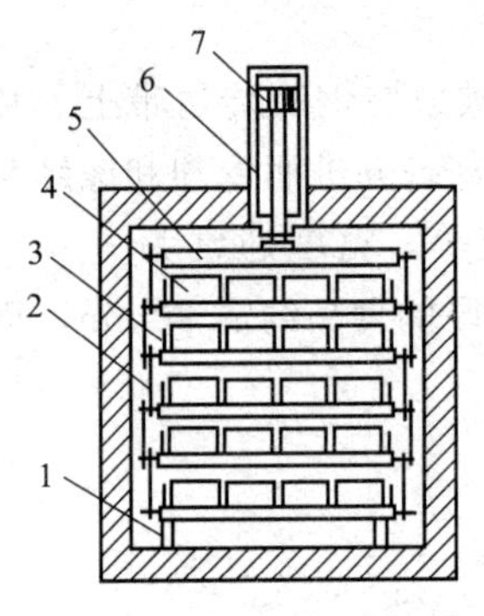

图 4-11　卧式平板冻结器

1—支架；2—链环螺栓；3—垫块；4—食品；5—平板；6—液压缸；7—液压杆件

状产品，如整鱼、剔骨肉和内脏，也适用于带包装产品。缺点是不如卧式的灵活，一般只能冻结一种厚度的产品，且产品易变形。

此外，必须指出，平板冻结器的冻结效率与下列因素密切相关：a. 待冻食品的导热性；b. 产品的形状；c. 包装情况及包装材料的导热性；d. 平板表面状况，如是否有冰霜或其他杂物；e. 平板与食品接触的紧密程度。其中尤以后两个因素的影响最为严重，如果平板表面结了一层冰，则冻结时间就会延长 36%～60%。如果平板与食品之间留有 1mm 的空隙，则冻结速度将下降 40%。

③ 筒式冻结器。筒式冻结器是一种新型接触式冻结装置，也是一种连续式冻结装置。其主体为一个回转筒，由不锈钢制成，外壁即为冷表面，内壁之间的空间供制冷剂直接蒸发或载冷剂流过换热，制冷剂或载冷剂由空心轴一端输入筒内，从另一端排出。被冻品成散开状由入口被送到回转筒的表面，由于转筒表面温度很低，食品立即黏在上面，进料传送带再给冻品稍施压力，使它与回转筒表面接触得更好。转筒回转一周，完成食品冻结过程。冻结食品转到刮刀处被刮下，再由传送带输送到包装生产线。转筒转速根据冻结食品所需时间调节，每转约几分钟。

筒式冻结器的特点是：占地面积小，结构紧凑；冻结速度快，干耗小；连续冻结生产率高。适合冻结鱼片、块肉、菜泥及流态食品。

（3）与冷剂直接接触冻结技术及设备　与冷剂直接接触冻结是将包装的或未包装的食品与液体制冷剂或载冷剂接触换热，从而获得冻结的技术。由于此种冻结方式的换热效率很高，因此冻结速度极快。所用制冷剂或载冷剂应无毒、不燃烧、不爆炸，与食品直接接触时，不影响食品的品质。常用的制冷剂有液氮、液体二氧化碳及液态氟里昂等，常用的载冷剂有氯化钠、氯化钙及丙二醇的水溶液等。

① 与载冷剂接触冻结。载冷剂经制冷系统降温后与食品接触，使食品降温冻结。这种装置有浸渍式、喷淋式或二者结合式等几种类型。其中浸渍式冻结器如图 4-12 所示。

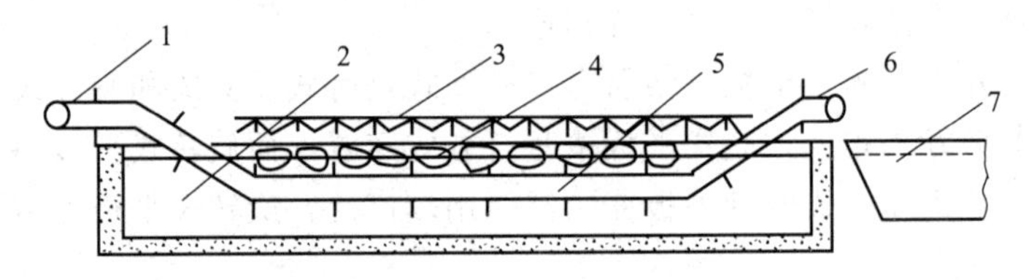

图 4-12　浸渍式冻结器

1—进口；2—盐水池；3—喷嘴；4—食品；5—传送带；6—出口；7—水池

将食品包装在不渗透的包装内，放入盐水池中。为了防止冻结不均匀和外观不一，产品必须完全浸入冻结介质中。盐水池中的冻结介质以 0.1m/s 的速度循环。如果产品不能完全浸泡在冻结介质中，则应用喷淋的方法将液体喷在未浸入的部分上。与载冷剂接触冻结常用的是盐水浸渍冻结，主要用于鱼类冻结。其特点是冷盐水既起冻结作用，又起输送鱼的作用，省去了机械送鱼装置，冻结速度快，干耗小。缺点是装置的制造材料要求比较特殊。

② 液体蒸发接触冻结。液氮、液体二氧化碳及液体氟里昂与食品直接接触，吸收热量而汽化，使食品获得冻结。这类冻结设备目前使用较多的是液氮冻结器，液体二氧化碳和液

体氟里昂冻结器用得相对少些。尽管上述几种制冷剂的性质差异明显，但它们的冻结装置基本相同。不同之处在于液体二氧化碳和液体氟里昂冻结器一般均设有回收系统。液氮冻结器如图 4-13 所示。

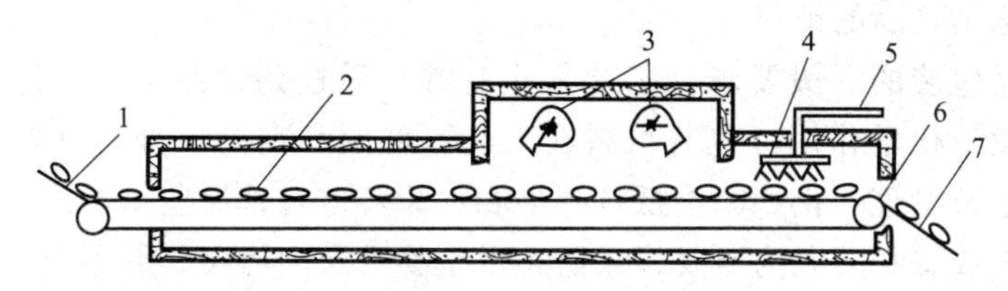

图 4-13　液氮冻结器

1—进口；2—食品；3—风机；4—喷嘴；5—N_2 供液管；6—传送带；7—出口

直接接触式冻结同一般冻结装置相比，冻结温度更低，所以常为低温冻结装置或深冷冻结装置，其优越性主要表现在冻结速度极快，一般为吹风冻结的数倍；干耗极少；产品质量好。缺点是成本较高，可能产生污染（如氯化钙、氟里昂等），损害产品质量等。

（4）其他冻结方法　除了上述常用冻结技术外，目前还有一些冻结技术正在获得应用，包括冰壳冻结法、均温冻结法、CAS 冻结技术等。

冰壳冻结法（capsule packed freezing），也称 CPF 法，包括冰壳成形、缓慢冷却、快速冷却及冷却保冷 4 个连续过程。冰壳成形是指向冷库内喷射液体制冷剂，将其温度降到－45℃，使食品表面迅速形成数毫米冰壳的过程；当库温降到－45℃时停止喷射，改用制冷机冻结（冻结温度－35～－25℃），使食品中心温度达到 0℃后，再次喷射液体制冷剂数分钟，使食品迅速通过最大冰晶生成带，称为快速冷却；此后再次改用制冷机冻结至食品中心温度达到－15℃以下，此为冷却保冷过程。

CPF 法的特点是食品冻结时，形成的被膜可以抑制食品膨胀变形，防止食品龟裂，限制冷却速度，形成的冰晶细微，不会形成较大冰晶，一般冰晶的大小不会超过 10μm 的范围。抑制细胞破坏，产品可自然解冻后食用，产品组织口感好，无老化现象。

均温冻结法（homonizing process freezing），也叫 HPF 法，是将冻结过程中产生的食品内部的膨胀压进行扩散的方法。它的冻结过程如下：先将食品浸渍在－40℃以下的液体制冷剂中，使食品中心温度骤降至冰点附近；再用－15℃左右的液体制冷剂浸渍或喷淋食品使其各部分温度均衡；然后用－40℃以下的液体制冷剂将食品冻结到终温。均温处理使食品冻结过程中产生的食品内部膨胀压扩散消失，可防止大型食品龟裂、隆起，该法尤其适合于冻结大型食品，如鱼、火腿等。

CAS（cell alive system）冻结技术是一种新的冻结技术，利用这种技术使食品冻结后，能够使细胞处于冻结状态但仍保持生命力，解冻后其新鲜度几乎可恢复到与冻结前一样。CAS 冻结系统是在动磁场与静磁场组合的状态下从壁面释放出微小能量，使食品中的水分子呈细小且均一化的状态，然后将食品从过冷却状态立即降温到－23℃以下而被冻结，由于快速冻结过程很大程度上抑制了细胞组织的冻结膨胀，因此，解冻后仍能恢复到食品冻结前的性状，其外观、香味、口感和水分含量都得到很好保持，从而能够生产出品质较高的冷冻食品。

二、食品的冻结保藏

1. 冻结食品的包装

冻结食品的包装应满足以下要求。

冻结食品在冻藏前，绝大多数情况下需要包装。冻结食品的包装不仅可以保护冻结食品的质量，防止其变质，还可以使冷冻食品的生产更加合理化，提高生产效率。另外，科学合理的包装还可以给消费者卫生感、营养感、美味感和安全感，从而提高了冻结食品的商品价值，有力地促进冻结食品的销售。

（1）冻结食品包装的一般要求　①能阻止有毒物质进到食品中去，包装材料本身无毒性；②不与食品发生化学作用，包装材料在－40℃低温和在高温处理（如在烘烤炉或沸水中）时不发生化学及物理变化；③能抵抗感染和气味，这对于那些易被感染和吸收气味的产品如脂肪、巧克力或香料等尤为重要；④防止微生物及灰尘污染；⑤不透或基本不透过水蒸气、氧气或其他挥发物；⑥能在自动包装系统中使用，由于包装系统的自动化程度愈来愈高，这点显得十分重要；⑦包装大小适当，以便在商业冷柜中陈列出售；⑧包装材料应具有良好的导热性能，如果是冻结之后再包装，此点不作要求；⑨能耐水、弱酸和油；⑩必要时应不透光，特别是紫外线；⑪对微波有很好的穿透力，以便于在微波炉中回火或加热；⑫易打开并能重新包装，这点对于方便顾客、减少包装材料的浪费和环境的污染很重要。

（2）包装材料　能够用于冻结食品的包装材料是很多的，主要有薄膜类、纸以及纸板类及上述材料的复合材料等。

① 薄膜。这是广泛用于冻结食品工业中的一类包装材料，常用的薄膜有聚乙烯、聚丙烯、聚酯、聚苯乙烯、聚氯乙烯、尼龙及铝箔等。

聚乙烯：热封性能良好，价格便宜。但对高温和水蒸气的阻抗能力差。

聚丙烯：与聚乙烯的性能相似，但对水蒸气的阻抗力较好，在低温下易变脆。

聚酯：耐高温并能抗油脂及水蒸气。用于烘烤板盘的内衬。

聚苯乙烯：是较好的用于冻结食品的硬塑料。虽然价格较贵，但很稳定，在冻结食品的温度下有很好的机械强度。

聚氯乙烯：用作硬质容器，价格比聚苯乙烯便宜，但抗冲击能力较差。

聚酰胺：即尼龙，是一种具有很好的强度和模压特性的材料，价格昂贵，适用于复合蒸煮袋包装。

铝箔：常用作家庭冻结食品的包装，使用方便，导热性能好，能与产品紧贴。但机械强度较差。不宜用作微波食品的包装。

② 纸类包装材料。冻结食品中所用纸类包装材料一般有三种：纸、纸板（厚 3～11mm）及纤维板。

纸一般用作冻结食品包装的面层，提供光滑表面，进行高质量的印刷。

纸板用作可折叠的硬质箱子。它由多层不同材料制成。使用广泛的是白面粗纸板，一面是漂白新鲜纸浆制的白色表层，其余是灰色的含有大量废纸渣的内层。这种纸板外观质量很高，但比纯粹用新鲜纸浆制成的纸板更便宜。

纤维板用于生产外包装箱。硬纸板主要是由回收废纸浆制成，外贴一层牛皮纸作硬表皮。波纹板包括三层复合在一起的纸板，中间一层是波纹槽形层板，两个外层是牛皮纸衬面。重磅波纹纸板含有两个或三个芯层，在冻结食品工业中用作托盘的角柱或其他承重部分。

③ 复合薄膜。它是由两种或两种以上的薄膜，或由玻璃纸与薄膜，或由铝箔与塑料薄膜等，通过挤压而成的。这种复合材料可克服单一薄膜的缺陷，保留其优越性，在冻结食品工业中使用越来越多。常用的复合薄膜材料是：聚乙烯/玻璃纸、高密度聚乙烯/聚酯、聚乙

烯/铝箔、聚乙烯/尼龙/聚酯等。

（3）包装方式

① 成型、装填及封口包装。即用成卷的热密封性塑料、层压膜或涂膜纸等做成袋状或盘状包装，在包装机械中同时或间歇地进行成型与装填及封口的包装方式。产品在机械中的运动方向可以是水平的（如冰淇淋等易碎产品），也可以是垂直的（如冻结蔬菜等）。

② 收缩及拉伸包装。将薄膜制成各种形状的袋子，将食品装入后，包装快速通过热风炉或浸在热水中，使薄膜收缩并把所装食品紧紧包住。拉伸膜具有弹性，在施加拉力下使用，把食品包在一起。

③ 真空包装和充气包装。某些产品如要长期贮存则需要缺氧的环境，这可用真空或充气包装来达到。真空包装是先将包装袋内的空气抽出然后密封，充气包装则是在抽出空气后，再充入 CO_2 或 N_2 等惰性气体，然后密封。不管是真空包装还是充气包装，包装内 O_2 的含量均应控制在 0.5%～5%以内。

2. 冻结食品的贮藏

商业上冻结食品通常是贮藏在低温库或叫冻藏室中。在冻藏过程中，如果控制不当会造成冰结晶成长、干耗和冻结烧而影响冻结食品的品质。冻结食品的贮藏质量主要受贮藏条件的影响，也即受冻藏温度、相对湿度及空气循环等因素的影响。

（1）冻藏温度　根据温度与微生物、酶作用的相互关系，可知温度越低，食品品质保持越好，贮藏期也越长。但是，随着冻藏温度的降低，运转费用将增加，如图 4-14 所示。因此，应综合各种因素的影响来决定合适的冻藏温度。国际制冷学会推荐－18℃为冻结食品的实用贮藏温度，因为食品在此温度下可贮藏一年而不失去商品价值，且所花费的成本也比较低。

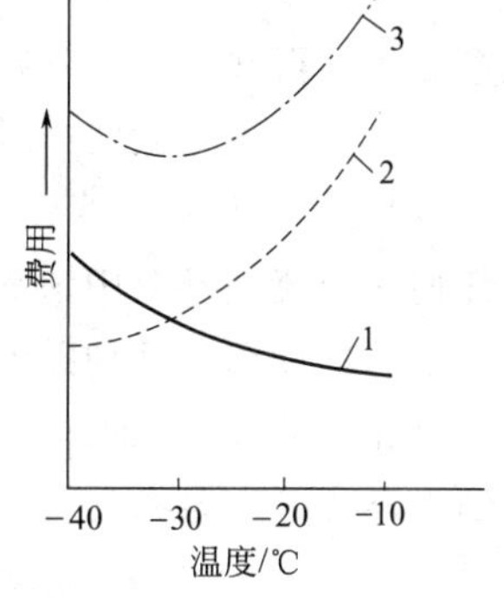

图 4-14　温度与贮藏费及贮存质量之关系

1—运行费用；2—质量损失；3—总费用

但是，从冻结食品发展趋势来分析，以－30℃为贮藏温度较为适宜。这种温度下贮存的冻结食品，其干耗可以比在－18℃下贮藏时减少一半以上；可以几种不同产品混合存放于大房间内，而不发生气味交换；产品的质量稳定性极好。

不管采用什么温度贮藏冻结食品，为了防止冰晶生长、增加干耗及质量劣变，应尽量保持温度的稳定。

（2）相对湿度　冻结食品在贮藏时，可以采用相对湿度接近饱和的空气，以减少干耗和其他质量损失。

（3）空气循环　空气循环的主要目的是带走从外界透入的热量和维持均匀的温度。由于冻结食品的贮藏时间相对较长，因此，空气循环的速度不能太快，以减少食品的干耗。通常可以采用包装或包冰衣等措施来减轻空气循环对水分损失的影响。空气循环可以通过在冻藏室内安装风机或利用开门、渗透和扩散等方法来达到。

3. 冻结食品的 TTT 概念

当把某种冻结食品放在某种冻藏条件下冻藏时，需要知道该冻结食品能贮藏多长时间。这也就是说，必须了解冻结食品在冻藏过程中的质量变化情况。

（1）TTT 概念　冻结食品在冻藏之前所具有的质量，称为初期质量，而到达消费者手中的冻结食品所具有的质量，则称为最终质量。显然，初期质量与原料状况、包括冻结在内的加工方法及包装等因素有关。上述三种因素也称做 PPP 因素。也就是说 PPP 因素决定了

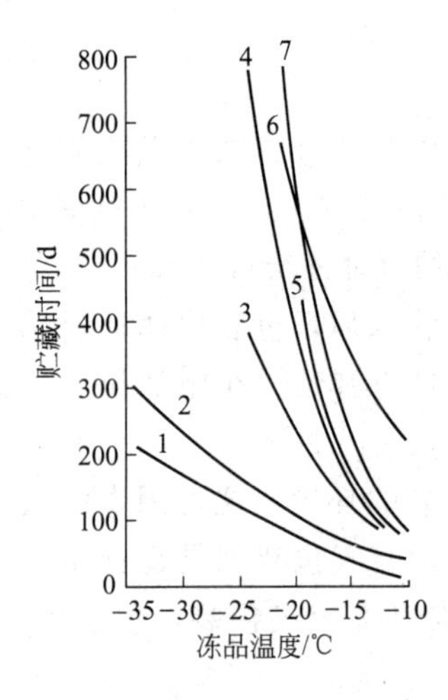

图 4-15 几种食品的 TTT 曲线
1—多脂鱼；2—少脂鱼；
3—火鸡；4—食用鸡（无包装）；
5—脂肪多的牛肉；6—菠菜；
7—脂肪少的牛肉

冻结食品的初期质量。那么冻结食品的最终质量由哪些因素决定呢？

根据 Arsdel 等人长达十多年的研究结果，发现冻结食品的最终质量是由它所经历的流通环节的温度/时间来决定的。贮藏温度越低，则冻结食品的品质稳定性越好，也就是说冻结食品的贮藏时间越长。贮藏时间与允许的温度之间存在一种相互依赖的关系，把它称做 TTT 关系。大多数食品的 TTT 关系是近似线性的，只是斜率不同，如图 4-15 所示。图 4-15 中曲线也叫 TTT 曲线。该曲线的斜率即为 Q_{10}，表示某种食品品质变化受冻藏温度变化的影响的大小。Q_{10} 除了与食品种类有关外，还与冻藏温度有关，在 −25～−15℃之间，Q_{10} 为 2～5。

TTT 关系还包括了一条极为重要的算术累积规律，即由时间-温度因素引起的冻结食品的质量损失，不管是否连续发生，都将是不可逆的和逐渐积累的，质量损失的累积量与所经历的时间-温度的顺序无关。比如，某冻结食品在 −15℃下贮藏 2 个月再在 −18℃下贮藏 3 个月所发生的质量损失量与其先在 −18℃下贮藏 3 个月，然后再在 −15℃下贮藏两个月的质量损失量完全相同。

（2）TTT 计算　当已知某种冻结食品的 TTT 曲线和它所经历的温度/时间时，可计算出任何一个流通环节中该冻结食品的质量损失，或整个流通过程中该冻结食品的总质量损失，也可估计出在某种贮藏温度下，该冻结食品的最大允许贮藏时间。计算方法如下。

首先，从 TTT 曲线图中查出某种贮藏温度下的最大贮藏期（T_i）。那么在该贮藏期内，冻结食品每日质量损失（L_i）可用下式计算：

$$L_i = \frac{1}{T_i} \tag{4-31}$$

如果冻结食品在某种温度 t_i 下实际贮存时间为 τ_i 日，则在该贮藏时间内质量损失 ΔL_i。

$$\Delta L_i = \frac{t_i}{T_i} \tag{4-32}$$

如果冻结食品经历了多种温度/时间变化，则总的质量损失 L 可用下式计算：

$$L = \sum_{i=1}^{n} \Delta L_i \tag{4-33}$$

例： 某冻结食品生产出来之后，经历了冻藏、运输、中间冻藏、运输及商业冷柜中陈列出售等环节，各环节的温度/时间数据如表 4-7 所示，计算冻结食品的质量损失。假如中间冻藏温度改为 −25℃，试问在质量损失不变的前提下，允许的中间冻藏时间是多少？

解： 按式(4-32)～式(4-34)，计算结果如表 4-7 所示。从表 4-7 中结果可知，在流通过程结束时，冻结食品质量损失达 92.0%。

假如在质量损失不变的前提下允许的中间冻藏时间为 τ_3，则可得到下式：

$$\frac{\tau_1}{T_2} + \frac{\tau_2}{T_2} + \frac{\tau_3}{T_3} + \frac{\tau_4}{T_4} + \frac{\tau_5}{T_5} = 0.92 \tag{4-34}$$

将已知条件代入式(4-34) 中，可得：

表 4-7　冻结食品在流通过程中的温度/时间变化及质量损失

流通环节	保持温度/℃	实际贮藏时间/d	最大允许贮藏时间/d	每日质量损失/%	每个环节质量损失/%
生产冷库	−25	310	520	1.92×10^{-3}	0.60
冷藏运输	−15	5	220	4.54×10^{-3}	0.02
分配冷库	−18	60	310	3.22×10^{-3}	0.19
运输	−12	1	110	9.09×10^{-3}	0.01
零售	−12	10	110	9.09×10^{-3}	0.10
总损失	0.92				

$$\tau_3=520\times(0.92-0.60-0.02-0.01-0.1)=98.8\ (\mathrm{d})$$

也就是说，此种情形下中间冻藏时间最长不能超过 98d。

(3) TTT 概念的例外情况　利用 TTT 计算，可以方便而准确地了解冻结食品的质量状况。但是在有些情况下，TTT 计算的结果与实际情况不相符。

其一，由于温度的反复波动，尤其是接近冻结点的波动，将引起严重的重结晶和冰晶生长现象，不仅使汁液流失大为增加，而且会引起质地的严重破坏。其中以乳浊液、胶体等的质量变化最具代表性。在温度波动频繁时，这些食品的质量损失要比用 TTT 概念的算术累积规律计算的结果严重得多。

其二，当冻结食品直接与空气接触时，或者即便有包装，但包装与食品之间有较大的间隙时，在温度频繁波动的情况下，冻结食品将发生严重的干耗。另外，在商店的冷柜中陈列出售期间，由于照明光线的作用会加速冻结食品的干燥和变色，此时，实际的质量损失也比 TTT 计算结果更大。

其三，虽然贮藏温度的波动次数较少，但在−10℃以上的温度下放置时间较长，那么由于微生物和酶的作用，将给冻结食品的质量带来较严重的影响。此时 TTT 计算结果也不能反映出真实的质量损失。

第三节　食品解冻技术

一、有关解冻的基本概念

1. 解冻

冻结食品或作为食品工业的原料，或用于家庭、饭店及集体食堂的消费，在使用前一般需要解冻。解冻就是升高冻结食品的温度，使其冰晶融化成水，回复到冻前状态的加工过程。

就热交换的情况而言，解冻与冻结相反，可以说是冻结的逆过程。在多数情形下，解冻可自发进行，而冻结则需人工手段。因此，长期以来冻结受到高度重视，而解冻一直被忽视。近年来，由于许多研究表明，解冻技术的优劣将对产品的质量产生较大影响，因而关于解冻技术的研究与开发也在逐渐引起人们的重视。

2. 解冻曲线

将某个冻结食品放在温度高于其自身温度的解冻介质中，解冻过程即开始。如果将整个解冻过程中冻结食品的温度随时间变化的关系在坐标图中描绘出来，即得到所谓的解冻曲线，如图 4-16 所示。

从图 4-16 中可以清楚地看出，解冻曲线可以分成三个部分，这相当于解冻过程的三个

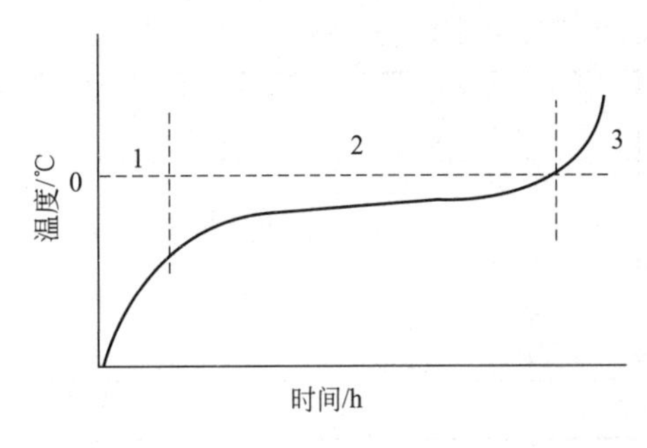

图 4-16 典型的解冻曲线

1—加热升温阶段；2—解冻；3—补充加热

阶段。①冻品被加热到解冻曲线的平稳阶段。在此阶段中，冻品中冰点较低的冰晶逐渐融化成水，冻品温度由初温升高到－5℃左右。②冻品温度由－5℃左右升高到 t_f。在此阶段中，大部分的冰晶将融化成水，使冻品获得解冻，因此，也被称为有效解冻温度带。③产品继续加热，使其温度升高到冰点以上某一点。

3. 解冻程度

冻品在解冻时，其温度升高到多少才算合适呢？一般来说，冻结食品解冻后其温度应在冰点之上，也即冻品中不再有冰晶存在。这种情形称为完全解冻。但是，某些冻品（尤其是大体积的）在完全解冻时，其表面将长时间处于较高的温度下，微生物及酶的活动就将成为影响制品质量和食用安全性的因素。此外，如果采用空气解冻法，则氧化作用也将成为严重的不利因素。

实际上，在许多情况下，冻结食品解冻后的温度在 t_f～－5℃之间，称为部分解冻或半解冻。这种解冻有利于机械切割、绞碎，可以减少汁液流失，缩短解冻时间。

4. 解冻速度

解冻速度是指在解冻过程中单位时间内冻品温度升高的幅度，是衡量冻品解冻过程快慢的物理量。与冻结速度有所区别，解冻速度没有明确的数值标准，它的快慢一般是定性的。按照解冻速度的快慢，可将解冻分为超快速、快速及缓慢解冻等三类。上述三者之间并没有严格的界限，一般把在静止的低温空气或低温的水（不超过 5℃）中的解冻称做缓慢解冻，把吹热风解冻、流水解冻及电阻解冻等称为快速解冻。

5. 解冻时间

解冻时间就是完成某个预定的解冻过程所需要的时间。由于被解冻食品表面的热导率小于冻结食品表面的热导率，因此，在相同的温度区间内进行解冻所需时间比冻结时间更长。

因为在解冻过程中冻品内部将同时存在导热、对流等换热方式，所以解冻时间的计算较冻结时间的计算更复杂些。下面仅给出几种规则形状食品解冻时间的近似计算公式。

（1）平板状冻结食品　从初温 t_0 解冻到 t_f 所需时间 τ_d 由下式计算：

$$\tau_d=\frac{\gamma W}{10.7\lambda}\delta\left(\delta+\frac{5.3\lambda}{\alpha}\right)\left[\frac{C}{(t_r-t_f)^n}+f\right] \tag{4-35}$$

式中　γ——冻品密度，kg/m^3；

W——水分含量；

λ——热导率，kJ/(m·℃·h)；

δ——厚度，m；

α——对流换热系数，kJ/(m^2·℃·h)；

t_r——解冻介质的温度，℃；

t_f——冰点，℃；

n,C,f——取决于冰点的系数。

当 $t_f=-1$℃时，$C=45$，$n=0.007t_0+0.85$

$$f=0.32t_0-0.28$$

当 $t_f=-1.5$℃时，$C=43$，$n=0.005t_0+0.85$

$$f=0.24t_0-0.30$$

（2）圆柱状冻结食品　从初温 t_0 解冻到 t_f 所需时间 τ_d 由下式计算：

$$\tau_d=\frac{\gamma W}{6.3\lambda}R\left(R+\frac{3.0\lambda}{\alpha}\right)\left[\frac{C}{(t_r-t_f)^n}+f\right] \tag{4-36}$$

式中　R——圆柱之半径；

其余各项意义与式(4-35)相同。

（3）球状冻结食品　从初温 t_0 解冻到 t_f 所需时间 τ_d 由下式计算：

$$\tau_d=\frac{\gamma W}{11.3\lambda}R\left(R+\frac{3.7\lambda}{\alpha}\right)\left[\frac{C}{(t_r-t_f)^n}+f\right] \tag{4-37}$$

式中　R——球之半径；

其余各项意义与式(4-35)相同。

由上述解冻时间的计算公式可知，解冻时间将随冻品厚度的增加而延长，并与对流换热系数及传热温差的 n 次方成反比。其中冻品的厚度及对流换热系数的影响尤为明显。这也可从表 4-8 中的结果得到证明。表 4-8 中的解冻时间是指鱼体从－20℃解冻到 0℃所需时间。

表 4-8　不同厚度的鱼体在不同介质中的解冻时间　　h

解冻介质	鱼体厚度/cm							
	3.0	4.5	6.0	7.5	8.5	11.0	13.5	16.0
碎冰	—	3.0	—	—	—	—	—	—
流水(7～8℃)	0.5	1.5	3.0	3.5	4.0	6.0	7.0	14.0
流水(15～16℃)	0.5	0.75	1.5	1.75	2.0	3.5	7.0	14.0
空气(2℃)	2.0	3.0	36.0	40.0	44.0	52.0	—	—
空气(15～16℃)	2.0	3.0	6.0	8.0	10.0	19.0	19.0	28.0

二、解冻方法

1. 解冻方法的分类

目前应用的解冻方法种类很多，为了便于理解和比较，可以将它们按不同的标准进行分类。

① 按加热介质的种类分类，可将解冻方法分成空气解冻法、水解冻法、电解冻法及组合解冻法等四大类。

② 按热量传递的方式分类，可将解冻方法分成表面加热解冻法和内部加热解冻法两种。

2. 空气解冻法

空气解冻法是利用空气作为传热介质，将热量传递给待解冻食品，从而使之解冻。空气解冻速度取决于空气流速、空气温度和食品与空气之间的温差等多种因素。它有三种具体形式，即静止式、流动式和加压式空气解冻。这三种解冻方法的区别在于静止式的空气不流动；流动式的空气以 2～3m/s 的速度流动；加压式的空气受到 2～3kgf/cm^2 的压力，并以 1～2m/s的速度流动。上述三种解冻方式中，空气的温度可根据具体情况加以改变，但一般不允许超过 20℃。相对湿度取决于温度和包装状况。温度低时，相对湿度可高些；有包装解冻时，相对湿度不作特别的要求；无包装解冻时，如果是作零售解冻，则相对湿度应高些，以减少水分蒸发，保持食品的外观。此外，空气解冻法在完成解冻后，空气温度必须保持在 4～5℃，以防止微生物的生长。

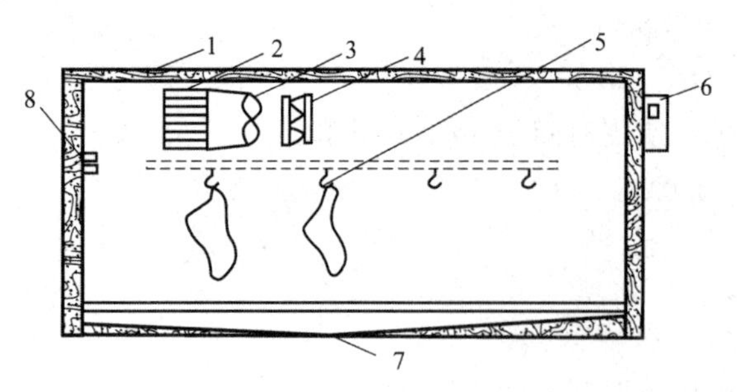

图 4-17 隧道式空气解冻装置

1—隔热围护结构；2—冷却排管；3—风机；4—加热装置；5—吊钩；6—控制箱；7—排水口；8—温度、湿度控制器

空气解冻法是目前应用最广泛的解冻方法，它适用于任何产品的解冻。不过工业解冻一般不采用静止式空气解冻。图 4-17是隧道式空气解冻装置的示意图。

空气解冻法的特点是简便、卫生、成本低，但解冻时间长。比如重 25kg、厚 15cm 的肉块，在 20℃下解冻需 24h，而在 5℃下则需 50h 才能解冻。为了缩短解冻时间，同时又不引起产品质量的过大变化，可采用两段式的解冻。即先将冻品送到温度在 16～20℃之间、相对湿度接近 100%的房间，在风速 2～3m/s 的条件下解冻；当冻品平均温度达到 0℃左右时，再把空气温度降到 4～5℃、相对湿度降到 60%，使产品表面冷却干燥，而内部则继续解冻。

空气解冻法设备简单、操作成本低，但解冻时间长、温度不均、解冻产品汁液流失较多、表面易酸化和变色，容易发生微生物污染和异物的混入，卫生条件差。

3. 水解冻法

水解冻法是将冻结食品放在温度不高于 20℃的水或盐水中解冻的方法。盐水一般为食盐水，盐浓度一般为 4%～5%。一般水的流动速度不低于 0.5cm/s，以加快解冻过程。水解冻法有静止式、流动式、加压式、发泡式及减压式等形式。水解冻法的主要优点是解冻速度比空气解冻法快，但适用范围较窄。对于肉类及鱼片等制品，除非采用密封包装，否则不可用水解冻，以免发生污染、浸出过多的汁液、吸入水分、破坏色泽等不利变化。水解冻法比较适合整鱼、虾、贝等产品的解冻。

为了保持水解冻速度快的优点，又避免水解冻的上述缺点，可以采用减压水解冻法。该法也称为真空蒸汽解冻法，是在真空条件下，把蒸汽冷凝时所放出的热量传递给冻品使之解冻的方法。真空蒸汽解冻法的装置如图 4-18 所示。

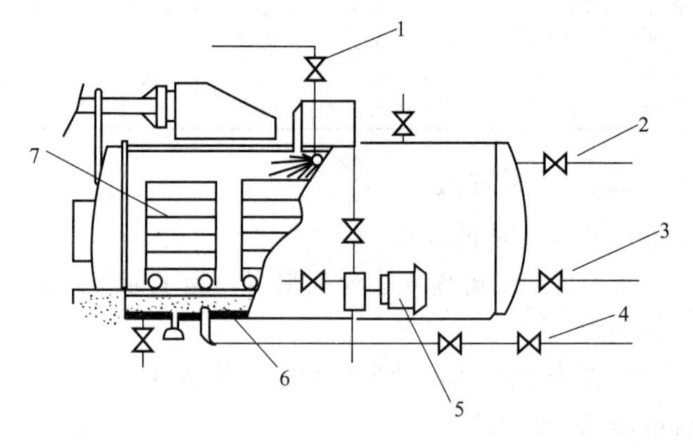

图 4-18 真空蒸汽解冻装置

1—清洗；2—空气；3—水；4—蒸汽；5—真空泵；6—水槽；7—货架

真空解冻对于较薄的原料（厚度小于 5cm）是非常合适的，解冻速度非常快。但当原料的厚度逐渐增加时，其解冻速度快的优点将越来越不明显。真空解冻的主要缺点是解冻后产品非常潮湿，因此，除了鱼以外，它只用于需进一步加工的原料解冻。

4. 电解冻法

上述空气解冻法和水解冻法在解冻时，热量均由解冻介质传递到冻品表面，再由表面传递到内部。因此，解冻速度受到传热速率的控制。电解冻则克服了传热速率的限制。因为在电解冻系统中，动能借助于一个振动电场的作用传递给冻品分子，引起分子之间的无弹性碰撞，动能即转化成热量。热量产生的多少，主要取决于产品的导电特性。由于食品本身不是很均匀的，因而食品的不同部位的加热速度可能不一致，这就会导致解冻不均匀。这点应在实际操作中加以重视。

（1）电阻解冻　又叫低频解冻，即将50Hz的低频电流加到冻品上使之解冻的方法。但是，50Hz电阻加热只局限于平整的冻块中使用，且低温下冻品具有极高的电阻，因此，电解冻法适用范围有限，而且相对来说解冻时间较长。为了克服这个缺点，采用组合解冻法较为有效。即将整块鱼或肉放在水或空气中稍加热，以降低其电阻，然后再用电阻解冻，就可大大地提高解冻速度。比如4cm厚的冻品的解冻时间可以缩短到30min。电阻解冻法不适合解冻厚度大的冻品。

（2）高压静电解冻　高压（电压5000～100000V，功率30～40W）强化解冻是一种有开发应用前景的解冻新技术。在高压静电场下，冷冻物料的水分子运动受到控制，冰的成长受到抑制，细小冰晶对细胞组织破坏小。在静电场作用下，外部与冷冻物料的传热得到促进，加速了解冻的进行。水分子活性降低，自由水减少，具有杀菌和除臭的作用。可以在零下温度解冻，滴液损失少，能够保持食品固有的颜色。目前日本已用于肉类解冻上。据报道，高压静电解冻在解冻质量和解冻时间上远优于空气解冻和水解冻，解冻后，肉的温度较低（约－3℃）；在解冻控制上和解冻生产量上又优于微波解冻和真空解冻。

（3）微波解冻法

① 解冻原理。冻结食品可以看做是电介质。而构成电介质的分子均是两端带有等量的正负电荷的偶极子。这些偶极子通常是呈不定向排列的。当电介质置于电场中后，偶极子的排列方向就会跟随外加电场的方向而改变。由于外加电场是由微波产生的，因而电场方向将发生周期性的改变，从而使偶极子的排列也跟随着做周期性的转动。大量的偶极子在周期性的转动中，必然会相互撞击、摩擦，从而产生热量。由于微波的频率极高，因而偶极子之间的撞击、摩擦次数也极多，产生的热量也就相当大。微波产生的热量 Q 可用下式来计算：

$$Q=\frac{5}{9}fE^2\varepsilon\tan\delta\times10^{-10}\,(\mathrm{W/m^3}) \tag{4-38}$$

式中　f——频率，Hz；

E——电场强度，V/m；

ε——介电常数；

$\tan\delta$——介电体损失角的正切；

$\varepsilon\tan\delta$——ε'，介电损失系数。

从上式可以看出，微波产生的热量与微波频率、电场强度的平方及介电损失系数等因素成正比。

② 微波的特点。微波具有一定的穿透深度，有两种常用的表示方法，即半功率深度和e功率深度。半功率深度即当微波入射能被物体吸收一半时所能穿透的深度，以 D_{50} 表示，可按下式计算：

$$D_{50}=\frac{0.189\lambda_0}{\sqrt{\varepsilon}\sqrt{\sqrt{1+\tan^2\delta}-1}}\,(\mathrm{cm}) \tag{4-39}$$

e功率深度则是微波入射能衰减到1/e时的穿透深度，以 D_e 表示，可用下式计算：

$$D_e=\frac{0.225\lambda_0}{\sqrt{\varepsilon}\sqrt{\sqrt{1+\tan^2\delta}-1}}\,(\mathrm{cm}) \tag{4-40}$$

式中　λ_0——入射微波的波长。

显然，微波的穿透能力与其频率成反比。因此，在用微波解冻时应注意控制产品的厚度，以免发生微波不能穿透或重叠的现象，影响解冻效果。一般产品适宜的厚度为 2～2.5D_{50}。

③ 影响微波解冻的因素。

a. 频率。显然频率越高，微波产生的热量越多，解冻速度就越快。但是工业上微波只能使用 915MHz 和 2450MHz 两种频率，不可随意改变。且频率越高，微波所能穿透的深度越小，因此，应根据具体情况选择合适的微波频率。

b. 功率。功率越大，产生的热量就越多，对给定的冻品而言，解冻速度就愈快。但是，加热速度也不可太快，以免使食品内部迅速产生大量的蒸汽，无法及时逸出而引起食品的胀裂甚至爆炸。

c. 食品的形状和大小。冻结食品体积（或厚度）太大或太小都会引起温度分布不均匀和局部过热。而食品有锐边和棱角时，则这些地方极易过热。因此，用微波解冻时，食品呈圆形比呈方形好，而以环形最好。

此外，影响微波解冻效果的因素还有含水量、比热容、密度、温度等。

④ 微波解冻的优点。微波解冻的最大优点是解冻速度极快，比如 25kg 箱装瘦肉在切开之前从－18℃升高到－3℃左右仅需 5min。此外，微波解冻还具有以下优点。

a. 解冻质量好　由于解冻时间极短，因而食品在色、香、味等方面的损失都很小，且汁液流失量也很少，能较好保持食品原有品质。

b. 微波具有非热杀菌能力　1965 年 Olsen 曾报告以 2450MHz 的微波照射包装面包，发现当面包品温达 50℃左右，保持 5～10min 即可完全杀死接种的青霉和黑霉。但是，微波的非热杀菌作用一直受到争论。因为微波的非热杀菌效果主要依靠微波的电离作用，而微波的量子能级仅为 0.000012eV，大约为红外线的千分之一、紫外线的万分之一。而一般的化学键能均远远超过微波的量子能级。比如 H—CH_3、H_3C—CH 及 H…OH 这样较弱的结合键能级为 3～6eV，如果仅用微波辐射来破坏上述化学结构，相当于要同时吸收 10^5 以上个量子。这实际上是不可能的。因此，微波的杀菌作用并非单纯的非热杀菌，而可能是热致死与非热致死共同作用的结果。

⑤ 微波解冻的局限性及其防止措施。微波解冻的主要局限性是局部过热，也即加热不均匀。原因有以下几点。

a. 微波加热的效果与食品本身的特点有密切的关系，而食品通常是由蛋白质、脂肪、碳水化合物、无机物及水等多种成分构成的复杂有机体，且一般为非均质体。因此食品各部分介电性质存在差异，从而引起微波加热不均匀。

b. 微波虽具有一定的穿透性，但在实际解冻时，由于受反射、折射、穿透及吸收等现象的影响，微波在被加热物体不同部位产生的热效应就会有较明显的差异。另外，如果待解冻食品的体积过大，则微波可能穿透不了食品，使食品内部只能依靠热传导加热解冻，因此解冻速度比表层缓慢得多；如果待解冻食品体积过小，则会产生微波叠加现象，使内部加热解冻速度快于表层。

c. 微波加热时易发生尖角效应，即微波解冻食品时，由于食品的形状不太可能是单一的，电场就会向有角和边的地方集中，使这些地方产生的热量多，升温快。

微波解冻所产生的加热不均匀现象是微波加热本身所固有的缺陷，很难完全消除。可采用以下方法予以缓解。

a. 采用间歇辐射与吹风相结合的方法，使热点上过多的热量向周围扩散。

b. 按照半衰深度的大小，将食品分割成适当体积。

c. 为了消除尖角效应，可对表面有尖角的食品进行整形处理，比如加工成环形或圆形。采用某些合适的包装材料如铝箔等也很有效。

微波解冻的其他缺点是成本较高，需要专门设备，且微波对人体有一定的损害作用。

尽管微波解冻在目前还不是一种主要解冻方法，但已得到了越来越多的重视。特别是大型冷冻超市的迅速发展，为微波解冻提供了广阔的应用前景。因为在这些场所采用微波解冻法，可以按需即时解冻，既方便灵活，又避免浪费，具有独特的优越性。

5. 真空水蒸气凝结解冻

真空水蒸气凝结解冻是英国 Torry 研究所发明的一种解冻方法，利用真空状态下，压力不同，水的沸点不同，水在真空室中沸腾时，形成的水蒸气遇到温度更低的冻结食品时就在其表面凝结成水珠，蒸汽凝结时所放出的潜热，被冻结食品吸收，使冻品温度升高而解冻。这种方法对于水果、蔬菜、肉、蛋、鱼及浓缩状食品均可适用。它的优点是：①食品表面不受高温介质影响，而且解冻时间短，比空气解冻法提高效率 2～3 倍；②由于氧气浓度极低，解冻中减少或避免了食品的氧化变质，解冻后产品品质好；③因湿度很高，食品解冻后汁液流失少。它的缺点是，某些解冻食品外观不佳，且成本高。

6. 喷射声空化场解冻

喷射声空化场是一种通过压电换能器形成传声介质（溶液）喷柱，在喷柱前端界面处聚集了大量的空化核，这种聚集现象可认为是空化核因喷射而集中，具有可“空化集中”的效应。目前，关于利用喷射声空化场解冻冻藏食品的报道较少。但有实验证明：用喷射声空化场对冻结肉解冻比用 19℃空气、18℃解冻水对冻结肉解冻要快。喷射声空化场解冻时，通过冰晶融化带所用时间短，解冻肉的肉汁损失率较低，色差变化值较低，色泽保持较好。

7. 超声波解冻

超声波解冻是根据食品已冻结区比未冻结区对超声波的吸收要高出几十倍，而处于初始冻结点附近的食品对超声波的吸收最大的特性来解冻的。从超声波衰减温度曲线来看，超声波比微波更适用于快速稳定解冻。

研究结果表明：超声波解冻后局部最高温度与超声波的加载方向、超声频率和超声强度有关。超声波解冻可以与其他解冻技术组合在一起，为冷冻食品的快速解冻提供新手段，解冻过程中要实现快速而高效的解冻，可以选择合适频率和强度的超声波。

单独使用某种方法进行解冻时往往存在一定不足，但将上述一些方法进行组合使用，可以取长补短。如在采用加压空气解冻时，在容器内使空气流动，风速在 1～1.5m/s，就把加压空气解冻和空气解冻组合起来。由于压力和风速使表面的传热状态改善，缩短了冻结时间，比如对冷冻鱼糜的解冻速率可达温度为 25℃的空气解冻的 5 倍。另外，将微波解冻和空气解冻相结合，可以防止微波解冻时容易出现的局部过热，避免食品温度不均匀。

三、食品在解冻过程中的质量变化

食品在解冻时，由于温度升高和冰晶融化，微生物和酶的活动逐渐加强，加上空气中氧的作用，将使食品质量发生不同程度的恶化。比如未加糖冻结的水果，解冻之后酸味增加，质地变软，产生大量的汁液流失，且易受微生物的侵袭。果汁的 pH 值降低，糖分含量增加。不经烫漂的淀粉含量少的蔬菜，解冻时汁液流失较多，且损失大量的B族维生素、维生素C和矿物质等营养素。烫漂后冻结的蔬菜解冻后，虽然质地及色泽变化不明显，但很容易受微生物的侵袭而变质。动物性食品解冻后质地及色泽都会变差，汁液流失增加，而且肉类还可能出现解冻僵硬的变质现象。由于动物屠宰后迅速冻结和冻藏，使ATP的降解反应基本停止，死后僵硬过程也随之停滞。在解冻时，由于温度升高而导致ATP的快速降解，引起肌肉强烈的、不可逆的收缩现象就是所谓的解冻僵硬。解冻僵硬将导致肌肉嫩度的严重损失和大量的肉汁流失，必须防止此类现象的出现。

食品在解冻时的质量变化程度与原料冻结前的鲜度、冻结温度（速度）及解冻速度等因素有关。一般原料在冻结前的鲜度越好，则解冻时的质量变化越小。比如猪肋下肉在－3℃下分别贮放2h、24h、72h、120h、168h，再分别装入聚乙烯塑料袋中于－70℃下冻结。在－25℃下冻藏3个月后于1℃的空气中解冻48h，肉汁流失量和肉的保水率如图4-19和图4-20所示，从图中可以看出，冻结前贮存2h的肉，解冻之后肉汁流失最少，而保水率最好；随着贮存时间的增加，肉汁流失量呈逐渐增加趋势，相应的保水率也发生变化。

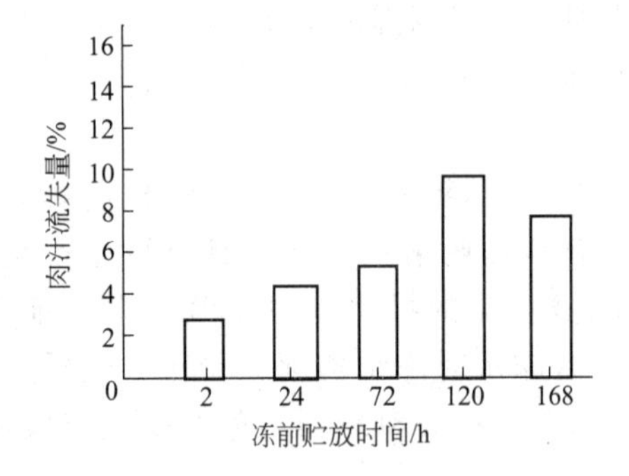

图4-19　解冻时肉汁流失量与冻前鲜度之关系

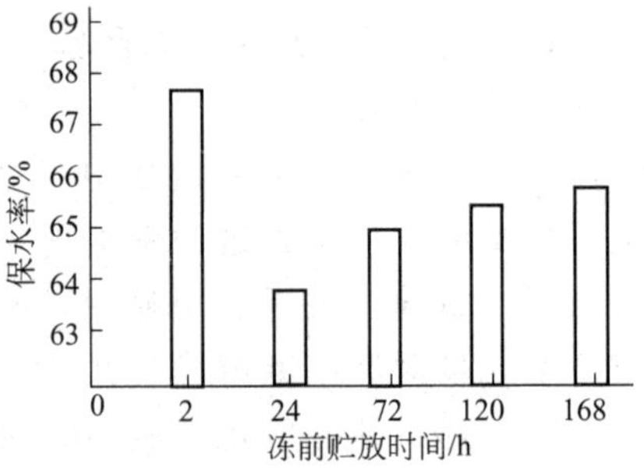

图4-20　解冻后肌肉的保水率与冻前鲜度之关系

关于解冻速度对解冻质量的影响，一般认为，凡是采用快速冻结且较薄的冻结食品，宜采用快速解冻，而冻结畜肉和体积较大的冻结鱼类则采用低温缓慢解冻为宜。表4-9显示了不同解冻速度与猪肉的汁液流失量的关系。

表4-9　解冻速度与不同部位猪肉的汁液流失量的关系

猪肉部位	－18℃下冻藏时间/d	肉汁液流失量/%		
		快速解冻	中速解冻	缓慢解冻
肩部	124	3.01	3.16	1.27
背部	114	3.38	1.66	—
下腹部	116	1.43	3.09	1.25
大腿部	119	6.12	4.98	1.98
平均值		3.49	3.22	1.50

注：解冻终温－1～0℃；快速解冻是指在25℃下的空气中解冻24h；中速解冻是指在10℃空气中解冻24h，再在25℃空气中解冻25h时；缓慢解冻是指在0～10℃空气中解冻48h后再在10℃空气中解冻5h。

另外，解冻方法对食品解冻后的质量也有一定的影响。以冻结鲣的解冻为例，见表4-10，从表中可以看出，水解冻的鲣在汁液流失率、色泽及过氧化物价等质量指标方面优于空气解冻的鲣。

表 4-10　解冻方法对解冻鲣的色泽、脂肪氧化的影响

冻前鲜度	冻藏条件	解冻方法	汁液流失率/%	色泽	酸价/(mg/g)	过氧化值/(mg/kg)
新鲜	−10℃,12个月	空气	70.1	暗色	178.5	122.6
	−10℃,12个月	流水	62.6	桃色	181.9	81.9
	−20℃,12个月	空气	69.1	暗色	90.0	286.4
	−20℃,12个月	流水	50.0	桃色	98.4	165.5
不新鲜	−20℃,12个月	流水	56.1	桃色	95.0	138.0
	−20℃,12个月	空气	64.7	暗色	109.4	256.0

第四节　食品冷链流通

食品冷链流通泛指新鲜食品或冷藏冷冻类食品在生产、运输、贮藏、销售直至消费前的各个环节中始终处于规定的低温环境下，以保证食品质量，减少食品损耗的一项系统工程。它是随着科学技术的进步、制冷技术的发展而建立起来的，是以冷冻工艺学为基础、以制冷技术为手段的低温物流过程。由于温度在很大程度上决定了化学反应中酶的活性，影响着微生物的活动和生物体的呼吸作用，因此食品的冷链流通可最大限度地保持食品品质，较好地满足市场和消费者的需求。随着人民生活水平的提高，对食品的卫生、营养、新鲜、方便等方面的要求也日益提高，食品的冷链流通必将有更广阔的发展前景。

一、国内外食品冷链发展状况

在欧美一些发达国家，很早就重视冷链物流系统的建设和管理问题，现在已形成了完整的食品冷链体系。美国、日本、德国等发达国家在运输过程中全部使用冷藏车或者冷藏箱，并配以先进的信息技术，采用铁路、公路、水路等多种方式联运，建立了包括生产、加工、贮藏、运输、销售等在内的新鲜物品的冷冻冷藏链，使新鲜物品的冷冻冷藏运输率及运输质量完好率都得到极大的提高。发达国家的水果、蔬菜等农产品在采摘、运输、贮存等物流环节的损耗率仅有2%～5%，已形成一种成熟的模式。我国目前尚未形成完整的冷冻冷藏链，从起始点到消费点的流通贮存效率和效益无法得到控制和整合。我国农副产品流通量很大，其中80%以上的生鲜食品是采取常温保存、流通和初加工手段，冷藏运输率只占20%左右，而欧洲、美国、日本等发达国家和地区占80%～90%。近年来，我国冷冻产业及冷链流通虽发展较快，但与国外冷链条件相比还有很大差距，主要存在以下几方面的问题。

1. 完整独立的食品冷链体系尚未形成

从整体冷链体系而言，中国的食品冷链还未形成体系，无论是从中国经济发展的消费内需来看，还是与发达国家相比，差距都十分明显。目前大约80%的水果、蔬菜、肉类、水产品、牛奶和豆制品基本上还是在没有冷链保证的情况下流通的，冷链运输率不足20%。冷链发展的滞后在相当程度上已影响着食品产业的发展。

2. 食品冷链的市场化程度很低，第三方介入很少

中国易腐食品除了外贸出口的部分以外，大部分在国内流通的易腐食品的物流配送业务是由生产商和经销商完成的，食品冷链的第三方物流发展十分滞后，服务网络和信息系统不够健全，大大影响了食品物流的在途质量、准确性和及时性。同时，食品冷链的成本和商品损耗很高。我国每年农产品在采摘、运输、贮藏等物流环节上损失率高达30%，每年有高达750亿元的农产品在运输中腐烂、损失掉，物流成本在整个成本构成中占40%以上，鲜

活产品更是高达60%。而在发达国家中，果蔬损失率则控制在5%以下，美国仅为1%～2%，物流成本一般控制在10%左右。

3. 食品冷链的硬件设施陈旧落后

目前中国的农产品物流是以常温物流或自然物流形式为主，缺乏完善的冷冻冷藏设备和技术，农产品在物流过程中的损失很大，食品安全问题非常突出。据调查，当前在我国农副产品批发市场中，建有冷库的仅占38.56%。由于缺乏规范保温式的保鲜冷藏运输车厢，中国的铁路冷藏食品运量仅仅占总货物运量的1%。在公路运输中，易腐保鲜食品的冷藏运输也只占运输总量的20%。目前，我国拥有冷藏保温汽车约4万辆，而美国和日本分别拥有冷藏保温汽车20万辆和12万辆；我国冷藏保温汽车占货运汽车比例仅为0.3%，而发达国家中，美国为1%，英国为2.6%，德国达到3%。在全国所有运行的33.8万辆列车中，冷藏列车只占2%左右，不足7000辆，而且大多是陈旧的机械式速冻车皮，规范保温式的保鲜冷藏运输车缺乏，冷藏运量仅占易腐货物运量的25%，不到铁路货运总量的1%。目前，我国冷库总容量为700多万立方米，很多冷库只限于肉类、鱼类的冷冻贮藏，而且利用率不高。大多数相关的企业规模小，水平低，加工产品质量不稳定，成本高、效益差。

4. 食品冷链缺乏上下游的整体规划和整合

由于中国农业的产业化程度和产供销一体化水平不高，从农业的初级产品来看，虽然产销量巨大，但在初级农产品和易腐食品供应链上，既缺乏食品冷链的综合性专业人才，又缺乏供应链上下游之间的整体规划与协调，因此，食品冷链体系存在严重的失衡和无法配套的现象，导致食品冷链的资源难以整合以及行业的推动乏力。

5. 未建立一套行之有效的管理体制

欧美发达国家已经基本建立起了适合于各类食品冷藏特点的高效冷藏链管理体制，而我国却至今未建立起真正意义上有效的食品冷藏链的一整套管理体系。如我国冷冻食品由于缺乏统一的质量标准、卫生标准和营养标准，使厂家无法可依，消费者无章可循。速冻食品在相当长时间内无法统筹管理，处于无序状态，以至许多食品的质量参差不齐。

二、食品冷链的组成

食品冷链一般由以下环节组成：①食品原料；②冷冻加工；③冷冻贮藏；④冷冻运输；⑤冷冻贮藏；⑥冷冻运输；⑦冷冻销售；⑧运输；⑨冷冻贮藏；⑩直接加工食用。

食品冷链中①至④环节主要由生产制造商完成，⑤至⑦环节主要由地区批发商和超市、零售商完成，⑧至⑨环节主要由消费者完成。下面分述各个环节。

1. 冷冻加工

冷冻加工包括各种原料的预冷却、各种冷冻食品的加工与食品的速冻等。主要涉及冷却与冻结装置，主要由生产厂商完成，冷冻条件容易控制，生产线一旦安装投入生产也相对较稳定。

2. 冷冻贮藏

冷冻贮藏包括食品原料的冷藏和冻藏，也包括果蔬的气调贮藏。主要涉及各类冷藏库，此外还涉及冷藏柜、冻结柜及家用冰箱等。

3. 冷冻运输

冷冻运输包括食品低温状态下的中、长途运输及短途配送等物流环节。主要涉及铁路冷藏车、冷藏汽车、冷藏船、冷藏集装箱等低温运输工具。在冷藏运输过程中，温度波动是引起食品品质下降的主要原因之一，所以运输工具应具有良好的隔热保温性能，在保持规定低温的同时，更要保持稳定的温度。

4. 冷冻销售

冷冻销售包括冷冻食品的批发及零售等，由生产厂家、批发商和零售商共同完成。早期，冷冻食品的销售主要由零售商的零售车和零售商店承担。近年来，城市中超级市场的大量涌现，已使其成为冷冻食品的主要销售渠道。超市中的冷藏陈列柜也兼有冷藏和销售的功能，是食品冷链的主要组成部分之一。

三、食品冷链设备

食品冷却与冻结装置在前几节中已进行了详细的介绍，下面主要介绍冷冻贮藏装置、冷冻运输工具与冷冻销售设施。

1. 固定冷藏设备

冷冻贮藏是速冻食品冷链中的一个重要环节，主要涉及各类冷藏库，另外还涉及冷藏陈列柜和家用冰箱等。

(1) 冷藏库　简称冷库，它是用制冷的方法对易腐食品进行加工和贮藏，以保持食品食用价值的建筑物。食品冷藏库是冷藏链的一个重要环节，冷藏库对食品的加工和贮藏、调节市场供应、改善人民生活水平等都发挥着重要的作用。

冷库与一般建筑物不同，除要求方便实用的平面设计外，还要有良好的库体围护结构。冷库的墙壁、地板及平顶都要有一定厚度的隔热材料，以减少外界传入的热量。水分的凝结易引起建筑结构特别隔热结构受潮冻结损坏，所以要设置防潮隔热层，使冷库建筑具有良好的密封性和防潮隔热性能。冷库的地基易受地温的影响，为此，低温冷库的地面除要有有效的隔热层外，隔热层下还必须进行处理，以防止土壤冻结。

冷藏库按冷藏设计温度可分为：①高温冷藏库，库温在－2℃以上；②低温冷藏库，库温在－15℃以下。按冷库容量规模可分为四类：①大型冷藏库，容量在10000t以上；②大中型冷藏库，容量在5000～10000t；③中小型冷藏库，容量在1000～5000t；④小型冷藏库，容量在1000t以下。按实用性质可分为：①生产性冷藏库，它们主要建在食品产地附近、货源较集中的地区原料基地，这类冷藏库配有相应的加工处理设备，有较大的冷却、冻结能力和冷藏容量，食品在此进行冷却加工后经过短期贮藏即运往销售地区，故要求建在交通方便的地方；②分配性冷库，它们主要建在大中城市、人口较多的工矿区及水陆交通枢纽，专门贮存经冷加工的食品，用以调解淡旺季、保证市场供应、完成出口任务和作长期贮备，它的特点是贮藏容量大、贮存品种多、吞吐迅速；③中转性冷库，这类冷库是指建在渔业基地的水产冷库，它能进行大批量的冷加工，并可在冷藏车船的配合下，起中间转运作用，向外地调拨或提供出口；④零售性冷库，建在工矿企业或城市的大型副食品店、菜场内，供临时贮存零售食品之用，其特点是库容量小、贮存期短，小型活动冷库亦属此类。

冷藏库由主体建筑、制冷系统和其他附属设施组成。其中制冷系统是冷藏库最重要的组成部分，是冷源。制冷系统是一个封闭的循环系统，用于冷库降温的部件包括蒸发器、压缩机、冷凝器和必要的调节阀门、风扇、导管和仪表等（图4-21）。制冷时制冷系统启动压缩机，使系统内接近蒸发器的一端形成低压部分，吸入贮液罐的液体制冷剂，通过调节阀门进入蒸发器，蒸发器安装在冷藏库内，制冷剂在蒸发器中汽化吸热，转变为带热的气体，经压缩机压缩后进入冷凝器，用冷水从冷凝器的管道外喷淋，排除制冷剂从冷库中带来的热量，在高压下重新转变为液态制冷剂，暂时贮存在贮液罐中。当启动压缩机再循环时，液态制冷剂重新通过调节阀进入蒸发器汽化吸热，如此反复工作。

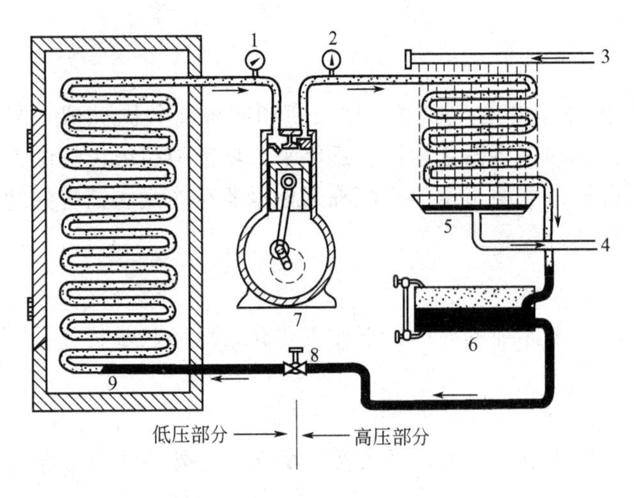

图 4-21　制冷系统示意图

1，2—压力表；3—冷凝水入口；4—冷凝水出口；5—冷凝器；6—制冷剂；7—压缩机；8—调节阀；9—蒸发器

蒸发器是制冷系统的主要部件之一，它向冷藏库内提供冷量，并将库内的热量传至库外。蒸发器有直接冷却和间接冷却两种方式。直接冷却方式是将蒸发器安装在冷藏库内，利用鼓风机将冷却的空气吹向库内各部位，吸收产品热量后的热空气流向蒸发器进行冷却。间接冷却方式是将蒸发器安装在冷藏库外的盐水槽中，先将盐水冷却，再将低温盐水经管道导入安装在冷藏库的盘管中，低温盐水吸收库内的热降低库温，回到盐水槽中再被冷却，继续导至盘管循环流动，不断吸热降温。

压缩机是制冷机的“心脏”，推动制冷剂在系统中循环。压缩机有多种形式，如往复式、活塞式、离心式、旋转式和螺杆式等，其中活塞式和螺杆式应用较广泛。压缩机的制冷负荷常用 kJ/h 表示，一般中型冷藏库压缩机制冷量在（2.09～12.56）$\times 10^5$ kJ/h 范围内，设计人员将根据地域、气候、冷藏库容量和产品数量等具体条件选择。

冷凝器的作用是将压缩后的气态制冷剂中的热排除，同时凝结为液态制冷剂。冷凝器有空气冷却、水冷却和空气与水结合的冷却方式。空气冷却只限于小型冷藏库设备中应用，水冷却的冷凝器则可用于所有形式的制冷系统。为了节省用水量，各地冷藏库都配有水冷却塔和水循环设备，反复使用冷却水。降温后的制冷剂从气态变为液态，在压缩机推动下进入贮液罐中贮存，当制冷系统中需要供液时，启动调节阀门再进入蒸发器制冷。

库内空气与食品接触，不断吸收它们释放出来的热量和水蒸气，逐渐达到饱和。该饱和湿空气与蒸发器外壁接触即冷凝成霜，而霜层不利于热的传导而影响降温效果。因此，在冷藏管理工作中，必需及时除去蒸发器表层的冰霜，即所谓“冲霜”。冲霜可用冷水喷淋蒸发器，也可利用吸热后的制冷剂引入蒸发器外盘管中循环流动，使冰霜融化。

（2）陈列柜　冷藏陈列是超级市场、零售商店等销售环节的冷冻设备，也是冷冻食品被消费者选择消费的主要场所，目前已成为食品冷链中的重要环节。根据冷藏陈列柜的结构，可分为卧式与立式多层两种；根据冷藏陈列柜封闭与否，又可分为敞开型和封闭型两种。

① 卧式敞开型冷藏陈列柜。卧式敞开型冷藏陈列柜如图 4-22 所示。这种陈列柜上部敞开，开口处有循环冷空气形成的空气幕；通过围护结构侵入的热量也被循环的冷风吸收，不影响食品的质量，对食品质量影响较大是由开口部侵入的热空气及辐射热。

当外界湿空气侵入陈列柜时，遇到蒸发器就会结霜，随着霜层的增大，冷却能力降低，因此在 24h 内必须进行一次自动除霜。外界空气的侵入量与风速有关，当风速超过 0.3m/s 时，侵入的空气量会明显增加。

② 立式多层敞开型冷藏陈列柜。与卧式的相比，立式多层陈列柜中商品放置高度与人体高度相近，展示效果好。但这种结构的陈列柜的内部冷空气更易逸出柜外，外界侵入的空气量也多。为了防止冷空气与外界空气的混合，在冷风幕的外侧又设置一层或两层非冷空气

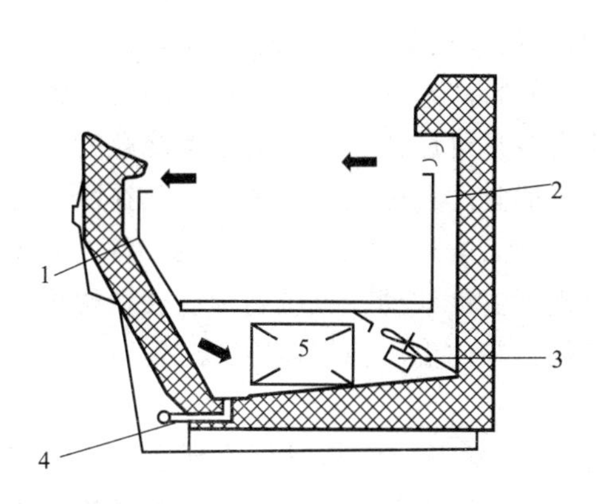

图 4-22　卧式敞开型冷藏陈列柜示意
1—吸入风道；2—吹出风道；
3—风机；4—排水口；5—蒸发器

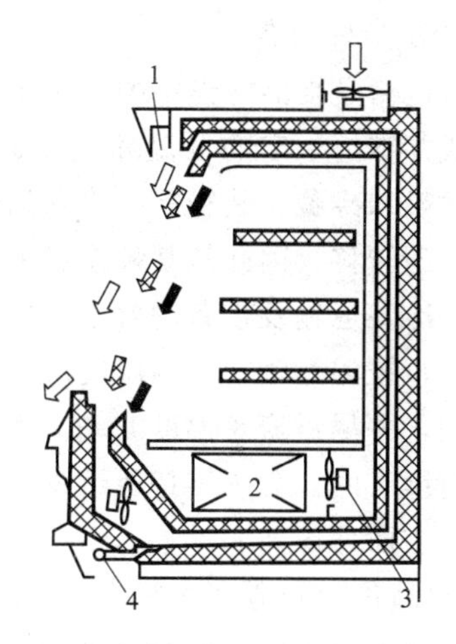

图 4-23　立式多层敞开型冷藏陈列柜示意
1—荧光灯；2—蒸发器；3—风机；4—排水口

构成的空气幕，同时配置较大的冷风量。由于立式陈列柜的风幕是垂直的，外界空气侵入柜内的数量受空气流速的影响更大。如图 4-23 所示为立式多层敞开型冷藏陈列柜的示意。

③ 卧式封闭型冷藏陈列柜。卧式封闭型冷藏陈列柜的结构与卧式敞开型相似，不同的是在其开口处设有 2～3 层玻璃构成的滑动盖，玻璃夹层中的空气起隔热作用。另外，冷空气风幕也由埋在柜壁上的冷却排管代替，通过外壁面传入的热量被冷却排管吸收。为了提高保冷性能，可在陈列柜后部的上方装置冷却器，让冷空气像水平盖子那样强制循环，但缺点是商品装载量少，销售效率低。

④ 立式多层封闭型冷藏陈列柜。立式多层封闭型冷藏陈列柜的柜体后壁上有冷空气循环通道，冷空气在风机作用下强制地在柜内循环。柜门为二或三层玻璃，玻璃夹层中的空气具有隔热作用，由于玻璃对红外线的透过率低，虽然柜门很大，传入的辐射热并不多。

各种冷藏陈列柜的性能比较见表 4-11。

表 4-11　各种冷藏陈列柜的性能比较

特　性	卧式封闭型	立式封闭型	卧式敞开型	立式敞开型
单位长度的有效内容积	1	2.3	1.1	2.4
单位占地面积的有效内容积	1	2.2	0.85	1.9
单位长度消耗的电力	1	2.0	1.45	3.3
单位有效容积消耗的电力	1	0.9	1.3	1.4

注：表中数据均以卧式封闭型冷藏陈列柜的性能指标为 1 进行比较。

（3）家用冰箱　在冷藏链中，家用冰箱是最小的冷藏单位，也是冷藏链的终端。随着经济的发展，人民生活水平已得到很大提高，家用冰箱已大量进入普通家庭，对冷链的建设起了很好的促进作用。家用冰箱通常有两个贮藏室：冷冻室和冷藏室。冷冻室用于食品的冷冻贮藏，贮存时间较长；冷藏室用于冷却食品的贮藏，贮存时间一般较短。现在冰箱的内部设计也越来越合理，冷冻室往往被分割成几个小的冷冻室，不仅有利于贮存不同种类的食品，还可以避免食品之间的串味。而冷藏室也被分割成温度不同的几个分室，以利于存放不同温度要求的食品，从而更好地保持食品的鲜度品质。

2. 冷藏运输设备

冷藏运输是食品冷链中的一个重要环节，由冷藏运输设备来完成。冷藏运输设备是指本身能造成并维持一定的低温环境以运输冷冻食品的设施及装置，包括冷藏汽车、铁路冷藏车、冷藏船和冷藏集装箱等。冷藏运输衔接了食品从原料产地到加工厂、从产品出库到销售点等地点的转移，因此从某种意义上讲，冷藏运输设备是可以快速移动的小型冷藏库。

（1）冷藏运输及设备的要求　每种食品都有自己适宜的贮藏温度要求，因此在冷藏运输中必须进行控温运输，车内温度应保持与所运输易腐食品的最佳贮藏温度一致，各处温度分布要均匀，并尽量避免温度波动。如果不可避免出现了温度波动，也应当控制波动幅度和减少波动持续时间。为了维持所运食品的原有品质，保持车内温度稳定，冷藏运输过程中可从如下几个方面考虑。

① 食品预冷和适宜的贮藏温度。易腐食品在低温运输前应将品温预冷到适宜的贮藏温度。如果将生鲜易腐食品在冷藏运输工具上进行预冷，则存在许多缺点，一方面预冷成本成倍上升，另一方面运输工具上所提供的制冷能力有限，不能用来降低产品的温度，只能有效地消除环境传入的热负荷，维持产品的温度不超过所要求保持的最高温度。因而在多数情况下不能保证冷却均匀，而且冷却时间长、品质损耗大。因此，易腐食品在运输前应当采用专门的冷却设备和冻结设备，将品温降低到最佳贮藏温度以下，然后再进行冷藏运输，这样更有利于保持贮运食品的质量。

② 要具备一定制冷能力的冷源。运输工具上应当具有适当的冷源，如干冰、冰盐混合物、碎冰、液氮或机械制冷系统等，能产生并维持一定的低温环境，保持食品的品温，利用冷源的冷量来平衡外界传入的热量和货物本身散出的热量。例如果蔬类在运输过程中，为防止车内温度上升，应及时排除呼吸热，而且要有合理的空气循环，使得冷量分布均匀，保证各点的温度均匀一致并保持稳定，最大温差不超过3℃。有些食品怕冻，在寒冷季节里运输还需要用加温设备如电热器等，使车内保持高于外界气温的适当温度。在装货前应将车内温度预冷至所需的最佳贮藏温度。

③ 良好的隔热性能。冷藏运输工具的货物间应当具有良好的隔热性能，总的传热系数 K 要求小于0.4W/(m^2·K)，甚至小于0.2W/(m^2·K)，能够有效地减少外界传入的热量，避免车内温度的波动和防止设备过早地老化。一般 K 值平均每年要递增5%左右。车辆或集装箱的隔热板外侧面应采用反射性材料，并应保持其表面清洁，以降低对辐射热的吸收。在车辆或集装箱的整个使用期间应避免箱体结构部分的损坏，特别是箱体的边和角，以保持隔热层的气密性，并且应该定期对冷藏门的密封条、跨式制冷机组的密封、排水洞和其他孔洞等进行检查。以防止因空气渗漏而影响隔热性能。

④ 温度检测和控制设备。运输工具的货物间必须具有温度检测和控制设备。温度检测仪必须能准确连续地记录货物间内的温度，温度控制器的精度要求高，为±0.25℃，以满足易腐食品在运输过程中的冷藏工艺要求，防止食品温度过分波动。

⑤ 车厢的卫生和安全。车箱内有可能接触食品的所有内壁必须采用对食品味道和气味无影响的安全材料。箱体内壁包括顶板和地板，必须光滑、防腐蚀、不受清洁剂影响，不渗漏、不腐烂，便于清洁和消毒。除了内部设备需要和固定货物的设施外，箱体内壁不应有凸出部分，箱内设备不应有尖角和褶皱，使货物进出困难，脏物和水分不易清除。在使用中，车辆和集装箱内碎渣屑应及时清扫干净，防止异味污染货物并阻碍空气循环。对冷板所采用的低温共熔液的成分及其在渗漏时的毒性程度应予以足够的重视。

此外，运输成本问题也是冷藏运输应该考虑的一个方面。应该综合考虑货物的冷藏工艺条件、交通运输状况及地理位置等因素，采用适宜的冷藏运输工具。

（2）冷藏汽车　作为冷藏链的一个中间环节，冷藏汽车基本上是作为陆地运输易腐食品用的交通工具。作为短途运输的分配性交通工具，它的任务在于将由铁路或船舶卸下的食品送到集中冷库和分配冷库。汽车冷藏运输能保证将食品由生产性冷库或从周围200km内的郊区直接送到消费中心而不需转运。在消费中心，汽车冷藏运输的任务是将食品由分配性冷库送到食品商店和其他消费场所。当没有铁路时，冷藏汽车也被用于长途运输冷冻食品。

冷藏汽车运输量较小，但运输灵活，机动性好，能适应各地复杂地形，对沟通食品冷藏网点有十分重要的作用。但冷藏汽车运输成本较高，维修保养投资较大。

根据制冷方式的不同，冷藏汽车可分为机械制冷、液氮或干冰制冷、蓄冷板制冷等多种。

① 机械制冷冷藏汽车。机械制冷冷藏汽车通常用于远距离运输。机械制冷冷藏汽车的蒸发器通常安装在车厢的前端。采用强制通风方式。冷风贴着车厢顶部向后流动，从两侧及车厢后部下到车厢底面，沿底面间隙返回车厢前端，如图4-24所示。这种通风方式使整个食品货堆都被冷空气包围着，外界传入车厢的热流直接被冷风吸收，不会影响食品的温度。

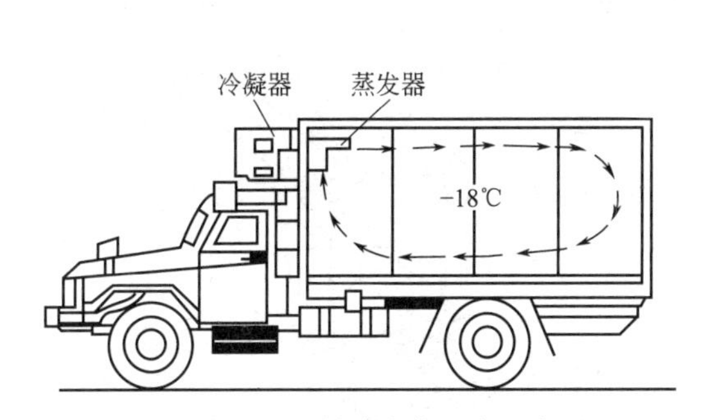

图4-24　机械制冷冷藏汽车示意图

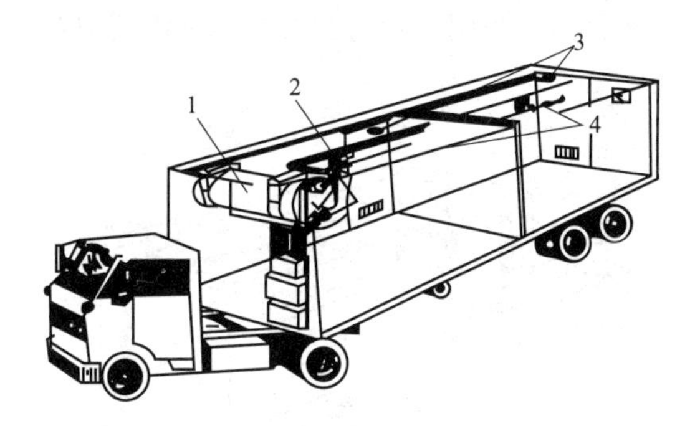

图4-25　液氮制冷冷藏汽车示意图

1—液氮贮罐；2—喷嘴；3—门开关；4—安全开关

机械制冷冷藏汽车的优点是：车内温度比较均匀稳定，温度可调，运输成本较低。其缺点是：结构复杂，易出故障，维修费用高；初期投资高；噪声大；需要融霜。

② 液氮制冷冷藏汽车。液氮制冷冷藏汽车的制冷装置主要由液氮贮罐、喷嘴及温度控制器组成，如图4-25所示。

冷藏汽车装好货物后，通过控制器设定车厢内要保持的温度，而感温器将所测得的实际温度传到温度控制器。当实际温度高于设定温度时，液氮管道上的电磁阀自动打开，液氮从喷嘴喷出降温当实际温度降到设定温度后，电磁阀自动关闭。液氮由喷嘴喷出后，立即吸热汽化，体积膨胀高达600倍，即使货堆密实，没有通风设施，氮气也能进入货堆内。冷的氮气下沉时，在车厢内形成自然对流，使温度更加均匀。为了防止液氮汽化时引起车厢内压力过高，车厢上部装有安全排气阀，有的还装有安全排气门。

用液氮制冷时，车厢内的空气被氮气所置换。氮气是一种惰性气体，长途运输果蔬类食品时，不但可减缓其呼吸作用，还可防止食品被氧化。

液氮制冷冷藏汽车的优点是：装置简单，初期投资少；降温速度很快，可较好地保持食品的质量；无噪声；与机械制冷装置比较，质量大大减小。其缺点是：液氮成本较高；运输途中液氮补给困难，长途运输时必须装备大的液氮容器，减少了有效载货量。

干冰制冷冷藏车工作时是先使空气与干冰换热，然后借助通风机使冷却后的空气在车厢内循环，吸热升华后的二氧化碳由排气管排出车外。有的干冰冷藏汽车在车厢中装置四壁隔热的干冰容器。干冰容器中装有氟里昂盘管，车厢内装备氟里昂换热器，在车厢内吸热汽化的氟里昂蒸气进入干冰容器中的盘管，被盘管外的干冰冷却，重新凝结为氟里昂液体后，再进入车厢内的蒸发器，使车厢内保持规定的温度。干冰制冷冷藏汽车具有设备简单、投资费用低、故障率低、维修费用少、无噪声等优点。在运输冻结货物时，由于干冰在－78℃时就可以升华吸热而使车厢降温，车内温度可降到－18℃以下，因而在运输冻结货物和特别的冷冻食品时常用此法。而干冰制冷冷藏汽车的缺点是：车厢内温度不够均匀；降温速度慢，时间长；干冰的成本高。

③ 蓄冷板冷藏汽车。内部装有低温共晶溶液，能产生制冷效果的板块状容器叫蓄冷板。使蓄冷板内的共晶溶液冻结的过程就是蓄冷过程。将蓄冷板安装在车厢内，外界传入车厢的热量被共晶溶液吸收，共晶溶液由固态转变为液态。常用的低温共晶溶液有乙二醇、丙二醇的水溶液及氯化钙、氯化钠的水溶液。不同的共晶溶液有不同的共晶点，要根据冷藏车的需要，选择合适的共晶溶液。一般共晶点应比车厢规定的温度低 2～3℃。蓄冷板可装在车厢顶部，也可装在车厢侧壁上，蓄冷板距厢顶或侧壁 4～5cm，以利于车厢内的空气自然对流。为了使车厢内温度均匀，有的车厢内还安装有风扇。图 4-26 为蓄冷板冷藏汽车示意图。

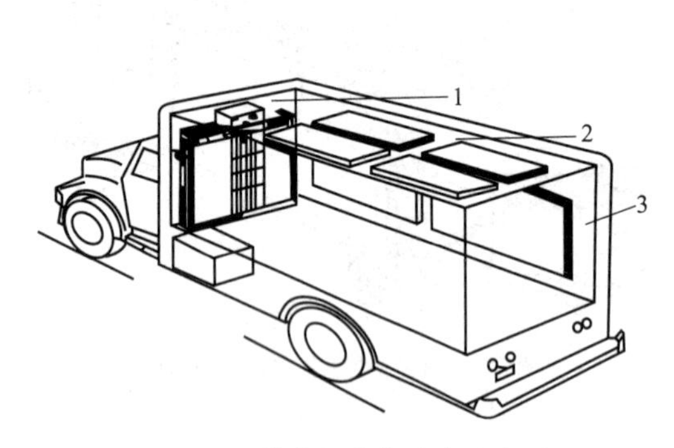

图 4-26　蓄冷板冷藏汽车示意图

1—前壁；2—厢顶；3—侧壁

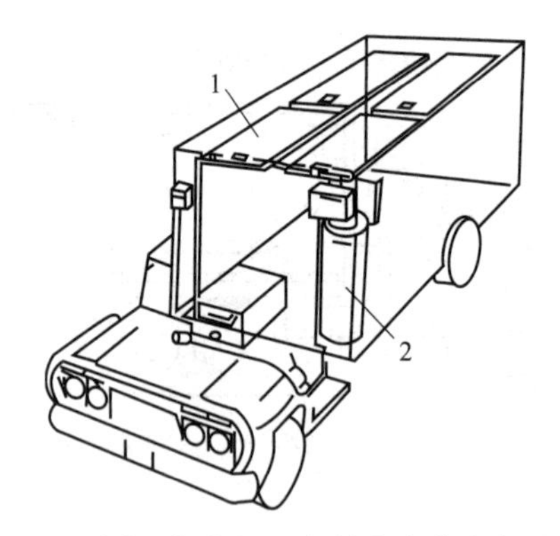

图 4-27　液氮-蓄冷板组合制冷冷藏汽车示意图

1—蓄冷板；2—液氮罐

蓄冷板冷藏汽车的保冷时间一般为 8～12h（环境温度为 35℃时，车厢内温度可达－20℃），特殊的可达 2～3d。保冷时间除取决于蓄冷板内共晶溶液的量外，还与车厢的隔热性能有关。蓄冷板不仅用于冷藏汽车，还可用于铁路冷藏车、冷藏集装箱、小型冷藏库和食品冷藏柜等。

蓄冷板冷藏汽车的优点是：设备费用比机械制冷的少；可以利用夜间廉价的电力为蓄冷板蓄冷，降低运输费用；无噪声；故障少。其缺点是：蓄冷板的数量不能太多，蓄冷能力有限，不适于超长距离运输冻结食品；蓄冷板减少了汽车的有效容积和载货量；冷却速度较慢。

④ 组合式冷藏车。为了使冷藏汽车更经济、方便，可采用上述几种制冷方式的组合，通常有液氮-风扇盘管组合制冷、液氮-蓄冷板组合制冷两种。图 4-27 为液氮-蓄冷板组合制冷冷藏汽车示意图，它主要用于分配性冷藏汽车，液氮制冷和蓄冷板制冷各有分工。蓄冷板主要担负下列情况的制冷任务：a. 消除通过车厢壁或缝隙传入的热量。b. 环境温度大于38℃时，消除一部分开门的换热量。c. 环境温度小于 16℃时，消除全部的开门换热量。而

液氮系统主要承担环境温度大于16℃时的开门换热量，以尽快恢复车厢内规定的温度。

这种组合式制冷冷藏汽车的特点是：环境温度低时，用蓄冷板制冷较经济；而环境温度高或长时间开门后，用液氮制冷更有效；装置简单，维修费用低；无噪声，故障少。

除了上述冷藏汽车外，还有一种保温汽车，它没有任何制冷装置，只在壳体上加设隔热层，这种汽车不能长途运输冷冻食品，只限用于市内由批发商店或食品厂向近距离零售商店快速配送冷冻食品用。

（3）铁路冷藏车　陆路远距离运输大批量的冷冻食品时，铁路冷藏车是最有效的工具，因为它不仅运量大而且速度快。铁路冷藏车分为冰制冷、液氮或干冰制冷、机械制冷、蓄冷板制冷等几种类型。下面分别介绍各种类型的铁路冷藏车。

① 用冰制冷的铁路冷藏车。用冰制冷的铁路冷藏车车厢内带有冰槽，冰槽可以设置在车厢顶部，也可以设置在车厢两头。图4-28为用冰制冷的铁路冷藏车的示意图。

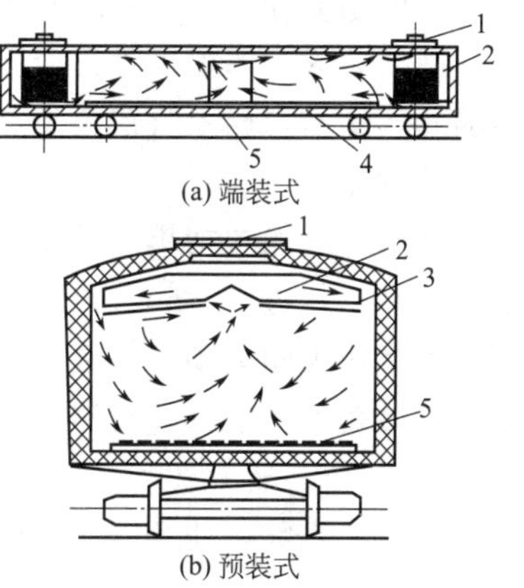

图4-28　用冰制冷的铁路冷藏车的示意图

1—冰盖；2—冰槽；3—防水板；4—通风槽；5—离水格栅

冰槽设置在顶部时，一般预装有6～7只马鞍形贮冰槽，冰槽侧面、底面装有散热片以增强换热。每组冰槽设有两个排水器，分左右布置，以不断清除融化后的水或盐水溶液，并保持冰槽内具有一定高度的盐水水位。顶部布置时由于冷空气和热空气的交叉流动，容易形成自然对流，加之冰槽沿车厢长度均匀布置，不安装通风机也能保证车厢内温度均匀，但结构较复杂，且厢底易积存杂物。冰槽设置在车厢两头时，为使冷空气在车厢内均匀分布，需安装通风机。另外由于冰槽占地，约使载货面积减少了25%。如果车厢内要维持0℃以下的温度，可向冰中加入某些盐类。

② 用干冰制冷的铁路冷藏车。干冰最大的优点就是从固态直接变为气态，而不产生液体。若食品不宜与冰、水直接接触，就可用干冰代替水和冰。将干冰悬挂在车厢内顶部或直接将干冰放在食品上。运输新鲜水果、蔬菜时，为防止果蔬发生冷害，不宜将干冰直接放在果蔬上，二者要保持一定的间隙。

用干冰冷藏运输新鲜食品时，空气中的水蒸气会在干冰容器表面上结霜。干冰升华后，容器表面的霜融成水易滴落在食品上。为此，要在食品表面覆盖一层防水材料。

③ 机械制冷铁路冷藏车。机械制冷铁路冷藏车有两种结构形式：一种是每一节车厢都备有自己的制冷设备，用自备的柴油发电机组来驱动制冷压缩机，这种铁路冷藏车厢可以单节与一般货物车厢编列运行；另一种铁路冷藏车的车厢中只装有制冷机组，没有柴油发电机，这种铁路冷藏车不能单节与一般货物列车编列运行，只能整列运行，由专用车厢中的柴油发电机统一供电，驱动制冷压缩机。

机械制冷铁路冷藏车的优点是：温度低，温度调节范围大；车箱内温度分布均匀；运输速度快；制冷、加热、通风及除霜自动化。其缺点是：造价高；维修复杂；使用技术要求高。

④ 蓄冷板制冷铁路冷藏车。蓄冷板制冷铁路冷藏车的结构和布置原理与蓄冷板制冷冷藏汽车的大致相同。

蓄冷板制冷铁路冷藏车最大的优点在于设备费用少，并且可以利用夜间廉价的电力为蓄冷板蓄冷，降低运输费用，多适用于短距离运输。

（4）冷藏船　利用低温运输易腐货物的船只称为冷藏船。冷藏船主要用于渔业，尤其是远洋渔业。远洋渔业的作业时间很长，有时长达半年以上，必须用冷藏船将捕获物及时冷冻加工和冷藏。此外由海路运输易腐食品必须用冷藏船。冷藏船运输是所有运输方式中成本最便宜的，但是在过去，由于冷藏船运输的速度最慢，而且受气候影响，运输时间长，装卸很麻烦，因而使用受到限制。随着冷藏船技术性能的提高，船速加快，运输批量加大，装卸集装箱化，冷藏船运输量逐年增加，成为国际易腐食品贸易中主要的运输工具之一。

冷藏船分为两种类型：渔业冷藏船和运输冷藏船。

渔业冷藏船服务于渔业生产，用于接收捕获的鱼货，进行冻结和运送到港口冷库。这种船分拖网渔船和渔业运输船两种，其中，拖网渔船适合于捕捞、加工和运输鱼类。它配备冷却、冻结装置，船上可进行冷冻前的预处理加工，也可进行鱼类的冻结加工及贮藏；而渔业运输船，从捕捞船上收购鱼类进行冻结加工和运输，或者只专门运输冷加工好的水产品和其他易腐食品。

运输冷藏船包括集装箱船，主要用于运输易腐食品和货物。它的隔热保温要求很严格，温度波动不超过±0.5℃。冷藏船按发动机形式可分为内燃机船和蒸汽机船，目前趋向于采用内燃机作为驱动动力，其排水量海船从2000t到20000t，而内河船从400t到1000t。

冷藏船上一般都装有制冷装置，船舱隔热保温，多采用氨或氟里昂制冷系统，制冷剂主要是NH_3、二氟一氯甲烷（R_{22}）和五氟乙烷（R_{125}）。冷却方式主要是冷风冷却，也可以向循环空气系统不断注入少量液氮，还可以用一次注入液体二氧化碳或液氮等方式进行冷却。

随着冷藏集装箱的普及与发展，目前水上运输大部分已采用冷藏集装箱代替运输船冷藏货舱来进行易腐货物的运输。冷藏集装箱运输船将成为水上运输的主要工具。

（5）冷藏集装箱　近几年来，冷藏集装箱的发展速度很快，超过了其他冷藏运输工具的发展速度，成为易腐食品运输的主要工具。所谓冷藏集装箱，就是具有一定隔热性能，能保持一定低温，适用于各类食品冷藏运输而特殊设计的集装箱。冷藏集装箱具有钢质轻型骨架，内、外贴有钢板或轻金属板，两板之间充填隔热材料。常用的隔热材料有玻璃棉、聚苯乙烯、发泡聚氨酯等。根据制冷方式，冷藏集装箱主要包括以下几种类型：保温集装箱、外置式保温集装箱、内藏式冷藏集装箱与液氮或干冰冷藏集装箱。

① 保温集装箱。这种集装箱无任何制冷装置，但箱壁具有良好的隔热性能。

② 外置式保温集装箱。这种集装箱无任何制冷装置，但隔热性能很强。箱的一端有软管连接器，可与船上或陆上供冷站的制冷装置连接，使冷气在集装箱内循环，一般能保持－25℃的冷藏温度。这种集装箱采用集中供冷的方式，箱容利用率高，自重轻，使用时机械故障少。但是，它必须由设有专门制冷装置的船舶装运，使用时箱内的温度不能单独调节。

③ 内藏式冷藏集装箱。这种集装箱内带有制冷装置，可自己供冷。制冷机组安装在箱体的一端，冷风由风机从一端送入箱内，如图4-29所示。如果箱体过长，则采用两端同时送风，以保证箱内温度均匀。为了加强换热，可采用下送上回的冷风循环方式。

④ 液氮或干冰冷藏集装箱。这种集装箱利用液氮或干冰制冷，以维持箱体内的低温。

按照运输方式，冷藏集装箱又可分为海运和陆运两种。海运冷藏集装箱的制冷机组用电是由船上统一供给的，不需要自备发电机组，因此机组构造比较简单，体积较小，造价也较

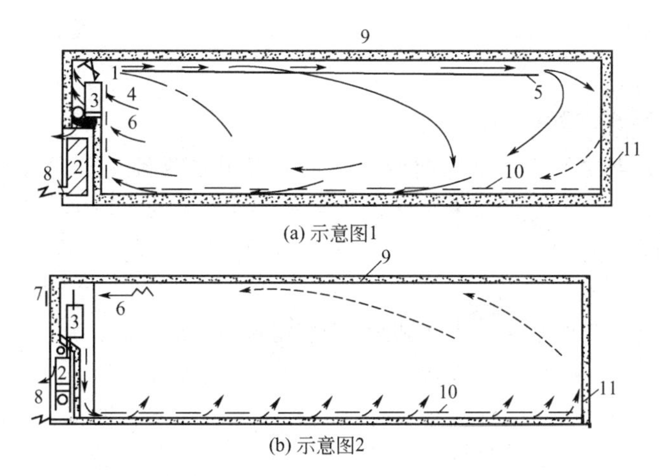

图 4-29 内藏式冷藏集装箱的结构与冷风循环示意图

1—风机；2—制冷机组；3—蒸发器；4—端部送风口；5—软风管；6—回风口；7—新风入口；8—外电源引入；9—箱体；10—离水格栅；11—箱门

低；而陆运冷藏集装箱必须自备柴油或汽油发电机组。

冷藏集装箱可广泛应用于铁路、公路、水路和空中运输，是一种经济合理的运输方式。使用冷藏集装箱运输的优点如下。

a. 装卸效率高，人工费用低。采用冷藏集装箱，简化了装卸作业，缩短了装卸时间，提高了装卸负荷，因而人工和费用都减少了，降低了运输成本。

b. 调度灵便，周转速度快，运输能力大，对小批量冷货也适合。

c. 大大减少甚至避免了运输货损和货差。冷藏集装箱运输在更换运输工具时，不需要重新装卸食品，简化了理货手续，为消灭货损、货差创造了十分有利的条件。

d. 提高货物质量。箱体内温度可以在一定的范围内调节，箱体上还设有换气孔。因此，能适应各种易腐食品的冷藏运输要求，保证易腐食品的冷藏链不中断，而且温差可控制在±1℃之内，避免了温度波动对食品质量的影响，实现从“门”到“门”的特殊运输方式。

此外，陆运集装箱还有其独特优点：首先，与铁路冷藏车相比，在产品数量、品种和温度上的灵活性大大增加，铁路冷藏车，大列挂 20 个冷藏车厢，小列挂 10 节冷藏车厢，不管货物多少，只能有两种选择，而集装箱的数量可随意增减；铁路冷藏车的温度调节范围小，而其中的冰冷藏车的车厢内温度就更难稳定地控制在一个小范围内。其次，由于柴油电机的开停也受箱内湿度的控制，避免了柴油机空转耗油，使集装箱可以连续运行，中途不用加油。再次，陆用集装箱的箱体结构轻巧、造价低，又能最大限度地保持食品质量，减少运输途中的损失。如运输新鲜蔬菜时，损耗率可从敞篷车的 30%～40%降低到 1%左右。

（6）使用冷藏运输设备的注意事项

① 运输冻结食品时，为减少外界侵入热量的影响，要尽量密集码放。装载食品越多，食品热容量就越大，食品温度就越不容易变化。运输新鲜水果、蔬菜时，果蔬有呼吸热放出。为了及时移走呼吸热，货垛内部应留有间隙，以利于冷空气在垛内部循环流通。无论是否是新鲜食品，整个货垛与车厢或集装箱的维护结构之间都要留有间隙，供冷空气循环。

② 加强卫生管理，避免食品受到异味、异臭及微生物的污染。运输冷冻食品的冷藏车，尽量不运其他货物。

③ 冷冻运输设备的制冷能力只用来排除外界侵入的热量，不足以用来冻结或冷却食品。

因此，冷冻运输设备只能用来运输已经冷冻加工的食品。切忌用冷冻运输设备运输未经冷冻加工的食品。

四、中国食品冷链发展趋势

中国的食品冷链建设正处于发展起步阶段。随着国家政策逐步完善和人民生活水平提高，食品冷链在未来几年内会有长足发展，与食品冷链相关的生产加工、保温流通和各种设备将有很大市场空间。

1. 发展先进的冷藏运输装备

要迅速提高我国冷链物流水平，必须大规模改造和更新现有冷藏运输设备。国外冷冻冷藏物流之所以迅速发展，冷藏运输装备的发展起到了极为关键作用。发达国家已逐步淘汰了冰冷车，目前已广泛采用机冷式冷藏集装箱，并有通风、气调、液氨、保温、冷板等多种类冷藏箱，极大地促进了冷藏运输的发展。

针对当前冷链物流的发展趋势，我国冷藏运输装备应从以下方面进行改进和创新。

(1) 加速提升我国冷藏运输设备的技术水平　我国冷藏运输装备技术水平不论是车辆结构，还是制冷机组等相关设备可靠性，不论是车体隔热、气密性，还是载货容积、重量，不论是新材料应用，还是地面设施完善，不论是新冷源的应用，还是气调保鲜技术的开发，均与世界水平存在很大差距。在冷藏运输装备开发中，应加强与先进国家合作，尽快提升冷藏运输装备的技术水平。

(2) 大力发展新型冷藏装备　为了满足冷冻食品特别是深度冷冻食品对运输条件的要求，发达国家的铁路运输业都在努力对机械冷藏车进行更新换代。美国的成组式及以石油作能源的机械制冷运输工具正逐步减少，而以单节或集装箱式的冷藏运输工具和不依赖石油的新型冷源车或隔热车成为重要发展方向。结合我国国情及冷藏运输市场需求，我国冷藏运输装备应发展能够适应冷藏快运业务的快速冷藏车，能够适应货物品类多样化及长距离运输的冷藏集装箱，以及灵活机动、控温范围广、能满足小批量货物运输的单节及小组分机冷车。

2. 提高冷藏运输的组织效率

我国应积极建立有统一标准数据的计算机管理信息系统和电子交换系统。铁路部门应依托物流管理信息系统的建设，对各种冷藏车的运输进行全面动态监控，简化冷藏车运输计划、审批手续和空车调配环节，提高对货物运输需求的响应速度，真正做到对冷藏货物运输优先组织，建立冷藏食品运输的“绿色通道”。此外，要积极建立与公路、水路以及海关、代理、堆场等相关部门配套的、有统一标准数据的计算机管理信息系统和电子数据交换系统，从而提高冷藏运输的组织效率。

3. 开展易腐货物多式联运

多式联运能够提高货物运输速度，降低运输成本，对物流效率的提高具有极为重要的作用。铁路、公路和水路应打破各自的行业壁垒，积极发展铁路、公路、水路的联合运输网，形成多式联运体系。同时发展铁路、公路易腐货物的运输代理。

总之，在从食品原料到消费者获得冷冻食品这一完整的冷链中，需要由速冻食品生产企业、地区批发销售商、大型超级市场、零售商店和消费者共同完成。其生产和销售环节责任非常明确，温度和湿度也容易控制。但是，消费者购买食品以后，如果不注意科学合理保存和加工，也不能得到好的食物。消费者从购买冷冻食品到运送回家中的冰箱的这段时间都处于常温下，特别是夏季，温度较高，这段时间越短越好，购回家中的冷冻食品也不宜长时间贮藏。

参考文献

[1] Ciobanu A, Lascu G, Bercescu V, et al, 著. 食品工业制冷技术 [M]. 孙时中, 张孝若, 边增林译. 北京: 中国轻工业出版社, 1986.

[2] Douglas L A. Freezing: An Underutilized Food Safety Technology? [J]. International Journal of Food Microbiology, 2004, 90: 127-138.

[3] Hall G M. Fish Processing Technology (2^{nd}ed) [M]. London: Blackie Academic & Professional, 1997.

[4] Heldman D R, Singh R P. Food Process Engineering [M]. Westport: AVI Publishing Company INC, 1981.

[5] Josephson D B, Lindsay R C, Stuiber D A. Effect of Handling and Packaging on the Quality of Frozen Whitefish [J]. Journal of Food Science, 1985, 50: 1-5.

[6] Krevzer R. Freezing and Irradiation of Fish [M]. London : Fishing News (Books) Limited, 1969.

[7] Lane J P. Time-Temperature Tolerance of Frozen Seafoods [J]. Food Technology, 1964, 7: 156-162.

[8] Mudgett R E. Microwave Properties and Heating Characteristics of Food [J]. Food Technology, 1986, 7: 84-93.

[9] Nilsson K. Frozen Storage and Thawing Methods Affect Biochemical and Sensory Attributes of Rainbow Trout [J]. Journal of Food Science, 1995, 60 (3): 627-630.

[10] Norman N P, Joseph H H 著. 食品科学 [M]. 王璋, 钟芳, 徐良增译. 北京: 中国轻工业出版社, 2001.

[11] Ron W, Barry M, Doug G. Postharvest, An Introduction to the Physiology & Handling of Fruit, Vegetables & Ornamentals [M]. Daryl Joyce Eds, CAB International, 1998.

[12] 加藤舜郎. 結食品の製造と取り扱いについて勧告 [J]. 冷凍, 1989, 64 (735): 75-82.

[13] 加藤熏. CA 貯蔵 [J]. 冷凍, 1989, 64 (736): 35-41.

[14] 亀田喜美治. TTT-PPP 概念 [J]. 冷凍, 1987, 62 (711): 109-115.

[15] 原田一. 食品の解凍について [J]. 冷凍, 1989, 64 (741): 86-94.

[16] 上崗康達. 冷蔵冷凍水産物のガス充填包装による品質保持 [J]. 冷凍, 1983, 58 (672): 45-53.

[17] 馬場正二. 新しいタイプの食品浸速凍結装置 [J]. 食品と科学, 1995, 3: 93-97.

[18] 北川博敏. 果実の貯蔵 [J]. 冷凍, 1989, 64 (741): 745-759.

[19] 鈴木たね子. 凍結による魚肉たん白の変性 [J]. 日本水産学会誌, 1964, 30 (9): 792-800.

[20] 冯志哲, 沈月新. 食品冷藏学 [M]. 北京: 中国轻工业出版社, 2005.

[21] 高福成. 冻干食品 [M]. 北京: 中国轻工业出版社, 1998.

[22] 韩林. 我国冷藏保温车产业现状及市场分析 [J]. 商用汽车, 2004, 8: 72-74.

[23] 扈文盛. 常用食品数据手册 [M]. 北京: 中国食品出版社, 1989.

[24] 金听祥, 朱鸿梅, 李改莲, 等. 真空冷却技术的研究进展 [J]. 食品科学, 2005, 26 (6): 276-280.

[25] 刘北林. 食品保鲜与冷藏链. 北京: 化学工业出版社, 2004.

[26] 刘建学. 食品保藏学 [M]. 北京: 中国轻工业出版社, 2006.

[27] 刘兴华, 曾名湧, 蒋予箭, 等. 食品安全保藏学 [M]. 北京: 中国轻工业出版社, 2005.

[28] 罗云波, 蔡同一. 园艺产品贮藏加工学 [M]. 北京: 中国农业大学出版社, 2001.

[29] 马长伟, 曾名湧. 食品工艺学导论 [M]. 北京: 中国农业大学出版社, 2002.

[30] 闵连吉. 肉的科学与加工技术 [M]. 北京: 中国食品出版社, 1988.

[31] 隋继学. 制冷与食品保藏技术 [M]. 北京: 中国农业大学出版社, 2005.

[32] 王绍林. 微波食品工程 [M]. 北京: 机械工业出版社, 1994.

[33] 曾名湧. 食品保藏原理与技术 [M]. 青岛: 青岛海洋大学出版社, 2000.

[34] 杨瑞. 食品保藏原理 [M]. 北京: 化学工业出版社, 2006.

[35] 曾庆孝, 芮汉明, 李汴生. 食品加工与保藏原理 [M]. 北京: 化学工业出版社, 2002.

[36] 张文叶. 冷冻方便食品加工技术及检验. 北京: 化学工业出版社, 2005.

[37] 赵晋府. 食品技术原理 [M]. 北京: 中国轻工业出版社, 2002.

[38] 周山涛. 果蔬贮运学 [M]. 北京: 化学工业出版社, 1998.

第五章　食品罐藏技术

［教学目标］　本章使学生了解常见罐藏容器及其特性，掌握食品罐藏基本工艺过程及其原理和要求，熟悉罐藏食品杀菌时间计算方法及杀菌工艺条件确定，了解罐藏新技术。

罐藏是将食品原料经预处理后密封在容器或包装袋中，通过杀菌工艺杀灭大部分微生物营养细胞，在维持密闭和真空的条件下，食品得以在室温下长期保存的食品保藏方法。凡用罐藏方法加工的食品通称为罐藏食品。

罐头食品发展历史源远流长，公元六世纪北魏贾思勰在《齐民要术》中对罐藏法就作过描述，“一层鱼、一层饭，手按令紧实，荷叶闭口，泥封勿令漏气。”此种保藏方法可视作罐藏法的萌芽。18 世纪末叶，法国陆军因战争给养出现问题，拿破仑悬赏鼓励发明保藏食品的方法。法国人尼古拉·阿培尔经过 10 年努力于 1804 年研究成功世界上第一批罐头食品，其方法是将欲保藏之食品加热后装入瓶内，用木塞塞住瓶口，置于沸水煮 30～60min，取出趁热将塞子塞紧，再用涂蜡密封瓶口。1809 年发表了“The Art of Processing Animal & Vegetable Food for Many Years”一书，奠定了罐藏学之基础。1810 年，英国人彼得·杜兰德（Peter Durand）阅读了阿培尔的著作之后，发明了镀锡铁皮作为罐头容器和食品贮藏方法的专利。有了阿培尔的发明和杜兰德的坚固不易破碎的金属罐之后，罐头工业就一直稳定向前发展。

如 1821 年，英国人 William Underwood 在英国波士顿设厂，生产制造水果瓶装罐头出口。1825 年，Thomas Kensett 的《罐头加工法及容器》获得美国专利。但由于对引起食品变质的主要因素——微生物还没有认识，在较长时间内技术上进展缓慢，直到 1865 年法国科学家巴斯德（Louis Pasteur）发现了巴氏杀菌法，才从理论上理解了罐藏食品保藏原理。1874 年发明了从外界通入蒸汽的并配有控制装置的高压杀菌锅；1877 年罐头接合机械发明，制罐业逐渐机械化。1896 年美国阿姆斯兄弟（Chalres Ams 和 Max Ams）发明了以液体橡胶制成密封胶密封之方法，诞生了卷封罐（卫生罐），1897 年美国人 Julius Bren Zinger 发明封口胶涂布机，为金属容器带来了技术上的革新，从此制罐工业和罐头工业开始分离而独立经营。1920 年到 1923 年间，比奇洛（Bigelow）和鲍尔（Ball）根据微生物的耐热性和罐内食品的传热性，提出了用数学公式来确定罐藏食品的杀菌温度和时间。1948 年，斯塔博（Stumbo）和希克斯（Hicks）进一步提出了罐头食品杀菌的理论基础 F 值，从而罐藏理论和技术趋于完善。由于生产机械设备的发展和罐藏工艺技术的不断进步，罐藏工业取得显著进展，罐藏技术已经成为保藏食品的重要方法之一。

目前，世界罐头年产量超过 4000 万吨，其中水果和蔬菜罐头占 70%以上，主要的生产国有美国、日本、俄罗斯、澳大利亚、德国、英国、意大利、西班牙及加拿大等。1906 年上海商人从西方购入设备并成立了海泰丰食品公司，这是我国第一家罐头食品企业。20 世纪 50 年代我国罐头产品不足百吨，目前已发展成食品工业中的重要产业。罐头厂 2000 余家，产品不仅销售国内市场，还远销 100 多个国家和地区，出口罐头品种近 400 种。2010

年全国食品出口总额为320亿美元，而罐头出口额达到34.56亿美元，占食品出口总额的10.8%。2012年全国罐头总产量达到971.46万吨，同比增长4.02%。罐头产业总产量与出口量已连续4年保持2位数增长，居食品工业前列。

作为一种食品保藏方法，罐藏法的优点是：①罐头食品可以在常温下保存1～2年；②食用方便，无须另外加工处理；③已经过杀菌处理，无致病菌和腐败菌存在，安全卫生；④对于新鲜易腐产品，罐藏可以起到调节市场，保证制品周年供应的作用。罐头食品更是航海、勘探、军需、登山、井下作业等特殊行业及长途旅行者的必备方便食品。在各种食品保藏技术中，虽然其他保藏技术也在蓬勃发展，但如前所述，还没有一种先进的保藏方法能全面代替罐藏技术。所以愈是发达国家罐头食品消费量愈大。以年人均计，美国为90kg，西欧50kg，日本23kg，而我国则不足7.0kg。这个事实应引起认真思考和重视。随着经济发展，人民生活质量提高，罐头食品在我国极具发展潜力。

第一节 罐藏容器

常见罐藏容器有三类，即金属罐、玻璃罐及软罐头。玻璃罐是最早使用的罐藏容器，Appert发明罐藏法时，使用的就是玻璃罐。最早的金属罐是Durand在1810年采用镀锡板制作发明的，他认为可以取代笨重易碎还不好封口的玻璃罐。由于镀锡薄钢板罐和后来的镀铬薄钢板罐和铝罐的出现及其制造技术不断改进，极大地推动了商业性食品罐藏的发展。从20世纪60年代后期开始，在日本、加拿大及西欧等地出现了一种以塑料薄膜与铝箔的复合材料制成的软罐容器——蒸煮袋。蒸煮袋的出现，使罐藏容器由硬质罐扩展到软质罐，罐藏容器也因此变得更为新颖、多样和实用化。目前，罐藏工业正在向连续化、自动化方向发展，容器也由玻璃罐、金属罐向蒸煮袋发展，制罐技术由焊锡罐变为了电阻焊接罐。

一、金属罐

金属罐按照材料可分为镀锡薄钢板罐、铝罐和镀铬薄钢板罐等种类。它的主要优点是保护罐内食品免遭微生物、昆虫侵染以及其他能导致产品变质的外来物的污染。此外，它还能防止罐内食品吸收或失去水分，防止内容物吸收O_2及其他气味，避免因光照而引起食品中色素的光化学反应等。

从商业角度来看，金属罐的优点还包括：可实现高效率的机械装填、密封等操作，能方便地在零售点展销，便于消费者贮藏和使用等。

1. 常见制罐材料

镀锡薄板是最常用的制罐材料，其他的制罐材料还包括铝材及镀铬薄板等。

（1）镀锡薄钢板　镀锡薄钢板是一种理想的制罐材料，这主要是因为钢基比较坚固，在罐头的搬运及贮藏过程中不易破损，有利于保护食品。而锡层能保护钢基，使之免受腐蚀，微量的锡溶入食品中，也不会引起毒害作用。锡层还具有良好的延展性，在制罐时既不会裂开，也不会脱落。

镀锡薄钢板是以钢基为中心，上下各分布着合金层、镀锡层、氧化膜及油膜的多层结构。镀锡板罐的抗腐蚀性主要与钢基的化学成分和物理特性、锡层厚度、保护膜、容器构造及内装食品的相对腐蚀性等因素有关。我国生产的热浸镀锡薄板共分12种规格，厚度由0.16mm至0.50mm。最常用的镀锡薄板的厚度为0.22mm、0.25mm及0.28mm等。

另外，镀锡薄板锡层的厚度、均匀性及镀锡的方式会影响到镀锡板罐的耐腐蚀能力。

锡层厚度也即镀锡量，可用每平方米的锡量（g）表示，习惯上则用一基箱镀锡板两面镀锡的总质量（lb[1]）来表示。1lb/基箱的总镀锡量相当于22.4g/m^2。如果镀锡板两面镀锡量不等，则镀锡量用11.2/5.6g/m^2这种形式来表示。如果两面镀锡量相等，则标出总镀锡量即可。目前制罐用的镀锡板的镀锡量主要有0.25lb/基箱、0.50lb/基箱、0.75lb/基箱及1.00lb/基箱等。

锡层的均匀致密对镀锡板的耐腐蚀性是必要的。热浸镀锡时，锡层不易均匀，且留有许多孔隙，为此需要增加锡层厚度，以克服这些缺陷。但这又会增加镀锡板的成本。电镀锡则在镀锡的均匀性方面优于热浸镀锡，因此，电镀锡板的发展很快，已逐渐取代热浸镀锡板。

（2）镀铬薄板　又称无锡铁皮，采用金属铬代替价格昂贵的锡，即薄钢板表面镀有铬及其氧化物，一般由钢基、金属铬层、水合氧化铬层及油膜等部分构成。它是为减少用锡量而发展起来的镀锡薄板的代用品，目前已在罐头生产中大量使用。镀铬板使用时不能焊锡，罐身接缝只能采用粘接和电焊的方法。用于罐藏容器均须内、外涂料，以保护镀铬层，增强镀铬板的耐腐蚀性。

另外，镀铬板的钢基成分、调质度及规格尺寸等均按镀锡板标准执行。

（3）铝合金薄板　铝合金薄板是铝镁、铝锰等合金经铸造、热轧、冷轧、退火等工序而制成的，它的优点是重量轻，能抗大气的腐蚀，基本上不被含硫食品腐蚀，能用不同的方法成型等。其缺点是不能用焊锡法接缝，罐身强度较小，对绝大多数含水食品来说，铝合金罐不如镀锡板罐那样耐久。

铝合金薄板由于具有良好的金属压延性，所以适用于制造扁平冲底罐和深拉冲拔罐，特别是做成易拉罐，大大方便了罐头的开启。

铝合金薄板必须涂料后使用。有的铝合金薄板在涂料前还需经钝化处理，如重铬酸处理或硫酸处理。铝合金薄板通过改变冷轧压延加工程度，可以调质成从软质材料到超硬质材料等具有不同强度标准的薄板。在制造铝合金罐时，也应根据实际要求选择不同的强度、加工性、耐蚀性及材料的成本等的铝合金薄板。

（4）罐头涂料

① 罐内壁涂料的目的和要求。由于镀锡薄板尚有不足之处，如肉禽类、某些蔬菜等含硫的蛋白质食品在加热杀菌时会产生硫化物，以致罐壁上常产生硫化斑或硫化铁，使食品遭到污染。有色水果在罐内二价亚锡离子的作用下就发生褪色现象。高酸性食品装罐后常出现氢胀罐和穿孔现象，有的食品还会出现金属味。樱桃、葡萄、草莓、杨梅等含花青素水果罐头，花青素是锡、氢的接受体，加速马口铁腐蚀，同时导致水果褪色。这些罐头都需要在罐内壁上涂布一层涂料，这种马口铁称为涂料铁，避免金属面和食品直接接触发生反应，把食品与马口铁分隔开，达到保证食品质量和延长罐头保存期的目的。由于食品直接与涂料罐接触，所以对罐头涂料的要求比较高，概括起来有以下几点：a. 涂料必须无毒害、无污染、卫生安全、不影响内容物的风味和色泽，对涂膜的微量迁移物应符合卫生要求；b. 涂料成膜后能有效地防止内容物对罐壁的腐蚀，不会产生不良后果；c. 涂料对罐壁应有良好的附着力，且应均匀致密，同时应具有必要的强度和机械性能，能适应制罐工艺要求；d. 能耐高温杀菌，涂膜不变色、不软化、不脱落，并能经受焊锡热；e. 要求工艺操作简便，干燥迅速而不回粘，涂印良好，不会产生针状小孔、花纹、雾滴等缺陷；f. 涂料及所用溶剂价

[1] 1lb＝0.45359237kg。

格要低廉；g. 涂料应有良好的稳定性，便于存放。

② 罐外壁涂料的目的和要求。罐头外壁涂料也称彩印涂料，可替代纸商标，省去贴标工序，还可防止罐头外壁生锈，改善罐头的贮存性能。对外涂料的一般要求如下：a. 印铁商标经沸水加压蒸汽加热处理后，涂膜不应变色、软化、脱落和起泡，保持原有光泽和色彩；c. 涂料和油墨经烘干后，白涂料不泛黄，彩色油墨不变色，光泽良好；c. 涂料和油墨干燥良好，不回粘；d. 涂料成膜后附着力良好，满足罐头制造工艺要求；e. 采用高速印铁机，油墨印刷性能良好；f. 涂料及所用溶剂价格便宜；g. 涂料和油墨的贮藏稳定性好。

单一材料往往较难达到上述目的，常常采用几种如油料、树脂、颜料、增塑剂、稀释剂和其他辅助材料共同组成涂料。

（5）罐头密封胶　罐头密封胶填充于罐头底、盖和罐身卷边接缝中间，因二重卷边的压紧作用将罐底、盖和罐身紧密结合起来，保证了罐头卷边的严密封闭，杜绝外界空气的侵入。罐头密封胶必须满足以下要求：① 无毒无害，符合食品卫生要求；②不含杂质，可塑性好，便于填满罐底、盖与罐身卷边接缝间的空隙；③具有良好的抗热、抗水、抗氧化等性能。确保罐头在沸水杀菌、钝化处理、油类制品生产以及加热排气情况下不溶化，不脱落。特别是耐热性要高，以适应罐头的高温高压杀菌。

目前我国在空罐制造时，密封胶几乎全部采用天然橡胶。而国际上则以合成橡胶为主。金属罐藏容器的密封胶均为液体橡胶，有水基胶和溶剂胶两类。水基胶中氨水胶使用较多，尤以硫化乳胶使用最广。溶剂胶类用得较少。

目前国内使用的氨水胶的主要成分是天然乳胶。此外还包括酪素、高岭土、硫黄、β-萘酚、液体石蜡、促进剂二硫化四甲基秋兰姆（TMTD）等多种配合剂。上述各成分与蒸馏水混合，经球磨混匀，过滤而成的乳浊液即氨水胶。硫化乳胶则是采用天然乳胶、硫黄、硫化促进剂、填料等物料配成。配制方法如图 5-1 所示。

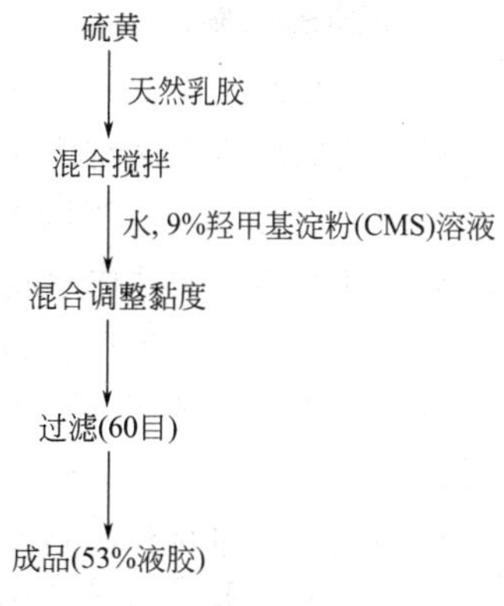

硫黄
↓ 天然乳胶
混合搅拌
↓ 水，9%羟甲基淀粉(CMS)溶液
混合调整黏度
↓
过滤(60目)
↓
成品(53%液胶)

图 5-1　硫化乳胶配制工艺流程图

（6）焊料及助焊剂　目前我国罐藏容器中，镀锡板的三片接缝罐使用较广泛。为了保证容器的密封性，罐身接缝必须经过焊接。焊接的方法有锡焊和电阻焊接等，其中以锡焊居多。焊料就是锡焊中用以焊接罐身接缝的材料，俗称焊锡。它是以纯锡和纯铅按适当比例铸造的锡铅合金，此外还含锑及微量杂质。焊料中含 1%～2%的锑可提高接缝焊接强度，但会影响其工艺特性。杂质含量不得超过 0.1%，尤其含铁量必须低于 0.1%，否则将使焊料熔点升高，合金变脆。含锌和镁量不得超过 0.01%，以免降低焊料的流动性和在凝固时产生裂纹。目前国内用于三片接缝罐的锡铅焊料有两种，一种焊料含锡 60%、铅 40%；另一种含锡 50%、铅 50%。

助焊剂俗称焊药，是一种盐（氯化锌水溶液）、酸或松香溶液，在焊锡前均匀涂布在接缝处，焊锡时受热分解，析出氯或其他有机酸，以清除镀锡板表面的油污或金属氧化物，从而使锡焊料顺利地渗入罐身接缝，保证焊接的牢固程度。常用的助焊剂有氯化锌溶液、乙醇胺盐酸盐焊锡药水、松香焊锡药水等种类，其中以氯化锌溶液使用较广泛。

2. 空罐制造

金属罐藏容器按制造方法不同可分为接缝焊接罐和冲底罐两大类，按制造材料不同可分为镀锡铁罐（马口铁罐）、镀铬板罐、铝罐及蒸煮袋等，按罐形不同则可分为圆罐、方罐、椭圆形罐和马蹄形罐等。下面简述几种常见空罐的制造工艺。

（1）焊锡接缝圆罐的制造技术　焊锡接缝圆罐是由罐身、罐盖、罐底三件组合而成，因而也称为三片罐。各部分的生产工艺如下。

罐身：镀锡板→切板→切角、切缺→端折→成圆→涂焊药→钩合→踏平→涂焊药→焊锡→翻边。

底盖：镀锡板→切板→冲盖→圆边→注胶→干燥硫化。

空罐：罐盖→封底→检查→包装→入库。

（2）电阻焊接缝圆罐的制造技术　电焊圆罐的制造是在机械化程度很高的自动制罐作业线上进行的，其工艺流程如下。

罐身：切板→弯曲→成圆→电阻焊接→接缝补涂、固化→翻边。

罐盖的制造及封底的生产工艺与焊锡罐相同。

（3）接缝方罐的制造技术　除圆罐外的所有罐形，均称为异形罐，方罐是异形罐中较为常见的一种。

罐身：镀锡板→冲罐身板→划线→刮黄→压筋→端折→成型→涂焊药→踏平→涂焊药→焊锡→翻边。

罐盖：镀锡板→切板→冲盖→圆边→印胶→烘干、硫化。

罐身、罐盖→封底→检查→补涂料→烘干→包装入库。

二、玻璃罐

1. 玻璃罐的制造

玻璃罐在罐头工业中应用之泛，其优点是化学性质稳定，不与食品起化学变化，不生锈，而且玻璃罐装食品与金属接触面小，不易发生反应，对食品保存性好；玻璃透明，可直接看见罐中内容物，便于顾客选购；空罐可以重复使用，经济便利。其缺点是笨重而易破碎，运输和携带不便；内容物易褪色或变色；不耐机械操作，导热性和膨胀系数小，传热性和抗冷热性能差，在生产、运输、贮存过程中容易造成损失。目前，玻璃罐正向薄壁、高强度发展，新的瓶型不断问世，工业发达国家卫生部门已正式规定婴幼儿食品只能使用玻璃罐。

玻璃罐的制造材料是玻璃，它是由石英砂、纯碱及石灰石等组分按一定比例配合后在1000℃以上的高温下熔融冷却而成。配合比例通常是：石英砂占55%～70%，纯碱5%～25%，石灰石15%～25%。此外还含有4%～8%的氧化铝、氧化铁、氧化镁等氧化物。玻璃罐的制造工艺流程如下。

原料磨细→过筛→配料→混合→加热熔融→成型冷却→退火→检查→成品。

2. 玻璃罐的性能及技术要求

（1）理化性能　玻璃罐应具有较好的化学稳定性。一般要求，玻璃罐内注入稀酸后，在沸水浴中加热30min，其酸性不消失。

玻璃罐还应具有一定的热稳定性。要求将玻璃瓶先浸入40℃热水5min，再浸入100℃沸水静置5min，然后浸入60℃热水中静置5min后不破碎。

（2）机械性能　要求玻璃的抗张力为34.3～38.3N/mm^2。抗压力为588～1225N/mm^2。玻璃的硬度值为5～7。

（3）技术要求　玻璃罐应透明无色，或略带青色，罐身应端正光滑，厚薄均匀，罐口圆而平正，底部平坦，罐身不得有严重的气泡、裂纹、石屑及条痕等缺陷。

3. 玻璃罐的类型及其封口形式

目前常用的玻璃罐如图 5-2 所示。罐盖用镀锡薄板或涂料铁制成，橡胶圈嵌在罐盖盖边内，卷封时由于辊轮的推压将盖边及胶圈紧压在玻璃罐口边上。其特点是密封性能良好，能够承受加压杀菌，但开启比较困难。

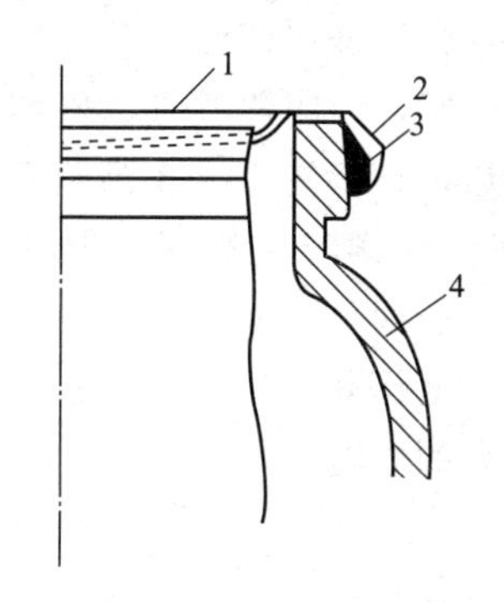

图 5-2　卷封式玻璃罐

1—罐盖；2—罐口边突缘；3—胶圈；4—玻璃瓶

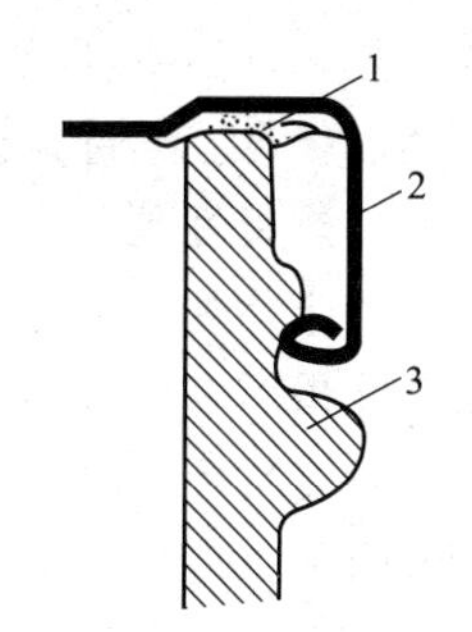

图 5-3　螺旋式玻璃罐

1—塑料溶胶；2—罐盖；3—玻璃瓶

螺旋式玻璃罐盖底内侧有盖爪，瓶颈上有螺纹线，与爪相互吻合。旋盖后，罐盖内胶圈正好压紧在瓶口上，保证了罐的密封性。常见的盖子有四个盖爪，而玻璃瓶颈上有四条螺纹线，盖子旋转 1/4 圈时即获得密封性，因此，也称为回旋式玻璃罐，如图 5-3 所示。

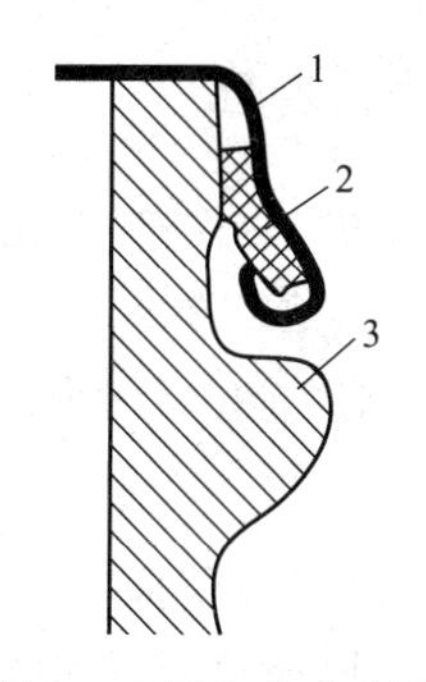

图 5-4　压入式玻璃罐

1—罐盖；2—橡胶圈；3—玻璃瓶

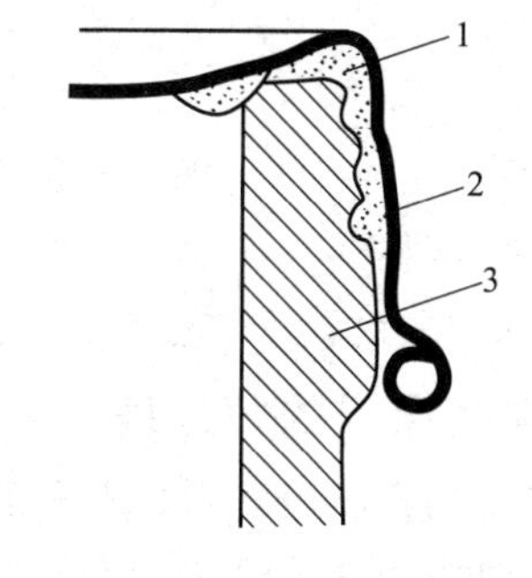

图 5-5　垫塑螺纹式玻璃罐

1—塑料溶胶；2—罐盖；3—玻璃瓶

压入式玻璃罐如图 5-4 所示。其罐盖底边向内弯曲，并嵌有合成橡胶圈。当它紧贴在罐颈外侧面上时，便保障了罐头容器的密封。开启时，只要撬开靠着瓶口的突缘，即可打开罐盖。封盖操作也非常简便，只需要从上向下压即可。

垫塑螺纹式玻璃罐如图 5-5 所示，使用垫塑螺纹盖，盖内注入塑料溶胶形成垫片。玻璃瓶口外侧有螺纹，盖边无螺纹。真空封装时，盖内塑料垫片压入瓶颈便产生同样螺纹，从而达到密封效果。开启时，只需拧开罐盖即可。

三、软罐容器

软罐容器是一种耐高温蒸煮的复合薄膜袋，又叫蒸煮袋。具有不透光、气密性好、易开启、携带方便及耐贮藏等特点，是一种很有前途的罐藏容器。

1. 蒸煮袋的结构及其性能

蒸煮袋的材料是由三层或更多层不同的耐热薄膜基材所构成的复合薄膜，薄膜基材之间以粘结剂粘合。以三层材料复合的蒸煮袋为例，其外层为聚酯薄膜，中间为铝箔，内层为聚烯烃薄膜。

聚酯薄膜的机械强度大，挺力足，耐冲击，熔点为260℃，软化点为230～240℃，高温下的热收缩率很小，具有极其优良的耐热性能和尺寸稳定性；耐油、耐有机溶剂、耐酸蚀；水、水蒸气和气体的透过度极小，气密性好；透明度好，最适宜作蒸煮袋的外层材料。其缺点是不耐强碱，防止紫外线透过性也稍差，可通过与铝箔复合来加以改善。

铝箔的特点是无毒、质量轻，适宜印刷和复合，导热性好，能阻隔潮气、气体、光线及油脂等，加工性能优良。不过，铝箔也存在易破裂、不能热粘合等缺点。作为蒸煮袋内层材料的聚烯烃薄膜，热封性能好，安全卫生，能耐高温蒸煮，化学稳定性好。但其气密性较差，隔绝异味及防止紫外线穿透性较差。不过在与铝箔复合后即可克服这些缺点。

蒸煮袋的性能指标有分层强度、平整度等。其中分层强度是其主要性能指标，表示蒸煮袋的复合牢度。它受材质、黏结剂、温度、压力等诸多因素的影响。

2. 蒸煮袋的生产工艺

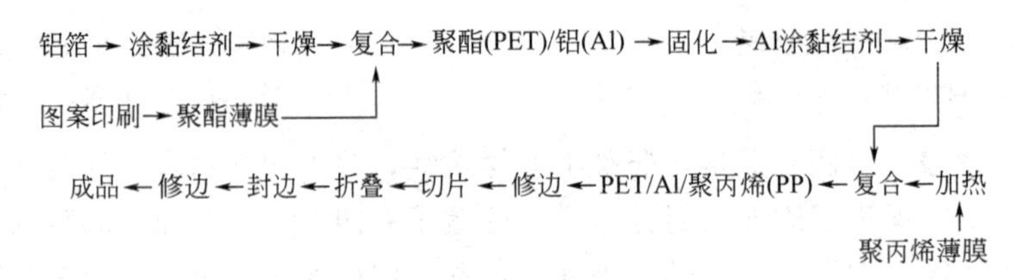

第二节　食品罐藏的基本工艺过程

食品罐藏的基本工艺过程包括原料的预处理、装罐、排气、密封、杀菌与冷却等。由于食品的原料和罐头品种不同，各类罐头的生产工艺也有所不同，但基本工艺是相同的。衡量一个产品是否属于罐头，关键看其工艺过程，是否经过排气（或抽气）、密封、杀菌三个最基本工艺。

一、罐藏原料的预处理

各类罐头的食品原料中，水产品原料必须是非常新鲜的，鱼体必须是完整的。鱼贝类与畜肉相比，肌肉中含水分多，容易损伤，容易产生化学变化，同时细菌也很容易侵入肌肉内，处理时必须严加注意。必须避免鱼体受压和阳光直射，在冷藏的条件下保藏。畜肉在屠宰后，由于死后僵硬，肌肉明显收缩、发硬，因此，作为罐头食品原料，必须采用经过僵硬期后的肉（一般牛肉为宰后12～24h，小牛肉为宰后4～8h）。水果在未成熟时，酸度太高，不宜作为罐头食品的原料，必须采用成熟度适中的水果。

作为罐头食品的原料和辅助材料，除少数品种新鲜加工外，一般都经过贮藏。动物性的原料多采用冻结冷藏或低温保藏，植物性的原料多采用低温冷藏或气调贮藏，有的原料如蘑菇等可采用化学法保鲜护色。辅助材料则根据原料的性质不同，分别采用干藏、密封保藏等。

原料在进入生产之前，必须严格挑选和分级，剔除不合格的原料，同时根据质量、新鲜度、色泽、大小等分为若干等级，以利于加工工艺条件的确定。对于畜产品原料还必须进行兽医检查。

挑选分级后的原料，须分别进行清洗、挑选、分级、去骨、去皮、去鳞、去头尾、去内脏、去核、去囊衣等处理，然后根据各类产品规格要求，分别进行切块、切条、切丝、打浆、榨汁、浓缩、预热、烹调等处理后方可装罐。

二、食品装罐

1. 装罐前容器的准备

食品在装罐前，首先要依据食品种类、性质、产品要求及有关规定选择合适的空罐，然后再进行充分的清洗，以除去空罐中的灰尘、微生物、油脂等污物及氯化锌等残留物。清洗可用手工或机械的方法。目前，大中型企业均采用机械方法，通过喷射蒸汽或热水来清洗。清洗之后再用漂白粉溶液消毒。

容器消毒后，每只罐的微生物残留量应低于几百个。消毒后，应将容器沥干并立即装罐，以防止再次污染。

2. 食品装罐

（1）装罐的工艺要求　原料经过清洗、挑选、分级、切分、去皮、去核、打浆、榨汁及烹调等预处理后，应迅速装罐。装罐时应力求质量一致，并保证达到罐头食品的净重和固形物含量的要求。每只罐头允许净重公差为±3%。但每批罐的净重平均值不应低于固体物净重。罐头的固形物含量一般为45%～65%，因食品种类、加工工艺等不同而异。

装罐时还必须留有适当的顶隙。顶隙是指罐内食品表面层或液面与罐盖间的空隙。顶隙大小将直接影响到食品的装罐量、卷边的密封性、罐头变形及腐蚀等。顶隙过小，杀菌时食品膨胀，引起罐内压力增加，将影响卷边的密封性，同时还可能造成铁罐永久变形或凸盖，影响销售。顶隙过大，不仅会造成罐头净重不足，而且由于顶隙内残留空气较多，将促进铁皮的腐蚀或形成氧化圈，引起表层食品变色、变质。一般罐内食品表面与容器翻边或顶边应相距4～8mm。

（2）装罐方法　装罐的方法有人工装罐和机械装罐两种。一般肉禽、水产、水果、蔬菜等块状或固体产品等，大多采用人工装罐；而颗粒状、流体、半流体、糜状产品等大多采用机械装罐。

装罐之后，除了流体食品、糊状胶状食品、干装食品外，都要加注液体，称为注液。注液能增进食品风味，提高食品初温，促进对流传热，改善加热杀菌效果。注液可以排除罐内部分空气，减小杀菌时的罐内压力，减轻罐头食品在贮藏过程中的变化。

（3）预封　预封是在食品装罐后用封罐机初步将盖钩卷入到罐身翻边下，进行相互钩连的操作。钩连的松紧程度以能允许罐盖沿罐身自由地旋转而不脱开为准，以便在排气时，罐内空气、水蒸气及其他气体能自由地从罐内逸出。

预封的目的是预防因固体食品膨胀而出现汁液外溢；避免排气箱冷凝水落入罐内而污染食品；防止罐内温度降低和外界冷空气窜入，以保持罐头在较高温度下进行封罐，从而提高罐头的真空度。

预封时可采用手扳式或自动式预封机。预封时，罐内食品汤汁在离心力作用下容易外溅，因此，采用压头式或罐身自由转动式预封机时，转速应稍慢些，可用下式估算转数。

$$n=60\frac{\sqrt{H}}{R}(\mathrm{r/min}) \tag{5-1}$$

式中　H——顶隙度，m；

R——罐头内径，m。

三、罐头排气

1. 排气目的

排气是在装罐或预封后将罐内顶隙间的、装罐时带入的和原料组织细胞内的空气排出罐外的技术措施。排气的目的有以下几个方面。

① 阻止或减轻因加热杀菌时空气膨胀而使容器变形或破损。尤其是二重卷边受到过大的压力后，其密封性易受影响。

② 阻止需氧菌和霉菌的生长发育。

③ 控制或减轻罐藏食品在贮藏中出现的罐内壁腐蚀。

④ 避免或减轻食品色、香、味的变化。

⑤ 避免维生素和其他营养素遭受破坏。

6. 有助于避免将假胀罐误认为腐败变质性胀罐。

2. 排气效果

(1) 排气与微生物生长发育的关系　能在罐内食品中存在的微生物大多为需氧菌，它们需要有相当量的游离氧才能生长。比如灰绿青霉菌，最高需氧量为 3.22～3.68mg/L，最少需氧量为 0.06～0.66mg/L。这意味着排除游离氧有可能抑制需氧菌的生长发育。

1919 年 Hunter 曾发现在 530 个卷边良好、未腐败、未膨胀的罐头食品中有 237 个存在活菌，并从其中的 224 个罐头中分离出马铃薯芽孢杆菌，培养后仍能引起鲑鱼蛋白质的腐败变质。1922 年，Savage 从 21 个外观良好的罐头中取出 17 个，打孔后通入无菌空气进行恒温培养 5～16d，再行焊封，其中有 16 只罐头出现细菌生长和腐败变质。这些试验结果表明，罐头中存在活菌，但需要有空气存在时才能生长。因而排气是有效防止它们生长发育和控制食品腐败变质的重要措施。

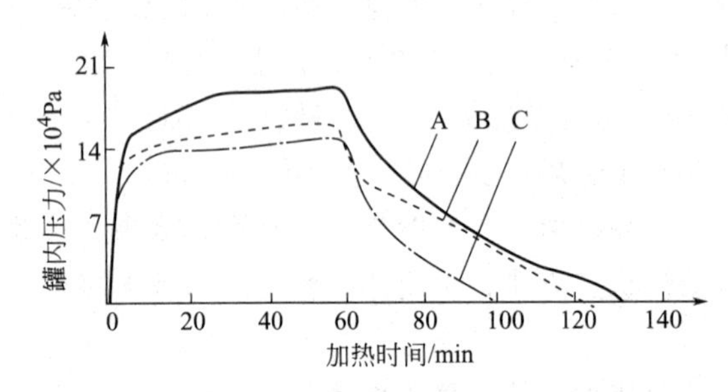

图 5-6　罐内压力随顶隙变化关系（李雅飞，1993）

A—顶隙 2mm；B—顶隙 4mm；C—顶隙 6mm

(2) 排气和加热杀菌时罐头变形破损的关系　罐头食品在加热杀菌时，罐内空气、水蒸气和内容物均将受热膨胀，以致罐内压力显著增加。如果罐内外压差过大，密封的二重卷边结构就会变得松弛，甚至会漏气、爆裂而成为废品。罐内外压力差与顶隙、食品种类、封罐时内容物的温度、是否排气及杀菌锅压力等因素有关。

一般在其他条件不变时，顶隙越大，罐内外压差就越小；顶隙减小，则压差就增大，两者之间关系如图 5-6 所示。某些食品如青刀豆、马铃薯、带骨禽类等在加热过程中会不断产生气体，使罐内压力不断上升，难以稳定下来，易造成罐内外压差过大而产生罐头凸角等异常现象。

研究表明，高温密封的罐头在相同的杀菌温度下，罐内的压力要低于低温密封的罐头。Magoon和 Culpeper 发现 80℃密封的罐头在 121℃杀菌时，罐内压力为 182.5kN/m^2，而在 50℃密封的罐头在同样温度下杀菌时，罐内压力为 204.8kN/m^2，后者较前者高。因此，排气良好的罐头，在杀菌时一般不会产生罐内外压差过大的情况。但在杀菌结束，蒸气供应停止并开始冷却的那段时间内，由于杀菌锅的压力急剧降低，而罐内压力却停留不降，或下降极缓慢，导致罐内外压差迅速增大，造成罐头凸角、凸盖及变形等现象。为此，必须采用反压冷却。

总之，排气良好的罐头食品杀菌时罐内超压很小，不易出现严重凸盖或卷边松弛等问题。此外，排气良好的罐头还有利于选用较高的杀菌温度，缩短杀菌时间，提高设备利用率和产品质量。

不过罐头排气后，罐内真空度也不宜过高，以免因罐外压力过高而发生瘪罐，对大型罐尤其应注意。

（3）排气和罐头食品内壁腐蚀的关系　前面已讲过，罐内壁腐蚀是罐头食品贮藏过程中常见的现象。如果罐内有氧气存在，则阳极反应强烈，并促进阴极反应，从而促进了罐壁腐蚀。Huenink、Bigelow 等人都证明了罐内氧的存在将促进罐壁腐蚀。美国制罐公司则证明氧的存在会促进水果中的酸对罐内壁的腐蚀。为此，水果罐头应充分排气，尽量减少罐内残氧量。要求真空封罐时密封温度不低于 70℃，真空度不低于 $0.5\times10^5 N/m^2$。

（4）排气和罐头食品色、香、味的变化　食品长期暴露在空气中，易发生氧化反应而导致色、香、味的变化。含脂多的食品，由于氧化酸败，将使食品表面发黄和产生哈喇味。苹果、梨、桃及蘑菇等果、蔬切片与空气接触就会发生褐变。果酱、果冻、果汁等色泽和香味也会因氧化而改变。一般食品组织、水及液汁等处均存在氧。当罐头处于真空条件下时，这些氧气将会逸出，使罐内残氧减少。因此，真空排气可以明显地减轻罐头食品的色、香、味的变化。

（5）排气和罐头外观的关系　排气良好的罐头因内压低于外压，底盖呈内凹状。食品腐败变质时，除平盖酸败外常产生气体，使罐内压力上升，真空度下降，严重时底盖外凸形成胀罐。因此，人们常通过外观检查来初步判断罐头是否变质。但是，如果排气不充分，就难以从外观上识别罐头食品质量的好坏。

3. 罐内真空度的测定

罐头排气后罐内残留气体压力和罐外大气压力之差即罐内真空度。习惯上以 mmHg 表示，国际单位以 N/m^2 或 Pa 表示。

罐内真空度主要取决于罐内残留气体压力。罐内残留气体愈多，其压力愈大，则真空度就愈低。罐内真空度可用真空表直接测定。表测数据与罐内实际真空度有误差，误差大小决定于真空表内部通道的空隙大小。该空隙越大，则误差越大，反之则越接近于罐内实际真空度。

4. 排气方法

目前常见的罐头排气方法有三种：加热排气法、真空封罐排气法及蒸汽喷射排气法。

（1）加热排气法　这是使用最早的、最基本的排气方法。其基本原理是将预封后的罐头通过蒸汽或热水进行加热，或将加热后的食品趁热装罐，利用空气、水蒸气和食品受热膨胀的原理，将罐内空气排除掉。

目前，加热排气法有两种形式：热装罐法和排气箱加热排气法。

① 热装罐法：即将食品预先加热到一定温度后，立即趁热装罐并密封的方法。该法只适用于流体或半流体食品，以及食品组织不因加热时的搅拌而破坏的食品，如番茄汁、番茄酱、草莓酱等。该法的关键是保证装罐时食品的温度不得降低，否则封罐后罐内真空度就会降低。采用此法时，要及时杀菌，这是由于食品装罐时的温度（一般为 70～75℃）非常适合好热性细菌的生长繁殖，如不及时杀菌，食品可能在杀菌前就已开始腐败变质。

热装罐法还可先将食品装入罐内，另将配好的汤汁加热到预定的温度，然后趁热装入罐内，并立即封罐。此种情形下，食品温度不得低于 20℃，汤汁温度不得低于 90℃，否则将得不到所要求的真空度。

② 加热排气法：即食品装罐后，将罐头送入排气箱内，在预定的排气温度下，经过一定时间的加热，使罐头中心温度达到 70～90℃，使食品内部的空气充分外逸。加热排气可以间歇地或连续地进行，目前多采用连续式排气。常用的排气装置有齿盘式和链带式两种，以后者更常用。

排气温度应以罐头中心温度为准。各种罐头的排气温度和时间，根据罐头食品的种类和罐型而定。一般为90～100℃，6～15min。大型的罐头或填充紧密、传热效果差的罐头，排气时间可延长到20～25min。从排气效果看，低温长时间的加热排气效果要好于高温短时间的加热排气。但是，过长时间的加热排气会导致食品色、香、味和营养成分的损失。因此，应综合考虑排气效果和食品质量等方面的因素，来确定罐头食品的合理排气温度和时间。

加热排气法能较好地排除食品组织内部的空气，获得较好的真空度，还能起某种程度的脱臭和杀菌作用。但是，加热排气法对食品色、香、味有不良的影响，热量利率较低，卫生状况较差。

（2）真空封罐排气法　该法是利用真空泵将密封室内的空气抽出，形成一定的真空度，当罐头进入封罐机的密封室时，罐内部分空气在真空条件下立即被抽出，随即封罐。这种方法可使罐内真空度达到（3.33～4.0）$\times 10^4$ Pa，甚至更高些。

这种排气法主要依靠真空封罐机来完成。封罐机密封室的真空度可根据各类罐头的工艺要求、罐内食品的温度等进行调整。

真空封罐排气法可在短时间内使罐头达到较高的真空度，因此生产效率很高，有的每分钟可达到500罐以上；能适应各种罐头食品的排气，尤其适用于不宜加热的食品；真空封罐机体积小占地少。但这种排气法不能很好地将食品组织内部和罐头中下部空隙处的空气加以排除；封罐时易产生暴溢现象造成净重不足，有时还会造成瘪罐现象。

真空封罐排气法已广泛应用于肉类、鱼类、部分果、蔬类罐头等的生产。凡汤汁少而空气含量多的罐头，采用此法的效果很好。

（3）蒸汽喷射排气法　该法是向罐头顶隙喷射蒸汽，赶走顶隙内的空气后立即封罐，依靠顶隙内蒸汽的冷凝来获得罐头的真空度。它是近几十年来出现的新排气法。

这种排气法由蒸汽喷射装置来喷射蒸汽，如图5-7所示。要求喷射的蒸汽有一定的温度和压力，以防止外界空气侵入罐内。喷蒸汽的过程应一直持续到卷封完毕。

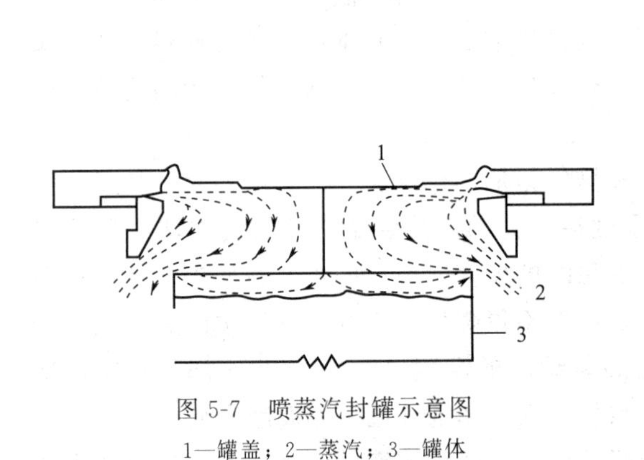

图5-7　喷蒸汽封罐示意图

1—罐盖；2—蒸汽；3—罐体

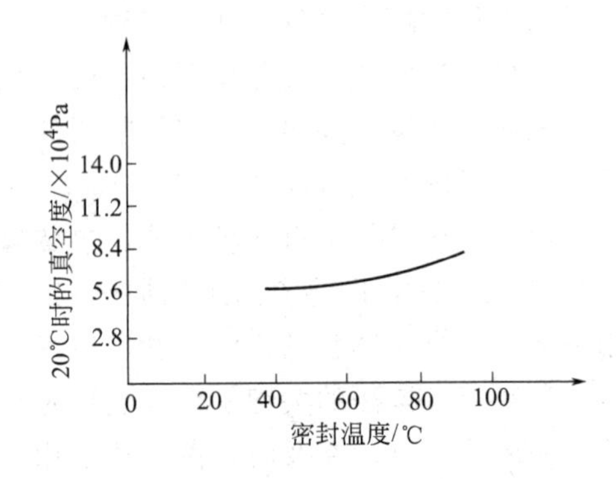

图5-8　封罐温度对真空度的影响

喷蒸汽排气时，罐内顶隙必须大小适当。顶隙小时，密封冷却后几乎得不到真空度；顶隙较大时，则可以得到较好的真空度。经验证明，获得合理真空度的最小顶隙为8mm左右。因此，为了保证获得适当的罐内顶隙，可在封罐之前增加一道顶隙调整工序。即用机械带动的柱塞，将罐头内容物压实到预定的高度，并让多余的汤汁从柱塞四周溢出罐外，从而得到预定的顶隙度。

装罐前，食品加热温度对蒸汽排气封罐后的罐内真空度也有一定影响。图5-8表示美国

NO.2 罐（532mL 罐）装番茄酱的顶隙度为 9.53mm 时，封罐温度对真空度的影响。如图 5-8 所示，要获得较高的真空度，可预先将罐头加热至较高温度再喷蒸汽封罐。对于含大量空气或其他气体的罐头，装罐后一般均喷温水加热，然后再喷蒸汽排气密封。

蒸汽喷射时间较短，除表层食品外，罐内食品并未受到加热。即使是表层食品，受到的加热程度也极轻微。因此，这种方法难以将食品内部的空气及罐内食品间隙中的空气排除掉。显然要获得良好的真空度，空气含量较多的食品不宜采用蒸汽喷射排气法。这类食品如要采用此种方法，应在喷蒸汽之前进行抽真空处理，将食品内部空气排除掉，再喷蒸汽排气密封，方可获得满意的真空度。

蒸汽喷射排气法适用于大多数加糖水或盐水的罐头食品和大多数固态食品等，但不适用于干装食品。

四、罐头密封

罐头食品能够长期保藏的两个主要因素：一是充分杀灭罐内的致病菌和腐败菌；二是使罐内食品与外界完全隔绝，不再受到外界空气和微生物的污染而腐败变质。为了保持这种高度密封状态，必须采用封罐机将罐身和罐盖的边缘紧密卷合，这就是罐头密封，称为封罐。封罐是罐头生产工艺中非常重要的工序。

封罐的方法因罐藏容器不同而异，下面分别简要叙述。

1. 金属罐密封

金属罐的密封由封罐机完成。封罐机械有手扳封罐机、半自动封罐机、自动封罐机、真空封罐机及蒸汽喷射封罐机等。封罐过程中所产生的质量问题如表 5-1 所示。

表 5-1 常见卷边质量问题

卷边缺陷	引起的原因	特　征
卷边过长	头道辊轮滚压不足	盖的钩边短，整个卷边伸长
卷边过短	头道辊轮滚压过度，二道辊轮滚压不足	卷边内侧边缘上产生快口，或急弯卷边松弛，钩边带有皱纹
卷边松弛	二道辊轮滚压不足	卷边太厚而长度不足，钩边成弓形状态叠接不紧密，有起皱现象
卷边不均匀	辊轮磨损，辊轮与压头的侧面或其他机件相碰，头道及二道辊轮滚压过度	卷边松紧不一
罐身钩边过短	托底板压力太小；辊轮和压头间距过大	罐头较高，罐身钩边缩短，卷边顶部滚成圆形
垂边过度	身缝叠接处堆锡过多，辊轮靠得太紧，托底压力太大	垂边附近盖钩过短，垂边的下缘常常被辊轮切割或划痕
盖钩边过短	头道辊轮滚压不足	卷边较正常者长，罐身钩边正常，可能形成边唇
盖钩边过长	头道辊轮滚压过度	卷边顶部内侧边缘上产生快口
钩边起皱，埋头度过深	二道辊轮滚压不足，托底板压力太小，辊轮与压头间距太大，压头凸缘太厚，罐头没有放在压头中心	卷边松弛，钩边卷曲，埋头度过深，常因此产生盖钩边过短情况
翻边损坏	在运输及搬运时造成的损伤	翻边破坏，无法与盖钩紧密结合
打滑	托底板压力太小，压头磨损；托底板表面被蚀；托底板或压头有油污；头道及二道辊轮滚压过度	部分卷边过厚，且较松
快口	托底板压力太大；头道辊轮滚压过度，压头与辊轮间距过大；压头磨损	身缝附近快口特别明显

续表

卷边缺陷	引起的原因	特　征
边唇	头道辊轮滚压不足，二道辊轮滚压过度；托底板压力较弱；罐身翻边过宽	边唇常出现在身缝附近，边唇附近钩边叠接不足
跳封	二道辊轮缓冲弹簧疲劳受损，压头有问题	

在实罐的密封时，应注意清除黏附在翻边部位的食品，以免造成密封不严。如果在排气之前预封，也可避免食品尤其是骨、皮等附着在罐口上。

2. 玻璃罐密封

前面已讲过，玻璃罐的罐口边缘与罐盖的形式有多种，因而其封口方法也有多种。目前采用的密封方法有卷边密封法、旋转式密封法及揿压式密封法等。

卷边密封法是依靠玻璃罐封口机的滚轮的滚压作用，将马口铁盖的边缘卷压在玻璃罐的罐颈凸缘下，以达到密封的目的。它多于用 500mL 玻璃罐的密封。其特点是密封性能好，但开启困难。旋转式密封法有三旋、四旋、六旋和全螺旋式密封法等，主要依靠罐盖的螺旋或盖爪扣紧在罐口凸出螺纹线上，罐盖与罐口间填有密封垫圈。装罐后，由旋盖机把罐盖旋紧，便得到良好的密封。该法的特点是开启容易，且可重复使用，广泛用于果酱、糖酱、果冻、番茄酱等罐头的密封。揿压式密封法是依靠预先嵌在罐盖边缘上的密封胶圈，由揿压机压在罐口凸缘线的下缘而得到密封，特点是开启方便。此外还有抓式密封法，靠抓式封罐机将罐盖边缘压成“爪子”，紧贴在罐口凸缘的下缘而得到密封。

3. 蒸煮袋密封

蒸煮袋也即软罐头，一般采用真空包装机进行热熔密封。依靠内层的聚丙烯材料在加热时熔合成一体而达到密封的目的。封口效果取决于蒸煮袋的材料性能、热熔合时的温度、时间及压力、封边处是否有附着物等因素。

五、罐头杀菌和冷却

罐头食品的杀菌通常是采用热处理或其他物理处理如辐射、加压、微波、阻抗等方法杀死食品中所污染的致病菌、产毒菌及腐败菌，并破坏食品中的酶，使食品保藏二年以上不腐败变质。

1. 罐头食品热传导

(1) 热传导方式　罐头食品的杀菌过程实际上是罐头食品不断从外界吸收热量的过程，因此，杀菌的效果与罐头食品的热传导过程有很大的关系。罐头食品在杀菌过程中的热传导方式主要有传导、对流、传导与对流混合传热等。

① 传导传热。由于物体各部分受热温度不同，分子所产生的振动能量也不同，依靠分子间的相互碰撞，导致热量从高能量分子向邻近的低能量分子依次传递的热传导方式即传导传热。导热可分为稳态导热和不稳态导热。前者是指物体内温度的分布和热传导速度不随时间而变，后者则温度的分布和热传导速度皆为时间的函数。

在加热和冷却过程中，罐内壁和罐头几何中心之间将出现温度梯度。在该温度梯度作用下，热量将由高温处向低温处传递。即在加热杀菌时，热量将由加热介质向罐内几何中心顺序传递，而冷却时，热量由罐头几何中心向罐壁传递。这就导致罐内各点的受热程度不一样。导热最慢的点通常在罐头的几何中心处，此点称为冷点，如图 5-9 所示，在加热时，它为罐内温度最低点，在冷却时则为温度最高点。

由于食品的导热性较差，以传导方式传热的罐头食品加热杀菌时，冷点上温度的变化都比较缓慢，因此，热力杀菌需时较长。属于传导方式的罐头食品有固态及黏稠食品。

② 对流传热。这是借助于流体的流动来传递热量的方式，也即流体各部分的质点发生相对位移而产生的热交换。对流有自然对流与强制对流之分，罐头内的对流通常为自然对流。

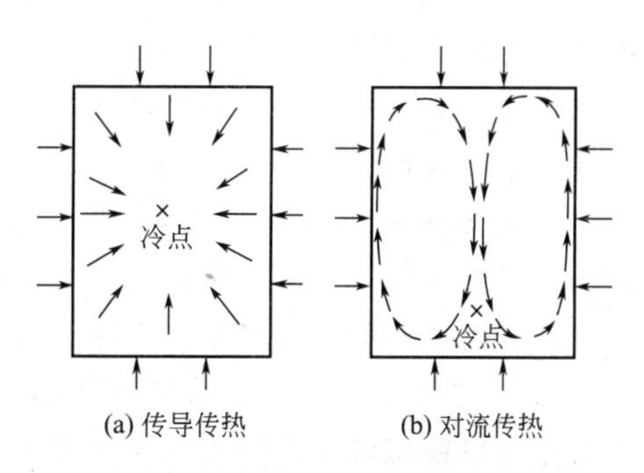

图 5-9　传导和对流加热食品的冷点

罐内液态食品在加热介质与食品间温差的影响下，部分食品受热迅速膨胀，密度下降，比未受热的或温度较低的食品轻，重者下降而轻者上升，形成了液体循环流动，并不断进行热交换。如此使罐内各处的温差较小，传热速度较快，所需加热时间就短。属于对流换热方式的罐头食品有果汁、汤类等低黏度液体状食品。这类罐头食品的冷点在中心轴上离罐底 20～40mm 的部位上，如图 5-9 所示。

③ 传导与对流混合传热。许多情形下，罐头食品的热传导往往是对流和导热同时存在，或先后进行。一般糖水或盐水的小块或颗粒状果蔬罐头食品属于导热和对流同时存在的情况，而糊状玉米等含淀粉较多的罐头食品，先对流传热，淀粉受热糊化后，即由对流转变为导热。属于这类情况的还有盐水玉米、番茄汁等。这种混合型传热情况是相当复杂的。

如果将上述热传导过程表示在以加热时间为横坐标、加热温度为纵坐标的半对数坐标图中，则可得到一条曲线，即加热曲线。单纯的导热和单纯的对流传热的加热曲线为一条直线。如图 5-10 所示，称为简单加热曲线。从该曲线的斜率就可判断加热速度的快慢，直线斜率以 f_h 表示，其物理意义就是杀菌温度与罐头中心温度之差减少到 1/10 时所需要的加热时间。

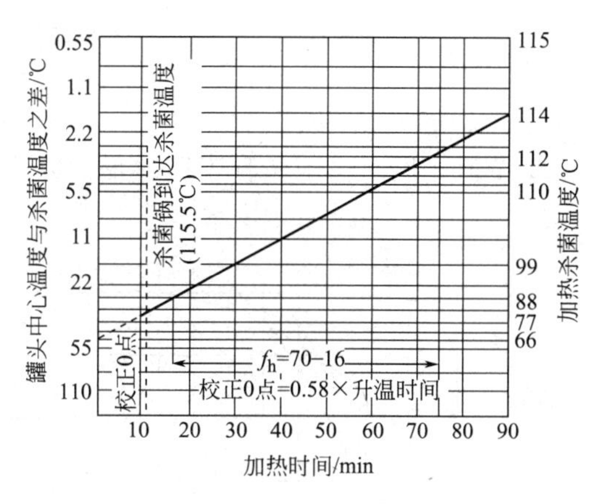

图 5-10　简单加热曲线

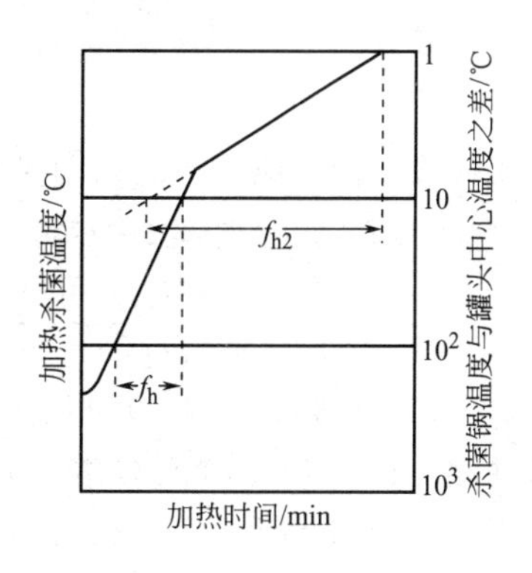

图 5-11　转折加热曲线

如果食品的热传导是混合型的，则加热曲线就由两条斜率不同的直线组成，如图 5-11 所示，中间有一个“转折点”。

（2）影响罐头传热的因素

① 罐头食品的物理特性。与传热有关的食品物理特性包括形状、大小、浓度、密度及黏度等。一般浓度、密度及黏度越小的食品，其流动性越好，加热时主要以对流传热方式进行，加热速度快。而随着浓度、密度及黏度的增大，其流动性变差，因此，传热方式也逐渐

由对流为主变成以导热为主。如果是固体食品，则基本上是导热，传热速度很慢。另外，小颗粒、条、块形食品，在加热杀菌时，罐内的液体容易流动，以对流传热为主，传热速度比大的条、块状食品快。

② 罐藏容器材料的物理性质、厚度和几何尺寸。材料的物理性质及罐壁厚度对传热有影响。罐头加热杀菌时，热量由外向罐内传递时，首先要克服罐壁的热阻 R。而 R 与壁厚 δ 成正比，与材料的热导率 λ 成反比，即 $R=\delta/\lambda$。一般马口铁罐的罐壁热阻为（5.1～7.7）×$10^{-6}m^2\cdot K/W$，而玻璃罐罐壁的热阻为（3.4～10）×$10^{-3}m^2\cdot K/W$。因此，玻璃罐壁的热阻比马口铁罐壁的热阻大数百甚至上千倍，铝罐的热阻则比铁罐的还要小。

加热杀菌时，热量传递还要受到罐内食品热阻的影响。但是，除了导热型传热外，食品热阻并不会很大程度地影响传热。

罐头容器的几何尺寸和容积对传热有影响。根据扎丹的推导结果，圆形罐头加热时间可用下式计算。

$$\tau=\frac{(8.3HD+D^2)(19-\frac{1}{\lg\delta-0.01})}{974.2\lambda} \tag{5-2}$$

$$\delta=\frac{T_m-T_i}{T_s-T_i}$$

式中 T_m——罐头中心最高温度，K；

T_i——罐头食品的初温，K；

T_s——杀菌锅内介质的杀菌温度，K；

H——罐头高度，cm；

D——罐外径，cm；

λ——食品的热导率，W/(m·K)。

假设以 A 表示 $\frac{19-\frac{1}{\lg\delta-0.01}}{974.2\lambda}$，则式(5-2) 可变成：

$$\tau=A(8.3HD+D^2) \tag{5-3}$$

假如罐头内容物相同，杀菌条件一样，也即 A 值相同时，则两种不同罐形的罐头所需加热时间与罐头尺寸之间的关系如下：

$$\frac{\tau_1}{\tau_2}=\frac{8.3H_1D_1+D_1^2}{8.3H_2D_2+D_2^2} \tag{5-4}$$

从式(5-3) 和式(5-4) 可以清楚地看出，当其他条件相同时，加热时间与罐头容器的高度和直径成正比，也即与罐头容积成正比，这也可以从图 5-12 中看出。

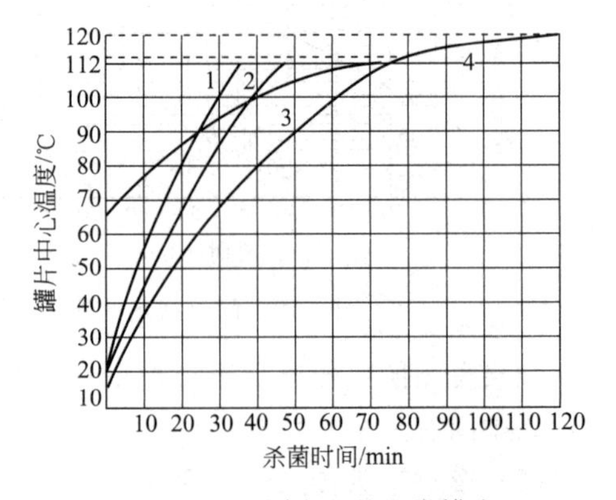

图 5-12 不同容积的鱼类罐头杀菌时的加热曲线

1—容积为 141.6mL；2—250.0mL；3—477.7mL；4—3033mL

罐头容器的 H/D 大小对传热也有影响。从单位时间加热的容积即相对加热速度公式 $V/\tau=\frac{V}{A(8.3HD+D^2)}$ 出发，如果令 $A=1$，罐径不变，而罐高增加 n 倍，则相对加热速度变为：

$$\frac{V_1}{\tau_1}=\frac{nV}{8.3nHD+D^2}=\frac{V}{8.3HD+\frac{D^2}{n}} \tag{5-5}$$

如果罐高不变，而罐径增加 n 倍，则相对加热速度为：

$$\frac{V_2}{\tau_2}=\frac{n^2V}{8.3nHD+(nD^2)}=\frac{V}{\frac{8.3HD}{n}+D^2} \tag{5-6}$$

可见，增加罐头容积后，相对加热速度也增大。至于 V_1/τ_1 和 V_2/τ_2 哪个大，取决于 HD 和 D^2 的大小，而它们又与 H/D 大小有关。一般 HD 对 V/τ 的大小起主要作用。H/D 越小时，HD 项对 V/τ 的影响也越小，也就是 V/τ 越大。因此，为了加快传热，应增大罐径，而非增加罐高。这里实际上存在一个使 τ 为最小值的 H/D，该 H/D 值为 0.25 左右。如果 H/D 小于或大于 0.25 时，τ 都将增大。

因此，按 H/D 为 0.25 加工的罐头容器，其加热杀菌时间最短，或者说相对加热速度最快。但是，实际的罐形不可能都是 $H/D=0.25$ 的。

③ 罐头食品的初温。罐头食品的初温是指杀菌刚刚开始时，罐内食品冷点的平均温度。一般初温与杀菌温度之差越小，罐头中心加热到杀菌温度所需要的时间越短，但对流传热型食品的加热受食品初温的影响较小。与之相反，食品初温对导热型食品的加热时间影响很大。因此，对于导热型食品，热装罐比冷装罐更有利于缩短加热时间。

④ 杀菌锅的形式和罐头在杀菌锅中的位置。罐头工业中常用的杀菌锅有静置式、回转式或旋转式等类型。一般回转式杀菌锅的传热效果要好于静置式。而回转式杀菌锅由于回转方式不同，罐头在杀菌锅中的运动方式不同，罐内食品搅动状态也不同，因此，传热效果就会产生差异。回转式杀菌对于加快导热-对流结合型传热的食品及流动性差的食品的传热，尤其有效。

另外，回转式杀菌锅的转速应适当。如果太快或太慢，则均起不到搅动作用，也就不能加快食品的传热。对于像午餐肉一类的罐头，由于内容物不能运动，因而回转也就失去意义。

在静置式杀菌锅中，罐头所处位置对于食品的传热效果也有影响。这主要是由于杀菌锅中各处的温度不同，空气分布不同等因素导致的。

除了上述几种因素外，杀菌锅内的传热介质的种类、传热介质在锅内的循环速度、热量分布情况等，对传热效果也有不同程度的影响。

2. 罐头杀菌时间及 F 值的计算

(1) 安全 F 值的估算由公式(2-3) 变换后得：

$$\tau=D(\lg a-\lg b) \tag{5-7}$$

假设杀菌温度为 121℃，则杀菌时间 τ 与 F 值相等，于是安全 F 值可用下式求得：

$$F_0=\tau=D(\lg a-\lg b) \tag{5-8}$$

例：某罐头厂在生产蘑菇罐头时，选择嗜热脂肪芽孢杆菌为对象菌。经检验每 1g 罐头食品在杀菌前含对象菌数不超过 2 个。经过 121℃杀菌和保温贮藏后，允许腐败率为万分之五以下，试估算 425g 蘑菇罐头在标准温度下的 F_0 值。

解：已知嗜热脂肪芽孢杆菌 $D_{121℃}=4.00\text{min}$

$$a=425\text{g/罐}\times 2\text{个/g}=850\text{个/罐}$$

$$b=\frac{5}{10000}=5\times 10^{-4}\text{个/罐}$$

则

$$\begin{aligned}F_0&=D(\lg a-\lg b)=4\times(\lg 850-\lg 5\times 10^{-4})\\&=24.92\text{min}\end{aligned}$$

即425g蘑菇罐头在标准温度下的安全 F 值为24.92min。

（2）实际杀菌条件下 F 值的计算　假如 t_m、t_0 分别为杀菌温度、标准温度，而 τ_m 和F分别为相应的致死时间，则由图2-6不难得出下式：

$$\frac{\lg\tau_m-\lg F}{\lg10^2-\lg10}=\frac{t_0-t_m}{Z} \tag{5-9}$$

上式经简化，整理后可得到：

$$F=\tau_m\times10^{-\frac{t_0-t_m}{Z}} \tag{5-10}$$

设 $10^{-\frac{t_0-t_m}{Z}}=L_m$，那么：

$$F=\tau_m L_m \tag{5-11}$$

L_m 是指任意杀菌温度下微生物的致死率，表示任意温度下杀菌效率的换算系数，即罐头在某个杀菌温度 t_m 下的杀菌效率值，相当于在标准温度121℃下的杀菌效率值的几分之几或几倍。

比如某种芽孢的 Z 值为10℃，那么在 $t_m=121$℃时，$L_m=10^{-\frac{121-121}{10}}=1$，而当 t_m 小于121℃时，$L_m<1$，大于121℃时，$L_m>1$。

对于低酸性食品，杀菌对象菌为肉毒梭菌，$Z=10$℃，因此，可将 $10^{-\frac{t_0-t_m}{Z}}=L_m$ 写成：

$$L_m=10^{-\frac{121-t_m}{10}} \tag{5-12}$$

或

$$\lg L_m=\frac{t_m-121}{10} \tag{5-13}$$

根据公式(5-13)即可算出每一个温度下的 L_m 值。

如果考察一个充分短的加热时间内的杀菌状况，就可以认为罐头中心温度是恒定值。因此，一个无限小的加热时间内，杀菌效率值：

$$dF=L_m d\tau \tag{5-14}$$

将罐头中心温度下所有 dF 值相加，即可得出杀菌过程的总杀菌效率 F 值：

$$\begin{aligned} F &= \int_0^{\tau} dF = \int_0^{\tau} L_m d\tau \\ &= \Delta\tau(L_{m1}+L_{m1}+L_{m2}+\cdots+L_{mn}) \\ &= \Delta\tau\sum L_{mn}, n=1,2,\cdots \end{aligned} \tag{5-15}$$

（3）加热杀菌时间的一般计算法　1920年Bigelow根据细菌致死率和罐头食品传热曲线推算出杀菌时间，这种方法被称为基本推算法。

基本推算法的关键是找出罐头食品传热曲线与各温度下细菌热力致死时间的关系。为此Bigelow提出部分杀菌效率值，以 A 表示。假如某细菌在 t 温度下致死时间为 τ_1，而在该温度下加热时间为 τ，则 τ/τ_1 就是部分杀菌效率值。比如肉毒杆菌在100℃下致死时间为300min，加热时间为10min，那么在该加热时间内的杀菌效率值为 $A=\tau/\tau_1=10/300=0.033$。这表明在100℃下加热杀菌10min，仅能杀灭罐内全部细菌3.3%。

因此，基于以上分析，总的杀菌效率值就是各个很小温度区间内的部分杀菌效率值之和，即：

$$A=A_1+A_2+\cdots+A_n$$

或

$$A=\int_0^{\tau}\frac{1}{\tau_e}d\tau \tag{5-16}$$

由上式即可推算出合理的杀菌时间。当 $A=1$ 时，杀菌时间最合适。

图 5-13(a) 曲线上的每一点代表罐头中心温度，Bigelow 从上述基本理论出发，把微生物致死时间和罐头食品的加热过程绘成加热曲线和致死时间曲线，如图 5-13 所示。然后以此为基础来推算杀菌时间。如果以加热时间为横坐标、以致死率为纵坐标，则可得到致死率曲线图，如图 5-14 所示。用积分方法求出致死率曲线所包含的面积，即为杀菌效率值 A。当 $A=1$ 时，说明杀菌时间正好合适；当 $A<1$ 时，说明杀菌不充分；而当 $A>1$ 时，说明杀菌时间过长。

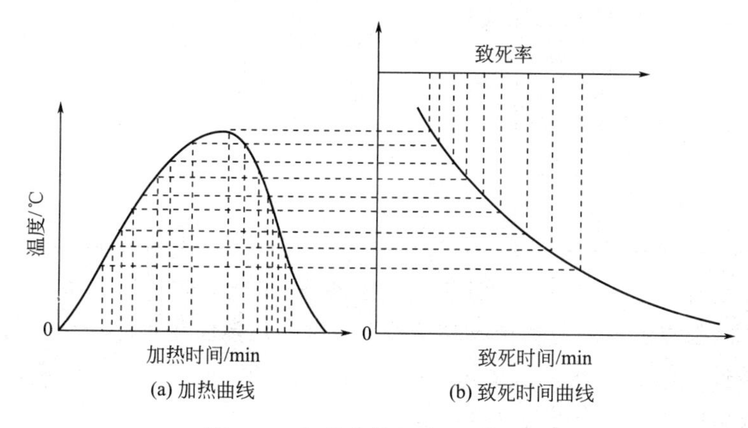

(a) 加热曲线　(b) 致死时间曲线

图 5-13　加热曲线与致死时间曲线

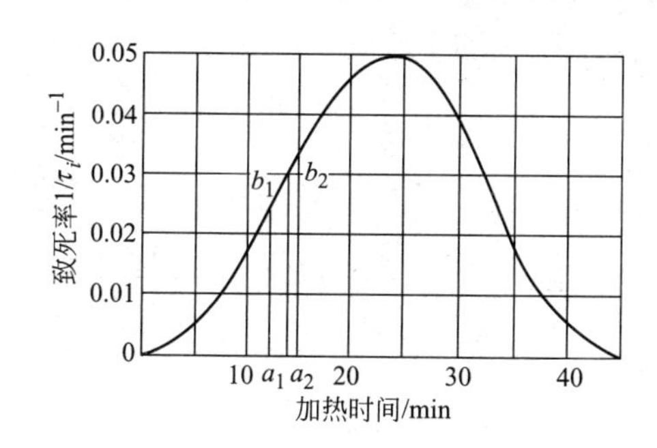

图 5-14　致死率曲线

计算加热致死率曲线下所包含的面积方法有两种，即图解法和近似计算法。前者相当繁琐，这里不赘述。近似计算法是根据加热间隔时间，把致死率曲线相应地分成若干小区间，每个小区间的面积就是该加热时间内的杀菌效率值。利用梯形求面积公式计算出各个小面积 A_i 值，其总和就是杀菌效率值 A。

$$A_{i,n}=\frac{L_{i,n}+L_{i,n+1}}{2}\Delta\tau_{i.n} \tag{5-17}$$

$$A=\sum A_{i,n} \tag{5-18}$$

兹举一例说明之。

例：全粒甜玉米罐头的加热时间和中心温度如表 5-2 所示，求其合理的加热杀菌时间。

根据公式(5-17) 和式(5-18) 分别计算出 $A_{i,n}$ 和 A 值，如表 5-2 所示。因为 $A=1$ 时的杀菌时间最合理，从表(5-2) 中数据看，当加热时间为 32min 时，$A=0.94$，所以，$A=1$ 时的杀菌时间应为 33min 左右。

表 5-2 全粒甜玉米罐头的加热时间与罐头中心温度

加热时间/min	罐头中心温度/℃	加热致死时间/min	致死率/min^{-1}	$A_{i,n}$	A
0	27.8	670	0.00149	0.00149	0.00149
2	102.8	129	0.0078	0.00929	0.01078
4	110.0	88	0.0114	0.0192	0.0300
6	111.7	88	0.0114	0.0228	0.0528
8	111.7	165	0.0061	0.0263	0.0791
10	108.9	100	0.0100	0.0241	0.1032
14	111.1	53	0.0189	0.0433	0.1465
17	113.9	36	0.0278	0.0701	0.2166
20	115.6	28.9	0.0357	0.1260	0.3426
24	116.7	16.7	0.0526	0.2207	0.5633
29	118.3	14.8	0.0599	0.1838	0.7471
32	118.9	13	0.0676	0.1912	0.9383
35	119.5	12.4	0.0769	0.3613	1.2996
40	120	12.4	0.0806	0.4188	1.7184
45	120.3	14.8	0.0806	0.1612	1.8796
47	120.3	129	0.0676	0.0369	1.9165

(4) 罐头杀菌时间和 F 值的公式计算法 Bigelow 杀菌时间的推算法，对象菌致死量须根据一定罐形、杀菌温度及内容物初温等条件下得到的传热曲线才能推算，因此，不能用于比较不同杀菌条件下的加热效果。比如，121℃下杀菌 70min 和 115℃下杀菌 85min，哪一种情形的杀菌效果更好？无法进行直接比较。

为了弥补上述缺陷，Ball 提出了杀菌值或致死值的概念，即将各温度下的致死率转换成标准温度下（121℃）的加热时间，也即 F 值。F 值可用公式(2-6) 计算，即：

$$\lg\frac{\tau}{F}=\frac{121-t}{Z}$$

如果热力致死时间曲线通过 121℃时 F 值为 1min，则上式就变换成：

$$\lg\tau=\frac{121-t}{Z}\text{或}\ \tau=\lg^{-1}\frac{121-t}{Z} \tag{5-19}$$

由于致死时间的倒数为致死率，根据上述通过 $F=1$min 这一点的特定 TDT 曲线，就可以得到致死率 L 的计算式：

$$L=\frac{F}{\tau}=\frac{1}{\tau}=\lg^{-1}\frac{\tau-121}{Z} \tag{5-20}$$

根据公式(5-20) 就可计算出在 $F=1.0$min 条件下其他各温度时相应的 L 值。

Ball 还根据罐头传热曲线，推导出加热杀菌时间的基本计算公式。

将半对数坐标图中的传热曲线单独引出用于公式的推导，如图 5-15 所示。设 D 点为杀菌温度 t_s，B 点为罐头中心温度 t_c，Q 点为杀菌开始时的罐头初温 t_i。从图 5-15 中不难得出：

$$\begin{aligned}BD&=\lg g=t_s-t_c\\AQ&=\lg y_h=AC+CQ\end{aligned} \tag{5-21}$$

因为 $CQ=BC\tan\alpha$，$AC=\lg g$，代入上式得：

$$\begin{aligned}\lg y_h&=\lg g+BC\tan\alpha\\&=\lg g+\tau_t\tan\alpha\end{aligned} \tag{5-22}$$

其中，τ_t 为将罐头从初温 t_i 加热到罐头中心温度 t_c 所需时间，该中心温度比杀菌温度 t_s 低 g℃。

现取 F 点，使 F 点至 Q 点之间为一个对数循环，并假设 F 点为 lg10，Q 点 $\lg 10^2$。从 F 点作平行于横轴的直线 FG，如以 f_h 表示传热曲线的斜率，I 表示杀菌温度与罐头食品初温之差，则 $FG=f_h$，于是：

$$\tan\alpha=\frac{FQ}{f_h}=\frac{\lg 10^2-\lg 10}{f_h}=\frac{1}{f_h}$$

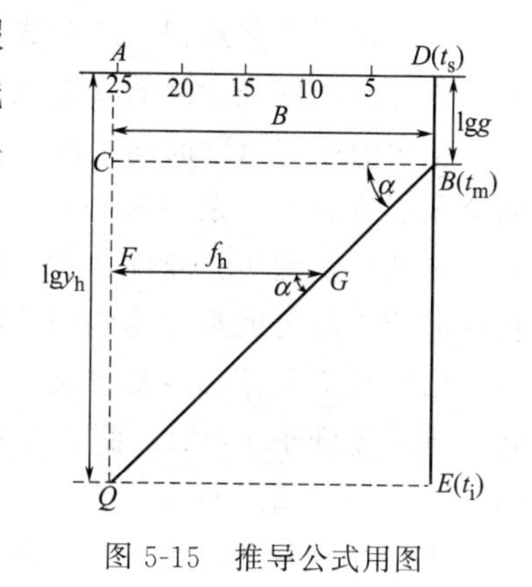

图 5-15　推导公式用图

将上式代入公式(5-22) 得：

$$\lg y_h=\tau_t/f_h+\lg g \tag{5-23}$$

$$或\ \tau_t/f_h=\lg\frac{y_h}{g}$$

又因为 $y_h=t_s-t_i=I$

故
$$\tau_t/f_h=\lg\frac{I}{g}或\ \tau_t=f_h(\lg I-\lg g) \tag{5-24}$$

由于升温时间的 42%具有杀菌效力，为此将罐头升温时间 58%时的罐头温度，称为罐头食品假拟初温，以 t_i'表示，它与实际初温 t_i 并不相同。这样，y_h 就等于 t_s-t_i'，令：

$$j=\frac{t_s-t_i'}{t_s-t_i}=\frac{t_s-t_i'}{I} \tag{5-25}$$

或者 $jI=t_s-t_i'=y_h$，将上式代入公式(5-23) 则得：

$$\lg jI=\tau_t/f_h+\lg g$$

变换后可得：

$$\frac{\tau_t}{f_h}=\lg\frac{jI}{g} \tag{5-26}$$

式中　τ_t——杀菌温度下的加热时间，min；

f_h——半对数传热曲线横过一个对数循环所需要的加热时间，min；

g——杀菌锅杀菌温度与加热结束时罐内冷点上能达到的最高温度差,℃；

I——杀菌锅杀菌温度和杀菌开始前罐头食品初温的差值,℃；

j——加热滞后因素，$jI=t_s-t_i'$；

t_i'——罐头食品假拟初温，即由升温时间×0.58 所得值引出的垂直线与传热曲线相交点所对应的温度,℃。

公式(5-26) 就是加热杀菌时间的基本计算公式。

3. 杀菌工艺条件和杀菌方法

(1) 杀菌规程　罐头杀菌的工艺条件也即所谓杀菌规程或杀菌式，是指杀菌温度、时间及反压等因素，一般表示成下列形式：

$$\frac{\tau_h-\tau_p-\tau_c}{t_s}p \tag{5-27}$$

式中　τ_h——杀菌锅内的介质由初温升高到规定的杀菌温度所需时间，也叫升温时间，min；

τ_p——指在杀菌温度下保持的时间，也称恒温时间，min；

τ_c——杀菌锅内介质由杀菌温度降低到出罐温度所需时间，称为冷却时间或降温时间，min；

t_s——规定的杀菌温度,℃；

p——加热或冷却时杀菌锅所用反压，kN/m^2。

上式也叫杀菌规程或杀菌式。确定合理的杀菌规程，是杀菌操作的前提。合理的杀菌规程，首先必须保证食品的安全性，其次要考虑到食品的营养价值和商品价值。

杀菌温度与杀菌时间之间存在互相依赖的关系。杀菌温度低时，杀菌时间应适当延长，而杀菌温度高时，杀菌时间可相应缩短。因此，存在低温长时间和高温短时间两种杀菌工艺。这两种杀菌工艺孰优孰劣，依具体情况而定。一般高温短时热力杀菌有利于保存或改善食品品质，但可能难以达到钝化酶的要求，也不宜用于导热型食品的杀菌。

（2）罐头杀菌和冷却方法　罐头的杀菌方法通常有两大类，即常压杀菌和高压杀菌，前者杀菌温度低于 100℃，而后者杀菌温度高于 100℃。高压杀菌根据所用介质不同又可分为高压水杀菌和高压蒸汽杀菌。此外，近年来，超高压杀菌、微波杀菌等新技术也不断出现。但由于存在设备要求高、成本高及适用范围窄等问题，这些新技术尚未推广应用。

① 常压沸水杀菌。适合于大多数水果和部分蔬菜罐头，杀菌设备为立式开口杀菌锅。先在杀菌锅内注入适量的水，然后通入蒸汽加热。等锅内水沸腾时，将罐头或罐头篮放入锅内。最好先将玻璃罐头预热到 50℃左右再放入杀菌锅内，以免杀菌锅内水温急剧下降导致玻璃罐破裂。当锅内水温再次升到沸腾时，开始计算杀菌时间，并保持水的沸腾直到杀菌终了。杀菌结束后应立即将罐头取出，置于水池内迅速冷却。

常压杀菌也有采用连续式杀菌设备的。罐头由输送带送入杀菌器内，杀菌时间可通过调节输送带的速度来控制。杀菌结束后，也由输送带送入冷却水区进行冷却。

② 高压蒸汽杀菌。低酸性食品如大多数蔬菜、肉类及水产类罐头食品必须采用100℃以上的高温杀菌。为此加热介质通常采用高压蒸汽。将装有罐头的杀菌篮放入杀菌锅内，关闭杀菌锅的门或盖，关闭进水阀和排水阀。打开排气阀和泄气阀，然后打开进气阀使高压蒸汽迅速进入锅内，快速彻底地排除锅内的全部空气，并使锅内温度上升。在充分排气后，须将排水阀打开，以排除锅内的冷凝水。排除冷凝水后，关闭排水阀和排气阀。等锅内压力达到规定值时，检查温度计读数是否与压力读数相对应。如果温度偏低，则表示锅内还有空气存在。可打开排气阀继续排除锅内空气，然后关闭排气阀。等锅内蒸汽压力与温度相对应，并达到规定的杀菌温度时，开始计算杀菌时间。杀菌过程中可通过调节进气阀和泄气阀来保持锅内恒定的温度。达到预定杀菌时间后，关掉进气阀，并缓慢打开排气阀，排尽锅内蒸汽，使锅内压力回复到大气压。然后打开进水阀放进冷却水进行冷却，或者取出罐头浸入水池中冷却。

另外还有一种反压冷却法。它的操作过程如下：杀菌结束后，关闭所有的进气阀和泄气阀。然后一边迅速打开压缩空气阀，使杀菌锅内保持规定的反压，一边打开冷却水阀进冷却水。由于锅内压力将随罐头的冷却而不断下降，因此，应不断补充压缩空气以维持锅内反压。在冷却结束后，打开排气阀放掉压缩空气使锅内压力降低到大气压，罐头继续冷却至38℃左右。

③ 高压水杀菌。此法适用于肉类、鱼贝类的大直径扁罐及玻璃罐。将装好罐头的杀菌篮放入杀菌锅内，关闭锅门或盖。关掉排水阀，打开进水阀，向杀菌锅内进水，并使水位高出最上层罐头 15cm 左右。然后关闭所有排气阀和溢水阀。放入压缩空气，使锅内压力升至比杀菌温度对应的饱和水蒸气压高出 54.6～81.9kN/m^2 为止。然后放入蒸汽，将水温快速升至杀菌温度，并开始计算杀菌时间。杀菌结束后，关掉进气阀，打开压缩空气阀和进水阀。但冷水不能直接与玻璃罐接触，以防爆裂。可先将冷却水预热到 40～50℃后再放入杀菌锅内。当冷却水放满后，开启排水阀，保持进水量和出水量的平衡，使锅内水温逐渐下

降。当水温降至38℃左右时，关掉进水阀、压缩空气阀，打开锅门取出罐头。

4. 新技术在食品罐藏中的应用

罐藏技术的进展主要体现在食品杀菌技术的提高，近几年来一些食品杀菌新技术正在不断开发、应用。

（1）新含气调理加工　该技术是由日本小野食品机械公司针对目前普遍使用的真空包装、高温高压灭菌等常规加工方法存在的不足而开发的一种适合于加工各种方便菜肴食品、休闲食品或半成品的新技术。食品原料预处理后，装在高阻氧的透明软包装袋中，抽出空气后注入不活泼气体并密封，然后在多阶段升温、两阶段冷却的调理杀菌锅内进行温和式杀菌，用最少的热量达到杀菌目的，较好地保持了食品原有的色、香、味和营养成分，并可以常温下保存和流通长达6～12个月。该法可广泛应用于传统食品的工业化加工，应用前景十分广阔。

新含气调理杀菌锅由杀菌罐、热水贮罐、冷却水罐、热交换器、循环泵、电磁控制阀、连接管道及高性能智能操作平台等部分组成。

与传统的高温高压杀菌相比，新含气调理杀菌的主要特点如下。

① 热水喷射方式多样，加热均匀。从设置于杀菌锅两侧的众多喷嘴向被杀菌物直接喷射扇状、带状、波浪状的热水，热扩散快，热传递均匀，如图5-16所示。

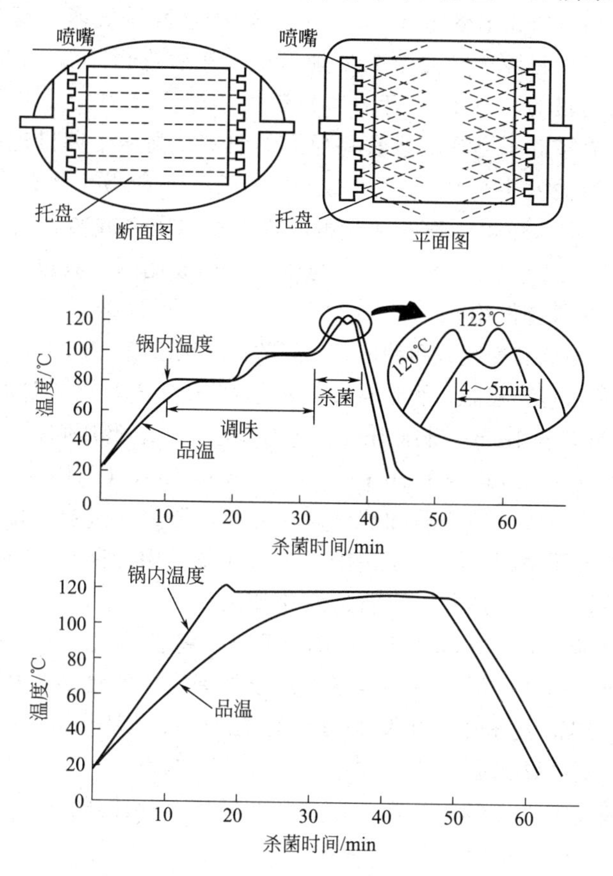

图5-16　不同杀菌方法的温度时间曲线（马长伟，2002）

② 多阶段升温、两阶段冷却方式。采用多阶段升温的方式，以缩短食品表面与中心之间的温度差。从图5-16可以看出，第三阶段的高温域较窄，从而改善了高温高压灭菌因一

次性升温及高温高压时间过长而对食品造成的热损伤，以及出现蒸煮异味和煳味的弊病。一旦杀菌结束，冷却系统迅速启动，经5～10min的两阶段冷却，被杀菌物的温度急速下降到40℃以下，从而使被杀菌物尽快脱离高温状态。

③ 模拟温度压力调节系统。整个杀菌过程的温度、压力、时间全由电脑控制。模拟温度控制系统控温准确，升降温迅速。根据不同食品对灭菌条件的要求，随时设定升温和冷却程序，使每一种食品均可在最佳的状态下进行调理灭菌。压力调理装置自动调整压力，并对易变形的成型包装容器通过反压校正，防止容器的变形和破裂。

④ 配置 F 值软件和数据处理系统。F 值软件每隔3s进行一次 F 值计算。所有的杀菌数据，包括杀菌条件、F 值、时间-温度曲线、时间-压力曲线等均可通过数据处理软件处理后进行保存，以便于生产管理。

(2) 欧姆加热　欧姆杀菌是一种新型热杀菌的加热方法，将电流直接通入食品中，利用食品本身的介电性质产生热量达到杀菌的目的，特别适合带颗粒的流体食品。对于带颗粒的流体食品如使用常规的杀菌方法，要使颗粒内部达到杀菌温度，其周围液体必须过热，从而影响产品的品质。但是，采用欧姆杀菌，由于流体食品中的颗粒加热速度几乎与流体的加热速度相近，因此，可以避免过热对食品品质的破坏。这种技术首先由英国APV公司开发成功，目前一些国家已将该技术应用到食品的加工中。

(3) 高压处理杀菌(high pressure process，HPP)　高压处理杀菌指将食品密封在容器内放入液体介质中或直接将液体食品泵入处理槽中，然后进行100～1000MPa的加压处理，从而达到杀灭微生物的目的。自1986年日本京都大学教授林力丸提出高压在食品中的应用研究报告后，在食品界掀起了高压处理食品研究的热潮。高压杀菌机理通常认为是在高压下蛋白质的立体结构崩溃而发生变性使微生物致死，杀死一般微生物的营养细胞只需在室温450MPa以下的压力，而杀死耐压性的芽孢则需要更高的压力或结合其他处理形式。每增加100MPa压力，料温升高2～4℃，温度升高与压力增加成比例，故也有认为对微生物的致死效果是压缩热和高压的联合作用。

高压处理杀菌有间歇式和连续式两种形式。间歇式高压杀菌(batch high pressure processing，BHPP)，首先将食品装入包装容器，然后放入高压处理室中。Sizer等设计的高压设备，整个高压加工过程需要5min，即装料1min、升压1min、压力处理2min、卸压卸料1min。

连续式高压杀菌(continuous high pressure processing，CHPP)是将产品直接泵入压力容器中，由一隔离挡板将压力介质和流体食品分开，压力通过当板由介质传递给产品，处理完后卸压，产品泵入无菌罐，为防止污染，压力介质采用无菌水。其优点是能实现高压处理系统与无菌包装系统整合一体化，进行连续化加工。

(4) 脉冲电场技术(pulsed electric field，PEF)　将食品置于一个带有两个电极的处理室中，然后给予高压电脉冲，形成脉冲电场作用于处理室中的食品，从而将微生物杀灭，使食品得以长期贮藏。PEF技术中的电场强度一般为15～80kV/cm，杀菌时间非常短，不足1s，通常是几十微秒便可以完成。

除了上述新杀菌技术外，微波处理、振荡脉冲磁场、脉冲强光等一些新杀菌技术也受到研究者的关注。

六、罐头检验、包装和贮藏

1. 罐头检验

罐头杀菌冷却后，须经保温、外观检查、敲音检查、真空度检查、开罐检查、化学检验、微生物学检验、异物检验等，评判其各项指标是否符合标准，是否符合商品要求。具体检查方法可参照罐头食品检验的有关规定。

2. 罐头包装和贮藏

罐头经检查合格后，擦去表面污物，涂上防锈油，贴上商标，按规格装箱。罐头出厂或销售前应在专门仓库内贮藏，贮藏温度以 20℃左右为宜，相对湿度一般应低于 80%。

参 考 文 献

[1] Hall G M. Fish Processing Technology (2nd ed) [M]. London: Blackie Academic&Professional, 1997.

[2] Heldman D R, Singh R P. Food Process Engineering [M]. Westport: AVI Pubilshing Company, INC, 1981.

[3] Jackson S. Fundamentals of Food Canning Technology [M]. Westport: AVI Pubilshing Company, INC, 1979.

[4] Phunchaisri C, Apichartsrangkoon A. Effects of Ultra-high Pressure on Biochemical and Physical Modification of Lychee (Litchi chinensis Sonn.) [J]. Food Chemistry, 2005, 93: 57-64.

[5] WangL C, Humbel B M, Roubos E W. High-pressureFreezing Followed by Cryosubstitution as aTool for Preserving High-quality Ultrastructure and Immunoreactivity in the Xenopus Laevis Pituitary Gland [J]. Brain Research Protocols, 2005, 15: 155-163.

[6] 林力丸. 水産食品の加工，殺菌，保存への高圧利用 [J]. 水産の研究，1993，12 (4): 80-84.

[7] 韩永霞. 微生物引起 UHT 灭菌乳的质量问题及其控制 [J]. 乳业科学与技术，2006，4: 161-162.

[8] 李莉，田建文，关海宁. 微波加热技术在食品贮藏中的应用与发展 [J]. 保鲜与加工，2006，6 (3): 13-15.

[9] 李雅飞. 食品罐藏工艺学 (修订本) [M]. 上海：上海交通大学出版社，1993.

[10] 刘兴华，曾名湧，蒋予箭，等. 食品安全保藏学 [M]. 北京：中国轻工业出版社，2005.

[11] 马长伟，曾名湧. 食品工艺学导论 [M]. 北京：中国农业大学出版社，2002.

[12] 天津轻工业学院，无锡轻工业学院合编 [M]. 食品工艺学. 北京：中国轻工业出版社，1984.

[13] 天津轻工业学院，无锡轻工业学院合编. 食品工艺学 [M]. 北京：中国轻工业出版社，1992.

[14] 夏远景，薄纯智，张胜勇，等. 超高压食品处理技术 [J]. 食品与药品，2006，8 (2): 62-67.

[15] 曾名湧. 食品保藏原理与技术 [M]. 青岛：青岛海洋大学出版社，2000.

[16] 曾庆孝，芮汉明，李汴生. 食品加工与保藏原理 [M]. 北京：化学工业出版社，2002.

[17] 赵晋府. 食品技术原理 [M]. 北京：中国轻工业出版社，2002.

第六章　食品干制保藏技术

[教学目标]　本章使学生了解食品常用干燥方法、设备及其特点，了解食品干制过程中的一般物理现象及其规律，掌握食品干制的一般工艺过程，掌握干制食品包装及贮藏方法。

食品干制保藏（简称干藏）是将食品水分活度（或水分含量）降低到足以防止其腐败变质的水平，并保持在此条件下进行长期保藏的方法。使食品含水量降低的工艺过程称为食品干燥，食品干燥方法有很多，按照所用能量来源干制可分为自然干燥和人工干燥；按水分蒸发时压力可分为常压干燥和真空干燥两类；按照水分去除时温度可分为加热干燥和冷冻升华干燥；按照能量传递方式，可分为对流干燥、传导干燥、辐射干燥和微波干燥；按照操作方式不同，可分为间歇式干燥和连续式干燥。无论采用何种干燥方法所制得的产品均称为干制品或脱水食品。19 世纪开始所出现的辐射热干燥器、真空干燥器，以及气流式、流化床式、喷雾式干燥等促进了人工干燥方法和设备的发展。

干制食品历史悠久，我国古代就已采用自然干燥或用火焙加工果干和菜干的记载。《周礼》中所说的干撩，即是用干藏法制成的梅干。中国古代干制的果品种类很多。如葡萄干、红枣出现于南北朝，荔枝干出现于宋代，桂圆出现于元代等，到明代，除菜干外，已有瓜干、萝卜干等多种干制品。

食品干藏具有缩小体积、减轻重量的优点，因此能节省包装材料和减少仓储、运输费用，应用范围仍不断扩大。食品干藏技术未来发展将趋向于：①采用新工艺、新技术以保持食品原有质量，如冷冻干燥、真空临界低温干燥、微波真空干燥等；②回收余热，降低能耗；③增加花色品种，例如早餐谷物、儿童食品、速溶咖啡等，以方便日常饮食生活。经干制保藏的食品水分活性降低，有利于在室温条件下长期保藏，以延长食品的市场供给，平衡产销高峰；干制保藏食品质量减轻、容积缩小，并且便于携带，有利于商品流通。

第一节　食品干燥过程中的湿热传递

一、湿物料的热物理特性

任何湿物料（也即待干食品）的干燥均包含了两个基本过程：外界热量向湿物料的传递过程（热量传递）和湿物料的水分吸热蒸发并外逸的过程（质量传递）。而这两个过程进行的速度与湿物料的热物理特性之间有着密切的关系。

1. 湿物料比热容

湿物料的比热容通常以物料中干物质的比热容 $C_{干}$ 与所含水分的比热容 $C_{水}$ 的平均值来表示。设湿物料的含水量为 $W\%$，则湿物料的比热容 $C_{湿}$ 可用下式表示：

$$C_{湿}=\frac{C_{干}(100-W)+C_{水}W}{100}=C_{干}+\frac{C_{水}-C_{干}}{100}\times W \tag{6-1}$$

一般 $C_{水}$ 为 4.19kJ/(kg·K)，各种食品干物质的比热容为 1.257～1.676kJ/(kg·K)。因此，湿物料的比热容就取决于它的含水量，且两者为线性关系。

然而，实验表明，$C_{湿}$ 与 W 之间的关系并非单纯的线性关系，而是带有转折的直线关系。原因可能是：①在不同的含水量范围内，物料干物质发生了不同的理化变化；②由于物料的孔隙度、固体间架中的空气、水的液相与气相之比例等因素的影响。

不过，在很多情形下，上述因素对比热容的影响并不十分严重。在作近似计算时，仍可按式(6-1) 来计算湿物料的比热容。

2. 湿物料热导率

由于湿物料中既存在固形物，又存在水分，此外还存在气体，因此湿物料的传热与单一形态物体的传热有较大的区别。热量在湿物料中的传递既可以通过内含空气和液体的孔隙以对流方式进行，也可通过湿物料的固体间架以导热方式进行，还可通过孔隙壁与壁之间的辐射等方式来进行。

如此就产生了真正热导率 λ 与当量热导率 $\lambda_{当}$（又称有效热导率）两个不同的概念。λ 即傅里叶方程中的比例系数，而当量热导率则是表示湿物料以上述各种方式传递热量的能力。

即：

$$\lambda_{当}=\lambda_{固}+\lambda_{混}+\lambda_{对}+\lambda_{水}+\lambda_{辐} \tag{6-2}$$

式中　$\lambda_{固}$——湿物料固形物的热导率，W/(m·K)；

$\lambda_{混}$——湿物料孔隙中以稳定状态存在的液体和蒸汽混合物的传热系数；

$\lambda_{对}$——物料内部空气的对流传热系数；

$\lambda_{水}$——物料内部水分质量迁移时的传热系数；

$\lambda_{辐}$——辐射热导率。

在式(6-2) 中 $\lambda_{对}$ 和 $\lambda_{辐}$ 一般可以忽略不计。

实验表明，$\lambda_{当}$ 与 λ 在大多数情形下是不相等的，只有当 Gr（格拉晓夫数）与 Pr（普郎德数）之乘积小于 10^3 时，$\lambda_{当}$ 才与 λ 相等。

湿物料热导率在干燥过程中是可变的，主要取决于湿物料的含水量和温度。随着湿物料含水量的降低，其热导率也不断减小。这是因为随着干燥的进行，空气代替了水分进入湿物料中，从而使其导热性变差。以麦粒的干燥为例，在含水量为 10%～20%之间时，其热导率与其含水量之间的关系可用下式表示：

$$\lambda=0.07+0.00233W \tag{6-3}$$

湿物料热导率与温度之间的关系因湿物料的种类而异，大体上随温度升高，热导率增大，如图 6-1 所示。

3. 湿物料导温系数

导温系数 a（单位为 m^2/h）是表示湿物料加热或冷却快慢的重要热物理参数。它可用下式表示：

$$a=\frac{\lambda}{C\rho} \tag{6-4}$$

ρ 为湿物料的密度，它与含水量有很大关系。因此，温度和含水量仍是影响导温系数的主要因素，尤以含水量的影响更为显著。以小麦为例，其 a 与 W 之间的关系如图 6-2 所示。从图 6-2 中可以看出，在某个含水量时，a 将出现极大值。

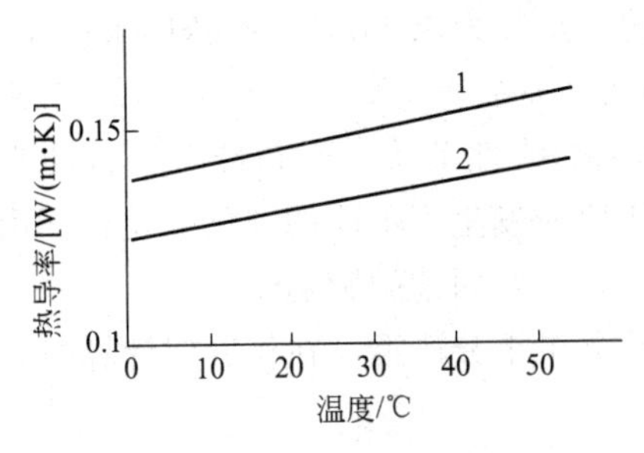

图 6-1　热导率与温度的关系

1—水分含量为40%的物料；2—水分含量为10%的物料

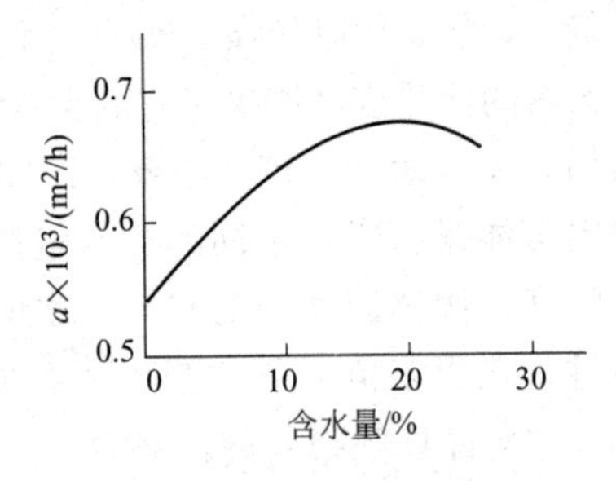

图 6-2　导温系数与含水量之关系

二、湿物料在干燥过程中的湿热传递

1. 影响湿热传递的因素

（1）食品物料组成与结构　食品物料在干燥过程中会发生复杂的物理化学过程。食品成分在物料中的位置、溶质浓度、结合水状态、细胞结构都会影响干燥过程，影响湿热传递。

（2）湿物料表面积　湿热传递速率随湿物料表面积增大而加快。这是因为湿物料表面积增大，使之与传热介质的接触面增大，同时也使水分蒸发逸出的面积增大，所以湿物料的传热和传质速率将同时加快。另外，如果单位容积的湿物料表面积增大，则意味着热量由表面传向内部的距离缩短，而水分由湿物料内部向外迁移和逃逸的距离也缩短，显然这将导致湿热传递速率的加快。

（3）干燥介质温度　当湿物料初温一定时，干燥介质温度越高，表明传热温差越大，湿物料与干燥介质之间的热交换越快。但是，如果换热介质是空气（通常如此），则温度所起的作用较为有限。这是因为水分是以水蒸气的形式从湿物料中逸出的，这些水蒸气须不断地从湿物料周围排除掉，否则就会在湿物料周围形成饱和状态，从而大大地降低水分从湿物料中逸出的速率。

当然，空气温度越高，它在达到饱和状态之前所能吸纳的水分也越多。为此，适当提高湿物料周围空气的温度有利于加快湿热传递过程。

（4）空气流速　以空气作为传热介质时，空气流速将成为影响湿热传递的首要因素。一方面，空气流速越快，对流换热系数越大；另一方面，空气流速越快，与湿物料接触的空气量相对增加，因而能吸收更多的水分，防止在湿物料的表面形成饱和空气层。

（5）空气相对湿度　空气的相对湿度越低，则湿物料表面与干燥空气之间的水蒸气压差越大，加之干燥空气能吸纳更多的水分，因而能加快湿热传递的速率。

空气的相对湿度不仅会影响湿热传递的速率，而且决定了湿物料的干燥程度。这是因为湿物料干燥后的最低水分含量将与所用干燥空气的平衡相对湿度相对应。水分达到平衡状态时，相对湿度所表示的即是湿物料的水分活性。以马铃薯干燥为例，其水分吸附等温线如图6-3所示。如果干燥空气温度为60℃，相对湿度为40%，则马铃薯所能干燥到的最低水分含量（也叫平衡水分）为8%，如果温度不变，空气相对湿度增加到60%，则马铃薯的平衡水分也相应升高到10%。反之，温度不变，而空气相对湿度减少到20%时，则马铃薯干燥后的平衡水分可相应降低到4%。

（6）真空度　气压可影响水的平衡关系，对干燥产生影响。如果水周围空气的压力低于大气压，则水的沸点将随之下降，且压力愈低或者真空度愈高，水的沸点下降也愈多。因此，我们可以在保持温度恒定的同时降低气压，加快水的沸腾。或者说可以采用加热真空容器的方法使水分在较低的温度下蒸发。而较低的蒸发温度和较短的干燥时间对热敏性食品是非常有利的。

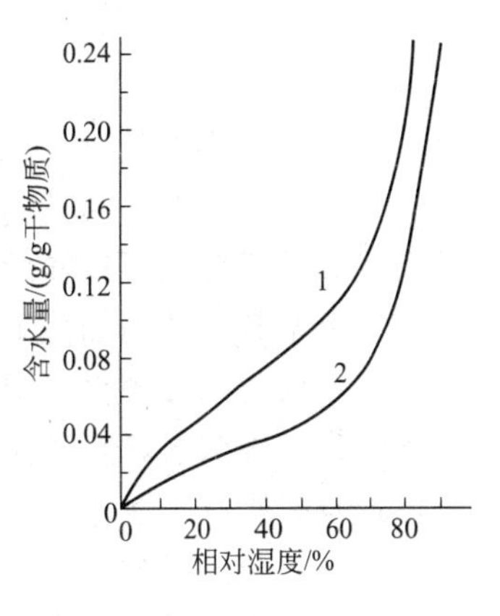

图 6-3　马铃薯的水分吸附等温线

1—60℃；2—100℃

2. 湿物料在干燥过程中的湿热传递

湿物料在接受加热介质供给的热量后，其表层温度逐渐升高到蒸发温度，表层水分开始蒸发并扩散到空气中去，内部水分则不断向蒸发层迁移。这个过程不断进行，使得湿物料逐渐获得干燥。上述湿物料的水分蒸发迁移过程实际上包括两个相对独立的过程，即给湿过程和导湿过程。也可以说，湿物料给湿过程和导湿过程是湿物料湿热传递的具体表现。

（1）给湿过程　湿物料在受热后其表面水分将通过界面层向加热介质蒸发转移，从而在湿物料的内部与表面之间建立起水分梯度。在该水分梯度的作用下，湿物料内部的水分将向表层扩散，并过表层不断向加热介质蒸发。把湿物料中的水分从其表面层向加热介质扩散的过程称做给湿过程。给湿过程在恒率干燥阶段内与自由液面的水分蒸发情况相似。给湿过程中水分蒸发强度可用下式表示：

$$q=\alpha_{mp}(p_{饱}-p_{空蒸})\frac{760}{B} \qquad (6\text{-}5)$$

式中　q——湿物料的给湿强度，kg/(m^2·h)；

α_{mp}——湿物料的给湿系数，可根据公式 $\alpha_{mp}=0.0229+0.0174v$（$v$ 为介质流速）来计算，kg/(m^2·h)；

$p_{饱}$——湿物料湿球温度下的饱和水蒸气压，N/m^2；

$p_{空蒸}$——热空气的水蒸气分压，N/m^2；

B——当地大气压，N/m^2。

由式(6-5) 不难看出，如果加热介质为空气，则温度越高，相对湿度越低，给湿过程进行得越快，也即干燥速率越快；空气流速越快，给湿过程也越快。

（2）导湿过程　固态物料干燥时会出现蒸汽或液体状态的分子扩散性水分转移，以及在毛细管势（位）能和其内挤压空气作用下的毛细管水分转移，这样的水分扩散转移常称为导湿现象，也可称它为导湿性。由于给湿过程的进行，湿物料内部建立起水分梯度，因而水分将由内层向表层扩散。这种在水分梯度作用下水分由内层向表层的扩散过程就是导湿过程，可用下列公式来表示导湿过程的特性：

$$\overrightarrow{q_m}=-\alpha_m\rho_0\,\mathrm{grad}W \qquad (6\text{-}6)$$

式中　$\overrightarrow{q_m}$——水分的流通密度，即单位时间内通过等湿面的水分量，kg/(m^2·h)；

α_m——导湿系数，m^2/h 或 m^2/s；

ρ_0——单位容积湿物料内绝对干物质的质量，kg 干物质/m^3；

grad$W$——湿物料内的水分梯度，kg 水/(m·kg 干物质)。

导湿系数是指湿物料水分扩散的能力或者说湿物料内部湿度平衡能力的大小。它受湿物料的湿度和温度等因素的影响。

导湿系数与温度的关系可用米纽维奇所推导的关系式来表示：

$$\alpha_m = \alpha_m^0 \left(\frac{T}{273+t_0}\right)^n \tag{6-7}$$

式中　α_m^0——标准温度 T 的导湿系数；

　　n——自然数，可达 10～14。

上述关系式提供了这样的启示：如果将导湿系数小的湿物料在干燥前预热，即可以明显提高其导湿系数，从而加快干燥过程。

导湿系数与水分含量之间的关系十分复杂，如图 6-4 所示。在恒率干燥阶段，脱去的水分基本上是毛细管水，且以液体状态转移，因而导湿系数不变（如线段 1 所示）；线段 2 相当于渗透吸附水靠扩散作用的脱水过程；随着物料含水量的进一步降低，毛细管水主要以蒸汽形式迁移，导湿系数也进一步减小（如线段 3 和 3′所示）。由于各种形式的水分迁移同时发生，图中所列曲线是主导迁移形式的结果。

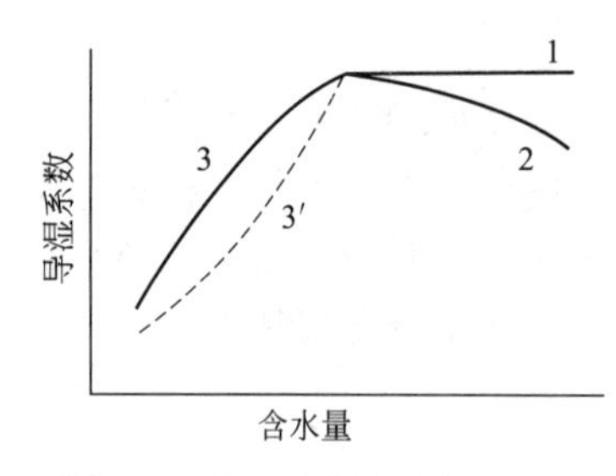

图 6-4　导湿系数与含水量关系

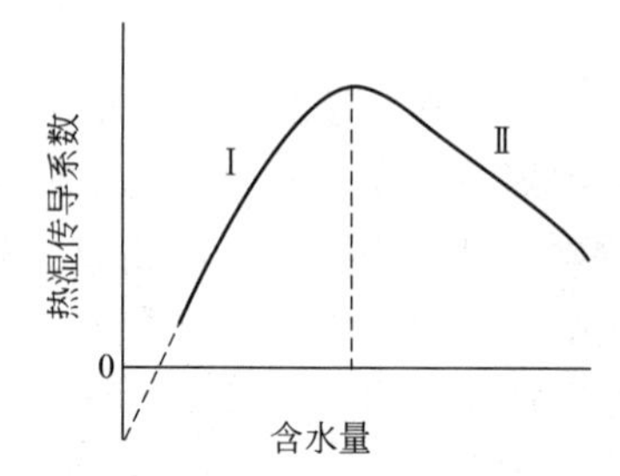

图 6-5　热湿传导系数与含水量之关系

由于湿物料受热后形成了温度梯度，将导致水分由高温向低温处移动，这就是所谓的热湿传导现象或者叫雷科夫效应。水分在温度梯度作用下的传递过程是一个复杂的过程，它由下列现象组成。

① 水分子的热扩散。它是以蒸汽分子的流动形式进行的，蒸汽分子的流动是因为湿物料的冷热层分子具有不同的运动速率而产生的。

② 毛细管传导。这是由于温度升高导致水蒸气压力升高，使水分由热层进到冷层。

③ 水分内部夹持的空气因温度升高而膨胀，使水分被挤向温度较低处。

热湿传导现象所引起的水分转移量可用下式来计算：

$$\overrightarrow{q_{m\theta}} = -\alpha_m \rho_0 \delta \mathrm{grad}\theta \tag{6-8}$$

式中　$\overrightarrow{q_{m\theta}}$——在温度梯度作用下的水分流通密度，kg/(m² · h)；

　　δ——湿物料的热湿传导系数，1/℃；

　　$\mathrm{grad}\theta$——温度梯度，℃/m；

　　α_m，ρ_0——与公式(6-6) α_m，ρ_0 相同。

δ 的意义是当温度梯度为 1℃/m 时，物料内部所形成的水分梯度，即 $\delta = -\frac{\mathrm{grad}W}{\mathrm{grad}\theta}$。与导湿系数相似，热湿传导系数也因湿物料中的水分与物料的结合形式而异，如图 6-5 所示。

从图 6-5 中可看出，热湿传导系数存在极大值。与此值相对应的含水量可认为是吸附水和自由水（毛细管水和渗透水）的分界点。在水分含量小于极值点时，水分的迁移主要是靠蒸汽的热扩散。随着物料水分的降低，孔隙逐渐被空气充满，使蒸汽的扩散受到阻碍，因此热湿传导系数也随之下降。

在水分含量高于极值点以后，水分主要以液体形式迁移。如果这种迁移主要靠夹持空气的作用，则热湿传导系数与物料的含水量之间存在反比关系。

根据以上所述，在干燥过程中，湿物料内部同时存在水分梯度和温度梯度。若两者方向相同时，则湿物料在干燥过程中除去的水分由下式计算：

$$\begin{aligned}\overrightarrow{q_{总}} &= \overrightarrow{q_m} + \overrightarrow{q_{m\theta}} = -\alpha_m \rho_0 \mathrm{grad}W + (-\alpha_m \rho_0 \delta \mathrm{grad}\theta) \\ &= -\alpha_m \rho_0 (\mathrm{grad}W + \delta \mathrm{grad}\theta) \\ &= -\alpha_m \rho_0 (\mathrm{grad}W + \delta \mathrm{grad}\theta) \end{aligned} \quad (6\text{-}9)$$

通常，在对流干燥时，湿物料中温度梯度的方向是由表层指向内部，而水分梯度的方向则正好相反。在此情形下，如果导湿过程占优势，则水分将由物料内层向表层转移，热湿传导现象就成为水分扩散的阻碍因素。反之，如果热湿传导过程占优势，则水分随热流方向转移，即向水分含量较高处转移，此时导湿过程成为阻碍因素。不过，在大多数食品的干燥时，热湿传导过程是水分扩散的阻碍因素。因此，水分蒸发量应按下式计算：

$$q_{总} = -\alpha_m \rho_0 (\mathrm{grad}W - \delta \mathrm{grad}\theta) \quad (6\text{-}10)$$

但是，也应指出，在对流干燥的后期，即降率干燥阶段，常常会出现热湿传导过程占优势现象。于是，湿物料表层水分就会向内层转移，然而物料表面仍在进行水分蒸发（给湿过程），这将导致物料表层迅速干燥，表层温度也很快提高，进一步阻碍了内部水分的扩散和蒸发。只有在内层水分不断蒸发并建立起足够高的水蒸气压后，才能改变水分迁移的方向，内层水分才会重新扩散到物料表层进行蒸发。出现上述现象时，干燥时间就会延长。

当干燥较薄的湿物料时，可以认为物料内部不存在温度梯度，因此物料内部只进行导湿过程。这时物料的干燥速率将主要取决于空气的热力学参数，如温度、相对湿度、流速等，以及湿物料的水分扩散系数等。此外，当采用微波加热等内部加热法干燥食品时，也可以认为不存在雷科夫效应。

3. 食品干燥过程的特性

食品干燥过程的各种特性可用干燥曲线、干燥速率曲线及温度曲线等结合在一起来加以描述。湿物料的干燥特性反映了物料热干燥过程热、质传递的宏观规律，是选取干燥工艺和设备的主要依据，也为强化干燥过程指出提供了依据。

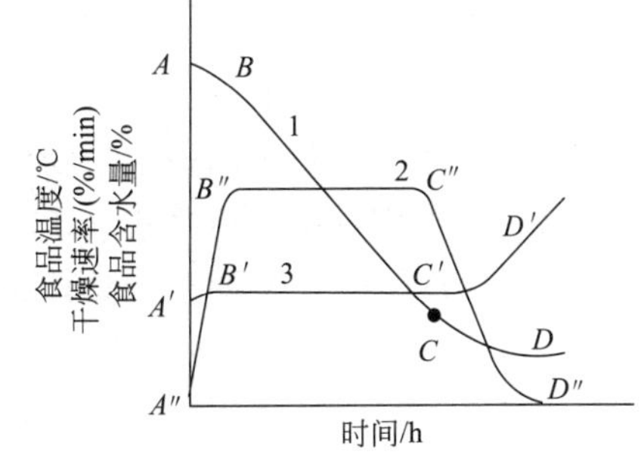

图 6-6　食品干燥过程的特性

1—干燥曲线；2—干燥速率曲线；3—干燥温度曲线

（1）干燥曲线　干燥曲线是表示食品干燥过程中绝对水分（$W_{绝}$）和干燥时间（τ）之间关系的曲线。该曲线的形状取决于食品种类及干燥条件等因素。典型的干燥曲线如图 6-6 中曲线 1 所示。

该曲线特征的变化主要由内部水分迁移与表面水分蒸发或外部水分扩散所决定，在干燥开始后的一小段时间内，食品的绝对水分下降很少。随后，食品的绝对水分将随干燥的进行而呈直线下降。到达临界点 C 后，绝对水分的减少将趋于缓慢，最后达到该干燥条件下的平衡水分，食品的干燥过程也随之停止。

（2）干燥速率曲线　干燥速率曲线是表示干燥过程中某个时间的干燥速率$\left(\frac{\mathrm{d}W_{绝}}{\mathrm{d}\tau}\right)$与该时间的食品绝对水分（$W_{绝}$）之关系的曲线。由于 $W_{绝}=f(\tau)$，因此，为了便于比较和说明问题，以$\left(\frac{\mathrm{d}W_{绝}}{\mathrm{d}\tau}\right)$对 τ 作图，得出如图 6-6 中曲线 2 所示的曲线。

从该曲线不难看出，在开始干燥的最初一小段时间内，干燥速率将由0增加到最大。在随后的一段干燥时间内，干燥速率将保持恒定，因此也把这个阶段称为恒率干燥期。在干燥过程的后期，干燥速率将逐渐下降至干燥结束，这个阶段也称为降率干燥期。

(3) 食品温度曲线　食品温度曲线是表示干燥过程中食品温度和干燥时间之关系的曲线。它最初是由雷科夫提出来的。典型的食品温度曲线如图6-6中曲线3所示。

该曲线表明在干制开始后的很短时间内，食品表面温度迅速升高，并达到空气的湿球温度。在恒率干燥阶段内，由于加热介质传递给食品的热量全部消耗于水分的蒸发，因而食品不被加热，温度保持不变。在降率干燥阶段内，水分蒸发速率不断降低，使干燥介质传递给食品的热量超过水分蒸发所需热量，因此，食品温度将逐渐升高。当食品含水量达到平衡水分时，食品的温度也上升到与空气的干球温度相等。

不过，应该指出，上述干燥过程的特性曲线都是实验规律，因而不同的食品及不同的实验条件所得到的结果可能会有所不同。

三、干燥时间计算

干燥时间是指将食品从初始含水量干燥到预定含水量所需时间。由于一般的干燥过程中包含了恒率干燥阶段和降率干燥阶段，这两个阶段具有不同的特性，因此需采用不同的方法来计算各个阶段所需时间。

1. 恒率干燥期的干燥时间

假设食品的初始水分为W_1，恒率干燥期结束时的水分为W_c，恒率干燥期的干燥速率为N，如果不考虑干燥初期的升温过程，则恒率干燥期的干燥时间τ_1可用下式计算：

$$\tau_1=\frac{W_1-W_c}{N}(\text{min 或 h}) \tag{6-11}$$

恒率干燥期的干燥速率N可用下式计算：

$$N=\frac{100q}{R\rho_0}(\%/\text{h}) \tag{6-12}$$

式中　R——食品厚度的一半，m；

ρ_0——单位容积食品中绝干物质的质量，kg/m^3；

q——给湿强度，由公式(6-5)计算。

给湿系数α_{mp}可用努谢尔特数计算：

$$Nu=\frac{\alpha_{mp}}{\lambda_m}l \tag{6-13}$$

式中　l——蒸发表面的特征尺寸，m；

λ_m——蒸汽热导率，kg/(m·h·Pa)。

而努谢尔特数可用下式计算：

$$Nu=ARe^nPr^{0.33}Gu^{0.135}\left(\frac{T_{介}}{T_{发}}\right)^2 \tag{6-14}$$

式中　Re——雷诺数，$Re=\frac{\rho vd}{\mu}=\frac{vd}{\nu}$；

ρ——介质的密度；

v——介质流速；

d——介质流域截面的特性尺寸；

μ——动力黏度；

ν——运动黏度；

Pr——普朗特数，$Pr=\frac{\nu}{a}$；

a——导温系数；

Gu——古赫曼数，$Gu=\frac{t_{干}-t_{湿}}{t_{干}}$；

$t_{干}$——介质的干球温度；

$t_{湿}$——介质的湿球温度；

$T_{介}$，$T_{发}$——介质与蒸发表面的温度，℃；

A，n——取决于 Re 常数，当 $Re=3150\sim22000$ 时，$A=0.49$，$n=0.61$；当 $Re=22000\sim315000$，时，$A=0.025$，$n=0.90$。

在公式(6-11）中，W_c 仍是未知数。它可用下式来计算：

$$W_c=100U_c+\frac{100qR}{\psi\alpha_m\rho_0} \tag{6-15}$$

式中　U_c——恒率干燥期末的食品含湿量，kg 水/kg 干物质；

ψ——形状系数，对片状物料，$\psi=3$；对圆柱状食品，$\psi=4$；对球状食品，$\psi=5$；

ρ_0——单位容积食品中绝干物质的质量，kg/m^3；

α_m——导湿系数。

由上式可以看出，W_c 取决于食品的特征尺寸、导湿系数及干燥强度。特别要指出的是，对于特征尺寸较大的食品，W_c 可能大于其初始水分。在此种情况下，干燥只能在降率期中进行，也就是说不存在恒率干燥期。

2. 降率干燥期的干燥时间

由于降率干燥期的干燥速率不仅随时间而变化，而且随食品的部位而异，因此，它的计算相当困难。以下给出几种特殊形状食品的降率干燥时间的计算公式。

（1）片状食品

$$\tau_{\mathrm{II}}=\frac{-0.0848\delta^2}{\alpha_m}\ln\left(\frac{W_c-W_e}{W-W_e}\right) \tag{6-16}$$

（2）圆柱状食品

$$\tau_{\mathrm{II}}=\frac{-0.637r^2}{\alpha_m}\ln\left(\frac{W_c-W_e}{W-W_e}\right) \tag{6-17}$$

（3）球状食品

$$\tau_{\mathrm{II}}=\frac{-0.0506R^2}{\alpha_m}\ln\left(\frac{W_c-W_e}{W-W_e}\right) \tag{6-18}$$

式中　δ——片状食品的厚度，m；

r——圆柱状食品的半径，m；

R——球状食品的半径，m；

W_c——恒率干燥期末的水分含量，%；

W_e——平衡水分，%；

W——干燥结束时食品含水量，%。

第二节　食品干燥方法与设备

一、对流干燥

对流干燥也叫空气对流干燥，是最常见的食品干燥方法。它是利用空气作为干燥介质，通过对流将热量传递给食品，使食品中水分受热蒸发而除去，从而获得干燥。这类干燥在常压下进行，有间歇式（分批）和连续式两种。空气既是热源，也是湿气载体，干燥空气可以自然或强制对流循环的方式与湿物料接触。湿物料可以是固体物料、膏状物及液体物料。

对流干燥设备的必要组成部分有风机、空气过滤器、空气加热器和干燥室等。风机用来强制空气流动和输送新鲜空气，空气过滤器用来净化空气，空气加热器的作用是将新鲜空气加热成热风，干燥室则是食品干燥的场所。包括隧道式干燥、带式干燥、泡沫层干燥、气流干燥、流化床干燥和喷雾干燥等。

1. 隧道式干燥

隧道式干燥设备的结构示意图如图6-7所示。这种干燥设备大体分成两个部分：沿隧道长度方向设有隔板，隔板以上区域为加热区，其下则为干燥区。食品经预处理后放在小车上，推入干燥区。干燥区可容纳5～15辆小车不等。干燥区的截面大小应与小车相匹配，既能容纳小车，又要使小车与壁面及隔板之间的间隙尽量小，以避免热空气的无功流动。小车一般高为1.5～2m，车上分格，其上放料盘。料盘用木料或轻金属制作，盘底有孔缝。料盘放在小车上，应使盘间留出畅通的空气流道。

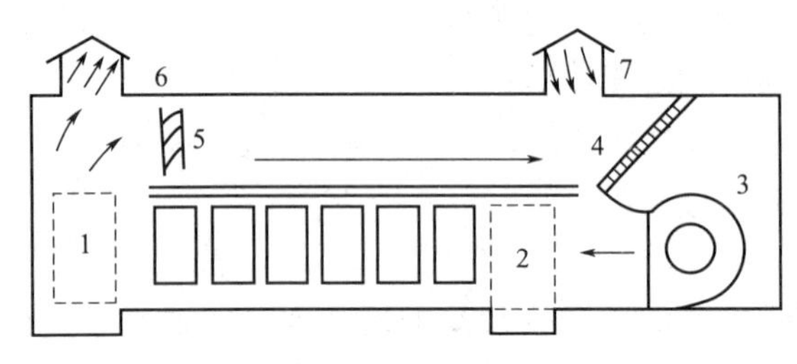

图6-7　隧道式干燥设备示意图

1—料车入口；2—干制品出口；3—风机；4—加热器；5—循环风门；6—废气出口；7—新鲜空气入口

在干燥操作时，靠近出料口的料车首先完成干燥，然后被推出干燥器，再由入口送入另一辆料车，隧道中每一辆料车的位置都向出料口前移一个料车的距离，构成了半连续的操作方式。该干燥器的效率比较高，一台12车的隧道式干燥器，如果料盘尺寸为1m×2m，叠放层数为25层，每平方米料盘装食品10kg，那么，一次即可容纳5000kg以上的新鲜食品。

隧道式干燥设备的干燥效果受其总体结构和布置的影响，特别是受料车与空气主流的相对运动方向的影响。一般料车与空气主流方向的相对运动有两种情形：一种是顺流，即料车运动方向与空气主流方向相同；另一种是逆流，即料车与空气主流呈相反方向运动。

（1）顺流干燥　在顺流干燥时，其热端（即空气温度高的一端）为湿端（即新鲜食品入口端），而冷端（即空气温度低的一端）为干端（即干燥食品出口端）。在湿端处，新鲜食品与温度最高、湿度最低的空气相遇，其表面水分迅速蒸发，使食品表面温度较低，因而可以适当地提高空气的温度，以加快水分蒸发。但是，如果食品表面水分蒸发过于迅速，将使食品表层收缩和硬化。当食品内部继续干燥时，就会出现干裂现象，形成多孔性。

在干端处的情况正好相反，低温高湿的空气与即将干燥好的食品相遇。此时食品水分蒸发速率极其缓慢，甚至可能不蒸发或者反而会从空气中吸湿，使干燥食品的平衡水分增加，导致干制品的最终含水量难以降低到预定值。一般顺流干燥很难使干制品含水量降低到10%以下。因此，顺流干燥仅适用于水果的干燥。

（2）逆流干燥　在逆流干燥时，其热端为干端，而冷端则为湿端。潮湿食品首先遇到的是低温高湿的空气，此时食品的水分虽然可以蒸发，但速率较慢，食品中不易出现硬化现象。在食品移向热端的过程中，由于所接触的空气温度逐渐升高而相对湿度逐渐降低，因此水分蒸发强度也不断增加。当食品接近热端时，尽管处于低湿高温的空气中，由于其中大量的水分已蒸发，其水分蒸发速率仍较缓慢。此时食品的温度将逐渐上升至接近热空气的温度，因而应避免干制品在热端长时间的停留，以防干制品焦化。

为了防止焦化，干端处热空气的温度也不宜过高，以不超过80℃为宜。由于干端处的空气相对湿度较低，因而干制品的平衡水分也相应较低。因此，逆流干燥的干制品的水分可以低于5%，很适宜于干燥蔬菜。

此外，还须特别指出，逆流干燥时食品装载量不宜过多，这是因为逆流干燥时，食品前期干燥强度小，甚至会出现增湿现象。如果食品装载量过多，就会使食品在干燥器中停留时间大为延长，有可能引起食品的腐败变质。Van Arsdel（1951）研究了逆流干燥时负荷过多对食品干燥的影响。假定料盘总面积为602m^2，料盘正常装载量为7.3kg/m^2。现将装载量增加到14.62kg/m^2，空气流速由5.1m/s下降到2.54m/s，湿球温度从29.4℃提高到37.8℃，则干燥时间将从7h延长22h，冷端处空气相对湿度将达到96%左右。假设进入干燥室的食品温度为26.7℃，那么食品在加热到37.8℃开始干燥之前，将从空气中吸收16kg左右的水分。因此，食品在这种情形下放置过久，就会发生变酸、发臭等腐败变质现象。

（3）混流干燥　混流干燥兼有顺流和逆流干燥的特点。混流干燥中，顺流干燥阶段比较短，但能将大部分水分蒸发掉，在热量与空气流速合适的条件下，混流干燥可除去50%～60%水分。

混流干燥各干燥阶段空气温度可分别调节，顺流段可采用较低温度。该法生产能力高，干燥比较均匀，制品品质好。混流干燥广泛应用于干燥蔬菜如大葱、大蒜、洋葱等。

2. 带式干燥

带式干燥是将待干食品放在输送带上进行干燥。输送带可以是单根，也可以布置成上下多层。输送带最好由钢丝制成以便干燥介质穿流而过。图6-8为双段带式干燥设备的示意图。

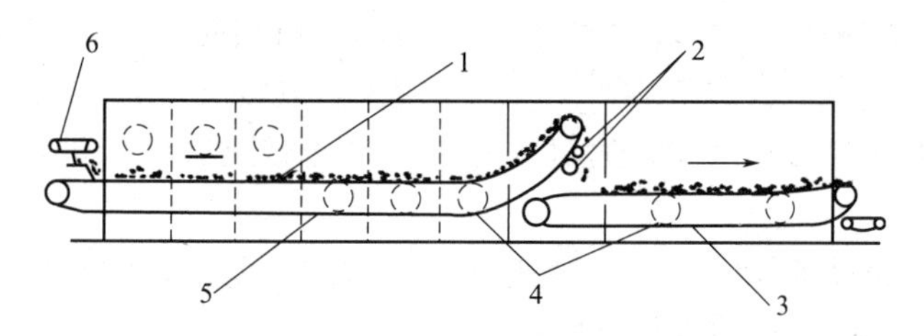

图6-8　双段带式干燥设备

1—料床；2—卸料辊和轧碎辊；3—第二环带；4—风机；5—第一环带；6—撒料器

湿物料由撒料器散布在缓慢移动的输送带上，料层厚薄应均匀，厚度为75～180mm。第一段输送带工作面长9～18m、宽1.8～3.0m。经过第一段输送带的干燥后，物料散布在第二段输送带上形成250～300mm的厚层，进行后期干燥。

为了改善第一段输送带上湿物料干燥的均匀性，可将此段分成几个区域，干燥介质在各个区域中穿流的方向可交叉进行。但最后一个区域的穿流应自上而下，以免气流将干燥的物料吹走。

带式干燥设备是一种特别适合干燥单品种生产的块片状食品的完全连续化设备，但不适用于未去皮的梅子、葡萄等水果干燥。

3. 泡沫层干燥

泡沫干燥原理是，通过使物料内部产生大量泡沫，增加干燥表面积，以提高干燥速度。进行泡沫干燥前，常需对原料进行预处理，对于本身易起泡的原料，如蛋清等，可以直接向其中补充气体或者用外部机械搅拌形成大量泡沫；对于不易起泡的原料，可以添加适量发泡剂，如大豆分离蛋白、单甘酯等，再搅拌形成泡沫。同时也适量添加一些羧甲基纤维素等稳定剂，确保所形成的泡沫稳定，以适合进行泡沫干燥。

其工艺流程如图 6-9 所示。

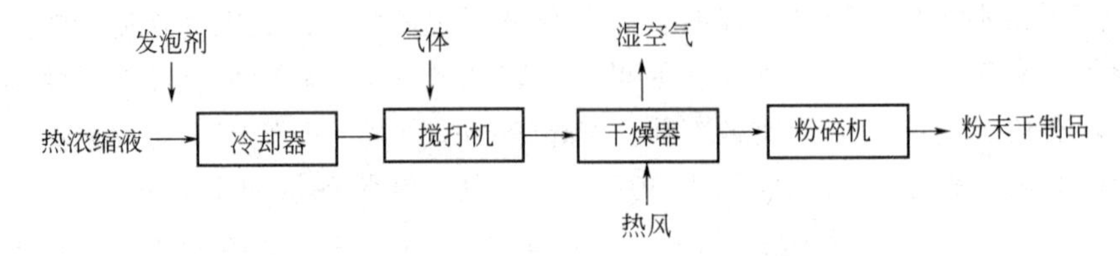

图 6-9 泡沫干燥的工艺流程

这种干燥方法简单地说，就是先将液态或浆质状的物料制成稳定的泡沫状物料，然后将它们铺开在某种支持物上成一薄层，采用常压热风干燥的方法予以干燥。

（1）泡沫干燥设备的简单结构　图 6-10 是多孔带式泡沫层干燥器的示意图。泡沫料分散在宽为 1.2m 的多孔不锈钢带上形成厚度为 3mm 左右的均匀薄层。不锈钢带上的孔眼的大小正好使泡沫料停留其上而不致漏下。料层随带的移动，首先经过空气射流区，被空气扩张而膨胀，进一步增大干燥面。随后料层进入干燥区，与顺流及逆流空气充分接触，使料层迅速获得干燥。

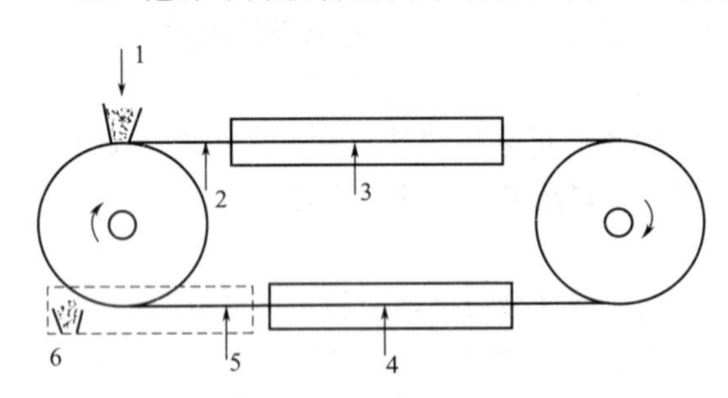

图 6-10 泡沫干燥器示意图

1—泡沫料；2—空气射流；3—顺流热空气；4—逆流热空气；5—冷却空气；6—制品

传送带也有不带孔的，这种传送带上的泡沫料层更薄，在干燥区停留的时间更短。热风被设计成与传送带平行或垂直流动。此外，在传送带下侧设蒸汽箱，通过水蒸气在传送带上凝结而供给热量，以提高干燥速率。

除带式泡沫层干燥设备外，还有一种浅盘式泡沫层干燥器，它是以 4m×4m 的多孔浅盘代替多孔带作泡沫料的支持物进行干燥的。

（2）泡沫层干燥的工艺条件　为了提高干燥的效率，料液须先行浓缩，制成比较稳定的浓稠泡沫体后，才能进行干燥。但是也应注意预浓缩的适度，否则，如果浓缩过度，得到的浓缩物密度过大，就会影响泡沫干燥的效果，也即最终制品的含水量较高。至于原料浓度多少为宜，因原料的种类而异，一般为 30％～60％。

在制造泡沫料时，除少数物料外，大多数物料需加入发泡稳定剂。发泡稳定剂的种类很多，其选择应视原料液的性质而定。当原料的不溶性固体含量少或体积黏度小时，应选择甲基纤维素或瓜尔豆胶，目的是使料液硬化。对于缺乏表面活性物质的料液，可选用硬脂酸甘油酯、可溶性大豆蛋白等，目的是形成薄膜。

泡沫料的性能还与发泡温度、时间等因素有关。不同料液的发泡条件见表 6-1。

表 6-1 实验条件下的发泡条件

物料	可溶性固形物含量/%	添加剂种类	添加剂用量/%	发泡温度/℃	时间/min	泡沫密度/(g/mL)
苹果汁	47.2	单棕榈酸葡萄糖酯	0.10	38	10	0.15
冻香蕉	21	单硬脂酸甘油酯	1.0	4.4	20	0.4
牛肉抽提物	54	不必添加	—	21	8	0.32
咖啡抽提物	47	单棕榈酸葡萄糖酯	1.0	21	10	0.20
葡萄浓缩汁	46	可溶性大豆蛋白	1.0	21	4	0.25
柠檬浓缩汁	60	单硬脂酸甘油酯	0.2	21	5	0.25
全牛乳	42	不必添加	1.0	21	10	0.35
桔汁	50	可溶性大豆蛋白	0.8	4.4	20	0.30
土豆泥	30	单硬脂酸甘油酯	1.0	21	4	0.4

连续发泡方法是：在适当温度下，用机械连续搅拌原料液，在搅入空气的同时，添加发泡稳定剂，使料液形成稳定的泡沫。最后形成的泡沫密度为 0.4～0.6g/mL。

干燥介质的参数对干燥速率起决定性的作用。在刚开始干燥时，空气流速是影响干燥速率的主要因素，在干燥即将完成时，空气的相对湿度则是主要影响因素。为此，泡沫干燥最好采用两段式的干燥方法：第一阶段用顺流空气流，流速为 1.5m/s，温度为 105℃；第二个阶段用逆流空气流，速率为 0.25m/s，温度为 60℃，并适当降低空气的相对湿度。在干燥临近结束时，如制品是热塑性的，则须在刮料前以干燥的冷空气冷却泡沫层。

(3) 泡沫干制品特性　泡沫干制品最大特性是其多孔性结构及极低含水量，因而吸湿能力强。比如泡沫干燥柑橘粉的含水量仅为 1%。如此低含水量的制品必须保持在相对湿度低于 15%的环境中，且温度应较低，以免制品吸湿回潮。此外泡沫干制品的密度很小，一般只有 0.3g/mL。为了节省包装容器，有时要进行密质化处理。密质化处理可在加热的轧辊上进行。密质化处理之前，须先将轧辊预热到 70℃，调节轧辊间距和转速。经密质化处理后，干制品的密度可以增大 2 倍以上。

(4) 泡沫层干燥的特点　泡沫层干燥除了具有热风干燥法的一般优点外，还具有干燥速率快、干制品质量好等优点。比如 2～3mm 厚的泡沫层，料温为 56℃时，10～20min 即可干燥完毕，仅相当于普通干燥法干燥时间的 1/3。

不过，泡沫层干燥也存在缺点。泡沫层干燥效果在很大程度上取决于泡沫的结构。只有在泡沫结构均匀一致且在干燥过程中得以保持时，方能获得很好的干燥效果。而这一点实际上是很难做到的。常规泡沫干燥以热风干燥、真空干燥等方法作为辅助干燥手段，这些干燥方法大都具有干燥时间长、能源消耗大等缺点，采用微波能作为干燥介质，能够大大提高生产效率，确保最大限度保存制得的产品营养。

4. 气流干燥

气流干燥是将粉末状或颗粒状食品悬浮在热空气流中进行干燥的方法。气流干燥设备只适用于在潮湿状态下仍能在气体中自由流动的颗粒食品或粉末食品如面粉、淀粉、葡萄糖、鱼粉等。在用气流干燥法干燥时，一般需用其他干燥方法先将湿物料的水分干燥到 35%～40%以下。典型的气流干燥器如图 6-11 所示。

颗粒状或粉末状的湿物料通过给料器由干燥器的下端进入干燥管，被由下方进入的热空气向上吹起。在热空气与湿物料一起向上运动的过程中，互相之间充分接触，进行强烈的湿热交换，达到迅速干燥的目的。干燥好的产品由旋风分离器分离出来，废气由排气管排入大气中。

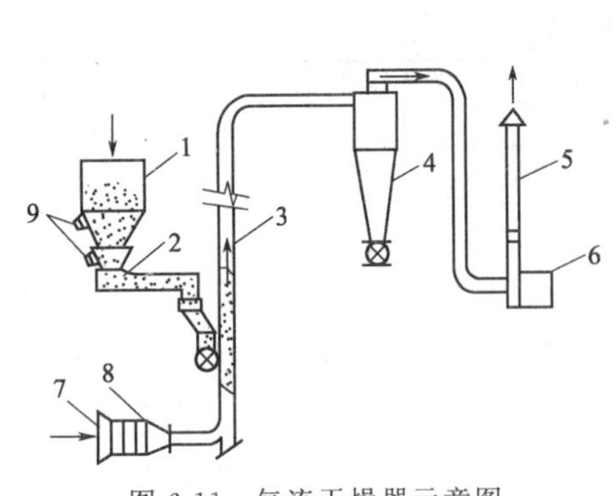

图 6-11 气流干燥器示意图

1—料斗；2—电磁给料器；3—干燥管；4—旋风分离器；
5—排气管；6—风机；7—过滤器；8—加热器；9—振动器

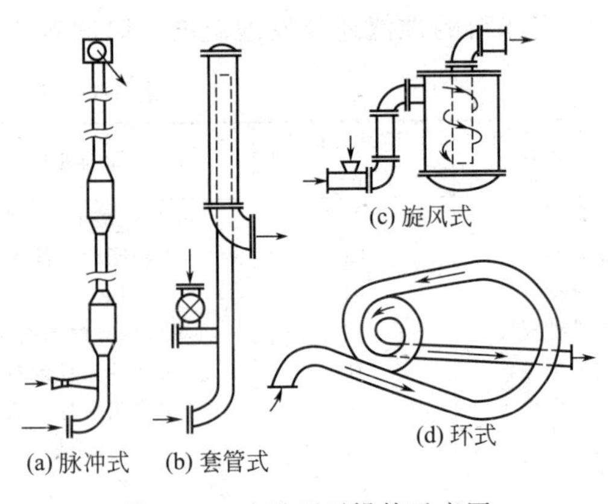

图 6-12 改进型干燥管示意图

气流干燥的工艺条件是：热风温度 121～190℃，空气流速 450～780m/min。干燥时间一般为 2～3s。

气流干燥的特点是：①呈悬浮状态的物料与干燥介质的接触面积大，每个颗粒都被热空气包围，因而干燥速率极快；②物料应具有适宜的粒度范围，粒度最大不超过 10mm，原料水分也应控制在 35%以下，且不具有黏结性；③可与其他设备联合使用，以提高生产效率，气流干燥用于干燥非结合水时，速率极快，效率也较高，可达 60%，而用于干燥结合水时，热效率很低，仅为 20%，因此，后期干燥可由其他干燥方式来完成；④设备结构简单，制造、维修均较容易。

气流干燥的缺点是气流速率高，系统阻力大，动力消耗多，易产生颗粒的磨损，难以保持完好的结晶形状和结晶光泽。容易黏附于干燥管的物料或粒度过细的物料不适宜采用此干燥方法。另外直立式干燥管由于太长（10m 或更长）而显得体积较大。为此，可将干燥管改成脉冲式、套管式、旋风式和环式等形式，以减小设备体积。这几种形式的干燥管如图 6-12 所示。这些干燥管尽管形式不同，但有一个共同的目的，就是不断地改变气流方向或速率，从而破坏物料颗粒与气流之间的同步运动，提高两者之间的相对运动速率，以加快干燥过程中的传热和传质。

脉冲式干燥管是通过改变管子的直径来改变气流速率，从而破坏气流和颗粒的同步运动。套管式干燥管是利用气流方向和流通截面大小的改变来破坏气流和颗粒之间运动的同步性。旋风式和环式干燥管则是利用气流方向的不断改变和离心力的作用来破坏气流与颗粒之间运动的同步性的。

5. 流化床干燥

流化床干燥是散状物料被置于孔板上，并由其下部输送气体，引起物料颗粒在气体分布板上运动，在气流中呈悬浮状态，犹如液体沸腾一样。在流化床干燥器中物料颗粒与气体充分接触，进行物料与气体之间的热传递与水分传递，从而达到干燥目的的一种干燥方式。流化床干燥所用的介质是高温低湿空气。

流化床干燥器具有较高传热和传质速率、干燥速率高、热效率高、结构紧凑、基本投资和维修费用低、便于操作等优点。但普通流化床干燥器仍具有一些不足，如：由于气泡现象，使流化不均匀，接触效率偏低；容易处理松散的粉状和粒状物料，对于初始湿含量大的物料，必须经过预干燥之后才能用普通流化床干燥器进行干燥；动力消耗较大等。

为此，在普通流化床干燥器基础上进行改型，研制开发了振动流化床干燥机、搅拌流化床干燥器、离心流化床干燥机、脉冲流化床干燥机、热泵式流化床干燥机及组合干燥装置，例如，喷雾-流化床组合干燥、气流-流化床组合干燥，这些改型后的流化床干燥方式扩大了流态化干燥的范围，改善了流化质量，提高了热质传递强度。

6. 喷雾干燥

喷雾干燥最早是用于蛋品的处理，在 20 世纪取得了长足进展。喷雾干燥技术在我国发展起步较晚，我国第一台喷雾干燥机是 20 世纪 50 年代从苏联引进的旋转式喷雾干燥。喷雾干燥法是将被干燥的液体物料浓缩到一定浓度，经喷雾嘴喷成细小雾滴，使热交换总面积达到极大，与干燥介质热空气进行热交换，在数秒内完成水分蒸发，物料被干燥成粉状或颗粒状。

喷雾干燥的基本流程是：首先，物料经过过滤器由泵输送到喷雾干燥器顶端的雾化器中雾化为雾滴，同时空气进入鼓风机经过过滤器、空气加热器及空气分布器送入到喷雾干燥器顶端；空气和雾滴在喷雾干燥器顶端接触、混合，进行传热和传质，完成干燥过程。最终产品由塔底的收集装置进行收集，废气及所带部分产品由经旋风分离器分离后，废气由出风口排入大气。

喷雾干燥的工艺流程如图 6-13 所示。

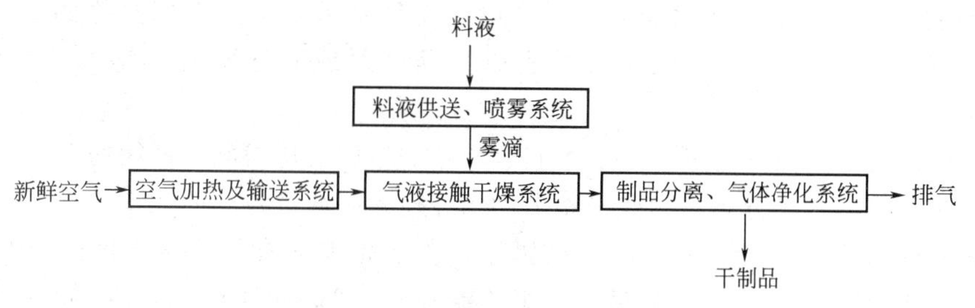

图 6-13　喷雾干燥的工艺流程

a. 空气加热及输送系统，包括空气过滤器、空气加热器及风机等设备，其作用是提供新鲜、干燥的热空气；b. 料液供送、喷雾系统，包括高压泵或送料泵、喷雾器等设备，其作用是使料液雾化成极细的液滴；c. 气液接触干燥系统，也即干燥室，是料液与热空气接触并干燥的场所；d. 制品分离、气体净化系统，包括卸料器、粉末回收器、除尘器等设备，其作用是将干粉末与废气分离和收集。

在上述各系统中，喷雾系统和干燥系统是决定喷雾干燥效果的主要组成部分。

(1) 喷雾器　喷雾器是用于料液雾化的设备，而料液雾化是喷雾干燥的关键步骤之一。目前常用的喷雾器有压力式、气流式及离心式三种。

压力式喷雾器的工作原理是利用 $(17\sim34)\times10^5\,N/m^2$ 的高压泵，强制料液通过直径 0.5～1.5mm 的小孔喷出，从而雾化成 20～60μm 的液滴。

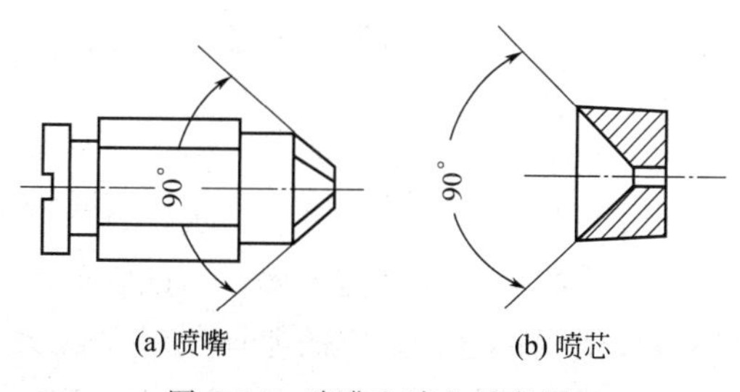

图 6-14　喷嘴和喷芯示意图

压力式喷雾器的结构如图 6-14 所示，主要由喷嘴、喷芯及附属件喷嘴套和联接螺母等构成。当喷芯和喷嘴套连接后，芯与喷嘴之间

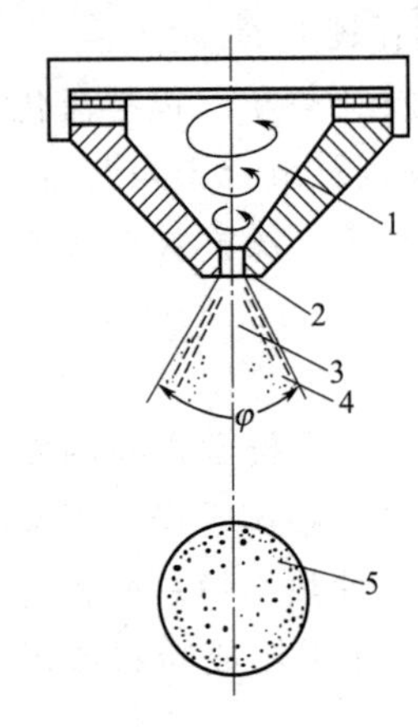

图 6-15 旋流室与空心锥状雾示意图

1—旋流室；2—环状液膜；3—空气心；4—锥形薄膜；5—喷矩截面

将留下一个空隙，称做旋流室，如图 6-15 所示。

从高压泵送来的高压液体，流过喷芯上的导流构槽，进入旋流室做旋转运动。由于旋流室的锥形空间愈来愈小，因而液体旋流速率愈来愈大，压力则愈来愈低。当旋流到达喷孔时，压力已降到接近甚至低于大气压，外界的空气便可从喷孔中心处进入，形成了空气心，而液体旋流则变成围绕空气心的环状薄膜从喷孔喷出，环状薄膜的厚度为 0.5～4μm。当环状液膜从喷孔喷出后，在离心力的作用下，液膜将会继续张开变薄成为锥形液膜。锥形薄膜在不断前进、扩展和变薄的过程中，先被撕裂成细丝，继而断裂成小液滴。这样就形成了中央雾滴少、四周雾滴密集的空心锥状雾，也称为喷矩，如图 6-15 所示。

压力式喷雾器的主要特性参数是其流量、喷雾角和液滴大小。对于某种特定的料液来说，流量取决于喷孔的大小及所用的压力。一般操作压力愈高，则流量愈大，喷孔直径越大，流量也越大。喷雾角是指图 6-15 中的 φ，即喷嘴出口附近空心锥状雾所张开的角度。喷雾角的大小主要与喷嘴的结构有关，还与操作压力、料液黏度等有关。喷雾角随料液的黏度升高而减小。如果黏度极高时，喷雾角将收缩到很小，以致空心锥形雾变成实心料液射流而难以雾化。

正常的喷雾不仅要求喷雾角的大小要合适，而且要求喷矩为近似对称的旋转抛物体。如果喷孔不圆或有缺损，喷矩截面就可能成为椭圆形或其他不对称形状，导致雾化不均匀。

喷雾后液滴的大小及均匀度决定了干制后产品的粒度及均匀度。液滴的大小不可能完全一致，总是呈一定的大小分布。为此采用平均滴径概念来衡量液滴的大小。

平均滴径受以下因素的影响：a. 结构因素，主要是喷孔直径，喷孔直径愈大，滴径也愈大；b. 物性因素，以黏度的影响最大，平均滴径大约与黏度的 0.17～0.20 次方成正比，此外表面张力和密度也有一定的影响；c. 操作因素，主要是操作压力，在进料量不变时，压力愈高，则液体获得的能量愈多，故滴径变小，并且趋于均匀。

气流式喷雾的原理是利用高速气流对液膜的摩擦分裂作用来使料液雾化的。高速气流一般采用压缩空气流。气流喷雾器的工作过程是：料液由料泵送入喷雾器的中央喷管，形成喷射速率不太大的射流。压缩空气则从中央喷管周围的环隙中流过，喷出速率很高，可达 200～300m/s，有时甚至超过音速。在中央喷管出口处，压缩空气流与料液射流之间存在很大的相对速率。由此产生两股气流的摩擦，将料液拉成细丝。细丝很快在较细处断裂，形成小液滴。细丝体存在的时间决定于压缩空气流与料液射流的相对速率和液体的黏度。相对速率愈大，细丝就愈细，存在的时间就愈短，所得雾滴就愈细。液体黏度愈高，细丝存在的时间就愈长，往往还没有断裂就已干燥了。因此，用气流喷雾法干燥某些高黏度的溶液时，所得的干制品往往不是粉末状而是絮状的。

气流喷雾器有内混合式、外混合式及三流式三种。它们的结构如图 6-16 所示。

上述三种形式的气流喷嘴的工作过程基本相同，差别在于内混式的高速气流与料液射流的混合与摩擦发生在喷嘴内部，因此它的能量转化率高；外混式的高速气流与液体的混合与摩擦在喷嘴外部进行，它的能量利用率较低。有人建议，在气流入口处设一个具有 45°气槽的环形通道，使气体以旋流状态喷出，来提高料液雾化效果。三流式是内混式与外混式结合起来的一种喷嘴，一般先内混合，然后再外混合。

气流式喷雾器的喷雾效果也可用流量、喷雾角及平均滴径来表示。流量及喷雾角的影响因素与压力式的相同，平均滴径除受结构因素和物性因素（与压力式相似）的影响外，还与气液流量比及气液相对速率有很大的关系。通常气液相对速率愈大，气液接触的表面摩擦力就愈大，因而滴径就愈小。气液流量比越大时，滴径将越小。但是，当液体的流量很大时，如果没有流速很大的空气流提供大量的动能，气体很难穿透实心射流的中心，也就不可能得到均匀的料雾。气液流量比范围一般为 0.1～10，低于 0.1 时，即使容易雾化的液体也很难雾化；而超过 10 以后，能量消耗过大，但滴径不再明显地减小。

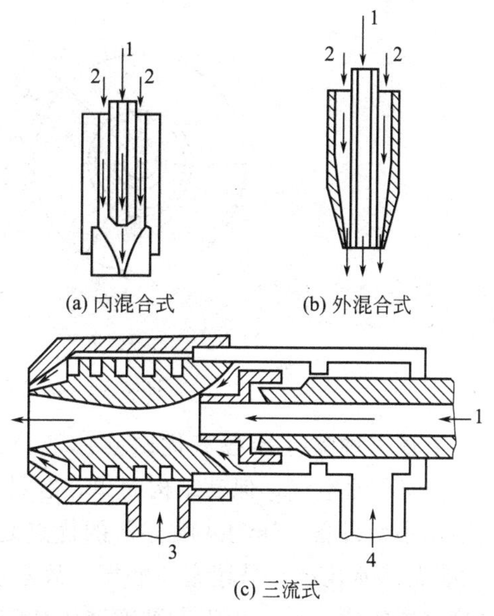

图 6-16 气流式喷嘴的结构示意图
1—料液；2—压缩空气；
3—主流空气；4—二次空气

离心式喷雾的工作原理是将料液送到高速旋转的转盘上，在离心力的作用下，料液沿盘上沟槽被甩出，与空气发生摩擦而碎裂成液滴。

离心式喷雾器转盘的形式很多，常见的有喷枪式和圆盘式两大类，如图 6-17 所示。

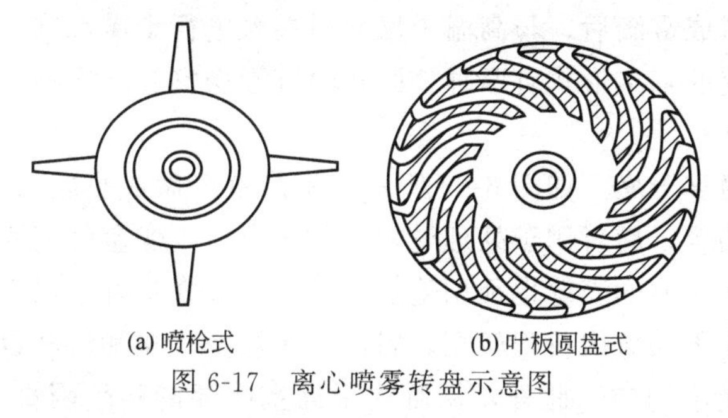

图 6-17 离心喷雾转盘示意图

喷雾转盘形式的选择主要取决于被干燥料液的物理特性，如黏度、表面张力和密度等。黏度较低者可采用喷枪式或喷嘴式；黏度较高者可采用叶板圆盘式；黏度极高者可采用碟式圆盘式。工业用离心盘的直径一般为 160～500mm，转速为 3000～20000r/min，料液离开转盘外缘的圆周速率为 75～170m/s，最小不低于 60m/s。

离心式喷雾器的特性参数主要有喷射角、滴径和喷矩半径。喷射角是指料液从离心盘边缘某点离开时其运动方向与该点切线方向之间的夹角，如图 6-18 所示，ψ 即喷射角。由于料液离开盘缘时的线速率 u 可分解成径向速率 u_r 和圆周速率 u_t，因此，喷射角 ψ 可由下式来确定：

$$\tan\psi=\frac{u_r}{u_t} \tag{6-19}$$

由于圆盘的转速一般都很高，料液的切向速率 u_t 比径向速率 u_r 高得多，因此，$\tan\psi$ 很小，即 ψ 很小，为 5°～6°。

影响离心喷雾液滴大小的因素有盘型、盘径、盘速、进料量、液体密度、黏度和表面张力等。在实际生产中，转速是影响雾滴大小的关键因素，进料量和黏度的影响也很显著。

离心式喷雾的喷距形状和大小主要取决于转速及离心盘的结构、干燥空气流动的方式和速率等因素。喷矩的形状一般是锥形加圆筒形，如图 6-18(b) 所示。

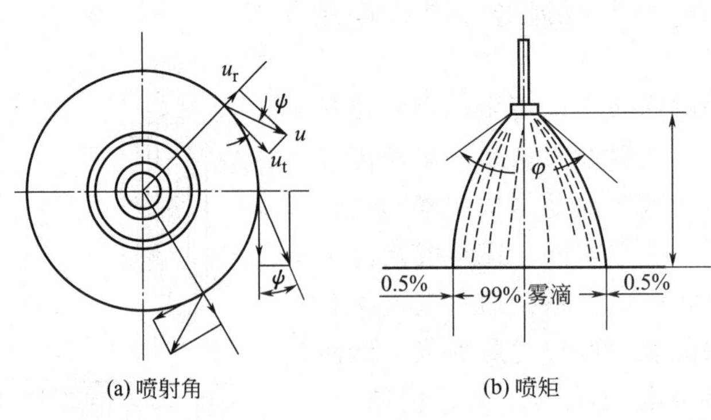

(a) 喷射角　　(b) 喷矩

图 6-18　离心喷雾的喷射角和喷矩示意图

上述三种喷雾器各有优缺点。气流式喷雾器的动力消耗最多，每 1kg 料液需 0.4～0.8kg 的压缩空气。但其结构简单，容易制造，适用料液的黏度范围较宽。一般在食品工业上用作小型设备。压力式喷雾器的优点是动力消耗最少，每吨料液所需电能为 4～10kW・h。缺点是喷孔小，易堵塞和磨损，故不适用于黏度高的液体和带有固体颗粒的液体。离心式喷雾器的优点是适用于高黏度液体和带有固体颗粒的液体，且生产能力的弹性较大，可在额定值的 25％上下调节。离心式喷雾器的动力消耗介于气流式和压力式之间。它的缺点是机械加工要求高，制造费用大，设备体积较大，占地面积较多。

目前，国内喷雾干燥设备中，压力式喷雾器占主要地位，如乳、蛋粉生产上，压力式喷雾占 70％以上。在国外，欧洲以离心式喷雾为主，而美国、日本则以压力式喷雾为主。

（2）喷雾干燥室　料液经喷雾器喷雾形成雾滴后，与高温干燥介质接触进行干燥，这个过程是在喷雾干燥室中完成的。喷雾干燥室的基本形式有两种：卧式喷雾干燥室和立式喷雾干燥室。

卧式喷雾干燥室用于水平方向的压力喷雾干燥，如图 6-19 所示。干燥室可做成平底的，也可做成斜底的。前者用于处理量不大的场合，后者用于处理量较大的场合。干燥室的室底应有良好的保温层，以免干粉结露回潮。干燥室的壳壁也须用绝热材料保温。在这种干燥室中，由于气流方向与重力方向垂直，雾滴在干燥室内行程较短，料液与干燥空气接触时间也较短，且不太均匀，因此，干制品水分含量不均匀。此外，从卧式干燥室底部卸料较困难，故现代喷雾干燥设备均不采用这种形式的干燥室。

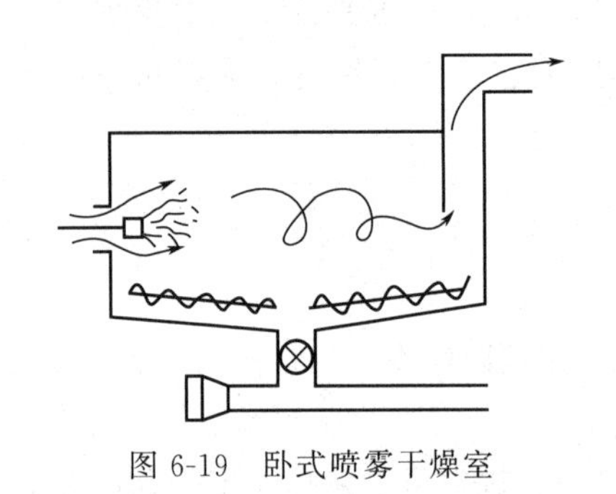

图 6-19　卧式喷雾干燥室

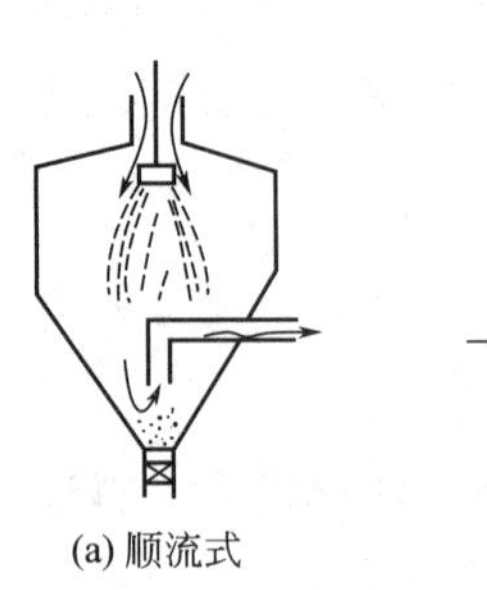

(a) 顺流式

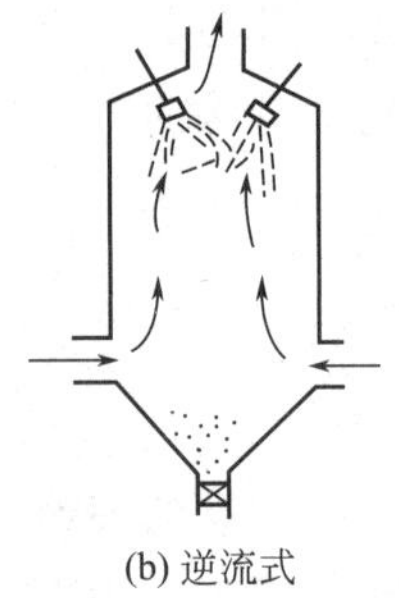

(b) 逆流式

图 6-20　立式喷雾干燥室示意图

立式喷雾干燥室对三种类型的喷雾器都适用，其结构如图 6-20 所示。顺流式是食品喷雾干燥最为常用的方式。顺流时由于热空气与雾滴以相同方向流动，与干粉接触的介质温度较低，因此，可采用高温干燥介质，以提高干燥的热效率和干燥强度。逆流式则相反，与干粉接触的是高温空气，因此，不适合干燥热敏性食品。但是，逆流式的能量利用率较高。除以上两种方式外，还有旋流式和混流式等。

(3) 喷雾干燥的特点。

喷雾干燥具有以下优点。

① 干燥速率极快。由于料液被雾化成几十微米的微滴，所以液滴的比表面积（单位质量液体的表面积）很大，例如将1L牛乳分散成平均直径为50μm的液滴，则所有液滴表面积之总和可达5400m^2。料液以如此巨大的传热、传质面与高温介质相接触，湿热交换过程非常迅速，一般只需几秒到几十秒就可干燥完毕，具有瞬间干燥的特点。

② 物料所受热损害小。虽然喷雾干燥所用干燥介质的温度相当高（一般在200℃以上），但当液滴含有大量水分时，其温度不会高于空气的湿球温度。当液滴接近干燥时，其固体颗粒的外皮已经形成，且此时所接触的空气是低温高湿的，在较短时间内（几秒钟内）温度不会升到很高，因而非常适合干燥热敏性食品。

③ 干制品的溶解性及分散性好，具有速溶性。

④ 生产过程简单，操作控制方便，适合于连续化生产。即使料液含水量高达90%，也可直接喷雾成干粉，省去或简化了其他干燥方法所必需的附加单元操作，如粉碎、筛分、浓缩等。

⑤ 喷雾干燥在密闭容器中进行，可避免干燥过程中造成的粉尘飞扬，避免了环境污染。

喷雾干燥的主要缺点是，单位制品的耗热较多，热效率低，为30%～40%，每蒸发1kg水分需2～3kg的加热蒸汽；由于属于对流型干燥器，热效率较低，与工业生产上常用的滚筒干燥相比成本偏高，并且喷雾干燥设备投资费用较高。

(4) 喷雾干燥发展趋势　①新型雾化器的研究开发将成为研究热点，新型雾化器应适应市场对于干制产品的特殊需求。②考虑到喷雾干燥的低热效率，喷雾干燥的节能技术研究尚需加强。现在已经出现了喷雾干燥＋流化床干燥的多级干燥模式，可以进一步考虑喷雾干燥＋微波或者干燥塔内加热式的喷雾干燥等。③新型喷雾干燥技术的研究和开发，例如喷雾冷冻干燥、过热蒸汽喷雾干燥等，这些新干燥技术有待于理论上的提高和实验室的小试证明，从而真正投入到实际生产中。

二、接触干燥

接触干燥与对流干燥法的根本区别在于前者是加热金属壁面，通过导热方式将热量传递给与之接触的食品并使之干燥的，而后者则是通过对流方式将热量传递给食品并使之干燥。

接触干燥法按其操作压力可分为常压接触干燥和真空接触干燥。常压接触干燥设备主要是滚筒干燥器，而真空接触干燥设备包括真空干燥箱、真空滚筒干燥器、带式真空干燥器等。

1. 滚筒干燥

这种干燥设备的主要部分是一只或两只中空的金属圆筒。圆筒内部由蒸汽、热水或其他加热剂加热。待干物料预先制成黏稠浆料，采用浸没涂抹或喷洒的方式附着在滚筒表面进行干燥，如图6-21所示。

滚筒干燥既可在常压下进行，也可在真空中进行。图6-21为常压滚筒干燥器示意图，图(a)为浸没涂抹加料，这种加料方式的缺点是料液会因滚筒的浸没而过热；而采用图(b)这种喷洒方式加料则可克服上述缺点。

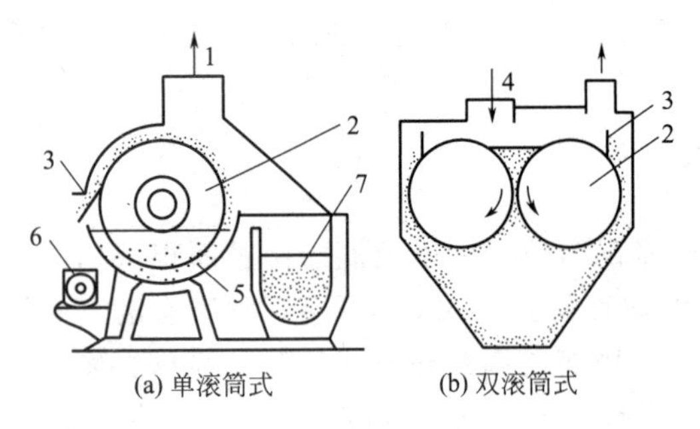

图 6-21　常压滚筒干燥器示意图
1—空气出口；2—滚筒；3—刮刀；4—加料口；
5—料槽；6—螺旋输送器；7—贮料槽

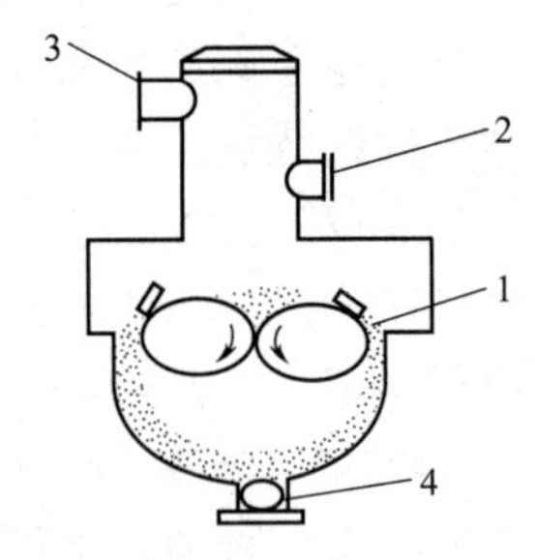

图 6-22　真空滚筒干爆器示意图
1—滚筒；2—加料口；3—接冷凝真空系统；
4—卸料阀

为了加快干燥过程，一般在干燥器上方空气出口处设有吸风罩，用风机强制空气流动以加速水蒸气的排除。滚筒表面温度一般维持在 100℃以上。物料在滚筒表面停留干燥的时间为几秒到几十秒。

常压滚筒干燥器的结构较简单，干燥速率快，热量利用率较高。但可能会引起制品色泽及风味的劣化，因而不适于干燥热敏性食品。为此，可采用真空滚筒干燥法。不过真空滚筒干燥法成本很高，只有在干燥极热敏的食品时才会使用。真空滚筒干燥器如图 6-22 所示。

滚筒干燥法的使用范围比较窄，目前主要用于干燥马铃薯泥片、苹果沙司、预煮粮食制品、番茄酱等食品。

2. 带式真空干燥

真空带式干燥是在真空条件下，由布料装置将湿物料均匀地涂布在传送带上，通过传导与辐射传热向物料提供热量，使物料中的水分蒸发，由真空泵抽走；干燥后的物料由刮料装置从传送带刮下，经粉碎后得到干产品。

带式真空干燥器是一种连续式真空干燥设备，其结构如图 6-23 所示。

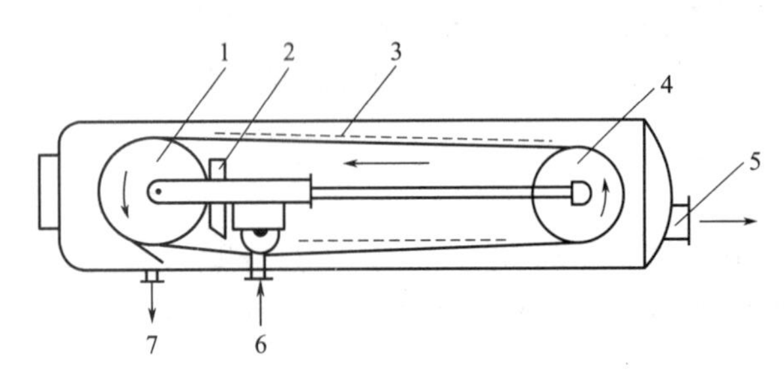

图 6-23　带式真空干燥器示意图
1—冷却滚筒；2—脱气器；3—加射；4—加热滚筒；
5—接真空系统；6—加料闭风器；7—卸料闭风器

一条不锈钢传送带绕过分设于两端的加热、冷却滚筒，置于密封的外壳内。物料由供料装置连续地涂布在传送带表面，并随传送带进入下方红外加热区。料层因受内部水蒸气的作用膨化成多孔的状态，在与加热滚筒接触之前形成一个稳定的膨松骨架，装料传送带与加热滚筒接触时，大量的水分被蒸发掉，然后进入上方红外加热区，进行后期水分的干燥，并达到所要求的水分含量，经冷却滚筒冷却变脆后，即可利用刮刀将干料层刮下。

带式真空干燥器适用于干燥果汁、番茄汁、牛奶、速溶茶和速溶咖啡等。如要制取高度膨化的干制品，则可在料液中先加入碳酸铵等膨松剂或在高压下充入氮气，利用分解产生的气体或溶解的气体加热后形成气泡而获得膨松结构。

近二十多年来，真空带式干燥机取得了长足发展，日本大阪、大川原株式会社、瑞士布赫-盖德公司（Bucher Processtech AG）、德国易恩公司（E & EVerfahrenstechnik GmbH）等相继开发了实验机及工业用大中型真空带式干燥机。我国真空带式干燥机研发较晚，2004

年国内才有单位研制开发。

带式真空干燥法与常压带式干燥相比，设备结构复杂，成本较高。因此，只限于干燥热敏性高和极易氧化食品。

三、辐射干燥

这是一类以红外线、微波等电磁波为热源，通过辐射方式将热量传给待干食品进行干燥的方法。辐射干燥也可在常压和真空两种条件下进行。

1. 红外线干燥

红外线干燥的原理是当食品吸收红外线后，产生共振现象，引起原子、分子的振动和转动，从而产生热量使食品温度升高，导致水分受热蒸发而获得干燥。干燥主要用红外线中的长波段即远红外，其波长范围为 25～1000μm，当食品吸收红外线时，几乎不发生化学变化，只引起粒子的加剧运动，使食品温度上升。特别是当食品分子、原子遇到辐射频率与其固有频率相一致的辐射时，会产生类似共振的情况，从而使食品升温，干燥得以实现。在红外辐射干燥过程中，由于红外线有一定穿透性，在食品内部形成热量积累，再加上被干燥食品表面水分不断蒸发吸热，使食品表面温度降低，造成了食品内部比外部温度高，使食品热扩散过程由内部向外部进行。同时，由于食品内部水分梯度引起的水分移动，总是由水分较多的内部向水分较少的外部移动，所以食品内部水分的湿扩散与热扩散方向是一致的，这将加速水分扩散过程，加速干燥进程。

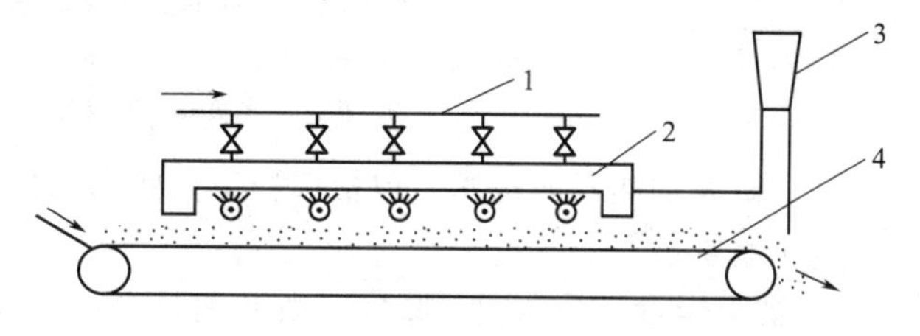

图 6-24 辐射管式红外线干燥器

1—煤气管；2—辐射体；3—吸风装置；4—输送器

红外线干燥器的关键部件是红外线发射元件。常见的红外线发射元件有短波灯泡、辐射板或辐射管等，如图 6-24 所示。

这种干燥器的结构简单，能量消耗较少，操作灵活，温度的任何变化可在几分钟之内实现，且对于不同原料制成的不同形状制品的干燥效果相同，因此应用较广泛。

红外线干燥的最大优点是干燥速率快。这是因为红外线干燥时，辐射能的传递不需经过食品表面，且有部分射线可透入食品毛细孔内部达 0.1～2.0mm。这些射线经过孔壁的一系列反射后，几乎全部被吸收。因此，红外线干燥器的传热效率很高，干燥时间与对流、传导式干燥相比，可大为缩短。另外红外线的光子能量级比紫外线、可见光线都要小，一般只会产生热效应，而不会引起物质变化，且由于传热效率高、加热时间短，可减少对食品材料的破坏作用，因此可广泛用于各种食品干燥。

当然，干燥速率不仅取决于传热速率，也取决于水分在食品内移动的速率和水分除去的速率。因此，用红外线干燥较薄的食品时，既可以达到快速传热，又可快速除去水分，从而达到迅速干燥。

2. 微波干燥

微波干燥的原理是利用微波照射和穿透食品时所产生的热量，使食品中的水分蒸发而获得干燥，因此，它实际上是微波加热在食品干燥上的应用，微波加热的原理请参阅本书第四章“微波解冻法”。

（1）微波加热器的类型　根据结构及发射微波的方式的差异，微波加热有四种类型，即微波炉、波导型加热器、辐射型加热器及慢波型加热器等，它们的结构如图 6-25 所示。

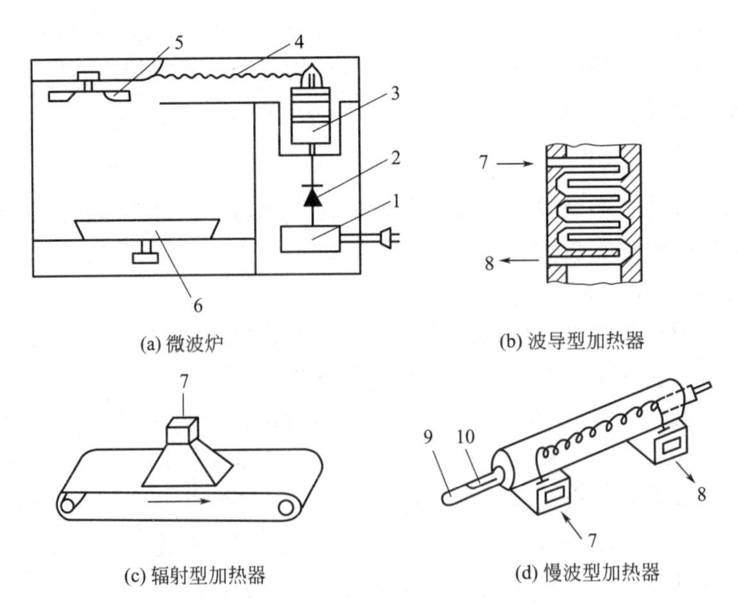

图 6-25 各种形式的微波加热器示意图

1—变压器；2—整流器；3—磁控管；4—波导；5—搅拌器；6—旋转载物台；7—微波输入；8—输出至水负载；9—传送带；10—食品

（2）微波加热器的选择　包括选择工作频率和加热器的形式。工作频率的选择主要依据以下四个因素。

① 被干燥食品的体积、厚度。微波加热食品主要靠微波穿透到食品内部引起偶极子的碰撞、摩擦。因此，微波的穿透深度是值得特别注意的。一般穿透深度与微波频率成反比，故 915MHz 微波炉可加工较厚和较大的食品，而 2450MHz 的微波可加工较薄较小的食品。

② 食品的含水量和介质损耗。微波照射食品所产生的热量与介质损耗成正比，而介质损耗与食品的含水量有关，含水量越多，介质损耗越大。因此，对于含水量高的食品，宜采用 915MHz 的微波；而对于含水量低的食品，宜采用 2450MHz 的微波。

③ 总产量和成本。微波磁控管的功率与微波频率之间有一定的关系。从频率为 915MHz 磁控单管中可以获得 30kW 或 60kW 的功率，而从 2450MHz 的磁管中只能获得 5kW 左右的功率。915MHz 磁控管的工作效率出比 2450MHz 的高 10%～20%。因此，在加工大批量食品时，应选用 915MHz 频率，或者在开始干燥阶段选用 915MHz，而在后期干燥时再用 2450MHz 的频率。这样就可以降低干燥的总成本。

④ 设备体积。一般 2450MHz 频率的磁控管和波导管都比 915MHz 的小，因此，2450MHz 的加热器比 915MHz 的小。

选定频率后，还要选择加热器的形式。加热器形式应根据被干燥的食品的形状、数量和工艺要求来选择。如果被干燥食品的体积较大或形状复杂，应选择隧道式谐振腔型加热器，以达到均匀加热。如果是薄片状食品的干燥，宜采用开槽的行波场波导型加热器或慢波型加热器。如果小批量生产或实验，则可采用微波炉。

（3）微波干燥的特点

① 干燥速率非常快。微波主要是靠穿透食品并引起介质损耗而加热食品的，与那些靠热传导加热食品的干燥法相比较，热扩散和质扩散率显著提高，加热和干燥速率快得多。

② 食品加热均匀，制品质量好。微波加热可在食品内外同时进行，因此，可避免表面

加热干燥法中易出现的表面硬化和内外加热不均匀的现象，比较好地保持了被干燥食品原有的色、香、味及营养成分。

③ 调节灵敏，控制方便。微波加热过程的调节和控制均已实现了半自动或自动化，因此，微波加热的功率、温度的控制反应非常灵敏方便。比如，要使加热温度从30℃上升到100℃，只需2～3min。

④ 具有自动平衡热量的性能。微波产生的热量与介电损失系数成正比，而介电损失系数与食品含水量有很大的关系，含水量越多时则吸收的微波能也越多，水分蒸发也就越快。这样就可以选择性加热使能量在物料中按需分配，可以防止微波能集中在已干燥的食品或食品的局部位置上，避免过热现象。

⑤ 热效率高，设备占地面积小。微波的加热效率很高，可达80%左右。其原因在于微波加热器本身并不消耗微波能，且周围环境也不消耗微波能，因此，避免了环境温度的升高，改善了劳动条件。

微波干燥的主要缺点是耗电多，因而使干燥成本较高。为此可以采用热风干燥与微波干燥相结合的方法来降低成本。具体做法是：先用热风干燥法将物料的含水量干燥到20%左右，再用微波干燥完成最后的干燥过程。这样既可使干燥时间比单纯用热风干燥缩短3/4，又节约了单纯用微波干燥的能耗的3/4。

四、冷冻干燥

冷冻干燥也叫升华干燥、真空冷冻干燥等，是将食品先冻结然后在较高的真空度下，通过冰晶升华作用将水分除去而获得干燥的方法。

冷冻干燥最初是用于生物材料脱水。冷冻干燥起源于20世纪前期，1909年沙克尔试验用真空冻干技术保存菌种、病毒和血清，获得成功；1930年Frosdort首先开始食品冻干的实验；1940年Fikidd提出了用冻干法处理食品的技术。英国食品部在阿伯丁的实验工厂组织了食品冻干的研究，并于1961年公布了试验结果，证明冻干法可以获得优质干制品。随后，美国、日本、英国、法国及加拿大等国相继建立起冻干食品加工厂。

我国于20世纪60年代后期在北京、上海等地展开了冻干实验。70年代在上海、广东等地建立了生产能力较大的冻干食品厂。但是，由于冻干设备复杂、能源消耗巨大、产品价格昂贵等原因，致使我国的冻干食品厂相继破产或转产，到1985年我国实际上已无冻干厂从事冻干食品生产。

近年来，随着人民生活水平的提高和科学技术的发展，冻干食品又获得了恢复和发展。目前，国外冻干设备已实现了电脑自动化，冻干生产由间歇式转向连续化；冻干设备的干燥面积从0.1m^2到上千平方米不等，已形成了系列化、标准化。统计结果表明，目前日本年产冻干食品约为700万吨，美国为500万吨。冻干制品的品种包括蔬菜、肉类、海产品、饮料及各种调味品等，十分繁多。

1. 冷冻干燥的原理

(1) 水的相平衡关系　依赖于温度和压力的改变，水可以在气、液及固态三种相态之间相互转变或达到平衡状态。上述变化可用水的相平衡图来表示，见图6-26。

图6-26中有三条线AB、AC及AD，分别叫做升华曲线、溶解曲线及汽化曲线，它们将整个坐标图分成三个部分，即气态G、液态L及固态S。这三条曲线有一共同点，即A点，称为三相点。在该点所对应的压力和温度条件下，水可以液、固、气三种相态同时存在。三相点因物质种类而异，对于一定的物质，三相点则是固定不变的。比如水的三相点压

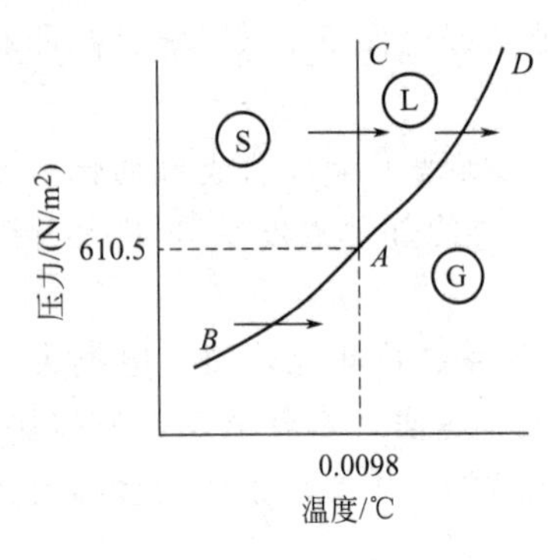

图 6-26　水的相平衡图

力为 610.5N/m²，温度为 0.0098℃。

如果环境压力低于 610.5N/m²，则温度的改变将导致水在气相和固相之间相互转化，也即当温度升高时，水分将由固相（冰）向气相（水蒸气）转化，这就是升华过程。或者在环境温度低于 0.0098℃时，升高压力，也可使水分由固相向气相转化。上述相态之间的变化关系正是冷冻干燥的基础。

（2）食品的冻结　冻结工艺将在以下几个方面影响冷冻干燥的效果。首先，不同的冻结率将影响冻干品的最终含水量，冻结率低或未冻结水分较多者，冻干品的含水量也高。其次，冻结速率将影响冻干速率和冻干质量。冻结速率慢时，食品中易形成大冰晶，将对细胞组织产生严重的损害，引起细胞膜和蛋白质的变性，从而影响干制品的弹性和复水性。从这方面考虑，缓慢冻结对冷冻干燥有不利的影响。但是，食品中形成大冰晶时，升华产生的水蒸气容易逸出，且传热速率也快，因此干燥速率快，制品多孔性好。由此可见，必定存在一个最适冻结速率，既可使食品组织所受损伤尽可能小，又能保证食品尽可能快地干燥。最后，食品被冻结成什么形状，不仅会影响冻干品的外观形态，而且对食品在干燥时能否有效地吸收热量和排出升华气体起着极为重要的作用。

食品的冻结可分为自冻和预冻两种情形。自冻是利用食品水分在高真空下因瞬间蒸发吸收蒸发潜热而使食品温度降低到冰点以下，获得冻结。由于瞬间蒸发会引起食品变形或发泡等现象，因此不适合外观形态要求高的食品。此法的优点是可以降低脱水干燥所需的总能耗。

预冻即将冻结作为干燥前的加工环节，单独进行，将食品预先冻结成一定的形状。因此，此法适合于蔬菜类等物料的冻结。预先冻结时采用的方法有吹风冻结法、盐水浸渍冻结法、平板冻结法以及液氮、液体二氧化碳或液体氟里昂冻结法等。

（3）干燥　干燥包含了两个基本过程，即热量由热源通过适当方式传给冻结体的过程和冻结体冰晶吸热升华变成蒸汽并逸出的过程。

冻品体冰晶的升华总是从表面开始的，这时升华的表面积就是冻品的外表面积，随着升华的进行，水分逐渐逸出，留下不能升华的多孔状固体，升华面也逐渐向内部前进。也可以说，在整个干燥过程中，都存在以升华面为界限的两个区域，在升华面外面的区域称为已干层，而在升华面以内的区域称为冻结层。冻结层中的冰晶在吸收了升华潜热后将继续在升华面上升华。

但是，随着升华面的不断深入，热量由外界靠传导方式传递到升华面的阻力和升华面所产生的水蒸气向外表面传递并进而向空气中逃逸的阻力将会逐渐增大，因此升华速率将不断下降，使整个升华干燥过程十分缓慢，干燥成本很高。

冷冻干燥过程的传热方式除了热传导外，还有辐射。以热传导的方式加热时是通过用载热流体流过加热壁来实现的。常用的热源有电、煤气、石油、天然气和煤等，常用的载热剂有水、水蒸气、矿物油、乙二醇等。

为了提高加热壁的传热效果，加热壁一般都用钢、铝或其合金材料制造，加热壁的形式有管式和板式两种。前者强度高，但传热效果差；后者传热面积大，传热效果好，但强度较差，加工较困难。

以辐射方式加热时是通过红外线、微波等直接照射食品来实现的。辐射加热方式将导致两种独特的工艺效果：冻品的温度高于周围环境的温度以及冻结体内层温度高于表层温度，如图6-27所示。

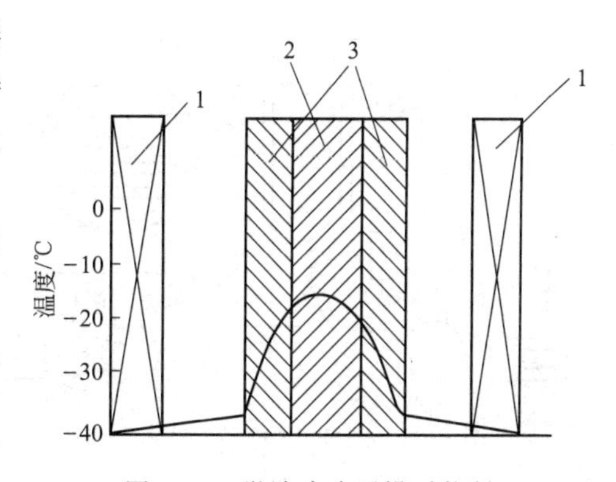

图6-27　微波冷冻干燥时物料温度与环境温度的关系

1—冷凝器；2—冻结层；3—已干层

由于微波辐射加热不需经过热传导而直接在食品内部产生热量，因此，不存在热传导加热中已干层对传热的那种阻碍作用。且由于不出现阻碍水蒸气向外扩散的雷科夫效应，因此，微波冷冻干燥的时间相比要短得多。比如用微波冷冻干燥厚2.5cm牛肉馅饼的时间仅相当于普通冷冻干燥时间的1/9。

当然微波辐射加热也存在一些局限性，主要是电晕放电、加热不均匀及干燥成本较高等。电晕放电主要发生在干燥的末期，由于物料的水分含量已降到相当低的水平，微波能相对残余水分含量而言剩余较多，加上物料周围蒸汽分子密度很高，因而就会发生放电，出现强烈的蓝色气氛，造成食品变色或变味。为此，在干燥后期，必须采用低频率的微波输入，并保持干燥室内较高的真空度。另外Peltre指出，避免牛肉在微波冷冻干燥时出现放电的适宜频率为2450MHz，场强最大值为225V/cm。

防止加热不均匀可采取以下措施：一是尽量提高食品的冻结率，减小食品残余的水分；二是避免冻结品在冷冻干燥时融化，即控制场强不超过125V/cm。

如果单独使用微波作为热源来干燥食品，则成本要比普通冷冻干燥法高。因此可以采取初期干燥时用普通热源，而中、后期干燥时用微波的方法，既能缩短干燥时间，又能降低干燥成本。

2. 食品冷冻干燥设备

(1) 冷冻干燥设备的基本组成　无论何种形式的冷冻干燥设备，它们的基本组成都包括干燥室、制冷系统、真空系统、冷凝系统及加热系统等部分。

干燥室有多种形式，如箱式、圆筒式等，大型冷冻干燥设备的干燥室多为圆筒式。干燥室内设有加热板或辐射装置，物料装在料盘中并放置在料盘架或加热板上加热干燥。物料可以在干燥室内冻结，也可先冻结好再放入到干燥室。在干燥室内冻结时，干燥室需与制冷系统相连接。此外，干燥室还必须与低温冷凝系统和真空系统相连接。

制冷系统的作用有两个：一是将物料冻结；二是为低温冷凝器提供足够的冷量。前者的冷负荷较为稳定；后者则变化较大，冷冻干燥初期，由于需要使大量的水蒸气凝固，因此，需要很大的冷负荷，而随着升华过程的不断进行，所需冷负荷将不断减少。

真空系统的作用主要是保持干燥室内必要的真空度，以保证升华干燥的正常进行；其次是将干燥室内的不凝性气体抽走，以保证低温冷凝效果。

低温冷凝器是为了迅速排除升华产生的水蒸气而设的，低温冷凝器的温度必须低于待干物料的温度，使物料表面水蒸气压大于低温冷凝器表面的水蒸气分压。通常低温冷凝器的温度为－50～－40℃。

加热系统的作用是供给冰晶升华潜热。加热系统所供给的热量应与升华潜热相当，如果过多，就会使食品升温并导致冰晶的融化；如果过少，则会降低升华的速率。

(2) 冷冻干燥设备的形式　冷冻干燥设备的形式有间歇式和连续式之分，由于前者具有

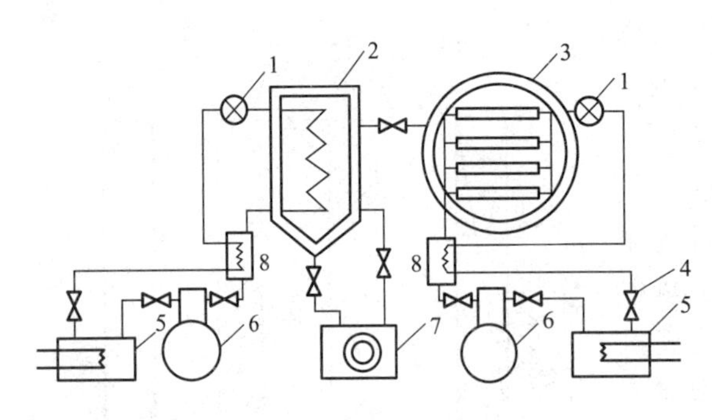

图 6-28 间歇式冷冻干燥设备示意图

1—膨胀阀；2—低湿冷凝器；3—干燥室；4—阀门；5—冷凝器；6—压缩机；7—真空泵；8—热交换器

许多适合食品生产的特点，因此，成为目前冷冻干燥设备的主要形式。

① 间歇式冷冻干燥设备。图 6-28 所示是常见的间歇式冷冻干燥设备。该设备的特点是预冻、抽气、加热干燥以及低温冷凝器的融霜等操作都是间歇的；物料预冻和水蒸气凝聚成霜由各自独立的制冷系统完成。在干燥时，将待干物料放在料盘中并放入干燥室，用图 6-28 中右侧的制冷系统进行预冻。预冻结束后，关闭制冷系统，同时向加热板供热，并与低温冷凝器接通，开启真空泵和左侧制冷系统，进行冷冻干燥操作。有些设备中也将低温冷凝器纳入干燥室做成一套制冷系统，在预冻时充当蒸发器而在干燥时充当低温冷凝器。

间歇式设备的优点是：a. 适合多品种小批量的生产，特别是适合于季节性强的食品生产；b. 单机操作，如一台设备发生故障，不会影响其他设备正常运行；c. 设备制造及维修保养较简便；d. 易于控制物料干燥时不同阶段的加热温度和真空度。

间歇式设备的缺点主要有：a. 装料、卸料、启动等操作占用时间较多，设备利用率较低；b. 要满足较大批量生产的要求，往往需要多台单机，因此，设备的投资费用和操作费用较大。

② 连续式冷冻干燥设备。对于小批量多品种的食品干燥，间歇式干燥设备很适用，但对于品种单一而产量较大的食品干燥，连续式冷冻干燥设备则更为优越，这是因为连续式干燥设备不仅使整个生产过程连续进行，生产效率较高，而且升华干燥条件较单一，便于调控，降低了劳动强度，简化了管理工作。连续式设备尤其适合浆液状和颗粒状食品的干燥。

图 6-29 是一种旋转式连续干燥设备。它的主要特点是干燥管的断面为多边形，物料经过真空闭风器（也叫做进料闭风器）进入加料斜槽，并进入旋转料筒的底部，加料速率应能使筒内保持一定的料层（料层顶部要高于转筒底部干燥管的下缘）。每当干燥管旋转到圆筒底部时，其上的加料螺旋便埋进料层，并因转动而将物料带进干燥管。通过控制加料螺旋的螺距、转轴转速及进料流量等，就可使干燥管内保持一定的物料量。

进入干燥管中的物料随着圆筒的转动，从多边形的一个侧面滚动到另一个侧面，物料本身也不断翻转，使物料的各个表面均有机会与干燥面均匀接触进行升华干燥。为了使物料达到干燥要求，干燥管长度通常要 10～25 倍于它的直径。此外，还需要在干燥管的出口处安装挡料装置，以保持干燥管内 1/3～2/3 高度的料层和防止物料不受限制地排出而影响干燥效果。

图 6-30 所示为隧道式连续冷冻干燥设备。它的干燥室由长圆筒干燥段和扩大室两个部分组成。干燥室与进口、出口及冷凝室的连接均需通过隔离阀门。操作时，先打开左侧端盖，将装好冻结物料的小车推入进口闭风室。关闭端盖，打开进口侧的真空泵抽气。当进口闭风室的压力与干燥室的压力相等时，打开隔离阀，料车即自动沿导轨进入干燥室。关闭隔离阀，并关上真空泵，打开通大气阀，使进口闭风室处于大气压之下。料车在干燥室中逐渐向出口处移动，物料则不断升华干燥。在此过程中右侧的冷凝系统和真空泵均处于工作状态。待靠近出口端的料车上的物料干燥好后，即打开出口处的真空泵，使出口闭风室的压力

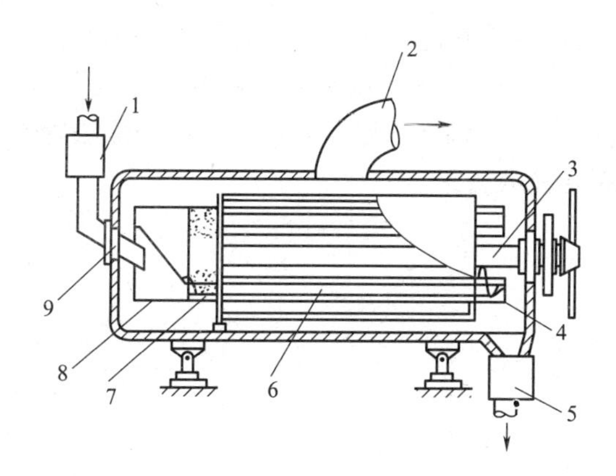

图 6-29 旋转式连续干燥器示意图

1—真空闭风器；2—接真空系统；3—转轴；4—卸料管和卸料螺旋；5—卸料闭风器；6—干燥管；7—加料管和加料螺旋；8—旋转料筒；9—静密封

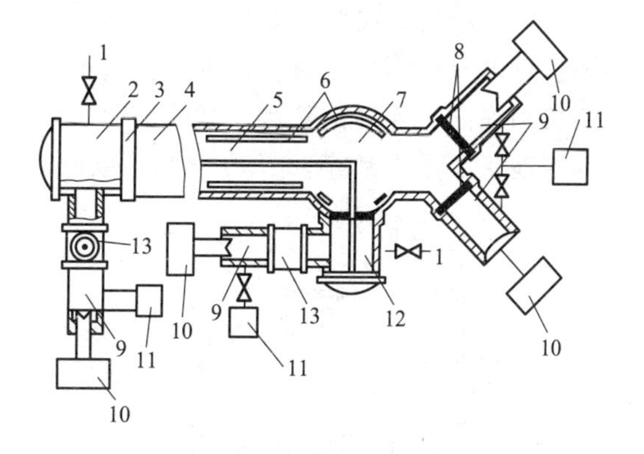

图 6-30 隧道式连续冷冻干燥设备示意图

1—通大气阀；2—进口闭风室；3—隔离阀；4—长圆筒容器；5—中央干燥室；6—辐射板；7—扩大室；8—隔离阀；9—冷凝室；10—真空泵；11—压缩机；12—出口闭风室；13—阀门

降到与干燥室压力相等，打开隔离阀，料车自动卸出到出口闭风室，关闭隔离阀，通入大气。然后打开端盖，卸出干燥好的物料。再重复进行上述操作，将新料车装入干燥室和卸出已干燥好的料车。

3. 加快冷冻干燥的方法

冷冻干燥是在低温下进行的升华过程，它的快慢取决于传热和传质过程的快慢，从传热角度分析，热量以传导方式从外部热源到达升华前沿所遇到的阻力包括对流换热阻力和内部导热阻力，特别是多孔已干层，由于充满热导率小的低压空气，热阻相当大，是决定传热过程快慢的主要因素。从传质角度分析，水蒸气从升华前沿向冷凝表面迁移时也会遇到内部阻力和外部阻力。内部传质阻力主要是已干层，外部阻力与水蒸气到低温冷凝器的通路的几何条件和除去水蒸气的方法有关。

在冷冻干燥过程的不同阶段中，影响干燥速率的主要因素可能有所不同。但是，只要能够加快传热和传质过程，就可以提高冷冻干燥速率。从以上分析可知，加快冷冻干燥过程可以采用的方法包括：提高已干层导热性；减小已干层厚度；改变干燥室压力和提高升华温度；改进低温冷凝方法等。

(1) 提高已干层导热性 已干层孔隙内所含的稀薄气体的导热性是决定已干层导热性的重要因素。通常在常温常压下，气体热导率与压力的关系很小。但是，在压力低于 26664Pa 的低压下气体热导率将随压力的增大而提高，所以，在冷冻干燥中，适当提高物料已干层孔隙内稀薄气体的压力是有利于导热的。

此外，气体的热导率还与气体的扩散能力有关。扩散能力愈强，其导热性也愈好。而扩散能力与气体的分子量有关，分子量愈小，则扩散系数愈大，因而热导率也愈大。比如氦气的热导率约 6 倍于空气。因此，用轻质惰性气体置换已干层孔隙内的空气，可以提高已干层的导热性。

在冷冻干燥时，冰晶升华所产生的水蒸气将在水蒸气压差的作用下，透过孔隙内的气体而向外扩散。根据分子扩散理论，水蒸气和气体的相互扩散系数与气体的分子量有关。分子量愈小，则扩散系数愈大。因此，用轻质气体替换已干层孔隙中的空气，还可以提高水蒸气的扩散系数。例如水蒸气对氦气的扩散系数约 4 倍于对空气的扩散系数。

(2) 减小已干层厚度　如果能够始终将升华前沿保持在冻结体的表面，那么传热和传质的阻力可以降低到最小值。这可以通过不断刮除已干层来达到。刮除已干层的方法有两种，即断续刮除法和连续刮除法。断续刮除法是每隔一段时间将已干层刮除，而连续刮除法则是不间断地将已干层刮除。图 6-31 是连续刮除法的装置示意图。

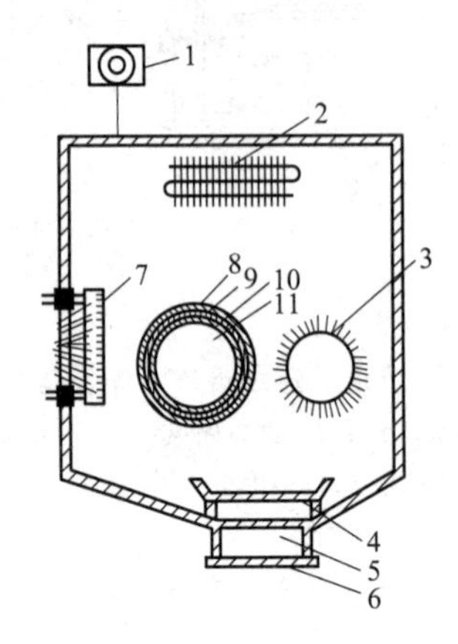

图 6-31　连续刮除已干层装置示意图

1—真空泵；2—冷阱；3—刮料装置；4—受料器；5—闭风室；6—阀门；7—辐射装置；8—已干层；9—冻结层；10—冰层；11—料筒

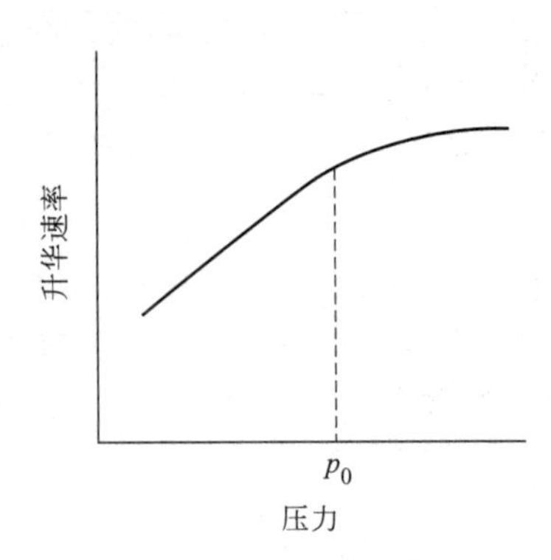

图 6-32　已六醇升华速率与压力之关系

这种刮除装置实际上是一只装有刮料刷的滚筒。待干物料被冻结在料筒上。为了防止料刷擦伤料筒，在将物料冻结在料筒上之前，应先在料筒上冻结一层冰。料层受热后，表层即开始升华变成已干层。可以水平移动的刮料刷以和料筒旋转方向相反的方向旋转着逐渐靠近料筒，将物料表面已干层连续地刮下，刮料刷水平进给量可以根据物料冷冻干燥的速率加以调节，使料刷能够及时地刮除已干层，但又不触及冻结层。

(3) 改变干燥室的压力和温度　实验表明，真空干燥室中的压力与冰晶升华速率之间有密切的关系。以已六醇为例，该关系如图 6-32 所示。由图 6-32 可见，随着干燥室压力的升高，升华速率将加快。但当压力升高到某个值 p_0 后，升华速率将不再随压力的升高而增大。这就是说存在一个最佳压力值，它因物料种类而异。

提高物料升华温度，将使升华表面与低温冷凝器表面之间的蒸汽压差增大，因而有利于加快升华过程。但是，升华温度的提高必须以不导致冻结层融化及已干层的崩解或内微熔等变化为前提。

(4) 改进低温冷凝方法　目前的冻干设备中广泛采用管壁式冷凝法来除去水蒸气。这种冷凝法的缺点是随着干燥的进行，水蒸气在管表面凝结成越来越厚的霜层，从而增大了传热阻力，导致低温冷凝室的温度升高和压力增大，这将阻碍升华过程的进行。为了减小传热阻力，就必须经常除霜。这既麻烦又浪费时间。如果采用替换冷凝设备，又会增加设备的投资，提高产品的成本。

为了克服上述低温冷凝法的缺点，可以采用液体冷凝法。它是用真空泵将水蒸气和其他气体抽出，并使之通过低温液体形成的液幕，水蒸气瞬间将被冻结成细小冰粒而除去，不凝性气体则由真空泵抽走。

4. 冷冻干燥法的特点

(1) 优点　冷冻干燥法是目前最先进的食品干燥技术之一，它具有许多独特的优点。

① 冷冻干燥法能最好地保存食品原有的色、香、味和营养成分。冷冻干燥是在低温和高度缺氧的状态下进行的，因而微生物和酶不起作用，食品也不被氧化，食品的色、香、味和营养成分所受损失极小，所以，特别适合极为热敏和极易氧化的食品干燥。

② 冷冻干燥法能最好地保持食品原有形态。食品脱水前先经过冻结，形成稳定的固体骨架。脱水之后固体骨架基本维持不变，且能形成多孔海绵状结构，具有理想的速溶性和快速复水性。表6-2列出了热风干燥和冻干蔬菜的复水性。

表6-2　冻干和热风干燥蔬菜复水性的比较

种类	样品重/g		复水时间/min		复水后重量/g	
	热风干燥	冻干	热风干燥	冻干	热风干燥	冻干
油菜	12	12	50	30	49.3	169
洋葱	14.2	14.2	41	10	67	81.5
胡萝卜	35	35	110	11	136.3	223

由表6-2可见，冻干蔬菜的复水时间短而且能使水分最大限度恢复。

③ 冻干食品脱水彻底，保存期长。一般冻干食品的残余水分在5%以下，且食品内部残余水分分布均匀，因此在采用真空包装的条件下，可在常温环境中保存数年不变质。

④ 由于物料预先被冻结，原来溶解于水中的无机盐之类的溶质被固定，因此，在脱水时不会发生溶质迁移现象而导致表面硬化。

(2) 冷冻干燥工艺的缺点与不足　①设备投资大，干燥速率慢，干燥时间长，能耗高；②生物活性物质（如多肽和蛋白质药物）制成冻干制品主要是为了保持活性，但如果配料（如保护剂、溶剂、缓冲剂等）选择不合理，工艺操作不合理，可能会导致制品失活。

原则上，只要能够冻结的食品都可以用冷冻干燥法干燥。但是，考虑到制品成本等因素，下列食品采用冷冻干燥法是可行的。

a. 营养保健食品，如人参、鹿茸、花粉、蜂王浆、鳖粉等。

b. 土特风味食品，如黄花菜、芦笋、蕨菜、蛇肉、山药及食用菌类等。

c. 海产品，如虾仁、贝类、鲍鱼等。

d. 饮料，如咖啡、茶叶、果珍等。

e. 调味料、汤料，如香料、色素、汤料、姜、葱、蒜等。

f. 特需食品，如用于航天、航海、军用、野外作业及旅游等食品。

五、RW干燥技术

RW（refractance window）干燥意为“折射窗”或“偏流窗”薄层干燥，美国MCD科技公司于1999年研究开发的一种新干燥脱水技术，它属于传导、辐射和薄层干燥相结合的一种干燥方式。

RW干燥采用循环热水作为干燥热源，湿物料被喷涂到聚酯薄膜传送带上，传送带以设定速度运转，热水红外能量透过传送带进入湿物料，湿物料中的水分因此被加热蒸发并通过抽风扇排走。物料干燥时间取决于物料厚度、水分含量、循环热水温度和排气风速。随着干燥进行，物料水分含量逐渐减小至干燥终点，在干燥传送带末段再通过低温水冷却，有助于物料从传送带上移除，还可以减少温度对产品质量的影响。

RW干燥具有设备简单、成本低和节能等优势，作为新的薄层干燥技术，已引起研究者的兴趣和重视。RW干燥与滚筒干燥相比，可以明显降低干燥温度，适用于不能进行喷雾干燥、需要在较低温度下干燥的热敏性强的浆状物料的干燥，如果浆、蔬菜泥和植物调味料。由于干燥物料处于加热过程的时间可短至数分钟，干燥过程中物料中的成分暴露在较温和的加热温度下，可以减少物料中的成分损失，产品具有良好感官品质。RW 干燥在果蔬粉和调味料等食品以及液体物料的蒸发浓缩中具有较大应用潜力。

第三节　干制品包装与贮藏

一、干制品包装

1. 包装前干制品的处理

干制后的产品一般不立即进行包装，根据产品的特性与要求，往往需要经过一些处理才进行包装。

（1）筛选分级　为了使产品合乎规定标准，便于包装，贯彻优质优价原则，对干制后的产品要进行筛选分级。干制品常用振动筛等分级设备进行筛选分级，剔除块片和颗粒大小不合标准的产品，以提高商品质量。筛下的物质另作它用。碎屑物多被列为损耗。大小合格的产品还需进一步在移动速率为 3～7m/min 的输送带上进行人工挑选，剔除杂质和变色、残缺或不良成品，并经磁铁吸除金属杂质。

（2）回软　通常称为均湿或水分平衡。无论是自然干燥还是人工干燥方法制得的干制品，其各自所含的水分并不是均匀一致，而且在其内部也不是均匀分布，常需均湿处理，目的是使干制品内部水分均匀一致，使干制品变软，便于后续工序的处理。回软的方式是将干制品堆积在密闭室内或容器内进行短暂贮藏，以便使水分在干制品之间进行扩散和重新分布，最后达到均匀一致的要求。一般水果干制品常需均湿处理，而脱水蔬菜一般不需这种处理。

（3）防虫　干制品尤其是果蔬干制品常有虫卵混杂其间，特别是采用自然干制的产品。一般包装干制品用的容器密封后，处在低水分干制品中的虫卵很难生长，但是，当包装破损、泄漏后，它的孔眼若有针眼大小，昆虫就能自由地出入，并在适宜条件下（如干制品回潮和温湿度适宜时）还会成长，侵袭干制品，有时还造成大量损失。为此，防止干制品遭受虫害是不容忽视的重要问题。果蔬干制品和包装材料在包装前都应经过灭虫处理。

烟熏是控制干制品中昆虫和虫卵常用的方法，晒干的制品最好在离开晒场前进行烟熏。干制水果贮藏过程中还常定期烟熏以防止虫害发生。甲基溴是近年来使用最多的一种有效的烟熏剂，它的爆炸性比较小而效力极强，对昆虫极毒，因而对人类也有毒。为了避免使用时人体中毒，一般都用高压贮液桶直接向烟熏室输送甲基溴，有时还需用防毒面具。甲基溴比空气重，应从熏蒸室顶部送入，或在室内用风扇循环。有时则在室内直接放入小型贮液桶。一般用量为 16～24g/m^3，实际使用量需视烟熏的温度而定，在较高温度时因效用较大可降量，该量若用于秋、冬季就不够。在密闭烟熏室内制品处理时间应在 24h 以上。一般还应视贮藏温度每隔一个月烟熏一次或更多一些。如用果箱装果干贮藏于室外，该密闭箱就可作为烟熏室，但烟熏时间应延长到 72h，有时甚至需保持几周。

氧化乙烯和氧化丙烯即环氧化合物是目前常用的另一些烟熏剂，不过这些烟熏剂被禁止使用于高水分食品，因为在这种情况下有可能会产生有毒物质。零售或大型（18kg 左右）包装的葡萄干还常用甲酸甲酯或乙酸甲酯预防虫害，每 500g 包装加 4～5 滴和 18kg 包装加 6mL。切制果干块一般不需杀虫药剂处理，因为它们均经过了硫熏处理，其中的二氧化硫含量足以预防虫害发生。

低温杀虫（−10℃以下）能有效地推迟虫害的出现。在不损害制品品质原则下也可采用高温热处理数分钟以控制那些隐藏在干制品中的昆虫和虫卵。根菜和果干等制品可在75～80℃温度中热处理10～15min后立即包装。对某些干燥过度的果干，可用蒸汽处理2～4min，既可杀灭害虫，也有利于产品柔软化。

（4）速化复水处理　为了加速低水分产品复水的速率，现在出现了不少有效的处理方法，这些方法常称为速化复水处理，其中之一就是压片法。水分低于5%的颗粒状果干经过相距为0.025mm的转辊（300r/min）轧制。因制品具有弹性并有部分恢复原态趋势，制品的厚度达0.25mm。如果需要较厚的制品，则可增大轧辊间的间距以便制成厚度达0.254～1.5mm而直径为6～19mm的圆形或椭圆形薄片。薄片只受到挤压，它们的细胞结构未遭破坏，故复水后能迅速恢复原来大小和形状。薄片复水比普通制品迅速得多，而且薄片的复水速率可通过调节制品厚度加以控制。

1968年Puccinelli提出了另一种破坏细胞的速化复水处理方法。此法将含水量为12%～30%的果块经速率不同和转向相反的转辊轧制后，再将部分细胞结构遭受破坏的半制品进一步干制到含水量2%～10%。块片中部分未破坏的细胞复水后将恢复原状，而部分已被破坏的细胞则有变成软糊的趋势。

另一种速化复水处理方法就是刺孔法。水分为16%～30%的半干苹果片先行刺孔再干制到最后水分为5%。这不仅可加速复水的速率，还可加速干制的速率。复水后大部分针眼也已消失。通常刺孔都在反方向转动的双转辊间进行，其中的一根转辊上按一定的距离装有刺孔用针，而在另一转辊上则相应地配上穴眼，供刺孔时容纳针头之用。复水速率以刺孔压片的制品最为迅速。

（5）压块　食品干制后重量减少较多，而体积缩小程度小，造成干制品体积膨松，不利于包装运输，因此，在包装前，需经压缩处理，称之为压块。干制品若在产品不受损伤的情况下压缩成块，大大缩小了体积，有效地节省包装材料、装运和贮藏容积及运输费用。另外产品紧密后还可降低包装袋内氧气含量，有利于防止氧化变质。

压块后干制品的最低密度为880～960kg/m^3。干制品复水后应能恢复原来的形状和大小，其中复水后能通过四目筛眼的碎屑应低于5%，否则复水后就会形成糊状，而且色香味也不能和未压缩的复水干制品一样。

蔬菜干制品一般可在水压机中用块模压块。大生产中有专用的连续式压块机。蛋粉可用螺旋压榨机装填。流动性好的汤粉则可用制药厂常用的轧片机轧片。块模表面宜镀铬或镀镍，并应抛光，使用新模时表面还应涂上食用油脂作为滑润剂，减轻压块时磨擦，保证压块全面均匀地受到压力。压块时应注意破碎和碎屑的形成，压块的大小、形状、密度和内聚力，以及压块制品的耐藏性、复水性和食用品质等问题。干制品压块工艺条件及效果见表6-3。蔬菜干制水分低，质脆易碎，常须直接用蒸汽加热20～30s，促使软化以便压块并减少破碎率。

Rahman等（1970年）提出了一种新压块工艺，可有效地缩小樱桃干制品的容积，对复水性及复水后的外观、风味等无影响。水分为2%的冷冻干燥樱桃先在93℃下用干热介质加热处理10min，使水果呈热塑性，再在0.7～1.0MPa压力下加压处理5s左右，即可压成圆块或棒状体。压成的樱桃干圆块厚度2.54cm，容积缩减比为1∶8。一般冷冻干制品的容积比压缩果干块大13倍。

表 6-3 干制品压块工艺条件及其效果

干制品	形状	水分/%	温度/℃	最高压力/MPa	加压时间/s	压块前密度/(kg/m³)	压块后密度/(kg/m³)	体积缩减率/%
甜菜	丁状	4.6	65.6	8.19	0	400	1041	62
甘蓝	片	3.5	65.6	15.47	3	168	961	83
胡萝卜	丁状	4.5	65.6	27.94	3	300	1041	77
洋葱	薄片	4.0	54.4	4.75	0	131	801	76
马铃薯	丁状	14.0	65.6	5.46	3	368	801	54
甘薯	丁状	6.1	65.6	24.06	10	433	1041	58
苹果	块	1.8	54.4	8.19	0	320	1041	61
杏	半块	13.2	24.0	2.02	15	561	1201	53
桃	半块	10.7	24.0	2.02	30	577	1169	48

2. 干制品包装

干制食品的处理和包装应在低温、干燥、清洁和通风良好的环境中进行，最好能进行空气调节并将相对湿度维持在30%以下；与工厂其他部门相距应尽可能远些；门、窗应装有窗纱，以防止室外灰尘和害虫侵入。

干制品的耐藏期受包装影响极大，干制品的包装应能达到下列要求：①能防止干制品吸湿回潮以免结块和长霉，包装材料在90%相对湿度中，每年水分增加量不超过2%；②能防止外界空气、灰尘、虫、鼠和微生物以及气味等入侵；③不透外界光线；④贮藏、搬运和销售过程中具有耐久牢固的特点，能维护容器原有特性，包装容器在30～100cm高处落下120～200次而不会破损，在高温、高湿或浸水和雨淋的情况下也不会破烂；⑤包装的大小、形状和外观应有利于商品的推销；⑥和食品相接触的包装材料应符合食品卫生要求，并且不会导致食品变性、变质；⑦包装费用应做到低廉或合理。此外，对于防湿或防氧化要求高的干制品，除包装材料要符合要求外，还需要在包装内另加小包装的干燥剂、吸氧剂，以及采取充氮气、抽真空等措施。

常用的包装材料和容器有：金属罐、木箱、纸箱、聚乙烯袋、复合薄膜袋等。一般内包装多用有防潮作用的材料如聚乙烯、聚丙烯、复合薄膜、防潮纸等；外包装多用起支撑保护及遮光作用的金属罐、木箱、纸箱等。

纸箱和纸盒是干制品常用的包装容器。大多数干制品用纸箱或纸盒包装时还衬有防潮包装材料如涂蜡纸、羊皮纸以及具有热封性的高密度聚乙烯塑料袋，以后者较为理想。纸盒还常用能紧密贴盒的彩印纸、蜡纸、纤维膜或铝箔作为外包装。使用纸盒缺点是贮藏搬运时易受害虫侵扰、易破损和不防潮（即透湿）。选用氯化橡胶薄膜作为内衬层时虽能防潮但不能防虫。例如刚孵化的蛾类能通过肉眼不能觉察的孔眼侵入包袋内。使用纸箱作为容器容量可从4～5kg到22～25kg，纸盒的容量一般在4～5kg以下。如果所包装干制品专供零售之用，其容量可以更小一些。在国外常用折叠式纸盒作小包装用容器。

金属罐是包装干制品较为理想的容器。它具有密封、防潮和防虫以及牢固耐久的特点，并能避免在真空状态下发生破裂。罐头装满后，干制品对罐壁能起支撑作用，故能在高真空状态下进行密封。真空状态有利于防止氧化变质和消灭害虫或阻止它成长。金属罐预封后还能用常压蒸汽加热6～8min，将罐内大部分空气排除后再行密封，冷却后虽不能达到完全真空状态，也能形成高真空状态。采用此法时，包装前就不一定要求干制品内完全没有害虫，尤其是虫卵。干制果蔬粉务必用能完全密封的铁罐或玻璃罐包装，这种容器不但能防虫而且会导致干制品吸潮以致结块。这类干粉极易氧化，宜真空包装。

干制品也可采用像饼干箱那样用摩擦盖密封的铁罐或铁箱进行包装。它一般能防虫，仅能适当地防潮，用于包装蔬菜干颇为合适。

果蔬干制品容器最好能用像花生米、琥珀桃仁、咖啡罐那样的拉环式易开罐。大型包装可用容量高达 20L 的方形箱，装满后在顶部用小圆盖密封，这对干制品有极好的保护作用。蛋粉、奶粉、肉干也常用金属箱包装。

玻璃罐也是防虫和防湿的容器。玻璃罐的优点是能看到内容物，而大多数玻璃罐能再次密封。缺点是重量大和易碎。现在国内外已开始采用坚固轻质的塑料罐包装以供零售之用，市场上常用玻璃罐包装乳粉、麦乳精及代乳粉一类制品。

多年来，供零售用的干制品常用玻璃纸包装，现在开始用涂料玻璃纸袋以及塑料薄膜袋和复合薄膜袋包装。简单的塑料袋如聚乙烯袋和聚丙烯袋包装使用最为普遍。也常采用玻璃纸-聚乙烯-铝箔-聚乙烯组合的复合薄膜，也可采用纸-聚乙烯-铝箔-聚乙烯组合的复合薄膜材料。萨冉涂料的聚丙烯薄膜材料用于包装专供糖果用的果干非常有效。高价的冷冻干燥制品常用聚烯烃-铝箔-聚酯组合的三层复合的薄膜制成的小容量包装容器。每种干制品适用的包装材料视所需的贮藏时间、包装费用的合理性和对干制品品质的要求而异。用薄膜材料作包装所占的体积要比铁罐小，它可供真空或充惰性气体包装之用。此外，输送途中真空包装、收缩包装也不至于会被内容物弄破。复合薄膜中的铝箔具有不透光、不透湿和不透氧气的特点。运输时薄膜袋应用薄板箱包装以防破损。

有些干制品如豆类对包装的要求并不很高，在空气干燥的地区更是如此，故可用一般的包装材料，但必须能防止生虫。有些干制品的包装，特别是冷冻干燥制品，常需充满惰性气体以改善它的耐藏性。充满惰性气体后包装内的含氧量一般为 1%～2%。镀锡罐采用充氮包装极为适宜。铁罐充气包装在工业生产中已成为常用的包装方法。最简单的充入惰性气体的包装方法可先在装料密封罐上刺一小孔，在密闭室中将罐内空气抽出，一般可在 99.99kPa 的真空中抽气 20～40s，或当压力降到足够低时充入氮气，再次回到 101.32kPa 为止。然后打开密闭室，将孔眼焊封。最常用的还是罐头预封后在真空室内抽空、充气，最后完全密封的方法。如在干制品包装内放入干冰同样可达到充入惰性气体的目的。容器内先按每升容积放入干冰 6g，再装入干制品，加盖后将它的底部浸入水中 6～12min，促使干冰汽化成 CO_2，部分则从盖的四周外逸并将罐内空气驱出罐外。容器内干冰全部汽化后再行密封（必须注意干冰未完全汽化前，不能密封，否则容器就会爆裂）。每 1g 干冰能产生 0.5L 左右的 CO_2。故 1L 容积的干冰将产生 3L 左右 CO_2，密封后容器内残留氧为 0.8%～1.0%。

包装内充氮将对贮藏期间干制品的品质产生影响。如果干制品内充氮后氧气降低至 2% 以下，能增强维生素的稳定性并降低其在贮藏期间的损耗。

粉末状、颗粒状和压缩的干制品常用真空包装。不过工业生产中的抽空实际上难以使罐内真空度达到足以延长贮存期的要求。

许多干制品特别是粉末状干制品包装时还常附装干燥剂、吸氧剂等。干燥剂一般包装在透湿的纸质包装容器内以免污染干制品，同时能吸收密封容器内的水蒸气，逐渐降低干制品中的水分。生石灰是常用的干燥剂，它在相对湿度较低（1%～5%）的条件下仍具有较高的吸湿力。不过它吸湿时会膨胀，因而容器应留有余地以免爆裂，同时还应该注意它吸湿时会发热。石灰的用量为干制品的 10%～20%。高吸湿力的硅胶能吸收相当于它重量 40%的水分，并且即使它处在饱和状态下仍呈干燥状态并能自由地移动，因而是一种很有潜力的干燥剂。附装有干燥剂的干制品包装首先应在21℃左右温度中贮藏一定时间如6个月，使干制品的水分在干燥剂作用下能进一步降低到更低的水平。只有保证干燥剂充分发挥效用后，才能安全地接触高温。这将有利于大量地保存干制品中的维生素，延缓硫处理干制品中SO_2的消失，并在干制品水分降低到10%～20%（非酶褐变的最适宜水分）以下还可阻止非酶褐变的发生。包装内附装干燥剂后，较高水分的干制品就不会像未附装干燥剂时那样出现结块的现象。

吸氧剂（又称脱氧剂）是能除去密封体系中的游离氧气或溶存氧气的物质，添加吸氧剂的目的是防止干制品在贮藏过程中氧化败坏、发霉。一般在食品包装密封过程中，同时封入。常见的吸氧剂有铁粉、葡萄糖酸氧化酶、次亚硫酸铜、氢氧化钙等。脱氧剂开封后要立即使用，铁系脱氧剂必须在开封后5d内使用完毕，而且包装要完全密封。包装要求使用气体阻隔性材料、包装材料与脱氧剂无反应。

为了确保干制水果粉特别是含糖量高的无花果、枣和苹果粉的流动性，磨粉时常加入抗结块剂和低水分制品拌和在一起。干制品中最常用的抗结块剂为硬脂酸钙，用量为果粉量的0.25%～0.50%。硅胶和水化铝酸硅钠也可作为干果粉的抗结块剂。

二、干制品贮藏

合理包装的干制品受环境因素的影响较小，未经特殊包装或密封包装的干制品在不良环境因素的条件下就容易发生变质现象。良好的贮藏环境是保证干制品耐藏性的重要因素。影响干制品贮藏效果的因素很多，如原料的选择与处理、干制品的含水量、包装、贮藏条件及贮藏技术等。

选择新鲜完好、充分成熟的原料，经充分清洗干净，能提高干制品的保藏效果。烫漂处理能更好地保持蔬菜干制品的色、香、味，并可减轻其在贮藏中的吸湿性。熏硫处理则有利于保色和避免微生物或害虫的侵染危害。

干制品的含水量对保藏效果影响很大。一般在不损害干制品质量的条件下，含水量越低保藏效果愈好。蔬菜干制品因多数为复水后食用，因此，除个别产品外，多数产品应尽量降低其水分含量。当水分含量低于6%时，则可以大大减轻贮藏期的变色和维生素损失。反之，当含水量大于8%时，则大多数种类的保藏期将因之而缩短。水果干制品因组织厚韧，可溶性固形物含量高，多数产品干制后用以直接食用，所以干燥后含水量较高，通常在10%～15%以上，也有高达25%左右的产品。干制品的水分还将随它所接触的空气温度和相对湿度的变化而异，其中相对湿度则为主要决定因素。干制品水分低于它和周围空气的温度及相对湿度相对应的平衡水分时，它的水分将会增加。

干制品水分超过10%时就会促使昆虫卵发育成长，侵害干制品。贮藏温度为12.8℃和相对湿度为80%～85%时，果干极易长霉；相对湿度低于50%～60%时就不易长霉。水分含量升高时，硫处理干制品中的SO_2含量就会降低，酶就会活化。如SO_2的含量降低到400～500mg/kg时，抗坏血酸含量就会迅速下降。

高温贮藏会加速高水分乳粉中蛋白质和乳糖间的反应，以致产品的颜色、香味和溶解度发生不良变化。温度每增加10℃，蔬菜干制品中褐变的速率加速3～7倍。贮藏温度为0℃时，褐变就受到遏制，而且在该温度时所能保持的SO_2、抗坏血酸和胡萝卜素含量也比4～5℃时多。

光线也会促使果干变色并失去香味。有人曾发现在透光贮藏过程中和空气接触的乳粉就会因脂肪氧化而风味加速恶化，而且它的食用价值下降的程度与物料从光线中所得的总能量有一定的关系。

干制品在包装前的回软处理、防虫处理、压块处理以及采用良好的包装材料和方法都可以大大提高干制品的保藏效果。

上述各种情况充分表明，干制品必须贮藏在光线较暗、干燥和低温的地方。贮藏温度愈低，干制品品质的保存期也愈长，以0～2℃为最好，但不宜超过10～14℃。空气愈干燥愈好，它的相对湿度最好在65%以下。干制品如用不透光包装材料包装时，光线不再成为重要因素，因而就没有必要贮存在较暗的地方。贮藏干制品的库房要求干燥、通风良好、清洁卫生。此外，干制品贮藏时防止虫鼠也是保证干制品品质的重要措施。堆码时，应注意留有空隙和走道，以利于通风和管理操作。要根据干制品的特性，维持库内一定的温度、湿度，定期检查产品质量。

三、干制品的干燥比和复水性

1. 干制品的干燥比

干制品的耐藏性主要取决于干制后食品的含水量。食品含水量一般是按照湿重计算，在食品干制过程中，食品的干物质基本上不变，而水分却不断变化。为了正确掌握食品中水分变化情况，也可以按干物质量计算水分百分含量。

食品干制时干燥比是干制前原料质量和干制品质量的比值，即每生产1kg干制品需要的新鲜原料质量（kg）。食品的干燥比反映了产品的生产成本等。

2. 干制品的复水性和复原性

干制品一般都在复水（重新吸回水分）后才食用。干制品复水后恢复原来新鲜状态的程度是衡量干制品品质的重要指标。干制品的复原性就是干制品重新吸收水分后在重量、大小和形状、质地、颜色、风味、成分、结构以及其他可见因素等各个方面恢复原来新鲜状态的程度。在这些衡量品质的因素中，有些可用数量来衡量，而另一些只能用定性方法来表示。干制品复水性就是新鲜食品干制后能重新吸回水分的程度，一般常用干制品吸水增重的程度来衡量，而且，在一定程度上这也是干制过程中某些品质变化的反映。为此，干制品复水性也成为干制过程中控制干制品品质的重要指标。

实际上，任何一种动植物性食物干制时，它们的某些特性经常由于物料内不可逆性变化而遭受损害。为此，选用和控制干制工艺必须遵循的准则就是尽可能减少因这类不可逆性变化所造成的损害。冷冻干燥制品复水迅速，基本上能恢复原来的一些物理性质，因而冷冻干燥已成为干燥技术重要进展的一种标志。

干制品的复水并不是干燥历程的简单反复。这是因干燥过程中所发生的某些变化并非可逆，例如胡萝卜干制时的温度采用93℃，则它的复水速率和最高复水量就会下降，而且高温下干燥时间愈长，复水性就愈差。Brooks（1958年）已证实喷雾干燥和冷冻干燥后鸡蛋特性的变化和蛋白质不可逆性变化的程度有密切的关系。和鲜肉相比，复水后的肉类干制品汁少和碎渣多。干制品复水性下降，有些是细胞和毛细管萎缩和变形等物理变化的结果，但更多的还是胶体中物理变化和化学变化所造成的结果。食品失去水分后盐分增加和热的影响会促使蛋白质部分变性，失去了再吸水的能力，同时还会破坏细胞壁的渗透性。淀粉和树胶在热力的影响下同样会发生变化，以致它们的亲水性有所下降。细胞受损伤如干裂和起皱后，在复水时就会因糖分和盐分流失而失去保持原有饱满状态的能力。正是这些以及其他一些化学变化，降低了干制品的吸水能力，达不到原有的水平，同时也改变了食品的质地。

为了研究和测定干制品复水性，国外曾制定过脱水蔬菜复水性的标准试验方法。可是用这种方法进行重复试样试验时，经长时间的浸水或煮沸后最高的吸水量和吸水率常会出现较大的差异。

复水试验主要是测定复水试样的沥干重。这应按照预先制定的标准方法，特别在严密控制的温度和时间的条件下，用浸水或沸煮方法让定量干制品在过量水中复水，用水量可随干制品干燥比而不同，但干制品应始终浸没在水中，复水的干制品沥干后就可称取它的沥干重或净重。为了保证所得数据的可靠性和可比较性，复水试验方法应根据试验对象和具体情况预先标准化，操作时应严格遵守。

复水比（$R_{复}$）简单来说就是复水后沥干重（$G_{复}$）和干制品试样重（$G_{干}$）的比值。复水时干制品常会有一部分糖分和可溶性物质流失而失重。它的流失量虽然并不少，一般都不再予以考虑，否则就需要进行广泛的试验和仔细地进行复杂的质量平衡计算。

复重系数（$K_{复}$）就是复水后制品的沥干量（$G_{复}$）和同样干制品试样量在干制前的相应原料重（$G_{原}$）之比。

$$K_{复}=\frac{G_{复}}{G_{原}}\times 100\% \tag{6-20}$$

只有在已知同样干制品试样量在干制前相应原料重（$G_{重}$）的情况下才能计算复重系数，但在一般情况下 $G_{重}$ 却为未知数，因此，只有根据干制品试样重（$G_{干}$）以及原料和干制品的水分（$W_{原}$ 和 $W_{干}$）等一般可知数据来进行计算。

$$G_{原}=\frac{G_{干}-G_{干}\ W_{干}}{1-W_{原}} \tag{6-21}$$

复重系数（$K_{复}$）也是干制品复水比和干燥比的比值。其式如下：

$$K_{复}=\frac{R_{复}}{R_{干}}=\frac{G_{复}/G_{干}}{G_{原}/G_{干}}\times 100\% \tag{6-22}$$

由于 $R_{复}$ 总是小于或等于 $R_{干}$，因此 $K_{复}\leqslant 1$。$K_{复}$ 越接近 1，表明干制品在干制过程中所受损害越轻，质量越好。

现代消费者倾向于天然健康和营养的产品，而且，节能环保也成为现代食品加工的重要发展方向，因此，近年来食品干燥设备设计更多的是以产品质量和能耗作为干燥性能的主要评价指标。新型干燥技术能够有效地提高了食品干燥效率、减少干燥过程中食品营养成分和风味物质损失，保证了食品品质，广泛应用于食品行业，例如真空冷冻干燥、流化床干燥、微波干燥、RW 干燥技术等。目前，将两种或两种以上的干燥技术结合使用，使其优势互补，充分提高干燥效率及干燥品品质也成为新型干燥技术研究热点，例如采用喷雾干燥+流化床干燥的多级干燥模式、喷雾干燥+微波干燥等。总之，食品干制保藏是改善食品食用品质、延长食品货架期的一种有效手段，具有广阔的发展前景。

参考文献

[1] Aguileray J M, Chiralt A, Fito P. Food Dehydration and Product Structure [J]. Trends in Food Science & Technology, 2003, 14: 432-437.

[2] Arun M, Cristina R, Vijaya Gsr. Foam-mat fryeeze drying of egg white and mathematical modeling part I optimization of egg white [J]. Drying Technology, 2008, 26: 508-512.

[3] Corzo O, Bracho N. Shrinkage of Osmotically Dehydrated sardine Sheets atChanging MoistureContents [J]. Journal of Food Engineering, 2004, 65: 333-339.

[4] Khraisheh M A M, McMinn W A M, Magee T R A. Quality and Structural Changes in Starchy Foods During Microwave and Convective drying [J]. Food Research International, 2004, 37: 497-503.

[5] Lin Y P, Lee T Y, Tsen J H, et al. Dehydration of Yam slices Using FIR-assisted Freeze Drying [J]. Journal Of Food Engineering, 2007, 79: 1295-1301.

[6] Miao S, Roos Y H. Isothermal study of Nonenzymatic Browning Kinetics in Spray-dried and Freeze-dried Systems at Different Relative Vapor Pressure Environments [J]. Innovative Food Science and Emerging Technologies, 2006, 7: 182-194.

[7] Ndoye B, Weekers F, Diawara B, et al. Survival and Preservation afterFreeze-drying Process of the Thmoresistant Acetic Acid Bacteria Isolated from Tropical Products of Subsaharan Africa [J]. Journal of Food Engineering, 2007, 79: 1374-1382.

[8] Norman N P, Joseph H H 著. 食品科学 [M]. 王璋，钟芳，徐良增译. 北京：中国轻工业出版社，2001.

[9] Ratti C. Hot Air and Freeze-Drying of High-value Food: A Review [J]. Journal of Food Engineering, 2001, 49: 311-319.

[10] 程远贵，周勇，李霞. 湿物料干燥特性测试系统研究 [J]. 实验技术与管理，2011，18 (1)：16-18.

[11] 段永涛，张德翱. 加工脱水食品的真空临界低温干燥新工艺 [J]. 食品工业科技，2004，25 (11)：94-95.

[12] 高福成. 食品的干燥及其设备 [M]. 北京：中国食品出版社，1987.

[13] 韩清华，李树君，马季威，等. 微波真空干燥膨化苹果脆片的研究 [J]. 农业机械学报，2006，37 (8)：155-158.

[14] 黄立新，周瑞君，Mujumdar A S. 喷雾干燥的研究进展 [J]. 干燥技术科与设备，2009，7 (5)：195-198.

[15] 霍贞. 冷冻干燥的工艺流程及其应用 [J]. 干燥技术与设备，2007，5 (5)：261-264.

[16] 姜苗. 洋葱对流干燥特性及其神经网络模型的建立 [J]. 中国农业工程学报，2011.

[17] 金兹布尔格 (Гинзбург，俄) 著. 食品干燥原理与技术基础 [M]. 高奎元译. 北京：中国轻工业出版社，1986.

[18] 梁竹兰. 气流式雾化器结构的改进 [J]. 湛江水产学院学报，1992，12 (1)：34-37.

[19] 马长伟，曾名湧. 食品工艺学导论 [M]. 北京：中国农业大学出版社，2002.

[20] 松田由美子. 凍結速率による真空凍結乾燥ところてんの特性の違いについて [J]. 日本水産学会誌，1968，34 (9)：838-846.

[21] 陶乐仁，刘占杰，华泽钊，等. 苹果冷冻干燥过程的实验研究 [J]. 制冷学报，2000，3：25-29.

[22] 夏朝金，朱文学，张仲欣. 红外辐射技术在农副产品加工中的应用与进展 [J]. 农机化研究，2006，(1)：196-201.

[23] 小林正和. 凍結乾燥装置と操作 [J]. 冷凍，1981，56 (650)：1002-1016.

[24] 徐成海，张世伟，赵丽霞，等. 真空干燥设备的国内外发展动态 [C]. 第十届全国干燥会议论文集. 南京：南京工业大学，2005：126.

[25] 于才渊，王宝和，王喜中. 干燥装置设计手册 [M]. 北京：化学工业出版社，2005.

[26] 曾名湧. 食品保藏原理与技术 [M]. 青岛：青岛海洋大学出版社，2000.

[27] 曾庆孝. 食品加工与保藏原理 [M]. 北京：化学工业出版社，2007.

[28] 赵晋府. 食品技术原理 [M]. 北京：中国轻工业出版社，2002.

[29] 赵丽娟，李建国，潘永康. 真空带式干燥机的应用及研究进展 [J]. 化学工程，2012，40 (3)：25-29.

第七章　食品辐照保藏技术

[教学目标] 本章使学生了解国、内外辐照保藏技术发展概况，了解辐照保藏对食品成分的影响，了解辐照保藏的卫生安全性，掌握辐照保藏技术的特点。

第一节　概　　述

食品辐照保藏是利用射线照射食品，对食品进行灭菌、杀虫，或抑制鲜活食品的生命活动，从而达到防霉、防腐、延长食品货架期目的的保藏方法。

一、辐照保藏的特点

食品辐照已成为一种新型、有效的食品保藏技术，与传统的加工保藏技术如加热杀菌、化学防腐、冷冻、干藏等相比，辐射技术有其优越性。

食品辐照是一种“冷”灭菌方法。辐照处理的食品几乎不会出现温度升高（<2℃）。2～7kGy 的辐照剂量可以有效杀死常见的致病菌和非芽孢菌，诸如沙门氏菌、李斯特氏菌、金黄色葡萄球菌或大肠杆菌 O157∶H7，而且还能很好地保持食品的色香味形等外观品质，也不改变食品的特性，特别适用于处理热敏性的食品。辐照食品不会留下任何残留物，是物理加工的过程，而传统的化学防腐技术面临着残留物及对环境的危害问题。与药品熏蒸（如谷物杀虫）和化学处理相比，这是一个突出优点，可以减少环境中化学药剂残留浓度日益增长而造成的严重危害。由于对生态环境的破坏和化学残留的原因，溴甲烷、二溴已烷和环氧乙烷已逐渐被禁用，因此，食品辐照可取代化学熏蒸，作为一种简便有效的杀虫手段。辐照技术的另一个特点就是穿透力强，杀虫、灭菌彻底。对不适用于加热、熏蒸、湿煮的食品（谷物、果实、冻肉等）中的害虫、寄生虫和微生物，γ 射线辐射能够起到化学药品和其他处理方式所不能及的作用。

食品辐照应用范围广泛。现在，辐射可应用于豆类、谷物及其制品，干果果脯类，熟畜禽肉类，冷冻包装畜禽肉类，香辛料类，新鲜水果和蔬菜类等六大类食品。辐照还可以对一些食品包装材料和医用器械进行灭菌处理。辐照保藏方法能节约能源。具国际原子能组织（IAEA）报告，单位食品冷藏时需要消耗的最低能量为 324.4kJ/kg，巴氏消毒为 829.14kJ/kg，热消毒为 1081.5kJ/kg，脱水处理为 2533.5kJ/kg，而辐照消毒只需要 22.7kJ/kg，辐照巴氏消毒仅需 2.74kJ/kg。因此，辐照处理可以大大的降低能耗。

辐照对食品保藏的缺点包括：①在杀菌剂量的照射下，食品中的酶不能完全被钝化；②敏感性强的食品和经高剂量辐照的食品可能发生不需宜的感官性质变化；③辐照保藏方法不适用于所有食品，要选择性地应用；④要对辐照源进行充分遮蔽，必须经常连续对辐照区和工作人员进行监测检查。

二、国内外食品辐照技术的应用概况

食品辐照技术是 20 世纪才发展起来的。1895 年，Roentgen 发现了 X 射线，与此同时

Becquerel 发现了射线的放射能。1898 年，Rieder、Pacinotti 和 Porcelli 开始了电离射线对微生物的致死作用研究。1916 年，瑞典首次对草莓进行辐照处理，开创了辐照法保藏食品的先河。1921 年，美国受理了第一份有关食品辐照保鲜技术专利的申请；1943 年美国研究人员首次用射线处理汉堡包食品；1960 年美国已在军队食用辐照食品；1963 年美国食品及药品管理局（FDA）允许辐照用于香料杀菌与灭虫、果蔬保藏。世界其他国家也进行了大量的辐照研究与应用。苏联政府在 1958 年就批准了辐照马铃薯供人食用。日本、荷兰、英国、法国、加拿大、比利时、意大利及东欧一些国家从 20 世纪 50 年代也开始辐照抑制发芽、灭菌和杀虫的研究。20 世纪 60 年代许多发展中国家也开始对食品辐照进行研究。辐照技术被广泛地用于食品的杀菌和保鲜，然而，辐照处理保藏食品是强化保藏效果的辅助措施，尤其对果蔬辐照处理后仍须严密控制各种环境条件，才有可能获得好的保藏效果。

食品辐照加工技术作为一种新型而有效的杀菌保鲜手段正日益为生产者和消费者所接受。世界上越来越多的国家认可和应用辐射加工技术作为多种食品卫生处理的有效手段。目前，已有 49 个国家至少批准了一类或一种辐照食品（表 7-1），已有 35 个国家将此项技术用于商业用途，近年来全球的辐射食品总量达到了近 30 万吨，其中，中国约 8 万吨，主要是家禽、生肉、水产品等。

美国航天局早在 20 世纪 60 年代就把辐照食品作为宇航员的太空食物，最近美国在夏威夷建造了一座用于水果和蔬菜辐照加工的大型辐照装置。美国佛罗里达和中部几个州的市场上都出现了大量辐照加工食品，每年大概有 4.4 万吨的食品经过辐照加工。尽管目前市场上辐照食品的比重仍较低，但产量正呈上升趋势。相比之下，食品辐照加工技术在欧洲的发展较美国缓慢，虽然关于食品辐照的第一个专利出现在欧洲，但这种技术在 20 世纪 80 年代才在法国、荷兰、比利时等国家得到应用。

表 7-1　世界各国、地区辐照食品批准概况

辐射目的	品种	剂量/kGy	批准国家或组织
杀菌(卫生保藏)	冻虾	＜30.00	澳大利亚、荷兰、印度、泰国
	冻家禽		孟加拉国、加拿大、智利、巴西、南非
	香料(42 种)		美国
	猪肉		俄罗斯
	蛋粉		法国、荷兰
	香料和调味品		比利时、孟加拉国、法国、智利、巴西、德国、荷兰、新西兰、芬兰、美国、泰国
	香肠		中国、泰国
	脱水蔬菜和干果	＜10.00	比利时、法国、加拿大、荷兰
	鱼类		荷兰
	阿拉伯胶		比利时
	药用植物		新西兰
	谷类及其制品		法国
	酶制品(溶液、浓缩液或干制品)		德国、美国
	麦芽		荷兰
	干血蛋白		荷兰
	水产品	＜5.00	孟加拉国、巴西、加拿大、智利
	熟虾		荷兰
	冻肉		匈牙利
	冷藏肉		荷兰
	家禽肉		法国、荷兰、泰国
	冻蛙脚		孟加拉国、荷兰
	蔬菜类		荷兰、俄罗斯
	水果类		比利时、巴西、智利、匈牙利、荷兰、南非、保加利亚、泰国
	黑面包		荷兰
	可可豆		智利、荷兰
	香料及调味品		匈牙利、南非、印度尼西亚
	包装肉制品		匈牙利、荷兰

续表

辐射目的		品种	剂量/kGy	批准国家或组织
杀虫	杀灭有害昆虫	小麦或面粉	<1.00	巴西、孟加拉国、加拿大、智利、泰国
		大米		中国、巴西、孟加拉国、智利、荷兰、泰国
		豆类		南非、智利、巴西、孟加拉国
		香料		智利、印度
		玉米		巴西、泰国
		可可豆		智利、泰国
		鳄梨		南非
		花生		中国
		椰枣		智利
		干果、干菜		保加利亚、美国
		水产品		巴西、智利、泰国
		番木瓜		孟加拉国、巴西、泰国
		芒果		孟加拉国、智利、泰国
		浓缩食品		保加利亚
		谷物		印度尼西亚、保加利亚
		干酪粉		南非
	杀灭寄生虫	猪肉	0.30～1.00	美国
抑制发芽		马铃薯	<0.15	阿根廷、孟加拉国、比利时、巴西、保加利亚、加拿大、智利、中国、丹麦、法国、日本、匈牙利、以色列、意大利、荷兰、南非、菲律宾、泰国、西班牙、波兰、美国、印度、乌拉圭
		洋葱		阿根廷、孟加拉国、比利时、巴西、保加利亚、加拿大、智利、中国、法国、匈牙利、以色列、意大利、荷兰、菲律宾、南非、泰国、西班牙
		大蒜		比利时、保加利亚、中国、法国、印度尼西亚、以色列、意大利、菲律宾、南非、泰国
		青葱		比利时、法国、印度尼西亚、以色列
抑制生长		蘑菇、芦笋	<3.00	中国、匈牙利、荷兰
		生鲜食品	<1.00	美国
推迟成熟		芒果	<1.00	孟加拉国、南非、智利
		番木瓜		巴西、孟加拉国、南非
		番茄		南非
		热带水果		南非
		生鲜食品（蔬菜、水果）		美国
各种辐射		所有食品	<10.00	世界卫生组织

近年来在美国、日本等地不断发生的食源性疾病，特别是因沙门氏菌、弯曲菌、大肠杆菌、单核细胞李斯特氏菌、弧菌等污染所致的疾病对辐射食品近年的快速发展有明显的促进作用。比如 1997 年美国 2500 万磅牛肉末受大肠杆菌 O157∶H7 的污染，9 万人致病，25 人死亡，导致了美国历史上最大一次冻汉堡包的回收（约 1 万吨）。这件事直接导致了 1997 年 12 月美国 FDA 批准了红肉辐照。

我国自 20 世纪 50 年代以来开展了辐照食品的生产工艺、卫生安全、辐射装置、剂量检测及卫生标准等食品辐照技术方面的研究。1984 年，卫生部批准颁布了马铃薯、大蒜、洋葱、蘑菇、大米、花生及香肠 7 种辐照食品的卫生标准之后，又有果脯、杏仁、番茄、蜜橘、荔枝等园艺产品和扒鸡、猪肉、熟肉制品以及酒等获得了批准。近年来我国辐照加工产业快速发展，辐照加工装备的生产能力与 10 年前相比增加了 4 倍，到 2010 年底辐照加工产业规模已达到 350 亿元，预计到“十二五”末辐照产业规模将达到 700 亿～900 亿元。据统计，截至 2008 年底我国拥有设计装源量 30 万居里以上的 γ 辐照装置 140 座，其中 100 万居里以上（含 100 万居里）的 γ 辐照装置近 50 座，50 万～100 万居里（含 50 万居里）的有 60 座。到 2010 年，电子加速器辐照装置全国共计 160 余台，总功率达到 9000kW。基本形成了以（除西藏、青海外）各省会城市为中心的辐照网络，这些装置90%以上都进行辐照食品的研究和商业化中试及辐照加工综合应用。为了保证辐照食品的质量，在国家计量科学研究院的统一领导下，建立了我国^{60}Co辐照场辐照食品的剂量体系，并对辐照食品的剂量进行监测。北京、上海、南京、成都等城市在商场开设出售辐照食品的专柜，进行消费者接受性调查，72%～90%的消费者反映积极，愿意购买辐照食品。近年来，食品辐照保鲜的直接经济收入逐步增加，大部分10万居里以上的农业辐射装置年收入达100万～200万元。

三、辐照量及单位

1. 放射性强度

放射性强度又称放射性活度，是度量放射性强弱的物理量。曾采用的单位有居里（Curie Ci）、贝可勒尔（Becqurel，Bq）和克镭当量等。其中贝可为国际单位，1Bq可表示放射性同位素每秒有一个原子核衰变。

2. 照射量

照射量是用来度量X射线或γ射线在空气中电离能力的物理量。使用单位有伦琴（Röntgen，简写R）和库仑/千克（C/kg），其中库仑/千克（C/kg）为国际单位。

3. 吸收剂量

吸收剂量指照射物质所吸收的射线能量，常用单位戈瑞和拉德，其换算关系详见本书第二章。

照射量与吸收剂量是两个意义完全不同的辐射量。照射量只能作为X射线或γ射线辐射场的量度，描述电离辐射在空气中的电离本领；而吸收剂量则可以用于任何类型的电离辐射，反映被照介质吸收辐射能量的程度。在两个不同量之间，在一定条件下相互可以换算。对于同种类、同能量的射线和同一种被照物质来说，吸收剂量是与照射量成正比的。

第二节　辐照对食品成分的影响

利用放射线对食品进行杀菌、杀虫等处理的同时，食品的成分，包括水、蛋白质、糖类、脂类及维生素等也会受到影响，分述如下。

一、水

水分子对辐照很敏感，当它接受了射线的能量后，水分子首先被激活，然后由活化的水分子和食品中的其他成分发生反应。水辐射的最后产物是氢气和过氧化氢等，其形成机制很复杂。现已知的中间产物有三种：①水合电子（e_{aq}）；②氢氧基（OH·）；③氢基（H·）。后两个是自由基。其反应的可能途径如下：

$$(e_{aq})+H_2O = H\cdot+OH\cdot$$

$$H\cdot+(OH\cdot) = H_2O$$

$$H\cdot+H\cdot = H_2$$

$$(OH\cdot)+(OH\cdot) = H_2O_2$$

$$H\cdot+H_2O_2 = H_2O+(OH\cdot)$$

$$(OH\cdot)+H_2O_2 = H_2O+(HO_2)$$

$$H_2+(OH\cdot) = H_2O+H\cdot$$

$$H\cdot+O_2 = HO_2\cdot$$

$$HO_2+HO_2 = H_2O_2+O_2$$

这些中间产物对于水的辐射效应而言很重要，过氧化氢是一种强氧化剂和生物毒素，水合电子是一种还原剂，氢氧基是一种氧化剂，氢基有时是氧化剂有时是还原剂。它们可以和其他有机物起反应，特别是在稀溶液中或含水的食品中，氧化还原反应大多是由于水辐射的中间产物而引起的。

辐照导致食品中大多数其他组分的化学变化，很大程度上都是这些组分与水辐解的离子和自由基产物相互作用而产生的结果。所以，水辐照后的辐解产物是食品中最重要、最活跃的因素。

二、氨基酸、蛋白质

1. 氨基酸

若辐照干燥状态的氨基酸，其主要反应是脱氨基作用而产生氨。辐照氨基酸水溶液时就要受到水分子辐照的间接效应的影响。如具有环状结构的，可能会发生环上断裂现象。有的氨基酸还可能形成胺类、CO_2、脂类及其他酸类等。用放射线照射氨基酸时发现，氨基酸的种类、放射线剂量的不同以及有无氧气和水分，所得的生成物及其收率均有所不同。以甘氨酸为例，经辐照后产物有氢、二氧化碳、氨、甲胺、醋酸、甲酸、乙醛酸、甲醛。赖氨酸类的二氨基一羧酸经照射后（除了聚羟醛胺之外），生成了甘氨酸、β-丙氨酸、α-氨基丁酸、正缬氨酸、酮胺酸、尸胺、谷氨酸、天冬氨酸、谷氨酸。谷氨酸是一种一氨基二元酸，除氧化脱氨反应生成 α-酮戊二酸外，还生成了氨基酸、有机酸、NH_3 和甲醛等。

具有巯基和二硫键的含硫氨基酸对放射线有极高的敏感性，经辐照后，会因含硫部分易氧化和自由基反应而发生分解。例如半胱氨酸经照射后，氧化生成了胱氨酸、NH_3、H_2S、丙氨酸以及游离的硫黄。芳香族及多环氨基酸对放射线的敏感性，一般按组氨酸＞苯丙氨酸＞色氨酸的顺序递减。

2. 蛋白质

由于放射线的作用，食品中蛋白质的一级结构、二级或三级结构会发生变化，例如—SH 基氧化、脱氨、脱羧以及苯酚和多环氨基酸自由基的氧化反应，产生分子变形、凝聚、黏度降低、溶解度变化等现象。

肉类食品要获得较长时期的保存，必须使用＞1Mrad 的高剂量照射。然而，肉类食品含有较高的蛋白质和脂肪，所以在放射线照射处理过的样品中能检测出两者的放射线分解物，如表 7-2 所示。这些挥发性成分浓度在低温下（＜－40℃）很低，随着辐射剂量的增加和照射温度的上升，生成的挥发性成分也显著增多，产品的风味降低，这些挥发性物质大部分是由于放射线的间接作用而产生的。因此，为了使辐射杀菌的肉类食品不产生异味，最好在冻结点温度下照射。

表 7-2　从放射线照射的肉成分中分离出的挥发性物质（马长伟，2002）

蛋白质	脂肪	脂蛋白
甲硫醇	正链状烷烃	正链状烷烃
乙硫醇	正链状烯烃	正链状烯烃
二甲基二硫化物	异链状烷烃	二甲基二硫化物
苯	丙酮	丙酮
甲苯	甲基醋酸	
乙苯		
甲烷		
羰基硫化物		
硫化氢		

肉制品在辐照杀菌时，虽然产生了多种挥发性物质，但还未发现氨基酸组成发生变化，所以，放射线杀菌并未引起肉蛋白质的营养损失。不过，无论是新鲜肉，还是加工肉，都会因放射线照射而发生褐变。

在水产、小麦、牛奶等食品中，辐照会导致蛋白质发生了不同程度的变性。水产品在照照时，即使用低剂量照射，也会出现游离氨基酸增加、褐变、酶反应等问题；而牛奶经照射后风味有显著变化，SH 基、S—S 基及黏度也明显增加；卵清则黏度降低；小麦（面筋）的吸水性能降低，酶的消化性增强。蛋白质由于辐射而发生大分子裂解以及小分子聚集，蛋白质的变性现象还表现在蛋白质溶解度、溶液的黏度、蛋白质的电泳性质及吸收光谱等的变化上。

蛋白质由于它的多级结构而具有独特性质，对低剂量辐照表现不敏感。总的来说，在辐照剂量低于 10kGy 时，辐照对食品中蛋白质的影响不大。

三、糖类

放射线对低分子糖类照射时，随着照射剂量增加，糖的旋光度减少，而且发生褐变，还原性以及吸收光谱等均发生变化。稀释的单糖溶液也有初级和次级的辐射效应。当环境气体为氧时，葡萄糖被照射后氧化和裂解反应产生的衍生物有：葡萄糖酸、葡糖醛酸内酯、D-葡萄糖-1,5-内酯、糖酸、D-葡糖醛酮糖醛酸、D-阿戊糖、D-木糖、D-赤藓糖、乙二醛、二羟丙酮、甲酰乙醛及双氧水。当环境气体为氮时，生成物有：2-脱氧葡萄糖酸、2-脱氧-D-葡糖醛酮-1,4-内酯、赤藓糖、1-脱氧-1-甘露醇、2-脱氧-D-阿戊糖乙糖醇、3-脱氧-D-核糖乙糖醇、D-甘露醇及 D-山梨醇等。低聚糖可降解成为单糖，最后产物与单糖辐射相同。另外，在照射过程中，还有 H_2、CO、CO_2、CH_4 等气体生成。

多聚糖如淀粉、纤维素等辐照后可被降解成葡萄糖、麦芽糖、糊精等。在植物组织中的果胶质也会发生解聚现象，从而使组织变软。动物组织中的糖原也会由于辐照而断裂成小分子。多糖类经放射线照射后会发生熔点降低、旋光度减少、吸收光谱变化、褐变及结构变化等现象。在低于 200KGy 剂量的照射下，淀粉粒的结构几乎没有变化，但研究发现，直链淀粉、支链淀粉等的相对分子质量和碳链的长度会降低。如直链淀粉经 0～100kGy 照射后，其平均聚合度由 1700 降为 350（表 7-3）。

表 7-3　辐照对马铃薯直链淀粉的聚合度和黏度的影响（曾庆孝，2002）

剂量/kGy	特性黏度/(mL/g)	聚合度	剂量/kGy	特性黏度/(mL/g)	聚合度
0	230	1700	10	80	600
0.5	220	1650	20	50	350
1	150	1100	50	40	300
2	110	800	100	35	250
5	95	700			

马铃薯淀粉经放射线照射后，其分解产物如下：羟甲基糖醛、二羟基丙酮、丙醛、脱氧己糖、脱氧戊糖、2-脱氧赤藓糖、3-脱氧赤酮酸内酯、2-羟甲基-1,3-羟基呋喃、5-脱氧戊醛糖、2-羟甲基-5-羟基-4-酮基-2,3-二氢吡喃、3,5-二羟基-4-酮基-2,3-二氢吡喃、5-脱氧葡萄糖酸内酯、葡萄糖、甲酰乙醛、木糖、麦芽糖、阿戊糖、葡糖醛酸、葡糖酸、羟基麦芽醇及戊醛糖。

以上所述是糖类一种物质存在时放射线照射对它的影响。在照射食品体系时，由于食品中多种成分的相互保护作用，以及在食品辐照中辐照剂量大多控制在 10kGy 以下，糖类的辐解产物是极其微量的。

四、脂类

脂肪对辐射十分敏感。辐照可以诱导脂肪加速自动氧化和水解反应，导致令人不快的感官变化和必需脂肪酸的减少，而且辐射后过氧化物的出现对敏感性食物成分如维生素有不利的影响。过氧化物的产生可以通过调整辐射食品的气体条件和温度来改变，也可以给肉类添加肌肽、抗氧化剂来控制或者给禽类喂养添加抗氧化剂的饲料来抑制。研究表明，辐射产生的令人不快的气味与脂肪氧化的程度并没有直接关系，而是与辐射产生的挥发性成分有直接关系。

脂肪辐照后的变化幅度和性状取决于被辐照食品的组成、脂肪的类型、不饱和脂肪酸的含量、辐射剂量和氧的存在与否等。一般来说，辐射饱和脂肪相对稳定，不饱和脂肪则容易发生氧化；氧化程度与辐射剂量大小成正比；当有氧存在时，脂肪则发生典型的连锁反应。

对不同性状的动物和植物脂肪的实验表明，某些脂肪对辐照表现出很高的稳定性。脂溶性维生素 A 对辐照和自动氧化过程比较敏感，一般把维生素 A 选为评判脂肪辐照程度的标准。此外，也可以用酸价和过氧化值的变化来评定。有证据表明，与植物脂肪相比较，动物脂肪更适宜辐照，因为它对自动氧化过程具有较高的抗性，这是通过测定过氧化值得出的结论。大量试验表明，在剂量低于 50kGy 时，处于正常的辐照条件下，脂肪质量指标只发生非常微小的变化。

五、维生素

维生素对辐照很敏感，其损失量取决于辐照剂量、温度、氧气和食物类型。一般来说，低温缺氧条件下辐照可以减少维生素的损失，低温密封状态下也能减少维生素的损失。不同种类的维生素受辐射的影响程度不一样。

水溶性维生素对辐照的敏感性主要取决于它们是处在水溶液中，还是在食品中，或者它们受食品中其他化学物质所保护，其中包括维生素彼此的保护作用。据文献报道，维生素 B_1 溶液在辐射 0.50kGy 后，大约损失 50%，而全蛋粉辐照同样剂量后维生素 B_1 只损失了 5%。辐射时维生素之间的协同保护作用也非常明显。维生素 C 和烟酸分别接受大剂量辐照时，维生素 C 破坏达 90%，而烟酸相当稳定。然而当二者在一起时，维生素 C 的损失不超过 30%，而烟酸破坏增大。

水溶性维生素对辐照的敏感性从大到小顺序如下：硫胺素＞抗坏血酸＞吡哆醇＞核黄素＞叶酸＞钴胺素＞尼可酸。

脂溶性维生素对辐照均很敏感，尤其是维生素 E 及维生素 A 的放射线敏感性最高。可是，在其他成分相同的食品中，特定的维生素对放射线的稳定性受食品组成中含气条件、温度以及其他环境因子的影响。一般维生素在复杂体系或食品中的稳定性比在单纯溶液中的稳定性高。表 7-4 中列出了食品经放射线照射后，各种维生素的损失率。脂溶性维生素对辐照的敏感性从大到小顺序如下：维生素 E＞胡萝卜素＞维生素 A＞维生素 K＞维生素 D。

大量研究表明：辐照对食品中营养成分的影响远小于烹调。事实上，所有的加工和保藏方法都减少了食品中的某些营养成分（表 7-5）。一般来说，低剂量辐照（＜10kGy），营养成分的减少测定不出来或者测定无意义；高剂量辐照（＞100kGy），营养成分的损失要比烹调和冷藏小。例如肉的颜色是最重要的感官和质量因素，Luchsinger（1996）研究表明，经

50kGy 的辐射后，肉的颜色没有明显变化；而 Nankeetal（1999）研究认为，经 50kGy 的辐照后肉的精确颜色指数有变化，但不影响肉的最终颜色。对大部分食品来说，使用较低剂量的辐照后，其感官和温度都不会有明显变化；然而，使用较高剂量辐照后，辐照食品的温度会有微小变化，而感官则会有显著变化，如食品散发出气味和颜色变褐。辐照对食品营养成分的利用率的影响程度与其他杀菌方法相比无明显差异，如表 7-5 所示。

表 7-4 维生素类的放射线稳定性（马长伟，2002）

维生素	食品	剂量/Mrad	减少率/%
维生素 B_1	牛肉	1.5	42
		3.0	53～84
	羊肉	3.0	46
	猪肉	0.5	74
		1.5	89
		3.0	84～95
	猪红肠	3.0	89
	火腿	0.5	28
维生素 B_2	牛奶	1.0	74
	奶粉	1.0	16
	肉	2.79	8～10
	鳕鱼	0.60	6
	鸡蛋	0.5～5.0	0
	酵母	1.0～3.0	0
	面粉	0.15	0
烟碱酸	水溶液	1.0	88
	牛奶	1.0	33
	腊肉	5.58	0
	牛肉	2.79	2
	猪肉	3.0	0～7
	火腿	2.79	2
	鳕鱼	2.79	2

维生素	食品	剂量/Mrad	减少率/%
维生素 A	全乳	0.3	0
		0.48	70
		1.0	64
	炼乳	1.0	70
	奶酪	0.28	47
	黄油	0.96	78
	玉米油	3.0	0
	牛肉	1.0(N_2)	43
		2.0(N_2)	66
	家禽	1.0(N_2)	58
		2.0(N_2)	72
维生素 E	全乳	1.0	57
	乳脂	1.68	82～83
	人造奶油	0.1	56
	向日葵油	0.1	45
	猪油(O_2)	0.1	56
	N_2	0.5	2
	鸡蛋	0.1	17
	肉(N_2)	2.0	0
	肉(O_2)	3.0	37

表 7-5 辐照处理与未辐射处理食品营养成分的利用率（王锋，2005） %

营养成分	未辐照食品	辐照食品(55.8kGy)
蛋白质	85.9	87.2
脂肪	93.3	94.1
碳水化合物	87.9	87.9

总之，辐照对食品中营养成分的影响是很小的，许多饲养动物试验也证实了此结论。例如，茶叶经不同剂量辐照处理后，粗蛋白、茶多酚含量在辐照前后无明显变化，可溶性糖和咖啡碱含量与对照相比，3kGy、7kGy 和 9kGy 处理无明显变化，5kGy 辐射组分别增加了 8.9%和 4.9%（表 7-6）。经统计分析表明，辐照剂量与粗蛋白（$r=-0.249$）、可溶糖（$r=-0.236$）、茶多酚（$r=-0.649$）、咖啡碱（$r=-0.505$）的含量均无显著相关关系，即辐照对茶叶中粗蛋白、可溶糖、茶多酚、咖啡碱的含量无显著影响。可溶性糖含量的变化，主要可能是由辐照对碳水化合物的水解和氧化作用所致。在实际应用中，尽量采用与其他方法或保藏手段相配合，以减少辐照剂量，使食品的安全和质量更有保障。需要特别指出的是，辐照食品只作为膳食的一部分，所以辐照处理对食品中营养成分的总摄入量几乎没有影响。

表 7-6 辐照对茶叶主要品质成分的影响（朱佳廷，2005） g/100g

辐射剂量/kGy	粗蛋白	可溶糖	茶多酚	咖啡碱
0	24.0	2.71	21.8	2.87
3	23.1	2.75	20.2	2.79
5	23.5	2.95	21.8	3.01
7	24.0	2.57	20.0	2.88
9	23.3	2.68	20.0	2.97

第三节 辐照技术在食品保藏中的应用

一、辐射源

根据照射目的、临界剂量、食品种类、杀菌程度（表面杀菌、深部杀菌）和防止照射后再污染的方法等因素来确定照射食品的装置及设施。用于食品辐照处理的辐射源有以下三种：放射性燃料、电子加速器及 X 射线源。

1. 放射性同位素

在核反应堆中产生的天然放射性元素和人工感应放射性同位素，会在衰变过程中发射各种放射物和能量粒子，其中有 α 粒子、β 粒子或射线、γ 光子或射线以及中子。这些放射物具有不同的特性。

在食品辐照处理时，希望使用具有良好穿透力的散射物，目的是不仅能够抑制食品表面的微生物和酶，而且产生的这种作用能够深入到食品内部。另一方面，又不希望使用如中子那样的高能散射物，因为中子会使食品中的原子结构破坏和使食品产生放射性。所以，对食品进行辐照处理主要用 γ 射线和 β 粒子。

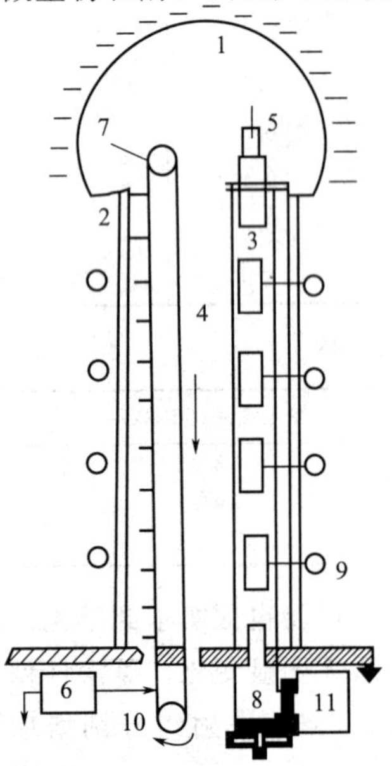

图 7-1 静电加速器结构原理图（赵晋府，2002）

1—球形高压电极；2—支架；3—真空加速管；4—输电带；5—电子枪；6—直流高压电源；7—电刷；8—金属靶；9—均压环；10—转轴；11—真空泵

用于食品辐射处理的 γ 射线和 β 粒子可采用经过核反应堆使用后的废铀燃料元素。这些废燃料仍具有强的放射性，可经合适屏蔽和封闭来使用。食品进入其辐照通道，在那里保持足够时间以吸收适当剂量的放射物达到辐照之目的。

食品辐照处理上用得最多的是 ^{60}Co γ 射线源，也有采用 ^{137}Cs γ 射线源。

2. 电子加速器

电子加速器（简称加速器）是用电磁场使电子获得较高能量，将电能转变成射线（高能电子射线、X 射线）的装置。电子加速器可以作为电子射线和 X 射线的两用辐射源。

（1）电子射线 电子射线又称电子流、电子束，其能量越高，穿透能力就越强。电子加速器的电子密度大，电子束（射线）射程短，穿透能力差，一般适用于食品表层的辐照。

目前用于食品辐照处理的加速器主要为静电加速器或范德格拉夫（Van de Graft）加速器，β 粒子或电子可在其中产生，如图 7-1 所示。在此装置中，直流高压电源 6 通过针尖电晕放电将负电荷喷到高速运行的非导电材料做的输送带 4 上，电荷被带至球形高压电极 1 内，电刷 7 收集电荷而获得高电压。电子枪5（阴极热金属丝）发射的电子在高压电场作用下，沿着加速管3被加速，即得到电子射线。当待处理的食品通过时，可以接受合适的辐照剂量。辐射照量可以通过提高电压使电子流发出不同程度的光束动力来调节。

除此之外用于食品辐照处理的加速器还包括高频高压加速器（地那米加速器）、绝缘磁芯变压器、微波电子支线加速器、高压倍加器、脉冲电子加速器等。

（2）X射线 采用高能电子束轰击高质量的金属靶（如金靶）时，电子被吸收，其能量的一小部分转变为短波长的电磁射线（X射线），剩余部分的能量在靶内被消耗掉。电子束的能量越高，转换为X射线的效率就越高。这样所产生的X射线，其波长由电压、电子束对靶的入射角度、靶的材料性质及窗孔的性质来决定。波长较长的软X射线是在约100kV以下的电压下产生的，其穿透能力比较小；而波长较短的硬X射线是在更高的电压下产生的，具有较大的穿透能力，有利于辐射食品。

在特殊类型的可利用电离射线中，人们已普遍认为，电子束（类似物：阴极射线和β粒子）和γ射线以及X射线最适用于食品辐照保藏。

二、在食品保藏中的应用

农产品辐照保藏采用的辐照剂量必须以国家卫生部颁布的有关规定作为依据。我国有关食品辐照的法规同国际惯例基本一致。根据不同辐照保藏的目的，以及拟达到辐照目的的平均辐照剂量，各种食品用各种不同剂量处理可以产生不同效果，也就有各种不同的应用。它们的照射剂量可能相差几倍甚至几百倍，一般按其照射采用的剂量可分为低剂量（1kGy以下）、中剂量（1～10kGy）和高剂量（10kGy以上）等3类。

1. 低剂量辐照

（1）抑制发芽 蔬菜、水果在采摘以后仍是有机活体，它们仍然在进行呼吸，仍然会成熟，在保存过程中可能还会发芽生长（如土豆、大蒜、洋葱、生姜、甘薯、板栗等）。它们一旦发芽后，不仅影响其感官品质，更重要的是降低了产品质量甚至产生有毒物质。以极低剂量（0.05～0.15kGy）辐照处理，就可以使这些植物体在采摘后处于一种“休眠状态”，从而达到抑制其发芽的目的。如果根茎作物尚处于休眠状态，则采用0.1kGy剂量照射，就能够有效地阻止其贮存期间的发芽。实验证明，0.1kGy的剂量不仅能抑制土豆的发芽，同时还能消灭土豆茎蛾的卵及其早期幼虫。

（2）杀虫和杀灭寄生虫 辐照能杀死栖息于食品中的昆虫和寄生虫。实验证明，用大约1kGy的剂量辐照大米、小麦、干菜豆、谷粉和通心面，可以消灭象鼻虫和易与之相混淆的面象虫；用0.13～0.25kGy的剂量辐照能阻止幼虫发育为成虫，用0.4～1kGy的剂量辐照后能阻止所有卵、幼虫和蛹的发育；用1kGy的剂量足以使某些昆虫在数日内死亡；0.25kGy的剂量能使昆虫在数周内死亡或使存活的昆虫不育；旋毛虫的不育剂量约为0.12kGy，抑制其成熟需0.2～0.3kGy，使其死亡需7kGy。

（3）延缓水果与蔬菜的生理过程 用1kGy以下的剂量辐照可抑制多种水果、蔬菜中的酶活性，也可相应降低植物体的生命活力，从而延缓后熟过程，减少腐烂，延长保藏期。比如，芒果用0.25～0.35kGy剂量辐照，就可延迟其成熟与老化，而不影响其品质和主要营养成份。以花椰菜为例，500Gy和1000Gy能显著抑制花椰菜的呼吸强度，减轻失重，延缓后熟，延长贮藏时间。用电子束1000Gy以下辐照巨峰葡萄，能有效抑制葡萄的呼吸强度，贮藏98d后，保鲜效果较好。对香蕉、番木瓜、常青果、柑橘、蘑菇、芦笋、蕃茄等果蔬也是如此。

2. 中剂量辐照

（1）辐照巴氏杀菌　利用辐照对食品进行消毒与防腐，亦称辐照巴氏杀菌。肉类、家禽、海产品等固态食品的辐照巴氏杀菌消毒法是一种消除病毒以外的致病生物及微生物的实用方法，通常在辐照处理后将继续冷冻。中等剂量应用非常类似于加热巴氏消毒法，因此也叫辐照巴氏消毒法，使食品中检测不出特定的无芽孢致病菌（如沙门氏菌），所用辐照剂量范围为5～10kGy。杀灭食品中除病毒与生芽孢菌以外的非芽孢病原菌，主要是沙门氏菌，为人们提供卫生食品，所需剂量为2～8kGy；杀灭腐败微生物，延长食品的保藏期，采用的剂量在0.4～1.0kGy之间。

辐照巴氏杀菌特别适用于保藏在冷冻条件下的未烹调预包装食品及真空包装的预烹调肉类制品，如火腿片、冻鱼与鲜鱼经中等剂量0.15～2.5kGy辐射后保藏期可延长2～5倍。例如，采用1.0～6.0kGy的剂量照射牛肉和羊肉，可使其货架期延长1～3倍（表7-7）。实验还表明，用8kGy的剂量杀灭沙门氏菌后的鸡肉在－30℃下可保藏2年，鸡肉的质地和色、香、味均未变化。对生鲜猪肉进行辐照处理，可使其在5℃下的贮存期从9d延长至26d。

表7-7　不同辐照条件对牛肉和羊肉货架期的影响（李宗军，2005）

肉类	温度/℃	货架期/d				
		0kGy	1.0kGy	2.5kGy	4.0kGy	6.0kGy
羊肉	－23	7～13	17～20	40	60	＞60
	4	7～13	24～26	＞60	55	23～28
	23	7～13	20～25	40～45	24～28	有异味
牛肉	－23	15～20	20	42	＞60	＞60
	4	15～20	28	＞60	55	27～31
	23	15～20	29	＞60	25～37	有异味

应用3～5kGy的辐照剂量可以杀灭冷冻虾仁中99％以上的微生物，经1～9kGy剂量辐照，虾肉中大多数氨基酸含量均有增加，其总量明显高于对照，增加幅度在0.33％～24.6％之间。辐照后挥发性盐基氮的含量降低，有害重金属元素含量辐照前后无显著差异。辐照后虾仁在－7℃下贮存，保鲜期比对照延长6个月。

（2）保证食品室温保藏的货架稳定性　造成新鲜农副产品（如鱼肉、水果或蔬菜等）霉变的大多数微生物对低剂量辐照很敏感，采用1～5kGy剂量辐照可大大降低其霉变微生物的含量，因此可以延长这些食品的货架期。若采用较低剂量（1～2kGy）辐照草莓、芒果、桃子等水果，可以有效地控制霉菌生长，减少这些水果在运输销售期间的损失，保藏期得以延长。水果的辐照保藏若与其他保鲜措施相结合则效果更佳。但辐照与其他技术一样，不可能使质量低劣或已经腐败的食品变好。

（3）改良食品的工艺品质　大豆经2.5kGy或5kGy的剂量辐照后，可改进豆奶和豆腐的品质，并提高产率。对葡萄进行辐射处理，可以提高出汁率；辐射处理过的脱水蔬菜（如脱水蘑菇、脱水刀豆之类）复水性能良好，复原速度和品质远远超过没有经过辐射处理的产品，减少了烹调时间。用2～4kGy辐射薯干酒和劣质酒，可以加速陈化，消除杂味而改善品质。牛肉经1～10kGy的剂量辐射，其蛋白纤维会降解，从长链的大分子降解成较小的链结构，使纤维的分子量降低，牛肉会变得特别鲜嫩。

（4）降解有毒有害物质　食品辐照技术不仅可以用于延长食品货架期，还能在不显著影响食品品质的前提下，使药物分子或化学污染残留物分子发生断裂、交联等一系列反应，改变这些分子原有的结构及生物学特性，从而去除食品中残留的有毒有害物质。研究发现γ射线辐照可有效抑制真菌毒素的生长，降低镰刀菌素的浓度，当辐照剂量为10kGy时，玉米种的镰刀菌素可完全降解；当辐照剂量为3.4kGy时，肉制品中克伦特罗的降解率在80%以上。采用辐照技术对茶叶进行处理，茶叶中菊酯类农药的降解率随着辐照剂量的增加而增加；经^{60}Co γ射线辐照的蜂蜜和虾，其中氯霉素含量显著下降。

3. 高剂量辐照

高剂量辐照常用于香料和调味品的消毒。香料与调味品在生产加工过程中常常会沾染微生物和昆虫，特别是霉菌和耐热芽孢细菌。对香料和调味品进行杀虫灭菌辐照保藏，不仅可有效地抑制传染性微生物的生长活动，而且可保持原有的风味，如辣椒粉经5kGy剂量的辐照后，样品中已检测不出霉菌。作香料用的干香葱粉经4kGy剂量的辐照，微生物数量显著减少，经10kGy的剂量辐照，细菌数量减少到10个以下；用于提取黄蒿油的黄蒿籽在保藏期易于生虫霉烂变质，用7.5～12.5kGy的剂量照射不仅消灭了虫害，而且其主要化合物如香料油、脂肪酸和糖在含量上没有受到影响，还改进了香料油的提取，并可得到好的风味质量。10～15kGy剂量辐照尼龙/聚乙烯包装的胡椒粉、五香粉，产品保藏6～10个月，未见生虫，霉烂，调味品色香味营养成分没有显著变化。目前，在国际市场上销售的辐照香料与调味品有上百种，其中有的辐照剂量高达30kGy。

三、辐照食品的安全性

辐照食物有无潜在的毒性和是否符合营养标准的问题，受到许多国家的学者和专家的重视。我国在辐照农产品的研究与开发方面起步比较晚，但发展比较快，在安全性方面做了大量研究。

自开展辐照食品研究以来，许多国家都进行了耗资巨大的动物毒理实验，结果表明，在通常照射剂量下，食物未出现致畸、致突变与致癌效应。由24个成员国组成的“国际辐照食品研究计划机构”，进行了长达10年（1970～1981年）的辐照食品的卫生安全性研究，各国也独立进行了实验，研究结果没有得出辐照食品有害的证据，证实剂量在10kGy以下辐照的食品是可以安全食用的。为此，1980年10月在日内瓦召开的FAO、IAEA（国际原子能组织）、WHO、食品辐照联合专家委员会（Joint Expert Committee on Food Irradiation，JECFI）指出：“总体平均剂量为10kGy以下辐照的任何食品，没有毒理学上的危险，不再需要做毒理实验。同时在营养学上和微生物学上也是安全的。”通常，高分子（例如糖类、蛋白质和脂肪）不易受辐照的影响。维生素B_1是对辐照最敏感的维生素之一，但是食品辐照并不会引起食物中的维生素B_1的损失。美国食品及药品管理局（FDA）认为，辐照膳食中的营养素不会受到严重破坏，美国饮食协会也支持这一结论。

关于辐照引起的降解产物的毒理学问题，美国麻省理工学院的AriBeynjolfsson博士曾于1985年发表了一篇权威性评论。认为辐解产物的量与热加工相比是很少的，各国的动物饲喂试验并未发现有任何有害的作用。美国陆军纳蒂克（Natick）实验室和其他各国著名实验室的分析结果，都证明辐解产物是无毒的，是食品主要成分的正常水解产物。即使在很高剂量辐照下产生的苯，也只有十亿分之几，与热加工相比大体上处于相同水平。1997年，联合国粮农组织、国际原子能机构与世界卫生组织在50多年的研究基础上也得出结论：在正常的辐照剂量下，按照GMP进行辐照的食品是安全的。

目前中国所用的射线类型、剂量，都不会产生感生放射性（当辐照剂量超过一定限度时，会发生次生放射的现象）。因为组成农产品的基本元素 C（碳）、O（氧）、N（氮）、P（磷）、S（硫）等变成放射性核素，需要 10MeV 以上的高能射线进行照射。目前，中国的农产品辐照大都采用^{60}Co γ 射线，其能量为 1.32MeV 和 1.17MeV，如果使用^{137}Cs，其射线能量仅有 0.66MeV。使用低能量电子束辐射也达不到 10MeV。所以，辐射农产品不可能产生感生放射性。另外，农产品辐照时，都是在带包装的情况下进行，仅仅是外照射，并没有和放射源直接接触，因此，农产品经过辐照后，也不存在放射性污染问题。此外，农产品中含有可能或“容易”生成放射性核素的其他微量元素，如鳃（Sr）、锡（Sn）、钡（Ba）、镉（Cr）和银（Ag）等，这些元素在受到照射后，有可能产生寿命极短的放射性核素，但是只要控制射线的能量，就能做到绝对不引起感生放射性。根据最近的报告，使用核素放射源，甚至能量在 16MeV 以下的射线所诱导的感生放射性都是可以忽略的。

几十年来各国科学家在农产品的辐照化学、辐照食品的营养学、微生物学与毒理学方面进行了大量细致的研究，结果表明，使用 10kGy 以下辐射农产品及其制品是非常安全卫生的。因此，应对消费者给予正确的引导，消除其心理误区，放心地消费安全性的辐射食品，促进辐照农产品及其制品的商业化。

四、辐照食品标识的规定

虽然已从科学上证明，辐照不会使食品发生严重不利变化，但为了维护消费者的知情权，CAC（国际食品法典委员会）规定如果食品中 10%以上的组分曾经被辐照，则必须在食品标签上标明为“辐照食品”。美国为了避免“辐照”一词引起消费者的误解，2007 年修改了有关标准，即经过辐照处理的食品可以标识为“冷巴斯德杀菌”。我国 2004 年颁布及 2011 年修订的《预包装食品标签通则》明确接受 CAC 对辐照食品标识的严格要求，规定“经电离辐射线或电离能量处理过的食品，应在食品名称附近标明辐照食品”，“经电离辐射线或电离能量处理过的任何配料，应在配料表中标明”。根据规定，辐照食品在包装上必须贴有卫生部统一制定的辐照食品标志，见图 7-2。

图 7-2　辐照食品标志

五、辐照食品检测方法和检测标准

辐照食品鉴别方法的基本模式是基于辐照在食品中产生的物理、化学、生物学等效应，从辐照后产物和食品出现的一些微小变化为依据进行鉴定。目前辐照食品检测方法主要有电子自旋共振光谱法（ESR）、热释光法（TL）、光释光法（PSL）、超微弱发光法、直接荧光过滤/平板技术法（DEFT/APC）、内毒素/革兰氏阴性菌微生物筛选法（LAL/GNB）、DNA 彗星法、挥发性碳氢化合物法、烷基环丁酮法等。

一直以来，国际食品辐照相关组织特别重视对食品辐照进行监控，研制了各种各样的检测标准和装置，特别是欧盟，最先提出了辐照食品鉴定方法。2001 年 CAC 在此基础上建立并批准了辐照食品鉴定方法的国际标准，先后颁布了 10 项辐照食品的鉴定方法标准，如对于含脂肪的辐照食品采用气质联机测定 2-环丁酮含量的方法；对于含有骨头的食品采用 ESR 分析法；对于可分离出硅酸盐矿物质的食品采用热释光法等。

我国辐照食品检测的标准研究相对滞后，自 2006 年以来，我国目前已颁布的辐照食品检测标准有 6 个，分别是 GB/T 21926—2008 辐照含脂食品中 2-十二烷基环丁酮测定气相色谱/质谱法，NY/T 1573—2007 辐照含骨类动物源性食品的鉴定——ESR 法，NY/T 1390—

2007 辐照新鲜水果、蔬菜热释光鉴定方法，NY/T 1207—2006 筛选法辐照香辛料及脱水蔬菜热释光鉴定方法，GB/T 23748—2009 辐照食品的鉴定 DNA 彗星试验法，SN/T 2522.1—2010 进出口辐照食品检测方法微生物学筛选法。相比较欧盟的检测标准，我国采用的检测方法和适用范围都较少。

成熟可靠的检测方法不但可提供鉴定食品是否已被辐照和测定吸收剂量的方法，而且可进一步强化有关辐照食品的国际法规，提高消费者对辐照加工技术的信任度，促进国际贸易和辐照食品商业化的快速发展。

六、辐照食品发展前景

食品辐照技术对确保食品的卫生、安全，减少污染、残留起着重要作用。随着国民食品安全意识提高，食品辐照加工技术作为一种高新技术，在我国的市场前景将十分广阔。由于食品辐照加工技术采用的技术涉及面广，知识密集程度高，有较强专业性质，还有许多问题亟须研究解决。为使我国食品辐照技术更好、更快地发展，应做好以下几个方面的工作。

1. 消除公众心理障碍

当今世界各国消费者，对于核污染的恐惧心理很大，一提到辐照就联系到放射性核污染。通过宣传，使消费者对辐照技术原理有一定了解，熟悉其加工工艺流程，从而降低人们对辐照加工的恐惧心理，并接受认可辐照食品，加速辐照产业的发展。

2. 完善卫生安全的立法和标准

目前，我国批准的辐照食品的卫生标准，基本上相当于前苏联、加拿大、荷兰等国 20 世纪 70 年代的水平。逐步完善相关的法律、法规，促使食品工业接受辐照技术，建立和完善我国食品辐照技术的标准体系，可最大限度地实现对整个辐照食品产业链的全面控制。

3. 推进食品辐照技术的研究和成果应用

多年来，在国家科技部的支持和组织下全国已有上百种食品的辐照技术研究完成并通过了鉴定，科研成果的应用极大地提高了产品的附加值，延长了产品上市的时间，取得了显著的经济效益。今后，应进一步加大政府投入力度，组织辐照食品专项科技攻关，同时培养专业、创新型人才，充分有效地利用食品辐照技术。相信随着科学技术的进步，辐照食品将得到迅速发展，食品辐照保藏技术将成为未来食品贮藏中具有广阔前景的重要方法。

参考文献

[1] Lambert A D, Smith J P, Dodds K L. Physical, Chemical and Sensory Changes in Irradiated Fresh Pork Packaged in Modified Atmosphere [J]. Food Sci, 1992, 57 (6): 1294-1299.

[2] Norman N P, Joseph H H 著. 食品科学 [M]. 王璋，钟芳，徐良增译. 北京：中国轻工业出版社，2001.

[3] 陈志军，陈庆隆，黄燕萍. 辐照保藏食品技术及其应用现状与发展前景 [J]. 江西农业学报，2000，12 (1)：58-64.

[4] 耿建暖. 食品辐照技术及其在食品中的应用 [J]. 江苏调味副食品，2013，(2)：29-32.

[5] 胡少新. 我国食品辐照技术研究进展 [J]. 黑龙江农业科学，2011，(8)：149-150.

[6] 李振兴，张立敏，顾可飞，等. 国内外水产品辐照相关标准法规比较与对策 [J]. 中国渔业质量与标准，2012，2 (4)：11-14.

[7] 李宗军. 辐照对肉品微生物及牛羊肉品质的影响 [J]. 食品与机械，2005，(21) 6：31-33.

[8] 刘北辰. 辐照食品保鲜技术的现状及前景 [J]. 湖南包装，2012，(1)：10-12.

[9] 刘春泉，朱佳廷，赵永富，等. 冷冻虾仁辐照保鲜研究 [J]. 核农学报，2004，18 (3)：216-220.

[10] 刘敏. 辐照技术在食品加工中的应用与发展 [J]. 宁夏农林科技，2011，52 (5)：67-68.

[11] 马长伟，曾名湧. 食品工艺学导论 [M]. 北京：中国农业大学出版社，2002.

[12] 孙永堂，单成钢，王守经. 食品辐照保藏研究进展及前景展望 [J]. 山东农业科学，2000，2：44-45.

[13] 王锋，哈益明，周洪杰，等. 辐照对食品营养成分的影响 [J]. 食品与机械，2005，21 (5)：45-48.
[14] 王艳丽，包伯荣，吴明红，等. 国际辐射加工的现状及发展趋势 [J]. 化学工程师，2003，6：39-41.
[15] 夏秀芳，孔保华. 冷却肉保鲜技术及其研究进展 [J]. 农产品加工：学刊，2006，2：25-27.
[16] 徐刚，梁红波，施文芳. 辐射技术在食品加工中的应用 [J]. 辐射研究与辐射工艺学报，2002.
[17] 曾名湧. 食品保藏原理与技术 [M]. 青岛：青岛海洋大学出版社，2000.
[18] 曾庆孝. 食品加工与保藏原理 [M]. 北京：化学工业出版社，2002.
[19] 张宏. 辐照食品的卫生安全性研究和管理现状 [J]. 中国食品卫生杂志，2005，17 (4)：352-355.
[20] 赵晋府. 食品技术原理 [M]. 北京：中国轻工业出版社，2002.
[21] 赵良娟，张海滨，曲鹏，等. 辐照食品检测标准及检测方法研究进展 [J]. 食品研究与开发，2012，33 (9)：208-213.
[22] 郑玲. 我国辐照食品检测技术与标准的发展 [J]. 企业科技与发展，2011，(22)：3-5.
[23] 朱佳廷，刘春泉，余刚，等. 辐照杀菌对绿茶品质的影响 [J]. 核农学报，2005，19 (5)：363-366.

第八章　食品化学保藏技术

［教学目标］　掌握食品化学保藏的有关概念、原理及使用原则。了解常用食品防腐剂、抗氧化剂和保鲜剂的种类及使用方法。

食品化学保藏就是在食品生产、贮藏和运输过程中使用化学品（化学保藏剂）来提高食品的耐藏性和尽可能保持食品原有质量的措施。食品化学保藏的优点在于，只要往食品中添加少量的化学制品，如防腐剂、抗氧化剂、保鲜剂等物质，就能在室温条件下延缓食品的腐败变质。和其他食品保藏方法如罐藏、冷冻保藏和干藏法相比，化学保藏具有简便而又经济的特点。

但是，化学保藏剂仅能在有限时间内保持食品原来的品质状态，属于暂时性的保藏，是食品保藏的辅助措施。这是因为它们只能推迟微生物的生长，并不能完全阻止它们的生长或只能短时间内延缓食品内的化学变化。化学保藏剂用量愈大，延缓腐败变质的时间也愈长，然而，同时也有可能为食品带来明显的异味及其他卫生安全问题。绝不可能利用食品保藏剂将已经腐败变质的食品改变成优质的食品，因为这时腐败变质的产物已留存在食品之中。因此，化学保藏剂只能有限地使用，必须严格按照食品卫生标准规定控制其用量，以保证食品的安全性。

按照其保藏机理的不同，化学保藏剂大致可以分为三大类，即防腐剂、抗氧化剂和保鲜剂。

第一节　食品防腐剂

广义而言，食品防腐剂是指能够抑制或者杀灭有害微生物，使食品在生产、贮运、销售、消费过程中避免腐败变质的物质。狭义而言，防腐剂是指能够抑制微生物生长繁殖的物质，亦称抑菌剂；而能够杀灭微生物的物质则称为杀菌剂。抑菌剂和杀菌剂概念在植物保护学中有比较严格的区分，而在食品保藏学中一般是从广义上来理解。因此，凡是能抑制微生物生长活动，不一定能杀死微生物，却能延缓食品腐败变质的化学制品或生物代谢制品都称为化学防腐剂。

一、影响防腐剂防腐效果的因素

防腐剂的种类很多，它们防腐作用的机理各不相同，迄今为止尚有不少未明之处。防腐作用的机理主要有以下几种：①通过使蛋白质变性而抑制或杀灭微生物；②干扰微生物细胞膜的功能；③干扰微生物的遗传机理；④干扰微生物细胞内部酶的活力；⑤诱导活体食品产生抗侵染性；⑥破坏微生物对活体食品的侵染力。

同一种防腐剂在不同的条件下使用时，其抗菌或杀菌效果是不一样的。这主要是因为防腐剂的防腐效果要受到许多因素的影响，如 pH 值、细菌状况、防腐剂的溶解性和分散性、热处理及其他物理处理状况以及是否与其他物质联用等。

1. pH 值

目前常用的防腐剂中有很多是酸性防腐剂。这类防腐剂的防腐效果在很大程度上受其pH 的影响。一般 pH 值越低，其防腐效果越好。例如山梨酸对黑根霉起完全抑制作用的最小浓度在 pH6.0 时需 0.2%，而在 pH3.0 时仅为 0.007%，后者比前者降低了 30 倍左右。

这类防腐剂的防腐效果之所以与 pH 密切相关，是因为酸性防腐剂的防腐作用取决于溶液中未解离的成分。未解离的分子较容易通过微生物细胞膜渗透进入细胞内，引起蛋白质变性和抑制细胞内酶的活性，从而起防腐作用。高 pH 值有利抑制霉菌侵染，例如碱处理抑制青霉菌生长。

2. 微生物状况

食品最初污染菌数、微生物的种类、是否有芽孢、是否形成细菌生物膜等情况对防腐剂的防腐效果有很大的影响。一般食品最初污染的菌数越多，防腐剂的防腐效果就越差。如果食品的污染程度已相当严重，且微生物的生长已进入对数生长期，此时再单纯使用防腐剂很难保证食品贮藏的安全性。因此，尽管在食品生产过程中有多种保藏技术可供选择，但是要让它们充分发挥作用，就必须严格控制从原料到成品销售的整个流通过程中的卫生状况。

由于每一种防腐剂都具有其特定的抗菌谱，因此，要根据食品中的微生物种类选择合适的防腐剂。另外，芽孢的抵抗力较营养细胞更强，这将削弱防腐剂的防腐效果。对霉菌来说，抑制孢子萌发所需的防腐剂的剂量，一般远低于抑制菌丝生长的剂量。

3. 溶解性和分散性

防腐剂的溶解性和分散性好坏将影响其使用效果。防腐剂的溶解性和分散性好则易使其均匀分布于食品中，而溶解性和分散性差的防腐剂则很难均匀分布于食品中，这将导致食品中某些部位的防腐剂含量过少而起不到防腐作用，某些部位又因防腐剂含量过多而超标。

4. 热处理

一般地，加热处理可以增强防腐剂的防腐效果。而在加热杀菌时加入防腐剂，则可使杀菌时间明显缩短。例如，在 56℃时使酵母的营养细胞数减少一个对数循环需要 180min，而加入 0.5%的对羟基苯甲酸丁酯后仅需 4min。这说明加热与防腐剂之间存在协同作用。要注意具有挥发性的防腐剂，不宜在加热前添加。另外，防腐剂配合其他物理保藏手段如冷冻、包装等一起使用，也可收到良好的效果。

5. 与其他物质的联用

每一种防腐剂都有其特有的抗菌谱，因此，如果将两种或更多种防腐剂联用，就可以扩大它们的抑菌范围，从而提高防腐剂的防腐效果。但是也要指出，并不是任意两种防腐剂都可以联用。不同防腐剂之间是否可以联用要通过实验确定，而且不能使总用量超过最大用量。实际上，不同防腐剂之间的联用并不常见，而同一种类型的防腐剂联用如山梨酸与其钾盐联用，或防腐剂与其他增效剂之间联用如防腐剂与食盐、糖等联用，鱼精蛋白与乙醇联用等，则较为普遍。

二、常用化学防腐剂

目前，世界上用于食品保藏的化学防腐剂有 30～40 种。按其性质可分为有机防腐剂和无机防腐剂，其中以化学合成的有机防腐剂使用最广泛。GB 2760—2011 中的食品防腐剂主要有：苯甲酸及其钠盐、山梨酸及其钾盐、丙酸及其钠盐或钙盐、对羟基苯甲酸酯及其钠盐（对羟基苯甲酸甲酯钠、对羟基苯甲酸乙酯及其钠盐）、脱氢乙酸及其钠盐、乙氧基喹、仲丁胺、桂醛、双乙酸钠、二氧化碳、乳酸链球菌素、乙萘酚、联苯醚、2-苯基苯酚钠盐、4-苯基苯酚、2,4-二氯苯氧乙酸、稳定态二氧化氯、纳他霉素、单辛酸甘油酯、硫黄及亚硫酸类（二氧化硫、焦亚硫酸钾、焦亚硫酸钠、亚硫酸钠、亚硫酸氢钠、低亚硫酸钠）、二甲基二碳酸盐（又名维果灵）、硝酸钠、硝酸钾、亚硝酸钠、亚硝酸钾、乙酸钠、乙二胺四乙酸二钠。

防腐剂单独使用应该按照国家标准的使用范围和剂量。如果复配，同样或类似抑菌机理的防腐剂将累加剂量，总量不超过单独防腐剂的国家限量。例如苯甲酸及其钠盐与山梨酸及其钾盐的复配，其剂量将进行累加，累加后剂量不允许超过国标中苯甲酸限量，也不允许超过山梨酸限量。防腐剂复配应该选择某方面有突出效果、优势互补的不同防腐剂。

食品的细菌和酵母侵染主要以活菌污染为主，防腐剂需要抑制活菌繁殖或杀死活菌。也有一些食品受细菌的芽孢侵染，防腐剂需要抑制细菌芽孢萌发。食品的霉菌初次侵染一般与霉菌的孢子污染有关，直接接触发霉食品才会菌丝侵染，防腐剂抑制孢子萌发可以较好地防止食品发霉，而一旦孢子萌发后，防腐剂需要抑制菌丝生长，另外如果防腐剂能抑制霉菌产孢子，可以抑制霉菌对非接触食品的传染。

1. 合成有机防腐剂

（1）苯甲酸及其钠盐　苯甲酸又名安息香酸，难溶于水，易溶于乙醇。其钠盐易溶于水，因此在生产上使用更为广泛。

苯甲酸及其钠盐是广谱性抑菌剂，其抑菌作用的机理是使微生物细胞的呼吸系统发生障碍，使三羧酸循环（TCA 循环）中乙酰辅酶 A→乙酰乙酸及乙酰草酸→柠檬酸之间的循环过程难于进行，并阻碍细胞膜的正常生理作用。

苯甲酸及其钠盐在酸性条件下，以未解离的分子起抑菌作用，其防腐效果视介质的 pH 值而异，一般 pH 值<5 时抑菌效果较好，pH 值 2.5～4.0 时抑菌效果最好，见表 8-1。例如当 pH 值由 7 降至 3.5 时，其防腐效力可提高 5～10 倍。

表 8-1　苯甲酸的抗菌性（完全抑制的最小浓度）（曾名湧，2005）　　%

对象微生物	pH3.0	pH4.5	pH5.5	pH6.0	pH6.5
黑曲霉	0.013	0.1	< 0.2	< 0.2	
娄地青霉	0.006	0.1	< 0.2	< 0.2	
黑根霉	0.013	0.05	< 0.2	< 0.2	
啤酒酵母	0.013	0.05	0.2	< 0.2	< 0.2
毕赤氏皮膜酵母	0.025	0.05	0.1	< 0.2	
异形汉逊氏酵母	0.013	0.05	< 0.2	< 0.2	
纹膜醋酸杆菌		0.2	0.2	< 0.2	
乳酸链球菌		0.025	0.2	< 0.2	
嗜酸乳杆菌		0.2	0.2	< 0.2	
肠膜明串珠菌		0.05	0.4	0.4	< 0.4
枯草芽孢杆菌			0.05	0.1	0.4
嗜热酸芽孢杆菌			0.1	0.2	< 0.4
巨大芽孢杆菌			0.05	0.1	0.2
浅黄色小球菌				0.1	0.2
薛基尔假单胞菌				0.2	0.2
普通变形杆菌			0.05	0.2	< 0.2
生芽孢梭状芽孢杆菌				< 0.2	
丁酸梭状芽孢杆菌				0.2	< 0.2

苯甲酸钠对真菌和细菌抑制效果差异较大，对霉菌菌丝生长、产孢子、孢子萌发等抑制

差异也较大。0.2%苯甲酸钠对欧氏杆菌抑制率为15%，1%苯甲酸钠完全抑制了欧氏杆菌的生长。0.2%苯甲酸钠对镰刀菌菌丝抑制率仅为14%，对镰刀菌产孢量抑制率为46%；1%的苯甲酸钠对镰刀菌菌丝抑制率为37%，对镰刀菌产孢量抑制率为75%；但0.2%苯甲酸钠已经完全抑制了镰刀菌分生孢子的萌发。一般真菌孢子萌发和细菌芽孢萌发阶段是对防腐剂最敏感的时期。

(2) 山梨酸及其钾盐　山梨酸又名花楸酸，其难溶于水而易溶于乙醇等有机溶剂。山梨酸的钾盐则极易溶于水，也易溶于高浓度蔗糖和食盐溶液，因而在生产上被广泛使用。

山梨酸及其钾盐的抑菌作用主要是损害微生物细胞中脱氢酶系统，并使分子中的共轭双键氧化，产生分解和重排。山梨酸及其钾盐能有效抑制霉菌、酵母和好氧腐败菌，但对厌氧细菌与乳酸菌几乎无效。山梨酸的防腐效果随pH的升高而降低，但其适宜的pH范围比苯甲酸广，以在pH6以下为宜，也属酸性防腐剂。但霉菌污染严重时，它们会被霉菌作为营养物摄取，不仅没有抑菌作用，相反会促进食品的腐败变质。山梨酸是一种不饱和脂肪酸，能在人体内参与正常的代谢活动，最后被氧化成CO_2和H_2O。

1%的山梨酸钾对镰刀菌的菌丝和产孢能力均没有显著的抑制作用，其对镰刀菌分生孢子萌发抑制率为30%，对欧氏杆菌抑制率为64%。因此，对于特定的菌需要根据文献和实验选择抑制效果好的防腐剂，并非所有防腐剂都适合。

(3) 对羟基苯甲酸酯类　对羟基苯甲酸酯类又名对羟基安息香酸酯类，商品名尼泊金酯类，是苯甲酸的衍生物。目前主要有对羟基苯甲酸甲酯、乙酯、丙酯和丁酯，其中对羟基苯甲酸丁酯的防腐效果最佳。此类物质难溶于水，而易溶于乙醇、丙酮等有机溶剂。目前国标允许使用对羟基苯甲酸甲酯钠和对羟基苯甲酸乙酯及其钠盐。

对羟基苯甲酸酯类对霉菌、酵母和细菌有广泛的抗菌作用，但对革兰氏阴性杆菌及乳酸菌的作用较差。对羟基苯甲酸酯类的抗菌性与烷链的长短有关，烷链越长，抗菌作用越强。对羟基苯甲酸酯类的抗菌作用比苯甲酸和山梨酸强。300mg/kg对羟基苯甲酸乙酯对菌丝相对抑制率达到92%，完全抑制了镰刀菌产孢，完全抑制了分生孢子萌发。500mg/kg对羟基苯甲酸乙酯对欧氏杆菌的抑制率为96%。但国标允许其使用的剂量很低。

对羟基苯甲酸酯类是由其未电离的分子发挥抗菌作用的，但它的效果并不像酸性防腐剂那样随pH值的变化而变化。这是由于它们的羟基被酯化，其分子可以在更广泛的pH值范围内保持不电离。通常在pH4.0～8.0的范围内效果较好。

(4) 脱氢醋酸及其钠盐　脱氢醋酸易溶于乙醇等有机溶剂而难溶于水，故多用其钠盐作防腐剂。脱氢醋酸及其钠盐对霉菌和酵母菌的作用较强，对细菌的作用较差。其抑菌作用是由三羰基甲烷结构与金属离子发生螯合作用，通过损害微生物的酶系而起到防腐效果。

80mg/kg脱氢乙酸钠对镰刀菌菌丝生长抑制率达到91.67%，并完全抑制镰刀菌产孢，其抑制效果极为显著，但脱氢乙酸钠对镰刀菌分生孢子萌发的抑制效果较弱，100mg/kg脱氢乙酸钠对镰刀菌孢子萌发抑制率为50%。0.4%脱氢乙酸钠才完全抑制了欧氏杆菌的生长，其抑制效果较差。

脱氢醋酸及其钠盐对热较稳定，适应的pH值范围较宽，但以酸性介质中的抑菌效果最好。脱氢醋酸钠为乳制品的主要防腐剂，常用于干酪、奶油和人造奶油。

(5) 双乙酸钠　双乙酸钠易溶于水，呈酸性，带有乙酸味道。其抗菌作用来源于乙酸。乙酸可降低体系pH值，而且可穿透细胞壁，使生物细胞内蛋白质变性，从而起到杀菌防腐作用。双乙酸钠在酸性介质中的抗菌效果要比中性介质中的好。

0.4%双乙酸钠对镰刀菌菌丝抑制率为91%，镰刀菌产孢量抑制率为93%。0.2%双乙酸钠可完全抑制镰刀菌分生孢子的萌发。0.1%双乙酸钠可完全抑制欧氏杆菌的生长。双乙酸钠对革兰氏阴性菌有较强的抑菌效果。

（6）丙酸盐 丙酸钠和丙酸钙易溶于水。丙酸盐属酸性防腐剂，在pH值较低的介质中抑菌作用强，例如最小抑菌浓度在pH值5.0时为0.01%，在pH值6.5时为0.5%。丙酸盐对霉菌、需氧芽孢杆菌或革兰氏阴性杆菌有较强的抑制作用，对引起食品发黏的菌类如枯草杆菌抑菌效果好，对防止黄曲霉毒素的产生有特效，但是对酵母几乎无效。丙酸盐已广泛用于面包、糕点、酱油、醋、豆制品等的防霉。

2. 无机防腐剂

（1）亚硫酸及其盐类 亚硫酸是强还原剂，除具有杀菌防腐作用外，还具有漂白和抗氧化作用。亚硫酸的杀菌作用机理是消耗食品中的O_2，使好氧微生物因缺氧而致死，并能抑制某些微生物生理活动中酶的活性。亚硫酸对细菌的杀灭作用强，对酵母菌的作用弱。亚硫酸盐易溶于水，溶于水后产生亚硫酸而起杀菌防腐作用。常用的亚硫酸盐有亚硫酸氢钠、无水亚硫酸钠、焦亚硫酸钠（$Na_2S_2O_5$）和低亚硫酸钠（$Na_2S_2O_4$）。燃烧硫黄熏蒸可以生成亚硫酸，也同样起到杀菌防腐作用。亚硫酸盐由于使用方便而在生产中比较常用。

亚硫酸属于酸性防腐剂，以其未解离的分子起杀菌作用。其杀菌效果除与浓度、温度和微生物种类有关外，pH值的影响尤为显著。亚硫酸的杀菌作用随pH值增大而减弱。介质的pH值<3.5时，亚硫酸保持分子状态而不发生电离，杀菌防腐效果最佳；当pH值为7时，SO_2浓度为0.5%时也不能抑制微生物的繁殖。

亚硫酸的杀菌作用随浓度增大和温度升高而增强。但是，高温会加速食品质量变化和SO_2挥发损失，故最好是在低温和密封条件下使用。亚硫酸及其盐类的水溶液在放置过程中易分解逸散SO_2而降低其使用效果，所以应该现用现配。

亚硫酸及其盐类主要用于植物性食品的防腐。

（2）硝酸盐和亚硝酸盐 硝酸盐包括硝酸钠和硝酸钾，亚硝酸盐包括亚硝酸钠和亚硝酸钾，以硝酸钠和亚硝酸钠在生产中比较常用。硝酸钠和亚硝酸钠稍有苦味，易溶于水。

硝酸盐和亚硝酸盐是肉制品中常用的添加剂，可抑制引起肉类变质的微生物生长，尤其是对梭状肉毒芽孢杆菌等耐热性芽孢的发芽有很强的抑制作用。另外，硝酸盐和亚硝酸盐可使肉制品呈现鲜艳的红色。

（3）稳定态二氧化氯 稳定态二氧化氯是将二氧化氯稳定在水溶液或浆液中。使用时，加酸活化再释放出二氧化氯气体，其在常温常压下为黄绿色气体。具有强烈刺激性和腐蚀性。对光对热极不稳定，易溶于水。二氧化氯具有杀菌、漂白等作用。在pH6.0～10.0的范围内消毒效果最好。主要用于果蔬产品、水产品及其制品的防腐。

300mg/L NaClO有效抑制了镰刀菌菌丝的生长，500mg/L NaClO完全抑制了镰刀菌产孢。100mg/L NaClO完全抑制了镰刀菌分生孢子萌发。500mg/L次氯酸钠对欧氏杆菌抑制率为98%。

（4）二氧化碳 高浓度的二氧化碳能阻止微生物的生长，因而能保藏食品。另外，二氧化碳能影响生物生理，抑制呼吸强度的上升和酶的活动。

大多数生鲜果蔬的致病菌需要在果蔬成熟衰老后才能引起腐烂，适量CO_2可以推迟果蔬成熟，抑制果蔬中的抗病物质的快速下降，从而间接达到防止果蔬腐烂。也有少数果蔬，例如草莓等，能耐15%CO_2，高CO_2可以直接抑制灰霉病等繁殖，减少腐烂。害虫是粮食贮藏中的最大危害，据研究，15%CO_2 能够使不同害虫的发育期明显推迟，具有明显的防治害虫的效果。

CO_2 能有效抑制好氧性微生物并防止脂质氧化酸败。新鲜鱼、肉的蛋白质、脂肪、水分含量均很高，极易在环境的影响下变质腐败。鱼类脂肪中因含有较多的不饱和脂肪酸而对 O_2 更为敏感。另一方面，CO_2 能够显著抑制好氧微生物尤其是 G^- 菌。在同温同压下，CO_2 可以 30 倍于 O_2 的速度渗入细胞，对细胞膜和生物酶的结构和功能产生影响，导致细胞正常代谢受阻使细菌的生长发育受到干扰甚至破坏。引起鲜肉腐败的常见菌——假单胞菌、变形杆菌、无色杆菌等在 20%～30%的 CO_2 中受到明显抑制。根据国外大量研究的结果和商业应用的情况，推荐使用的 CO_2 浓度：肉类，20%～30%；鱼类，40%～60%。但是，还应注意到由于各种肉类的色泽鲜红是其重要的感官指标，过高的 CO_2 浓度将导致肌肉色泽变暗，因此使用 CO_2 必须同时设定合理的 O_2 浓度。

第二节　食品抗氧化剂

食品抗氧化剂是为了阻止或延迟食品氧化而添加于食品中，以提高食品质量的稳定性和延长贮存期的一类食品添加剂。主要应用于防止油脂及含脂食品的氧化酸败，防止食品褪色、褐变以及维生素被破坏等。按溶解性不同，抗氧化剂分为脂溶性、水溶性抗氧化剂。

食品在贮藏、运输过程中和空气中的氧发生化学反应，出现褪色、变色、产生异味异臭等现象，使食品质量下降，甚至不能食用。这种现象在含油脂多的食品中尤其严重，通常称为油脂的“酸败”。肉类食品的变色，蔬菜、水果的褐变等均与氧化有关。防止和减缓食品氧化，可以采取避光、降温、干燥、排气、充氮、密封等物理性措施，但添加抗氧化剂则是一种既简单又经济的方法。

食用含有多量过氧化物的食品，会促使人体内的脂肪氧化。过氧化的脂肪及其产物可破坏生物膜，引起细胞功能衰退乃至组织死亡，诱发各种生理异常而引起疾病。最近研究表明，癌症的发生以及人体的老化也与过氧化脂肪有关。

一、抗氧化剂的作用原理

油脂的氧化酸败是一个复杂的化学变化过程。含有不饱和脂肪酸的油脂，由于其结构上不饱和键的存在，很容易和空气中的氧发生自动氧化反应，生成过氧化物，进而又不断裂解，产生具有臭味的醛或碳链较短的羧酸。

各种抗氧化剂的作用原理不尽相同，大致分为下述三种情况。①清除自由基：脂类的氧化反应是自由基的连锁反应，如果能消除自由基，就可以阻断氧化反应。自由基清除剂就是通过与脂类自由基特别是与 ROO· 反应，将自由基转变成更稳定的产物，从而阻止脂类氧化，如下式所示：$ROO\cdot + AH \rightarrow ROOH + A\cdot$，$R\cdot + AH \rightarrow RH + A\cdot$，与 R·、ROO· 相比，A· 要稳定得多。目前常用的防止食品酸败的抗氧化剂多为酚类化合物。这些酚类抗氧化剂是优良的氢或中子的给予体，当它向自由基提供氢之后，本身成为自由基，但它们可结合成稳定的二聚体之类的物质。另外，它们的自由基中间产物比较稳定。②螯合金属离子：某些金属如铜、铁等可以缩短链反应引发期的时间，从而加快脂类氧化的速度。那些能与金属离子螯合的物质，就可以作为抗氧化剂。比如，柠檬酸、EDTA、磷酸衍生物和植酸等，本身没有抗氧化作用，但都可以与金属离子形成稳定的螯合物，防止金属离子的催化作用。其与抗氧化剂混合使用，来增强抗氧化剂的效果，这些物质统称为抗氧化剂的增效剂。③清除氧：氧清除剂是通过除去食品中的氧来延缓氧化反应的发生，主要包括抗坏血酸、抗坏血酸棕榈酸酯、异抗坏血酸及其钠盐等。当抗坏血酸清除氧后，本身就被氧化成脱氢抗坏血酸。

一般情况下，柠檬酸及其酯类往往与合成的抗氧化剂合用，而抗坏血酸及其酯类则与生育酚合用。当两种抗氧化剂合用时，也会明显地提高抗氧化效果，这是因为不同的抗氧化剂在不同油脂氧化阶段，能够分别中止某个油脂氧化的连锁反应。

对酚型抗氧化剂来说，添加柠檬酸、磷酸、抗坏血酸及它们的酯类具有良好的抗氧化增效作用。所加的酸一方面可为介质（油脂、含脂食品）创造一个酸性环境，以保证原始抗氧化剂和油脂的稳定性；另一方面如抗坏血酸本身易被氧化，从而使其具有消除氧的能力。例如用活性氧法（AOM 法，97.8℃，送空气）试验橄榄油的稳定性，到达酸败临界点（植物油的过氧化值为 70mmol/kg）的时间，对照组为 6.5h，加 0.02%TBHQ 者为 12.5h，除 TBHQ 外另加 0.01%柠檬酸者为 57h。在 21℃贮存橄榄油的结果是对照组 42d，0.02%TBHQ 组为 88d，而另加 0.01%柠檬酸者超过 103d。猪油在室温下达到动物油酸败临界点（过氧化值 20mmol/kg）的时间，对照组为 45d，加入 0.01%生育酚后可延至 210d，再加入 0.005%柠檬酸则可延至 294d。

二、常见的抗氧化剂

GB 2760 中的抗氧化剂主要有：茶多酚（又名维多酚）、丁基羟基茴香醚（BHA）、二丁基羟基甲苯（BHT）、亚硫酸盐类、甘草抗氧物、4-己基间苯二酚、抗坏血酸类（抗坏血酸、抗坏血酸钠、抗坏血酸钙、抗坏血酸棕榈酸酯、D-异抗坏血酸及其钠盐）、磷脂、硫代二丙酸二月桂酯、没食子酸丙酯（PG）、迷迭香提取物、羟基硬脂精（氧化硬脂精）、乳酸钙、乳酸钠、山梨酸及其钾盐、叔丁基对苯二酚、维生素 E、乙二胺四乙酸二钠、乙二胺四乙酸二钠钙、植酸（又名肌醇六磷酸）、植酸钠、竹叶抗氧化物。

抗氧化剂的溶解性、添加时间，以及隔氧包装与产品的抗氧化效果密切相关。

1. 脂溶性的抗氧化剂

（1）丁基羟基茴香醚（BHA）　BHA 为白色或微黄色蜡样结晶性粉末，带有酚类的特异臭气和有刺激性的气味。它通常是 3-BHA 和 2-BHA 两种异构体的混合物。熔点 48～63℃，随混合比不同而异。不溶于水，易溶于乙醇、甘油、猪油、玉米油、花生油和丙二醇。3-BHA 的抗氧化效果比 2-BHA 强 1.5 倍，两者合用有增效作用。用量为 0.02%时比 0.01%的抗氧化效果增强 10%，但用量超过 0.02%时效果反而下降。与其他抗氧化剂相比，它不会与金属离子作用而着色。BHA 除抗氧化作用外，还有相当强的抗菌力。

相对来说，BHA 对动物性脂肪的抗氧化作用较之对不饱和植物油更有效。它对热较稳定，在弱碱条件下也不容易被破坏，因此有一种良好的持久能力，尤其是对使用动物脂的焙烤制品。具一定的挥发性，能被水蒸气蒸馏，故在高温制品中，尤其是在煮炸制品中易损失。但可将其置于食品的包装材料中。BHA 是目前国际上广泛应用的抗氧化剂之一，也是我国常用的抗氧化剂之一（表 8-2）。

表 8-2　BHA 在食品中的应用（曾名湧，2005）

食品种类	使用量/%	食品种类	使用量/%
动物油	0.001～0.01	脱水豆浆	0.001
植物油	0.002～0.02	精炼油	0.01～0.02
焙烤食品	0.01～0.02	口香糖基质	达到 0.04
谷物食品	0.005～0.02		

(2) 二丁基羟基甲苯（BHT） BHT为无色结晶或白色晶体粉末，无臭味或有很淡的特殊气味。熔点69.5～71.5℃，沸点265℃。它不溶于水，易溶于大豆油、棉籽油、猪油、乙醇。它的化学稳定性好，对热相当稳定，抗氧化能力强，与金属离子反应不着色。

BHT可以用于油脂、油炸面制品、方便米面制品、即食谷物、腌腊肉制品类、油炸坚果与籽类、坚果与籽类罐头、脱水马铃薯粉、干制水产品、饼干、膨化食品、胶基糖果。对于不易直接拌和的食品，可溶于乙醇后喷雾使用。BHT价格低廉，为BHA的1/5～1/8，是我国目前生产量最大的抗氧化剂之一。

(3) 没食子酸丙酯（PG） PG为白色至浅褐色结晶粉末。无臭，微有苦味。熔点146～150℃。PG难溶于水（0.35g/100mL，25℃），微溶于棉籽油（1.0g/100mL，25℃）、花生油（0.5g/100mL，25℃）、全猪脂（10g/100mL，25℃）。其0.25%水溶液的pH值为5.5左右。PG比较稳定，遇铜、铁等金属离子发生呈色反应，变为紫色或暗绿色，有吸湿性，对光不稳定，发生分解，耐高温性差。PG使用量达0.01%时即能自动氧化着色，故一般不单独使用，而与BHA复配使用，或与柠檬酸、异抗坏血酸等增效剂复配使用。与其他抗氧化剂复配时，使用量约为0.005%即有良好的抗氧化效果。

(4) 叔丁基对苯二酚（TBHQ） TBHQ是白色或浅黄色的结晶粉末，熔点126～128℃。微溶于水，能溶于乙醇、棉籽油、玉米油、大豆油、猪油，易溶于椰子油、花生油中，水中溶解度随温度升高而增大。不与铁或铜形成络合物。TBHQ的抗氧化活性与BHT、BHA或PG相等或稍优于它们。TBHQ对其他的抗氧化剂和螯合剂如PG、BHA、BHT、维生素E、抗坏血酸棕榈酸酯、柠檬酸和EDTA等有增效作用。TBHQ最有意义的性质是在其他的酚类抗氧化剂都不起作用的油脂中有效，柠檬酸的加入可增强其活性。

在许多情况下，TBHQ对大多数油脂，尤其是植物油，较其他抗氧化剂有着更好的抗氧化稳定性。此外，它不会因遇到铜、铁而发生颜色和风味方面的变化，只有存在碱时才会转变为粉红色。对蒸煮和油炸食品有良好的持久抗氧化能力，因此，适用于土豆之类的生产，但它在焙烤制品中的持久力不强，除非与BHA合用。在植物油、膨松油和动物油中，TBHQ一般与柠檬酸结合使用。

(5) 生育酚混合物 生育酚混合浓缩物为黄色至褐黄色透明黏稠液体，可有少量晶体蜡状物，几乎无臭。它不溶于水，溶于乙醇，可与植物油混合，对热稳定。生育酚的混合浓缩物在空气及光照下，会缓慢变黑。在较高的温度下，生育酚有较好的抗氧化性能，生育酚的耐光照、耐紫外线、耐放射线的性能也较BHA和BHT强。生育酚还能防止维生素A在λ射线照射下的分解作用，以及防止β-胡萝卜素在紫外线照射下的分解作用。此外，它还能防止甜饼干和速食面条在日光照射下的氧化作用。近年来的研究结果表明，生育酚还有阻止咸肉中产生致癌物亚硝胺的作用。

生育酚混合浓缩物是目前国际上唯一大量生产的天然抗氧化剂，这类天然产物都是α-生育酚。但由于其价格较贵，一般场合使用较少，主要用于保健食品、婴儿食品和其他高价值的食品。WHO批准维生素E用于食品，与其他抗氧化剂不同，不用担心它们本身会产生异味。维生素E对其他抗氧化剂如BHA、TBHQ、抗坏血酸棕榈酸酯、卵磷脂等有增效作用。

2. 水溶性的抗氧化剂

(1) L-抗坏血酸（维生素C） L-抗坏血酸为白色至浅黄色晶体或结晶性粉末，无臭，有酸味。熔点为190℃。受光照则逐渐变褐，干燥状态下在空气中相当稳定，但在空气存在时于溶液中迅速变质，在中性或碱性溶液中尤甚。pH 值 3.4～4.5 时稳定。易溶于水，溶于乙醇。L-抗坏血酸呈强还原性。由于分子中有乙二醇结构，性质极活泼，易受空气、水分、光线、温度的作用而氧化、分解。特别是在碱性介质中或存在微量金属离子时，分解更快。

维生素 C 作为抗氧化剂，可用于浓缩果蔬汁（浆）、小麦粉等。

异抗坏血酸系抗坏血酸的异构体，化学性质类似于抗坏血酸，但几乎没有抗坏血酸的生理活性。抗氧化性较抗坏血酸强，价格较低廉，有强还原性，但耐光性差，遇光则缓慢着色并分解，重金属离子会促进其分解。极易溶于水（40g/100mL）、乙醇（5g/100mL）。异抗坏血酸可用于一般的抗氧化、防腐，也可作为食品的发色助剂。

异抗坏血酸或其钠盐主要用于八宝粥罐头、葡萄酒等。

（2）植酸　植酸的螯合能力比较强，虽然 pH 值、金属离子的类型、阳离子的浓度等因素对溶解度有较大的影响，但在 pH 值为 6～7 的情况下，它几乎可与所有的多价阳离子形成稳定的螯合物。螯合能力的强弱与金属离子的类型有关，在常见金属中螯合能力的强弱依次为 Zn、Cu、Fe、Mg、Ca 等。植酸的螯合能力与 EDTA 相似，但比 EDTA 有更宽的 pH 范围，在中性和高 pH 值下，也能与各种多价阳离子形成难溶的络合物。植酸能防止罐头特别是水产罐头结晶与变黑等作用。

第三节　食品保鲜剂

食品保鲜剂是能够防止新鲜食品脱水、氧化、变色、腐败的物质。它可通过喷涂、喷淋、浸泡或涂膜于食品的表面或利用其吸附食品保藏环境中的有害物质而对食品保鲜。食品保鲜剂分为食品直接接触类和非接触类。食品直接接触类的食品保鲜剂所使用成分需要符合食品添加剂 GB 2760 规定。保鲜剂种类繁多，依据保鲜剂的作用机理，保鲜剂可分为防腐保鲜剂、乙烯脱除剂和脱氧剂等。

一、防腐保鲜剂

本章第一节介绍的防腐剂都可以用作食品保鲜。下面介绍几种其他食品防腐保鲜剂。食品保鲜剂由食品添加剂中的被膜剂、乳化剂、防腐剂、酸度调节剂、抗氧化剂、水分保持剂等一种或几种组分构成，可能还含有着色剂、护色剂成分。

（1）被膜剂　是涂抹于食品外表，起保质、保鲜、上光、防止水分蒸发等作用的物质。GB 2760 中被膜剂主要有：吗啉脂肪酸盐果蜡、普鲁兰多糖、松香季戊四醇酯、脱乙酰甲壳素（又名壳聚糖）、辛基苯氧聚乙烯氧基、硬脂酸（又名十八烷酸）、紫胶（又名虫胶）。其他还有可食用的蛋白质、食用油、可食用植物多糖类等。

（2）乳化剂　能使食品中互不相溶的油脂和水形成稳定的乳浊液或者乳化体系的物质。主要是甘油酯和脂肪酸酯类物质。

（3）防腐剂　防止食品腐败变质、延长食品贮存期的物质。

（4）酸度调节剂　用以维持或改变食品酸碱度的物质。主要是可食用的有机酸类。

（5）抗氧化剂　能防止或延缓油脂或食品成分氧化分解、变质，提高食品稳定性的物质。

（6）水分保持剂　指在食品加工过程中，加入后可以提高产品的稳定性，保持食品内部持水性，改善食品的形态、风味、色泽等的一类物质。主要是磷酸盐和聚磷酸盐类物质。

二、乙烯脱除剂

果蔬贮藏环境中，即使存在千分之一浓度的乙烯，也足以诱发果蔬的成熟，所以果蔬采收后1～5d内施用乙烯脱除剂可抑制果的呼吸作用，防止后熟老化。乙烯脱除剂有多种类型，下面分别举例说明其调配和使用方法。

1. 物理吸附型乙烯脱除剂

将活性炭装入透气性的布、纸等小袋内，连同待贮藏的果蔬一起装入塑料袋或其他容器中贮存，果蔬贮量较大的，将活性炭分散地放置于果蔬中层和上层，使用量一般为果蔬重量的0.3%～3%。如果受潮，吸附性能会降低，应予以更换或烘干。

2. 氧化吸附型乙烯脱除剂

氧化型的保鲜剂一般不单独使用，而是将其被覆于表面积大的多孔质吸附体的表面，构成氧化吸附型乙烯脱除剂。如将高锰酸钾5g、磷酸5g、磷酸二氢钠5g、活性氧化铝颗粒（三氧化二铝）80g，放在一起混合（或按比例混合），加少量水，搅拌均匀，充分浸润，经干燥后制成；或用沸石65g和膨润土20g代替，混合干燥后，粉碎制成粒径2～3mm的小颗粒或制成3mm左右的柱状体。将保鲜剂装入透气性的小袋中，与待贮藏的果蔬一起装入容器中，密封包装。使用量按质量分数为0.6%～2%。其效果优于物理吸附剂。如果受潮同样需要烘干后使用。

3. 触媒型乙烯脱除剂

有专用的以钯或银作为催化剂的，通过中心部位加温、出口降温、气体循环的脱除乙烯的专用设备，其脱除乙烯效果较好，一般用于冷库等库房。另外也有其他的触媒型乙烯脱除剂。利用有选择性的金属、金属氧化物或无机酸催化乙烯的氧化分解，适用于脱除低浓度的内源乙烯。如将次氯酸钡100g、三氧化二铬100g、沸石200g混合在一起（或按此比例混合），加少量水搅拌均匀，制成粒径3mm左右的颗粒或柱状体，阴干后在10℃下人工干燥，冷却后即为所要求的保鲜剂，此保鲜剂适用于各种果蔬，使用量为0.2%～1.5%。

三、脱氧剂

脱氧剂又称为游离氧吸收剂或游离氧驱除剂，是一类能够清除氧的物质。脱氧保鲜剂就是利用脱除食品包装内的氧气来实现食品保鲜这一原理而设计制造的。

英国最早开始对脱氧剂进行探索研究，1925年，英国研制出用铁粉和硫酸亚铁与吸湿剂组成的脱氧剂，当时研制的这种脱氧剂用于保证变压器不着火、不爆炸。随后德国、美国、日本等国也相继开展此方面的研究。最早将脱氧剂应用于食品保藏的是英国的F. A. Ishewood，主要用于干燥食品的保藏。日本脱氧剂发展迅速，1943年就成功研制了用于干燥食品的铁化合物系脱氧剂。到目前为止，日本已成为脱氧剂开发、研究和使用最为广泛的国家之一。20世纪60年代初，美国研制了用钯作催化剂的充气置换法，利用H_2和O_2反应生成水催化脱氧。我国在研究和使用脱氧剂方面起步比较晚，大约在20世纪80年代才开始该技术的研究开发，且研究和开发较多的为铁系脱氧剂。

目前研究使用的脱氧剂种类很多，按脱氧速度可分为速效型、一般型和缓效型；按原材料可分为无机类和有机类，其中无机系列脱氧剂包括铁系脱氧剂、亚硫酸盐系脱氧剂、加氢催化剂型脱氧剂等，有机系列脱氧剂包括抗坏血酸类、儿茶酚类、葡萄糖氧化酶和维生素E类等，其中以原料易得、成本低、除氧效果好、安全性高的铁系脱氧剂的应用最广。脱氧剂都是利用其本身具有还原作用，能和氧气发生反应的原理而使包装内的氧气脱除。其除氧反应的机理因脱氧剂的不同而不同，下面具体介绍几种主要脱氧剂的脱氧机理。

1. 铁系脱氧剂

这是目前使用较为广泛的一类以活性铁粉为主剂的脱氧剂，其脱氧过程的主要反应如下：

（1）$Fe+2H_2O \longrightarrow Fe(OH)_2+H_2$

（2）$3Fe+4H_2O \longrightarrow Fe_3O_4+4H_2$

（3）$4Fe(OH)_2+O_2+2H_2O \longrightarrow 4Fe(OH)_3 \longrightarrow 2Fe_2O_3 \cdot 3H_2O$

其中反应（1）和（3）可以除去包装中的氧气，而反应（2）是可能发生的副反应之一。

在标准状况下，按理论计算可得，1g 铁可与 0.143g 游离氧发生反应，即 1g 铁可以脱除大约 500mL 空气中的氧。上述脱氧反应速度随温度不同而改变，铁系脱氧剂的通常使用温度为 5～40℃。

从反应机理看，铁系脱氧剂反应时应有水存在，故适用于含水较高的食品脱氧。研究表明，相对湿度在 90%以上时，18h 后包装中的残留氧气接近零，而相对湿度在 60%时则需 95h。铁粉粒度与脱氧速度有关，一般粒度细小，脱氧速度快。另外与添加的碱或盐种类和比例有关，有利于吸水，促进氧气快速脱除。

2. 亚硫酸盐系脱氧剂

它以连二亚硫酸盐为主剂，以 $Ca(OH)_2$ 和活性炭为辅剂，在有水的环境中进行反应，反应式如下：

（1）$Na_2S_2O_4+O_2 \xrightarrow{\text{水、活性炭}} Na_2SO_4+SO_2$

（2）$Ca(OH)_2+SO_2 \longrightarrow CaSO_3+H_2O$

总反应式为：$Na_2S_2O_4+O_2+Ca(OH)_2 \xrightarrow{\text{水、活性炭}} Na_2SO_4+CaSO_3+H_2O$

其中反应（1）是主要的脱氧反应，$Ca(OH)_2$ 主要用来吸收 SO_2。按理论计算，1g 连二亚硫酸钠消耗 0.184g 氧气，相当于 130mL 氧气，即 650mL 空气中的氧气。活性炭和水是反应（1）的催化剂，因此活性炭的用量及包装空间的相对湿度对脱氧速度均会产生不同程度的影响。

目前，还有使用这类脱氧剂的另一种方法，那就是在该类脱氧剂中加入 $NaHCO_3$ 来制备复合型脱氧保鲜剂：

$$Na_2S_2O_4+O_2 \xrightarrow{\text{水、活性炭}} Na_2SO_4+SO_2$$

$$SO_2+NaHCO_3 \longrightarrow Na_2SO_3+H_2O+2CO_2$$

反应中生成的二氧化碳具有抑制某些细菌发育的作用。产生的二氧化碳还会吸附在油脂及碳水化合物周围，进一步起到保护食品，减少食品与氧气接触的作用，从而达到脱氧保鲜的目的。

3. 葡萄糖氧化酶脱氧剂

这是由葡萄糖和葡萄糖氧化酶组成的脱氧剂。葡萄糖氧化酶通常采用固定化技术与包装材料结合，在一定的温度、湿度条件下，利用葡萄糖氧化成葡萄糖酸时消耗氧来达到脱氧目的。反应如下：

$$2C_6H_{12}O_6+O_2 \xrightarrow[\text{过氧化物酶}]{\text{葡萄糖氧化酶}} 2C_6H_{12}O_7$$

由于该反应是酶促反应，所以脱氧效果受到食品的温度、pH、含水量、盐种类及浓度、溶剂等各种因素的影响，且存在酶易失活等特点，故制备不易，成本较高，适用于液态食品。

脱氧剂的种类繁多，不同种类脱氧剂的脱氧能力不同，同类脱氧剂也具有不同的脱氧速率和不同规格，而且脱氧剂的脱氧能力受温度、湿度和包装内食品的种类等因素的影响。所以，必须根据食品的形态、水分和种类等来选择合适的脱氧剂；再者，使用时应根据包装容器的大小和内容物的相对量来确定脱氧剂用量，以免造成脱氧剂的浪费或起不到脱氧的效果；最后，将脱氧剂从包装中取出后，应立即和食品一起填充到包装容器中进行密封。

参考文献

[1] 李丹．植酸及其生物学活性研究现状［J］．国外医学卫生学分册，2004，31（2）：105-108.

[2] 林灿煌，张灿河，李微．脱氧包装原理及脱氧剂的研究和发展状况［J］．食品工业科技，2004，25（5）：115-116.

[3] 刘建学，纵伟．食品保藏原理［M］．南京：东南出版社，2006.

[4] 刘钟栋．食品添加剂原理及应用技术［M］．北京：中国轻工业出版社，2000.

[5] 马长伟，曾名湧．食品工艺学导论［M］．北京：中国农业大学出版社，2002.

[6] 潘丽秀．采后绿芦笋保鲜方法研究［D］．杭州：浙江工商大学，2012.

[7] 孙平．食品添加剂使用手册［M］．北京：化学工业出版社，2004.

[8] 汪秋安，张春香．脱氧剂及其脱氧包装技术的开发与应用［J］．包装工程，2004，25（4）：7-10.

[9] 王向阳．食品贮藏与保鲜［M］．杭州：浙江科技技术出版社，2002.

[10] 夏文水．食品工艺学［M］．北京：中国轻工业出版社，2007.

[11] 曾名湧，董士远．天然食品添加剂［M］．北京：化学工业出版社，2005.

[12] 赵晋府．食品技术原理［M］．北京：中国轻工业出版社，2002.

[13] GB 2760—2011 食品安全国家标准　食品添加剂使用标准.

第九章　食品腌制与烟熏保藏技术

［教学目标］　了解腌制与烟熏对食品保藏的作用，了解常用的烟熏设备，熟悉常用的腌渍和烟熏的方法，掌握常用腌制剂的种类及作用，掌握熏烟的成分及作用。

腌制是指用咸味剂、甜味剂、酸味剂、发色剂、防腐剂、香辛料等腌制材料处理食品原料，通过扩散和渗透作用使其渗入食品组织内，从而降低食品内的水分活度，提高其渗透压，进而抑制有害微生物的活动及酶的活性，达到防止食品的腐败、改善食品食用品质的加工方法。腌制所使用的腌制材料统称为腌制剂。经过腌制加工的食品统称为腌制品。根据腌制原料的不同，腌制品可以分为腌肉制品、腌制蛋、蔬菜腌制品、果蔬糖制品等。不同的腌制品，所采用的腌制剂和腌制方法均不相同。

腌肉制品所用腌制剂包括食盐、硝酸盐（或亚硝酸盐）、糖类、抗坏血酸、异抗坏血酸和磷酸盐等。肉类的腌制方法可分为干腌法、湿腌法、盐水注射法及混合腌制法等几种。肉类的腌制主要是用食盐，并添加硝酸盐或亚硝酸盐及糖类等腌制材料来处理肉。经过腌制加工出的产品称为腌腊制品，如腊肉、发酵火腿等。

腌制蛋也叫再制蛋，它是在保持蛋原形的情况下，主要经过碱、食盐、酒糟等加工处理后制成的蛋制品，包括皮蛋、咸蛋和糟蛋等，是我国著名的特产，具有特殊的风味，食用方便，保质期较长，深受国内外消费者喜爱。一般用鸭蛋和鸡蛋为原料。

蔬菜腌制品加工方法各异，种类品种繁多。根据所用原料、腌制过程、发酵程度和成品状态的不同，可以分为发酵性腌制品和非发酵性腌制品两大类。发酵性腌制品的特点是腌制时食盐用量较低，在腌制过程中有显著的乳酸发酵现象，利用发酵所产生的乳酸、添加的食盐和香辛料等的综合防腐作用来保藏蔬菜并增进其风味。这类产品一般都具有较明显的酸味。非发酵性腌制品的特点是腌制时食盐用量较高，使乳酸发酵完全受到抑制或只能极轻微地进行，其间加入香辛料，主要利用较高浓度的食盐、食糖及其他调味品的综合防腐作用来保藏和增进其风味。

果蔬糖制品主要以食糖为腌制剂，它是以食糖的保藏作用为基础的加工保藏方法。一般采用蜜制和煮制的方法使糖渗入到果蔬原料内部以达到制品保藏之目的。果蔬糖制品原料众多，方法多样，加工制品种类繁多，风味独特，是我国名特食品中的重要组成部分。依据加工方法和成品的形态，一般分为果脯蜜饯类和果酱类。果脯蜜饯类以京式蜜饯、苏式蜜饯、广式蜜饯、闽式蜜饯、川式蜜饯为代表，果酱类以果酱、果泥、果糕、果冻、果片等为代表。

烟熏是加工肉、禽、鱼等烟熏制品的主要手段，许多肉制品特别是西式肉制品如灌肠、火腿、培根等均需经过烟熏。食品经过烟熏，不仅可以获得特有的烟熏味，而且保存期延长，但是随着冷藏技术的发展，烟熏的防腐作用已降到次要的位置，烟熏的主要目的已经成为赋予制品以特有的烟熏风味。

第一节 食品腌制的基本原理

食品腌制是腌制剂通过扩散和渗透作用进入食品原料组织内部的过程，根据所用腌制剂的不同分别起到防腐、调味、发色、抗氧化、改善食品物理性质和组织状态等作用，从而达到防止食品腐败，改善食品品质的目的。

一、溶液的扩散和渗透

腌制时，首先是腌制液的形成，腌制液的溶剂一般是水（包括外加的水和食品组织内的水），溶质包括盐、糖等可溶性的腌制剂和香辛料的浸提物。然后，一定浓度的腌制液经过食品原料的细胞间隙扩散进入食品原料内部，进而选择性地通过渗透作用进入细胞内部，最终达到各处浓度平衡。

1. 溶液的扩散

扩散是分子热运动或胶粒布朗运动的必然结果。分子的热运动或胶粒的布朗运动并不需要存在着浓度差才能发生，但是当有浓度差存在时，分子或胶粒从高浓度向低浓度迁移的数目大于从低浓度向高浓度迁移的数目。总的结果使分子或胶粒呈现出从高浓度向低浓度的净迁移，这就是扩散。所以扩散过程的本质是分子热运动，而扩散过程的推动力是浓度梯度。

物质在扩散过程中的扩散方程式为：

$$dQ=-DA(dc/dx)dt \tag{9-1}$$

式中 Q——物质扩散量；

D——扩散系数；

A——扩散通过的面积；

dc/dx——浓度梯度（c 为浓度，x 为间距）；

t——扩散时间。

式中负号表示扩散方向与浓度梯度的方向相反。

由上式可知，物质扩散量与扩散通过的面积及浓度梯度成正比。

将上式两边同时除以 dt，可得扩散速率方程式：

$$dQ/dt=-DA(dc/dx) \tag{9-2}$$

爱因斯坦假设扩散物质粒子为球形时，扩散系数 D 的表达式可以写成：

$$D=RT/(6N\pi r\eta) \tag{9-3}$$

式中 D——扩散系数（在单位浓度梯度的影响下，单位时间内通过单位面积的溶质量），m^2/s；

R——气体常数，8.314J/(mol·K)；

T——热力学温度，K；

N——阿伏伽德罗常数，6.023×10^{23}；

r——溶质微粒直径（应比溶剂分子大，并且只适应于球形分子），m；

η——介质黏度，Pa·s。

将式(9-3) 代入式(9-2)，可将扩散速率表示为：

$$dQ/dt=-A(dc/dx)RT/(6N\pi r\eta) \tag{9-4}$$

式中，R、N、π 均为常数，由式(9-4) 可知，食品腌制过程中，原料经一定预处理后，腌制剂扩散通过的面积是一定的，则腌制剂扩散的速率（dQ/dt）就与浓度梯度（dc/dx）、腌制时的温度（T）、腌制剂粒子的直径（r）以及溶液的黏度（η）有关。

腌制剂的扩散总是从高浓度向低浓度扩散，在其他条件一定的情况下，腌制溶液的浓度梯度越大则腌制剂的扩散速率就越快。不过溶液浓度增加时，其黏度也会增加（如糖液），这样又会影响扩散的速率，因此浓度对扩散速率的影响还与溶液的黏度有关。

腌制剂的扩散速率受腌制温度的影响，腌制温度越高则腌制剂的扩散速率就越快，这与温度升高分子运动加快以及溶液黏度降低有关。实际生产中还要考虑温度对腌制原料的影响，比如加工樱桃蜜饯时，高温容易使樱桃软烂。因此，用柔软多汁的原料加工蜜饯时糖制过程不可以采用高温。

腌制过程中，腌制剂的扩散速率还受腌制剂粒子大小的影响，粒子直径越小则扩散速率越快。由此可见，食盐和不同种类的糖在腌制过程中的扩散速率是各不相同的。比如，不同糖类在糖液中的扩散速率由大到小的顺序是：葡萄糖＞蔗糖＞饴糖中的糊精。

腌制溶液的黏度与腌制剂的扩散速率成反比，也就是说，黏度越大则扩散速率越慢。这对于浓度增大后黏度明显增大的溶液来说尤为重要。

2. 渗透

严格地说，渗透就是溶剂从浓度较低的溶液一侧经过半透膜向浓度较高的一侧扩散的过程。细胞膜被称为半透膜，其通透性的最显著的特点是具有选择性，而不是任意地进行物质交换，它所通透的物质包括水、糖、氨基酸和各种离子等。不同的细胞在不同的条件下，对不同物质的通透性是不同的，其中，水分子通过细胞膜比溶解于其中的离子和其他成分要迅速很多，这与这些物质通过细胞膜的输运机制不同有关。

水的渗透是在溶液渗透压的作用下进行的。Van't Hoff 研究推导出稀溶液的渗透压的公式如下：

$$\Pi = cRT \tag{9-5}$$

式中　Π——溶液的渗透压，Pa；

c——溶液中溶质的浓度，mol/L；

R——气体常数，8.314×10^3 Pa/(mol·K)；

T——热力学温度，K。

由上式可知，渗透压与溶质的浓度和温度成正比，而与溶液的数量无关。细胞内外物质的交换取决于细胞内外的渗透压差，其实质与扩散相似，也就是说物质都有从高浓度处向低浓度处转移的趋势，并且转移的速度与浓度呈正相关。

当细胞处于低渗环境时，细胞外的水分就会渗透进入细胞内，细胞就会发生膨胀；当细胞处于高渗环境时，细胞内的水分就会流出使细胞发生皱缩、萎蔫，对于植物细胞来说将会发生质壁分离现象。腌制溶液相对于食品原料细胞内液而言是高渗溶液，所以在腌制过程中食品原料细胞中的水分会流出细胞。与此同时，细胞外的糖、食盐离解后的离子等也会渗透进入细胞内，只不过其渗透的速度比水渗透的速度要慢得多。食品腌制的目的是让糖、食盐等腌制剂进入细胞内，因此，食品的腌制速度就取决于腌制剂的渗透速度。

进行食品腌制时，可以采取提高腌制温度和腌制剂的浓度来增大原料细胞内外的渗透压差，从而达到加快渗透速度的目的。但在实际生产中，很多食品原料如在高温下腌制，会在腌制过程中出现组织软烂、腐败变质以及变性凝固等问题。因此应根据食品种类的不同，采用不同的温度，如质地柔软的果蔬加工果脯蜜饯时要在常温下进行腌制，鱼类、肉类食品则需在10℃以下（大多数情况下要求在2～4℃）进行腌制，咸蛋等腌制也须在常温下进行。

提高腌制剂的浓度可以提高渗透压，从而加快腌制剂的渗透速度，但同时也加快了原料细胞内水分向外渗透。如果腌制溶液浓度过高，将会导致细胞在腌制剂渗入之前出现皱缩及质壁分离等现象。例如，蜜饯加工时如果糖液浓度一开始太高，将导致果蔬组织细胞内水分过分流失而糖分不能充分渗入，最终使产品出现干缩现象。因此，果蔬在进行糖制时，要采用分次加糖等方法逐步提高糖浓度。

研究发现，组织细胞死亡后细胞膜的通透性会随之增强。这对提高食品腌制速度很有意义。如蜜饯类制品加工过程中采用预煮或硫处理等措施都可以改变细胞膜的透性，从而加快了糖制的速度。

二、腌制剂的防腐作用

腌制品要做到较长时间的保藏离不开腌制剂的防腐作用。食品腌制时，使用量较大的腌制剂主要是食盐和食糖。食盐和食糖是食品重要的调味剂，除此之外，二者对食品均具有防腐保藏作用，食盐和食糖的防腐作用主要表现在以下几个方面。

1. 对微生物细胞的脱水作用

微生物细胞在等渗溶液能保持原形，并可以进行正常的生长繁殖。如果微生物处在低渗溶液中，外界溶液的水分会穿过微生物的细胞壁并通过细胞膜向细胞内渗透，渗透的结果使微生物细胞呈膨胀状态，如果内压过大，就会使细胞膜胀裂，微生物无法生长繁殖。如果微生物处于高渗溶液中，细胞内的水分就会透过细胞膜向外渗透，结果将导致细胞因脱水而发生质壁分离，并最终使细胞变形，微生物的生长活动受到抑制，脱水严重时还会造成微生物死亡。不同的微生物因细胞液渗透压不一样，它们所要求的最适渗透压（即等渗溶液）也不同。大多数微生物细胞内的渗透压为30.7～61.5kPa。

食盐的主要成分是氯化钠，食盐溶液可以形成较高的渗透压，1%的食盐溶液可以产生61.7kPa的渗透压。一般食盐浓度低于1%时，微生物的生理活动不会受到任何影响。当食盐浓度达到1%～3%时，大多数微生物就会受到暂时性抑制。当食盐浓度达到6%～8%时，大肠杆菌、沙门氏菌、肉毒杆菌停止生长。当食盐浓度高于10%后，大多数杆菌停止生长。球菌在食盐浓度达到15%时才被抑制。霉菌和酵母菌则要20%～25%的食盐浓度才能抑制。这是指在pH为7的溶液中的耐受力，如果pH降低，微生物的耐盐力也会降低。例如，当pH降至2.5时，只要14%的食盐浓度即可将酵母菌抑制。

糖溶液都具有一定的渗透压，糖液的渗透压与其浓度和分子量大小有关。浓度越高，渗透压越大。糖液浓度低于10%时不仅不会抑制反而会促进某些微生物的生长，只有当浓度达到50%时糖液才会阻止大多数细菌的生长，而要抑制霉菌和酵母菌的生长，糖液浓度需要达到65%～75%。相同浓度时，不同种类的糖产生的渗透压也不相同，葡萄糖、果糖等单糖因为分子量比蔗糖、麦芽糖等双糖的分子量小，故其渗透压也高，抑菌效果也好。

2. 降低食品水分活度的作用

水分活度（A_w）表示食品中的水分可以被微生物利用的程度。一般情况下，$A_w<0.9$时，细菌不能生长；$A_w<0.87$时，大多数酵母受到抑制；$A_w<0.80$时，大多数霉菌不能生长。

盐溶于水后会离解为钠离子和氯离子，并在其周围吸引一群水分子，形成水合离子。食盐的浓度越高，钠离子和氯离子就越多，所吸引的水分子也就越多，这些被离子吸引的水就变成了结合水，导致溶液中自由水的减少，水分活度下降。溶液的水分活度随食盐浓度的增大而下降，在饱和食盐溶液（26.5%）中，由于水分全部被钠离子和氯离子吸引，没有自由水，微生物因没有可以利用的水分而不能生长。

以食糖溶液腌制时，糖溶液中的糖分子因含有许多羟基可以和水分子形成氢键，使部分自由水变成结合水，水分活度降低。糖液浓度越高则水分活度越低，如蔗糖溶液浓度达到67.5%时，水分活度可以降到0.85以下，这一浓度可以使大多数微生物的正常生理活动受到抑制。

3. 抗氧化作用

氧气在糖溶液和食盐溶液中的溶解度小于在水中的溶解度，如在20℃时，60%的蔗糖溶液中氧气的溶解度仅为纯水的1/6。并且糖（盐）溶液的浓度越大，氧气的溶解度越小。

食品腌制时使用的糖（盐）溶液或渗入食品组织内形成的糖（盐）溶液其浓度很大，使得氧气的溶解度下降，从而造成缺氧环境，有利于抑制好氧微生物的生长。

4. 食盐溶液对微生物的毒性作用

微生物对 Na^+ 很敏感，研究发现少量 Na^+ 对微生物有刺激生长的作用，但当达到足够高的浓度时就会产生抑制作用。这是因为 Na^+ 能和微生物细胞原生质中的阴离子结合从而产生毒害作用。pH 能加强 Na^+ 对微生物的毒害作用。

食盐对微生物的毒害作用也可能来自 Cl^-，因为 Cl^- 也会与微生物细胞原生质结合，从而促使微生物死亡。

三、腌制过程中微生物的发酵作用

在发酵型腌制品的腌制过程中，正常的发酵作用不但能抑制有害微生物的活动而起到防腐保藏作用，还能使制品产生酸味和香味。这类发酵作用以乳酸发酵为主，酒精发酵次之，醋酸发酵最轻。腌制品在腌制过程中的发酵作用是借助于分布在空气中、原料表面、加工用水中及容器用具表面的各种微生物来进行的。

1. 乳酸发酵

乳酸发酵是由乳酸菌将食品中的糖分解生成乳酸及其他产物的反应。乳酸菌种类不同生成的产物也不同，根据发酵产物不同乳酸发酵可分为正型乳酸发酵和异型乳酸发酵。

正型乳酸发酵一般以六碳糖为底物，发酵只生成乳酸，产酸量高。参与正型乳酸发酵的乳酸菌有植物乳杆菌和小片球菌，这些乳酸菌除对葡萄糖进行发酵外，还能将蔗糖等水解成葡萄糖后发酵生成乳酸。发酵的中后期一般以正型乳酸发酵为主。

异型乳酸发酵的发酵产物除了乳酸外，还包括其他产物和气体。参与异型乳酸发酵的乳酸菌有肠膜明串珠菌、短乳杆菌、大肠杆菌。异型乳酸发酵在乳酸发酵初期比较活跃，这样就可利用其抑制有害微生物的繁殖。异型乳酸发酵产酸虽不高，但其产物中还有微量乙醇、醋酸等生成，对腌制品的风味有增进作用。异型乳酸发酵产生的二氧化碳气体可将食品组织和水中溶解的氧气带出，造成缺氧条件，促进正型乳酸发酵菌活跃。

2. 酒精发酵

酒精发酵是由酵母菌将食品中的糖分解生成酒精和二氧化碳。发酵型蔬菜腌制品腌制过程中也存在着酒精发酵，其量可达0.5%～0.7%，对乳酸发酵没有影响。酒精发酵除生成酒精外，还能生成异丁醇和戊醇等高级醇。另外，腌制初期发生的异型乳酸发酵也有微量酒精产生。蔬菜腌制过程中在被卤水淹没时所引起的无氧呼吸也可产生微量的酒精。不管是在酒精发酵过程中生成的酒精及高级醇，还是其他作用中生成的酒精，都对腌制品在后熟期中品质的改善及芳香物质的形成起重要作用。

3. 醋酸发酵

醋酸发酵是醋酸菌氧化乙醇生成醋酸的反应，这是发酵型腌制品中醋酸的主要来源。另外，在异型乳酸发酵中也会产生微弱的醋酸。

醋酸菌为好氧细菌，仅在有氧气存在的情况下才可以将乙醇氧化成醋酸，因而发酵作用多在腌制品的表面进行。正常情况下，醋酸积累量为0.2%～0.4%，这可以增进产品品质。但对于非发酵型腌制品来说，过多的醋酸又有损其风味，如榨菜制品中，若醋酸含量超过0.5%，则表示产品酸败，品质下降。

四、腌制过程中酶的作用

食品腌制过程中将会发生一系列由酶所催化的生化反应，这些生化反应对于腌制品色、香、味的形成以及组织状态变化起着非常重要的作用。

蛋白酶是食品腌制中非常关键的酶。在蔬菜腌制过程中，蔬菜中的蛋白质在微生物或原料本身所含蛋白酶的作用下分解为氨基酸。这一变化是蔬菜腌制过程中十分重要的生物化学变化。首先，蛋白质分解产生的各种氨基酸都具有一定的鲜味，特别是谷氨酸，它可以与食盐作用产生谷氨酸钠，这是腌制品鲜味的主要来源。蛋白质分解产生的氨基酸可以与醇发生反应形成氨基酸酯等芳香物质，还可以与戊糖或甲基戊糖的还原产物4-羟基戊烯醛作用生成含有氨基的烯醛类芳香物质，这是腌制品香味的两个重要来源。此外，氨基酸能与还原糖发生美拉德反应，生成褐色至黑色的物质，这些褐色物质不但色深而且还有香气，如成品冬菜色泽乌黑、香气浓郁的良好品质就与美拉德反应有关。

酪氨酸酶是引起蔬菜腌制品酶促褐变的关键酶。蛋白质水解所生成的酪氨酸在微生物或原料组织中所含的酪氨酸酶的作用下，在有氧气存在时，经过一系列复杂而缓慢的生化反应，逐渐变成黄褐色或黑褐色的黑色素，又称黑蛋白。原料中的赖氨酸含量越多，酶活性越强，褐色越深。这一反应与美拉德反应是蔬菜腌制品变成黄褐色和黑褐色的主要成因。

硫代葡萄糖酶是芥菜类腌制品形成菜香的关键酶。芥菜类蔬菜原料在腌制时搓揉或挤压使细胞破裂，细胞中所含硫代葡萄糖苷在硫代葡萄糖酶的作用下水解生成异硫氰酸酯类、腈类和二甲基三硫等芳香物质，苦味、生味消失，这些芳香物质的香味称为“菜香”，是咸菜的主体香。

果胶酶类是导致蔬菜腌制品软化的主要原因之一。蔬菜腌制中，蔬菜本身含有的或有害微生物分泌的果胶酶类将蔬菜中的原果胶水解为水溶性果胶，或将水溶性果胶进一步水解为果胶酸和甲醇等产物时，就会使细胞彼此分离，使蔬菜组织脆性下降，组织变软，易于腐烂，严重影响腌制品的质量。

第二节　食品腌制材料及其作用

一、咸味料

咸味料主要是食盐。食盐在烹调和食品加工中是一种不可缺少的调味料，在食品腌制中具有重要的调味和防腐作用。

根据来源不同食盐可分为海盐、湖盐、井盐及矿盐等。我国浙江、山东等沿海地区以海盐生产为主，湖北以矿盐生产为主，四川、山西、陕西等则以井盐生产为主。其中以四川自贡的井盐、湖北应城的矿盐最具盛名。

食盐的主要成分为氯化钠，是人体钠离子和氯离子的主要来源，它有维持人体正常生理功能、调节血液渗透压的作用。但过量摄入食盐会引起心血管病、高血压及其他疾病，其中最易引起的就是高血压。中国居民膳食指南推荐日常饮食中食盐摄入量为每人每天6g。

食盐的质量好坏直接影响腌制品的质量。如果食盐纯度不高将会影响食盐在腌制过程中的扩散和渗透速度，甚至使腌制品产生苦味等异味。因此，应选择色泽洁白、氯化钠含量高、水分及杂质含量少、卫生状况符合国家食用盐卫生标准（GB 2721—2003）的粉状精制食盐为食品腌制的咸味料。

二、甜味料

腌制食品所使用的甜味料主要是食糖。食糖的种类很多，主要有白糖、红糖、饴糖、蜂糖等。在食品腌制中起调味、防腐和增色等作用。

白糖又分白砂糖、绵白糖、方糖，主要成分为蔗糖，含量在99%以上，色泽白亮，甜度较大，味道纯正。其中以白砂糖在腌制食品中使用最为广泛。

红糖又名黄糖，以色泽黄红而鲜明、味甜浓厚者为佳。红糖主要成分为蔗糖，含量约84%，同时含较多的游离果糖、葡萄糖、色素、杂质等，水分含量在2%～7%，容易结块、吸潮。红糖除用于提供腌制食品的甜味外，还可增进色泽，多在红烧、酱、卤等肉制品和酱菜的加工中使用。

饴糖又称麦芽糖浆，是用淀粉水解酶水解淀粉生成的麦芽糖、糊精以及少量的葡萄糖和果糖的混合物。其中含53%～60%的麦芽糖和单糖、13%～23%的糊精，其余多为杂质。麦芽糖含量决定饴糖的甜度，糊精决定饴糖的黏稠度。淀粉水解越彻底，麦芽糖生成量越多，则甜味越强；反之，糊精生成量多，黏稠度大而甜味小。饴糖在果蔬糖制时一般不单独使用，常与白砂糖结合使用，饴糖可取代一部分白砂糖，降低生产成本，同时，饴糖还有防止糖制品结晶返砂的作用。在酱腌菜的加工中饴糖能增加产品甜味及黏稠性，用于糖醋大蒜、糖醋藠头等具有增色的作用。

除食糖外，某些食品腌制中还经常使用甘草、甜菊糖苷、糖蜜素、蛋白糖等甜味料。

三、酸味料

腌制食品所使用的酸味料主要是食醋。食醋分为酿造醋和人工合成醋两种，酿造醋又分为米醋、熏醋、糖醋三种。

米醋又名麸醋，是以大米、小麦、高粱等含淀粉的粮食为主料，以麸皮、谷糠、盐等为辅料，用醋曲发酵，使淀粉水解为糖，糖发酵成酒，酒氧化为醋酸而制成的产品。

熏醋又名黑醋，原料与米醋基本相同，发酵后略加花椒、桂皮等熏制而成，颜色较深。

糖醋是用饴糖、醋曲、水等为原料搅拌均匀，封缸发酵而成。糖醋色泽较浅，最易长白膜，由于醋味单调，缺乏香气，故不如米醋、熏醋味美。

人工合成醋是用醋酸与水按一定比例调配而成的，又称为醋酸醋或白醋，品质不如酿造醋。

食醋的主要成分是醋酸，它是一种有机酸，具有良好的抑菌作用。除此之外，食醋还具有去腥解腻、增进食欲、提高钙磷吸收、防止维生素C破坏等功效。

除食醋外，食品腌制中还经常使用柠檬酸、乳酸、苹果酸等食用有机酸作为酸味料。

四、肉类发色剂

发色剂又称护色剂，是能与肉及肉制品中的呈色物质发生作用，使之在食品加工保藏过程中不致分解、破坏，呈现良好色泽的物质。发色的原理是亚硝酸盐所产生的一氧化氮与肉类中的肌红蛋白和血红蛋白结合，生成一种具有鲜艳红色的亚硝基肌红蛋白和亚硝基血红蛋白。典型的发色剂是硝酸盐和亚硝酸盐，主要包括硝酸钠、硝酸钾、亚硝酸钠、亚硝酸钾。其中，硝酸盐通过微生物作用可以还原为亚硝酸盐，从而起到发色作用。在肉类腌制品中最常使用的是硝酸钠和亚硝酸钠。

硝酸钠（$NaNO_3$）为无色透明结晶或白色结晶性粉末，可稍带浅色，无臭、味咸、微苦，有潮解性，溶于水，微溶于乙醇和甘油。我国《食品安全国家标准　食品添加剂使用标准》(GB 2760—2011）规定：硝酸钠在腌腊肉制品中最大使用量为 0.5g/kg，残留量（以亚硝酸钠计）≤30mg/kg。

亚硝酸钠（$NaNO_2$）为白色或淡黄色结晶性粉末或粒状，味微咸，易潮解，水溶液呈碱性反应，易溶于水，微溶于乙醇。我国《食品安全国家标准　食品添加剂使用标准》(GB 2760—2011）规定：亚硝酸钠在腌腊肉制品中最大使用量为 0.15g/kg，残留量（以亚硝酸钠计）≤30mg/kg。

亚硝酸盐具有一定的毒性，它可以与胺类物质生成强致癌物亚硝胺。硝酸盐的毒性是它在食物中、水中或胃肠道内，尤其是在婴幼儿胃肠道内被还原成亚硝酸盐所致。为此，人们一直致力于选取适当的物质取而代之，但是到目前为止，尚未发现既能发色又能抑制肉毒梭状芽孢杆菌等有害微生物、还能增强肉制品风味的硝酸盐和亚硝酸盐的替代品，故应在保证安全和产品质量的前提下，严格控制使用。

五、肉类发色助剂

肉类加工常用的发色助剂主要有：抗坏血酸、抗坏血酸钠、异抗坏血酸、异抗坏血酸钠以及烟酰胺等。

抗坏血酸即维生素 C，具有强还原性，但是对热和重金属极不稳定。因此，一般使用稳定性较高的钠盐。异抗坏血酸是抗坏血酸的异构体，其性质与抗坏血酸相似。在肉的腌制中使用的抗坏血酸钠和异抗坏血酸钠有四个方面的作用：一是参与将氧化型的褐色高铁肌红蛋白还原为红色的还原型肌红蛋白，加快腌制速度，以助发色；二是可以与亚硝酸发生化学反应，增加一氧化氮的形成；三是防止亚硝胺的生成；四是具有抗氧化作用，有助于稳定肉制品的颜色和风味。作为发色助剂使用的抗坏血酸及其钠盐或异抗坏血酸及其钠盐，在肉品加工中的使用量一般为原料肉的 0.02%～0.05%。

烟酰胺可以与肌红蛋白结合生成很稳定的烟酰胺肌红蛋白，很难被氧化，可以防止肌红蛋白在亚硝酸生成亚硝基期间的氧化变色。如果在肉类腌制过程中与抗坏血酸同时使用，其发色效果更好，并能保持长时间不褪色。烟酰胺作为发色助剂在肉品中添加量为0.01%～0.02%。

六、品质改良剂

品质改良剂通常是指能改善或稳定制品的物理性质或组织状态，如增加产品的弹性、柔软性、黏着性、保水性和保油性等的一类食品添加剂。其中，以磷酸盐最为常用。

磷酸盐是一类具有多种功能的物质，具有明显的改善品质的作用。用于肉制品加工的磷酸盐主要有焦磷酸盐、三聚磷酸盐和六偏磷酸盐等，其作用主要是改善肉的保水性能。通常几种磷酸盐复配使用，其保水效果优于单一成分。对于磷酸盐的作用机制迄今仍不十分肯定，一般认为是通过以下途径发挥其作用：一是磷酸盐可以提高肉的 pH 值使其高于蛋白质的等电点，从而能增加肉的持水性；二是增加离子强度，使处于凝胶状态的球状蛋白的溶解度显著增加而成为溶胶状态，从而提高肉的持水性；三是螯合金属离子，使蛋白质的羧基解离出来，由于羧基之间同性电荷的相斥作用，使蛋白质结构松弛，以提高肉的保水性；四是将肌动球蛋白离解成肌球蛋白和肌动蛋白，肌球蛋白的增加也可使肉的持水性提高；五是对肌球蛋白变性有一定的抑制作用，可以使肌肉蛋白质的持水能力稳定。

磷酸盐过量使用会导致产品风味恶化、组织粗糙、呈色不良等问题。在肉品加工中，使用量一般为肉重的0.1%～0.4%。

除磷酸盐外，淀粉、大豆分离蛋白、卡拉胶、酪蛋白等也用于肉制品的品质改良。

七、防腐剂

防腐剂是指能防止由微生物所引起的食品腐败变质、延长食品保存期的一类食品添加剂。食品腌制中使用的防腐剂主要有苯甲酸及其钠盐、山梨酸及其钾盐、脱氢乙酸及其钠盐、对羟基苯甲酸酯类及其钠盐、乳酸链球菌素、纳他霉素等。

苯甲酸又名安息香酸，为白色鳞片状或针状结晶，纯度高时无臭味，不纯时稍带杏仁味，在酸性条件下容易随水蒸气挥发，易溶于酒精，难溶于水。所以一般多用其钠盐。苯甲酸钠为白色颗粒或结晶性粉末，微甜，无臭或略带安息香气味，溶于水，在空气中稳定，但遇热易分解。苯甲酸及其钠盐属于广谱抗菌剂，在酸性条件下防腐作用强，其抑菌作用的最适pH值为2.5～4.0，pH>4.5时显著失效。我国《食品安全国家标准　食品添加剂使用标准》(GB 2760—2011) 规定：苯甲酸及其钠盐在腌制品中最大使用量（以苯甲酸计），果酱为1.0g/kg，蜜饯凉果为0.5g/kg，盐渍蔬菜为1.0g/kg。

山梨酸又名花楸酸，为白色或浅黄色鳞片状晶体或细结晶粉末，对光、热稳定，在空气中长期存放时易被氧化而变色，微溶于水，所以多使用其钾盐。山梨酸钾为白色至浅黄色粉末或颗粒，极易溶于水。山梨酸的防腐效果随pH升高而降低，在pH5.6以下使用防腐效果最好。山梨酸对酵母菌、霉菌、好氧菌、丝状菌均有抑制作用，它还能抑制肉毒杆菌、金黄色葡萄球菌、沙门氏杆菌的生长繁殖，但对兼性芽孢杆菌和嗜酸乳杆菌几乎无效。我国《食品安全国家标准　食品添加剂使用标准》(GB 2760—2011) 规定：山梨酸及其钾盐在腌制品中最大使用量（以山梨酸计），果酱为1.0g/kg，蜜饯凉果为0.5g/kg，果冻为0.5g/kg，腌制蔬菜中即食笋干为1g/kg，其他腌制蔬菜0.5g/kg，蛋制品为1.5g/kg，肉灌肠类为1.5g/kg，熟肉制品为0.075g/kg。

脱氢乙酸又称脱氢醋酸，为无色至白色针状结晶或白色晶体粉末，无臭，几乎无味，无刺激性，难溶于水，易溶于有机溶剂，无吸湿性，对热稳定，直射光线下变为黄色。脱氢乙酸钠纯品为白色或接近白色的结晶性粉末，几乎无臭，易溶于水。脱氢乙酸抑制霉菌、酵母菌的作用强于对细菌的抑制作用，尤其对霉菌抑制作用最强，是广谱高效的防霉防腐剂。脱氢醋酸属于酸性防腐剂，对中性食品基本无效。我国《食品安全国家标准　食品添加剂使用标准》(GB 2760—2011) 规定：脱氢乙酸及其钠盐在腌制品中最大使用量（以脱氢乙酸计），腌制的蔬菜为0.3g/kg，腌制的食用菌和藻类为0.3g/kg，熟肉制品为0.5g/kg。

对羟基苯甲酸酯，又称尼泊金酯，属苯甲酸衍生物，为无色小结晶或白色结晶性粉末，无臭，开始无味，稍有涩味，易溶于乙醇而难溶于水，不易吸潮，不挥发，在酸性和碱性条件下均起作用。对羟基苯甲酸酯类包括甲酯、乙酯、丙酯、异丙酯、丁酯、异丁酯、己酯、庚酯、辛酯等，其抑菌作用随碳原子数的增加而增加，且碳链越长毒性越小。对羟基苯甲酸酯类抑制霉菌和酵母菌的能力优于细菌，在抑制细菌方面，抑制革兰氏阳性菌优于革兰氏阴性菌。我国《食品安全国家标准　食品添加剂使用标准》(GB 2760—2011) 规定：对羟基苯甲酸酯类及其钠盐在腌制品中最大使用量（以对羟基苯甲酸计），果酱为0.25g/kg，热凝固蛋制品为0.2g/kg。

八、抗氧化剂

抗氧化剂是指能防止或延缓食品成分氧化分解、变质，提高食品稳定性的物质。抗氧化剂分为油溶性抗氧化剂和水溶性抗氧化剂两大类。油溶性的抗氧化剂能均匀地分布于油脂中，对油脂和含油脂的食品可以起到很好的抗氧化作用。油溶性抗氧化剂有：丁基羟基茴香醚（BHA）、二丁基羟基甲苯（BHT）、没食子酸丙酯（PG）、生育酚（维生素E）混合浓缩物等。水溶性抗氧化剂主要有：L-抗坏血酸及其钠盐、异抗坏血酸及其钠盐、茶多酚、异黄酮类、迷迭香抽提物等。

抗氧化剂的作用机理比较复杂，一般认为包括两方面。一是通过抗氧化剂与氧气发生反应，降低食品内部及其周围的氧含量。如抗坏血酸与异抗坏血酸本身极易被氧化，能使食品中的氧首先与其反应，从而避免了食品中易氧化成分的氧化。二是抗氧化剂释放出氢原子与油脂等自动氧化反应产生的过氧化物结合，中断连锁反应，阻止氧化过程的继续进行。

我国《食品安全国家标准　食品添加剂使用标准》(GB 2760—2011）规定：BHA在腌腊肉制品类中最大使用量为0.2g/kg，BHT在腌腊肉制品类中最大使用量为0.2g/kg，PG在腌腊肉制品类中最大使用量为0.1g/kg。

第三节　食品常用腌制方法

一、食品盐腌方法

食品盐腌方法主要包括干腌法、湿腌法、注射法和混合腌制法四种，其中干腌和湿腌是基本的腌制方法。

1. 干腌法

干腌法是将食盐直接撒在或涂擦于食品原料表面进行腌制的方法，在食盐的渗透压和吸湿性的作用下，使食品的组织液渗出水分并溶解于其中，形成食盐溶液，同时食盐溶化为盐水并扩散到食品组织内部，使其在原料内部分布均匀，但盐水形成缓慢，盐分向食品内部渗透较慢，延长了腌制时间，因而这是一种缓慢的腌制方法。由于开始腌制时仅加食盐或混合盐，而不是盐水，故称干腌法。干腌法因盐水形成缓慢，导致盐分向食品内部渗透较慢，腌制时间长，但是腌制品的风味较好。常用于火腿、咸肉、咸鱼以及多种蔬菜腌制品的腌制。

干腌法一般在水泥池、缸或坛等容器内进行。为防止食品上下层腌制不均匀的现象，腌制过程中有时需要定期进行翻倒，一般是上下层翻倒。蔬菜等腌制过程中有时要对原料加压，以保证原料被浸没在盐水之中。我国特产火腿的干腌是在腌制架上进行，腌制架可用硬木制造，腌制过程中要进行多次翻腿和覆盐。

干腌法的用盐量因食品原料和季节不同而异。腌制火腿的食盐用量一般为鲜腿重的9%～10%，气温升高时用盐量可适当增加，若腌房平均气温在15～18℃时，用盐量可增加到12%以上。生产西式火腿、香肠及午餐肉时，多采用混合盐，混合盐一般由98%的食盐、0.5%的亚硝酸盐和1.5%的食糖组成。干腌蔬菜时，用盐量一般为菜重的7%～10%，夏季为菜重的14%～15%。腌制酸菜时，为了利于乳酸菌繁殖，食盐用量不宜太高，一般控制在原料重的4%以内，同时注意装坛时要将原料捣实并压以重物，让渗出的菜卤漫过菜面，防止好氧微生物的繁殖所造成的产品劣变。

干腌法的缺点是：食品内部盐分不均匀；产品失水量大，减重多；肉制品色泽差，当盐卤不能完全浸没原料时，肉、禽、鱼暴露部分易发生油烧现象；蔬菜易引起长膜、生花和发霉等劣变。但干腌法的制品风味良好，所用的设备简单，操作方便；腌制品含水量低，有利于贮存；食品营养成分流失较少。我国名产火腿、咸肉、烟熏肋肉以及鱼类常采用此法腌制。在我国，这种生产方法占的比例很少，主要是一些带骨火腿。

2. 湿腌法

湿腌法是将食品原料浸没在一定浓度的食盐溶液中，利用溶液的扩散和渗透作用使盐溶液均匀地渗入原料组织内部，最终使原料组织内外溶液浓度达到动态平衡的腌制方法。湿法腌制时间主要决定于盐液浓度和腌制温度。分割肉类、鱼类和蔬菜均可采用湿腌法进行腌制。此外，果品中的橄榄、李子、梅子等加工凉果时多采用湿腌法先将其加工成半成品。

湿腌法的操作和盐液的配制因食品原料不同而异。肉类多采用混合盐液腌制，盐液中食盐含量与砂糖量的比值（称盐糖比值）对腌制品的风味影响较大。用湿腌法腌肉一般在2～3℃条件下进行，将处理好的肉块堆积在腌制池中，注入肉块质量1/2左右的混合盐液，盐腌温度2～3℃，最上层压以重物避免腌肉上浮。肉块较大时腌制过程还需要翻倒，以保证腌制均匀。鱼类湿腌时，常采用高浓度盐液，腌制中常因鱼肉水分渗出使盐水浓度变稀，故需经常搅拌以加快盐液的渗入速度。

非发酵型蔬菜腌制品的湿腌可采用浮腌法，即将菜和盐水按比例放入腌制容器中，定时搅拌，随着日晒水分蒸发，菜卤浓度增高，最终腌制成深褐色产品，而且菜卤越老品质越佳。也可利用盐水循环浇淋腌菜池中的蔬菜。发酵型蔬菜腌制品可利用低浓度混合食盐水浸泡，在嫌氧条件下使其进行乳酸发酵，腌制品咸酸可口。

湿腌法采用的盐水浓度在不同的食品原料中是不一样的。腌制肉类时，甜味者食盐用量为12.9%～15.6%，咸味者为17.2%～19.6%。鱼类常用饱和食盐溶液腌制。非发酵型蔬菜腌制品腌制时的盐水浓度一般为5%～15%，发酵型蔬菜腌制品所用盐水浓度一般控制在6%～8%。

湿腌法的优点是：食品原料完全浸没在浓度一致的盐溶液中，既能保证原料组织中的盐分均匀分布，又能避免原料接触空气出现油烧现象。其缺点是：用盐量多；易造成原料营养成分较多流失；制品含水量高，不利于贮存；需用容器设备多，工厂占地面积大。

3. 注射法

为加快食盐的渗透，防止腌肉在腌制过程中的腐败，目前广泛采用注射法腌制。注射腌制法最初出现的是动脉注射腌制，以后又发展了肌内注射腌制。注射的方法也由单针头注射发展为多针头注射。

动脉注射腌制法是用泵将腌制液经动脉系统送入肉内的腌制方法。因为一般分割胴体的方法并不考虑原来动脉的完整性，所以此法只能用来腌制前、后腿。动脉注射腌制法的优点是：腌制速度快；产品得率高。缺点是：应用范围小，只能用于前、后腿的腌制；腌制产品易腐败，需要冷藏。

肌内注射腌制法的注射方法可采用单针头和多针头两种。单针头注射法可用于各种分割肉；多针头注射更适用于形状整齐而不带骨的肉，特别是腹部肉和肋条肉。肌内注射法因注射时腌制液会过多地积聚在注射部位，短时间内难以扩散渗透到其他部位，因而通常在注射后进行按摩或滚揉操作，即利用机械作用促进盐溶蛋白的释放及腌制液的渗透。

注射腌制法集中了湿腌、混合腌制法的优点，因而在肉制品现代加工中广泛使用。该腌制方法一般和滚揉工艺结合进行，是现在肉制品加工的重要手段。

4. 混合腌制法

混合腌制是把两种以上腌制方法相结合的腌制方法。

干腌和湿腌相结合的混合腌制法常用于鱼类、肉类及蔬菜等。腌制时可先进行干腌，然后进行湿腌。干腌和湿腌相结合可以先利用干腌适当脱除食品中一部分水分，避免湿腌时因食品水分外渗而降低腌制液浓度，同时也可以避免干腌法对食品过分脱水的缺点。

注射腌制法常和干腌法或湿腌法结合进行，即腌制液注射入鲜肉后，再在其表面擦盐，然后堆叠起来进行干腌。或者注射后装入容器内进行湿腌，湿腌时腌制液浓度不要高于注射用的腌制液浓度，以免导致肉类脱水。混合腌制法增强了制品贮藏时的稳定性，同时具有色泽好、咸度适中的优点。

二、食品糖渍方法

食品中的糖可以降低水分活度，减少微生物生长、繁殖所能利用的水分，并借渗透压导致细胞质壁分离，抑制微生物的生长活动。食品的糖渍主要用于某些果品和蔬菜。即用较高浓度的糖溶液浸泡食品，使糖渗入到食品组织内，以达到腌渍的目的。腌渍常用的糖类有蔗糖、葡萄糖和乳糖。蔗糖是糖渍食品的主要辅料，也是蔬菜和肉类腌渍时经常使用的调味品。常见的糖渍水果有蜜饯、果冻、果酱等。糖渍前应对原料进行必要的预处理。食品的糖渍（又称糖制）主要用于果品蔬菜糖制品的加工。果蔬糖制品根据其组织状态可分为果脯蜜饯类、凉果类、果酱类，不同种类的糖制品糖渍的方法也不相同。

1. 果脯蜜饯类糖渍法

糖渍是果脯蜜饯类产品加工生产的关键工序。糖渍过程是果蔬原料吸收糖分的过程，糖液中的糖分首先扩散进入组织细胞间隙，再通过渗透作用进入细胞内，最终达到糖制品要求的糖浓度。糖渍方法根据是否对原料加热可分为蜜制和煮制两种。

蜜制就是将果蔬原料放在糖液中腌制，不对果蔬原料进行加热，从而能较好地保存产品的色、香、味、营养价值及组织状态。该法适用于皮薄多汁、质地柔软的原料，如樱桃等。蜜制过程中为了使产品保持一定的饱满度，糖液浓度一开始不要太高，一般采用30%～40%的浓度。生产上常用分次加糖法、一次加糖分次浓缩法、减压蜜制法等方法来加快糖分在果蔬原料组织内部的扩散渗透。

煮制是将原料放在热糖液中糖渍的方法。煮制有利于加快糖分的扩散渗透，生产周期短。但因温度高，产品的色、香、味以及维生素C等热敏性的营养物质会受到破坏。该法适用于肉质致密、耐煮制的果蔬原料。煮制方法包括一次煮制、多次煮制、快速煮制、减压煮制和扩散煮制等几种方法。

一次煮制法是将经过预处理的原料加糖后一次性煮制成功。苹果脯、南式蜜枣等一般采用此法。操作方法为：先配好40%的糖液入锅，倒入处理好的果蔬原料，迅速加热使糖液沸腾，随着糖分向原料组织渗入，原料内的水分开始外渗，使糖液浓度渐稀，然后分次加糖使糖浓度逐渐增高至60%～65%停止加热。该法特点是快速省工，但原料持续受热时间长，容易煮烂，产品色、香、味差，维生素C等热敏性物质破坏严重，糖分难以达到内外平衡，致使原料失水过多而出现干缩现象。

多次煮制法是将预处理的原料放在糖液中经多次加热和放冷浸渍，并逐步提高糖浓度的糖渍方法。操作方法为：先用30%～40%的糖液将原料煮至稍软，然后放冷浸渍24h；其后每次煮制将糖浓度提高10%，煮沸2～3min，直至糖浓度达到60%以上。多次煮制法每次加热煮制的时间短，放冷浸渍的时间长，并采用逐步提高糖浓度的方法，因而糖分能够充分深入原料内部。该法缺点是加工所需时间长，煮制过程不能连续化、费时、费工。北式蜜枣的加工一般采用此法。对于糖液难于渗入的原料、容易煮烂的原料以及含水量高的原料，如桃、杏、梨和西红柿等也可采用此法。

快速煮制法是将原料在冷热两种糖液中交替进行加热和放冷浸渍，使果蔬内部水汽压迅速消除，糖分快速渗入而达到平衡的糖渍方法。操作方法是：将预处理好的原料装入网袋中，先在30%的热糖液中煮4～8min，取出立即放入相同浓度的15℃的糖液中冷却浸渍。如此交替进行4～5次，每次提高糖浓度10%，最后完成煮制过程。此法可连续进行，加热时间短，产品质量高，但糖液的用量大。

减压煮制法又称真空煮制法。原料在真空和较低温度下煮沸，因组织中不存在大量空气，糖分能迅速渗入到果蔬组织内部而达到平衡。该法煮制温度低，时间短，因此制品色、香、味等都比常压煮制好。操作方法为：将预处理好的原料先投入到盛有25%稀糖液的真空锅中，在真空度为83.545kPa、温度为55～70℃下热处理4～6min，恢复常压糖渍一段时间，然后提高糖液浓度至40%，再在真空条件下煮制4～6min，再恢复常压糖渍。重复3～4次，每次提高糖浓度10%～15%，使产品最终糖液浓度在60%以上时为止。

扩散煮制法是在真空煮制的基础上进行的一种连续化糖渍方法，机械化程度高，糖渍效果好。操作方法为：先将原料密闭在真空扩散器内，排除原料组织中的气体，然后加入95℃浓度为30%的热糖液，待糖分扩散渗透后，将糖液顺序转入另一扩散器内，再在原来的扩散器内加入较高浓度的热糖液，每次提高糖浓度10%，如此连续进行几次，直至制品达到要求的糖浓度。

2. 凉果类糖渍法

凉果是以梅、李、橄榄等果品为原料，先将果品盐腌制成果坯进行半成品保藏，再将果坯脱盐，添加多种辅助原料，如甘草、糖精、精盐、食用有机酸及天然香料（如丁香、肉桂、豆蔻、茴香、陈皮、蜜桂花和蜜玫瑰花等），采用拌砂糖或用糖液蜜制，再经干制而成的甘草类制品。凉果类制品兼有咸、甜、酸、香多种风味，属于低糖蜜饯，深受消费者欢迎。代表性的产品有话梅、话李、陈皮梅、橄榄制品等。

3. 果酱类糖渍法

果酱类产品包括果酱、果泥、果糕、果冻、马末兰等。果酱类糖渍即加糖煮制浓缩，其目的是排除果浆（或果汁）中大部分水分，提高糖浓度，使果浆（或果汁）中糖、酸、果胶形成最佳比例，有利于果胶凝胶的形成，从而改善制品的组织状态。煮制浓缩还能杀灭有害微生物，破坏酶的活性，有利于制品的保藏。

加糖煮制浓缩是果酱类制品加工的关键工序。煮制浓缩前要按原料种类和产品质量标准确定配方，一般要求果肉（果浆或果汁）占总配料量的40%～55%，砂糖占45%～60%，果肉（果浆或果汁）与加糖量的比例为1∶(1～1.2)。形成凝胶的最佳条件为果胶1%左右、糖65%～68%、pH值3.0～3.2。煮制浓缩时根据原料果胶、果酸的含量多少，必要时可以添加适量柠檬酸、果胶或琼脂。

煮制浓缩的方法主要有常压浓缩和真空浓缩两种。浓缩终点的判断可用折光仪实测可溶性固形物含量或采用测定沸点温度法加以确定。例如，果冻浓缩时，当糖液沸点温度达到104～105℃时即为终点，此时可溶性固形物含量已超过65%，具备了冷却胶凝为果冻的条件。生产上也可以采用挂片法等经验性的方法判断煮制浓缩的终点。

三、食品酸渍方法

食品酸渍法是利用食用有机酸腌制食品的方法。按照有机酸的来源不同大致可分为人工酸渍和微生物发酵酸渍两类方法。

人工酸渍法是以食醋或冰醋酸及其他辅料配制成腌制液浸渍食品的方法。主要用于蔬菜中酸黄瓜、糖醋大蒜、糖醋藠头等产品的酸渍。在酸渍前，一般先对蔬菜原料进行低盐腌制，根据产品风味要求再进行脱盐或不脱盐，之后再按照不同产品的用料配比加入腌制液进行酸渍。由于产品种类和腌制液配比不同，酸渍产品的风味也各异。

微生物发酵酸渍法是利用乳酸发酵所产生的乳酸对食品原料进行腌制的方法。如酸菜、泡菜等。乳酸发酵是乳酸菌在嫌氧条件下进行的发酵，因此在发酵过程中要使食品原料浸没在腌制液中完全与空气隔绝，并注意坛沿水的卫生，不要缺失，这是保证酸渍食品质量的技术关键。

四、腌制过程中有关因素的控制

食品腌制的目的是防止食品腐败变质，改善食品的食用品质。为了达到这些目的必须对腌制过程进行合理的控制。腌制剂的扩散渗透速度是影响腌制品质量的关键，发酵是否正常进行则是影响发酵型腌制品质量的关键，如果对影响这两方面的因素控制不当就难以获得优质腌制食品。其影响因素主要有以下几个方面。

1. 食盐的纯度

食盐的主要成分是 NaCl，根据食盐的来源不同其中还会含有 $CaCl_2$、$MgCl_2$、Na_2SO_4、$MgSO_4$、沙石及一些有机物等杂质。$CaCl_2$、$MgCl_2$ 的溶解度远远超过 NaCl 的溶解度，而且随着温度的升高，溶解度的差异越大，因此食盐中含有这两种杂质时，NaCl 的溶解度会降低，从而影响食盐在腌制过程中向食品内部扩散渗透的速度。有人曾研究了在腌制鱼时食盐的纯度对腌制所需时间的影响，结果显示，用纯食盐腌制时从开始到渗透平衡仅需 5.5d，若食盐中含 1%$CaCl_2$ 就需 7d，含 4.7%$MgCl_2$ 则需 23d 之久。腌制时间越长就意味着腌制品越容易腐败变质。

食盐中 $CaCl_2$、$MgCl_2$、Na_2SO_4、$MgSO_4$ 等杂质过多还会使腌制品具有苦味。食盐中微量的铜、铁、铬的存在会对腌肉制品中脂肪氧化酸败产生严重的影响。食盐中若含有铁还会影响蔬菜腌制品的色泽。

因此，食品腌制过程中最好选用纯度较高的食盐，以防止食品的腐败变质以及质量品质的下降。

2. 食盐用量或盐水浓度

根据扩散渗透理论，盐水浓度越大，则扩散渗透速度越快，食品中食盐的含量就越高。实际生产中食盐用量决定于腌制目的、腌制温度、腌制品种类以及消费者口味。要想腌制品能够完全防腐，食品中含盐量至少在 17%，所用盐水的浓度则至少要达到 25%。腌制环境温度的高低也是影响用盐量的一个关键因素，腌制时气温高则食品容易腐败变质，故用盐量应该高些，气温低时用盐量则可以降低些。例如腌制火腿的食盐用量一般为鲜腿重的 9%～10%，气温升高时（如腌房平均气温在 15～18℃时），用盐量可增加到 12%以上。

干腌蔬菜时，用盐量一般为菜重的 7%～10%，夏季为菜重的 14%～15%。腌制酸菜时，为了利于乳酸菌繁殖，食盐用量不宜太高，一般控制在原料重的 3%～4%。泡菜加工时，盐水的浓度虽然在6%～8%，但是加入蔬菜原料经过平衡后一般维持在4%以内。

从消费者能接受的腌制品咸度来看，其盐分以2%～3%为宜。但是低盐制品还必须考虑采用防腐剂、合理包装措施等来防止制品的腐败变质。

3. 温度

由扩散渗透理论可知，温度越高，腌制剂的扩散渗透速度就越快。有人曾用饱和食盐水腌制小沙丁鱼观察食盐的渗透速度，从腌制到食盐含量为11.5%所需时间来看，0℃时为15℃时的1.94倍，为30℃时的3倍，温度平均每升高1℃，时间可以缩短13min左右。虽然温度越高，腌制时间越短，但是腌制温度的确定还必须考虑微生物引起的食品腐败问题。因为温度越高，微生物生长繁殖也就越迅速，食品在腌制过程中就越容易腐败。特别是对于体积较大的食品原料（如肉类），腌制应该在低温（2～3℃）条件下进行。

蔬菜腌制时，温度对蛋白质的分解有较大的影响，温度适当增高，可以加速蔬菜腌制过程中的生化反应。温度在30～50℃时，蛋白质分解酶活性较高，因而大多数咸菜（如榨菜、冬菜等）要经过夏季高温，来提高蛋白质分解酶的活性，使其蛋白质分解。尤其是冬菜要在夏季进行晒坛，使其蛋白质分解，从而有利于冬菜色、香、味等优良品质的形成。

对泡酸菜来说，由于需要乳酸发酵，适宜于乳酸菌发酵的温度为26～30℃，在此温度范围内，发酵快，时间短，低于或高于适宜温度，需时就长。如卷心菜发酵，在25℃时仅需6～8d，而温度为10～14℃时则需5～10d。

果品蔬菜糖渍时，温度的选择主要考虑原料的质地和耐煮性。对于柔软多汁的原料来说，一般是在常温下进行蜜制；质地较硬、耐煮制的原料则选择煮制的方法。

因此，食品腌制过程中温度应根据实际情况和需要进行控制。

4. 空气

空气对腌制品的影响主要是氧气的影响。果蔬糖制过程中，氧气的存在将导致制品的酶促褐变和维生素C等还原性物质的氧化损失，采用减压蜜制或减压煮制可以减轻氧化导致的产品品质的下降。

肉类腌制时，如果没有还原物质存在，暴露于空气中的肉表面的色素就会氧化，并出现褪色现象。因此，保持缺氧环境将有利于稳定肉制品的色泽。

对于发酵型蔬菜腌制品来说，乳酸菌只有在缺氧条件下才能进行乳酸发酵。例如，加工泡菜时必须将坛内蔬菜压实，装入的泡菜水要将蔬菜浸没，不让其露出液面，盖上坛盖后要在坛沿加水进行水封，这样不但避免了外界空气和微生物的进入，而且发酵时产生的二氧化碳也能从坛沿冒出，并将菜内空气或氧气排除掉，形成缺氧环境。

第四节　腌制品的食用品质

食品在腌制过程中随着腌制剂的吸附、扩散和渗透，食品组织内会发生一系列的化学和生物化学变化，有些还伴随着复杂的微生物发酵过程。正是这一系列的变化使腌制品产生了独特的色泽和风味。色泽和风味是构成腌制品食用品质的重要组成部分。

一、腌制品色泽的形成

色泽是评价食品质量品质的重要指标之一。虽然食品的色泽本身并不影响食品的营养价值和风味，但是色泽的好坏将直接影响消费者对食品的选择。在食品的腌制加工过程中，色泽主要通过褐变作用、吸附作用以及添加的发色剂的作用而产生。

1. 褐变作用产生的色泽

食品的褐变作用按其发生机制分为酶促褐变和非酶褐变两种类型。果品蔬菜中因含有多酚类物质、多酚氧化酶以及过氧化物酶等，在加工中有氧气存在的情况下多酚类物质会在氧化酶的作用下形成醌，醌再进一步聚合形成褐色物质，聚合程度越高颜色越深，最后变成褐黑色物质，这一反应即为酶促褐变。酶促褐变在蔬菜腌制中较为普遍，产生的色泽是某些腌制品良好品质的表现。其褐变机理为：蔬菜中的蛋白质分解产生的酪氨酸在微生物或原料组织中所含的酪氨酸酶的作用下，会在有氧气供给时发生酶促褐变，逐渐变成黄褐色或黑褐色的黑色素，使腌制品呈现较深的色泽。

食品腌制中的非酶褐变主要是美拉德反应，由原料中的蛋白质分解产生的氨基酸与原料中的还原糖反应生成褐色至黑色的物质。褐变的程度与温度及反应时间的长短有关，温度越高、时间越长，则色泽越深。如四川南充冬菜成品色泽乌黑有光泽与其腌制后熟时间长并结合夏季晒坛是分不开的。

蔬菜原料中的叶绿素在酸性条件下会脱镁生成脱镁叶绿素，失去其鲜绿的色泽，变成黄色或褐色。蔬菜腌制过程中乳酸发酵和醋酸发酵会加快这一反应的进行，所以，发酵型的蔬菜腌制品（如酸菜、泡菜）腌制后蔬菜原来的绿色会消失，进而表现出蔬菜中叶黄素等色素的色泽。

对于果蔬糖制品来说，褐变作用往往会降低产品的质量。所以在这类产品腌制时，就要采取措施来抑制褐变的发生，保证产品的质量。在实际生产中，通过钝化酶和隔氧等措施可以抑制酶促褐变，通过降低反应物的浓度和介质的 pH 值、避光及降低温度等措施可以抑制非酶褐变的进行。

2. 吸附作用产生的色泽

在食品腌制使用的腌制剂中，红糖、酱油、食醋等有色调味料均含有一定的色素物质，辣椒、花椒、桂皮、小茴香、八角等香辛料也分别具有不同的色泽。食品原料经腌制后，这些腌制剂中的色素会被吸附在腌制品的表面，并向原料组织内扩散，结果使产品具有了相应的色泽。通过吸附形成的色泽也是某些腌制品色泽的重要组成部分。

3. 发色剂作用产生的色泽

肉在腌制时会加速肌红蛋白（Mb）和血红蛋白（Hb）的氧化，形成高铁肌红蛋白（MetMb）和高铁血红蛋白（MetHb），使肌肉失去原有色泽，变成带紫色调的浅灰色。为此肉类腌制中常加入发色剂亚硝酸盐（或硝酸盐），使肉中的色素蛋白与亚硝酸盐反应，形成色泽鲜艳的亚硝基肌红蛋白（NO-Mb）。亚硝基肌红蛋白（NO-Mb）是构成腌肉色泽的主要成分，它是由一氧化氮和色素物质肌红蛋白（Mb）发生反应的结果。NO 是由硝酸盐或亚硝酸盐在腌制过程中经过复杂的变化而形成的。

首先硝酸盐在酸性条件和还原性细菌作用下形成亚硝酸盐。

$$NaNO_3 \longrightarrow NaNO_2 + 2H_2O$$

亚硝酸盐在微酸性条件下形成亚硝酸。

$$NaNO_2 \longrightarrow HNO_2$$

肉中的酸性环境主要是乳酸造成的，在肌肉中由于血液循环停止，供氧不足，肌肉中的糖原通过酵解作用分解产生乳酸，随着乳酸的积累，肌肉组织中的 pH 值可以从原来的正常生理值 7.2～7.4 逐渐降低到 5.5～6.4，这样的条件下有利于亚硝酸盐生成亚硝酸，亚硝酸是一个非常不稳定的化合物，腌制过程中在还原性物质作用下形成 NO。

$$3HNO_2 \longrightarrow HNO_3 + 2NO + H_2O$$

这是一个歧化反应，亚硝酸既被氧化又被还原。NO的形成速率与介质的酸度、温度以及还原性物质的存在有关。所以形成亚硝基肌红蛋白（NO-Mb）需要一定的时间。直接使用亚硝酸盐比使用硝酸盐的发色速度要快。

肉制品的色泽受各种因素的影响，在贮藏过程中常常发生一些变化。如脂肪含量高的制品往往会褪色发黄，受微生物感染的灌肠，肉馅松散，外面灰黄不鲜。即使是正常腌制的肉，切开置于空气中后切面也会褪色发黄。这些都与亚硝基肌红蛋白（NO-Mb）在微生物的作用下引起卟啉环的变化有关。此外，亚硝基肌红蛋白（NO-Mb）在光的作用下会失去NO，再氧化成高铁肌红蛋白，高铁肌红蛋白在微生物等的作用下，使得血色素中的卟啉环发生变化，生成绿色、黄色、无色的衍生物。这种褪色现象在脂肪酸败以及有过氧化物存在时可加速发生。有时制品在避光的条件下贮藏也会褪色，这是由于亚硝基肌红蛋白（NO-Mb）单纯氧化造成。如灌肠制品由于灌得不紧，空气混入馅中，气孔周围的色泽变成暗褐色，就是单纯氧化所致。肉制品的褪色与温度也有关，在2～8℃温度条件下褪色比在15～20℃的温度条件下慢得多。

综上所述，为了使肉制品获得鲜艳的色泽，除了要用新鲜的原料外，还必须根据腌制时间长短，选择合适的发色剂、发色助剂，掌握适当的用量，在适当的pH值条件下严格操作。而为了保持肉制品的色泽，应该注意采用低温、避光、隔氧等措施，如添加抗氧化剂、真空或充氮包装、添加去氧剂脱氧等来避免氧化导致的褪色。

二、腌制品风味的形成

腌制品的风味是评定腌制品质量的重要指标。每种腌制品都有自己独特的风味，都是多种风味物质综合作用的结果。这些风味物质有些是食品原料本身具有的，有些是食品原料在加工过程中经过物理、化学、生物化学变化以及微生物的发酵作用形成的，还有一些是腌制剂具有的。腌制品中风味物质的含量虽然很少，但其组成和结构却十分复杂。

1. 原料成分以及加工过程中形成的风味

腌制品产生的风味有些直接来源于原料本身含有的风味物质，原料在加工过程中所含的化学物质经过一系列生化反应也可以产生一定的风味物质。

芥菜类蔬菜原料在腌制时搓揉或挤压使细胞破裂，其中所含的硫代葡萄糖苷会在硫代葡萄糖酶的作用下水解生成异硫氰酸酯类、腈类和二甲基三硫等芳香物质，苦味、生味消失，这些芳香物质的香味称为“菜香”，是咸菜类的主体香。

食品在腌制过程中，其中的蛋白质在水解酶的作用下，会分解成一些带甜味、苦味、酸味和鲜味的氨基酸。腌肉制品的特殊风味就是由蛋白质的水解产物组氨酸、谷氨酸、丙氨酸、丝氨酸、蛋氨酸等氨基酸及亚硝基肌红蛋白等形成的。蔬菜腌制过程中蛋白质分解产生的氨基酸可以与醇发生酯化反应生成具有芳香的酯类物质，与戊糖的还原产物4-羟基戊烯醛作用生成含有氨基的烯醛类芳香物质，与还原糖发生美拉德反应生成具有香气的褐色物质。

脂肪在腌制过程中的变化对腌制品的风味也有很大的影响。脂肪在弱碱性的条件下会缓慢分解为甘油和脂肪酸，少量的甘油可使腌制品稍带甜味，并使产品润泽。脂肪酸与碱类化合物发生的皂化反应可减弱肉制品的油腻感。因此适量的脂肪有利于增强腌肉制品的风味。

2. 发酵作用产生的风味

发酵型蔬菜腌制品腌制过程中的正常发酵作用以乳酸发酵为主，辅之轻度的酒精发酵和微弱的醋酸发酵。

乳酸发酵分正型乳酸发酵和异型乳酸发酵。乳酸发酵初期主要是异型乳酸发酵，异型乳酸发酵的产物除了乳酸外，还有乙醇、醋酸、琥珀酸、甘露醇以及二氧化碳和氢气等气体，异型乳酸发酵产酸量低。中后期进行的正型乳酸发酵的产物只有乳酸，并且产酸量高，乳酸可以使腌制品具有爽口的酸味。

酒精发酵是在酵母菌的作用下进行的，其产物主要是酒精，除此之外还有异丁醇和戊醇等高级醇。酒精发酵以及异型乳酸发酵生成的酒精和高级醇对于腌制品后期芳香物质的形成起重要的作用。

醋酸发酵只在有空气的条件下进行，因此主要发生在腌制品的表面。正常情况下，醋酸积累量在0.2%～0.4%，这可以增进腌制品的风味。

由于腌制品的风味与微生物的发酵有密切关系，为了保证腌制品具有独特的风味，需要控制好腌制的条件，使之有利于微生物的正常发酵作用。

3. 吸附作用产生的风味

在腌制过程中，通常要加入各种调味料和香辛料等腌制剂，腌制品通过吸附作用可使其获得一定的风味物质。不同的腌制品添加的调味料和香辛料不一样，因此它们表现出的风味也大不一样。在常用的腌制辅料中，非发酵型的调味料风味比较单纯，而一些发酵型的调味料，其风味成分就十分复杂。如酱和酱油中的芳香成分就包括醇类、酸类、酚类、酯类等多种风味物质，酱油中还含有与其风味密切相关的甲基硫的成分。

腌制品通过吸附作用产生的风味，与调味料和香辛料本身的风味以及吸附的量有直接的关系。在实际生产中可通过控制调味料和香辛料的种类、用量以及腌制条件来保证产品的质量。

第五节　食品烟熏保藏技术

食品的烟熏是在腌制基础上，利用木材不完全燃烧时产生的烟气熏制食品的方法，在我国有着悠久的历史。烟熏可以赋予食品特殊风味并能延长保存期，作为食品加工的一种手段，主要用于动物性食品如肉制品、禽制品和鱼制品的加工，某些植物性食品如熏豆腐、乌枣也采用烟熏。

一、烟熏的目的

烟熏最初的目的是延长食品的保存期，随着冷藏技术的发展，这一目的已降至次要地位，赋予制品独特的烟熏风味成了食品烟熏的首要目的。烟熏的主要目的有以下几个方面。

1. 呈味作用

香气和滋味是评定烟熏制品的重要指标。烟熏能赋予制品独特的风味，起这个作用的主要是熏烟中的酚类、有机酸（甲酸和醋酸）、醛类、乙醇、酯类等，特别是酚类中的愈创木酚和4-甲基愈创木酚是最重要的风味物质。烟熏制品的熏香味是多种化合物综合形成的，这些化合物包括烟熏过程中附着在制品上的熏烟中的成分、烟熏制品加热时自身反应生成的香气成分以及熏烟中成分与烟熏制品的成分反应生成的新的呈味物质。

2. 发色作用

烟熏制品所呈现的金黄色或棕色主要来源于熏烟成分中的羰基化合物与烟熏制品中蛋白质或其他含氮物中的游离氨基发生的美拉德反应。烟熏肉制品的稳定色泽与熏制过程中的加热促进硝酸盐还原菌增殖及蛋白质的热变性，游离出半胱氨酸，从而促进亚硝基肌红蛋白形成稳定的颜色有关。此外，烟熏时，烟熏制品因受热，脂肪外渗还会使制品表面带有光泽。

3. 防腐作用

熏烟的防腐作用主要来源于熏烟中的有机酸、醛类和酚类等三类物质。

有机酸可以降低微生物的抗热性，使烟熏过程中的加热更容易杀死制品表面的腐败菌，同时，渗入肉中的有机酸还可与肉中的氨、胺等碱性物质反应，从而使肉酸性增强，降低肉表层以下腐败菌的抗热性。

醛类一般具有防腐性，特别是甲醛，不仅本身具有防腐性，而且还与蛋白质或氨基酸的游离氨基结合，使碱性减弱，酸性增强，进而增强防腐效果。

酚类物质也具有一定的防腐作用，但其防腐作用比较弱。

熏烟成分主要附着在食品的表层，其防腐作用可以使食品表面存在的腐败菌和病原菌减少，但食品内部存在的菌所受影响较小，特别是未经腌制处理过的生肉，如果只进行烟熏则会迅速腐败。由此看见，烟熏所产生的防腐作用大体上是比较弱的，烟熏制品的贮藏性主要是由烟熏前的腌制和烟熏中及烟熏后的干燥脱水所赋予的。

4. 抗氧化作用

烟熏所产生的抗氧化作用与熏烟中的抗氧化成分有关，最主要的抗氧化成分是酚类及其衍生物，尤其以邻苯二酚和邻苯三酚及其衍生物的抗氧化作用最为显著。有人曾用煮制的鱼油试验，通过烟熏与未经烟熏的产品在夏季高温下放置12d测定它们的过氧化值，结果经烟熏的为2.5mg/kg，而未经烟熏的为5mg/kg，由此证明熏烟具有抗氧化作用。熏烟的抗氧化作用可以较好地保护不饱和脂肪酸以及脂溶性维生素不被氧化破坏。

二、熏烟的主要成分及其作用

熏烟是由气体、液体和固体微粒组成的混合物。熏烟的成分很复杂，现在已从木材熏烟中分离出200种以上不同的化合物，熏烟的成分常因燃烧温度、燃烧室的条件、形成化合物的氧化变化以及其他许多因素的变化而异。熏烟中并非所有成分都对烟熏制品起有益作用。一般认为对烟熏制品风味形成和防腐起作用的熏烟成分有酚类、有机酸类、醇类、羰基化合物、烃类以及一些气体物质。

1. 酚类

从木材熏烟中分离出来并经鉴定的酚类达20种之多，其中最主要的有愈创木酚（邻甲氧基苯酚）、4-甲基愈创木酚、4-乙基愈创木酚、邻位甲酚、间位甲酚、对位甲酚、4-丙基愈创木酚、香兰素（烯丙基愈创木酚）、2,6-二甲氧基-4-丙基酚、2,6-二甲氧基-4-乙基酚、2,6-二甲氧基-4-甲基酚。这些酚在食品烟熏中所起的作用不尽相同。

在食品烟熏中，酚类的主要作用包括：①抗氧化作用；②对产品的呈味和呈色作用；③抗菌防腐作用。其中酚类的抗氧化作用对烟熏制品最为重要。

熏烟中的2,6-二甲氧基酚、2,6-二甲氧基-4-甲基酚、2,6-二甲氧基-4-乙基酚等沸点较高的酚类抗氧化作用较强，而低沸点的酚类其抗氧化作用较弱。

4-甲基愈创木酚、愈创木酚、2,6-二甲氧基酚等存在于气相的酚类则与烟熏制品特有风味的形成有关。烟熏制品色泽主要是熏烟中的羰基化合物与食品中的氨基酸发生美拉德反应形成的，而酚类也可以促进熏烟色泽的产生。

酚类具有一定的抑菌能力，特别是高沸点酚类抑菌效果较强，因此，酚杀菌系数常被用作衡量和酚相比时各种杀菌剂相对有效值的标准方法。由于熏烟成分渗入制品深度有限，因而主要是对烟熏制品表面的细菌有抑制作用。

2. 醇类

木材熏烟中醇的种类繁多，包括甲醇、伯醇、仲醇和叔醇等，其中最常见和最简单的醇是甲醇，由于甲醇是木材分解蒸馏中的主要产物之一，故又称其为木醇。它们都很容易被氧化成相应的酸类。

在烟熏过程中，醇类的主要作用是作为挥发性物质的载体，对色、香、味的形成不起主要作用，它的杀菌能力也较弱。

3. 有机酸类

熏烟组分中的有机酸主要是含1～10个碳原子的简单有机酸，其中蚁酸、醋酸、丙酸、丁酸和异丁酸等含1～4个碳原子的酸存在于熏烟的气相内；而戊酸、异戊酸、己酸、庚酸、辛酸、壬酸和癸酸等含5～10个碳的长链有机酸主要附着在熏烟的固体微粒上。

有机酸对烟熏制品的主要作用是聚积在制品的表面呈现一定的防腐作用。此外，有机酸有促进烟熏制品表面蛋白质凝固的作用，在食用去肠衣的肠制品时，有助于肠衣剥除。有机酸对烟熏制品的风味影响甚微。

4. 羰基化合物

熏烟中存有大量的羰基化合物，现已确定的有20种以上，如：2-戊酮、戊醛、2-丁酮、丁醛、丙酮、丙醛、丁烯醛、乙醛、异戊醛、丙烯醛、异丁醛、丁二酮、3-甲基-2-丁酮、3,3-二甲基丁酮、4-甲基-3-戊酮、α-甲基戊醛、顺式-2-甲基-2-丁烯-1-醛、3-己酮、2-己酮、5-甲基糠醛、丁烯酮、糠醛、异丁烯醛、丙酮醛等。同有机酸一样，它们既存在于蒸气蒸馏组分内，也存在于熏烟内的颗粒上。

在食品烟熏中，羰基化合物的主要作用是呈色、呈味。羰基化合物与烟熏制品中蛋白质或其他含氮物中的游离氨基发生的美拉德反应是烟熏制品色泽的主要来源。熏烟的风味和芳香味可能来自某些羰基化合物，而且更有可能来自熏烟中浓度特别高的羰基化合物，正是这些羰基化合物使烟熏食品具有特有的风味。

虽然绝大部分羰基化合物为非蒸气蒸馏性的，但蒸气蒸馏组分内有着非常典型的烟熏风味，而且影响色泽的成分也主要存在于蒸气蒸馏组分内。因此，对烟熏食品的色泽和风味来说，简单短链化合物更为重要。

5. 烃类

从熏烟食品中能分离出许多多环烃类，其中有苯并（a）蒽、二苯并（a，h）蒽、苯并（a）芘、芘以及4-甲基芘。大量动物试验表明，苯并（a）芘对小鼠、地鼠、豚鼠、兔、鸭、猴等多种动物有肯定的致癌性。人群流行病学研究表明，食品中苯并（a）芘含量与胃癌等多种肿瘤的发生有一定的关系。如在匈牙利西部一个胃癌高发地区的调查发现，该地区居民经常食用家庭自制的含苯并（a）芘较高的熏肉是胃癌发生的主要危险因素之一。冰岛也是胃癌高发国家，据调查当地居民食用自己熏制的食品较多，其中所含多环烃或苯并（a）芘明显高于市售同类产品。多环烃对烟熏制品来说无重要的防腐作用，也不能产生特有的风味。它们主要附在熏烟内的颗粒上，采用过滤的方法可以将其除去。在液体烟熏液中烃类物质的含量大大减少。

6. 气体物质

烟熏过程中产生的气体物质包括CO_2、CO、O_2、N_2、N_2O等，这些气体物质的作用还不很明确，大多数对烟熏制品无关紧要。在烟熏肉制品加工中CO和CO_2可被吸收到鲜肉的表面，产生一氧化碳肌红蛋白，而使产品产生亮红色；氧也可与肌红蛋白形成氧合肌红蛋白或高铁肌红蛋白，但还没有证据证明烟熏过程会发生这些反应。

气体成分中的 N_2O 可在熏制时形成亚硝酸，亚硝酸可以与胺类进一步反应生成亚硝胺，酸性条件不利于亚硝胺的形成，而碱性条件则有利于亚硝胺的形成。

三、熏烟的产生

用于熏制食品的熏烟是由空气和木材不完全燃烧得到的产物——燃气、蒸气、液体、固体颗粒所形成的气溶胶系统。包括固体颗粒、液体小滴和气相，颗粒大小一般在 50～800μm，气相成分大约占熏烟成分的 10%。

熏烟中含有高分子和低分子化合物，这些成分或多或少是水溶性的，水溶性的物质大都是有用的熏烟成分，而固体颗粒（煤灰）、多环烃和焦油等水不溶性物质中有些具有致癌性，这对生产液体烟熏制剂具有重要的意义。熏烟成分可受温度和静电的影响。在烟气进入熏室内之前，通过冷却烟气可将焦油、多环烃等高沸点的成分减少到一定范围。将烟气通过静电处理，可以分离出熏烟中的固体颗粒。

木材在高温燃烧时产生熏烟的过程可以分为两步：第一步是木材的高温分解；第二步是高温分解产物形成环状或多环状化合物，发生聚合反应、缩合反应以及形成产物的进一步热分解。

熏制过程就是食品吸收熏烟成分的过程。因此，熏烟中的成分是决定烟熏制品质量的关键。据分析，熏烟成分中有 200 多种化合物，这些成分因木材种类、供氧量以及燃烧温度等不同而异。

熏制食品采用的木材含有 50%左右的纤维素、25%左右半纤维素和 25%左右的木质素。软木和硬木的主要区别在于木质素结构的不同，软木中的木质素中甲氧基的含量比硬木少。此外，不同木材的树脂含量也不同，如果树脂含量高，熏烟中多环烃的污染也会增加。一般来说，硬木、竹类风味较佳，而软木、松叶类因树脂含量多，燃烧时产生大量黑烟，使烟熏制品表面发黑，风味较次。在烟熏时一般采用硬木，个别国家也采用玉米芯。

木材在缺氧条件下燃烧会产生热解作用。其中，半纤维素热解温度在 200～260℃之间，纤维素在 260～310℃之间，木质素在 310～500℃之间。因此，不同的燃烧温度其产生熏烟的成分是不同的。

木材和木屑热解时表面和中心存在着外高内低的温度梯度，当表面正在氧化时内部却正在进行着氧化前的脱水，在脱水过程中外表面温度稍高于 100℃，此时外逸的化合物有 CO、CO_2 以及醋酸等挥发性短链有机酸。当木材和木屑中心的水分接近零时，温度就迅速上升到 300～400℃，此时木材和木屑就会发生热分解并出现熏烟。实际上大多数木材在 200～260℃温度范围就已有熏烟产生，温度达到 260～310℃则产生焦木液和一些焦油，当温度高于 310℃时则木质素热解产生酚及其衍生物。

木材燃烧产生熏烟的成分还受供氧量的影响。正常烟熏过程中木屑燃烧的温度在 100～400℃之间，就会产生 200 种以上的成分，此时燃烧和氧化同时进行。研究表明，木屑燃烧过程中供氧量增加时，酸和酚的量就会增加，当供氧量超过完全氧化时需氧的 8 倍左右时，形成量达到最高值。酸和酚的形成量同时受燃烧温度的影响，如果温度较低，酸的形成量就较大，如果燃烧温度升高到 400℃以上，酸和酚的比值就下降。因此，以 400℃温度为界限，高于或低于它时所产生熏烟成分就有显著的区别。

燃烧温度在 340～400℃以及氧化温度在 200～250℃所产生的熏烟质量最高。在实际操作条件下很难将燃烧过程和氧化过程完全分开，但是设计一种能良好控制熏烟发生的烟熏设备却是可能的。欧洲已使用了木屑流化床，它能较好地控制燃烧温度和速率。

虽然400℃燃烧温度最适宜产生最高量的酚，但这一温度也有利于苯并芘及其他烃的产生。考虑到减少苯并芘等致癌物的产生，实际燃烧温度以控制在343℃左右为宜。

四、熏烟在制品上的沉积

在烟熏过程中，熏烟会在制品的表面沉积。影响熏烟沉积量的因素有食品表面的含水量、熏烟的浓度、烟熏室内的空气流速和相对湿度等。一般食品表面越干燥，熏烟的沉积量就越少（用酚的量表示）。熏烟的浓度越大，熏烟的沉积量也越大。烟熏室内适当的空气流速有利于熏烟的沉积，空气流速越大，熏烟和食品表面接触的机会就越多，但如果气流速度太大，则难以形成高浓度的熏烟，反而不利于熏烟的沉积。因此，实际操作中要求既能保证熏烟和食品的接触，又不致使浓度明显下降，一般采用7.5～15m/min的空气流速。相对湿度高有利于加速熏烟的沉积，但不利于色泽的形成。

烟熏过程中，熏烟成分首先沉积在制品的表面，随后各种熏烟成分向制品的内部扩散、渗透，使制品呈现出特有的色、香、味，保质期延长。影响熏烟成分扩散、渗透的因素有很多，主要包括：熏烟的成分和浓度、相对湿度、产品的组织结构、脂肪和肌肉的比例、制品的水分含量、熏制的方法和时间等。

五、烟熏方法

1. 冷熏法

冷熏法是原料首先经过较长时间的腌制，然后在低温（15～30℃）下进行较长时间（4～7d）熏制的方法。该法熏前原料进行了腌制，产品含水量低（40%左右），故耐藏性好。缺点是加工时间长、肉色差、产品的重量损失大，在夏季由于气温高，温度很难控制，特别当发烟很少的情况下，容易发生酸败现象。因此，该法宜在冬季进行。冷熏法生产的食品虽然水分含量低，贮藏期较长，但是烟熏风味却不如温熏法。主要用于干制香肠、带骨火腿以及培根的熏制。

2. 温熏法

温熏法是原料经过适当的腌制（有时还可以加调味料）后在30～50℃的温度范围内进行的烟熏方法。该法常用于熏制脱骨火腿、通脊火腿及培根等，熏制时间通常为2～3d，熏材通常采用干燥的橡材、樱材、锯木。温熏法的优点是产品重量损失少、风味好。但耐贮藏性不如冷熏法。同时，因为烟熏温度范围超过了脂肪的熔点，所以脂肪很容易流失，而且部分蛋白质受热凝结，使烟熏过的制品质地会稍硬。

3. 热熏法

热熏法采用的温度为50～85℃，通常在60℃左右，熏制时间4～6h。因为熏制的温度较高，制品在短时间内就能形成较好的熏烟色泽，但是熏制的温度必须缓慢上升，不能升温过急，否则容易产生发色不均匀的现象。同时较高的熏制温度使蛋白质几乎全部凝固，经过烟熏的制品表面硬度较高，而内部含有较多的水分，产品富有弹性。热熏法应用较为广泛，常用于熏制灌肠制品。

4. 焙熏法（熏烤法）

焙熏法采用的温度为90～120℃，熏制的时间较短，是一种特殊的熏烤方法。该法不能用于火腿、培根等。由于熏制的温度较高，熏制过程即可完成熟制，不需要重新加工即可食用。应用这种方法烟熏的肉缺乏贮藏性，应迅速食用。

5. 电熏法

电熏法是在烟熏室内配置电线，电线上吊挂原料后，给电线通10～20kV高压直流电或交流电进行电晕放电，熏烟由于放电而带电荷，可以更深入地进入制品内，从而使烟熏制品风味提高，贮藏期延长的熏制方法。电熏法的优点是使烟熏制品贮藏期延长，不易生霉，还能缩短烟熏的时间，只需温熏法的1/2。但用电熏法时熏烟在熏制品的尖端部分沉积较多，造成烟熏不均匀，再加上成本较高等原因，目前电熏法还未能普及。

6. 液熏法

液熏法是用液态烟熏制剂代替传统烟熏的方法，又称无烟熏法。目前在国内外已广泛使用，是烟熏技术的发展方向。该法优点很多，包括：使用烟熏液不需要使用熏烟发生器，因而可以减少大量的投资费用；液态烟熏制剂的成分比较稳定，便于实现熏制过程的机械化和连续化，可以大大缩短熏制时间；液态烟熏剂中固体颗粒已除净，无致癌的危险。

液态烟熏剂一般用硬木干馏制取，软木虽然也能用，但需用过滤法除去焦油小滴和多环烃。液体烟熏剂主要含有熏烟中的气相成分，其中含有酚、有机酸、醇和羰基化合物。

液态烟熏剂的使用方法主要有两种。一是用液态烟熏剂替代熏烟材料，采用加热的方法使其挥发，和传统方法一样使其有效成分包附在制品上。这种方法仍需要烟熏设备，但其设备容易保持清洁状态。而使用天然熏烟时常会有焦油或其他残渣沉积，以致经常需要清洗。二是采用浸渍法或喷洒法省去全部烟熏工序。采用浸渍法时，液态烟熏剂需加3倍水稀释，将需要烟熏的制品在其中浸渍10～20h，然后取出干燥，浸渍时间可根据制品的大小、形状而定。如果在浸渍时加入0.5%左右的食盐风味更佳，有时在稀释后的烟熏液中加5%左右的柠檬酸或醋，便于形成外皮，这主要用于生产去肠衣的肠制品。

用液熏法生产的肉制品仍然需要蒸煮加热，同时烟熏溶液喷洒处理后立即蒸煮，还能使制品形成良好的烟熏色泽。因此，液态烟熏制剂处理宜在即将开始蒸煮前进行。

六、烟熏设备

常用是烟熏箱配备烟熏车组成的烟熏设备。主要有单门单车型、单门二车、二门四车等，设备的类型所含烟熏车的数量可以根据生产需要实际定制到六车、八车甚至十二车，一般随着烟熏车数量增加，设备的自动化程度也更高、造价相应也高。目前在国内主要以二车型、四车型为最多。

按烟熏发烟方式，烟熏设备可分为直接发烟式、间接发烟式两种。

1. 直接发烟式

直接发烟式是在烟熏房内燃着烟熏材料使其产生烟雾，借助空气对流循环把烟分散到室内各处，因此，这种直接发烟式也称直火或自然空气循环式。这是最简单的烟熏方法。简单烟熏炉如图9-1所示。在烟熏房内还可加装加热装置，如电热套、电炉盘、远红外线电加热管以及蒸汽管、洒水器等，以便完成与烟熏相配套的干燥、加热、蒸熟、烤制等功能。

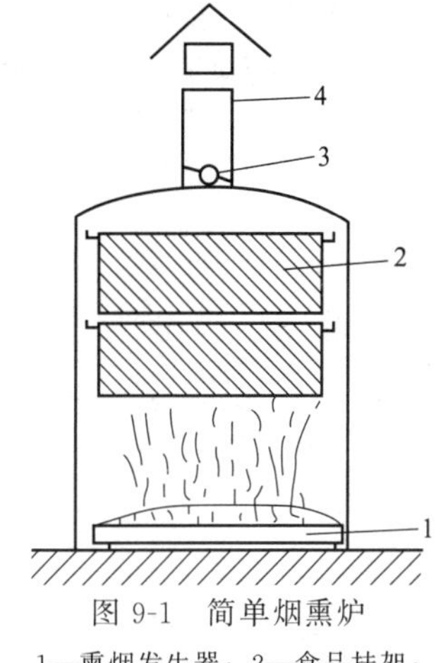

图9-1　简单烟熏炉

1—熏烟发生器；2—食品挂架；3—调节阀门；4—烟囱

直接发烟式设备由于依靠空气自然对流的方式，使烟在烟熏室内流动和分散，因此存在如室内温度分布不均匀、烟雾的循环利用差、熏烟中的有害成分不能去除、制品的卫生条件不良等问题，操作方法复杂，因此，只在小规模生产时应用。

2. 间接发烟式

间接发烟式烟熏室（炉）是被广泛采用的烟熏设备。这种装置的烟雾发生器放在炉外，通过鼓风机强制将烟送入烟熏炉，对制品进行熏烟，因此也称为强制通风式烟熏炉。使用间接发烟式烟熏炉不仅能控制整个烟熏过程的工艺参数，而且能控制蒸煮和干燥程度。这种专用的烟熏房可以解决前述的直接发烟式烟熏设备存在的温度和烟雾分布不均匀、原材料利用率低及操作方法复杂等问题。此外，这种烟熏炉通常还能调节相对湿度。

参考文献

[1] Ellis D F. Meat Smoking Technology in Meat Science and Application [M]. Taylor & Francis Group, CRC Press, Boca Raton, USA, 2001.

[2] Norman N P, Joseph H H 著. 食品科学 [M]. 王璋，钟芳，徐良增译. 北京：中国轻工业出版社，2001.

[3] 戴瑞彤. 腌腊制品生产 [M]. 北京：化学工业出版社，2008.

[4] 冯剑斌. 食品的烟熏设备 [J]. 食品科技，2004，29 (1)：47-49.

[5] 高彦祥. 食品添加剂 [M]. 北京：中国轻工业出版社，2011.

[6] 孔保华. 肉品科学与技术 [M]. 北京：中国轻工业出版社，2003.

[7] 李冬霞. 肉制品的烟熏技术 [J]. 肉类工业，2006，(7)：18-20.

[8] 刘晓华，熊勇华，赖卫华. 腌制方法对板鸭含盐量的影响研究 [J]. 食品工业科技，2004，8：85-87.

[9] 罗云波，蔡同一. 园艺产品贮藏加工学 [M]. 北京：中国农业大学出版社，2001.

[10] 马长伟. 食品工艺学导论 [M]. 北京：中国农业大学出版社，2002.

[11] 庞小峰. 生物物理学 [M]. 西安：电子科技大学出版社，2007.

[12] 唐道邦，夏延斌，张滨. 肉的烟熏味形成机理及生产应用 [J]. 肉类工业，2004，2：12-14.

[13] 天津轻工业学院，无锡轻工业学院合编. 食品工艺学 [M]. 北京：中国轻工业出版社，1995.

[14] 王路，刘辉，谌素华，等. 桉树烟熏液的制备工艺研究 [J]. 食品工业科技，2012，33 (8)：274-276.

[15] 王路，王维民，谌素华，等. 大孔树脂精制竹蔗烟熏液的工艺研究 [J]. 食品与机械，2011，146 (6)：147-152.

[16] 王路. 食品烟熏液的制备和精制工艺研究及香气成分的分析 [D]. 湛江：广东海洋大学，2012.

[17] 夏文水. 食品工艺学 [M]. 北京：中国轻工业出版社，2009.

[18] 杨昌举. 食品科学概论 [M]. 北京：中国人民大学出版社，1999.

[19] 曾繁坤，蒲彪等. 果蔬加工工艺学 [M]. 成都：成都科大出版社，1996.

[20] 曾庆孝，芮汉明，李汴生. 食品加工与保藏原理 [M]. 北京：化学工业出版社，2002.

[21] 赵晋府. 食品技术原理 [M]. 北京：中国轻工业出版社，2002.

[22] 中国食品添加剂生产应用工业协会. 食品添加剂手册 [M]. 北京：中国轻工业出版社，1996.

[23] 周光宏. 畜产品加工学 [M]. 第二版. 北京：中国农业出版社，2011.

第十章　食品保藏中的高新技术

[教学目标]　本章使学生了解高压杀菌技术、磁场杀菌技术、脉冲杀菌技术、高密度二氧化碳杀菌技术、玻璃化转变技术及生物技术等在食品保藏中的应用及其作用机理。

传统的热力杀菌低温加热不能将食品中的微生物全部杀灭（特别是耐热的芽孢杆菌），而高温加热又会不同程度地破坏食品中的营养成分和食品的天然特性，不适合于那些重视风味的食品的灭菌。同时，热力杀菌也消耗了大量的能源。为了更大限度地保持食品的天然色、香、味、形和一些生理活性成分，满足现代人的生活要求，一些新型的保藏技术应运而生。食品高压保藏技术、食品高压脉冲电场杀菌技术、脉冲磁场杀菌技术都是“冷杀菌“技术，能使食品获得一定的保藏效果，而对食品品质影响较小，具有广阔的应用前景。食品玻璃化保藏技术是20世纪80年代末食品保藏科学的重大突破，它为食品科学的研究开辟了一条崭新的道路。食品生物保藏技术因其较高的安全性，在食品保鲜中的应用也越来越广泛。

第一节　超高压杀菌技术

食品超高压杀菌技术是当前备受重视和广泛研究的一项食品高新技术，简称为高压技术（high pressure processing，HPP）或高静水压（high hydrostatic pressure，HHP）技术。高压保藏技术就是将食品物料以某种方式包装后，在高压（100～1000MPa）下加压处理，高压导致食品中的微生物和酶的活性丧失，从而延长食品的保藏期。

早在1899年，Hite就以牛乳及肉类为原料首次进行了将高压应用于食品保藏的实验。目前，日本、美国、欧洲等国家和地区在高压食品的研究和开发方面走在世界前列。1990年4月，高压食品首先在日本诞生。随着科学技术的不断发展，高压技术将不仅用于食品的杀菌保藏，而且还将应用于食品加工的其他方面，成为食品加工中一种具有潜力的加工方法。

一、超高压杀菌的基本原理

超高压杀菌的基本原理就是压力超过一定值后对微生物具有致死作用。高压导致微生物的形态、生物化学反应以及细胞膜、壁等发生多方面的变化，从而影响微生物原有的生理活动功能，甚至使原有功能破坏或发生不可逆变化，导致微生物失活。

1. 高压和微生物

一般微生物具有一定的耐压特性。大多数细菌都能够在20～30MPa下生长，在高于40～50MPa压力下能够生长的微生物称为耐压微生物，在1～50MPa下能够生长的微生物称为宽压微生物。然而，当压力达到50～200MPa时，耐压微生物仅能够存活但不能生长。

（1）高压对微生物形态的影响　高压会影响细胞的形态。在高压下微生物细胞体积减小，形态发生异常，如由球状变为细杆状。海红沙雷氏菌在60MPa下形成200μm长的纤丝，而它的长度在常压下只有 0.6～1.5μm。扣囊复膜胞酵母菌在 250MPa 下保持 15min（以 30MPa/min 的速度升压，以 90MPa/min 速度卸压），在升压过程中细胞体积随压力升高而减小，最后达到初始体积的 85%～90%。在 15min 的压力保持过程中，细胞体积减小至 75%。卸压后细胞体积又会部分恢复，可回复至初始的 90%。升压和卸压过程中细胞体积的变化，是由于细胞膜的可收缩性。在压力保持阶段，细胞体积减小不再是细胞可压缩性的表现，而是细胞内容物在压力持续作用下水分流失的过程。这种不可恢复的体积减小导致细胞内大量的聚合蛋白分离。另外，弧菌和荧光假单胞菌在 10MPa 下具有鞭毛，而在 40MPa 下则会失去鞭毛。

高压对细胞膜和细胞壁也有影响。细胞膜的主要成分是磷脂和蛋白质，其结构靠氢键和疏水键来保持。如果细胞膜是极其可透的，细胞便面临死亡。在压力作用下，细胞膜的双层结构的容积随着每一磷脂分子横切面积的缩小而收缩。蛋白质在细胞膜内发生变性，抑制了细胞生长所必需的氨基酸。高压增加了细胞膜的通透性，使细胞成分流出，破坏了细胞的功能。如果压力较低，细胞可以恢复到原来的状态，反之就会导致细胞的破坏。例如，在 300～400MPa 下，啤酒酵母的核膜和线粒体外膜受到破坏，加压的细胞膜常常表现出通透性的变化，压力引起的细胞膜功能劣化将导致氨基酸摄取受抑制。另外，细胞壁赋予微生物细胞以刚性和形状。20～40MPa 的压力能使较大的细胞因受力作用，细胞壁发生机械性断裂而变得松弛，在 200MPa 压力下，细胞壁将遭到破坏，导致微生物细胞死亡。真核微生物一般比原核微生物对压力较为敏感。大多数能够运动的微生物，特别是原虫，长时间在20～40MPa 下会停止运动。这种现象还与菌种有关，而且往往是可逆的。多数微生物在解除压力后会返回到正常形状重新开始运动。

（2）高压对微生物的灭活作用　高压能够降低微生物的生长和繁殖的速率，甚至导致微生物的死亡。延缓微生物繁殖或致死的压力阈值因微生物的种类和种属而异。大肠杆菌的生长和增殖在 10～50MPa 压力下受到明显的抑制，而且对于增殖的抑制大于生长。大肠杆菌在 20MPa 下培养时，它的生长速率随温度上升而提高。例如，在 30℃ 下稳定期保持 10～15h，在 40MPa 以上的压力下，滞后期将延长。在 52.5MPa 下，大肠杆菌不能生长。当温度升高时，较低的压力即可使其细胞失活。表 10-1 列出了部分微生物高压杀菌的参数和结果。

表 10-1　部分微生物高压杀菌的参数和结果（赵晋府，2002）

微生物	压力/MPa	温度/℃	时间/min	变化
牛乳中细菌	200	35	1800	1 个数量级减少
	500	35	1800	4 个数量级减少
	1000	35	1800	几乎没有细胞存活
枯草杆菌	578～680	—	5	杀灭营养细胞
枯草杆菌芽孢	600	93.6	＞240	灭菌
热稳定性枯草杆菌 α-淀粉酶	100	—	1008	90%灭活
大肠杆菌	290	25～30	10	杀灭大多数细胞
李斯特氏菌	238～340	—	20	$\leqslant 10^6$ 个细胞/mL
荧光假单胞菌	204～306	20～25	60	杀灭细胞
沙门氏菌	408～544	—	5	杀灭细胞
金黄色葡萄球菌	290	25～30	10	杀灭大多数细胞
酿酒酵母	574	—	5	杀灭细胞
乳酸链球菌	340～408	20～25	5	杀灭细胞
弧形杆菌	193.5	—	720	杀灭细胞

（3）影响高压杀菌效果的主要因素　食品的成分及组织状态十分复杂，食品中的各种微生物所处的环境不同，因而耐压的程度也不同。在高压杀菌过程中，对不同的食品对象应采用不同的处理条件。一般影响高压杀菌的主要因素有以下几个。

① pH对高压杀菌的影响。在压力作用下，介质的pH会影响微生物的生长。在食品允许范围内，改变介质pH，使微生物生长环境劣化，也会加速微生物的死亡速率，使高压杀菌的时间缩短或降低所需压力。高压不仅能改变介质的pH，而且能够逐渐缩小微生物生长的pH范围。例如，在680MPa下，中性磷酸盐缓冲液的平衡将降低0.4个单位。在常压下，大肠杆菌的生长在pH4.9和pH10.0时受到抑制；压力为27MPa时，在pH5.8和pH9.0受到抑制；压力为34MPa时，在pH6.0和pH8.7受到抑制。这可能是因为压力影响了细胞膜ATPase活性而导致的。

② 温度对高压杀菌的影响。就杀菌效果而言，温度与高压具有协同作用。因此，在高温或低温的协同作用下，高压杀菌的效果可以大大提高。

在低温下微生物的耐压程度降低。这主要是由于压力使得低温下细胞内因冰晶析出而破裂的程度加剧，因此，低温对高压杀菌有促进作用。而在同样的压力下，杀死同等数量的细菌，温度高则所需杀菌时间短。这是因为在一定温度下，微生物中的蛋白质、酶等均会发生一定程度的变性，因此，适当提高温度对高压杀菌也有促进作用。但是，在一定的温度区间，提高压力能够延缓微生物的失活。在46.9℃，大肠杆菌细胞在40MPa下失活速率低于常压。可见，压力和温度结合杀灭芽孢的作用不是简单的加和作用，温度在高压杀灭芽孢中扮演至关重要的角色。研究表明，在对嗜热芽孢杆菌芽孢的杀灭实验中发现，200MPa、90℃、300min和200MPa、80℃、30min可以使初始菌数为10^6的芽孢减少2个数量级。而当温度降至70℃时，即使压力增加到400MPa，时间延长到45min也只能观察到很少的芽孢失活。51℃、10min的热处理对于酿酒酵母在后续的高压处理中具有保护作用。酵母细胞经150MPa高压处理也会增加其耐热性。

③ 微生物生长阶段对高压杀菌的影响。不同生长期的微生物对高压的反应不同。一般处于指数生长期的微生物比处于静止生长期的微生物对压力反应更敏感。革兰氏阳性菌比革兰氏阴性菌对压力更具抗性，革兰氏阴性菌的细胞膜结构更复杂而更易受压力等环境条件的影响而发生结构的变化。孢子对压力的抵抗力比营养细胞更强。与非芽孢类的细菌相比，芽孢类细菌的耐压性更强，当静压超过100MPa时，许多非芽孢类的细菌都失去活性，但芽孢类细菌则可在高达1200MPa的压力下存活。革兰氏阳性菌中的芽孢杆菌属和梭状芽孢杆菌属的芽孢最为耐压，其芽孢壳的结构极其致密，使得芽孢类细菌具备了抵抗高压的能力，因此，杀灭芽孢需更高的压力并结合其他处理方式。

例如，对大肠杆菌在100MPa下杀菌，40℃时需要12h，在30℃需要124h才能杀灭。这是因为大肠杆菌的最适生长温度在37～42℃，在生长期进行高压杀菌，所需时间短，杀菌效率高。梭状芽孢杆菌（*Bacllus* spp.）芽孢在100～300MPa下的致死率高于1180MPa下的致死率，因为在100～300MPa下诱发芽孢生长，而芽孢生长时对环境条件更为敏感。因此，在微生物最适生长范围内进行高压杀菌可获得较好的杀菌效果。

④ 食品本身成分组成和添加物对高压杀菌的影响。食品的成分十分复杂，且组织状态各异，因而对高压杀菌的影响情况也非常复杂。一般当食品中富含营养成分或高盐、高糖成分时，其杀菌速率均有减慢趋势，这大概与微生物的耐高压性有关。一般糖浓度越高，微生物的致死率越低；盐浓度越高，微生物的致死率越低。添加物对高压杀菌的影响是富含蛋白

质、油脂的食品一般高压杀菌较困难，但添加适量的脂肪酸酯、糖脂及乙醇后，会增强高压杀菌的效果。

⑤ 水分活度（A_w）对高压杀菌的影响。水分活度低于0.94时，深红酵母的高压杀菌的效果减弱；水分活度高于0.96时，杀菌效果可以达到7个数量级的减少；而水分活度为0.91时，则没有杀菌效果。较高的固形物含量也会妨碍酿酒酵母、黑曲霉、毕赤酵母和毛霉的高压杀菌。

⑥ 加压方式。高压灭菌方式有连续式、半连续式、间歇式。一般阶段性（或间歇性）压力、重复性压力灭菌的效果要好于持续静压灭菌的效果。例如，与持续静压处理相比，阶段性压力变化处理可使菠萝汁中的酵母菌减少幅度更大。

⑦压力的大小和加压时间。在一定范围内，压力越高，灭菌效果越好。在相同压力下，灭菌时间延长，灭菌效果也有一定程度的提高。300MPa以上的压力可使细菌、霉菌、酵母菌死亡，病毒则在较低的压力下失去活力。对于非芽孢类微生物，施压范围为300～600MPa时有可能全部致死。对于芽孢类微生物，有的可在1000MPa的压力下生存，对于这类微生物，施压范围在300MPa以下时，反而会促进芽孢发芽。

2. 高压和细胞生物化学反应

由于许多生物化学反应都会发生体积上的改变，所以加压将对生物学过程产生影响。氢键的形成伴随着容积的减小，所以加压有利于氢键的形成。此外，压力还会影响疏水的交互反应，压力低于100MPa时，疏水交互反应导致容积增大，以致反应中断；但是，压力超过100MPa后，疏水交互反应将伴随容积减小，而且压力将使反应稳定。此外，高压还能使蛋白质变性，因此，高压将直接影响微生物及其酶系的活力。

高压能够抑制发酵反应。牛奶在70MPa下放至12d，不会变酸。对酸乳在10℃，200～300MPa处理10min，可以使乳酸菌保持在发酵终止时的菌数，避免贮藏中发酵而引起酸度上升。

3. 高压和酶促反应

高压能导致食品中的酶或微生物中的酶失活。一般100～300MPa压力引起的蛋白质变性是可逆的，超过300MPa引起的变性则是不可逆的。但是，使酶完全失活往往需要较高的压力和较长的时间，因此，单纯靠高压处理达到完全灭酶是相当困难的。

高压主要是通过改变酶与底物的构象和性质来影响酶活性的。这些高压效应又受pH、底物浓度、酶亚单元结构以及温度的影响。例如，大肠杆菌的天冬氨酸酶活性由于加压而提高，直至压力达到68MPa时为止；而在100MPa下，活性将消失。但是，大肠杆菌的琥珀酸脱氢酶活性在20MPa时会降低。大肠杆菌的甲酸脱氢酶、琥珀酸脱氢酶、苹果酸脱氢酶的活性变化在相同的压力下并不一致。在120MPa和60MPa时，甲酸脱氢酶和苹果酸脱氢酶的活性相差不明显，而琥珀酸脱氢酶的活性在常压和20MPa压力之间明显呈线性下降。在100MPa时，这三种酶基本上都失去活力。另外，脱氢酶的耐压性差别也将随菌种和菌株不同而改变。

高压处理可以提高肉中蛋白酶水解活性，在20℃、100～500MPa处理5min，提高了肌肉中细胞自溶酶B、D、L和酸性磷酸酶的活性。细胞自溶酶活性的增加与肉在高压下的嫩化有一定的关系。

牛乳中碱性磷酸酶随处理压力升高，失活程度增大。在20℃、400MPa高压下处理60min酶没有失活，在20℃、500MPa高压下处理90min或20℃、600MPa高压下处理

10min 时酶活丧失 50%，20℃、800MPa 高压下处理 8min 时酶完全失活。

Jaeniche 和 Morild 总结了高压对酶催化活性的作用机理，认为高压处理是通过影响酶蛋白的三级结构来影响其催化活性的。由于蛋白质的三级结构是形成酶活性中心的基础，高压作用导致三级结构崩溃时，酶活性中心的氨基酸组成发生改变或丧失活性中心，从而改变其催化活性。在较低压力下酶活性的上升则被认为是压力产生的凝聚作用，完整的组织中酶和基质隔离的状况被破坏，使酶与基质紧密接触，加速了酶促反应。

4. 高压对食品中营养成分的影响

采用高压技术处理食品，可以在杀菌的同时，较好地保持食品原有的色、香、味及营养成分。高压对食品中营养成分的影响主要表现在以下几个方面。

（1）高压对水分的影响　水是大多数食品的主要成分，高压下水的特性直接影响食品高压处理的效果。

① 高压对水体积的影响。22℃时，在 100MPa、400MPa、600MPa 压力的作用下，水的体积分别被压缩 4%、12%和 15%。绝热压缩能导致水（或水溶液）的温度上升，上升幅度为 2～3℃/100MPa，决定于初期温度和压力上升速度。同样，压力的释放也会导致温度以同样幅度下降，这种温度变化可通过水与食品和压力容器之间的热交换减少到最低程度。水在高压下的这种特性表明了低温高压加工不会对加工的食品产生任何热损伤，而且低温高压的杀菌效率比常温下更高。

② 高压对水相变的影响。水的相变（尤其熔化与结晶之间）也受压力的影响，在 210MPa 压力下，－22℃时水仍然为液态，这是由于压力能抑制冰晶（Ⅰ型）形成时体积的增加。高压冻结和高压解冻正是基于压力所导致的食品中水分的固液相变，导致水分冻结或冰解冻。水在高压下的这种特性可以在压力下低温（－20～0℃）解冻生物样品，且解冻过程迅速均一；可以进行不冻冷藏，即在一定的压力下，可以低温（－20～0℃）贮存生物样品而不会形成冰晶；可以进行速冻：先将生物样品置于 200MPa 压力下，然后将温度降至－20℃，再突然释放压力，这样形成的冰晶细腻均匀，不会对样品的组织结构造成大的损害。

高压能避免冻品不可逆变性和破坏、提高冷藏质量。高压不冻冷藏除了可以防止食品质量劣变外，还可以杀灭微生物，且无一般冻品解冻时产生的汁液流失和组织变性。日本曾经生产了一种在－15℃、185MPa 高压下处理的鱼类产品，因为存在亚稳定态的液态水区域，所以产品没有冰晶形成，蛋白质基本不变性，样品的持水性显著提高。与常压解冻法相比，高压解冻法具有解冻速度快、汁液流失少的优点，而且与常压下流动水解冻相比，高压解冻更节约水。高压解冻另外一个潜在的优点是可以抑制微生物的生长，使其失去活性，产品色泽鲜艳，品质好。

（2）高压对蛋白质的影响　高压使蛋白质高级结构伸展，体积发生改变而变性，即所谓的压力凝固。压力凝固的蛋白质消化性与热力凝固的相同。如鸡蛋蛋白在超过 300MPa 的压力下会发生不可逆变性，而且压力越高，作用时间越长，变性程度越大。使蛋白质发生变性的压力大小随物料或微生物特性而异，通常在 100～600MPa 范围内。

高压对蛋白质一级结构没有影响。在高于 700MPa 的压力下，二级结构将发生变化，从而导致变性。变性程度依赖于压缩率和二级结构变化的程度。H. Plangger 等采用圆二色谱法研究了高压作用下 L-聚赖氨酸多肽二级、三级结构的变化，结果表明，L-聚赖氨酸多肽（PLL）的 α-螺旋结构对压力处理更敏感，而 β-片层和 β-转角结构则比较稳定，只是部分发生变化。二级结构的改变不仅取决于压力大小，还取决于加压时间，长时间加压对二级结构影响更大。在200MPa以上的压力下，可以观察到三级结构的显著变化。然而，小分子蛋白如核酸酶A在更高的压力下（400～800MPa）会发生可逆的伸展，表明在这种情况下，蛋白质变性过程中体积和可压缩性的变化不是完全由疏水作用所决定的。

高压所导致的蛋白质变性是由于其破坏了稳定蛋白质高级结构的分子间弱的作用——非共价键，从而使这些结构遭到破坏或发生改变。蛋白质经高压处理后，其疏水结合及离子结合会因体积的缩小而被切断，使立体结构崩溃而导致蛋白质变性。压力的高低和作用时间的长短是影响蛋白质能否产生不可逆变性的主要因素，由于不同的蛋白质其大小和结构不同，所以对高压的耐性也不相同。以β-乳球蛋白和α-乳白蛋白为例，前者对压力敏感，超过100MPa的压力即发生变性，而后者则在小于400MPa压力下处理60min仍很稳定。高压下蛋白质结构的变化同样也受环境条件的影响，pH、离子强度、糖分等条件不同，蛋白质所表现的耐压性也不同。高压对蛋白质有关特性的影响可以反映在蛋白质功能特性的变化上，如蛋白质溶液的外观状态、稳定性、溶解性、乳化性等的变化以及蛋白质溶胶形成凝胶的能力、凝胶的持水性和硬度等方面。

另外，在高温时，压力能够稳定蛋白质，使其热变性温度提高；而在室温时，温度能稳定蛋白质，使蛋白质变性压力提高。尽管压力对蛋白质的影响十分复杂，但是，压力在食品加工处理和保藏中的应用前景十分广阔，主要包括以下几个方面。

① 通过解链和聚合（低温凝胶化、肌肉蛋白质在低盐或无盐时形成凝胶、乳化食品中流变性变化）对质地和结构进行重组。

② 通过解链、离解或蛋白质水解提高肉的嫩度。

③ 通过解链（即蛋白酶抑制剂、漂烫蔬菜）钝化毒物和酶。

④ 通过解链增加蛋白质食品对蛋白酶的敏感度，提高可消化性和降低过敏性。

⑤ 通过解链增加蛋白质结合特种配基的能力，增加分子表面疏水特性，能够结合风味物质、色素、维生素、无机化合物和盐等。

（3）高压对淀粉及糖类的影响　高压可使淀粉改性。常温下加压到400～600MPa，可使淀粉糊化而成不透明的黏稠糊状，且吸水量也发生改变，原因是压力使淀粉分子的长链断裂，分子结构发生改变。

不同的淀粉对高压的敏感性（耐压性）差别较大，如小麦和玉米淀粉对高压较敏感，而马铃薯淀粉的耐压性较强，又如马铃薯淀粉经处理的晶体结构在高压处理后会消失。多数淀粉经高压处理后糊化温度有所升高，对淀粉酶的敏感性也增加，从而使淀粉的消化率提高。

高压可使淀粉改性，常温下加压到400～600MPa，可使淀粉糊化而呈不透明的黏稠糊状物，且吸水量也发生改变。原因是压力使淀粉分子的长链断裂，分子结构发生改变。Mercier等研究了高压对淀粉粒结构的影响以及高压处理后，淀粉对淀粉酶的敏感性变化，结果表明淀粉含水量是决定高压影响大小的关键因素。研究表明，25℃时马铃薯、玉米和小麦淀粉经过高压处理后，不会影响它们对淀粉酶的敏感性；而在45℃或50℃经高压处理后，可以提高它们对淀粉酶的敏感性，而热处理对淀粉酶的影响却很小。Muhr等报道高压处理后马铃薯、小麦和光皮豌豆的淀粉糊化温度上升。马铃薯淀粉对高压具有较强的抵抗力，而小麦及玉米淀粉易受高压影响。Hibi等研究了高压下多种淀粉晶体结构的变化，发现水稻、玉米淀粉的晶体结构在高压下消失，而马铃薯淀粉的晶体结构则几乎没有变化。另外，高压还可作为破坏细胞壁的手段，促进淀粉粒的膨化、糊化，改良陈米的品质，使米饭的黏性、香气和光泽度升高，而且还可以缩短煮饭时间。对卡拉胶、琼脂、黄原胶等分子量大，在溶液中呈折叠卷曲状的多糖胶体进行研究，发现高压处理造成多糖分子一定程度的伸展，极性基团外露，使其电荷量增加，溶剂化作用加强，溶液的黏度增加。而果胶、海藻酸钠等分子量小，呈简单线形的多糖胶体，处理后溶液的黏度基本无变化。高压处理后多糖分子结构的伸展，还会导致多糖溶液的弹性相对降低。经高压处理后，卡拉胶溶液所形成的凝胶的持水性增大，但琼脂凝胶的持水性降低；卡拉胶凝胶分子间氢键加强、结晶度增大、熔点提高、强度有所提高，但琼脂凝胶的强度下降。

（4）高压对油脂的影响　油脂类耐压程度低，常温下加压到100～200MPa，基本上变成固体，但解除压力后仍能恢复到原状。另外，高压处理对油脂的氧化有一定的影响。

压力下脂肪（甘油三酯）的熔化温度会发生可逆上升，其幅度为每增加100MPa压力，温度上升10℃，因此，室温下为液态的脂肪在高压下会发生结晶。压力能促进高密度和更稳定晶体（低能量水平和高熔化温度）结构的形成。高压有利于最稳定状态晶体的形成。利用拉曼光谱和红外线光谱研究多种脂类状态的变化，发现在压力每升高100MPa时临界温度升高20℃，且两者呈线性关系。下面是有关一些油脂熔点（℃）和压力（MPa）的两个经验公式：

$$T=0.1418p+26.6\text{(椰子油)} \tag{10-1}$$

$$T=0.1233p-10.9\text{(大豆油)} \tag{10-2}$$

式中　T——油脂熔点，℃；

　　　p——压力，MPa。

日本科学家指出，可可脂在适当的高压处理下能变成稳定的晶型，有利于巧克力的调温，并减少贮存期中白斑、霉点的形成。

另外，压力能钝化微生物的原因，可能就在于细胞膜中磷脂在压力作用下的结晶化，引起细胞膜结构和通透性的改变。

当水分活度A_w在0.40～0.55范围内时，高压处理使油脂的氧化速度加快，但水分活度A_w不在此范围时则相反，温度对这一结果有影响。Cheah等研究发现，猪肉脂肪在水分活度为0.44、19℃、800MPa高压处理20min，通过过氧化值、硫代巴比妥酸值和紫外吸收法的测定，表明高压处理的样品比对照样品氧化速度更快（诱发期很短）。

（5）高压对食品中其他成分的影响　高压对食品中的风味物质、维生素、色素及各种小分子物质的天然结构几乎没有影响。例如，在生产草莓果酱等产品时，可保持原果的特有风味、色泽及营养。在柑橘类果汁的生产中，加压处理不仅不会影响其感官质量和营养价值，而且可以避免加热异味的产生，同时还可抑制榨汁后果汁中苦味物质的生成。

二、超高压杀菌技术在食品保藏中的应用

1. 高压杀菌技术的特点

高压杀菌技术与传统的加热处理比较，优点如下。

① 高压处理不会使食品色、香、味等物理特性发生变化，不会产生异味，加压后食品仍较好地保持原有的生鲜风味和营养成分，例如经过高压处理的草莓酱可保留95%的氨基酸，在口感和风味上明显超过加热处理的果酱。

② 高压处理后，蛋白质的变性及淀粉的糊化状态与加热处理有所不同，从而获得具有新特性的食品。

③ 高压处理为冷杀菌，可以较好地保持食品的原有风味。

④ 高压处理是液体介质短时间内的压缩过程，从而使食品灭菌达到均匀、瞬时、高效，

且耗能比加热法低。

表 10-2 列出了高压杀菌与加热杀菌的比较。

表 10-2 高压杀菌和加热杀菌的比较（徐怀德，2005）

项目	高压杀菌	加热杀菌	项目	高压杀菌	加热杀菌
传递速度	快，瞬间进行	慢，热传递要一段时间	维生素	无损失	有损失
杀菌时间	5～20min	20～30min	氨基酸	无影响	有影响
温度	常温	80～130℃	果糖、葡萄糖	无影响	有影响
风味	不变	改变	工艺流程	简单	复杂

2. 高压杀菌在食品保藏中的应用

目前，在全球范围内，食品的安全性问题日益突出，消费者要求营养、原汁原味的食品的呼声也很高，高压技术不仅能保证食品在微生物方面的安全，而且能较好地保持食品固有的营养品质、质构、风味、色泽、新鲜程度，符合食品发展趋势。

高压杀菌技术是近年来备受各国重视、广泛研究的一项食品高新技术，由于其独特而新颖的方法，简单而易行的操作，故引起普遍的关注。日本、美国、欧洲等国在高压食品的研究和开发方面走在世界前列。在一些发达国家，高压技术已应用于食品（如鳄梨酱、肉类、牡蛎）的低温消毒，而且作为杀菌技术也日趋成熟。

（1）肉制品　与常规保藏方法相比，经高压处理后的肉制品在嫩度、风味、色泽等方面均得到改善，同时也增加了保藏性。牛肉宰后需要在低温下进行 10d 以上的成熟，采用高压技术处理牛肉，只需 10min；300MPa，10min 处理鸡肉和鱼肉，结果得到类似于轻微烹饪的组织状态等。原料肉在常温下经 150～300MPa 的高压处理后制成的法兰克福香肠，其蒸煮损失明显下降，多汁性得到提高，而对色泽和风味没有不良影响。Crehan 等指出，高压处理原料肉可提高肌肉蛋白质的乳化性，从而改进低盐（食盐和磷酸盐）法兰克福香肠的质构，故可用于低盐肉制品的生产。

（2）果汁和果酱　橙汁、柠檬汁、柑橘汁在常温下经 10min 的高压处理，果汁中的酵母、霉菌数目大大减少，当压力达到 300MPa 时已检不出这类细菌（表 10-3）。使用高压技术制造的葡萄柚汁没有热加工产品的苦味。桃汁和梨汁在 410MPa 下处理 30min 可以保持 5 年商业无菌。高压处理的未经巴氏杀菌的橘汁保持了原有的风味和维生素 C，货架期达 17 个月。高压处理（200～500MPa）对黄金梨汁中主要香气成分的含量有一定的影响，经处理后的梨汁中除辛酸乙酯外大部分酯类物质含量比处理前均有减少，如乙酸乙酯、丁酸乙酯、丙酸乙酯等；而经高压处理后已醇和己醛的含量有所增加。与加热杀菌处理相比，高压处理较好地保持了梨果汁中的香气成分。

表 10-3 果汁的高压杀菌对酵母和霉菌的影响（徐怀德，2005）

名称	pH	原始微生物数	加压 200MPa 后	加压 300MPa 后
橙汁	3.4	5.2×10^5 个	1.2×10^5 个	0 个
柠檬汁	2.5	1.4×10^5 个	2 个	0 个
柑橘汁	3.8	2.0×10^5 个	5.2×10^5 个	0 个

在果酱生产中，高压杀菌不仅能杀灭水果中的微生物，还可简化生产工艺，提高产品品质。日本明治屋采用高压杀菌技术生产草莓酱，在室温下以 400～600MPa 的压力对软包装密封的果酱处理 10～30min，所得产品保持了新鲜水果的颜色和风味。高压处理增加了水果中苯甲醛的含量，有利于改善风味。然而，有些水果和蔬菜如梨、苹果、马铃薯和甘薯由于

多酚氧化酶的作用，高压处理后迅速褐变。在20℃、400MPa的压力下，0.5%柠檬酸溶液中处理15min可以使多酚氧化酶完全失活。

（3）水产品　水产品的加工较为特殊，产品要求具有原有的生鲜风味、色泽、良好的口感与质地。常规的加热处理、干制处理均不能满足要求，而高压处理可保持水产品原有的新鲜风味。例如，在600MPa下处理10min，可使水产品的酶完全失活，其结果是对虾等甲壳类水产品，外观呈红色，内部为白色，完全呈变性状态，细菌数量大大减少，但仍保持原有生鲜味。日本采用400MPa高压处理鳕鱼、鲭鱼、沙丁鱼，制造凝胶的鱼糜制品，其感官质量好于热加工的产品。高压加工的鱼糜凝胶可以用于制造虾蟹的仿制品。高压鱼糜产品具有和热加工产品相似的感官品质，但加工过程可以在0℃进行，这对传统的鱼糜加工技术而言是一个极大的改进。采用400MPa压力对鳙鱼鱼糜凝胶化，再热处理的样品比采用典型热处理的样品表现出更好的质构特性：凝胶强度提高了36.1%，硬度提高13.7%，压出水分含量减少6.0%。而且，400MPa压力凝胶化时间仅为典型热力凝胶化的1/5。所以，400MPa压力凝胶化再热处理可以作为传统热处理方法的替代方法。

（4）其他　对低盐、无防腐剂的腌菜制品，高压杀菌更显示出其优越性。高压（300～400MPa）处理时，可使酵母或霉菌致死，既提高了腌菜的保存期又保持了原有的生鲜特色。

Estiaghi对胡萝卜片及马铃薯块的研究表明，高压处理后样品的质地与原样几乎完全一样，也没发现明显的颜色变化。

高压技术还可用于延长鸡蛋、鲜鱼、干酪制品、牛奶等冷藏食品的货架期。

三、超高压处理设备

在食品加工中采用高压处理技术，关键是要有安全、卫生、操作方便的高压处理设备。食品工业要求高压处理设备能够耐受400MPa以上的高压，并能可靠地应用100000次/年。

高压处理设备主要由高压容器、加压装置及其辅助装置构成。

按加压方式分，高压处理设备有直接加压式和间接加压式两类。图10-1为两种加压方式的装置构成示意图。（b）和（c）图为直接加压式装置。在直接加压方式中，高压容器与加压气缸车呈上下配置，在加压气缸向下的冲程运动中，活塞将容器内的压力介质压缩产生高压，使物料受到高压处理。（a）图为间接加压式装置。在这种方式中，高压容器与加压装置分离，用增压机产生高压水，然后通过高压配管将高压水送至高压容器，使物料受到高压处理。表10-4列出了两种加压方式的比较。

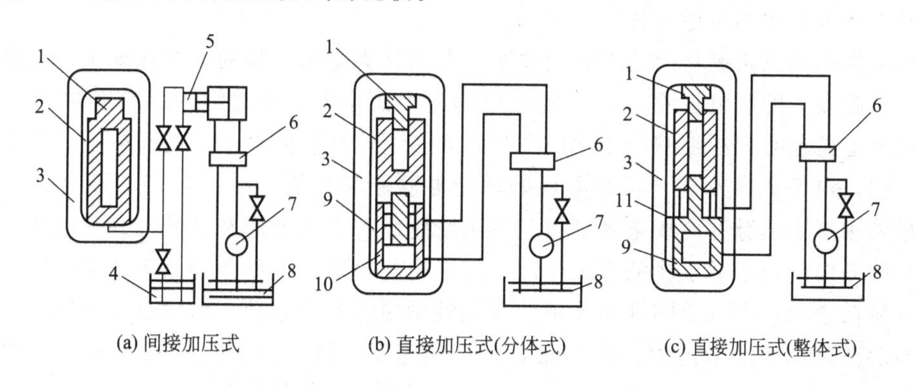

图10-1　间接加压式和直接（内部）加压式示意图（徐怀德，2005）

1—顶盖；2—高压容器；3—承压框架；4—压媒槽；5—增压泵；6—换向阀；7—油压泵；8—油槽；9—油压缸；10—低压活塞；11—高压活塞

表 10-4 两种加压方式的比较（赵晋府，2002）

项目 \ 加压方式	直接加压式	间接加压式
构造	加压气缸和高压容器均在框架内，主体结构庞大	框架内仅有一个压力容器，主体结构紧凑
容器容积	随着压力的升高容积减小	始终为定值
密封的耐久性	密封部位滑动，有密封损耗	密封部位固定，几乎无密封损耗
适用范围	高压小容量（研究用）	大容量（生产型）
高压配管	不需要高压配管	需要高压配管
维护	保养性能好	需要经常维护
容器内温度变化	升压或减压时温度变化不大	减压时温度变化大
压力保持	若压力介质有泄漏，则当活塞推进到气缸顶端时才能加压并保持压力	当压力介质的泄漏小于压缩机的循环量时可以保持压力

按高压容器的放置位置分为立式和卧式两种。相对于卧式而言，立式高压处理设备的站立面积小，但物料的装卸需专门装置。与此相反，卧式高压处理设备物料的进出较为方便，但占地面积较大。

第二节 脉冲电场杀菌技术

脉冲电场杀菌是一种全新的非热处理杀菌方法，它利用高强度脉冲电场瞬时杀灭食品中的微生物，具有杀菌时间短、效率高、能耗少等特点，应用前景广阔。目前，美国、德国、日本、加拿大等国家纷纷开展这一新杀菌技术的研究，在杀菌机理、对微生物形态的影响、对微生物高压脉冲电场敏感性因素的分析、对食品质量的影响以及高压脉冲发生器的研制等方面取得了很多进展。

一、脉冲电场杀菌的基本原理

脉冲电场杀菌就是利用LC振荡电路原理，用高压电源对电容器放电，电容器与电感线圈和放电时的电极相连，电容器放电时产生的高频指数脉冲衰减波在两个电极上形成高压脉冲电场；将待杀菌食品置于一个带有两个电极的处理室中，然后给予高压电脉冲，形成的脉冲电场作用于处理室中的食品，从而将微生物杀灭，使食品得以长期保藏。脉冲电场杀菌的电场强度一般为15～100kV/cm，脉冲频率为1～100Hz。

电场对微生物产生致死作用是脉冲电场杀菌的基本原理，脉冲电场导致微生物的形态结构、生物化学反应以及细胞膜和细胞壁发生多方面的变化，从而影响微生物的生理活动机能，使其破坏或发生不可逆变化。

脉冲电场的杀菌机制目前还不完全清楚，普遍认为是细胞膜的电穿孔理论，在外加电场的作用下细胞膜上的膜电位差V就会随电压的增大而增大，导致细胞膜厚度减少。当V达到临界崩解电位差时，在细胞膜上形成孔隙，在膜上产生瞬间放电，使膜分解，从而破坏或致死微生物。电镜观察发现，脉冲电场处理超滤脱脂牛奶后，金黄色葡萄球菌表面变得粗糙，如果采用更强的脉冲电场条件则可观察到细胞膜有小孔形成和细胞内容物的流出。

(1) 脉冲电场对于微生物的杀灭作用　脉冲电场对不同的微生物杀灭效果不同，酵母菌比细菌容易被杀死，革兰氏阴性菌比革兰氏阳性菌更容易被杀死。酿酒酵母对脉冲电场最为敏感，而溶壁微球菌的抵抗力最强。而对于细菌孢子，即使是更高的指数波和方波脉冲电场，其作用也甚微，只能使处于正在发芽时的孢子失活。与传统的蒸汽杀菌相比，脉冲电场处理的杀菌效率高，处理时间短，液体食品中营养成分的热变性可以降到最低程度。

例如，应用脉冲电场处理悬浮在NaH_2PO_4/Na_2HPO_4（0.845mmol/L/0.186mmol/L）

中的短乳杆菌时，较高的电场强度比较多的脉冲数目更有效。当试验菌培养液的温度从24℃上升到60℃，短乳杆菌的致死速率增加，处理时间缩短。在60℃下使用强度为25kV/cm电场处理短乳杆菌10ms，致死率达到95%。

脉冲之间较长的间隔有利于避免系统温度升高。虽然在脉冲电场处理时出现介质的电解，但是电解的产物不能杀灭微生物。

使用10个20kV/cm的脉冲电场处理NaCl(17.4mmol/L)、$Na_2S_2O_3$(8.83mmol/L)或NaH_2PO_4/Na_2HPO_4(7.44mmol/L)溶液中的大肠杆菌，可以取得灭菌99.9%的效果。细胞浓度低时（10^5个/mL），大肠杆菌在硫代硫酸盐和磷酸盐溶液中的致死率低于在氯化物溶液中的致死率。细胞浓度高时（10^8个/mL），大肠杆菌在三种溶液中的致死率相近。在脉冲电场处理时，氯化物溶液由于阴极氯离子氧化而产生游离的活性氯，活性氯继而与水反应生成盐酸，增强了杀菌效果。

接种在SMUF培养基中的大肠杆菌经30kV/cm、24℃、20个脉冲处理，可以减少2.8个数量级。另一方面，酿酒酵母经25kV/cm、25℃、18个脉冲处理，减少了3.9个数量级。酿酒酵母初始菌数低，可以获得更大的杀菌效果；而大肠杆菌的杀菌不受初始菌数的影响。

（2）脉冲电场处理后微生物的结构变化　在电子透射显微镜下观察大肠杆菌处理样品和对照样品，可见对照样品的原生质膜和外层膜相互靠近，而处理过的样品的原生质膜收缩，脱离了外层膜。处理过的样品外层膜呈锯齿状收缩，细胞膜的收缩表明其丧失了半透性。微生物细胞膜在细胞的生存和生长过程中发挥重要的作用，任何对细胞膜的损害都会影响它的功能，进而抑制细胞的增殖。

用扫描电子显微镜观察在SMUF中培养的金黄色葡萄球菌处理样品和对照样品，发现处理样品的细胞外表面硬化和收缩。对照样品可见清晰的原生质组织，而脉冲电场破坏了处理样品的细胞组织。脉冲电场破坏细胞膜的原因包括：双电性破裂；临界跨膜电位变化和细胞膜的压缩；细胞膜黏弹性变化；细胞膜蛋白质和类脂的流体镶嵌排列破坏；膜的结构欠缺；胶体的渗透膨胀等。

另外，脉冲电场促进了细胞中的许多化学和物理反应，如类脂的热致相转变、离子或带电分子的电泳移动、溶液和细胞膜内物质的电构象的变化等。

（3）脉冲电场对芽孢的失活作用　芽孢对于脉冲电场有耐受力。枯草杆菌的芽孢在30kV/cm的电场中仍能存活。芽孢在发芽后对脉冲电场比较敏感，但是，脉冲电场不能刺激发芽，因而不能杀灭芽孢。可以使用其他方法刺激芽孢发芽，然后应用脉冲电场杀灭所形成的营养细胞。Simpson等报道脉冲电场与溶菌酶相结合使枯草杆菌的芽孢减少了5个数量级。溶菌酶溶解了芽孢的外壳，使其更易受到脉冲电场的作用。因此，脉冲电场技术与其他方法结合使用，可以杀灭微生物的芽孢。

（4）脉冲电场杀菌对酶促反应的影响　荧光假单胞菌产生的蛋白酶水解酪蛋白和乳清蛋白，使贮藏在4℃的牛乳产生苦味和凝结。98个频率为2Hz、14kV/cm脉冲电场处理使脱脂乳中该酶的活性降低60%。胞浆酶是牛乳中固有的酶，胞浆酶水解酪蛋白产生γ-酪蛋白和由β-酪蛋白分解的胨和肽，会使酪蛋白溶液黏度降低，增加可溶性蛋白质量，延长凝乳酶的凝乳时间，造成超高温杀菌时的凝胶等。用50个30kV/cm脉冲电场在10℃下处理浓度为10μg/mL的胞浆酶溶液，可使其活性降低90%，而热钝化胞浆酶则需要60℃、5min或40℃、15min，才能取得同样的效果。

碱性磷酸酶的活性指示了牛乳热处理程度。在70个18.8kV/cm脉冲电场处理下，原料乳和脱脂乳的碱性磷酸酶活性分别减少了60%和65%。天然的碱性蛋白酶对胰蛋白酶的消化具有抵抗力，但是经脉冲电场处理后可以被胰蛋白酶消化。

脂酶和淀粉酶的活性不受30kV/cm脉冲电场的抑制。脉冲电场处理所失活的大肠杆菌失去合成β-半乳糖苷酶的能力，但是，大肠杆菌的β-半乳糖苷酶的活性未受脉冲电场处理的影响。在脉冲电场处理后，NADH脱氢酶、琥珀酸脱氢酶和己糖激酶的活性没有明显减少。

高压脉冲电场（PEF）对果汁中的果胶酯酶（PE）的活性具有很好的钝化效果。随脉冲电场强度的增强（5～25kV/cm）和脉冲数的增加（207～1449个），果胶酯酶的酶活钝化效果增强；在PEF处理后立刻测定发现，采用25kV/cm、1449个脉冲处理时，PE活性最高降低了65.3%。PE活性的变化与PEF的电场强度和脉冲数之间存在良好的线性相关，R^2分别达到0.988和0.953。

二、影响脉冲电场杀灭微生物的因素

食品的成分及组织状态十分复杂，食品中的各种微生物所处的环境不同，因而对电场作用的抵抗力也就不同。一般影响脉冲电场杀菌效果的因素主要有三个：脉冲电场的特性、微生物本身的影响和食品原料体系的特性。

1. 脉冲电场的特性

（1）电场强度和作用时间　电场强度是脉冲电场杀菌效果的决定因素。大量研究表明，脉冲电场杀菌存在着一个电场强度阈值，只有达到阈值以上，微生物才会死亡。而且电场强度越大，杀菌效果越好。作用时间是脉冲数目和脉冲持续时间的乘积。增加作用时间意味着增加脉冲数目或增加脉冲持续时间，而增加脉冲持续时间将使处理系统的温度大幅度上升。随着杀菌时间的延长，对象菌存活率开始急剧下降，然后逐渐平缓，此时再延长杀菌时间亦无多大作用。例如，采用脉冲电场处理绿茶，随电场强度的增大，作用时间的延长，绿茶中微生物的含量逐渐减少（图10-2）。微生物的存活率和电场强度的关系可用下式表示：

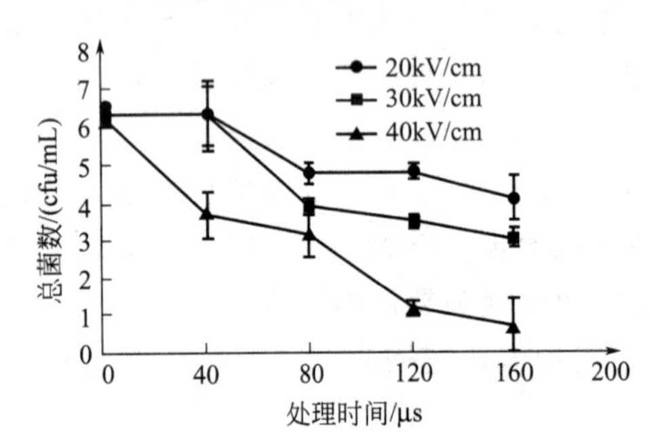

图10-2　不同电场强度和不同处理时间下的杀菌效果（王茉，2005）

$$s=(t/t_c)^{-(E-E_c)/k} \tag{10-3}$$

式中　s——存活率；

t_c——临界电场强度下的处理时间；

t——处理时间；

E——电场强度；

E_c——临界电场强度；

k——回归系数。

（2）脉冲的波形与极性　脉冲的形状包括指数脉冲波形、方波脉冲波形、振荡波形和双极性波形等。脉冲有单极性和双极性两种。方波脉冲波形和指数脉冲波形的示意图见图10-3和图10-4。其中振荡波形杀灭微生物的效率最低，方波脉冲波形的效率比指数脉冲波形的效率高，对微生物的致死率也高。双极性脉冲的致死作用大于单极性脉冲。例如，当电场强度为12kV/cm，脉冲数目不大于20，方波脉冲杀灭酿酒酵母比指数脉冲多60%。如果脉冲数目大于20，两者的杀菌效果相近。方波脉冲和指数脉冲的能量效率分别为91%和64%。

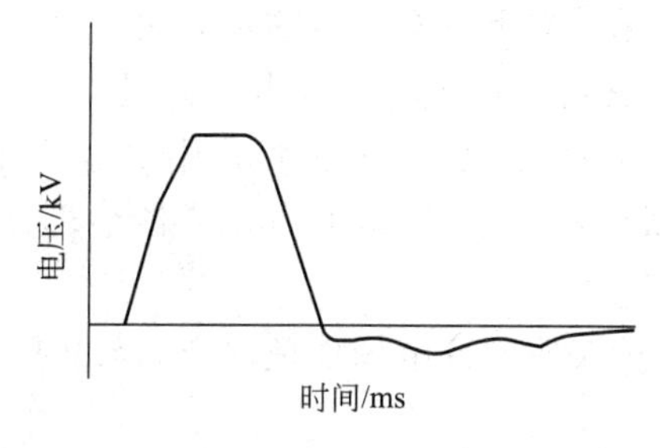

图 10-3　方波脉冲波形（赵晋府，2002）

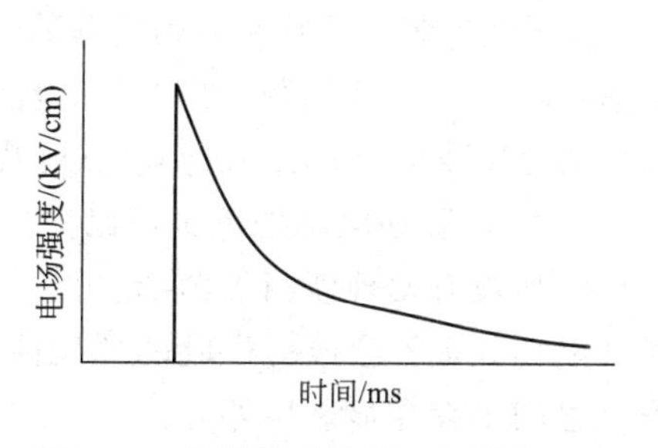

图 10-4　指数脉冲波形（赵晋府，2002）

2. 微生物本身的影响

（1）微生物的生长期　脉冲电场的杀菌效果与微生物生长期和介质温度密切相关，对数期的细胞比静止期的细胞对脉冲电场更敏感，例如，大肠杆菌 4h 的培养物对脉冲电场比 30h 的更敏感。

（2）微生物种类和菌落数量　芽孢对于脉冲电场有很大的耐受力，脉冲电场不能杀灭芽孢。无芽孢菌比芽孢菌更易于被脉冲电场杀灭，革兰氏阴性菌较革兰氏阳性菌更易于被脉冲电场杀灭。在其他条件相同的情况下，用脉冲电场灭菌时不同菌种存活率由高到低为：霉菌、乳酸菌、大肠杆菌、酵母菌。

研究发现，在同样的电场强度、同样时间的脉冲，菌数高的样品菌数下降的对数值比菌数低的样品要多得多。

3. 食品原料体系的特性

（1）温度　脉冲电场的杀菌作用随介质的温度上升而增加。采用指数脉冲，40℃时 20 个脉冲即可使在 SMUF 培养基中的大肠杆菌减少 2 个数量级，如果温度降为 30℃，达到同样的杀菌效果则需 50 个脉冲；采用方波脉冲，33℃时达到同样的杀菌效果需 10 个脉冲，温度为 7℃时，达到同样的杀菌效果则需 60 个脉冲。

（2）食品的电特性　食品介质的电导率是传导电流的能力，在脉冲电场杀菌过程中是一个很重要的参数。液体电介质中构成电导的因素主要有两种：一种是液体本身的分子离解为离子，构成离子电导；另一种是液体中的胶体质点（如树脂、炭渣、悬浮状水滴等）吸附电荷后形成带电胶粒，构成胶粒电导。电导率大的食品会在处理室中产生很小的峰值电场，因此，不适合采用脉冲电场进行处理。电导的增大将会导致液体离子浓度的增加，食物的离子浓度增加则会降低杀菌率。

（3）其他影响因素　以大肠杆菌为例，脉冲电场的杀菌作用随介质离子强度的下降而增加，随 pH 的下降稍有增加，介质中氧的存在与否对杀菌作用没有影响。介质中 Na^{+} 和 K^{+} 不影响杀菌效果，而二价离子 Mg^{2+} 和 Ca^{2+} 对脉冲电场杀菌具有一定的保护作用。

三、脉冲电场杀菌技术在食品保藏中的应用

脉冲电场杀菌已经在食品模型体系的研究中展现了它的应用前景，而在实际食品加工中运用这一技术是食品科学家面临的挑战。美国、日本、中国等国家的食品科学家就果蔬汁、鸡蛋、牛乳等的脉冲电场杀菌技术进行了大量试验，证明了此技术具有较好的杀菌效果，同时对食品原有的色、香、味及营养成分影响较小。

1. 在牛乳中的应用

脉冲电场对培养液和牛奶中的酵母、革兰氏阴性菌、革兰氏阳性菌、细菌孢子都有很好的

灭菌效果。无菌包装的经脉冲电场处理的2%脂肪牛乳在4℃下具有2周的货架期。脉冲电场的抑菌率可达到4～6个对数周期，其处理时间一般在几微秒到几毫秒，最长不超过1s。

强度为36.7kV/cm的脉冲电场可以完全杀灭接种在巴氏杀菌牛乳中的沙门氏菌(3800cfu/mL)，脉冲电场处理也可以把牛乳中其他微生物减少到20cfu/mL。该牛乳在7～9℃贮藏8d后没有发现沙门氏菌的生长。

脉冲电场处理不会改变牛乳的理化性质，感官评价表明脉冲电场处理的产品与热巴氏杀菌的产品之间不存在显著性差异。

2. 在果汁中的应用

采用脉冲电场处理能够显著提高果汁的货架期。用脉冲电场强度为50kV/cm、脉冲次数为10次、脉宽为27μs的脉冲，在45℃下处理鲜榨苹果汁，产品的货架期为28d，而没有经过处理的鲜榨苹果汁货架期只有7d。

脉冲电场对胡萝卜汁中啤酒酵母和大肠杆菌的灭活效果很好。对于平板电极，场强＞20kV/cm、脉冲数＞1400时，对大肠杆菌、啤酒酵母的灭活率分别达－3.15个对数、－4.15个对数。对于同轴电极，电压15kV、脉冲数＞1400时，对啤酒酵母的灭活率达－3.15个对数；电压25kV时，对大肠杆菌的灭活率也达－3.15个对数。杀菌效果相当可观，且细菌存活率也随所加电压和脉冲数的增加而明显下降。

当电场强度为12kV/cm、脉冲数为1200个脉冲时，橙汁中*E.coli*的数量减少了1.73个对数；10kV/cm、400个脉冲时过氧化物酶活性下降了60%。但是，对橙汁理化性质，如总酸、Brix、pH、浊度和色差等指标的影响不大。

脉冲电场杀菌对未过滤的苹果汁、果肉含量高的橘子汁、菠萝汁的感官特性没有影响，橘子汁中维生素C的含量也不改变，且脉冲电场处理过的苹果汁比新鲜苹果汁的味道更好。经脉冲电场杀菌的橘子汁，易挥发性物质损失率为13%，其中萜二烯和丁酸乙酯的损失率分别为15%和26%；而热杀菌的橘子汁，萜二烯和丁酸乙酯的损失率分别为60%和82%。脉冲电场加工的橘子汁中风味物质的损失率为3%，而热杀菌的损失率为22%。

3. 在鸡蛋中的应用

目前，脉冲电场非热杀菌技术已用于蛋液的工业化生产中，所采用的电场强度为35～45kV/cm。无菌包装的经脉冲电场处理的蛋液在4℃下保藏，货架期可达4周。脉冲电场对蛋液的化学成分没有影响，不足之处是使蛋液黏度下降，颜色变暗。以蒸蛋为样品的感官评价表明脉冲电场处理蛋液与新鲜蛋液没有显著性差异。

4. 其他

经脉冲电场处理的豌豆汤在4℃下贮藏4周后，其理化性质和感官品质均无变化。脉冲电场杀灭酿酒酵母比杀灭酸乳中的乳酸杆菌更容易。在45℃下用脉冲电场处理接种了酵母的酸乳并在4℃贮藏，其货架期可以达到10d；如果在55℃下进行脉冲电场处理，其货架期可以达到1个月。

韩国研究者采用12.5～25kV/cm指数脉冲处理米酒，脉冲数低，米酒中微生物的对数存活率呈线性降低；而脉冲数高，则呈曲线降低。

四、脉冲电场杀菌处理设备

高压脉冲电场杀菌装置主要由脉冲发生器和处理室组成。目前，适用于小试的脉冲设备已经问世。

1. 脉冲处理系统

脉冲处理装置主要有电源、电容器、开关、处理室、电压和电流以及温度控制仪表、无菌包装设备等。电源用于电容器的充电，开关用于向放置在处理室的食品放电，闸流管、电磁或机械开关均可用作开关，食品可以放在静止式处理室中或连续地泵送通过处理室。处理室内有脉冲容器、加压装置及其辅助装置。静止式处理室适用于实验室研究，连续式适用于中试或工业化生产。由于脉冲处理时可能产生热量，加工系统还包括冷却处理室等设备。脉冲处理系统的示意图见图 10-5。

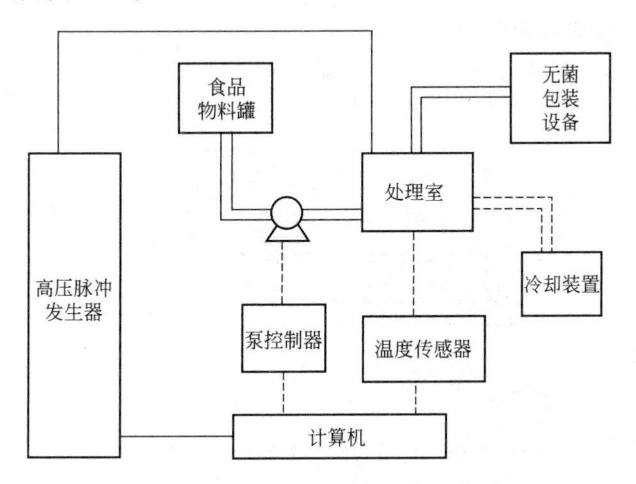

图 10-5　脉冲处理系统示意图（徐怀德，2005）

2. 间歇式处理室

Dunn 和 Pearlman 间歇式处理室包括两个不锈钢的电极和一个圆柱形的定位器。高 2cm，内径 10cm，电极面积为 $78cm^2$。液体食品从一个电极上的小孔引入，这个小孔还用于脉冲处理时测定食品的温度。脉冲发生器由高压电源、2 个 400kΩ 的电阻、电容器组和火花间隙开关、继电器、电流表和电压表组成。其示意图见图 10-6。

华盛顿州立大学设计的间歇式处理室包括两个圆盘形平行片不锈钢电极，之间被聚砜间隔器分离，电极的有效面积为 $27cm^2$，电极间隙为 0.95cm 或 0.51cm。电极内有循环水或制冷剂的夹套，以保证电极在适宜的温度下工作。处理室有两个口供装卸食品之用。示意图见图 10-7。

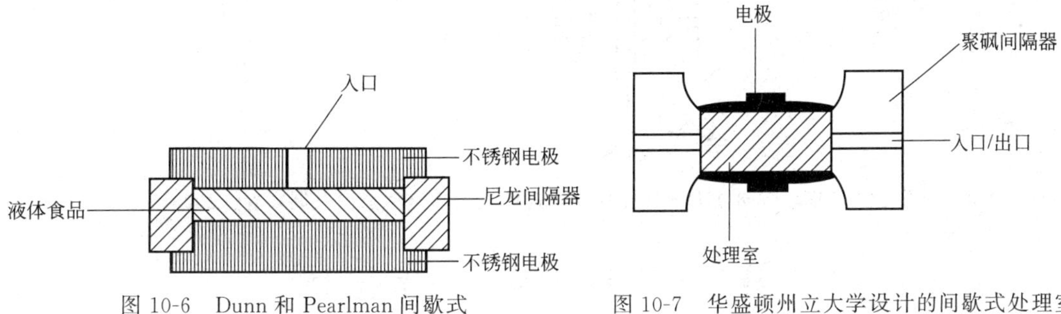

图 10-6　Dunn 和 Pearlman 间歇式处理室示意图（周家春，2003）

图 10-7　华盛顿州立大学设计的间歇式处理室示意图（赵晋府，2002）

3. 连续式处理室

（1）Dunn 和 Pearlman 连续式处理室　Dunn 和 Pearlman 设计的连续式脉冲处理系统包括食品的贮罐、脱气装置、处理室、温度和电压控制器、高压脉冲发生器、预热/冷却食品的换热器。预热食品脱气后进入处理室进行脉冲杀菌，杀菌后的食品在换热器冷却到 5～

10℃，然后无菌包装成单个的包装或送入散装贮罐。

该系统的处理室由两个平行的板式电极和一个双电性定位器构成，示意图见图 10-8。离子传导膜的材料是聚乙烯磺酸酯、丙烯酸的共聚物或氟化碳氢化合物。通过电解质在电极和离子膜之间形成电传导，适用的电解质有碳酸钠、碳酸钾、氢氧化钠和氢氧化钾，电解质溶液循环流动，随时排除电解产物。电解质的浓度上升或下降时，需要更换新的溶液。处理室内可以加装挡板，增加食品的停留时间。

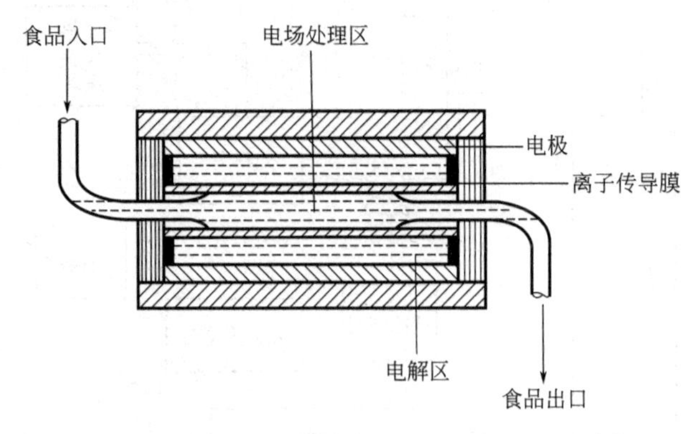

图 10-8 Dunn 和 Pearlman 连续式处理室示意图（赵晋府，2002）

（2）华盛顿州立大学设计的同轴连续式处理室　该装置的示意图见图 10-9，其同轴处理室采用了凸出的电极表面，强化处理区内的电场，减小其他部分的电场强度。电极的构型经过计算机电场数字程序的优化。采用优化的电极形状，可以预先确定流道的电场分布，而无需测定电场的强化点。通过选择不同直径的电极可以调整电极间隙。为了保证电极的工作温度，两个电极都安装了冷却夹套。电极的外径 12.7cm，室高 20.3cm，流速 1～2L/min。

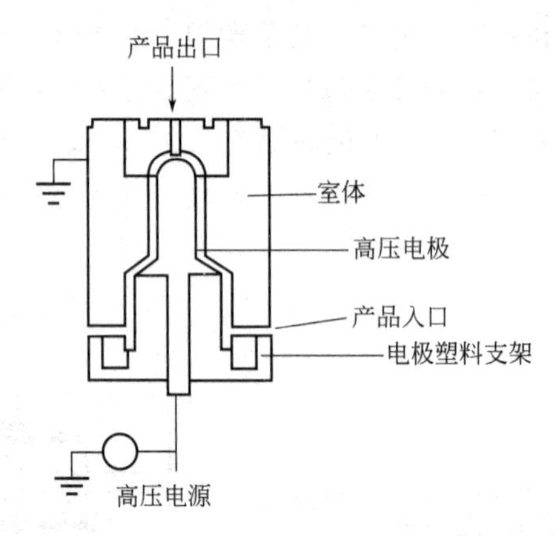

图 10-9 华盛顿州立大学设计的同轴连续式处理室示意图（周家春，2003）

第三节　脉冲磁场杀菌技术

磁场杀菌，又称磁力杀菌，它是将食品置于高强度脉冲磁场中处理，达到杀菌的目的。处理条件是在常温常压下，利用脉冲磁场快速传播的特性，进行瞬时杀菌。近年，日本、美国的一些研究证明，脉冲磁场杀菌在食品行业有着重要的应用价值。脉冲磁场杀菌是一项有前途的冷杀菌技术。

磁场分高频磁场和低频磁场。脉冲磁场强度在 2T（特斯拉）范围以内的磁场为低频磁场；磁场强度大于2T的磁场为高频磁场或振荡磁场，具有强杀菌作用。低频磁场对微生物的影响也非常大，它能有效地控制微生物的生长、繁殖，使细胞钝化，降低分裂速度甚至使微生物失活。高频磁场杀菌是指将食品放置于磁通密度大于2T的振荡磁场中，使微生物在磁场的作用下失活的杀菌方法。

脉冲磁场杀菌是利用高强度脉冲磁场发生器向螺旋线圈发出强脉冲磁场，待杀菌食品放置于螺旋线圈内部的磁场中，微生物受到强脉冲磁场的作用后导致死亡。脉冲电场杀菌存在的不足是易产生电弧放电，一方面食品会被电解，产生气泡，影响杀菌效果和食品质量；另一方面电极会被腐蚀，影响设备的使用寿命。电弧放电的问题给杀菌系统的设计和放大带来了很大的难度。而脉冲磁场杀菌不存在脉冲电场杀菌的缺陷。

脉冲磁场杀菌作为一种物理冷杀菌技术，具有以下优点。

① 杀菌物料温升一般不超过5℃，对物料的组织结构、营养成分、颜色和风味影响较小。

② 安全性高。高磁场强度只存在于线圈内部和其附近区域。离线圈稍远，磁场强度明显下降。线圈内部以及距离线圈2m区域内的磁通密度是7T；超出2m，磁通密度下降至7×10^{-5}T，后者与地磁磁通密度大体相当。因此，只要操作者处于适宜的位置，就没有危险。

③ 与连续波和恒定磁场比较，脉冲磁场杀菌设备功率消耗低、杀菌时间短、对微生物杀灭力强、效率高。

④ 便于控制。磁场的产生和中止迅速。

⑤ 由于脉冲磁场对食品具有较强的穿透能力，能深入食品的内部，所以杀菌彻底。使用塑料袋包装食品，避免加工后的污染。

一、脉冲磁场杀菌装置

磁体在一个区域内磁化周围粒子，该区域称为磁场。磁通密度是磁场强度的表示，其国际制单位为特斯拉（T）。磁场分为静止磁场和振荡磁场。静止磁场的强度不随时间发生变化，磁场各方向的强度相同。振荡磁场以脉冲的形式作用，每个脉冲均改变方向，磁场强度随时间衰减到初始的10%。

杀灭微生物的磁通密度为5～50T。超导线圈、产生直流电的线圈、由电容器充电的线圈均可产生该磁通量的振荡磁场。气芯螺线管可以产生高强度的磁场，但产生高强度的磁场要消耗大量的电流并产生热。应用超导磁体可以产生高强度磁场且不产生热，但是超导磁体的最佳磁通密度仅为20T。外部安装超导磁体，内部安装水冷线圈的混合磁体可以产生30T以上的磁通密度。

脉冲磁场发生仪电路主要由线性低频转换电路即触发信号发生器、开关管、大功率电源、自感应线圈、采样保持电路、数码显示及±15V、5V电源等部分组成。脉冲磁场由磁感应线圈通电产生，磁场强度大小由通电电流大小调节，磁场脉冲频率由电路的通断控制。其原理如图10-10所示。

脉冲磁场杀菌是将带菌的食品物料装入料斗，然后将料斗放入磁场线圈中，接通电源，调节到所需要的电压进行充电。信号通过控制触发开关管的通断，来控制流经自感应线圈的电流的通断，由于自感应线圈产生的脉冲磁场的频率及脉宽与触发信号的相同，故可通过调节触发信号的频率来调节脉冲磁场的频率。脉冲磁场的强度与流过线圈的电流成正比，因此，可通过调节阻值大小来调节电流大小，进而调节脉冲磁场的强度。

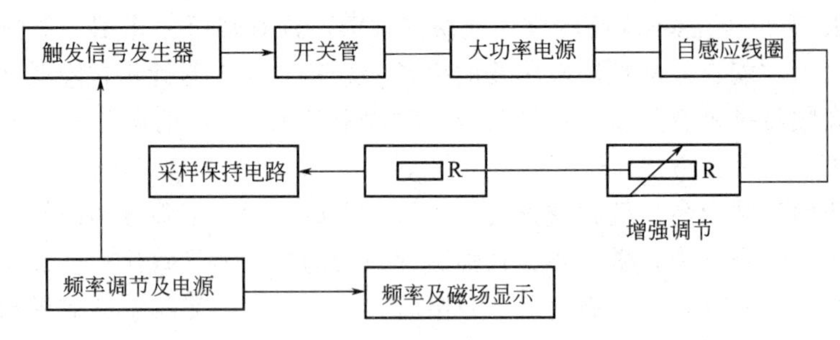

图 10-10　脉冲磁场电路原理示意图（徐怀德，2005）

二、脉冲磁场杀菌原理

关于脉冲磁场对微生物的作用机理有多种理论，但归纳起来，外磁场作用于生物体所产生的生物效应有以下几个方面。

1. 磁场的感应电流效应

生物体对于磁场是可透过性的，瞬态磁场在生物体内将产生感应电流及高频热效应。在脉冲磁场的作用下，由于脉冲时间短，磁场的变化率很大，将激发起细胞内的感应电流。

细胞在磁场下运动时，如果细胞所做运动是切割磁力线的运动，就会导致其中磁通密度变化并激发起感应电流，这个电流的大小、方向和形式是对细胞产生生物效应的主要原因。此感应电流越大，生物效应越明显。因此，在医学上，多是采取磁场旋转或振动的方法，扩大细胞内磁通密度的变化，提高对病灶的治疗效应。当细胞处于脉冲场时，可认为是静止不动的，穿过细胞的磁通密度为 $\Phi=SH(t)$，其中 $H(t)$ 是随时间变化的磁场值，S 是磁场垂直穿过细胞的截面。由于磁场的瞬间出现和消失，必然在细胞内产生一瞬变的磁通密度，即 $\mathrm{d}\Phi/\mathrm{d}t$。瞬变的磁场在细胞内激发起感应电流，此感应电流与磁场相互作用的力密度可以破坏细胞正常的生理功能。如果此细胞体积较大，产生相应的力密度也大，故而大细胞易于死亡，小细胞则反之。

因此，就磁场对细胞产生的感应电流效应而言，恒强磁场不及旋转磁场，旋转磁场不及脉冲磁场，这就是为何脉冲磁场只要很短的时间和较小的场强，就会产生显著杀菌效果的原因。

2. 磁场的洛仑兹力效应

在磁场下，细胞中的带电粒子尤其是质量小的电子和离子，由于受到洛仑兹力的影响，其运动轨迹常被束缚在某一半径之内，磁场越大半径越小。根据磁场强度大小的不同，带电粒子的运动轨迹将会出现以下 3 种情况：①磁场强度较小，拉默半径大于细胞的大小，微生物细胞内的带电粒子运动自如，不但没有约束，反而可能使其更加定向、同步地向反应中心聚集，更加促进了细胞的生长和分裂；②磁场强度中等时，拉默半径与细胞的大小相当，则磁场的影响不明显；③磁场强度较大时，洛仑兹力加大，拉默半径小于细胞的大小，导致了细胞内的电子和离子不能正常传递，从而影响细胞正常的生理功能。细胞内的大分子如酶等则因在磁场下，所携带的不同电荷的运动方向不同而导致大分子构象的扭曲或变形，改变了酶的活性，因而细胞正常的生理活动也受到影响。

3. 磁场的振荡效应

分子生物学研究表明，生物体内的大多数分子和原子是具有极性和磁性的，因此，外加磁场必然会对生物产生影响或作用。不同强度分布的外加磁场对不同生物的影响程度是不同的。由于脉冲磁场是变化的，在极短的时间内，磁场的频率和强度都会发生极大的变化，在细胞膜上产生振荡效应。激烈的振荡效应能使细胞膜破裂，这种破裂导致细胞结构紊乱，从而杀死细胞，并最终达到杀死细菌的目的。

4. 磁场的电离效应

变化磁场的介电阻断性对食品中的微生物具有抑制作用。在外加磁场的作用下，食品空间中的带电粒子将产生高速运动，撞击食品分子，使食品分子分解，产生阴、阳离子，这些阴、阳离子在强磁场的作用下极为活跃，可以穿过细胞膜，与微生物体内的生命物质如蛋白质、RNA 作用，而阻断细胞内正常生化反应和新陈代谢的进行，导致细胞死亡，进而杀死细菌。

应该特别指出的是，利用脉冲磁场杀菌要求食品具有较高的电阻率，以防食品内部产生涡流效应而导致磁屏蔽。这也就是有些食品脉冲磁场杀菌效果很好，而有些食品杀菌效果较差的主要原因。

5. 脉冲磁场作用下微生物的自由基效应

自由基一方面带有未抵消的电荷，另一方面又具有未配对的自旋电子，即具有未抵消的磁矩。不论是运动的电荷，还是磁矩都会受到磁场的影响。自由基可以彼此复合成为三重态（自旋相同）或单线态（自旋相反），三重态的磁矩更大，对磁场更敏感，自由基对三重态的效应发挥了一种转导作用。实验证明，化学上高度活动的自由基可以调节生物分子与磁场的相互作用。

三、影响脉冲磁场杀菌效果的因素

脉冲磁场杀菌效果受到多种因素的影响，主要有磁场强度、脉冲数、微生物种类和生长期、介质温度及 pH 值等。

1. 磁场强度

磁场强度大小和方向不断变化，造成细胞内磁通密度的变化，导致感应电流大小和方向的变化。细胞内磁通密度变化的实现方式有两种：一种是通过细胞的运动来切割磁力线，引起细胞内磁通密度的变化加大，产生较大的感应电流，例如在医学上使用的旋转磁场；另一种是脉冲磁场造成磁场的瞬间出现和消失，在细胞内也可以产生一瞬间变化的磁通密度，瞬变磁通密度必然会激发一个很大的感应电流，此感应电流与磁场共同作用，可以破坏细胞正常的生理功能，最终导致微生物细胞死亡。

马海乐等研究了磁激发脉冲磁场对生啤酒的杀菌效果，发现随着电压（磁场强度）的增加，杀菌效果明显增强，最后有一个稳定的拐点。脉冲数为 5、10、20 时，拐点电压为 1200V（2.53T），当磁场强度大于拐点值之后，脉冲数为 5、10、20 对应的菌落总数分别稳定在 100 个/mL、50 个/mL、30 个/mL 以下；脉冲数增至 30 时，拐点电压减小为 1000V，磁场强度大于 2.11T 后，生啤酒中细菌总数稳定在 20 个/mL 以下。他们用高强度脉冲磁场对西瓜汁杀菌效果进行试验研究，得出同样的结果，即随着磁场强度的增大，菌落总数呈下降趋势，但在 3.77T 时反而有上升趋势，磁场强度增加到 4.22T 时，灭菌效果变得显著。因此，杀菌效果与磁场强度大小密切相关，随着磁场强度增加，杀菌效果增强。

2. 脉冲数

杀菌刚开始时，随着脉冲数的增加，杀菌效果增加，但在 20 个脉冲的时候达到一个极值。随后，杀菌效果不再随脉冲数的增加而增加，有时候反而出现相反的变化趋势。在用高强度脉冲磁场对西瓜汁杀菌效果进行试验时，当脉冲数为40时，磁场强度对杀菌效果的影响为单调增加；但当脉冲数小于40的情况下，磁场强度为3.37T时，磁场强度对杀菌效果的影响均出现反弹现象。当磁场强度为4.22T时，脉冲数对杀菌效果的影响为单调增加。但当磁场强度小于4.22T的情况下，脉冲数大于20以后，随脉冲数增加，杀菌效果反而变差。

3. 微生物因素

利用脉冲磁场对大肠杆菌和金黄色葡萄球菌在不同生长阶段、不同介质温度及pH值的情况下进行杀菌试验，结果表明，这两种菌在对数生长期比在稳定生长期和延迟生长期对磁场更敏感，两种细菌在对数生长期的后期杀菌效果均出现反弹变差的现象，反弹趋势延长至稳定生长期，并趋于平缓（图10-11）。介质温度越高，脉冲磁场杀菌效果越好，但该温度远低于热致死温度。介质pH值越接近中性，杀菌效果越差；pH值小于5时，杀菌效果较好。

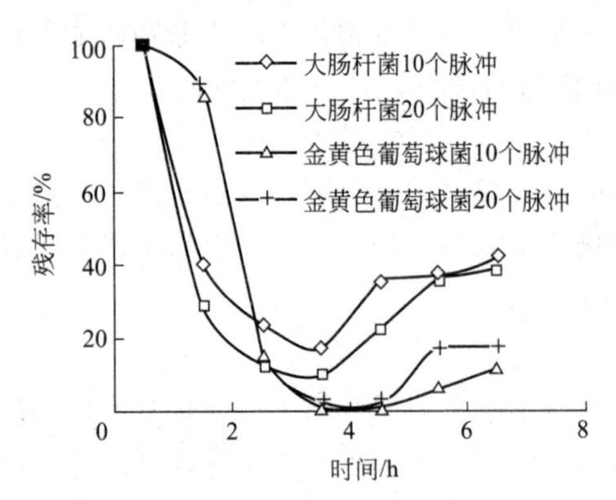

图10-11　不同生长期对脉冲磁场杀菌效果的影响（马海乐，2004）

4. 其他因素

Yoshimura发现0.57T的静止磁场中的稳定期酵母细胞没有变化，但是振荡磁场具有杀灭细胞的作用。Van Nostran等在0.46T的磁场中分别在28℃和38℃下培养酿酒酵母24h、48h、72h，观察到其生殖速率大幅度下降。均匀磁场不抑制酵母发芽，而在非均匀磁场中放置20min、25min、60min、120min，酵母的发芽均受到抑制。

总之，影响脉冲磁场对微生物细胞的效应的因素是多方面的：一方面受磁场的物理学因素的影响，例如磁场强度、脉冲数、脉冲电流的频率等；另一方面受微生物细胞所处介质性质的影响，例如pH值、温度、主要化学成分等。另外，细胞不同生长期对脉冲磁场影响的敏感程度也不同。磁场对微生物细胞产生生物学效应的过程，不是对某个或某些组分的一种或几种作用的结果，而是对这个细胞中的各个组分多方面作用的综合反映。某一作用因素的变化，就有可能出现不同的结果。

四、脉冲磁场杀菌技术在食品保藏中的应用

关于脉冲磁场杀菌在食品行业中的研究和应用较多的是日本和美国，而我国这方面的研究和应用都非常少，有待于进一步开展。

Hofmann发现磁通密度5～50T、频率5～500kHz、单脉冲磁场使初始菌数至少减少2个数量级。脉冲磁场灭菌技术可用于改进巴氏杀菌食品的质量，并延长其货架寿命。高梦祥研究表明经脉冲磁场杀菌后的牛奶，菌落总数和大肠菌群数可达到商业无菌要求。与热杀菌相比，脉冲磁场杀菌时间短、效率高、营养损失小、基本保持了鲜奶的天然色泽和风味。

应用脉冲磁场杀菌技术保藏的食品需要具有10～25Ω·cm以上的电阻率。经脉冲磁场处理杀菌保藏的食品包括含有嗜热链球菌的牛乳、含有酿酒酵母的橘汁和含有细菌芽孢的面团。日本三井公司将食品放在磁场强度为0.6T的脉冲磁场中，在常温下处理48h，达到100%的灭菌效果。因此，各种果蔬汁饮料、调味品和包装的固体食品都可使用脉冲磁场杀菌技术进行保藏。

日本秋田大学、秋田酿造试验场共同合作，试验交变磁力杀菌技术获得成功。磁力杀菌

采用 6000T 的磁场强度，将食品放在 N 极和 S 极之间，经过连续摇动，不需加热，即可达到 100%的杀菌效果，且对食品的成分和风味无任何影响。

脉冲磁场杀菌保藏的工艺流程包括首先使用塑料袋包装食品，在频率 5～500kHz、1～100 个脉冲、温度 0～50℃的磁场中处理 25μs～10ms，处理时间等于脉冲数目与脉冲持续时间的乘积。每个脉冲包括 10 次振荡，10 次振荡后，磁场强度衰减可以忽略不计。

脉冲磁场杀菌保藏前不需要特殊处理食品。频率高于 500kHz 的磁场杀菌效果不好，而且有加热食品的倾向。可以在常压和保持食品品质的温度情况下进行脉冲磁场杀菌处理，食品可以达到灭菌效果但没有质量的损失。食品温度在脉冲磁场处理后上升 2～5℃，这对于食品感官品质的影响很小。表 10-5 中列举了脉冲磁场杀灭食品中腐败菌的结果。

表 10-5　脉冲磁场杀灭食品中腐败菌的结果（赵晋府，2002）

食品	温度/℃	磁通密度/T	脉冲数目	脉冲频率/kHz	初始菌数/(个/mL)	最终菌数/(个/mL)
牛乳	23	12	1	6	25000	970
酸乳	4	40	10	416	3500	25
橙汁	20	40	1	416	25000	6
面团	20	7.5	1	8.5	3000	1

脉冲磁场对于水具有明显的杀菌作用。Chizhov 等试验了用脉冲磁场处理空间站中的废水，消除了污染并使之循环使用。李梅等研究表明，增加磁场强度、处理时间和脉冲频率可以提高水的杀菌效果。此外，通过监测处理后水样中溶解氧的变化，证实脉冲磁场具有灭藻功能，并表现出对强度和频率的选择。在停留时间为 30min、磁场强度 500mT、脉冲频率 40kHz 的实验条件下，循环处理后水中细菌总数的存活率为 0.01%，藻类基本死亡，电耗大约 0.12kW·h/m^3。

脉冲磁场杀菌技术仍然存在诸多待解决的问题。例如，目前仍然不清楚磁场抑制或刺激微生物生长的机理和必要条件，尽管提出了不少解释磁场杀菌作用的机理，但是，对于刺激作用几乎未作解释。脉冲磁场杀菌仅可以降低微生物 2 个数量级，如果要使脉冲磁场杀菌技术商业化，还需要大幅度地提高杀菌的有效性和均匀性。

第四节　高密度二氧化碳杀菌技术

早在 1951 年，Fraser 就在《自然》上发表了有关压力 CO_2 具有杀菌作用的文章。直到近十几年来，压力 CO_2 的这一功能才逐渐被广泛重视，并在此基础上提出了新型非热力杀菌技术——高密度 CO_2（dense phase carbon dioxide，DPCD）技术。高密度二氧化碳杀菌技术是通过 CO_2 的分子效应来影响和杀灭微生物和酶，避免了热加工对食品所带来的不良效应，很好地保持食品品质。

二氧化碳可抑制许多微生物的生长，它的抑制效果随压力的变化而变化。Nakamura 等和 Lin 等比较了相同条件下，CO_2 和 N_2O、N_2、Ar 等的杀菌效果，发现只有 CO_2 具有良好的效果；另一方面，用化学方法降低 pH 值所造成的杀菌效果与 DPCD 相比，肯定了 CO_2 的重要作用。现今所说的加压二氧化碳或高密度二氧化碳技术可使微生物的数量减少 2～12 对数（在 5～60℃，<50MPa 条件下）。研究表明高密度二氧化碳杀菌技术至少可以减少 12 个对数的革兰氏阳性菌、8 个对数的革兰氏阴性菌和 8 个对数的真菌菌丝或孢子。

一、高密度二氧化碳杀菌技术的基本原理

二氧化碳（CO_2）水溶液呈弱酸性，在水中的溶解度遵循亨利定律。随着压力和温度的

变化其存在形态和物理性质发生变化。CO_2 的临界压力和温度分别为 7.36MPa 和 31.0℃。在临界点以上 CO_2 以流体状态存在，称为超临界 CO_2（supercritical carbon dioxide）。有的研究者把该临界点以下的 CO_2 称为亚临界 CO_2（subcritical carbon dioxide）。高密度 CO_2（dense phase carbon dioxide）则指 50MPa 以下包括这两个状态的 CO_2。

到目前为止有关高密度二氧化碳技术杀菌机理还不十分清楚，现有的主要假说如下。

1. 高密度二氧化碳处理对细胞造成了物理破坏

Fraser 于 1951 年首次认为高密度二氧化碳对微生物的钝化作用是由于细胞的物理性破坏。该过程包括细胞壁或者细胞膜的破坏，有可能是细胞完全被破坏或者只是其表面具有皱纹或破洞。还有假设认为微生物被钝化或死亡是由于升压或处理过程中 CO_2 分子已渗透细胞膜进入细胞，而在卸压过程中由于细胞内外的压力差导致细胞爆炸，从而达到杀菌目的。也有人认为当用高密度二氧化碳处理微生物时，细胞对 CO_2 的吸收有可能导致微生物细胞膨胀从而导致机械性破坏。运用 SME 观察高密度二氧化碳处理后的酵母、细菌等微生物，发现其细胞的外形都有不同程度破裂和皱缩。

2. 高密度二氧化碳处理导致细胞内容物渗漏

微生物经过高密度二氧化碳处理会造成一些不可逆破坏，包括耐盐性丧失、紫外线吸收物质泄漏、离子释放以及质子渗透性削弱。通过用荧光桃红（Phloxine B）对植物乳杆菌细胞染色，结果表明一经高密度二氧化碳处理就使得细胞变得不完整。有人推测分子态 CO_2 有可能渗入细胞膜并在膜内部聚集，打乱了磷脂链的规则性从而提高了膜的渗透性。还有人认为渗入细胞的 CO_2 能溶解细胞内物质如磷脂等，而在卸压过程中将这些物质从细胞中提取出来。细胞及细胞膜中脂肪或其他物质的渗漏是微生物致死的原因。

3. 高密度二氧化碳处理降低了 pH 值

在 DPCD 处理过程中 CO_2 溶解形成碳酸，而碳酸进一步分解成 H^+ 从而降低了细胞外部甚至细胞内部 pH 值。而细胞内部 pH 值的降低比细胞外部 pH 值降低更能导致微生物的死亡，这可能是由于细胞内部 pH 降低能钝化细胞内部一些与新陈代谢相关的关键酶，这些酶与糖酵解、氨基酸和小分子肽的运输、离子交换以及蛋白质转换等有关。研究发现在 pH3 左右，与新陈代谢有关的一些关键性酶会发生不可逆失活。

4. 高密度二氧化碳处理导致蛋白质沉淀

CO_2 分子渗透入细胞与水结合形成碳酸或分离成 CO_3^{2-} 并与细胞内的钙镁离子结合生成碳酸钙镁盐，可能细胞内有一组对钙镁敏感的蛋白质，由于细胞内钙镁平衡的破坏，这些蛋白质形成沉淀，从而因蛋白质的沉淀导致微生物的钝化。

二、影响高密度二氧化碳杀灭微生物的因素

影响高密度二氧化碳技术杀菌效果的因素很多，如处理时间、压力、温度、初始细胞数量、初始介质 pH 值、水分活度、细胞生长阶段、微生物种类、处理系统的类型等均会影响高密度二氧化碳的杀菌效果。

1. 温度

提高温度可以提高 CO_2 的扩散率以及微生物细胞膜的流动性，而膜流动性增加有利于 CO_2 渗透入细胞；另外，温度升高可以使 CO_2 从亚临界状态变成超临界状态（$T_c=31.1℃$），在超临界状态下 CO_2 的渗透力更高，在靠近临界范围内随着温度的变化 CO_2 的溶解性和密度有极大的改变。

2. 压力

一般压力越高杀菌效果越好。因为较高的压力能提高 CO_2 的渗透性；另一方面压力越高对细胞的物理性伤害也越大。但是 Nakamura 等在用高密度二氧化碳处理巨大芽孢杆菌孢子时发现在亚临界范围内有一个最优化的杀菌压力 58atm[1]。这个压力非常接近 CO_2 的临界压力（72.8atm），使得杀菌效果与压力的关系图呈一个 V 字状，他们认为有可能是由于在加压过程中使得孢子产生了相应的聚集而造成的。另外，在没有使微生物完全致死前，提高高密度二氧化碳处理的升压、卸压速率能提高对微生物的钝化效果。

3. 时间

一般处理时间越长杀菌效果越好。但是 Metrik 等发现在较低的压力条件下延长处理时间并未明显提高杀菌效果。这说明相对于压力来说，处理时间还是比较次要的。

4. 水分活度

提高水分活度或水分含量可以提高杀菌效果。极少量的水可以极大地提高高密度二氧化碳处理的效果，这是因为含水的处理媒介物以及湿细胞可以提高 CO_2 的溶解性，从而提高杀菌效果。

5. pH

低 pH 有利于碳酸通过细胞膜渗透到细胞内部，并因此而提高杀菌效果。

6. 微生物种类和生长阶段

研究认为植物乳杆菌比大肠杆菌、酿酒酵母、肠膜明串珠菌对 DPCD 具有更好的耐受性。Dillow 等用高密度二氧化碳处理金黄色葡萄球菌、蜡样芽孢杆菌、无毒李斯特氏菌等 G^+ 细菌和沙门氏菌、普通变形杆菌、铜绿假单胞菌、大肠杆菌等 G^- 细菌。通过 SEM 检测发现蜡样芽孢杆菌比大肠杆菌、普通变形杆菌更能耐受高密度二氧化碳处理。这可能是细菌细胞壁的自然属性对其敏感性有重要影响，G^- 细菌细胞壁较薄，故更为敏感，比 G^+ 细菌更容易被破坏。

生长初期的细胞比成熟期细胞更为敏感。也有研究认为对数生长后期的细胞比稳定期的细胞对高密度二氧化碳处理更为敏感，这可能是由于进入稳定期的细胞有能力合成蛋白质来抵制细胞所处的不利环境。

7. 高密度二氧化碳处理系统

凡是能够使 CO_2 与食品更充分接触的系统具有更好的钝化效果，因为它能使 CO_2 在细胞溶液中更快地达到饱和，并提高其溶解性。通常，连续式系统比间歇式系统的杀菌效果更好；但增加搅拌能使间歇式系统的钝化率提高。

三、高密度二氧化碳杀菌设备

高密度二氧化碳杀菌设备如图 10-12 所示。不锈钢压力容器可耐受 50MPa 的压力，其温度可由调温器控制，用带有两个热电偶的温度控制器监控温度。一个热电偶装在上部的容器盖上，监控容器上半部分的温度；另一个热电偶装在容器中部，监控容器内容物即样品的温度。活塞泵对容器加压。容器盖子上装有压力传感器来监控容器的压力。所有压力和温度的数据都出现在显示器上。处在高压下的所有装置部分均由不锈钢制成。气体的进出和液体样品的进出在整个系统中都处于密闭状态。容器盖在高密度二氧化碳加压期间可由螺杆密

[1] 1atm＝101325Pa。

封。容器与真空泵相连用来排出容器内的空气和制造真空环境，液体样品通过容器中的负压力进入容器。采用无菌操作来防止生物危害。99.5%或99.9%纯度的商业用二氧化碳通过活性炭过滤后进入容器。

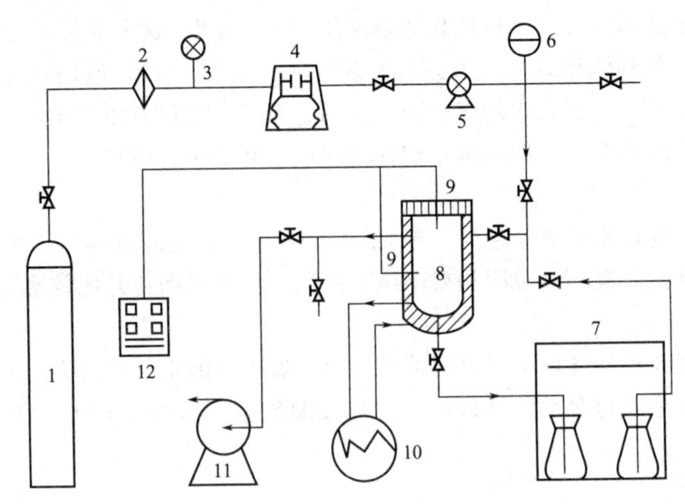

图 10-12　高密度二氧化碳杀菌设备

1—CO_2气瓶；2—CO_2过滤器；3—压力表；4—低温冷却槽；5—高压CO_2调频泵；6—压力传感器；7—物料收集超净台；8—处理釜；9—热电偶温度计；10—恒温水浴；11—真空泵；12—控制面板

四、高密度二氧化碳杀菌技术在食品保藏中的应用

为了满足消费者对加工食品品质的需求，以及在食品加工过程中最大限度地保存食品原有的有益成分，对食品进行最低程度破坏加工的研究日益受到重视，其中非热加工是一类有效可行的方法。高密度二氧化碳技术作为一种新型非热加工技术，其通过二氧化碳的分子效应来达到杀菌和钝化酶，具有以下特点。

① 在低温条件下能有效杀菌。

② 可最大限度地保持食品营养、风味和新鲜度等品质，且不会影响食品安全性。

③ 二氧化碳具有化学惰性，无腐蚀性，高挥发性和独特的经济性，在一定压力下具有杀菌作用。

④ 与传统的热力杀菌技术相比，高密度二氧化碳杀菌技术的处理温度低，对食品中的热敏物质破坏作用小，有利于保持食品原有品质。

⑤ 与超高压杀菌技术相比，高密度二氧化碳杀菌技术处理压力低，容易达到并控制压力。

当前高密度二氧化碳杀菌技术在食品保藏中的应用研究如下。

1. 果汁加工

郭鸣鸣等研究了新鲜荔枝汁、新鲜荔枝汁37℃自然培养12h和新鲜荔枝汁37℃自然培养24h，荔枝汁经DPCD处理，细菌总数分别降低4.5个、4.8个和5.9个数量级，霉菌和酵母被杀灭。对杀菌前后的荔枝汁中天然微生物的菌落形态进行观察，结果显示，杀菌前后荔枝汁中微生物的菌落形态有显著区别，荔枝汁中优势菌基本被杀灭。

David Del Pozo-Insfran等在加工的圆叶葡萄汁微生物稳态、植物化学物质的保留以及感官上的作用时发现，相对于巴氏热杀菌，花色苷多酚和抗氧化物会发生10%～30%的减少，高密度二氧化碳处理则不发生变化，即使是在贮藏结束时，仍然比巴氏热杀菌保留了较高的含量。对未经处理样品与 DPCD 和巴氏热杀菌处理的比较发现，两者之间包括颜色、气味、风味和总体感官等，都存在很大的差异。同样的实验，还有研究发现以高密度二氧化碳处理可降低葡萄汁中的酵母菌的活性，且随着浓度和压力的增大，活性降低得就越大，处理过程中也不会发生风味的改变，经过 5 周的贮藏，相对于巴氏热杀菌，高密度二氧化碳杀菌处理的样品更能保存植物化学成分。

2. 液蛋加工

液蛋即液体鲜蛋，是禽蛋经打蛋去壳，将蛋液经一定处理后包装冷藏，代替鲜蛋消费的产品，可分为蛋清液、蛋黄液和全蛋液。这种用容器盛载的液态蛋，有效解决了鲜蛋易碎、难运输和贮藏难的问题。但是，液蛋在生产过程中容易受到微生物的污染，因此为了保证产品品质，保障消费者健康，液蛋在生产过程对杀菌工艺有较高的要求。传统的蛋液杀菌方式是采用热力杀菌，目前生产中广泛采用的有巴氏杀菌、高温瞬时杀菌和超高温杀菌 3 种方式。由于蛋清液是含有热敏蛋白的产品，传统热力杀菌会对其品质带来一些不利影响，因此，非热加工技术已成为蛋液杀菌方面的研究焦点。

高密度二氧化碳技术具有处理压力低、成本低、节约能源和安全无毒等特点。同时，食品物料在低温和二氧化碳下进行处理，食品中的营养成分与风味物质不易被氧化破坏，能够保留食品原有的品质。王洪芳等研究了不同温度、压力和时间条件下，高密度二氧化碳处理对蛋清液中沙门氏菌和大肠杆菌的杀菌效果。结果表明，在 15MPa、45℃下高密度二氧化碳处理 60min，沙门氏菌和大肠杆菌分别降低了 4.46 个和 5.57 个对数值，其中大肠杆菌对高密度二氧化碳处理较沙门氏菌敏感。30MPa、45℃下高密度二氧化碳处理 30min，可以完全杀灭蛋清液中的大肠杆菌。

Garcia-Gonzalez 等研究了用高密度二氧化碳代替热处理杀灭全蛋液中的微生物，研究表明，压力、搅拌速度、保持时间、温度是高密度二氧化碳灭活微生物的最重要的参数。用 13.0MPa、45℃、400r/min 的搅拌速度保持 10min 有很好的杀菌效果。高密度二氧化碳处理使蛋液在 4℃冷藏的保质期延长到 5 周，目前热处理全蛋液的货架期也是 5 周。

郑海涛等将高密度二氧化碳应用在全蛋液中。研究表明，处理时间（15min）和压力（15MPa）不变时，15～45℃压力范围内，温度越高杀菌效果越好，当温度达到 35～45℃时杀菌效果趋于平缓。郑海涛等还将高密度二氧化碳（DPCD）杀菌技术与传统的巴氏杀菌技术对鸡蛋全蛋液的杀菌效果进行比较，发现高密度二氧化碳杀菌（15MPa，35℃，15min）效果优于巴氏杀菌（3min，64℃）。在 4℃的贮藏条件下，高密度二氧化碳杀菌的全蛋液的微生物生长要慢于巴氏杀菌。

3. 乳品加工

钟葵等认为随压力和处理时间增加，DPCD 对牛奶中菌落总数杀灭效果显著增强（$p<0.05$）。处理温度对杀菌效果有协同效应，随温度增加，牛奶中菌落总数数量级值显著降低（$p<0.05$）。DPCD 处理条件为 50℃、30MPa 和 70min 时，牛奶中菌落总数的残存率最大降低了 5.082 个数量级。

牛初乳色黄，有苦味和异臭味，其蛋白质、脂肪、无机盐及维生素等含量丰富，均显著高于常乳，被誉为“21 世纪的保健食品”。作为一种相当有前景的生长促进剂和提高免疫力的功能性食品，牛初乳被国外科学家描述为“大自然赐给人类的真正的白金食品”，但由于含丰富的乳白蛋白和乳球蛋白，耐热性能差，加热至 60℃以上即开始形成凝块，所以加热杀菌不适合牛初乳，会产生热臭等不良反应。廖红梅等研究在 20MPa、37℃、DPCD 处理

30min 以上条件下能较好地杀灭牛初乳中的细菌，同时牛初乳发生了色泽变亮、粒度增大、黏度和 pH 值均降低等变化。

4. 肉制品加工

DPCD 杀菌技术是通过二氧化碳的分子效应来达到杀菌和钝化酶的目的，是一种绿色洁净技术，不会对食品造成安全性影响，已被用于液态食品的杀菌和钝化酶，对固态食品的应用研究也有少量报道。Choi 等研究发现，在 7.4MPa 和 15.2MPa、31.1℃、10min 条件下，鲜肉经过 DPCD 处理变成灰白色，亮度增加。King 等在磷酸钠盐缓冲液中采用微泡技术对肌红蛋白进行 DPCD 处理，结果表明，肌红蛋白的二级结构受到很大破坏。闫文杰等为了探讨高密度二氧化碳（DPCD）非热杀菌技术对冷却猪肉品质及理化性质的影响，将冷却猪肉在 50℃，压力分别为 7MPa、14MPa、21MPa 的高压二氧化碳中处理 30min 后，放于 0～4℃贮藏，测定 pH 值、色泽、保水性等指标的变化。结果表明：DPCD 处理对冷却猪肉在贮藏过程中的 pH 值、a^* 值和 TVB-N 值有显著影响，但对 L^* 值、保水性、MFI 值、TBA 值、羰基值没有显著影响；DPCD 处理压力越高，对冷却猪肉理化性质的影响越有利，但对颜色和保水性的影响越不利，其中，冷却猪肉经 21MPa、50℃的 DPCD 处理 30min 后，a 值显著降低（$P<0.01$），肉变成灰白色。

第五节　食品玻璃化保藏技术

玻璃化技术是近几十年来受到较高关注的一种新的食品保藏方法。20 世纪 80 年代初美国食品科学家 Levince 和 Slade 提出了以食品玻璃态和玻璃化转变温度（T_g）为核心的“食品聚合物科学”理论。该理论认为，食品在玻璃态下，造成食品品质变化的一切受扩散控制的反应速率均十分缓慢，甚至不发生反应。因此，食品采用玻璃化保藏，可以最大限度地保存其原有的色、香、味、形以及营养成分。

“食品聚合物科学”理论的提出，开启了食品贮藏理论与技术研究的新纪元。关于食品聚合物科学的基本理论及其在食品保藏中的应用研究受到越来越多的科学家的关注。1990 年，美国明尼苏达大学食品科学系首先在研究生中开设了“食品科学进展专题——食品的玻璃化、T_g、A_w 和物质性质”的课程；1992 年 4 月，在英国诺丁汉大学召开了首次“食品玻璃态科学与技术”的国际会议；1994 年的美国食品工艺学家学会（IFT）年会上出版了关于 T_g 及其应用的论文集；仅在 1990—1994 年间就有 400 余篇食品玻璃化方面的研究论文发表；1992 年，在 Amorphous and Crystalline transitions in Foods 研究项目鉴定总结会上，著名食品科学家 John Blanshard 教授指出：“也许并非任何一个新概念都能使人们对整个研究领域产生新的认识，但毋庸置疑，尽管玻璃化转变在人工合成聚合物科学中早已为人所知，它还是为食品科学的研究开辟了一条崭新的、富有巨大潜力的道路。”

一、玻璃化的基本概念

1. 玻璃态、橡胶态及黏流态

众所周知，当温度降低时，液态将转变为固态，该固态有两种表现形式，即晶态和非晶态。它们的区别在于原子、分子或离子的排列是否规则。如果是规则的，就是晶态；如果是非规则的，则属非晶态，也叫无定形态。

无定形聚合物在较低的温度下，分子热运动能量很低，只有较小的运动单元，如侧基、支链和链节能够运动，而分子链和链段均处于被冻结状态，这时的聚合物所表现出来的力学性质和玻璃相似，因而将这种状态称为玻璃态。其外观像固体一样具有一定的形状和体积，但结构又与液体相似，分子间的排列为近程有序而远程无序，因而，玻璃态也被看做是凝固了的过冷液体。在玻璃态下，物体的自由体积非常小，分子流动阻力很大，使体系具有极高的黏度，通常高于 10^{12}Pa·s。基于此原因，食品体系中的分子扩散速率就很小了，这样分子间相互接触和发生反应的速率就很小。因此，食品处于玻璃态时不易发生化学反应，不易变质腐败。

处于玻璃态的无定形聚合物随着温度升高至某一温度时，链段运动受到激发，但整个分子链仍处于束缚状态。此时的无定形聚合物在受外力作用时，能够表现出很大形变，当外力解除后，形变可以回复，这种状态称为高弹态，又称橡胶态。温度继续升高，不仅链段可以运动，整个分子链都可以运动，无定形聚合物表现出黏性流动状态，即黏流态。玻璃态、高弹态和黏流态一起被称为无定形聚合物的三种力学状态。

2. 食品的玻璃化和玻璃化转变温度

使食品形成玻璃态的过程就是食品的玻璃化，它是在一定温度范围内将非晶体固体物质转变成高黏性液体状态或者将非晶体水溶液转变成高黏性液体状态的一个二级相变过程。但是，该相变过程仅涉及显热变化，而不涉及潜热变化。在理论上，实现玻璃化转变不是一个难题。众所周知，将新鲜食品的温度降低到冰点以下，就会有冰核和冰晶形成。温度不断降低，水分就不断变成冰晶析出，而剩余的水溶液黏度则不断增大。当黏度增大到一定程度后，溶液即处于橡胶态，这个黏度大约为 10^3Pa·s；而当黏度增大到 10^{12}Pa·s 后，溶液即处于玻璃态，它们之间的关系如图 10-13 所示。图 10-13 中 T_m 称为融化温度，T_g 称为玻璃化转变温度，它与物质的种类有关。因此，只有当 $T<T_g$ 时，才能形成玻璃态。

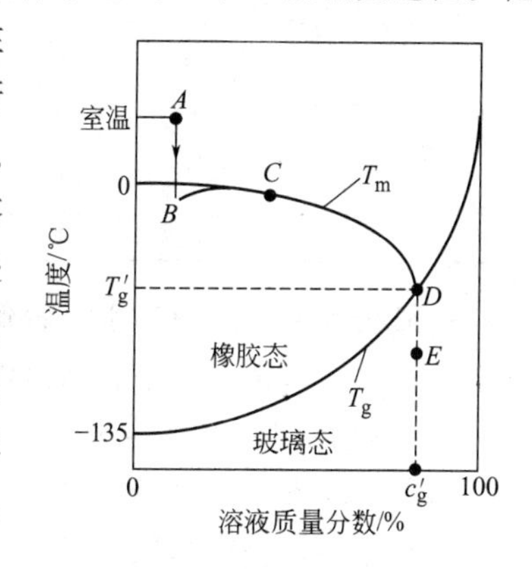

图 10-13　溶液补充相图示意图（何健，2002）

玻璃化转变温度 T_g 通常是指玻璃化转变温度范围的起始或中点温度，是控制食品质量及其贮藏稳定性的关键。在“食品聚合物科学”理论中，根据食品含水量的多少，玻璃化转变温度有两种定义：对于低水分食品（水的质量分数小于 20%），其玻璃化转变温度一般高于 0℃，定义为 T_g；对于高水分食品（水的质量分数大于 20%），由于降温速率不可能达到很高，一般不能实现完全玻璃态，此时，玻璃化转变温度指的是最大冻结浓缩溶液发生玻璃化转变时的温度，定义为 T'_g。由于大多数食品含水量均较高，因此，T'_g就成为食品玻璃化贮藏理论和技术研究中使用较多的一个物理概念。

从图 10-13 中可以看出，溶液浓度对玻璃化转变温度的影响较大。当溶液浓度为 0（即纯水）时，其 T_g 达 −135℃，随着浓度增大，T_g 也不断升高。而且在高浓度范围内，浓度对 T_g 的影响更加明显。

3. 完全玻璃态与部分玻璃态

实现玻璃态的前提条件有两个：一是温度足够低，即 $T<T_g$；二是冷却速度足够快，即在冷却过程中，迅速通过 $T_g<T<T_m$ 温度区间，且不发生结晶。但是，实际上很难同时满足以上两个条件。因此，在不同的冷却条件和不同的初始溶液浓度下，食品体系可能形成两种玻璃态：一是完全玻璃态，是指食品全部变成了玻璃状态，这是食品低温保存时的最理

想状态，此时可以完全避免结晶及由此而引起的损伤；二是部分结晶的玻璃态，是指食品中的一部分变成了玻璃态，而另一部分则变成了结晶态。

通常，冷却速度是实现玻璃态的首要制约因素。实现完全玻璃态所需的冷却速度称为临界冷却速度 v_c。对于直径为 $1\mu m$ 的纯水，要实现完全玻璃态，其临界冷却速度须达到 $10^7 K/s$。实验表明，临界冷却速度因食品中水溶液的浓度而异。浓度越大，则 v_c 越小。比如 45%的乙二醇溶液，其 v_c 为 $6.1\times10^3 K/min$，远小于纯水的临界冷却速度。

但是，由于食品的体积较大，要实现完全玻璃态，需要极高的临界冷却速度，该速度将远远高于 $10^7 K/s$，这在实际上是不可能达到的。因此，实现食品的玻璃态只能借助部分结晶的玻璃化方法。如图 10-13 所示，食品总是先沿冻结线生成部分结晶，使其剩余溶液浓度升高。当浓度达到 c_g' 或者温度达到 T_g' 时，剩余溶液部分就成为玻璃态。T_g' 称为部分玻璃化转变温度，它也因食品种类而异。c_g' 称为最大冻结浓缩溶液浓度，也是食品玻璃化贮藏理论和技术研究中使用较多的一个物理量。表 10-6 中列出了一些物质的 T_g' 和 c_g'。

表 10-6 几种食品成分溶液的 T_g' 和 c_g' 值（刘宝林，1996）

成分	T_g'/℃	c_g'/%	成分	T_g'/℃	c_g'/%
甘油	−65	51.4	阿拉伯糖	−47.5	44.8
山梨醇	−43.5	81.3	果糖	−42	51
环己六糖	−35.5	76.9	葡萄糖	−43	70.9
核糖	−47	67.1	蔗糖	−32	64.1
木糖	−48	69	乳糖	−28	59.2

一般在各类食品中，水分较低的食品如奶粉、麦芽糊精、淀粉等的 T_g' 值很高，而水分较高的食品如草莓、苹果、冰淇淋、速冻食品等的 T_g' 值都较低。

4. 玻璃化转变温度与水分活度的关系

水分活度表示了食品中水分存在的状态，它与食品的化学反应有着密切的关系；玻璃化理论则是考察食品中基质的状态，看它们是处于玻璃态还是橡胶态，由此来决定化学反应的快慢。由于食品中的水分存在状态相当复杂，因此，在预测或估计食品贮藏变质反应的速率时，玻璃化理论比水分活度更直观、更简单。玻璃化理论与水分活度理论的实质是一致的，它们之间存在如下关系：

$$T_g = T_g^0 + (-92 - T_g^0)A_w \tag{10-4}$$

式中 T_g^0——水质量分数为 0 时的食品玻璃化转变温度，℃。

上式适合于含糖的无定形物质。该线性关系在 A_w 为 0.1～0.8 的区间内成立，而在全部的 A_w 区间呈 S 形。

5. WLF 方程和 Arrhenius 方程

准确了解食品中的化学反应速率情况，对于预测或判断食品质量的稳定性是很重要的。食品在玻璃态和橡胶态时的反应速率可以借助于 WLF 方程和 Arrhenius 方程进行定量描述。

(1) Arrhenius 方程 根据蔗糖水解现象，Arrhenius 提出了一个关于化学反应体系中的黏度、温度与反应活化能之间的经验关系式，即所谓的 Arrhenius 方程：

$$\eta = \eta_0 \exp\left(-\frac{E_a}{RT}\right) \tag{10-5}$$

式中 η——黏度；

η_0——温度为 T_0 时的黏度；

E_a——活化能；

R——摩尔气体常数；

T——热力学温度，K。

Arrhenius 方程不仅适合大多数受温度控制的化学反应，也适合其他一些化学、物理过程，如扩散。玻璃态下食品基质的反应速率与温度密切相关，且受扩散控制，因此，Arrhenius 方程也是适用的。

（2）WLF 方程　当食品处于橡胶态时，Arrhenius 方程不再适用，为此，Williams-Landel-Ferry 提出了一个新关系式，即 WLF 方程：

$$\lg\frac{\eta}{\eta_s}=\frac{-C_1(T-T_s)}{C_2+(T-T_s)} \tag{10-6}$$

式中　η，η_s——分别为 T、T_s 下的黏度；

C_1，C_2——取决于反应体系的常数；

T——热力学温度，K；

T_s——热收缩温度，K。

对大多数无定形聚合物，推荐 C_1 和 C_2 的普适值分别为 17.44 和 51.6。但是，当采用 T_g 作为参照温度时，上述 C_1 和 C_2 可能是不合适的。

关于 WLF 方程和 Arrhenius 方程的应用范围，目前仍存在争议。一般认为，Arrhenius 方程是用于玻璃态及温度高于 T_g+100K 的范围，WLF 方程则适用于橡胶态，如图 10-14 所示。但是，也存在例外，比如，在橡胶态某个确定的范围内，Arrhenius 方程也是适用的。

食品在玻璃态和橡胶态下的反应速率存在显著差异，如图 10-15 所示。在玻璃态时冰晶的生长速率为 $1mm/10^3$ 年，由图 10-15 可知，当溶液处于比玻璃化转变温度高 21K 的橡胶态时，冰晶的生长速率约为 1mm/3.6d，反应速率则是玻璃态的 10^5 倍。对于冻结食品的贮藏时间而言，橡胶态冰晶的生长速率是相当快的，将引起冻结食品质量的较大下降。

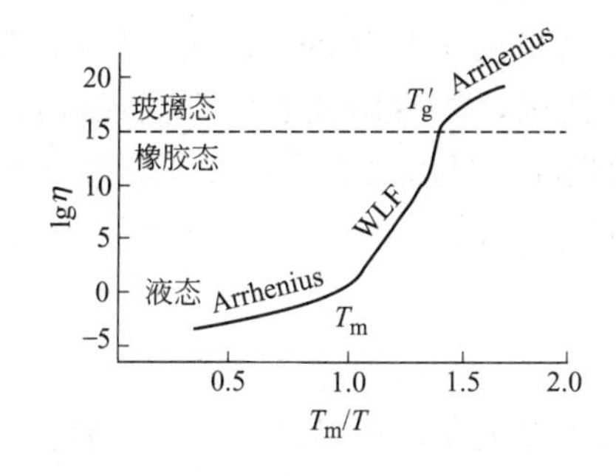

图 10-14　WLF 方程和 Arrhenius 方程的应用范围（晏绍庆，1999）

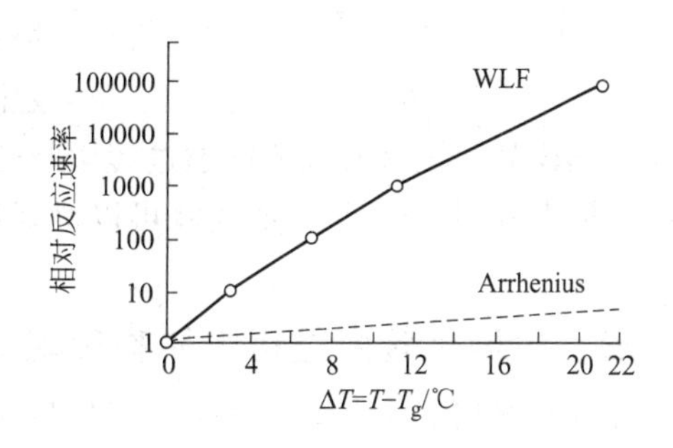

图 10-15　WLF 方程和 Arrhenius 方程的相对反应速率（$\Delta T=T-T_g$）（晏绍庆，1999）

二、玻璃化转变温度 T_g 的确定

无论是进行食品聚合物科学的理论研究，还是将玻璃化理论应用于实际的食品保藏中，玻璃化转变温度 T_g 都是一个关键的物理量。温度高于 T_g 和低于 T_g 时，食品的理化特性将发生根本性的变化，而这些变化将对食品质量的贮藏稳定性产生极大的影响。为此，精确计算 T_g 在理论上和在实践上均十分重要。T_g 的确定有两种方法，即理论计算法和实验法。

1. T_g 的理论计算

众所周知，食品是一个由水、气、溶质及不溶于水的固体组成的多元的、非均质的复杂体系。这些成分在玻璃化转变过程中的表现是不同的，它们的 T_g 也不同。要直接测出食品的 T_g 是很困难的。所以，一般先测出食品中各组分的 T_g，然后再按下列方法计算出食品的 T_g。

(1) 加权平均法　该法适合于多元均匀的混合液系统。它是根据体系中每一组分的质量分数及其 T_g 进行加权平均，得出体系的 T_g。

例如，橘子汁（其他各种果汁也可如此计算）的主要成分是蔗糖、果糖和葡萄糖，其质量分数为 2∶1∶1，经测定它们的 T'_g 分别是－32℃、－42℃和－43℃，按加权平均法计算如下：

$$T'_g = -32 \times 2 + (-42) \times 1 + (-43) \times 1/(2+1+1) = -37.25℃$$

(2) 利用 Gordon-Taylor 方程进行计算　Gordon-Taylor 方程如下：

$$T_g = \frac{W_1 T_{g1} + kW_2 T_{g2}}{W_1 + kW_2} \tag{10-7}$$

式中　W_1，W_2——各组分的质量；

T_{g1}，T_{g2}——各组分的玻璃化转变温度（纯水的 T_g 为－135℃）；

k——实验常数，$k=0.02931/T_g+3.61$。

2. T_g 的实验测定

目前，应用最广泛的 T_g 实验测定方法是量热法，包括差示扫描量热法（DSC 法）、差热分析法（DTA 法）、热机械法（TMA 法）、动态热机械法（DTMA 法）等，此外，还有核磁共振法（NMR 法）等。

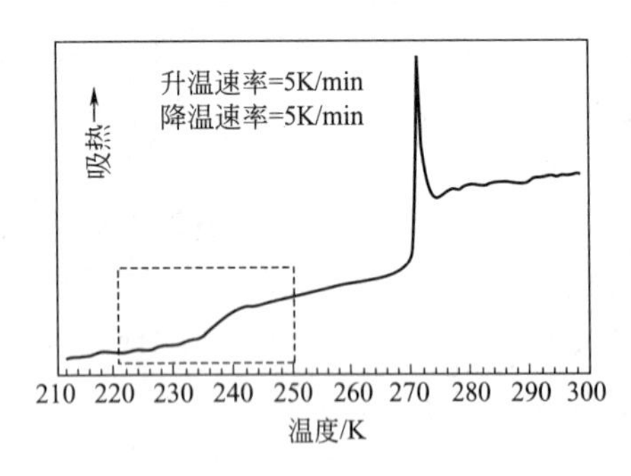

图 10-16　20%蔗糖溶液的 DSC 曲线（刘宝林，1997）

在量热法中，DSC 法是最常用的测定 T_g 的方法。它是通过测定食品在加热或冷却过程中所产生的细微热量变化来测定食品的 T_g。在测定过程中，设定一个温度范围，然后以任意的升温或降温速度扫描待测样品，记录升温或降温过程中吸热或放热的情况，打出温谱图，就可得到一条温谱曲线，即 DSC 曲线，从该曲线就可以得到待测样品的 T_g。图 10-16 是 20%蔗糖溶液的 DSC 曲线。

三、玻璃化转变过程中的物理现象

在食品的玻璃化转变过程中，将发生许多特定的物理现象，如黏结、塌陷、脆性变化、结晶等。

1. 黏结

在温度升高或含水量增加到临界值时，食品粉末将发生黏结现象。因吸收水分而导致黏度下降是造成黏结现象的主要原因。当黏度下降到低于某一临界值时，非晶态粉末就会发生黏结。Labuza 等发现发生黏结的临界黏度大约为 10^7 Pa·s。随着水分含量的增加，黏结点温度和 T_g 同时下降。当食品基质的分子量下降时，食品粉末的黏结点温度也随之下降，且低 T_g 的产品通常具有较低的黏结点温度。因此，含有大量单糖的食品（如果汁），其 T_g 值很低，黏结点温度也很低。向这些食品中加入 T_g 较高的成分可减轻其黏结程度和提高稳定性。所以，麦芽糖加上适当右旋糖常常被用于食品粉末中，以减轻黏结和提高稳定性。

2. 塌陷

众所周知，生鲜食品含水量高，在脱水时体积变小，往往导致食品收缩塌陷。而在冷冻干燥时，食品的质构、体积及外观基本保持不变，容易形成玻璃态。但是，由于冷冻浓缩物的增塑作用和形成黏性流体，也可能造成塌陷。冷冻干燥食品塌陷造成质构破坏、体积减小，从而造成外形、质构的劣化及挥发成分的损失。在冷冻干燥或冻干食品的保藏过程中，如果温度升高（$T>T_g$）或水分含量增加使黏度降低至不足以支持食品固体结构时，就会发生塌陷现象。塌陷温度约为 $T_g+12℃$。

3. 脆性变化

脆性是谷物和点心类食品的重要质量要求。各种低水分食品均具有脆性质地结构。但是，当温度升高或水分含量高于临界值时脆性将会丧失。Nelson 等指出，干谷物在玻璃态时具有脆性质地，但是在其含水量增加或温度升高时，由于水分的增塑作用可使其变成橡胶态，从而失去脆性。实验表明，饼干、爆米花和薯条的临界含水量为 6%～8%。

4. 结晶

玻璃态物质在 T_g 以下的温度范围内是不发生结晶的，而在 T_g 以上、平衡熔点以下的温度范围，则可以发生结晶。研究发现，非晶态的葡萄糖和蔗糖的结晶速度依赖其水分含量。脱水的奶制品在贮藏过程中，观察到乳糖的结晶可加速非酶褐变的速度。

水的增塑作用和 T_g 下降到环境温度以下对于分子流动性增加而引起的乳糖结晶是很重要的。当黏度随着环境温度的升高而下降时，结构变化和结晶的速度将加快。根据平衡熔点曲线，当冷冻食品的温度高于 T'_m 时，溶质会从过饱和冷冻浓缩溶液中结晶出来，正如冰淇淋中乳糖的结晶。同时，因为溶质浓度和 T_g 的下降，黏度也随之降低。

尽管多数食品在冻结前其 T_g 远低于冰点而接近于纯水的 T_g，但冷冻浓缩能提高其实际 T_g。在温度低于非冻结相的 T_g 时，结冰停止；而当温度高于 T_g 时，很多快速冷冻的食品即会出现结冰现象。在温度高于 T'_m 时，因为冰晶的融化黏度快速下降，可能导致受扩散控制的反应速度加快。但是，冰晶的融化也会导致非冻结相的浓度下降，从而导致反应物浓度下降。因此，了解食品组分的原料特性以确定冷冻食品的加工程序，有利于控制其在贮藏过程中的变质，提高其质量稳定性。

四、玻璃化转变过程中的化学变化

食品的化学变化通常依赖于水分活度。由前述有关内容可知，B. E. T. 单层水值可视作临界水分含量，低于该值时很多引起食品变质的化学反应通常是不能发生的。脱水食品是非晶体状物质，其中的反应物在脱水过程中被冻结成玻璃态。因此，各种脱水食品可视为“固态溶液”，其中的水分子根据温度和增塑的程度可变得具有流动性。当温度提高到 T_g 以上或含水量高到足以使其 T_g 低于环境温度以下时，分子发生流动。当温度高于 T_g 使分子扩散加速时，这种流动性可影响反应速率。非酶褐变、氧化或酶促反应等均与这种流动性密切相关，而且是造成冷冻或脱水食品的品质变化的主要化学或生化反应。

1. 非酶褐变

脱水食品的非酶褐变速率具有显著的时间依赖性，且该时间依赖性是与 T_g 相关的。在温度 $T<T_g$ 时，非酶褐变速率很慢，但是，随着温差 $T-T_g$ 的增加，非酶褐变速率加快。同时，非酶褐变速率也依赖于水分含量、结晶和其他结构上的改变。此外，研究发现，麦芽糖糊精、赖氨酸、木糖的非酶褐变在玻璃化转变及玻璃态时仍未停止。进一步研究证实，麦

芽糖糊精和聚乙烯吡咯烷酮食品模型的非酶褐变速率不受玻璃化转变的影响，这可能是因为处于玻璃态的试样仍能为氧的扩散提供足够的自由体积。

尽管食品非酶褐变等变质反应的温度依赖性与很多因素有关，但是反应速率似乎还受到物质的物理状态影响。初步研究结果表明，在临界水分活度值以上，由于水的增塑作用使物质的扩散速率加快和 T_g 下降到环境温度以下，导致非晶态固体内组分在一定温度下的反应引起的腐败变质速率显著提高。值得注意的是，在密封包装中，非晶态组分的结晶，如脱水乳制品中乳糖的结晶，能够释放吸附的水分，因此，能够显著提高水分活度和加速褐变反应。

2. 氧化反应

玻璃态中水和氧相对高速的流动性造成微胶囊化食品或脱水食品的货架期缩短。氧渗透进入试样的速率控制着微胶囊化油的氧化动力学。显然，渗透速率受试样结构的影响。大量研究表明，玻璃化转变对小分子（气体和水）渗透的直接影响很小，但是，玻璃化转变造成的结构改变将间接地影响渗透。

Shimada 等研究了非晶态乳糖基质包埋的亚油酸甲酯的氧化。结果发现，被包埋的亚油酸甲酯的氧化程度很低，但是，在 T_g 以上由于乳糖的结晶而暴露于大气中的亚油酸甲酯被快速氧化。Larousse 等发现非晶态基质的塌陷也可导致包埋的油脂释放，从而发生氧化。然而，如果塌陷发生得很快，油脂被重新包埋，则其氧化速率也会下降。这些研究结果表明，在 T_g 温度以上，玻璃态非晶体物质中氧的扩散受其物理状态影响。

3. 酶的稳定性

酶在玻璃态时的稳定性远远高于在橡胶态时。但是，在不同基质形成的玻璃态中，酶的稳定性也存在差异。乳糖酶在不同的玻璃态基质（海藻糖、麦芽糊精和聚吡咯烷酮）中加热到 70℃时的稳定性的研究表明，麦芽糊精和聚吡咯烷酮对酶的保护作用归因于它们的玻璃化转变，海藻糖对酶稳定性的保护更有效，但不受 T_g 的影响。

4. 酶促反应

通常，脱水食品的酶促反应是受扩散控制的，这是因为组分、酶及酶片段的移动性受到限制。温度对反应速率的影响取决于反应物的扩散常数和酶的活力。脂肪氧化酶和碱性磷酸酶在高度浓缩的蔗糖溶液里所引发的反应是受扩散限制的酶促反应。大豆脂肪氧化酶结构的变化是酶活力和专一性改变的主要原因。虽然酶与反应物的结合受分子间和分子内的流动性控制，但酶的活力还受其他因素的影响。因此，很难提出一种统一的理论模型来预测浓缩物质的酶促反应速率。

总之，食品处于玻璃态时各种变质反应速率一般都很低，而在橡胶态时反应速率升高，但是，不能认为玻璃态体系是绝对稳定的，扩散分子的大小、体系的空隙率和在玻璃化转变时的塌陷、结晶都可能造成其他更复杂的结果。由于 T_g 附近水和其他小分子物质松弛和分子扩散的关系还没有确立，玻璃化转变对化学和生化反应的影响也可能是通过物理性质的改变而实现的，因此，可以通过调节 T_g，控制物理性质的变化，进而建立起 T_g 和化学反应速率的关系。

五、玻璃化保藏技术在食品保藏中的应用

由于生鲜食品的 T_g 非常低，目前还难以将玻璃化技术直接应用于食品保藏中。比如，鳕鱼肉要在玻璃化温度下贮藏，其温度需低于－77℃，这在目前的商业化低温系统中是难以

达到的。不过，将玻璃化技术应用于冰淇淋、各种糜制品等食品中则是可能的。因为，食品的 T_g 除了与其水分活度有关外，还与其组分的种类和分子量等因素有关。Slade 等测定了 80 种淀粉水解物的 T_g，发现它们与水解产物的葡萄糖值（dextrose equivalent，DE）之间存在线性关系。一般 DE 与分子量成反比，因而，T_g 随分子量的增大而提高。为此，可以通过添加一些诸如碳水化合物等成分来提高食品的 T_g。

目前，关于淀粉玻璃化转变的研究已成为谷物类食品品质及其贮藏性研究方面的热点。Zeleznak 等在研究了天然小麦淀粉样品和预糊化小麦淀粉样品的 T_g 与水分含量曲线后发现，T_g 值随结晶度的增大而增大，随着无定形相与结晶相比例增大而下降；同时，水分含量下降产生的 T_g 值增大的效果随着结晶度的增大而加强。Mizuno 用 5℃/min、10℃/min 及 20℃/min 3 种不同速率对马铃薯淀粉和小麦淀粉进行 DSC 测定，扫描温度范围为 -20～200℃。结果发现，经过贮藏的淀粉，其 T_g 高于未经过贮藏淀粉的；在 120℃下糊化的淀粉，其 T_g 值的增量比在 60℃下糊化的更大。

在冰淇淋凝冻、冻结以及贮存过程中，控制其冰晶体的大小使其组织保持细腻滑爽，对于冰淇淋的品质而言十分重要。冰淇淋含水量高达 60%左右，在凝冻前是一个多元的溶液体系，其 T'_g一般在 -43～-30℃之间，而其贮存温度多在 -18℃。根据玻璃化理论，橡胶态下结晶或再结晶的速度很快，所以，在此状态下贮存一定时间后，冰淇淋质地会变得粗糙。通过改变冰淇淋的配方，提高其玻璃化转变温度 T'_g，可很好地解决该问题。Slade 等发现冰淇淋的 T'_g主要由其中的低分子量糖类决定。添加低 DE 值或高分子量物质，可以提高冰淇淋的 T'_g值。据国外专利报道，采用多元醇代替部分低分子量糖类（比例为 0.25%～10%），既可以降低冰淇淋的甜度，又可增大 T'_g值。此外，用分子量较大的多糖如 CMC、卡拉胶、黄原胶、糊精、麦芽糊精、预糊化淀粉及瓜尔豆胶等作稳定剂（比例为 0.25%～5%），也有很好的效果。

在研究草莓等水果的玻璃化保存时发现，在水果及其制品的各种成分中，影响 T'_g的成分仅是其中的可溶性糖类。由于草莓的 T'_g大约为 -42℃，目前商业冷链无法满足此温度的要求，因此，采用玻璃化保存草莓难以实现。不过，Torregginani 等研究发现，在草莓汁中添加麦芽糖可以将草莓的 T'_g提高近 10℃。这为采用玻璃化技术保存草莓等水果提供了可能的解决方法。

此外，在冻结草莓等水果时，冷冻速度对品质影响很大，超快速冷冻会使草莓的组织结构产生低温断裂。这种由内部冰晶产生的热应力引起的断裂形成了许多微小的缝隙，这些缝隙为晶核的产生和生长提供了良好的条件，在贮藏或解冻过程中，缝隙中的冰晶不断长大，加剧了细胞和组织的损伤程度，导致解冻后汁液流失增加，极大地影响冷冻食品的保藏质量，在玻璃化保藏研究中引起了人们极大的关注。

迄今为止，国内外关于水产品的玻璃化保存的研究还很少。目前的研究工作主要集中于水产品 T'_g的测定。研究表明，水产品的 T'_g与组成水产品的蛋白质、糖类等高分子化合物及其他低分子化合物的 T'_g有关，而水产品组分的 T'_g又与其相对分子质量有关。对于多组分的水产品而言，由于组分间的相互作用，使得玻璃化过程变得十分复杂，尤其是水产品的含水量对 T'_g的影响较大。一般水分含量增加 1%，T'_g下降 5～10℃。此外，由于水产品是一个极其复杂的非均相体系，它的玻璃化转变行为与均质的糖溶液和单一的高分子有较大的差异。鲣节和鳕鱼肉等不同品种水产品的玻璃化转变特性就清楚地表明了这种差异。

鲣节是贮存性极好的日本传统水产品，不加热时很坚固，一经加热就软化得像橡胶一样，具备玻璃化食品的特征。一般鲣节的含水量约为15%时，玻璃化转变温度为120℃。随着鲣节的含水量降低，玻璃化转变温度不断升高。

表10-7给出了鳕鱼肉玻璃化转变温度与水分含量的关系，由表中可知，随着水分含量的增加，玻璃化转变温度升高，并且当含水量为19%时，其玻璃化转变温度达到最低（-89℃）。这与鲣节变化的情况正好相反，这也说明了不同的水产品由于其内部组织结构的差异，导致其玻璃化转变情况也存在差异。因而，水产品的玻璃化贮存的研究应针对不同水产品的特点而展开。

表10-7 鳕鱼肉玻璃化转变温度与水分含量的关系（田国庆，2002）

水分/%	81	65	58	49	44	40	19
T'_g/℃	-77	-75	-77	-81	-86	-87	-89

水产品冷冻保鲜时，普遍认为温度越低越好。但是，综合考虑技术和经济的因素，一般将贮藏温度定为-30～-20℃。根据玻璃化转变理论，水产品冷冻贮藏的最佳温度应该为其T'_g。由溶液的补充相图可知，水产品在冷冻过程中将在T'_g点与玻璃化转变曲线相交，此后，未冻结的浓缩物即向玻璃态转变，使水产品处于部分玻璃态。但是，确定水产品T'_g非常困难，不同的水产品，其T'_g的差异很大，正如上述鲣节和鳕鱼肉的T'_g一样。另外，即使准确测定了水产品的T'_g，由于它通常都远远低于普通冻藏温度（比如，金枪鱼的T'_g为-71～-68℃），因此也无法直接用于水产品的冻藏。为此，就需要通过添加剂来提高水产品的T'_g。选择添加剂时不但要考虑它提高T'_g的作用，还要注意它对水产品有无毒副作用。

必须指出，将水产品贮藏在T'_g以下，并不意味着万无一失。最新研究认为，T'_g并不能作为食品材料安全贮存的唯一参数，水分活度、反应底物的浓度等也是食品材料安全贮藏的重要参数。对水产品而言，T'_g以下贮藏及T'_g以下的温度波动对食品贮藏质量的影响的研究将是该领域今后面临的一项极为重要而又艰难的工作。

迄今为止，食品玻璃化贮藏主要集中在简单溶液体系的模拟研究方面，关于实际食品原料的玻璃化贮藏的研究极少，而且存在相互矛盾的实验结论：有研究指出玻璃化和非玻璃化贮藏蛙鱼的质量无明显差别，而有研究认为玻璃化贮藏能有效抑制鲭鱼的脂肪酸败。另一方面，添加抗冻剂能提高食品的贮藏质量已广为人知，但是对其机理的研究报道却很少。实际上，添加抗冻剂能提高溶液的玻璃化转变温度T'_g，这在低温生物保存中应用相当广泛，在食品贮藏中的应用前景也相当广阔。

为尽快将这一新理论用于指导食品的加工和贮藏，当务之急是要系统深入地研究玻璃化贮藏中引起食品腐败变质的各种生化反应速率、微生物繁殖和酶的活性与$T-T_g$之间的定量关系，并开发出新型快速冻结和解冻装置。

第六节 食品生物保藏技术

一、概述

生物保藏技术是将某些具有抑菌或杀菌活性的天然物质配制成适当浓度的溶液，通过浸渍、喷淋或涂抹等方式应用于食品中，进而达到防腐保鲜的效果。生物保鲜技术的一般机理包括抑制或杀灭食品中的微生物、隔离食品与空气的接触、延缓氧化作用、调节贮藏环境的气体组成和相对湿度等。

生活水平的提高，生活模式与消费观念的转变，使消费者更加关注食品的营养、安全与环保。这三大问题都与食品的保藏关系密切，因此，食品保藏技术越来越受到人们的普遍关注。传统的物理保藏技术如低温贮藏、辐射贮藏、罐藏等因操作技术、成本或营养素损失等因素的限制，很难更广泛地推广应用；目前广泛使用的化学防腐剂如亚硝酸钠、苯甲酸钠等都具有一定的毒副作用，日益受到消费者的排斥。而生物保藏技术具有安全、简便等显著优点，其应用范围不断扩大，已成为人们关注的热点。

目前，生物保藏技术中研究较多且已得到较多应用，或者具有较好应用前景的主要有涂膜保鲜技术、生物保鲜剂保鲜技术、抗冻蛋白保鲜技术及冰核细菌保鲜技术等。

二、涂膜保鲜技术

涂膜保鲜技术最早出现于20世纪20年代，早期主要应用于果、蔬的防腐保鲜，以后逐渐扩大到其他食品。目前，涂膜保鲜技术不仅广泛应用于果、蔬保鲜，而且在肉类、水产品等食品中的应用也日益增加。

1. 涂膜保鲜的机理

涂膜保鲜技术是在食品表面人工涂上一层特殊的薄膜使食品保鲜的方法。该薄膜应当具有以下特性：能够适当调节食品表面的气体（O_2、CO_2和乙烯等）交换作用，调控果、蔬等食品的呼吸作用；能够减少食品水分的蒸发，改善食品的外观品质，提高食品的商品价值；具有一定的抑菌性，能够抑制或杀灭腐败微生物；或者涂膜本身虽然没有抑菌作用，但是，可以作为防腐剂的载体，从而防止微生物的污染；能够在一定程度上减轻表皮的机械损伤。涂膜保鲜方法简便，成本低廉，材料易得，但目前只能作为短期贮藏的方法。

涂膜对气体的通透性是影响涂膜保鲜效果的主要因素之一。涂膜对气体的通透性可用膜对气体的分离因子来表示，即分离因子$\alpha(a/b)=P_a/P_b$，其中，P为通透系数[g·mm/(m^2·d·kPa)]，a、b为不同气体。一般含有羟基的分子所形成的涂膜，其$\alpha(CO_2/O_2)<1$，对果、蔬保鲜的效果较好。而$\alpha(CO_2/O_2)>1$的涂膜，对果、蔬则没有保鲜效果。对于$\alpha(CO_2/O_2)<1$的涂膜，其适宜保鲜的果、蔬种类依其分离因子不同而异。

2. 涂膜的种类、特性及其保鲜效果

根据成膜材料的种类不同，可将涂膜分为多糖类、蛋白类、脂质类和复合膜类等类型。

（1）多糖类　多糖类涂膜是目前应用最广泛的涂膜，许多多糖及其衍生物都可用作成膜材料，常用的有壳聚糖、纤维素、淀粉、褐藻酸钠、魔芋葡甘聚糖及其衍生物等。

壳聚糖是甲壳素的脱乙酰产物，属氨基多糖，有良好的成膜性和广谱抗菌性，不溶于水，溶于稀酸。选择合适的酸作为壳聚糖的溶剂是保证壳聚糖涂膜保鲜效果的重要因素，酸度过低，溶解不完全，酸度过高则易对食品产生酸伤。研究表明，酒石酸和柠檬酸的效果较好且可以制成固体保鲜剂。另外，加入表面活性剂如吐温、斯盘、蔗糖酯等，可改善其黏附性。脱乙酰度和分子量对壳聚糖膜的性质影响较大，脱乙酰度越高，分子量越大，则分子内晶形结构越多，分子柔顺性越差，膜抗拉强度越高，通透性越差。

增塑剂种类和浓度也会明显影响到膜的性质。以醋酸、丙酸、乳酸、甲酸为膜增塑剂，随增塑剂浓度的增加，透氧性明显上升，其中乳酸最低，甲酸最高，两者相差近100倍。但是，酸的种类和浓度对膜的透湿性无显著影响。

研究发现，壳聚糖的防腐效果与其相对分子质量之间有很大关系。相对分子质量为20万和1万左右的壳聚糖防腐效果最好，二者最佳浓度分别为1%和2%。将草莓在1%壳聚糖溶液中浸渍1min，晾干后于4～8℃冰箱中贮存，定期测定超氧化物歧化酶（SOD）活力和维生素C含量，结果表明，壳聚糖处理能明显阻止草莓中SOD活力下降，减少维生素C损失，抑制腐烂。对番茄涂膜保鲜的研究结果还显示，不同黏度的壳聚糖均存在一个最适浓度，黏度为120mPa·s、250mPa·s、600mPa·s的壳聚糖，其最适浓度分别为3.2%、2.0%和0.85%。

衍生化反应可以改变壳聚糖的透气性。壳聚糖经羧甲基化可生成*N*-羧甲基壳聚糖、*O*-羧甲基壳聚糖、*N*,*O*-羧甲基壳聚糖等，其中，*N*,*O*-羧甲基壳聚糖溶于水，所形成的膜对气体具有选择通透性，特别适合于果、蔬保鲜。对草莓、水蜜桃、猕猴桃等品种的保鲜实验表明，*N*,*O*-羧甲基壳聚糖具有良好的保鲜效果。美国、加拿大已有此类产品面市。

研究发现，含铁、钴、镍等金属离子的壳聚糖膜对葡萄的保鲜效果优于无金属离子的壳聚糖膜，其中，含钴离子的膜保鲜效果最好。其主要原因在于金属离子对壳聚糖膜通透性的影响，如表10-8所示。

表10-8　金属离子对壳聚糖复合膜通透性的影响

含金属离子壳聚糖复合膜	P_{O_2}	P_{CO_2}	$\alpha(CO_2/O_2)$
—	0.943	0.0703	0.075
Cu^{2+}	1.23	0.0610	0.050
Co^{2+}	1.55	0.0711	0.046
Ni^{+}	1.80	0.0532	0.030

注：*P*为通透系数［g·mm/(m²·d·kPa)］。

壳聚糖膜保鲜技术不仅适用于果、蔬的保鲜，也可用于冷却肉类、鱼虾等水产品的保鲜中。

纤维素类也是常用的多糖类涂膜剂。天然状态的纤维素聚合物分子链结构紧密，不溶于中性溶剂，碱处理使其溶胀后与甲氧基氯甲烷或氧化丙烯反应，可制得羧甲基纤维素（CMC）、甲基纤维素（MC）、羧丙基甲基纤维素（HPMC）、羧丙基纤维素（HPC）等，均溶于水并具有良好的成膜性。纤维素类膜透湿性强，常与脂类复合以改善其性能。纤维素制造的可食膜已经在商业上应用。制MC膜时，溶剂种类和MC的分子量对膜的阻氧性影响很大。此外，环境的相对湿度对纤维素膜透氧性也有很大的影响，当环境湿度升高时，纤维素膜的透氧性急速上升。对绿熟番茄的研究表明，涂膜后的番茄保鲜效果明显优于对照组。

淀粉类价廉易得，直链淀粉含量高的淀粉所成膜呈透明状，在低pH下透氧性非常小，加入增塑剂可增大透气性。淀粉经改性生成的羟丙基淀粉所成膜阻氧性非常强，但阻湿性极低。用稀碱液对淀粉进行改性处理得到的产物配成涂膜剂，加入甘油作增塑剂，用该涂膜剂处理草莓，于0℃、相对湿度84.4%条件下贮存30d后，处理果腐烂率为30%，对照果则全部腐烂。用淀粉膜处理香蕉也获得了较好的保鲜效果。目前，关于淀粉膜保鲜研究的报道还很少，尚待更进一步研究。

褐藻酸是糖醛酸的多聚物，其钠盐具有良好的成膜性，可阻止膜表层微生物的生长，减少果实中活性氧的生成，降低膜脂过氧化程度，保持细胞完整性，但褐藻酸钠膜阻湿性有限。研究表明，褐藻酸钠膜厚度对拉伸强度影响不大，但透湿性随着膜厚度的增加而减小。适量增塑剂不仅使膜具有一定的拉伸强度，而且不会明显增加透湿性。交联膜的性质明显优于非交联膜，环氧丙烷和钙双重交联膜的性能最好。在环境湿度高于95%时，仍能显著地阻止果蔬失水。脂质可显著降低褐藻酸钠膜的透水性。绿熟番茄经2%的褐藻酸钠涂膜后，常温下可延迟6d后熟，且维生素C损失减少，失重率降低。用褐藻酸钠涂膜保鲜胡萝卜，腐烂率低于用纤维素膜和魔芋精粉膜。

魔芋精粉中含 50%～60%的魔芋葡甘聚糖，能防止食品腐败、发霉和虫害，是一种经济高效的天然食品保鲜剂。所成膜在冷热水及酸碱中均稳定，膜的透水性受添加亲水或疏水物质的影响，添加亲水性物质，则透水性增强，添加疏水性物质，则透水性减弱。用磷酸盐对魔芋葡甘聚糖改性后用于龙眼涂膜保鲜，分别于常温（29～31℃）和低温（3℃）条件下贮存，常温下保藏 10d 后，处理组好果率 82.86%、失重率 2.56%，对照组好果率仅 41.67%、失重率 4.49%。低温下保藏 60d 后，处理组好果率 88.89%、失重率 2.03%，对照组已全部腐烂。另外，处理组的总糖、维生素 C 等指标均优于对照组。

改性后魔芋精粉的保鲜效果将得到明显改善。用 1%的魔芋精粉与丙烯酸丁酯接枝共聚产物对柑橘涂膜保鲜，室温下贮藏 130d 后，与对照组相比，失重率下降 36.2%，烂果率下降 89.6%，维生素 C 损失率下降 53.5%，且外观良好，酸甜适口，保鲜效果显著好于未改性的魔芋精粉。

普鲁兰多糖是一种由出芽短梗霉发酵所产生的类似葡聚糖、黄原胶的胞外水溶性黏质多糖，它的成膜性、阻气性、可塑性、黏性均较强，广泛应用在食品加工和保藏上。普鲁兰多糖溶液对鱼肉有明显的保鲜效果，经 0.5%多糖溶液处理的鱼肉，在模拟常温条件下贮藏 12h 后细菌总数和 TVB-N 值分别为 2.15×10^5 cfu/g 和 19.74mg/100g，均低于淡水产品二级鲜度的要求，保鲜效果最好（成媛媛等，2012）。

研究发现，普鲁兰多糖和壳聚糖涂膜处理均能够有效地抑制梨果实在贮藏期间其总酚、总黄酮、绿原酸等酚类物质和谷胱甘肽含量的下降速度，维持梨果实贮藏期间较高的抗氧化能力和品质。如图 10-17。

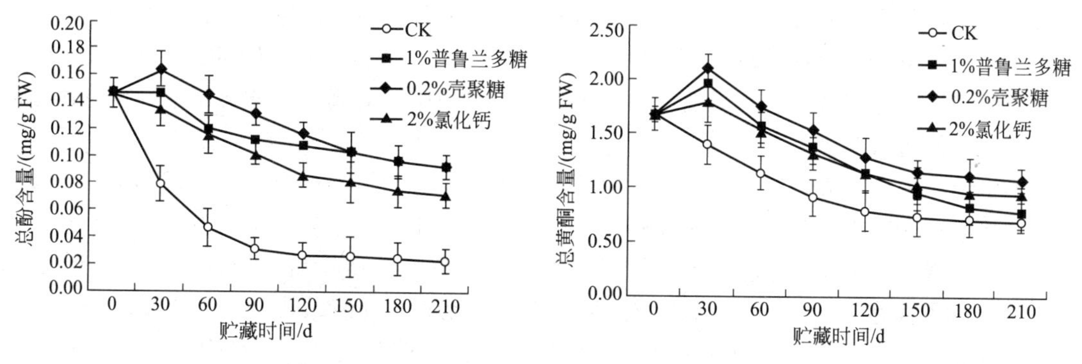

图 10-17　不同涂膜处理对黄冠梨梨贮藏期间果皮中总酚和总黄酮含量的影响（Kouxiaohong，2013）

（2）蛋白质类　蛋白质类也是常用的涂膜材料，用于涂膜制剂的蛋白质主要有小麦面筋蛋白、大豆分离蛋白、玉米醇溶蛋白、酪蛋白、胶原蛋白及明胶等。

小麦面筋蛋白膜柔韧、牢固，阻氧性好，但阻水性和透光性差，限制了其在商业上的应用。实验发现，用 95%的乙醇和甘油处理小麦面筋蛋白，可以得到柔韧、强度高、透明性好的膜，当小麦面筋蛋白膜中脂类含量为干物质含量的 20%时，透水率显著下降。目前，小麦面筋蛋白在果蔬保鲜上很少使用。

大豆分离蛋白是近年来研究较多的蛋白类涂膜剂，研究表明，pH 值是影响蛋白质成膜质量的关键因素。大豆分离蛋白制膜液的 pH 值应控制在 8，小麦面筋蛋白应控制在 5。大豆分离蛋白膜的各项性能均优于小麦面筋蛋白膜。此外，经碱处理的大豆分离蛋白的成膜性能、透明度、均匀性及外观均优于未经碱处理的大豆分离蛋白，但两者的透水率几乎一致。大豆分离蛋白膜的透氧率相当低，比小麦面筋蛋白低72%～86%。由于大豆分离蛋白膜的透氧率太低，透水率又高，因而不单独用于果蔬保鲜，常与糖类、脂类复合后使用。

玉米醇溶蛋白溶于含水乙醇，所形成的膜具有良好的阻氧性和阻湿性。香蕉保鲜实验表明，效果较好的膜为0.8mL 3%甘油+0.4mL油酸+10mL玉米醇溶蛋白制成的膜。将玉米醇溶蛋白、甘油、柠檬酸溶解于95%的乙醇中，用于转色期番茄的涂膜保鲜，贮存条件为21℃、相对湿度55%～66%。结果表明，涂5～15μm膜的番茄后熟延迟6d，无不良影响，涂66μm膜的番茄则发生无氧呼吸。上述实验表明，涂膜厚度也会影响涂膜保鲜的效果。涂膜太薄，起不到隔氧、阻湿作用，涂膜太厚，又会阻碍必要的新陈代谢活动，导致异常生理活动发生。

酪蛋白、胶原蛋白、明胶等在食品涂膜保鲜上用得较少。蛋白类膜具有相当大的透湿性，因而，常与脂类复合使用。

(3) 脂质类　脂质类包括蜡类（石蜡、蜂蜡、巴西棕榈蜡、米糠蜡、紫胶等）、乙酰单甘酯、表面活性剂（蔗糖脂肪酸酯、硬脂酸单甘油酯等）及各种油类等。

蜡膜对水分有较好的阻隔性，其中石蜡最为有效，蜂蜡其次。蜡膜能有效抑制苯甲酸盐阴离子的扩散。已商业化生产的蜡类涂膜剂有中国林业科学研究院林产化学工业研究所的紫胶涂料、中国农科院的京2B系列膜剂、北京化工研究所的CFW果蜡。其中，CFW果蜡处理蕉柑后，保鲜效果良好，有些指标已超过进口果蜡。其他脂类很少单独成膜，常与糖类复合使用。

(4) 复合膜　复合膜是由多糖、蛋白质、脂质类中的两种或两种以上经一定处理而成的涂膜。由于各种成膜材料的性质不同，功能互补，因而复合膜具有更理想的性能。

比如，由HPMC与棕榈酸和硬脂酸组成的双层膜，透湿性比HPMC膜减少约90%。复合膜的透湿性与成膜液中脂质的状态有关，成膜液中脂质的真正溶解会产生一种更连续的脂质层而降低透水性。

由多糖与蛋白组成的复合天然植物保鲜剂膜具有良好的保鲜效果。对金冠苹果、鸭梨和甜椒的保鲜研究表明，苹果、鸭梨涂膜处理后开放放置1个月，外观基本不变，对照组已全部变黄。80d后，处理果仍呈绿色，对照果则已失去商品价值。甜椒处理后15d，无皱缩，维生素C含量高达136.4mg/100g，对照果已干缩，无商品价值。

TALPro-long是英国研制的一种果实涂膜剂，由蔗糖脂肪酸酯、CMC-Na和甘油一酯或甘油二酯组成，可改变果实内部O_2、CO_2和C_2H_4的浓度，保持果肉硬度，减少失重，减轻生理病害。Superfresh是它的改进型，含60%的蔗糖酯、26%的CMC-Na、14%的双乙酰脂肪酸单酯，可用于多种果蔬，已获得广泛应用。

OED是日本用于蔬菜保鲜的涂膜剂，配方为：10份蜂蜡、2份朊酪、1份蔗糖酯，充分混合使成乳状液，涂在番茄或茄子果柄部，可延缓成熟，减少失重。

需要指出的是，尽管有些膜已成功地用于果蔬保鲜，但有时不适当的涂膜反而会使果蔬品质下降，腐烂增加。比如，用0.26mm厚的玉米醇溶蛋白膜会使马铃薯内部产生酒味和腐败味，原因是马铃薯内部氧含量太低而导致无氧呼吸。另外，涂有蔗糖酯的苹果增加了果核发红现象。

涂膜保鲜是否有效关键在于膜的选择，欲达到好的涂膜保鲜效果，必须注意以下几个方面问题：①研制出不同特性的膜以适用于不同品种食品的需求；②准确测量膜的气体渗透特性；③准确测量目标果蔬的果皮、果肉的气体、水分扩散特性；④分析待贮果蔬内部气体组分；⑤根据果蔬的品质变化，对涂膜的性质进行适当调整，以达到最佳保鲜效果。

三、生物保鲜剂保鲜技术

生物保鲜剂保鲜是通过浸渍、喷淋或混合等方式，将生物保鲜剂与食品充分接触，从而使食品保鲜的方法。生物保鲜剂也称作天然保鲜剂，是直接来源于生物体自身组成成分或其代谢产物，不仅具有良好的抑菌作用，而且一般都可被生物降解，具有无味、无毒、安全等特点，因此，受到日益广泛的关注，在某些领域有逐渐取代化学保鲜剂的趋势。

常见的生物保鲜剂可依据其来源分成植物源生物保鲜剂、动物源生物保鲜剂以及微生物源生物保鲜剂等类型。

1. 植物源生物保鲜剂

研究表明，许多植物中都存在抗菌物质，如植物精油、大蒜、洋葱、生姜汁、绿茶、苹果、腰果、苦瓜、竹叶、芦荟、甘草、荸荠、辣椒等都存在具有良好抗菌活性的成分，这些成分主要是一些醛、酮、酚、酯类物质。

多酚类物质是一类广泛存在于各种植物中的、具有较好抗菌活性的生物保鲜剂，其中茶多酚研究得最多且最具应用前景。

茶多酚的抗菌特性如表 10-9 和表 10-10 所示，从表中可以看出，茶多酚既能抑制 G^+ 菌，也能抑制 G^- 菌，属于广谱性的抗菌剂。

表 10-9 茶多酚的抗菌谱（曾名湧，2005）

菌 种	抗菌性	菌 种	抗菌性
金黄色葡萄球菌	+	保加利亚乳杆菌乳	—
大肠埃希氏杆菌	+	链球菌(混合菌)	
普通变形杆菌	+	口腔变异链球菌	+
志贺氏痢疾杆菌	+	啤酒酵母	—
铜绿假单胞菌	+	假丝酵母	—
伤寒沙门氏杆菌	+	黑曲霉	—
枯草杆菌	+	米根霉	—
恶臭醋酸杆菌	—	杆状毛霉	—
罗旺醋酸杆菌	—	拟青霉	—

注："+"表示抑菌阳性；"—"表示抑菌阴性。

表 10-10 茶多酚的最小抑菌浓度（曾名湧，2005） mg/kg

供试菌	粗茶多酚	EC	EGC	ECG	EGCG
铜绿假单胞菌	>1000	>1000	>1000	>1000	>1000
大肠杆菌	>1000	>1000	>1000	>1000	>1000
沙门氏菌	>1000	>1000	>1000	>1000	>1000
志贺氏菌	>1000	>1000	>1000	>1000	>1000
鼠疫杆菌	>1000	>1000	>1000	>1000	>1000
霍乱弧菌(*V. cho.*)	250		250	125	100
麦氏弧菌(*V. met.*)	500	>1000	500	>1000	1000
溶血弧菌(*V. para.*)	200	800	300	500	200
金黄色葡萄球菌	250	800	600	160	250
变异链球菌	<250	>1000	250	1000	500
蜡样芽孢杆菌	600	>1000	>1000	600	600
枯草芽孢杆菌	>800	>800	>800	>800	>800

续表

供试菌	粗茶多酚	EC	EGC	ECG	EGCG
肉毒杆菌	<100	>1000	300	200	<100
穿破杆菌	400	>1000	100	400	300
嗜热脂肪芽孢杆菌	200	800	300	<100	200
困难梭菌	400	100	300	200	<100
产气单胞菌(*A. sob.*)	400	>1000	400	700	300
假单胞菌(*Ps. sola.*)		200	100	50	50

注：EC，表儿茶素；EGC，表没食子儿茶素；ECG，没食子酸表儿茶素酯；EGCG，没食子酸表没食子儿茶素酯。

茶多酚的最小抑菌浓度随菌种不同而差异较大，大多在50～500mg/kg之间，符合食品添加剂用量的一般要求。

茶多酚为淡黄至茶褐色的水溶液、灰白色粉状固体或结晶，略带茶香，有涩味。易溶于水、乙醇、乙酸乙酯，微溶于油脂。对热、酸较稳定，在160℃油脂中加热30min降解20%。在pH2～8之间较稳定，pH大于8时在光照下易氧化聚合。遇铁变绿黑色络合物。茶多酚的水溶液pH为3～4，碱性条件下易氧化褐变。

2. 动物源生物保鲜剂

虽然人们认识动物中存在的生物保鲜剂的历史还不长，但是，目前已有许多动物源生物保鲜剂已被发现和提取出来，其中数种动物源生物保鲜剂如鱼精蛋白、溶菌酶等已获得了商业性应用，成为天然生物保鲜剂的重要组成部分。

(1) 鱼精蛋白　鱼精蛋白是一种特殊的抗菌肽，是存在于许多鱼类的成熟精细胞中的一种碱性蛋白，相对分子质量较小，为4000～10000，精氨酸占其氨基酸组成的三分之二以上。McClean（1931年）首先报道了鱼精蛋白具有抑菌活性，此后有关鱼精蛋白抗菌作用的研究日益深入，并逐渐应用于食品的防腐保鲜。

鱼精蛋白可按以下方法制备：将鱼精置于在稀硫酸溶液中处理，抽取出鱼精蛋白和混杂蛋白，然后在抽出液中加入甲醇或乙醇等有机溶剂沉淀，将沉淀溶于温水中，再冷却即析出鱼精蛋白。也可以不用有机溶剂而用聚磷酸盐使硫酸或盐酸抽出液中的鱼精蛋白以磷酸盐形式沉淀出来，然后将沉淀溶解在高浓度的硫酸铵中，分解为精蛋白硫酸盐。经过上述步骤提取出来的鱼精蛋白均为粗品，需进一步纯化。纯化方法一般采用葡聚糖凝胶柱层析法。应该注意的是，在纯化过程中，由于葡聚糖中的羧基会与呈碱性的鱼精蛋白发生吸附作用，影响洗脱效果，因而需通过添加盐类来减弱此种吸附作用。

研究发现，鱼精蛋白的抑菌性因其来源不同而存在差异，具体情况如表10-11所示。

表10-11　鱼精蛋白对常见微生物发育的抑制作用（曾名湧，2005）

菌种	肉汁培养基稀释法(500μg/mL)		滤纸含浸法(500μg/滤纸片)	
	鲱精蛋白	鲑精蛋白	鲱精蛋白	鲑精蛋白
Pseudomonas fluorescens	—	—	—	—
Serratiamarcesens	—	—	—	—
Proteus morganii	—	—	—	—
Escherichia coli	—	—	±	±
Salmonella enteritidis	—	—	±	±
Vibrio parahaemolyticus	—	—	—	—
Enterobacter areogenes	+	+	+	+
Staphylococcus aureus	+	+	±	±

续表

菌种	肉汁培养基稀释法(500μg/mL)		滤纸含浸法(500μg/滤纸片)	
	鲱精蛋白	鲑精蛋白	鲱精蛋白	鲑精蛋白
Bacillus coagulans	＋＋	＋＋	＋＋	＋＋
B. Megaterium	＋＋	＋＋	＋＋	＋＋
B. Licheniformis	＋＋	＋＋	＋	＋
B. Subtilisruber	＋＋	＋＋	＋＋	＋＋
B. Subtilis niger	＋＋	＋＋	＋＋	＋＋
B. Subtilis mesentericus	＋＋	＋＋	＋＋	＋＋
Lactobacillus plantarum	＋＋	＋＋	＋＋	＋＋
Lactobacillus casei	＋＋	＋＋	＋＋	＋＋
Streptococcus faecalis	＋＋	＋＋	＋	＋

注：一，对发育无抑制；±，对发育稍有抑制；＋，对发育有抑制；＋＋，能显著地抑制发育。

从表10-11可以看出，革兰氏阳性菌的发育受到了明显的抑制，而革兰氏阴性菌几乎不受影响。其原因可能与这两类细菌表面的构造不同有关。实验还证明，鱼精蛋白对新鲜鱼贝类和肉食品中所含的多数细菌起不到抑制作用，因此，在这些食品中使用鱼精蛋白很难得到较好的保存效果。但是，由于鱼精蛋白能够抑制食品二次污染的*Bacillus*属细菌的生长发育，所以鱼精蛋白对经过了热处理后的食品具有较好的保存效果。

鱼精蛋白的最小抑菌浓度因菌种不同而异，如表10-12所示。抑制不同菌属发育的最小浓度（MIC）是有较大差异的，比如，*Bacillus*属、*Lactobacillus*属细菌的MIC为100～200μg/mL，*Streptococcus*属细菌的MIC为400μg/mL，*Enterobacter*属细菌的MIC为650～700μg/mL。

表10-12　鱼精蛋白抑制细菌发育的最低浓度（曾名湧，2005）

菌　种	鱼精蛋白/(μg/mL 培养基)	
	鲱精蛋白	鲑精蛋白
Bacillus coagulans	75	75
B. Megaterium	75	75
B. Licheniformis	200	225
B. Subtilis ruber	200	225
B. Subtilis niger	125	175
B. Subtilis mesentericus	150	175
Lactobacillus plantarum	100	150
Lactobacillus casei	150	150
Streptococcus faecalis	400	400
Enterobacter aerogenes	650	700

应该指出的是，由于上述MIC的结果是从培养基上获得的，因此，在实际的食品保鲜和加工中，不能以此作为添加的标准。因为在食品中存在的菌相因原料的种类、加工方法、加工环境等因素的不同而异，食品本身的成分也远比培养基复杂，因而有可能会影响到鱼精蛋白的抗菌效果。所以，在实际的食品保鲜和加工中，必须以高于MIC的浓度作为添加的标准，才能保证鱼精蛋白的抗菌效果。

对鱼精蛋白的抑菌机理，不少研究者做过研究和探讨，得到了一些有意义的结论。Antohi和Popescu等（1979年）提出，鱼精蛋白的抑菌性是由于它和微生物的细胞壁相互作用引起的。Mishihara等发现，加入鱼精蛋白会立即抑制微生物细胞的氧和葡萄糖的消耗，并据此认为鱼精蛋白之所以能够抑制细菌生长，可能是由于它吸附在微生物细胞表面，破坏了微生物细胞膜而引起的。根据鱼精蛋白作用于微生物细胞的部位不同，大致可认为存在两种可能机理：鱼精蛋白作用于微生物细胞壁，破坏了细胞壁的合成以达到其抑菌效果；鱼精蛋白作用于微生物细胞质膜，通过破坏细胞的营养物质的吸收来起抑菌作用。

微生物细胞壁受影响的机理认为，鱼精蛋白主要是以分子中多聚精氨酸或多聚精氨酸与其他少数几个氨基酸以某种结构或形式和微生物细胞壁结合，破坏了细胞壁的形成，从而达到其抑菌效果。微生物是通过细胞壁来维持其形态的，一旦细胞壁受到破坏，其形态也必定受到影响。Boman 等（1993 年）就发现鱼精蛋白处理过的细胞，经过一段时间后呈肿胀状态。

微生物细胞质膜受损伤的机理认为，微生物细胞质膜是鱼精蛋白的作用对象，鱼精蛋白是通过影响细胞质膜的功能来达到抑菌效果的。Kashket 和 Berger 等研究发现，经鱼精蛋白处理的杆菌中，其脯氨酸含量要比未经处理的杆菌中的脯氨酸含量低，说明经鱼精蛋白处理的杆菌吸收和积累脯氨酸的能力明显受到了抑制。进一步研究认为，鱼精蛋白是通过影响微生物细胞质膜来影响它对脯氨酸的吸收的。此外，鱼精蛋白还影响了细胞蛋白质的合成。蛋白质的合成是在核糖体内，氨基酸等物质通过细胞膜吸收后运输到核糖体内进行蛋白质的合成。实验发现，加入鱼精蛋白后，在很短的时间内微生物停止积累氨基酸，但合成蛋白质的功能却没有随之停止，而是继续进行直到消耗完所积累的氨基酸等物质。因此，鱼精蛋白并不直接影响核糖体上蛋白质的合成过程，而是作用于微生物细胞质膜，通过断绝合成蛋白质的“原料”来阻止细胞蛋白质的合成。

与大多数抗菌肽的抑菌机理不同，鱼精蛋白并不是在细胞膜上形成电势依赖通道，然后导致细胞内新陈代谢物质的溢流使细胞死亡。因为鱼精蛋白整体不具备两亲性质，因而无法插入细胞膜中形成膜通道。因此，鱼精蛋白的抑菌作用机理不同于那些可以改变膜透性的抗菌肽，它不会改变微生物细胞膜的通透性。

鱼精蛋白的抑菌效果受多种因素的影响，如食品的 pH、所含盐类及其浓度、有机成分及环境温度等。实验发现，鱼精蛋白在 pH6.0 以上时具有明显的抗菌活性，但在 pH5.0 时，其抗菌活性降低，因此，不适合醋腌食品、果汁等 pH6.0 以下的食品使用；随着食品中各种盐类浓度的提高，菌的残存率也相应增加。且同等浓度条件下二价盐类比一价盐类对细菌的保护作用更好，所以，在食盐用量较多的盐腌食品、发酵食品中使用鱼精蛋白时，必须考虑高盐对鱼精蛋白抗菌活性的影响。另外，在 5～50℃范围内，加入食品中的鱼精蛋白的抗菌性无显著差异，而在 120℃时，鱼精蛋白还具有抗菌性能，因而，大多数食品加工时采用的温度对鱼精蛋白的抑菌作用影响不大。

除鱼精蛋白以外，昆虫抗菌肽、防卫肽以及海洋生物抗菌肽等也是常见的生物保鲜剂。其中，海洋生物抗菌肽更是成为近年来该领域研究的热点。

（2）溶菌酶　又称细胞壁溶解酶，是一种专门作用于微生物细胞壁的水解酶。最早开始研究溶菌酶的是 Nicolle，他在 1907 年发现了枯草芽孢杆菌溶解因子。Laschtschenko（1909 年）指出，丹青具有很强的抑菌作用，并指出这是由于其中酶作用的结果。Fleming（1922 年）发现人的鼻涕、唾液、眼泪也有很强的溶菌活性，并将其中产生溶菌作用的因子命名为溶菌酶。Abraham 和 Robinson（1937 年）从卵蛋白中分离出溶菌酶的晶体，这是人类首次分离得到纯净的溶菌酶。1959～1963 年，Salton 等研究发现，溶菌酶可以切断 *N*-乙酰胞壁酸和乙酰氨基葡萄糖之间的 β-1,4-连接键。1967 年，英国菲利浦集团发表了对鸡蛋清溶菌酶-底物复合体的X射线衍射的研究结果，搞清了触酶的结构。

溶菌酶广泛分布于鸡蛋清、鸟类的蛋清，人的眼泪、唾液、鼻黏液、乳汁等分泌液，肝、肾、淋巴等组织，牛、马等动物的乳汁，木瓜、无花果、芜菁、大麦等植物以及微生物中。以干基计，鸡蛋清中含有3.4%左右的溶菌酶，是已知含溶菌酶最丰富的物质。目前大多数商品溶菌酶均来自鸡蛋清。鸡蛋清溶菌酶也是目前研究得最透彻的一种溶菌酶。研究结果表明，鸡蛋清溶菌酶的相对分子质量为14307，等电点为11.1，最适溶菌温度为50℃，最适pH为7.0。鸡蛋清溶菌酶的稳定性非常好，当pH在1.2～11.3的范围内剧烈变化时，其结构仍稳定不变。当pH在4～7的范围内，在100℃下处理1min，仍可保持酶活性。不过，鸡蛋清溶菌酶的热稳定性在碱性环境中较差。

溶菌酶的一级结构由129个氨基酸组成，其高级结构的稳定性由4个二硫键、氢键和疏水键来维持。纯品溶菌酶为白色或微黄色的晶体或无定形粉末，无臭，味甜，易溶于水，遇碱易破坏，不溶于丙酮、乙醚。

鸟类蛋清溶菌酶的活性与鸡蛋清溶菌酶的活性相当。它们的一级结构也是由129个氨基酸组成的，只是排列顺序有所差异。但是，两者的活性部位的氨基酸的排列顺序基本一样。

人和哺乳动物溶菌酶由130个氨基酸组成，其一级结构中的氨基酸排列顺序与鸡蛋清溶菌酶的差异较大。但是，它们的高级结构却很相似，都存在四个二硫键。不过，人的溶菌酶的溶菌活性比鸡蛋清溶菌酶的高3倍。

另外，从牛、马等动物的乳汁中分离出的溶菌酶，其理化性质与人的溶菌酶基本相似，但结构尚未弄清。

植物溶菌酶对小球菌的溶菌活性较鸡蛋清溶菌酶低，但对胶状甲壳质的分解活性则为鸡蛋清溶菌酶的10倍左右。该类溶菌酶的结构尚未搞清楚。

微生物是溶菌酶的重要来源。目前已从微生物中分离得到下列7种溶菌酶。

① 内-*N*-乙酰己糖胺酶：其作用是分解构成细菌细胞壁骨架的多糖。

② 酰胺酶：其作用是切断连接多糖和氨基酸之间的酰胺键。

③ 内肽酶和蛋白酶：作用与②相似。

④ β-1,3-葡聚糖酶，β-1,6-葡聚糖酶，甘露糖酶：其作用是分解细胞壁。

⑤ 磷酸甘露糖酶：与④共同作用，分解细胞原生质。

⑥ 壳多糖酶：与葡聚糖酶共同作用，分解霉菌和酵母菌。

⑦ 脱乙酰壳多糖酶：主要作用是分解毛霉和根霉。

目前，提取溶菌酶的原料一般都用蛋清或蛋壳。提取分离的方法有亲和层析法、离子交换法、沉淀法、沉淀与凝胶色谱结合法等。

溶菌酶的作用机理比较复杂。根据现有的研究结果，人们认为溶菌酶的溶菌作用是基于它能使*N*-乙酰胞壁酸（NAM）与*N*-乙酰葡萄糖胺（NAG）之间的β-1,4-糖苷键断开。

一般溶菌酶对G^+均有较强的分解作用，而对G^-无分解作用。这是因为G^+细菌细胞壁的主要化学成分是肽聚糖。而肽聚糖正是由NAG与NAM通过β-1,4-糖苷键交替排列形成骨架，并通过NAM部分的乳酰基与4～5个氨基酸组成的寡肽形成肽键交联而成。

研究还发现，溶菌酶的最适小分子底物为NAM-NAG交替组成的六糖。在溶菌酶分子中存在一个狭长的凹穴，当底物分子与酶结合时，正好与此狭长的凹穴嵌合。在凹穴中的Glu35与Asp52构成了活性中心，它们在水解糖苷键时起协同作用。

目前，溶菌酶已应用在面食类、水产熟食品、冰淇淋、色拉等食品的防腐中。在实际应用时，溶菌酶常与甘氨酸联用。

3. 微生物源生物保鲜剂

随着研究的深入，具有各种生理活性的微生物来源的天然产物愈来愈多地被开发出来，在维持人类生命健康和提高人类生活质量等方面起着相当重要的作用。微生物源的生物保鲜剂就是其中一类重要的天然产物。广泛应用在各种食品保藏上，在鱼类和海产品保鲜上的应用如表 10-13。目前研究和应用较多的微生物源生物保鲜剂主要是乳酸链球菌素。

表 10-13　鱼类与海产品的生物保鲜实例（Ghanbari 等，2013）

产品	已应用的保藏性菌种/细菌素	作用	文献
鲶鱼	青春型双歧杆菌、婴儿双歧杆菌或长双歧杆菌	延长货架期	Kim,et al，1995
鲹鱼	片球菌	改善感官品质	Cosansu,et al，2011
羽鳃鲐	乳酸片球菌，戊糖片球菌	控制腐败细菌和胺	Sudalayandi & Manja，2011
	嗜热链球菌，乳酸乳球菌		
	植物乳杆菌，嗜酸乳杆菌，瑞士乳杆菌		
鲑鱼	米酒乳杆菌 LAD 和消化乳杆菌	改善感官属性	Morzel,et al，1997
沙丁鱼	乳酸链球菌素	抑制鱼的腐败菌群	Elotmani & Assobhei，2004
罗非鱼	干酪乳杆菌和嗜酸乳杆菌	改善生化特性标准和微生物方面	Ibrahim & Salha，2009
罗非鱼	干酪乳杆菌和嗜酸乳杆菌	延长货架期和提高安全性	Daboor & Ibrahim，2008
大比目鱼，真空包装和气调包装	产 EntP 细菌素的肠球菌	抗李斯特氏菌，抗葡萄球菌，抗杆菌	Campos,et al，2012
真空包装新鲜鲽鱼	双歧杆菌	抑制假单胞菌	Altieri,et al，2005
真空包装虹鳟鱼	米酒乳杆菌和戊糖乳杆菌	延长货架期	Katikou,et al，2007
真空包装虹鳟鱼	米酒乳杆菌素 A——米酒乳杆菌生产菌株(Lb706)	抑制单增李斯特氏菌	Aras Husar,et al，2005
冷熏鲑鱼	米酒乳酸杆菌素	抑制单增李斯特氏菌	Aasen,et al，2003
冷熏鲑鱼	乳酸杆菌 CS526	抑制单增李斯特氏菌	Yamazaki,et al，2003
冷熏鲑鱼	鲑鱼肉杆菌	抑制单增李斯特氏菌	Brillet,et al，2005
冷熏鲑鱼	乳酸菌	抑制无害李斯特氏菌	Weiss & Hammes，2006
冷熏鲑鱼	干酪乳杆菌，乳酸杆菌及乳酸杆菌加工品	抑制无害李斯特氏菌	Vescovo,et al，2006
冷熏鲑鱼	屎肠球菌 ET05	抑制无害李斯特氏菌	Tomé,et al，2008
冷熏鲑鱼	鲑鱼肉杆菌 M35	抑制单增李斯特氏菌	Tahiri,et al，2009
真空包装冷熏鲑鱼	肉杆菌	改善感官品质	Leroi,et al，1996
真空包装冷熏鲑鱼	鳟鱼肉杆菌 V1，鲑鱼肉杆菌 V41，鲑鱼肉杆菌细菌素 Divercin V41	抑制单增李斯特氏菌	Duffes，et al，1999；Duffes，1999；Nilsson，et al，2004
真空包装冷熏虹鳟	乳酸链球菌素	抑制单增李斯特氏菌	Nykanen,,et al，2000
真空包装冷熏鲑鱼/虾	米酒乳杆菌素 P 及其乳杆菌	抑制单增李斯特氏菌	Katla,et al，2001

续表

产品	已应用的保藏性菌种/细菌素	作用	文献
盐水虾	乳酸链球菌素 Z,乳酸菌素	提高质量和延长货架期	Einarsson & Lauzon, 1995
冻虾	乳酸链球菌素	抑制假单胞菌属和产 H_2S 细菌	Shirazinejad, et al, 2010
熟虾	鱼乳球菌 CNCM I-4031	抑制热杀索丝菌，提高感官指标	Fall, et al, 2010
真空包装熟虾	鱼乳球菌 EU2241，冷明串珠菌 EU2247	抑制单增李斯特氏菌和金黄色葡萄球菌	Matamoros, et al, 2009

乳酸链球菌素（Nisin）又叫乳链菌肽、乳球菌肽，是某些乳酸乳球菌在代谢过程中合成和分泌的具有很强杀菌作用的小分子肽。

早在 1928 年，美国的 Rogers 等就报道了乳酸链球菌的代谢产物能够抑制乳酸菌，1933 年新西兰的 Witehead 等指出该代谢产物实际上是多肽类化合物。1947 年英国的 Mattick 发现某些乳酸链球菌可以产生具有蛋白质性质的抑制物，并将其命名为“NISIN”。1951 年 Hirsch 指出，乳酸链球菌素可用作食品防腐剂以控制革兰氏阳性菌的生长繁殖。1953 年英国的 Aplin 和 Barrett 公司生产出第一批商业化乳酸链球菌素“NISAPLIN”。1969 年，英国防腐剂委员会和世界卫生组织食品添加剂专家委员会确认 NISIN 为食品防腐剂。这也是第一个被批准为食品防腐剂的细菌素。到 1990 年，已先后有近 50 个国家和地区批准 NISIN 作为天然食品防腐剂。我国也于 1990 年 3 月 29 日批准 NISIN 为食品防腐剂（GB 12493—90），可用于罐藏食品、植物蛋白食品、乳制品和肉制品。

NISIN 是一种含有 34 个氨基酸的多肽，$-NH_2$ 末端为异亮氨酸，—COOH 末端为赖氨酸，分子质量为 3510Da。另外，也可能存在二聚体和四聚体分子形式。NISIN 的显著特征是其单体中含有五种异常氨基酸：α-氨基丁酸（Abu），脱氢丙氨酸（Dha），β-甲基脱氢丙氨酸（Dhb），羊毛硫氨酸（Ala-S-Ala），β-甲基羊毛硫氨酸（Ala-S-Abu）。它们通过硫醚键形成 5 个环，如图 10-18 所示。

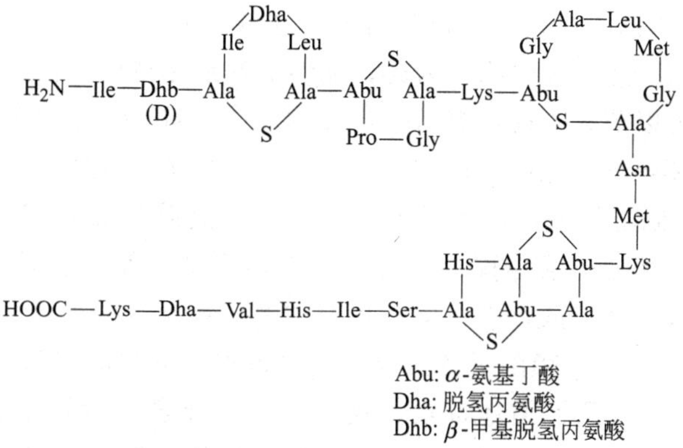

Abu: α-氨基丁酸
Dha: 脱氢丙氨酸
Dhb: β-甲基脱氢丙氨酸

图 10-18　NISIN 的结构（曾名湧，2005）

迄今为止，已发现了 6 种类型的 Nisin，分别是 A、B、C、D、E 和 Z。但是，天然状态下的 Nisin 主要有 NisinA 和 NisinZ 两种形式。它们之间的差别在于第 27 位的氨基酸不同，NisinA 为组氨酸，NisinZ 为天冬氨酸。通常，在相同浓度下，NisinA 的溶解度和抑菌能力比 NisinZ 要强。

根据已有的研究结果，NISIN 对 G^+ 菌具有明显的抑制作用，而对 G^- 菌、酵母及霉菌等无效。但是，对于某些 G^- 菌，如果将 NISIN 与冷冻、加热、调节 pH 和 EDTA 处理等结合起来，也可获得很好的效果。

Nisin 抑菌作用机理可用“孔道形成”理论来解释。该理论提出，在一定的膜电位下，疏水性的、带正电荷的 Nisin 可吸附于敏感菌的细胞膜上，并通过其 C 末端的作用侵入膜内而形成通道。也有人认为 Nisin 属于孔道形成蛋白，由于其分子特殊的三级结构，可允许分子质量小于 0.5kDa 的亲水分子通过，从而导致 K^+ 从胞浆中流出，细胞膜去极化及 ATP 的泄漏，细胞外水分子流入，造成细胞内外能差消失，细胞自溶而死亡。

另外，从 Nisin 的抑菌谱可以发现，Nisin 主要杀灭或抑制 G^+ 菌及其芽孢，而对 G^- 菌基本无影响。比较两类细菌的细胞壁，可以看出 G^- 菌的细胞壁组成较复杂，包括磷脂、蛋白质和脂多糖等成分，十分致密，仅能允许分子质量在 600Da 以下的分子通过，因此，Nisin 无法通过 G^- 菌的细胞壁，到达细胞膜而发挥作用。值得注意的是，经过处理而改变 G^- 菌细胞壁的通透性后，G^- 菌对 Nisin 的敏感性大大提高，同样可以被杀死或被抑制。

总之，Nisin 对微生物的作用首先是依赖于它对细胞膜的吸附，在此过程中，Nisin 能否通过细菌细胞壁是一个关键因素。与此同时，pH、Mg^{2+} 浓度、乳酸浓度，氮源种类等均可影响 Nisin 对细胞膜的吸附作用，从而影响 Nisin 的抑菌作用。

研究表明，Nisin 在肠道中可被消化酶迅速分解失活，在摄入含 Nisin 的液体 10min 后就无法在人的唾液中测到 Nisin 的存在，也未发现对 Nisin 过敏的情况。微生物学研究表明，Nisin 和治疗的抗生素间无任何交叉性的相互抵消作用。

1963 年，FAO/WHO 专家委员会确认了 Nisin 的毒性数据，并推荐了它在食品中的用量，使 Nisin 在世界范围内迅速地推广使用。

Nisin 在各种乳制品、罐藏火腿、香肠、真空包装鲜肉、罐藏蔬菜、含酒精的饮料等食品中已有较多的应用。特别是在肉类食品中，Nisin 可以代替部分硝酸盐和亚硝酸盐，这不仅能够抑制肉毒梭状芽孢杆菌产生肉毒素，还可以降低亚硝胺对人体的危害。Nisin 作为天然抑菌剂的优点还表现在以下几个方面：①Nisin 是一种蛋白质，可被人体内的酶降解和消化；②Nisin 对食品的色、香、味及口感等不产生副作用；③Nisin 在罐藏食品中使用时可以降低杀菌温度、减少热处理时间，因此，能够更好地保持罐头食品的营养价值、风味及质地等性状，此外还可以节省能耗，提高生产效率；④Nisin 对酸、热、冷等均较稳定，因而使用起来较方便。Nisin 的缺点是对革兰氏-阴性菌、酵母、霉菌等效果较差或无效。

针对 Nisin 在抑制酵母和霉菌效果差的缺点，纳他霉素（Natamycin）显示出高效、广谱的真菌抑制效果。纳他霉素也称游链霉素（Pimarcin），是一种重要的多烯类抗生素。它能够专性地抑制酵母菌和霉菌，阻止丝状真菌中黄曲霉毒素的形成。1955 年 Struyk 等从南非 Natal 州 Pieternaritzburg 镇附近的土壤中分离得到纳塔尔链霉菌（*Streptomyces natalensis*），并从中首次分离得到了纳他霉素，我国早期曾译名为游霉素、匹马霉素。现在可由 *Streptomyces* 和 *Streptomyces chatanoogensis* 等链霉菌发酵经生物技术精炼而成，是一种新型生物防腐剂。

纳他霉素是 26 种多烯烃大环内酯类抗真菌剂的一种，多烯是一平面大环内酯环状结构，能与甾醇化合物相互作用且具有高度亲和性，对真菌有抑制活性，其抗菌机理在于它能与细胞膜上的甾醇化合物反应，从而引发细胞膜结构改变而破裂，导致细胞内容物的渗漏，使细胞死亡。但有些微生物如细菌的细胞壁及细胞质膜不存在这些类甾醇化合物，所以纳他霉素对细菌没有作用。目前，纳他霉素已应用于乳制品生产、果蔬汁生产、肉制品加工、焙烤类食品和新鲜果蔬保鲜等领域，具有良好的应用前景。

研究表明，纳他霉素抑制大多数霉菌的有效浓度为（1.0～6.0）$\times10^{-3}$g/L，极个别的霉菌在（1.0～2.5）$\times10^{-2}$g/L 的浓度下被抑制；大多数酵母菌在纳他霉素浓度为（1.0～5.0）$\times10^{-3}$g/L 时被抑制。1977 年，DeBoer 和 Stoclk 研究了真菌对纳他霉素形成抗性的可能性，在连续数年使用纳他霉素的乳酪仓库中未发现真菌形成抗性的证据；经过人为诱导，也没有发现真菌对纳他霉素产生抗性。纳他霉素具有的强抑菌活性和稳定性可能是真菌不对之产生抗性的原因。

OlléResa 等（2014）研究发现，纳他霉素可以有效控制啤酒酵母（*Saccharomyces cerevisiae*）、鲁氏酵母（*Zygosaccharomyces rouxii*）、解脂耶氏酵母（*Yarrowia lipolytica*）等酵母菌的生长，其中处理浓度、处理方式、酵母菌种类等会影响抑菌效果，随着纳他霉素浓度的增加酵母菌失活率提高，涂膜处理比喷洒效果好，在木薯淀粉薄膜体系中对奶酪表面的酵母菌的抑菌效果显著增强，纳他霉素作为一种天然抑菌剂在控制含有木薯淀粉的食品体系中的酵母具有潜在的应用价值。

片球菌素是继 Nisin 之后的又一种具有潜力的乳酸菌细菌素，它是属于第 Iia 类细菌素，抗李氏杆菌，是小分子的一种热稳定性肽（SHSP）。片球菌素耐热性较好，这有利于应用在食品加工中，121℃保温 20min，细菌素活性将为 20℃时的 70%左右，片球菌素结构中的两对二硫键使得它对热具有很强的耐受性。片球菌素具有耐酸性，在 pH2～9 时活性稳定，在 pH6 时抑菌效果最好。片球菌素在肉制品中的应用较多，研究发现涂膜片球菌素的火腿片保藏中，有效抑制李氏杆菌和沙门氏菌的繁殖。同时一些片球菌素也可以抑制奶酪熟化后期李氏杆菌的生长，提高奶酪保藏品质。

四、抗冻蛋白保鲜技术

抗冻蛋白（antifreeze protein，AFPs）是一类能够抑制冰晶生长，能以非依数形式降低水溶液的冰点，但不影响其熔点的特殊蛋白质。自从 20 世纪 60 年代从极地鱼的血清中提取出抗冻蛋白后，研究对象也逐渐从鱼扩大到到耐寒植物、昆虫、真菌和细菌，研究焦点集中在抗冻蛋白的结构、功能和作用机理上。

1. 抗冻蛋白的类型及其结构

（1）鱼类中的抗冻蛋白及其结构　迄今为止，在鱼类中至少发现了 6 大类型的抗冻蛋白，分别为抗冻糖蛋白（antifreeze glycoprotein，AFGPs）、Ⅰ型抗冻蛋白（AFP-Ⅰ）、Ⅱ型抗冻蛋白（AFP-Ⅱ）、Ⅲ型抗冻蛋白（AFP-Ⅲ）和Ⅳ型抗冻蛋白（AFP-Ⅳ）以及 Hyperactive-AFP。AFGPs 主要由 3 肽糖单位［-Ala-Ala-Thr（双糖基)-］以不同重复度串联而成。AFGPs 的分子质量一般在 2.6～34kDa 之间，糖基是抗冻活性形成的主要基团，且活性与分子质量有关，分子质量大者，一般活性也高。推测它形成一种与多聚脯氨酸Ⅱ相似的左手螺旋结构，其双糖疏水基团面向碳骨架。亲水性 AFP-Ⅰ是由 11 个氨基酸串联而成的 α-螺旋单体结构，富含丙氨酸（占总氨基酸的 60%以上），且部分螺旋具有双嗜性。冬鲽产生的 AFP-Ⅰ包括两种亚型，即肝脏型和皮肤型，皮肤型的活性是肝脏型的二分之一，它们由不同的基因家族编码且表达上具有组织特异性。

AFP-Ⅱ是从鲱鱼体内分离得到的一类与 C 型凝集素同源的抗冻蛋白，有 2 个 α-螺旋、2 个 β-折叠和大量无规结构，后来又从生活在中纬度淡水中的日本胡瓜鱼（*Hypomesus nipponensis*）体内分离到此类Ⅱ型 AFP，其 N 端的氨基酸序列与鲱鱼相比有 75%的同源性且核苷酸顺序85%相同，分子质量为16.7kDa，结构上含有至少一个Ca^{2+}结合结构域，但去除Ca^{2+}并未使它的活性完全丧失。

AFP-Ⅲ主要存在于绵鳚亚科鱼类中，是一种7kDa的球状蛋白，其二级结构主要由9个β-折叠组成，其中8个组成一种β-折叠三明治夹心结构，另一个β-折叠则游离在其外，这种三明治的“夹心”就是两个反向平行的3个串联β-折叠，其外则是两个反向平行的β-折叠。三级结构由3个β-折叠反向排列成川字形，两个川字形结构互相垂直排列成三级结构的主体部分，其余β-折叠则处于连接位置上。

AFP-Ⅳ是从多棘床杜父鱼（*Myoxocephalus octodecimspinosis*）中纯化出来的一种抗冻蛋白，约108个氨基酸残基，其中Glu的含量高达17%。该蛋白质和膜载脂蛋白具有22%的同源性。圆二色谱分析表明它们结构类似，有较高的α-螺旋结构，其中4个α-螺旋反向平行排列，疏水基团向内，亲水基团向外。

Hyperactive-AFP是新近发现的一种抗冻蛋白，该蛋白质也是从冬鲽中分离出来的，它的分子质量大于来源于同一生物中的AFP-Ⅰ，活性远远高于后者。该蛋白质是冬鲽之所以能够在－1.9℃的海水中生活的主要原因。而AFP-Ⅰ只能使冬鲽的耐低温极限达到－1.5℃。

（2）昆虫中的抗冻蛋白　昆虫中的抗冻蛋白主要来源于以下几种昆虫：甲虫（*Tenebrio molitor*）、云杉蚜虫（*Choristoneura fumiferana*）、美洲脊胸长椿（*Oncopeltus fasciatus*）和毛虫（*Dendroides canadensis*）等。昆虫抗冻蛋白结构与鱼类的不同，在沿着抗冻蛋白折叠的一侧有两行苏氨酸残基，能够与冰晶表面的棱柱和基面很好地匹配结合。Margaret等应用核磁共振分析技术分析黄粉甲（*Tenebrio molitor*）抗冻蛋白的结构表明：当接近冰点温度时，在位于黄粉甲抗冻蛋白表面冰结合位点上的苏氨酸侧链，会形成更优化的旋转异构体；而不在该位点上的苏氨酸，呈现多样性的旋转异构体。黄粉甲抗冻蛋白在溶液中保持这种特有的冰结合构造，主要是由于严格的苏氨酸矩阵形成的抗冻蛋白-冰的分界面与冰的晶格相匹配，从而抑制冰晶的生长。昆虫抗冻蛋白的分子质量大都在7～20kDa之间，含有比鱼类更多的亲水性氨基酸。有些抗冻蛋白与鱼类Ⅰ型抗冻蛋白相似，无糖基，含有较多的亲水性氨基酸，其中40%～59%的氨基酸残基能形成氢键；有些昆虫抗冻蛋白类似于鱼类Ⅱ型抗冻蛋白，含有一定数量的半胱氨酸。甲虫*Dendroides canadensis*抗冻蛋白H_1组分含有较多的半胱氨酸，近一半的半胱氨酸残基参与二硫键的形成。如用二硫苏糖醇（DTT）处理破坏这些二硫键，或使游离巯基烷基化，则抗冻蛋白的活性随之丧失。

甲虫抗冻蛋白为8.4kDa的右手β-螺旋，即螺旋本身是β-片层结构，每一圈由12个氨基酸组成，共7个螺周。甲虫抗冻蛋白富含Thr和Cys，8个二硫键分布在螺旋内侧，因而赋予该分子一定的刚性结构。甲虫抗冻蛋白的热滞活性比鱼的高得多，二聚体的活性更高，在毫摩尔浓度时活性可达鱼的10～100倍。

云杉蚜虫抗冻蛋白包括许多同型蛋白质，但分子质量大多集中在9.0kDa左右，呈左手β-螺旋，每螺圈呈三角形，包括15个氨基酸残基，Thr-X-Thr模体重复出现在每一螺圈当中，三角形的边是β-折叠片层。这些三角形的螺圈垛叠在一起使之形成一种立体的三棱镜样结构，三棱镜的每一侧面上规则地排列着Thr。这种特殊的结构赋予它极高的热滞活性，为鱼的热滞活性的3～4倍。在云杉蚜虫抗冻蛋白的同型中有一种分子质量12kDa的蛋白质具有极高的热滞活性，它比云杉蚜虫抗冻蛋白多30～31个氨基酸残基，即多出两个螺周。多出的两螺圈上同样具有Thr-X-Thr模体，Thr的排列具有同样的规则。它的热滞活性比鱼的高出10～100倍。

毛虫的抗冻蛋白包括很多类型，其中研究得较清楚的是DAFP-1和DAFP-2两类，分子质量大约是8.7kDa，分别含83个和84个氨基酸残基。它们组成7个含12个或13个氨基酸残基的重复单元。每1个重复单元中第1个与第7个半胱氨酸都形成二硫键，共8对二硫键，其中7对二硫键位于重复单元内，一对位于重复单元之间，这8对二硫键限制了它的二级结构。在25℃时含有46％β-折叠，39％转角，2％螺旋，13％无规则结构。当遇到冰时，β-折叠和转角增多而螺旋和无规则结构减少。

（3）细菌中的抗冻蛋白　有6种来源于南极洲的细菌可以产生抗冻蛋白，其中热滞活性最高的一种抗冻蛋白是由82号菌株（*Moraxella* sp.）产生的一类脂蛋白，N端氨基酸顺序与该菌的外膜蛋白有很高的相似性，这也是首次报道的一类抗冻脂蛋白。

（4）植物中的抗冻蛋白　尽管植物抗冻蛋白的研究起步较晚，但是目前已陆续在冬小麦、燕麦、冬黑麦、黑麦草、冬麦草、欧白英、胡萝卜、沙冬青、桃树、唐古特红景天、甜杨等至少26种高等植物中获得了具有热滞活性的抗冻蛋白。

Griffith等（1992年）首次从经低温锻炼的冬黑麦（*secale cereale* L.）叶片中得到并部分纯化了植物源抗冻蛋白。研究表明，冬黑麦的抗冻蛋白包括7种类型，分子质量在11～36kDa，且具有相似的氨基酸组成，均富含Asp/Asn、Glu/Gln、Ser、Thr、Gly及Ala，均缺少His，Cys含量达5％以上。Western印迹分析表明，冬黑麦的抗冻蛋白与鱼及昆虫富含Cys的抗冻蛋白没有共同的抗原决定簇。

Duman等（1992年）在多种植物中发现了具有热滞效应的蛋白质，并从千年不烂心（*Solanum dulcamara*）的冬季枝条中分离到分子质量为67kDa的抗冻糖蛋白。该抗冻糖蛋白富含甘氨酸残基（含量达23.7％），用β-半乳糖苷酶处理该抗冻糖蛋白后其抗冻活性随之消失，表明半乳糖是该抗冻糖蛋白抗冻活性的关键组成部分。

费云标等（1994年）从强抗冻植物沙冬青（*Ammopiptanthus monglicus*）叶片中分离出4种抗冻蛋白，其中一种为热稳定的抗冻糖蛋白，分子质量为40kDa，热滞活性为0.9℃（20mg/mL），与其他抗冻蛋白进行比较，没有发现相同的类型，测定其N端氨基酸为SD-DLSFNKFVPCQTDILF，表明它与植物凝集素具有同源性。另外3种不是糖蛋白，它们分别为：分子质量67kDa，热滞活性0.46℃（8mg/mL）；分子质量21kDa，热滞活性0.46℃（8mg/mL）；分子质量39.8kDa，热滞活性0.45℃（10mg/mL）。

Worrall等（1998年）从冷诱导的胡萝卜（*Daucus carota*）中纯化出一种分子质量为36kDa的抗冻蛋白，热滞值为0.35℃（1mg/mL），它的热滞活性比鱼类Ⅲ型抗冻蛋白的热滞活性高，且去掉糖基不影响其抑制重结晶的活性。另外，他们还克隆了胡萝卜抗冻蛋白的基因，这是第一个植物抗冻蛋白基因的克隆，标志着对植物抗冻蛋白的研究已进入基因组水平。

Miachael等（1999年）从桃树（*Prunus persica*）的树皮中提取到一种抗冻蛋白，实验表明它是一种脱水素蛋白PCA60，这是首次在脱水素蛋白中发现了抗冻蛋白的存在。PCA60由472个氨基酸组成，富含赖氨酸、甘氨酸，分子质量为50kDa，热滞值为0.06℃，具有较强的修饰冰晶的能力。

Sidebottom等（2000年）从一种越冬的多年生黑麦草（*Lolium perenne*）中发现了热稳定性的抗冻蛋白。这种蛋白由118个氨基酸组成，分子质量为11.77kDa，100℃时仍稳定存在，热滞效应较低，但对冰晶重结晶抑制效应是鱼类Ⅲ型抗冻蛋白的200倍。因此，在低温条件下，冬麦草抗冻蛋白的重结晶抑制效应可能是细胞避免冰冻损伤的重要生理基础。

祭美菊等（2001 年）在冰缘植物珠芽蓼（*Polygonum viviparum*）叶片的质外体抽提液中发现抗冻蛋白，热滞值为 0.3℃（7.8mg/mL）。分析表明，该质外体抗冻蛋白为分子质量在 15.2～72.3kDa 范围内的 7 条多肽，且均为糖蛋白，其中分子质量为 72.3kDa 的糖蛋白是迄今为止在动植物中得到的分子质量最大的抗冻蛋白。

Wang Weixiang 等在沙冬青（*Ammopiptanthus mongolicus*）中分离纯化出一种热稳定的抗冻蛋白。该抗冻蛋白的分子质量约为 28kDa，热滞活性为 0.15℃（10mg/mL），能够调节冰晶的生长。

目前已发现的植物抗冻蛋白具有以下特点。①植物抗冻蛋白结构多样化。各种植物抗冻蛋白的蛋白质结构差别很大，它们既没有相似的氨基酸序列，也没有共同的冰晶结合单元。基于此，推测在植物界中也许会发现一些不同于已知抗冻方式的抗冻蛋白。②植物抗冻蛋白具有多重功能，既具有抗冻活性，同时又有酶（如内切几丁质酶、内切 β-1,3-葡聚糖酶）、抗菌（如甜味蛋白等）和抗虫（植物凝集素）、抗旱（植物脱水素）等活性。③植物抗冻蛋白的热滞活性一般都大大低于鱼类和昆虫抗冻蛋白的热滞活性，但有些植物（如黑麦草）抗冻蛋白的冰晶重结晶抑制效应明显优于鱼类和昆虫抗冻蛋白。据此推测，植物抗冻蛋白不是通过阻止冰晶形成，而是通过控制冰晶增长和抑制冰晶重结晶效应，来表现其抗冻活性的。④除低温以外，其他因子如干旱、外源乙烯（可诱导冬黑麦的抗冻蛋白）、脱落酸等也可诱导植物抗冻蛋白的产生。

有关植物抗冻蛋白的结构模型研究较少。Kuiper 等（2001 年）发现多年生黑麦草抗冻蛋白的冰晶抑制活性高，热滞活性低，且其一级结构中含有重复性序列。基于此，他们从理论上提出一个三维结构模型：在这个由 118 个氨基酸组成的多肽中，每 14～15 个氨基酸组成一个环，8 个这样的环组成一个 β-筒状结构，β-筒状结构的一端是保守的缬氨酸疏水核，另一端是由内部天冬酰氨组成的梯状结构。β-筒状结构的亲水端与冰晶表面吻合互补，疏水端则有效地防止了水与冰晶的结合，阻止了冰晶继续生长。这个模型很好地解释了植物抗冻蛋白热滞活性低、冰晶重结晶抑制活性高的现象。

2. 抗冻蛋白的特性

（1）热滞活性　抗冻蛋白能特异地吸附于冰晶表面，阻止冰晶生长，非依数性降低溶液冰点，但不影响其熔点，导致熔点与冰点之间出现差异。冰点和熔点的差值称为热滞值，这一现象称为抗冻蛋白的热滞活性（thermal hysteresis activity，THA），它是抗冻蛋白的重要特性之一。影响热滞活性的因素主要有抗冻蛋白浓度、肽链长度和一些小分子量溶质。抗冻蛋白的浓度越大，热滞活性越大；高分子量的糖肽比低分子量的糖肽热滞活性更强；一些小分子量溶质如柠檬酸盐、甘油和山梨醇能显著阻止冰核的形成，提高抗冻蛋白的热滞活性。而一些大分子量物质如聚乙烯乙二醇、葡聚糖和聚乙烯吡咯烷酮则不具有提高热滞活性的能力。

不同来源的抗冻蛋白具有不同的热滞值。鱼类抗冻蛋白的热滞值为 0.7～1.5℃，植物抗冻蛋白为 0.2～0.5℃，昆虫抗冻蛋白为 5～10℃。昆虫抗冻蛋白的热滞值相对来说较高，主要与它们的结构相关。

（2）改变冰晶的生长方式　在纯水中，冰晶通常沿着平行于基面的方向（a 轴）伸展，而在晶格表面方向（c 轴）伸展很少。在抗冻蛋白溶液中，冰晶生长方式就会发生改变。抗冻蛋白分子与冰晶表面相互作用导致水分子在晶格表面外层的排列顺序发生改变，冰核会变得沿着c轴以骨针形、纤维状生长，形成对称的双六面体金字塔形冰晶。

（3）抑制冰晶的重结晶　重结晶是指环境温度在冰点以下较高温度波动时，冰晶的大小将发生变化，有的冰晶增大，有的冰晶减小，通常大冰晶越来越大，小冰晶越来越小。重结晶将使组织的冻结损伤变得更加严重。抗冻蛋白可以阻止冰晶的重结晶，防止组织因冰晶增大而产生机械性损伤。

3. 抗冻蛋白的抗冻机制

从鱼、昆虫、植物以及细菌中分离的抗冻蛋白虽然在结构和组成上具有很大的差别，但它们却具有相同的功能，都可以不同程度地降低溶液的冰点。目前，关于抗冻蛋白的抗冻机制存在多种解释，且有不少未明之处。

澳大利亚悉尼大学的研究人员利用重组方法构建了抗冻蛋白-Ⅰ的类似物，即在它的N端加上两个氨基酸残基，再通过圆二色谱及核磁共振方法测得其结构仍为α-螺旋，但热滞活性却比野生型的低很多，表明N端是抗冻蛋白活性的关键部位，同时也证实了他们提出的如下假设：α-螺旋的疏水面朝向冰-水交界处的冰晶面，亲水面朝向水并与之形成氢键，从而抑制冰晶的增长。这与抗冻蛋白-Ⅲ的有关研究结果一致，抗冻蛋白-Ⅲ以16位的Ala为中心形成冰晶结合平面，通过氨基酸替换实验，证明疏水相互作用在抑制冰晶生长过程中起着重要的作用。

加拿大研究人员利用X射线晶体衍射等方法获得了TmAFP的晶体结构后，研究了它的抗冻机制，给出了以下模型：在TmAFP三棱镜样结构的一个侧面上，Thr-Cys-Thr模体重复出现在每一个β-片层（三角形的边）中，使得Thr在二维空间上排成两行，且这两行Thr上羟基氧之间的距离可以极好地与冰的晶格匹配，它们的紧密结合排除了水与冰晶的接触，从而抑制了冰晶的增长。其后，他们又得到了CfAFP的晶体结构，由于CfAFP与TmAFP的结构差异显著，因此，他们提出了新的机制模型，即冰晶表面与AFP表面互相吻合的结构互补模型。该模型不但适合于昆虫的AFP，也适用于鱼类AFP。研究人员利用核磁共振方法研究Thr侧链的柔韧性时发现，在接近冷冻温度时，在AFP-冰晶结合面处的Thr以最适宜与冰晶表面相咬合的构型存在，非结合面处的Thr则以多种构型存在。因此，可以得出如下结论：规则的Thr排列使AFP与冰晶表面紧密吻合，这种形态互补结合是抑制冰晶生长的关键。

新加坡国立大学的研究人员将小冰晶成核技术应用于AFP-Ⅲ的抗冻机制研究，发现AFP-Ⅲ可以吸附到小晶核和尘埃颗粒上，从而阻碍冰晶的成核作用，首次从数量上检测了AFP的抗冻机制。该实验也支持目前较公认的吸附抑制假说。实验表明，昆虫*Dendroides canadensis* AFP的构型随温度降低而趋于更规则，这种变化反映了它结构的柔韧性，为解释它通过改变构型更好地与冰晶面相吻合，从而抑制冰晶增长提供了证据。

2002年，中国、加拿大两国研究人员首次将分子轨道计算方法应用于AFP-Ⅱ的研究，结果表明，一含19个氨基酸残基的冰结合面恰与冰晶表面吻合，因而为抑制冰晶增长提供了证据。关于黑麦草（*Lolium perenne*）AFP作用机制的研究提出了一种新说法，该种AFP的热滞活性比鱼和昆虫的都低得多，它与冰晶的作用方式也与鱼和昆虫的不同，即它是通过蛋白骨架吸附到冰晶表面的，这不同与以往提出的吸附方式，因而引起广泛关注。

总结起来，目前关于抗冻蛋白的作用机制有三种解释模型，即：

（1）“偶极子-偶极子”假说模型　该假说模型假设抗冻蛋白的偶极子与冰核周围的水分子的偶极子相互作用，阻止冰晶在基面（垂直于c轴）方向（a轴）上的生长。根据这个假设，在冰核中水分子的偶极子取向应该与相邻螺旋偶极子的方向反平行，这样就降低了冰核氢原子的无序性。在抗冻蛋白的稀溶液中，冰核表面的抗冻蛋白浓度太低，螺旋与水的相互作用占主导地位，且在冰核晶柱表面（平行于冰柱的 c 轴）上，该抗冻蛋白螺旋轴与冰晶偶极子的合向量平行。抗冻蛋白与冰表面相互作用导致冰晶外层上的水分子排列顺序发生局部改变。由于水分子和无序冰晶格结合的熵值低于和有序冰晶格结合，冰晶在 c 轴方向上不受有序晶格外层的影响而进一步增长。这种增长方式将导致螺距平行于 c-轴的双六面体金字塔冰晶的形成。随着抗冻蛋白浓度的增大，在每个冰晶面螺旋-螺旋偶极子之间的相互作用逐渐变大。在不同冰柱面螺旋之间的相互作用导致它们的螺旋轴逐渐与冰晶的 c 轴平行，从而改变了冰晶的生长习惯，增大了双六面体冰晶的螺距。当抗冻蛋白浓度足够高时，所有的螺旋都平行于 c 轴，冰晶的螺距变得无限大，双金字塔变成针状形，冰晶的生长方向变为平行于 c 轴方向，导致溶液冰点降低。

（2）氢原子结合模型　抗冻蛋白分子一侧相对疏水，另一侧相对亲水，二维阵列显示亲水一侧与冰相结合，而疏水一侧与水相作用。从鳗鱼 *Macrozoarces americanus* 中提取的抗冻蛋白-Ⅲ的 0.125nm 晶体结构揭示，存在一个明显的两性冰结合位点，在那里连接了 5 个氢原子和在冰柱面两列氧原子相匹配，有很高的冰结合亲和性和专一性。每个抗冻蛋白分子的 14 个非丙氨酸侧链或有利于与冰结合，或有利于螺旋的稳定性。抗冻蛋白在晶体内所呈现的精巧的帽子结构大大增强了这种稳定性。N 末端帽子结构是由 8 个氢原子（Asp1、Thr2、Ser4、Asp5 和两个水分子的氢）组成的有序网。帽子结构内部 Asp1 能增加冰晶与螺旋偶极子作用的稳定性。同时，与游离 N 端最近的 Asp5 也可以抵消冰晶与螺旋偶极子作用的不稳定性变化。抗冻蛋白-冰结合结构由苏氨酸/天冬氨酸、苏氨酸/天冬酰胺/亮氨酸重复序列组成 4 个相似的冰结合模块。抗冻蛋白和冰结合平面是“岭-谷”式拓扑结构。抗冻蛋白-冰结合面相对扁平和链的刚性是抗冻蛋白-冰结合机制的关键。后者维持抗冻蛋白分子在冰上结合的一致性，而前者使得抗冻蛋白与冰表面结合的可能性最大。总之，抗冻蛋白结构的特征有利于冰的结合和螺旋的稳定性。也正是由于抗冻蛋白分子与冰的结合阻止了冰晶的生长，抗冻蛋白的作用才得以发挥。

（3）刚体能量学说　该学说把抗冻蛋白分子视为小粒子，根据界面能量原理，可以认为“抗冻蛋白-冰”和“抗冻蛋白-水”界面之间的表面能存在差异。当抗冻分子存在时，由于冰-水表面积缩减，抗冻蛋白就会强烈吸附冰晶。因此，在有抗冻蛋白的溶液中，由于抗冻蛋白分子永久性地锚定于冰晶上，因而它们就不可能被向前推进。这样，只有当过冷却水足以吞没抗冻蛋白分子时，冰晶才能形成，这就有效地阻止了冰晶的形成。

尽管对抗冻蛋白作用机制的研究取得了较大进展，但是，仍存在一些重要问题尚待进一步探索。比如，假设抗冻蛋白吸附冰晶是长效的，为什么冰点的下降与溶液中抗冻蛋白的浓度相关呢？特别是在低浓度条件下，两者之间具有高度的相关性？目前的最大问题是难以得到一个明确的抗冻蛋白与冰晶作用图，因此，无法直接观察结晶受体与配体相互作用。可以相信，随着科学技术的发展，科学理论和研究手段的不断更新，有关抗冻蛋白与冰晶作用的机制将会得到更完善的阐释。

4．抗冻蛋白的应用

自从 20 世纪 60 年代末抗冻蛋白被发现以来，人们一直在寻找它的实际应用途径。但是，抗冻蛋白降低冰点的幅度有限，与常用的可食用抗冻剂相比，效果不显著，且自然生产量很小，因此，难以大规模应用于食品中。目前，抗冻蛋白的可能应用主要有以下几个方面。

（1）在食品运输和贮藏中的应用　抗冻蛋白和抗冻糖蛋白均可抑制冷冻贮藏过程中冰晶的重结晶。大部分果蔬在－18℃下虽然可以实现跨季节冻藏，但是，由于包裹果蔬质膜的细胞壁弹性较差，冻结过程对细胞的机械损伤和溶质损伤较为严重，因此，适宜低温的选择往往取决于贮藏对象的低温耐受性。果蔬的低温耐受性依赖于品种、成分、成熟度、产地、气候等多种因素，差别很大。比如，转抗冻蛋白基因的番茄，其贮藏温度若能降低1℃，即可明显延长它的贮藏寿命，而普通番茄则要求较高的冻结和冻藏温度。果蔬等食品在解冻过程中常出现的主要问题是汁液流失、软烂、失去原有的形态。能表达抗冻蛋白的转基因蔬菜则可改善这种状况，提高冻结产品的质量。这是因为转基因蔬菜在冻结与冻藏中冰晶对细胞和蛋白质的破坏很小，合理解冻后，部分融化的冰晶也会缓慢渗透到细胞内，在蛋白质颗粒周围重新形成水合层，使汁液流失减少，从而保持解冻食品的营养成分和原有风味。

（2）在肉类食品的冷藏中的应用　Payne 等（1994 年）发现，用抗冻蛋白溶液处理过的肉类冻藏后，冰晶的大小会明显减小。Steven 的实验表明，屠宰前 1h 或 24h 注射抗冻蛋白的羊肉，在－20℃下贮藏 2～16 周，汁液流失和冰晶大小均受到抑制。且屠宰前 24h 进行注射的羊肉中的冰晶更小。这表明，抗冻蛋白以一定的方式与肌肉组织结合，在肌肉中的扩散需要一定的时间。

（3）在冷冻乳制品中的应用　将抗冻蛋白添加到冷冻乳制品中抑制其冰晶重结晶现象，以提高冷冻乳制品质量是目前抗冻蛋白在食品中应用得最成功的方面。以冰淇淋为例，组织细腻是冰淇淋感官评价的一个重要标准，它主要取决于冰淇淋中冰晶的大小、形状及分布。冰晶越小、分布越均匀，则口感越柔和细腻，当冰晶大小小于 25μm 时，口感非常细腻。因此，在冰淇淋的加工和贮藏过程中，必须严格控制冰晶的大小。冰晶大小与冷冻速度及所用的稳定剂有关，是冷冻速度的函数，凝冻速度越快，生成的冰晶数量越多，尺寸越小，分布越均匀。冰淇淋中冰晶的生长在以下两个过程中最易发生，一个是冰淇淋的凝冻过程，另一个是冰淇淋的贮存运输过程。在凝冻过程中，稳定剂通过结合部分水分而减慢冰晶的生长速度，与凝冻操作相结合，增加液相部分的黏度，防止形成的冰晶相互接触，起稳定作用。冰淇淋在贮存、运输过程易发生温度波动而出现冰晶生长和重结晶现象，使冰淇淋的质地变得粗糙，失去原有的细腻口感。加入抗冻蛋白可有效缓解此中状况。据报道，美国的 DNAP 公司将抗冻蛋白添加于冰淇淋和冰奶中，消除了冰碴，改善了质量和口味。

抗冻蛋白的作用机理是，降低食品材料的冰点，减少食品材料中可冻结水的含量，从而减小食品材料因水结成冰的相变而引起的体积膨胀，对细胞结构的损坏也就降低了。抗冻蛋白的应用方法，一是常压浸泡食品材料，但是该处理方法耗时长，且抗冻蛋白的注入量有限，不利于规模生产的实际需要。二是真空灌注抗冻蛋白，该法操作时间短，注入量大，是一种有潜力的方法。

基因工程的发展为抗冻蛋白的应用提供了更为广阔的前景。Devies 提出了把抗冻基因转移到鲑鱼、烟草和胡萝卜中去的方案，Georges 等也把抗冻蛋白基因转移到玉米中。Warren 等把抗冻基因接到载体中，并在细菌、酵母菌和植物中表达，此外，还研究了用发酵工程制备抗冻蛋白的方法。将抗冻蛋白应用到食品的模型中均显示了改变冰晶生长的活性。美国 DNAP 工程公司在番茄中导入抗冻蛋白基因，降低了细胞内水分的冰点，培育出的耐寒番茄在－6℃下能生存几小时，果实冷藏后不变形。抗冻蛋白还可以使鱼类在低温下正常生长，防止食品遭受冻害。

五、冰核细菌保鲜技术

冰核细菌是一类广泛附生于植物表面尤其是叶表面，能够在−5～−2℃范围内诱发植物结冰发生霜冻的微生物，简称INA细菌，是Maki在1974年首次从赤杨树叶中分离得到的。迄今为止，已发现4个属23个种或变种的细菌具有冰核活性。已发现的INA细菌以丁香假单胞菌（*Pseudomonas syringae*）最多，其次是草生欧文氏菌（*Erwinia herbicola*）。此外，荧光假单胞菌（*P. fluorescens*）、斯氏欧文氏菌（*E. stewartii smith*）、菠萝欧文氏菌（*E. ananas serrano*）也具有冰核活性。我国已发现3个属17个种或变种的冰核细菌。

1. 冰核基因及冰核蛋白

冰核细菌的显著特征是能产生冰核活性很强的特异性冰蛋白。冰核是一类能够引起水由液态变为固态的物质，细菌的冰核是一类蛋白质，称为冰蛋白。大量研究表明，各种冰核细菌的冰核活性是由冰核蛋白基因决定的，该基因的缺失会导致冰核活性的完全丧失。冰核细菌的冰核蛋白具有相似的一级结构，由3个可区分的结构域组成，即C端单一序列结构域、N端单一序列结构域和中部具有高度重复的八肽构成的结构域，分别占基因全序列的4%、15%和81%。C端单一序列结构域富含酸性和碱性氨基酸残基，属于高度亲水性结构域。N端单一序列结构域含有疏水性较强的几个片段，可能与冰核蛋白在细胞外膜上的定位有关。冰核蛋白中部重复的八肽由Ala-Gly-Tyr-Gly-Ser-Thr-Leu-Thr构成，具有显著的亲水特性，该结构域是表现冰核活性的最重要部分。

冰核蛋白的二级结构被认为是由氢键连接而形成的β-折叠片层结构，重复单位具有亲水性。1990年，日本学者发现，经超声波处理后，冰核细菌的冰核蛋白镶嵌或横跨于细胞膜，据此确定了冰核蛋白是一种膜间蛋白的表达形式。另外，根据Turner和Kozlloff（1991）的研究报道，冰核细菌表达的强冰核活性物质仅仅依靠细菌的冰核蛋白成分是不够的，磷脂酰肌醇、磷脂不仅是冰核蛋白复合物的主要成分，而且是必需成分。但是，关于冰核蛋白是如何结合到细胞膜相应位点上，并如何聚合成冰核蛋白复合物及如何表现出冰核活性等问题尚在进一步探索中。目前，已发现冰核蛋白的存在形式一般有四种：分布在天然冰核细菌的外膜上；以无细胞冰核的形式自发分泌到培养基中；冰核基因经克隆后，在大肠杆菌中表达，有的结合在内膜上；有的以包含体形式存在。

2. 影响冰核活性的因素

并不是所有属于冰核细菌种类的菌株都具有冰核活性，即使是同一冰核细菌菌株，也非所有细菌细胞都有冰核活性，而有活性的菌株，其活性也存在强弱差异。影响冰核细菌冰核活性的主要因素有培养基的种类、培养温度、菌体浓度、生长阶段、pH值及菌种贮藏方法等。

张耀东等研究了3种冰核细菌的培养条件，发现培养基的种类对菌体生长和成冰活性影响最为显著，其中，NAG、KB培养基适于培养冰核细菌，且冰核活性较高，可能是因为培养基中的甘油或蔗糖组分能够提高细菌的冰核活性。最利于冰核基因表达的碳源为山梨醇，其次为甘露醇、半乳糖和柠檬酸。当冰核细菌处于稳定期时，N、P、S、Fe的缺乏能诱导高的冰核活性，尤其是低P水平能有效诱导冰核的表达。

培养温度对冰核活性也有较大影响。冰核细菌在24～25℃下保存2d后，其冰核活性开始逐渐丧失。超过25℃，随着温度的升高和时间的延长，冰核活性丧失速度加快。在37℃下保存24h，冰核活性全部丧失。而在4℃下保存20d，其冰核活性不变。研究还发现，低温诱导能够使冰核细菌产生活性较强的冰核。美国已成功利用变温发酵方法进行了细菌冰核的生产。

冰核细菌生长的 pH 值范围为 5.0～9.0，最适生长 pH 值为 7.0 左右，在 pH 值 2～4 和 10 以上冰核活性将遭到破坏。要注意的是，冰核细菌生长过程中会产酸或产碱，从而改变培养基的 pH 值，因此，在发酵生产过程中，必须实时监控发酵液的 pH 值。

不同生长期的冰核细菌其冰核活性存在差异。通常，在对数生长期后期和稳定期冰核活性最大。研究发现，在稳定期的细菌才会出现低温诱导现象，而在对数生长期则不出现此类现象。

此外，重金属离子、硫制剂、脲素、巯基试剂、SDS、蛋白酶、植物外源凝集素等物质和紫外线、钴的照射等物理作用均可对冰核细菌的冰核活性产生破坏作用，而 Mn^{2+}、肌醇、丝裂霉素 C 等能提高冰核活性。但是，上述因素对不同的冰核细菌冰核活性的影响可能存在差异。比如有研究发现，Mn^{2+} 和丝裂霉素 C 不能提高 *P. syringae* C9401 菌株的冰核活性。同时，氯霉素、土霉素、链霉素等抗菌素虽可杀死菌体，但不一定破坏冰核蛋白的成冰活性。

3. 在食品工业中的应用

近年来，不少研究者致力将冰核细菌应用于食品工业。研究发现，*Pseudomonas* 和 *Xanthomonas* 中具有冰核活性的某些细菌菌株是植物病原菌，其代谢产物可能与人类的某些疾病有关，而具有冰核活性的 *Erwinia* 某些菌株与肠炎细菌有关。因此，基于食品安全性考虑，在实际应用冰核细菌前，必须对它们进行包埋或杀菌等预处理。

目前的预处理技术主要是高静压灭菌和固定化。Watanabe 等发现，高静压灭菌技术可以破坏冰核细菌的细胞膜，导致细胞的原生质渗漏而死亡，同时又可以保持冰核活性，这项技术有望成为制备安全的高冰核活性制剂的主要方式。Watanabe 等还尝试对冰核细菌进行固定化处理，在消除其有害作用的同时保持其冰核活性。目前有两种固定化处理方法，一种是在半透膜如赛璐玢中进行固定化，可以避免冰核细菌进入周围的样品中；另一种是通过微胶囊技术如褐藻酸钙微胶囊来包埋冰核细菌，并保持其活性。

此外，提取纯化冰核活性蛋白也是一种对冰核细菌进行预处理的方法，通过这种技术得到的冰核活性蛋白纯度极高，活性极强，但由于成本过高，操作烦琐，实现工业化存在着一定的困难，因此，需要进一步探索成本较低的冰核活性蛋白分离方法。近年来，美国、日本等国家开始克隆冰核细菌的冰核蛋白基因，并导入酵母、乳酸杆菌等食用级安全微生物体内，直接应用这些微生物来表达冰核活性蛋白，但得到的蛋白往往冰核活性很低，安全性还有待进一步检验。

冰核细菌能够在－5～－2℃下形成规则、细腻、异质冰晶，因此，将一定浓度的冰核菌液喷于待冷冻的食品上，可在－5～－2℃条件下贮藏。一方面可以提高冻结的温度，缩短冻结时间，节约能源；另一方面可避免由于过冷却现象造成冷冻食品风味与营养成分损失过多等弊端，最大限度地保持食品原料中的芳香组分，改善冷冻食品的质地。陈庆森等将具有冰核活性的菌体蛋白碎片应用在基围虾的低温微冻保鲜技术上，发现微冻保鲜 20d 后，经感官、品质和风味检测，虾体内各种物质变化均比较缓慢，保鲜效果良好，保鲜期可达 1 个月。Jingkun 等（1995）用 0.1mL *P. syringae* 悬浮液（浓度为 10^7cfu）进行冷冻处理鲑鱼肉，与未作处理的对照组相比，经处理的鲑鱼肉样品冰核温度为－1.7℃，而对照组为－4.9℃，当在－5℃下连续冷冻几小时后，经处理的整条鲑鱼被完全冻结，而对照组还有 33％没有冻结。

随着低温生物技术的发展，冰核细菌及其活性成分在食品冷冻保鲜以及其他食品工业特别是食品浓缩中的应用将愈来愈重要。然而，冰核细菌要真正应用到食品工业中，还必须解决高活力冰核活性蛋白的高水平表达和冰核细菌及其活性成分对环境以及人类安全性的影响等问题。

参考文献

[1] Altieri C, Speranza B, Del Nobile M, et al. Suitability of bifidobacteria and thymol as biopreservatives in extending the shelf life of fresh packed plaice fillets [J]. Journal of Applied Microbiology, 2005, 99, 1294-1302.

[2] Aras Hüsar S, Kaban G, Hüsar O, et al. Effect of Lactobacillus sakei Lb706 on behavior of Listeria monocytogenes in vacuum-packed Rainbow Trout fillets [J]. Turkish Journal of Veterinary and Animal Sciences, 2005, 29: 1039-1044.

[3] Brillet A, Pilet M, Prévost H, et al. Effect of inoculation of Carnobacterium divergens V41, a biopreservative strain against Listeria monocytogenes risk, on the microbiological and sensory quality of cold-smoked salmon [J]. International Journal of Food Microbiology, 2005, 104: 309-324.

[4] Campos C A, Castro M P, Aubourg S P, et al. Use of natural preservatives in seafood// Mc Elhatton A, Sobral P (Eds.). 7. Novel technologies in food science, integrating food science and engineering knowledge into the food chain [M]. New York: Springer Publishing Company, 2012: 325-360.

[5] Carolina S, Maria del Pilar B, Marcus K, et al. Color Formation due to Non-enzymatic Browning in Amorphous, Glassy, Anhydrous, model Systems [J]. Food Chemistry, 1999, 65: 427-432.

[6] Choi Y M, Ryu Y C, Lee S H, et al. Effects of supercritical carbon dioxide treatment for sterilization purpose on meat quality of porcine longissimus dor si muscle [J]. Food Science and Technology, 2008, 41 (2): 317-322.

[7] Cosansu S, Mol S, Ucok Alakavuk D, et al. Effects of *Pediococcus* spp. on the quality of vacuum-packed horse mackerel during cold storage [J]. Journal of Agricultural Sciences, 2011, 17: 59-66.

[8] Crehan C M, Troy D J, Buckley D J. Effects of Salt Level and High Hydrostatic Pressure Processing on Frankfurters Formulated with 1. 5 and 2. 5% Salt [J]. Meat Sci, 2000, 55: 123-130.

[9] Daboor S, Ibrahim S. Biochemical and microbial aspects of tilapia (*Oreochromis niloticus* L.) biopreserved by *Streptomyces* sp. metabolites. In International conference of veterinary research division. Cairo, Egypt: National Research Center (NRC), 2008: 39-49.

[10] David Del Pozo-Insfran, Murat O Balaban, Stephen Ttzlcott. Microbian stability, phytochemical retentions, and orgnoleptic attributes of dense phase CO_2 processed muscadine grape juice [J]. Jonrnal of Agricaltural Food Chemistry, 2006, 54: 6705-6712.

[11] Davidson P M, Doan C H. Natamycin [J]. Antimicrobiol in foods, 1993, 7: 395-407.

[12] Duffes F, Corre C, Leroi F, et al. Inhibition of Listeria monocytogenes by in situ produced and semi purified bacteriocins of *Carnobacterium* spp. on vacuum-packed, refrigerated [J]. Journal of Food Protection, 1999, 62: 1394-1403.

[13] Duffes F, Leroi F, Boyaval P, et al. Inhibition of Listeria monocytogenes by *Carnobacterium* spp. strains in a simulated cold smoked fish system stored at 4℃ [J]. International Journal of Food Microbiology, 1999, 47: 33-42.

[14] Einarsson H, Lauzon H. Biopreservation of brined shrimp (Pandalus borealis) by bacteriocins from lactic acid bacteria [J]. Applied and Environmental Microbiology, 1995, 61: 669-675.

[15] Elotmani F, Assobhei O. In vitro inhibition of microbial flora of fish by nisin and lactoperoxidase system [J]. Letters in Applied Microbiology, 2004, 38: 60-65.

[16] Fall P, Leroi F, Cardinal M, et al. Inhibition of Brochothrix thermosphacta and sensory improvement of tropical peeled cooked shrimp by Lactococcus piscium CNCM I-4031 [J]. Letters in Applied Microbiology, 2010, 50: 357-361.

[17] Fraser D. Bursting bacteria by release of gas pressure [J]. Nature , 1951 , 167 : 33-34.

[18] Garcia-Gonzalez L , Geeraerd A H, Elst K, et al. Inactivation of naturally occurring microorganisms in liquiding as an alternative to heat pasteurization [J]. J Supercritical Fluids, 2009, 51: 74-82.

[19] Ghanbari M, Jami M, Domig K J, et al . Seafood biopreservation by lactic acid bacteria- A review [J]. LWT - Food

Science and Technology, 2013, 54 : 315-324.

[20] Hongmei Liao, Xiaosong Hu, Xiaojun Liao, et al. Inactivation of Escherichia coli inoculated into cloudy apple juice exposed to dense phase carbon dioxide [J]. International Journal of Food Microbiology, 2007, 118: 126- 131.

[21] Ibrahim S, Salha G. Effect of antimicrobial metabolites produced by lactic acid bacteria on quality aspects of frozen Tilapia (*Oreochromis niloticus*) fillets [J]. World Journal of Fish and Marine Sciences, 2009, 1: 40-45.

[22] Kallinteri L D, Kostoula O K, Savvaidis I N. Efficacy of nisin and/or natamycin to improve the shelf-life of Galotyri cheese [J]. Food Microbiology, 2013, 36: 176-181.

[23] Katikou P, Ambrosiadis I G, Koidis P, et al. Effect of Lactobacillus cultures on microbiological, chemical and odour changes during storage of rainbow trout fillets [J]. Journal of the Science of Food and Agriculture, 2007, 87: 477-484.

[24] Katla T, Moretro T, Aasen I, et al. Inhibition of Listeria monocytogenes in cold smoked salmon by addition of sakacin P and/or live Lactobacillus sakei cultures [J]. Food Microbiology, 2001, 18: 431-439.

[25] Kim C R, Hearnsberger J O, Vickery A P, et al. Sodium acetate and bifidobacteria increase shelf-life of refrigerated catfish fillets [J]. Journal of Food Science, 1995, 60 (1): 25-27.

[26] King J W, Johnson J H, Orton W L, et al. Fat and cholesterol content of beef patties as affected by supercritical CO_2 extraction [J]. Food Science, 1993, 58 (5): 950-952.

[27] Kou X H, Guo W L, Guo R Z, et al . Effects of Chitosan, Calcium Chloride, and Pullulan Coating Treatments on Antioxidant Activity in Pear cv. " Huang guan" During Storage [J]. Food and Bioprocess Technology, 2013.

[28] Kou X H, Liu X P, Li J K, et al. Effects of ripening, 1-methylcyclopropene and ultra-high-pressure pasteurisation on the change of volatiles in Chinese pear cultivars [J]. J Sci Food Agric, 2012, 92: 177-183.

[29] Leroi F, Arbey N, Joffraud J, et al. Effect of inoculation with lactic acid bacteria on extending the shelf-life of vacuum-packed cold-smoked salmon [J]. International Journal of Food Science and Technology, 1996, 31: 497-504.

[30] Lin H M , Yang Z , Chen L F. Inactivation of S accharomyces cerevisiae by supercritical and subcritical CO_2 [J]. Biotechnol Prog , 1992, (8) : 458-461.

[31] Madura J D, Taylor M S, Wierzbicki A, et al. The Dynamics and Binding of a Type Ⅲ Antifreeze Protein in Water and on Ice [J] . Journal of Molecular structure (Theochem), 1996, 388: 65-77.

[32] Marie J, Corne P, Gervais P, et al. A New Design Intended to Relate High Pressure Treatment to Yeast Cell Mass Transfer [J]. Journal of Biotechnology, 1995, 41: 95-98.

[33] Matamoros S, Leroi F, Cardinal M, et al. Psychrotrophic lactic acid bacteria used to improve the safety and quality of vacuum-packaged cooked and peeled tropical shrimp and cold smoked salmon [J]. Journal Food Protection, 2009, 72: 365-374.

[34] Matveev Y I, Ablett S. Calculation of the Cg and Tg Intersection Point in the State Diagram of Frozen solutions [J]. Food Hydrocolloid, 2002, 16: 419-422.

[35] Morzel M, Fransen N, Arendt E. Defined starter cultures for fermentation of salmon fillets [J]. Journal of Food Science, 1997, 62: 1214-1217.

[36] Nakamura K, Enomoto A , Fukushima H , et al. Disruption of microbial cells by the flash discharge of high pressure CO_2 [J]. Biosci Biotechnol Biochem , 1994 , 58 : 1297-1301.

[37] Nilsson L, Ng Y, Christiansen J, et al. The contribution of bacteriocin to the inhibition of Listeria monocytogenes by Carnobacterium piscicola strains in cold-smoked salmon systems [J]. Journal of Applied Microbiology, 2004, 96: 133-143.

[38] Nykanen A, Weckman K, Lapvetelainen A. Synergistic inhibition of Listeria monocytogenes on cold-smoked rainbow trout by nisin and sodium lactate [J]. International Journal of Food Microbiology, 2000, 61: 63-72.

[39] Ollé Resa C P, Jagus R J, Gerschenson L N. Natamycin efficiency for controlling yeast growth in models systems and on cheese surfaces [J]. Food Control, 2014, (35): 101-108.

[40] Ribeirol C, Zimeri J E, Yildiz E. Estimation of Effective Diffusivities and Glass Transition Temperature of Polydextrose as a Function of Moisture Content [J]. Carbohydrate Polymers, 2003, 51: 273-280.

[41] Robert E F, Yin Y. Antifreeze proteins: Current Status and Possible Food Uses [J]. Trends in Food Science &

Technology，1998，(9)：102-106.

[42] Shirazinejad A，Noryati I，Rosma A，et al. Inhibitory effect of lactic acid and Nisin on bacterial spoilage of chilled shrimp [J]. World Academy of Science，Engineering and Technology，2010，41：163-167.

[43] Smelt J P. Recent Advances in the Microbiology of High Pressure Processing [J]. Trend in Food Science & Technology，1998，9：152-158.

[44] Sudalayandi K，Manja. Efficacy of lactic acid bacteria in the reduction of trimethylamine-nitrogen and related spoilage derivatives of fresh Indian mackerel fish chunks [J]. African Journal of Biotechnology，2011，10：42-47.

[45] Tahiri M，Desbiens E，Kheadr C，et al. Comparison of different application strategies of divergicin M35 for inactivation of Listeria monocytogenes in cold smoked wild salmon [J]. Food Microbiology，2009，26：783-793.

[46] Tomé E，Pereira V，Lopes C，et al. In vitro tests of suitability of bacteriocin-producing lactic acid bacteria，as potential biopreservation cultures in vacuum-packaged cold-smoked salmon [J]. Food Control，2008，19：535-543.

[47] Vescovo M，Scolari G，Zacconi C. Inhibition of Listeria innocua growth by antimicrobial-producing lactic acid cultures in vacuum-packed cold-smoked salmon [J]. Food Microbiology，2006，23：689-693.

[48] Weiss A，Hammes W. Lactic acid bacteria as protective cultures against *Listeria* spp. on cold-smoked salmon [J]. European Food Research Technology，2006，222：343-346.

[49] Yamazaki K，Suzuki M，Kawai Y，et al. Inhibition of Listeria monocytogenes in cold-smoked salmon by Carnobacterium piscicola CS526 isolated from frozen surimi [J]. Journal of Food Protection，2003，66：1420-1425.

[50] 陈庆森，刘剑虹，阎亚丽，等. 冰核活性菌体蛋白微冻保鲜虾体的应用研究 [J]. 食品科学，2002，23 (11)：139-143.

[51] 成媛媛，刘永乐，王建辉，等. 普鲁兰多糖在草鱼鱼肉保鲜中的应用 [J]. 食品科学，2012，33 (2)：272-275.

[52] 代焕琴，郭索娟，卢存福，等. 抗冻蛋白及其在食品工业中的应用 [J]. 食品与发酵工业，2001，27 (12)：44-49.

[53] 郭鸣鸣，吴继军，徐玉娟，等. 荔枝汁高密度二氧化碳杀菌研究 [J]. 食品工业科技，2010，31 (7)：321-323.

[54] 郭润姿，白阳，寇晓虹. 减压贮藏对番茄果实抗氧化物质和抗氧化酶的影响 [J]. 2013，8：338-341，368.

[55] 郝磊勇，李汴生，阮征，等. 高压与热结合处理对鱼糜凝胶质构特性的影响 [J]. 食品与发酵工业，2005，31 (7)：35-38.

[56] 何健. 论食品的玻璃化保藏 [J]. 郑州轻工业学院学报：自然科学版，2002，17 (3)：54-57.

[57] 李梅，曲久辉，彭永臻. 脉冲磁场水处理技术在杀菌、灭藻方面的研究 [J]. 环境科学学报，2004，24 (2)：260-264.

[58] 连丽娜，张平，纪淑娟，等. 果蔬可食性涂膜保鲜研究现状与展望 [J]. 保鲜与加工，2003，3 (4)：14-16.

[59] 廖红梅，周林燕，廖小军，等. 高密度二氧化碳对牛初乳的杀菌效果及对理化性质影响 [J]. 农业工程学报，2009，25 (4)：260-264.

[60] 刘健，陈庆森. 冰核活性 (INA) 细菌安全应用的研究进展 [J]. 食品科学，2002，23 (9)：158-160.

[61] 骆新峥，马海乐，高梦祥. 脉冲磁场杀菌机理分析 [J]. 食品科技，2004，4：11-13.

[62] 马海乐，吴琼英，高梦祥，等. 微生物不同生长期及介质参数对脉冲磁场杀菌效果的影响 [J]. 农业工程学报，2004，20 (5)：215-217.

[63] 彭淑红，姚鹏程，徐宁. 抗冻蛋白的特性和作用机制 [J]. 生理科学进展，2003，34 (3)：238-240.

[64] 邱伟芬，江汉湖. 食品超高压杀菌技术及其研究进展 [J]. 食品科学，2001，22 (5)：81-85.

[65] 孙洪雁. 涂膜保鲜技术在果蔬保鲜领域中的应用现状分析 [J]. 吉林工程技术师范学院学报：工程技术版，2004，20 (9)：42-44.

[66] 唐朝容，孙福在，赵廷昌. 冰核真菌研究进展 [J]. 微生物学通报，2000，27 (5)：374-377.

[67] 田国庆. 水产品的冷冻玻璃化保存 [J]. 浙江树人大学学报，2002，2 (6)：66-69.

[68] 汪学荣，阚建全. 鱼类抗冻蛋白研究进展 [J]. 肉类工业，2003，(8)：19-21.

[69] 王洪芳，刘毅，姚中峰，等. 高密度二氧化碳对蛋清液中沙门氏菌和大肠杆菌杀菌效果和杀菌动力学的研究 [J]. 农产品加工，2011，7：36-40.

[70] 王黎明，史梓男，关志成，等. 脉冲电场非热杀菌效果分析 [J]. 高电压技术，2005，31 (2)：：64-66.

[71] 王茉，杨瑞金. 高压脉冲电场对绿茶饮料杀菌的研究 [J]. 食品发酵与工业，2005，31 (11)：133-136.

[72] 王岁楼，吴晓宗，郝莉花，等. (超) 高压对微生物的影响及其诱变效应探讨 [J]. 微生物学报，2005，45 (6)：970-

973.

[73] 魏宝东，孟宪军. 天然生物性食品防腐剂纳他霉素的特性及其应用 [J]. 辽宁农业科学，2004，(2)：24-26.

[74] 吴建民，幸华，赵志光，等. 植物抗冻蛋白的研究进展及其应用 [J]. 冰川冻土，2004，26 (4)：482-487.

[75] 谢秀杰，贾宗超，魏群. 抗冻蛋白结构与抗冻机制 [J]. 细胞生物学杂志，2005，27：5-8.

[76] 熊涛，乐易林. 生物保鲜技术的研究进展 [J]. 食品与发酵工业，2004，30 (2)：111-114.

[77] 徐怀德，王云阳. 食品杀菌新技术 [M]. 北京：科学技术文献出版社，2005.

[78] 闫文杰，崔建云，戴瑞彤，等. 高密度二氧化碳处理对冷却猪肉品质及理化性质的影响 [J]. 农业工程学报，2010，29 (7)：346-350.

[79] 晏绍庆，华泽钊，刘宝林. 食品玻璃化保存的研究进展及存在的问题 [J]. 低温工程，1999，(3)：46-50.

[80] 姚昕，秦文，涂勇. 冰核细菌及其在食品工业中的应用 [J]. 保鲜与加工，2005，(2)：8-10.

[81] 应雪正，王剑平，叶尊忠. 国内外高压脉冲电场食品杀菌关键技术概况 [J]. 食品科技，2006，3：4-7.

[82] 于泓鹏，曾庆孝. 食品玻璃化转变及其在食品加工储藏中的应用 [J]. 食品工业科技，2004，25 (11)：149-151.

[83] 张新建，丁爱云，刘招舰，等. 冰核细菌应用研究 [J]. 山东科学，2002，15 (3)：32-37.

[84] 张雪，陈复生. 高压对食品基本成分影响的研究进展 [J]. 食品工业科技，2006，27 (1)：210-213.

[85] 赵晋府. 食品技术原理 [M]. 北京：中国轻工业出版社，2002.

[86] 赵黎明. DSC 和脉冲 NMR 研究食品的玻璃化和玻璃化转变温度 [J]. 食品科技，2001，(1)：14-18.

[87] 郑海涛，李建丽，李兴民. 高密度二氧化碳与巴氏杀菌对全蛋液杀菌效果的比较及在乳制品杀菌上的借鉴 [J]. 乳品加工，2010，10：66-68.

[88] 郑海涛，李建丽，李兴民. 高密度二氧化碳对鸡蛋全蛋液杀菌效果研究 [J]. 中国食物与营养，2010，12：48-50.

[89] 钟葵，胡小松，陈芳，等. 脉冲电场对果胶酯酶的活性及构象的影响 [J]. 农业工程学报，2005，21 (2)：149-152.

[90] 钟葵，黄文，廖小军，等. 高密度二氧化碳技术对牛奶杀菌效果动力学分析 [J]. 化工学报，2010，61 (1)：146-151.

[91] 钟秀霞，李汴生，李琳，等. 压致升温及其对超高压下微生物失活的影响 [J]. 食品工业科技，2006，27 (6)：179-182.

[92] 周家春. 食品工艺学 [M]. 北京：化学工业出版社，2003.